독학
전산응용
건축제도
기능사 **필기**

무료동영상

예문사

머리말
Preface

이 책으로 시험을 준비하는 수험생 여러분은 아마도 처음 이 분야의 공부를 시작하는 분들이라 생각하기에 먼저 그 도전과 용기에 힘찬 응원의 박수를 보내드리고 싶습니다.

'전산응용건축제도기능사' 시험은 1998년에 시작되어 20년 이상 되었지만 '건축'에 대한 기본적인 개념과 원리는 크게 변하지 않았고, 이 과목 자체가 기초적인 입문 단계에 속하므로 까다롭거나 어려운 문제를 내는 경우는 아주 드뭅니다. 대신 대부분 건축을 하면서 꼭 알아야 하는 내용의 정의나 용어 이해 등을 문제은행식으로 출제하고 있습니다.

따라서 이 책에서는 생소한 과목에 처음 도전하는 분들이 좀 더 정확하고 수월하게 기본적인 개념을 이해하고 정리할 수 있도록 정의와 개념 위주의 해설로 구성하였습니다. 이 책을 한 번 정도 찬찬히 읽어보고 과년도 기출문제를 직접 풀어보면서 이해한 부분을 확인한다면 시험을 그리 어렵지 않게 통과할 것이라 확신합니다.

이에 이 책은 자격시험을 준비하는 수험생에게 유용하도록 집필하였으며 다음과 같이 구성하였습니다.

[본문 내용]
• 개념과 용어 해설 위주로 요약정리
• 이해를 돕기 위해 표, 그림 등 시각자료 다수 수록
• 상세하고 쉬운 예제 풀이

[문제풀이 · 핵심요약집]
• 과년도 기출문제, CBT 모의고사 수록
• 빈출 문제로만 엄선한 콕집 200제
• 시험 전에 100% 활용할 수 있는 핵심요약집

[동영상 강의]
• 예문사 홈페이지에서 본문(1~7편) 무료 동영상 강의 수강
• 유튜브(김희정 _파란여우)에서 다양한 참고 동영상 시청

끝으로 출간의 기회를 주신 예문사 정용수 사장님과 늘 좋은 충고와 격려로 힘을 주시는 장충상 전무님 그리고 많은 내용을 보기 좋게 편집해 주신 편집부 직원들께 감사드립니다.

수험생 여러분의 건강과 합격을 기원합니다. 감사합니다.

김희정

한눈에 보이는 핵심 내용 요약정리

- 개념과 용어 해설을 위주로 요약정리한 핵심 내용과 이해를 돕는 표, 그림 등 시각 자료 다수 수록
- 이론 내용에 출제연도를 표기하여 중요도와 출제 경향 파악
- 핵심 내용은 색상과 서체를 다르게 적용하여 강조

▶TIP◀
급수방식의 특징
① 오염이 적은 방식 : 수도 직결방식
② 급수압력 일정 : 고가 수조방식
③ 단수 시 급수 가능 : 고가수조, 압력탱크방식
④ 전력 차단 시 급수 불가능 : 압력탱크방식

예제 03   기출 3회
압력탱크식 급수방법에 관한 설명으로 옳은 것은?
① 급수공급 압력이 일정하다.
② 단수 시에 일정량의 급수가 가능하다.
③ 전력공급 차단 시에는 급수가 가능하다.
④ 위생상 측면에서 가장 바람직한 방법이다.
해설 압력탱크식은 단수 시 저수조의 저장된 물을 사용할 수 있다.
정답 ②

옥상탱크방식

고가수조방식

3) 압력탱크식 급수방식 [16·13·10년 출제]
① 압력탱크를 설치하고 에어컴프레서로 공기를 공급해 그 압력으로 급수하는 방식으로 압력차가 생기면 수압이 일정하지 않고 정전이나 펌프 고장 시 급수가 불가능하다.
② 단수 시에 일정량의 급수가 가능하고 고가수조를 설치하지 못하는 실내체육관, 공장, 지하도 등에 사용한다.

압력수조방식

풍부한 예제 · TIP

- 이론과 연계되는 예제를 곳곳에 배치하고 쉬운 해설을 제시하여 개념 다지기
- 이론 내용을 보충하는 TIP으로 효율적인 학습 방향 제시

---

1. 목구조의 특징 [15·10·09·08·06년 출제]

장점	단점
① 건물의 중량이 가볍다.	① 내화, 내구성이 적다.
② 비중에 비하여 인장 · 압축강도가 크다.	② 재질이 불균등하고 큰 단면이나 긴 부재를 얻기 힘들다.
③ 열전도율이 작아 방한, 방서에 뛰어나다.	③ 변형과 부식, 부패되기 쉽다.
④ 가공성이 좋아서 공기가 짧다.	④ 접합부의 강성이 약하다.
⑤ 친화감이 있고 사원, 전각 등의 동양고전식 구조법이다.	

2. 목재의 접합

(1) 이음과 맞춤 시 주의사항 [13·12·07년 출제]

  ① 접합부는 가능한 한 적게 깎아 낼 것
  ② 이음과 맞춤은 응력이 적은 곳에 응력과 직각으로 할 것
  ③ 공작은 되도록 간단히 하고 튼튼한 접합을 선택할 것
  ④ 맞춤면은 서로 밀착되어 빈틈이 없이 가공할 것

(2) 목재 접합의 종류(이음, 맞춤, 쪽매)

  1) 엇걸이이음(엇걸이 산지이음)

    ① 비녀, 산지 등을 박아서 이음을 한 것으로 매우 튼튼하다.
      [16·13·11년 출제]
    ② 토대, 처마도리, 중도리 등의 중요한 가로재의 이음에 사용한다.
      [16·11년 출제]

예제 81   기출 6회
목구조의 특징에 관한 설명 중 옳지 않은 것은?
① 부재의 함수율에 따른 변형이 크다.
② 부패 및 충해가 크다.
③ 열전도율이 크다.
④ 고층건물에 부적당하다.
해설 열전도율이 작아 방한, 방서에 뛰어나다.
정답 ③

▶TIP◀
목재 접합의 종류 [16·11·08년 출제]
① 이음 : 두 부재를 재의 길이방향으로 이어 한 부재로 만드는 방법
② 맞춤 : 두 재가 직각 또는 경사로 짜여지는 방법
③ 쪽매 : 판재를 수평방향으로 붙여 나가는 방법

예제 82   기출 3회
옆에서 산지치기로 하고, 중간는 맞물리게 한 이음으로 토대, 처마도리, 중도리 등에 주로 쓰이는 것은?
① 엇걸이 산지이음
② 빗이음
③ 엇빗이음
④ 겹친이음
해설 엇걸이 이음의 특징이다.
정답 ①

01 복도 또는 간사이가 적을 때에 보를 쓰지 않고 충도리와 칸막이도리에 직접 장선을 걸쳐 대고 그 위에 마루널을 깐 마루는?

① 동바리마루　② 보마루
③ 짠마루　　　④ 홑마루

02 플레이트보에 사용되는 부재의 명칭이 아닌 것은?

① 커버 플레이트
② 웨브 플레이트
③ 스티프너
④ 베이스 플레이트

03 블록구조의 종류 중 블록의 빈 속에 철근과 모르타르를 부어 넣은 것으로서 수직하중, 수평하중에 견딜 수 있는 구조는?

① 조적식 블록조　② 보강 블록조
③ 장막벽 블록조　④ 거푸집 블록조

04 벽의 종류와 역할에 대하여 가장 바르게 연결된 것은?

① 지하 외벽 – 결로 방지
② 실내의 칸막이벽 – 슬래브 지지
③ 옹벽의 부축벽 – 벽의 횡력 보강
④ 코어의 전단벽 – 기둥 수량 감소

05 평면형상으로 시공이 쉽고 구조적 감성이 우수하여 대공간 지붕구조로 적합한 것은?

① 돔구조　　　② 셸구조
③ 절판구조　　④ PC 구조

CBT
모의고사 1회
정답 및 해설

▶▶ 정답

01	④	02	④	03	②	04	③	05	③
06	③	07	④	08	④	09	③	10	③
11	④	12	④	13	④	14	①	15	②
16	②	17	③	18	④	19	④	20	③
21	④	22	④	23	③	24	①	25	③
26	③	27	④	28	②	29	④	30	②
31	②	32	①	33	①	34	④	35	③
36	③	37	①	38	③	39	④	40	②
41	①	42	④	43	③	44	①	45	①
46	①	47	②	48	②	49	③	50	③
51	④	52	②	53	①	54	②	55	④
56	④	57	③	58	④	59	①	60	②

01 마루의 종류 [21·15·14·13·11년 출제]
① 동바리마루 : 1층 마루의 일종으로 마루 밑에는 동바리돌을 놓고 그 위에 동바리를 세운다.
② 보마루 : 보 위에 장선을 대고 마루널을 깐다.
③ 짠마루 : 큰보와 작은보 위에 장선을 대고 마루널을 깐다. 간사이가 6m 이상일 때 사용한다.
④ 홑마루 : 보를 쓰지 않고 충도리와 칸막이도리에 직접 장선을 걸쳐 대고 그 위에 마루널을 깐 것이다. 간사이가 2.4m 미만인 좁은 복도에 사용한다.

02 철골구조 [21·15·14·12·10년 출제]
① 커버 플레이트 : 플랜지를 보강하기 위해 플랜지 상부에 사용하는 보강재로, 휨내력의 부족을 보충한다.
② 웨브 플레이트 : 전단력에 저항하여 6mm 이상으로 한다.
③ 스티프너 : 웨브의 좌굴을 방지하기 위한 보강재이다.
※ 주각의 구성재 : 베이스 플레이트, 리브 플레이트, 윙 플레이트, 클립 앵글, 사이드 앵글, 앵커 볼트 등이 있다.

☑ 상세한 기출문제 해설

과년도 기출문제, CBT 모의고사와 함께 상세하게 정리한 해설로 실전 대비

☑ 콕집 200제 · 핵심요약집

• 저자가 빈출 문제로만 엄선한 콕집 200제로 실력 완성
• 부록으로 제공하는 핵심요약집을 시험 직전에 정리용으로 활용

1. 개요

건축설계 및 시공기술, 인테리어 일반에 대한 기초지식을 익히고 컴퓨터를 이용하여 쾌적하고 아름다운 공간 창조의 바탕이 되는 도면을 작성할 수 있는 기능인력 양성을 목적으로 자격제도 제정

2. 수행직무

건축설계 내용을 시공자에게 정확히 전달하기 위하여 CAD 및 건축 컴퓨터그래픽 작업으로 건축설계에서 의도하는 바를 시각화하는 업무 수행

3. 취득방법

① **시행처** : 한국산업인력공단
② **응시자격 조건** : 자격제한 없음
③ **관련학과** : 실업계 고등학교의 건축과
④ **시험과목**
- 필기 : 1. 건축계획 및 제도
  2. 건축구조
  3. 건축재료
- 실기 : 전산응용건축제도작업
⑤ **검정방법**
- 필기 : 객관식 4지 택일형 60문항(60분)
- 실기 : 작업형(4시간 정도 내외)
⑥ **합격기준** : 100점 만점으로 60점 이상 득점자
  ※ 37~40문제 획득을 목표로 한다.

4. 수험자 동향

• 2023년 필기 동향분석

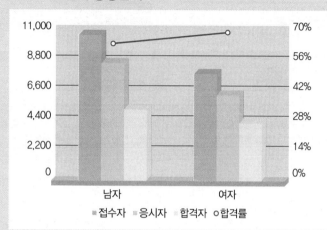

구분 \ 성별	남자	여자
접수자	10,641	7,844
응시자	8,574	6,242
응시율(%)	80.6	79.6
합격자	5,229	4,251
합격률(%)	61	68.1

• 2023년 실기 동향분석

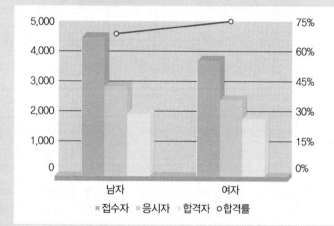

구분 \ 성별	남자	여자
접수자	4,627	3,830
응시자	2,983	2,539
응시율(%)	64.5	66.3
합격자	2,068	1,902
합격률(%)	69.3	74.9

5. 합격 가이드

과목	출제 문제 수	난이도	학습내용	획득 문제 수
건축계획 일반	8~10	하	많음	7문제 이상
건축설비	2~5	중	적음	2~3문제 이상
건축제도	3~7	하	적음	3~6문제 이상
건축구조	18~20	상	많음	9문제 이상
건축재료	20	중	많음	13문제 이상

출제기준

직무분야	건설	중직무분야	건축	자격종목	전산응용건축제도기능사	적용기간	2024.1.1~2025.12.31

• 직무내용 : 건축설계 내용을 시공자에게 정확히 전달하기 위하여 CAD 및 건축 컴퓨터그래픽 작업으로 건축설계에서 의도하는 바를 시각화하는 직무 수행

필기검정방법	객관식	문제수	60	시험시간	1시간

필기 과목명	출제 문제수	주요항목	세부항목	세세항목	
건축계획 및 제도, 건축구조, 건축재료	60	1. 건축계획일반의 이해	1. 건축계획과정	1. 건축계획과 설계 3. 건축공간	2. 건축계획진행 4. 건축법의 이해
			2. 조형계획	1. 조형의 구성 3. 색채계획	2. 건축형태의 구성
			3. 건축환경계획	1. 자연환경 3. 공기환경 5. 빛환경	2. 열환경 4. 음환경
			4. 주거건축계획	1. 주택계획과 분류 3. 배치 및 평면계획 5. 단지계획	2. 주거생활의 이해 4. 단위공간계획
		2. 건축설비의 이해	1. 급·배수위생설비	1. 급수설비 3. 배수설비	2. 급탕설비 4. 위생기구
			2. 냉·난방 및 공기 조화 설비	1. 냉방설비 3. 환기설비	2. 난방설비 4. 공기조화설비
			3. 전기설비	1. 조명설비 3. 방재설비	2. 배전 및 배선설비 4. 전원설비
			4. 가스 및 소화설비	1. 가스설비	2. 소화설비
			5. 정보 및 승강설비	1. 정보설비	2. 승강설비
		3. 건축제도의 이해	1. 제도규약	1. KS건축제도통칙 2. 도면의 표시방법에 관한 사항	
			2. 건축물의 묘사와 표현	1. 건축물의 묘사 2. 건축물의 표현	
			3. 건축설계도면	1. 설계도면의 종류 2. 설계도면의 작도법	
			4. 각 구조부의 제도	1. 구조부의 이해 3. 기초와 바닥 5. 계단과 지붕	2. 재료표시기호 4. 벽체와 창호 6. 보와 기둥

필기 과목명	출제 문제수	주요항목	세부항목	세세항목
		4. 일반구조의 이해	1. 건축구조의 일반 사항	1. 건축구조의 개념 2. 건축구조의 분류 3. 각 구조의 특성
			2. 건축물의 각 구조	1. 조적구조　2. 철근콘크리트구조 3. 철골구조　4. 목구조
		5. 구조시스템의 이해	1. 일반구조시스템	1. 골조구조　2. 벽식구조 3. 아치구조
			2. 특수구조	1. 절판구조 2. 셸구조와 돔구조 3. 트러스구조 4. 현수구조 5. 막구조
		6. 건축재료일반의 이해	1. 건축재료의 발달	1. 건축재료학의 구성 2. 건축재료의 생산과 발달과정
			2. 건축재료의 분류와 요구성능	1. 건축재료의 분류 2. 건축재료의 요구성능
			3. 건축재료의 일반적 성질	1. 역학적 성질 2. 물리적 성질 3. 화학적 성질 4. 내구성 및 내후성
		7. 각종 건축재료 및 실내건축 재료의 특성, 용도, 규격에 관한 사항의 이해	1. 각종 건축재료의 특성, 용도, 규격에 관한 사항	1. 목재 및 석재 2. 시멘트 및 콘크리트 3. 점토재료 4. 금속재, 유리 5. 미장, 방수재료 6. 합성수지, 도장재료, 접착제 7. 단열재료
			2. 각종 실내건축재료의 특성, 용도, 규격에 관한 사항	1. 바닥 마감재 2. 벽 마감재 3. 천장 마감재 4. 기타 마감재

9

차례
Contents

차례
Contents

차례
Contents

Appendix 02	CBT 모의고사

건축계획 일반

 출제경향

개정 이후 매회 60문제 중 8~10문제가 출제되며, 제1장 건축계획과정과 제4장 주거건축계획 분야의 출제 비중이 높다.

건축계획과정

핵심내용 정리 • • • 건축물이 하나의 결과물로서 완성되는 과정은 크게 **기획 → 설계 → 시공의 3 단계**로 나눌 수 있다. 기획이란 건설의도를 명확하게 파악하는 일련의 과정이고, **설계**는 기획 당시에 의도된 것을 분석하고 조합하여 **기본설계와 실시설계로 설계도를 만드는 작업**이다. 마지막으로 시공은 설계도서에 표현된 내용을 실제의 건축물로서 완성하는 작업을 말한다.

건축에 있어 **계획**이란 모든 주어진 **조건과 정보를 파악**하고 분석하여, **설계**라는 종합적인 단계로 유도하는 **체계적인 과정을 총칭**하는 것으로 현대와 같이 초고층화, 전문화, 대형화, 복합화되고 있는 **건축물의 디자인과 건설**을 위해 건축계획은 더 발전되고 전문화된 작업을 요한다.

학습 POINT • • • 회당 1~3문제가 출제된다. 최신 출제경향으로 공부한다.

학습목표 • • • 1. 건축설계는 건축의 모든 분야의 지식과 경험을 통합하는 핵심과목이다.
2. 건축은 사람들의 삶을 충족시키는 쾌적한 공간을 주어야 한다.
3. 합리적인 건축법규의 개선 발전을 통해서 도시 조직을 유지, 개선, 발전시킬 수 있다.
4. 건축공간은 내부적 요인과 외부적 요인이 결합하여 형성된다.

주요용어 • • • 건축계획, 기획, 설계, 시공, 건축계획의 원리, 건축공간 구성, 건축물의 용도, 조건파악

건축계획과 설계

1. 건축의 진행방향

(1) 건축물을 만드는 과정

[기획 – 설계 – 시공] 3단계로 이루어진다. [12·07년 출제]

(2) 진행 분류 [15·12·11·08년 출제]

기획 – [조건파악 – 기본계획 – 기본설계 – 실시설계] – 시공

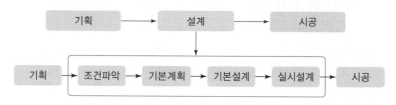

2. 기획

(1) 기획단계 [06년 출제]

건축계획의 과정 중 건축주 또는 이용자의 요구사항 문제의 파악과 분석 그리고 설계자가 발의하는 제안사항 등 세 가지 기능을 포함하는 단계이다.

(2) 건축주가 직접 시행 [12년 출제]

건축법상 건축물의 건축 · 대수선 · 용도변경, 건축설비의 설치 또는 공작물의 축조에 관한 공사를 발주하거나 현장관리인을 두어 스스로 그 공사를 하는 자로 정의된다.

3. 설계

(1) 계획단계

① 자료 수집 · 분석이 이루어지며, 이를 종합하여 의사결정이 완료된다.

② 형태 및 규모의 구상, 대지조건 파악, 요구조건 분석 등이 가장 먼저 이루어져야 한다. [21·20·14·13·10·09·08·06년 출제]

◀ **TIP** ▶

건축의 역할

① 기획(건축주, 공사발주자)
② 설계(건축가, 건축사)
③ 시공(시공업자, 건설회사)

◀ **TIP** ▶

도면의 작도순서 [11·08년 출제]

① 기획(구상)
② 설계(계획설계도 – 기본설계도 – 실시설계도)
③ 시공(시공설계도)

예제 01   기출 7회

설계과정 중에서 가장 선행되어야 할 사항은?

① 조건파악   ② 실시설계
③ 기본설계   ④ 기본계획

해설 조건파악 → 기본계획 → 기본설계 → 실시설계 순이다.

정답 ①

건축물을 만드는 과정에서 다음 중 가장 먼저 이루어지는 사항은?
① 평면 계획
② 도면 작성
③ 동선 계획
④ 대지조건 파악

해설 대지 형태, 도로와의 관계 등을 고려하여 세부사항을 결정할 수 있다.

정답 ④

(2) 건축가의 도면화 작업(설계)

① 기본설계와 본설계로 구분하며 본설계에서 건축뿐만 아니라 구조, 토목, 전기, 설비, 조경 등 종합적이며 실시적인 도면을 완성한다.
② 설계진행 4단계(계획설계 → 기본설계 → 실시설계) [11·09년 출제]

4. 시공

(1) 완성단계

설계된 도면에 따라 정확하게 건축물을 완성하는 단계다.

(2) 시공업자에 의해 진행

설계도서에 따라 실제의 건축물로 제작되는 과정으로 공사를 진행하는 데 필요한 도면은 시공자에 의해 작성된다.(시공상세도, 시방서 등)

◆ SECTION ◆

02 건축계획 진행

TIP

건축의 3대 구성요소
① 구조
② 기능
③ 미

1. 건축계획의 원리

(1) 구조 [12·10년 출제]

건축은 내구적이고 견고, 축조, 논리의 개념이 내포되어 있으며 재해에 안전해야 한다.

(2) 기능

건축은 기능적이며 경제성, 사용목적을 고려한다.

(3) 미

건축은 미적이고 인간적 · 사회적으로 도움이 되어야 한다.

예제 03　　　　　기출 5회

건축물의 계획과 설계과정 중 계획단계에 해당하지 않는 것은?
① 세부 결정 도면 작성
② 형태 및 규모의 구상
③ 대지조건 파악
④ 요구조건 분석

해설 세부 결정 도면에는 평면도, 입면도, 구조도, 설비도 등 실시설계도서가 들어간다.

정답 ①

2. 건축계획조건의 설정

건축물의 용도, 건축주의 요구, 이용자의 요구, 건축규모 및 예산, 대지조건, 건설시기 및 공사기간 설정 등이 있다. [20·14·10·09·06년 출제]

(1) 건축의 용도

누구를 위해, 어떤 목적으로 지을 것인가를 명확하게 한다.

(2) 사용상의 요구 [12년 출제]

① 건축주와 사용자의 요구를 올바로 파악하여 계획과정에 반영한다.
② 건축물의 계획 설계 시 내부적 요구 조건에 해당된다.

(3) 건축규모 및 예산

요구되는 규모와 예산을 균형 있게 산정해야 한다.

(4) 대지의 조건 [12·08년 출제]

① 교통관계, 공동시설의 유무를 확인한다.
② 주변의 발전에 대한 예측 등 입지조건과 대지의 면적, 형상, 방위, 지반을 확인한다.
③ 토질, 기후 등 자연적 조건을 확인한다.
④ 전기, 상하수도, 가스, 법규 상황, 공해 상태 등을 확인해야 한다.
⑤ 대지의 모양은 정사각형이나 직사각형에 가까운 것이 좋다.
⑥ 경사지일 경우 기울기는 1/10 정도가 적당하다.
⑦ 대지의 방위는 지방에 따라 다르지만, 남향이 좋다.

(5) 건설시기 및 공사기간 설정

건축주의 요구에 맞게 날씨, 공사 공정, 양생기간을 고려하여 진행시킨다.

(6) 자료수집과 분석

건축물의 문제를 파악하고자 자료와 정보를 수집하고 자료 분석에 따라 설계를 진행한다.

(7) 세부계획 [14년 출제]

① 평면계획
건물 내부에서 일어나는 활동의 종류와 실의 규모 및 상호 관계를 합리적으로 배치하는 것이다. 또한 각 실의 기능을 만족시키는 것이 중요하다.
② 형태계획
주변 환경, 문화적 · 사회적 조건 등과 조화를 이루어야 하며, 주변 환경에 저해 없이 일조, 소음 등 문제를 검토한다.

예제 04   기출 1회

건축계획 시 대지의 조사사항과 관련이 적은 것은?
① 지형 및 지질
② 지가 형성 추세
③ 지중 매설된 시설 조사
④ 도시계획 및 관계법규

해설 대지의 가격은 건축주의 기획단계에서 적용되어야 한다.

정답 ②

예제 05   기출 1회

계획 과정과 건물의 형태 결정에 중요한 요인이 되는 건축대지의 조건 중 자연적 조건에 해당되지 않는 것은?
① 대지의 면적   ② 대지의 방위
③ 법규 규제   ④ 기후

해설 법규 규제는 자연적 조건에 해당하지 않는다.

정답 ③

③ 입면계획

형태와 각종 마감재료를 이용하여 건축공간의 외부를 아름답게 계획한다.

④ 구조 및 설비계획

내구적이고 안전하며 경제적인 건축물을 설계하기 위해 계획한다.

◆ SECTION ◆

03 건축공간

예제 06   기출 9회

건축공간에 관한 설명으로 옳지 않은 것은?
① 인간은 건축공간을 조형적으로 인식한다.
② 내부공간은 일반적으로 벽과 지붕으로 둘러싸인 건물 안쪽의 공간을 말한다.
③ 외부공간은 자연 발생적인 것으로 인간에 의해 의도적으로 만들어지지 않는다.
④ 공간을 편리하게 이용하기 위해서는 실의 크기와 모양, 높이 등이 적당해야 한다.

 아파트 단지 조성 시 외부공간의 조경계획을 하여 조성한다.

정답 ③

예제 07   기출 1회

건축공간의 차단적 구획에 사용되는 요소가 아닌 것은?
① 조명   ② 열주
③ 수납장   ④ 커튼

 조명으로 건축공간의 차단적 구획을 하기는 어렵다.

정답 ①

1. 건축공간

① 건축물을 만들기 위해서는 여러 가지 재료와 방법을 이용하여 바닥, 벽, 지붕과 같은 구조체를 구성하는데, 이 뼈대에 의하여 이루어지는 공간을 말한다.

② 계획할 때 시각뿐만 아니라 그 밖의 감각분야까지도 충분히 고려하여 계획하며 건축공간을 조형적으로 인식한다.

③ 공간을 편리하게 이용하기 위해서는 실의 크기와 모양, 높이 등이 적당해야 한다.

2. 내부공간 [15·09·06년 출제]

벽과 지붕으로 둘러싸인 건축물의 안쪽 공간을 말한다. 건축의 기능, 조직화, 조형의 원리에 합당하게 설계를 한다.

3. 외부공간 [16·13·11·10·08년 출제]

자연 발생적인 것이 아니라 인간에 의해 의도적, 인공적으로 만들어진 외부의 환경을 말한다.

4. 공간의 분할 [14·10년 출제]

① 건축공간을 폐쇄적으로 완전 차단하는 경우는 커튼, 고정벽, 블라인드와 같이 시야를 가려 한 공간을 다른 공간과 분리해 준다.

② 바닥의 높이차가 있는 경우는 칸막이가 없이 공간을 분할하는 효과가 있고, 심리적인 구분감과 변화감을 준다.

04 **건축법의 이해**

1. 대지

지적법에 의하여 각 필지로 구획된 토지를 말한다. [07년 출제]

2. 건축물

① 토지에 정착하는 공작물 중 지붕과 기둥 또는 벽이 있는 것으로 지붕은 필수조건이다.

② 건축물에 부수되는 담장, 대문 등의 시설물 등이 해당한다.

③ 지하 또는 고가의 공작물에 설치하는 사무소, 공연장, 점포, 차고, 창고 등을 포함한다. [09년 출제]

3. 지하층의 정의 [14·11·09년 출제]

건축물의 바닥이 지표면 아래에 있는 층으로서 그 해당 층의 바닥에서 지표면까지의 평균높이가 해당 층 높이의 1/2 이상인 것을 말한다. [11·09년 출제]

4. 건축의 주요 구조부 [13년 출제]

① 내력벽, 기둥, 바닥, 보, 지붕 틀 및 주 계단 등을 말한다.

② 사잇기둥, 최하층 바닥, 작은 보, 차양, 실외계단, 기타 이와 유사한 것으로 구조상 중요하지 아니한 부분 및 기초는 주요 구조부에서 제외한다.

5. 건축의 행위 [16·14·12·11년 출제]

① **신축** : 건축물이 없거나 기존 건축물을 철거하고 새로이 건축물을 축조하는 것이다.

② **증축** : 기존 건축물이 있는 대지 안에 건축물의 면적, 연면적, 층수 또는 높이를 증가시키는 것이다.

③ **개축** : 기존 건축물을 철거 후 그 대지 안에 종전과 동일한 규모의 건축물을 다시 축조하는 것이다.

④ **재축** : 천재지변 또는 기타 재해로 멸실된 경우 동일 대지 안에 종전과 동일하게 건축물을 축조하는 것이다.

예제 08   기출 1회

건축법상 지적법에 의하여 각 필지로 구획된 토지를 무엇이라고 하는가?

① 개별필지   ② 대지
③ 사업부지   ④ 분할필지

해설 지적법에 의한 각 필지로 구획된 토지를 말한다.

정답 ②

TIP

건축법 적용 제외 [09년 출제]
① 문화재보호법에 따른 지정문화재
② 철도의 선로 부지에 있는 플랫폼
③ 고속도로 통행료 징수시설
④ 컨테이너를 이용한 간이창고

예제 09   기출 4회

지하층은 건축물의 바닥이 지표면 아래에 있는 층으로 바닥에서 지표면까지 평균높이가 해당 층 높이의 ( ) 이상으로 하는가?

① 2분의 1   ② 3분의 1
③ 3분의 2   ④ 4분의 3

해설 건축법령상 지하층은 층 높이의 2분의 1 이상 지표면에 묻혀야 한다.

정답 ①

⑤ 이전 : 주요 구조부를 해체하지 아니하고 동일한 대지 내 위치 변경하는 것이다.

6. 건축설비

① 건축물에 설치하는 전기, 전화, 가스, 급수, 배수, 환기, 난방, 소화, 배연, 오물처리 설비, 굴뚝, 승강기, 피뢰침, 국기게양대, 공동시청안테나, 유선방송, 수신시설, 우편물 수취함 기타 국토교통부령이 정하는 설비를 말한다.
② 셔터, 방화셔터, 자동셔터, 차고, 차양, FAX 수신설비, 독립된 굴뚝 등은 설비가 아니다.

7. 대수선 [16·12·10·07년 출제]

① 대수선이란 건축물의 기둥, 보, 주계단, 내력벽의 구조 또는 외부형태를 수선, 변경, 증설하는 것을 말한다.
② 기둥 3개 이상, 보 3개 이상, 지붕틀 3개 이상 수선, 변경
③ 내력벽 벽면적을 30m² 이상 수선, 변경

8. 리모델링 [14년 출제]

건축물의 노후화 억제 및 기능 향상 등을 위하여 대수선하거나 일부 증축하는 행위를 말한다.

9. 면적의 산정

(1) 대지면적

대지의 수평투영면적으로 하며 건축선으로 둘러싸인 부분을 말한다.

(2) 건축면적 [12년 출제]

대지 점유면적의 지표로서 건축물의 외벽, 기둥 기타 구획의 중심선으로 둘러싸인 부분의 수평투영면적으로 산정된다.
건폐율 = (건축면적/대지면적)×100

(3) 바닥면적

건축물의 각 층 또는 벽, 기둥 등의 구획의 중심선으로 둘러싸인 각 부분의 수평투영면적으로 한다.

예제 10   기출 3회

건축법령상 건축에 속하지 않는 것은?
① 증축   ② 이전
③ 개축   ④ 대수선

해설 건축 행위에는 신축, 증축, 개축, 재축, 이전이 있다. 대수선은 구조나 외부형태를 수선하는 것이다.

정답 ④

(4) 연면적 [10·09·08년 출제]

건물 각 층의 바닥면적의 합계로 하며, 용적률 산정 시 지하층의 면적과 지상층의 주차용 면적은 제외된다.

용적률＝(연면적/대지면적)×100

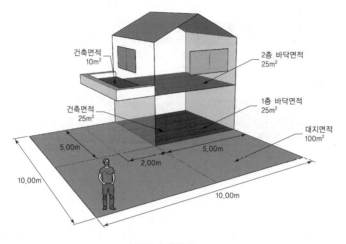

∎ 면적의 산정 ∎

10. 높이의 산정

(1) 건축물높이

지표면으로부터 당해 건축물의 상단 높이까지의 높이를 말한다.

(2) 처마높이

지표면으로부터 건축물의 지붕틀 또는 이와 유사한 수평재를 지지하는 벽, 깔도리 또는 기둥의 상단까지의 높이로 한다.

(3) 층고

각 층의 슬래브 윗면으로부터 위층 슬래브의 윗면까지를 층고라 하며, 동일한 층에서 높이가 다른 부분이 있으면 높이에 따른 면적에 따라 가중 평균한 높이로 정한다.

(4) 반자높이

방의 바닥면으로부터 반자까지의 높이로 한다.

예제 11   기출 2회

대지면적에 대한 연면적의 비율을 무엇이라고 하는가?
① 체적률   ② 건폐율
③ 점유율   ④ 용적률

해설 건축물의 연면적과 대지면적의 백분율을 말한다.

정답 ④

◀**TIP**▶

면적의 산정(그림 참고)
① 건축면적 합계 : 35m²
② 바닥면적 합계 : 50m²
③ 건폐율 : (35m²/100m²)×100%＝35%
④ 용적률 : (50m²/100m²)×100%＝50%

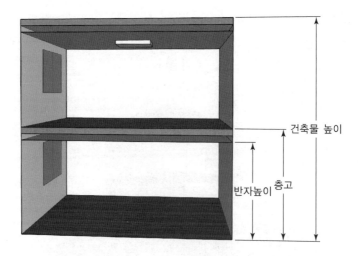

‖ 높이의 산정 ‖

예제 12   기출 5회

건축물의 층수 산정 시, 층의 구분이 명확하지 아니한 건축물의 경우, 그 건축물의 높이 얼마마다 하나의 층으로 보는가?

① 2m   ② 3m
③ 4m   ④ 5m

해설 층의 구분이 명확하지 않을 경우 4m마다 하나의 층으로 산정한다.

정답 ③

예제 13   기출 4회

건축법령에 따른 초고층건축물의 정의로 옳은 것은?

① 층수가 50층 이상이거나 높이가 150m 이상인 건축물
② 층수가 50층 이상이거나 높이가 200m 이상인 건축물
③ 층수가 100층 이상이거나 높이가 300m 이상인 건축물
④ 층수가 100층 이상이거나 높이가 400m 이상인 건축물

해설 초고층은 50층 이상에 4m를 곱하면 200m 이상인 건축물이다.

정답 ②

(5) 층수 [21·20·14·12·11·10년 출제]

① 지하층은 건축물의 층수에 산입하지 아니한다. 층의 구분이 명확하지 않을 경우 4m마다 하나의 층으로 산정한다. 건축물의 부분에 따라 층수가 다를 경우 가장 많은 층수로 하고, 승강기탑, 계단탑, 옥탑은 건축면적의 1/8 초과 시 층수에 가산된다.

② **고층건축물의 기준** : 층수가 30층 이상이거나 높이가 120미터 이상인 건축물

③ **초고층건축물의 기준** : 층수가 50층 이상이거나 높이가 200미터 이상인 건축물 [15·11년 출제]

④ **승용 승강기 설치 대상 건축물** : 6층 이상으로서 연면적이 2,000m² 이상인 건축물로 한다. [15년 출제]

◇ **읽어보기** ◇

건축법의 용어 및 개념

• 이상, 이하, 이내, 이후 : 기산점이 포함된 수 또는 시간의 한계
• 초과, 미만, 넘는 : 이상, 이하와 달리 기산점이 포함되지 않은 수

MEMO

CHAPTER
02

조형계획

◆ 핵심내용 정리 ◆ · · · 디자인은 인간생활의 목적에 따라서 실용적 · 미적 조형을 계획하여 가시적으로 표현하는 것으로 건축물에서 적용하여 보면 외형 디자인을 의미한다. 즉, 건축물에서는 전체와 부분 그리고 대비, 관입, 점, 선, 면의 조화 등과 이질 재료를 사용하여 표현을 할 수 있다.

◆ 학습 POINT ◆ · · · 회당 1~2문제가 출제된다. 최신 출제경향으로 공부한다.

◆ 학습목표 ◆ · · · 1. 점, 선, 면의 조형 요소를 익힌다.
2. 모듈의 의미와 활용을 익힌다.
3. 색의 개념과 표색계를 익힌다.
4. 색채 조절의 필요성을 익힌다.

◆ 주요용어 ◆ · · · 조형의 요소, 통일과 변화, 조화와 균형, 리듬과 비례, 모듈, 표색계, 색상 대비, 색채 조절

01 조형의 구성

1. 조형의 요소

(1) 점

위치를 지정, 가장 작은 면으로 인식할 수 있다.

(2) 선 [15·14·13·11·09·07년 출제]

점의 확장이며, 모든 조형의 기초로 대상의 윤곽이나 덩어리를 나타낼 수 있다. 선의 강약, 굵기, 길이, 속도, 방향 등으로 표현할 수 있다.

① 직선 : 경직, 명료, 단순하고 정직을 표현할 수 있다.

② 수직선 : 고결, 희망, 상승, 존엄, 긴장감을 표현할 수 있다.
[15·14·13·11년 출제]

③ 수평선 : 고요, 안정, 평화, 영원, 정지된 느낌을 줄 수 있다.

④ 사선 : 운동성, 약동감, 불안정, 반항의 동적인 느낌을 줄 수 있다.

⑤ 곡선 : 부드럽고 율동적이며 여성적 느낌을 줄 수 있다.

(3) 면

조형적으로 2차원적인 평면이 3차원적인 입체 내부의 깊이 공간을 표현할 수 있다.

2. 형태의 원리와 종류

(1) 형태의 지각심리

① 근접의 원리 : 한 종류의 형들이 동등한 간격으로 반복되어 있을 경우에는 이를 그룹화하여 평면처럼 지각되고 상하와 좌우의 간격이 다를 경우 수평 또는 수직으로 지각된다.

② 유사의 원리 : 형태, 크기, 색, 질감 등이 비슷한 것끼리 연관되어 보이는 현상을 말한다.

③ 연속의 원리 : 유사한 배열이 하나의 묶음으로 방향성을 지니고 연속되어 보이는 현상이다. [15·13년 출제]

④ 폐쇄의 원리 : 폐쇄된 형태로 묶여 다른 형으로 보이는 현상을 말한다.

예제 01 기출 6회

심리적으로 상승감, 존엄성, 엄숙함 등의 조형 효과를 주는 선의 종류는?

① 사선　　　② 곡선
③ 수평선　　④ 수직선

해설 고딕성당에서 존엄성, 엄숙함을 느낌을 주기 위해 수직선을 강조하여 사용한다.

정답 ④

예제 02 기출 2회

다음 설명에 알맞은 형태의 지각심리는?

공동운명의 법칙이라고도 한다. 유사한 배열로 구성된 형들이 방향성을 지니고 연속되어 보이는 하나의 그룹으로 지각되는 법칙을 말한다.

① 유사성　　② 근접성
③ 폐쇄성　　④ 연속성

해설 유사배열이 하나의 묶음으로 보이는 현상은 연속성이다.

정답 ④

예제 03 기출 2회

다음 설명에 알맞은 형태의 종류는?

- 구체적 형태를 생략 또는 과장의 과정을 거쳐 재구성한 형태이다.
- 대부분의 경우 재구성된 원래의 형태를 알아보기 어렵다.

① 자연적 형태
② 현실적 형태
③ 추상적 형태
④ 이념적 형태

해설 재구성으로 원래의 형태를 알아보기 어려운 형태는 추상적 형태이다.

정답 ③

(2) 형태의 종류

1) 이념적 형태

인간의 지각, 즉 시각과 촉각 등으로 직접 느낄 수 없고 개념적으로만 제시될 수 있는 형태이다.

① 순수형태 : 기하학적으로 취급한 점, 선, 면 등의 구성요소를 기본으로 한다.

② 추상적 형태 : 구체적 형태를 생략 또는 과장의 과정을 거쳐 재구성된 형태이며, 대부분의 경우 재구성된 원래의 형태를 알아보기 어렵다. [21·15년 출제]

2) 현실적 형태

① 자연적 형태 : 인간의 의지와 요구에 상관없이 우리 주변에 존재하며 자연형상에 변화하며 새로운 형을 만들어간다.

② 인위적 형태 : 사람의 의사에 따라 형성되고 타율적으로 형성되어 가는 형태를 말한다.

3) 그물망 형식 [20·14년 출제]

동일한 형이나 공간의 연속으로 이루어진 구조적 형식으로서 격자형이라고도 불리며 형과 공간뿐만 아니라 경우에 따라서는 크기, 위치, 방위도 동일하다.

◆ SECTION ◆

02 건축형태의 구성

1. 통일과 변화

(1) 통일 [08년 출제]

① 건축물 전체에 비슷한 요소를 반복적으로 적용하여 안정된 느낌을 줄 수 있다.

② 건축물에서 공통되는 요소에 의해 전체를 일관되게 보이도록 하는 요소이다. 너무 지나치면 단조롭다.

(2) 변화

통일에 대비되는 원리로 통일된 요소에서 벗어나 다양한 느낌을 얻어내는 방법이 된다.

2. 조화와 균형

(1) 조화 [07년 출제]

① 둘 이상의 요소의 상호 관계에서 전체적인 조립방법이 모순 없이 질서를 잡는 것이다.

② 부분과 부분 및 부분과 전체 사이에 안정된 관련성을 준다.

(2) 균형 [15·10년 출제]

① 시각적 무게의 평형을 뜻하며 부분과 부분, 부분과 전체 사이에서 균형의 힘에 의해 쾌적한 느낌을 줄 수 있다.

② 크기가 큰 것, 불규칙적인 것, 색상이 어두운 것, 거친 질감, 차가운 색이 시각적 중량감이 크다.

3. 리듬과 비례

(1) 리듬 [16·11·08년 출제]

규칙적인 요소들의 반복으로 디자인에 시각적인 질서를 부여하는 통제된 운동감각을 의미한다.

(2) 비례

① 대소의 분량, 장단의 차이, 부분과 부분 또는 전체와 부분과의 크기와 면적 등 상호 일정한 관계를 수적 비율로 정리하는 것이다.

② 황금비는 1 : 1.618의 비율이고, 루트비의 대표인 종이의 크기가 1 : $\sqrt{2}$ 이다. [15·13년 출제]

4. 대비 [16·07년 출제]

디자인의 기본원리 중 성질이나 질량이 전혀 다른 둘 이상의 것이 동일한 공간에 배열될 때 서로의 특질을 한층 돋보이게 하는 현상이다.

5. 모듈

(1) 개념

공업제품의 제작이나 건축물의 설계나 조립 시에 적용하는 기준이 되는 치수 및 단위이다.

예제 04   기출 3회

건축형태의 구성원리 중 인간의 주의력에 의해 감지되는 시각적 무게의 평형상태를 의미하는 것은?

① 균형   ② 리듬
③ 비례   ④ 강조

해설 시각적 무게의 평형을 뜻하며 부분과 부분, 부분과 전체 사이에서 균형의 힘에 의해 쾌적한 느낌을 줄 수 있다. 종류로 대칭 균형, 비대칭 균형, 시각적 균형 등이 있다.

정답 ①

예제 05   기출 3회

건축 형태의 구성 원리 중 일반적으로 규칙적인 요소들의 반복으로 디자인에 시각적 질서를 부여하는 통제된 운동감각을 의미하는 것은?

① 리듬   ② 균형
③ 강조   ④ 조화

해설 리듬은 반복에 의한 통제된 운동 감각을 의미한다.

정답 ①

예제 06   기출 2회

형태의 조화로서 황금비례의 비율은?

① 1 : 1   ② 1 : 1.414
③ 1 : 1.618   ④ 1 : 3.141

해설 황금비율은 1 : 1.6180이다.

정답 ③

예제 07　기출 2회

건축에서의 모듈적용에 관한 설명으로 옳지 않은 것은?

① 공사기간이 단축된다.
② 대량생산이 용이하다.
③ 현장작업이 단순하다.
④ 설계작업이 복잡하다.

해설 설계작업도 단순화, 표준화되어 공기를 단축시킬 수 있다.

정답 ④

(2) 종류

① 기본모듈 : 1M으로 치수는 10cm를 기준으로 한다.
② 수직모듈 : 2M으로 치수는 20cm를 기준으로 한다.
③ 수평모듈 : 3M으로 치수는 30cm를 기준으로 한다.

(3) 모듈 적용 시 유리한 점 [14·10년 출제]

① 건축 구성재의 대량 생산이 용이하다.
② 설계작업과 현장작업이 단순화, 표준화되어 공기가 단축된다.
③ 공정이 간단하여 생산단가가 내려간다.

◆ SECTION ◆

03 색채계획

1. 색의 요소

(1) 개념 [21·20·16·15년 출제]

예제 08　기출 3회

먼셀의 표색계에서 5R 4/14로 표시되었다면 이 색의 명도는?

① 1　　　② 4
③ 5　　　④ 14

해설 5R 4/14는 빨강의 순색을 표시한 것으로 5R은 색상, 4는 명도, 14는 채도를 의미한다.

정답 ②

① 색의 3요소는 색상, 명도, 채도의 세 가지 속성으로 나눠 먼셀의 표색계에서 H(색상)V(명도)/C(채도)로 표시한다.
② 빨강·녹색·파랑을 색광의 3원색이라고 하고, 노랑·빨강·파랑을 색료의 3원색이라고 한다. [13년 출제]

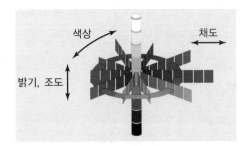

(2) 먼셀 표색계 [10년 출제]

1) 색상

① 색상을 띠지 않는 색을 무채색, 나머지 색상을 유채색으로 구별한다.
② 기본색(5개)은 빨강, 노랑, 녹색, 파랑, 보라이다. [16년 출제]
③ 기본색상(10개)은 빨강, 주황, 노랑, 연두, 녹색, 청록, 파랑, 남색, 보라, 자주이다. [07년 출제]

④ 보색관계 [06년 출제]

빨강과 청록, 보라와 연두, 노랑과 남색, 파랑과 주황, 자주와 녹색 등이 있다.

2) 명도 [09·07년 출제]

색의 밝고 어두운 정도로 무게감이 가장 많이 영향을 미친다.

3) 채도

색의 선명하고 탁한 정도로 무채색을 0으로 하고, 채도가 가장 높은 순색의 빨간색의 채도를 14로 한다.

4) 순색 [15·12·09년 출제]

① 하나의 색상에서 무채색의 포함량이 가장 적은 색을 말한다.
② 빨강의 순색일 경우 5R 4/14로 표시된다. [06년 출제]

(3) **명시도** [16·12·11년 출제]

같은 빛, 같은 크기, 같은 그림, 같은 거리로부터 확실히 보이는가 안 보이는가의 정도로 색의 3속성의 차이에 따라 다르게 나타나지만 배경과의 명도 차이에 가장 민감하게 나타난다.

(4) **연변 대비** [14년 출제]

어떤 두 색이 서로 가까이 있을 때 그 경계의 언저리 부분이 다른 먼 부분보다 더 강한 색채대비가 일어나는 현상을 말한다. 인접색이 저명도인 경계 부분은 더 밝아 보이고, 고명도인 경계 부분은 더 어두워 보인다.

2. 색채계획

건물의 색채 계획에서는 주변과의 조화를 가장 먼저 고려한다. [07년 출제]

(1) **실내 색채계획** [12년 출제]

① 주가 되는 색을 명확히 선정한다.
② 사용되는 색의 수는 되도록 적게 하여 통일감을 준다.
③ 각 실의 위치, 밝기, 조명 등의 영향을 고려한다.
④ 색의 팽창과 수축성에 다른 실의 확대, 축소감에 유의한다.

(2) **주택 색채계획**

① 건물의 외벽은 일반적으로 밝은 색으로 하는 것이 원칙이며, 부분적으로 어두운 색을 써서 대비감을 주기도 한다.

예제 09   기출 2회

어떤 하나의 색상에서 무채색의 포함량이 가장 적은 색은?

① 명색   ② 순색
③ 탁색   ④ 암색

해설 순색은 무채색의 포함량이 적어 깨끗한 색으로 보인다.

정답 ②

예제 10   기출 3회

색의 명시도에 가장 큰 영향을 끼치는

① 색상 차   ② 명도 차
③ 채도 차   ④ 질감 차

해설 명시도에 가장 영향을 많이 주는 것은 명도 차이다.

정답 ②

예제 11   기출 1회

실내 색채계획에 관한 설명으로 옳지 않은 것은?

① 주가 되는 색을 명확히 선정한다.
② 사용되는 색의 수는 되도록 많게 한다.
③ 각 실의 위치, 밝기, 조명 등의 영향을 고려한다.
④ 색의 팽창과 수축성에 따른 실의 확대, 축소감에 유의한다.

해설 색채계획에서 사용되는 색의 수는 되도록 적게 하여 통일감을 준다.

정답 ②

② 거실 천장은 조명 효과를 고려할 경우에는 반사율이 높은 색을 사용한다. [08년 출제]

③ 응접실은 격조 있는 밝은 저채도의 색상을 기초로 한다.

④ 현관은 서먹한 기분이 들지 않게 부드러운 엷은 색이 무난하다.

(3) 학교 색채계획

① 교실은 밝은 계통으로 하되 고채도는 피한다. 명도는 6~7 정도로 한다.

② 복도는 자유로운 색채를 사용한다.

③ 도서실, 교무실은 엷은 그린색 계통으로 차분하게 사용한다.

(4) 식당 색채계획

난색 계통은 식욕을 돋워 주며, 한색 계열은 피하는 것이 좋다.

◀ TIP ▶

안전 색채계획 예

① 교실 벽 : 담록색
② 수영풀 수조 내부 : 녹색
③ 암실 : 흑색
④ 병원의 수술실 : 녹색

(5) 안전 색채계획

① 빨강 : 방화, 멈춤, 금지(방화 표시, 소화전)

② 주황 : 위험(재난, 상해 위험 표시)

③ 노랑 : 주의(충돌, 추락의 위험 표시)

④ 녹색 : 안전, 진행, 구급, 구호(비상구, 응급실, 대피소, 수술실)
    [08년 출제]

⑤ 파랑 : 전기 위험 경고, 조심 표시(수리 중, 휴식 장소)

⑥ 자주 : 방사능 표시(노란색 바탕)

⑦ 흰색 : 도로 장애물이나 통로의 방향 표시

⑧ 검은색 : 주황, 노랑을 잘 나타내 주기 위한 보호색으로 사용

MEMO

CHAPTER
03

건축환경계획

◆ 핵심내용 정리 ◆ · · · 자연환경은 주거형식과 생활양식에 크게 영향을 미치고 있다.

◆ 학습 POINT ◆ · · · 회당 1문제 정도로 잘 출제되지는 않지만 가끔 2문제가 나오기도 한다.
정독하기 바라고, 최신 출제경향으로 공부한다.

◆ 학습목표 ◆ · · · 1. 기후적 요소에 대해 익힌다.
2. 일조계획을 익혀 건축계획에 활용한다.
3. 쾌적환경 기후와 조건에 대해 알아본다.
4. 결로의 원인과 방지대책을 알아본다.
5. 음 · 빛환경의 영향에 대해 이해한다.

◆ 주요용어 ◆ · · · 노점온도, 유효온도, 인동간격, 전도, 대류, 복사, 결로, 외단열, 이산화탄소,
잔향시간

01 자연환경

1. 기후적 요소

(1) 기온

① 공기의 온도이며, 계절에 따른 태양 에너지이다.

② 일교차 : 하루 중의 최고기온과 최저기온의 차이다. [10년 출제]

③ 연교차 : 1년 중 월평균 최고 기온과 최저 기온의 차이다.

(2) 습도

① 공기 중의 수증기가 포함된 정도로 공기의 건습 정도이다.

② 절대 습도 : 1kg의 건조 공기 중에 포함된 수증기량으로 온도변화의 영향을 받지 않는다.

③ 상대습도 : 공기가 최대로 포함할 수 있는 수증기량에 대해 현재 실제 포함된 수증기량을 비율로 나타낸 것이다. 기온이 높아질수록 상대습도는 내려간다.

④ 노점온도 [21·14년 출제]

습도가 높은 공기를 냉각하면 공기 중의 수분이 그 이상은 수증기로 존재할 수 없는 한계를 노점온도라 한다. 이 공기가 노점온도 이하의 차가운 벽면 등에 닿으면 그 벽면에 물방울이 생기는데, 이를 결로현상이라 한다.

2. 일조 및 배치 계획

(1) 일조 [11년 출제]

태양이 직접 비치는 직사광으로 열적 효과, 광 효과, 생리적 효과를 볼 수 있다.

1) 일조계획 [10·07년 출제]

① 건물배치는 정남향보다는 동남향이 좋다. 최소 일조시간은 동지기준 4시간 이상으로 한다.

② 일조는 동지에 주택 깊숙이 해가 들며, 하지에는 햇빛이 들지 않는다.

예제 01   기출 1회

다음 중 일교차에 대한 설명으로 옳은 것은?

① 하루 중의 최고 기온과 최저 기온의 차이
② 월평균 기온의 연중 최저와 최고의 차이
③ 기온의 역전 현상
④ 일평균 기온의 연중 최저와 최고의 차이

정답 ①

예제 02   기출 1회

다음 중 일조의 직접적인 효과로 볼 수 없는 것은?

① 광 효과   ② 열 효과
③ 환기 효과   ④ 생리적 효과

해설 환기는 인동간격의 통풍과 관계있다.

정답 ③

<table>
</table>

예제 03 기출 3회

인동간격의 결정 요소와 가장 거리가 먼 것은?

① 일조 ② 경관
③ 채광 ④ 통풍

해설 경관은 대지의 위치가 어디에 있는지가 중요하다.

정답 ②

예제 04 기출 3회

다음 중 건물의 일조 조절에 이용되지 않는 것은?

① 차양 ② 루버
③ 이중창 ④ 블라인드

해설 이중창은 단열효과를 위해 설치하는 창이다.

정답 ③

2) 인동간격 [09·08년 출제]

　① 남북 간의 인동간격은 일조와 채광이 유리하다.
　② 동서 간의 인동간격은 통풍과 방화에 유리하다.

(2) **일조 조절** [14·13년 출제]

　① 겨울에 일조를 충분히 받아들이고 여름에 차폐를 충분히 할 수 있는 것이 가장 이상적이다.
　② 일조 조절 장치에는 루버가 있다.(평루버, 연직 루버, 격자 루버, 가동 루버, 고정 루버)
　③ 차양은 단순하나 효과가 크고 발코니는 차양을 바닥으로 이용 가능하다.
　④ 흡열 유리는 일반 유리 대신 차양으로 효과가 있다.
　⑤ 식수는 재반사가 적으므로 효과가 크다.

◆ SECTION ◆

02 열환경

1. 열환경과 체감

(1) 인체의 열 손실

　① 손실률 : 복사(45%) > 대류(30%) > 증발(25%) 순이다.
　② 현열 : 온도의 오르내림에 따라 출입하는 열로서 복사와 대류에 의한 것이다.
　③ 잠열 : 증발, 응축 등 상태 변화에 따라 출입하는 열이다.

(2) 쾌적환경 기후와 조건

예제 05 기출 7회

기온, 습도, 기류의 3요소의 조합에 의한 실내 온열감각을 기온의 척도로 나타낸 것은?

① 유효온도 ② 작용온도
③ 등가온도 ④ 불쾌지수

해설 감각온도, 실감온도, 유효온도라고도 한다.

정답 ①

1) 유효온도 [16·13·12·11·08·07년 출제]

　① 감각온도 또는 실감온도라 하며 온도, 습도, 기류의 3요소가 포함된다.
　② 주택 실내의 쾌적온도는 18도, 습도는 60% 정도이다.

2) 열환경의 4요소(온열 요소) [08년 출제]

　① 기온, 습도, 기류, 복사열(주위 벽의 열 복사)을 말한다.
　② 열환경 4요소 중 체감에 영향을 끼치는 요소는 기온이다.

2. 건축에서의 열전달

(1) 전열 [12·11·06년 출제]

열이 고온 측에서 저온 측으로 흐르는 현상, 건축물 구조체를 사이에 두고 양쪽의 공기에 온도 차가 있는 경우 열의 흐름을 말한다.

① 전도 : 고체 내부 속을 고온부에서 저온부로 열이 이동하는 현상으로 벽체 내의 열 흐름 현상이다.

② 대류 : 유체(공기, 물)입자가 따뜻해지면 팽창해서 밀도가 작아져 상승하고, 차가워진 주위의 유체가 아래로 내려가는 현상이다.

③ 복사 : 빛과 같이 물체의 전자운동으로 방출되는 전자파에 의한 열 이동 현상이며 에너지가 전달 매개체가 없이 직접 도달한다.

(2) 건물 내의 전열과정

1) 열전도

① 고온부에서 저온부로 열이 이동하는 현상으로 벽체 내의 열 흐름 현상이다.

② 열전도율(kcal/mh℃＝W/mk)

2) 열전달

고체 벽과 이에 접하는 공기층과의 전열현상으로 전도, 대류, 복사가 조합된 상태이다.

3) 열관류 [15·12년 출제]

① 열관류의 이동과정은 고온 측 고체 표면으로부터의 열전달, 고체 내 열전도, 저온 측 고체 표면으로부터의 열전달의 순으로 일어난다.(열의 전달 → 전도 → 전달)

② 열관류율이 큰 재료일수록 단열성이 낮다.

③ 기호는 K 또는 U를 사용하며, 단위는 kcal/m² · h · ℃＝W/m² · K이다.

④ 열관류율의 역수를 열관류저항(m² · h · ℃/kcal)이라 하며, 이 값이 클수록 단열성이 좋다.

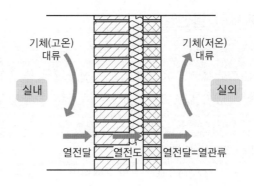

기체(고온) 대류   기체(저온) 대류

실내   실외

열전달   열전도   열전달=열관류

3. 결로

(1) 원인 [07년 출제]

① 습한 공기의 냉각으로 벽, 유리창 등에 이슬이 맺히는 현상이다.

② 실내외의 온도차, 실내 습기 과다, 환기 부족, 시공 불량, 시공 직후의 미건조 등이 있다.

(2) 결로의 종류

1) 표면결로

실내의 습한 공기가 벽, 천장, 바닥, 창유리의 표면에 접촉하였을 때 공기의 노점온도보다 낮을 때 표면에 발생한다. [21·14년 출제]

2) 내부결로

벽체 내부의 수증기가 온도저하에 따라 응결하는 현상이다.

(3) 결로방지법 [14·07년 출제]

① 환기에 의해 실내 절대습도를 저하한다.

② 실내의 수증기 발생을 억제한다.

③ 부엌, 욕실에서 발생하는 수증기를 외부로 뺀다.

④ 가능한 한 실내에 저온부분을 만들지 않는다.

⑤ 내부 표면온도를 올리고, 실내 기온을 노점 이상으로 유지한다.

⑥ 높은 온도로 난방시간을 짧게 하는 것보다 낮은 온도로 난방시간을 길게 하는 것이 좋다.

(4) 단열계획 [14년 출제]

1) 내단열

① 내단열의 장점

㉠ 시공이 간편하다.

TIP

결로하기 쉬운 곳 [06년 출제]

① 구조체의 단열성능이 부족한 곳에 생긴다.

② 현관 주위의 칸막이 벽 등 내벽에 일어나는 경우도 있고, 특히 외향 벽이나 최상층의 천장에 일어나기 쉽다.

③ 구조상 일부 벽이 얇아지거나 재료가 다른 열관류 저항이 작은 부분이 생기면 결로하기 쉬운데 이러한 부분을 열교라 한다.

예제 08   기출 3회

실내의 결로 방지방법 중 가장 효과가 적은 것은?

① 실내를 자주 환기한다.

② 건물 내부의 표면온도를 올리고, 실내기온을 노점 이상으로 유지시킨다.

③ 실내의 수증기 발생을 억제한다.

④ 실내 벽면을 방수재료로 마무리한다.

해설 방수재료는 외부에서 발생한 물기가 내부로 침입하는 것을 방지하기 때문에 내부에서 발생한 수증기인 결로의 해결책이 아니다.

정답 ④

ⓛ 공사비가 싸다.

② 내단열의 단점

ㄱ 결손부위, 즉 단열재가 끊기는 부위가 발생한다.

ⓛ 결로발생이 많다.

2) 외단열

① 외단열의 장점

ㄱ 단열성능 확보가 가능하다.(건물의 외곽을 감싸기 때문에 단열
성능이 좋다.)

ⓛ 열교 발생이 적다.

ⓒ 구조체 열화가 방지된다.

② 외단열의 단점

ㄱ 외부에서 작업해야 하므로 시공이 어렵다.(시공의 정밀도가
확보되어야 하고 정확한 공정계획이 수행되어야 한다.)

ⓛ 공사비가 비싸다.(인건비가 상승하고 단열자재의 공사비
가 증가된다.)

3) 건축물의 에너지 절약을 위한 단열계획 [20·14년 출제]

① 외벽 부위는 외단열 시공을 한다.

② 건물의 창호는 가능한 한 작게 설계한다.

③ 태양열 유입에 의한 냉방부하의 저감을 위하여 태양열 차폐장
치를 설치한다.

④ 외피의 모서리 부분은 열교가 발생하지 않도록 단열재를 연속
적으로 설치하고 충분히 단열되도록 한다.

예제 09   기출 2회

건축물의 에너지절약을 위한 단열계
획으로 옳지 않은 것은?

① 외벽 부위는 내단열 시공을 한다.
② 건물의 창호는 가능한 한 작게 설
계한다.
③ 태양열 유입에 의한 냉방부하 저
감을 위하여 태양열 차폐장치를
설치한다.
④ 외피의 모서리 부분은 열교가 발
생하지 않도록 단열재를 연속적
으로 설치하고 충분히 단열되도
록 한다.

해설 외벽 부위는 외단열 시공이 더 유
리하다.

정답 ①

03 공기환경

1. 실내공기의 오염

(1) 실내공기의 오염원인

① 호흡작용 : 재실자로 인한 이산화탄소의 증가와 산소의 감소
② 신체활동 : 냄새와 거동, 의복에서의 먼지, 흡연 등
③ 연소 : 취사 및 급탕에 의한 이산화탄소, 일산화탄소의 발생과 공기 건조로 먼지 및 각종 세균 증가
④ 건축재료 : 석면, 라돈, 포름알데히드 등

(2) 이산화탄소의 발생량 [15·13·11·10·07년 출제]

실내공기오염도의 종합적 지표를 이산화탄소의 농도로 본다.

예제 10 기출 5회

실내공기오염의 종합적 지표가 되는 오염물질은?
① 먼지　　　② 산소
③ 이산화탄소　④ 일산화탄소

해설 실내환기의 척도로 이산화탄소 농도를 확인한다.

정답 ③

2. 환기

(1) 환기량

① 1인당 환기량(m³/h · 인)
② 환기횟수 $n = Q / N$ (회/h)
③ 단위바닥 면적당의 환기량(m³/h×m²)

(2) 환기 기준

1) 별도의 환기장치가 없는 바닥

건축법에서 면적의 1/20 이상의 환기에 유효한 개구부 면적을 확보하도록 규정하고 있다.

2) 창이 없는 거실 및 집회실의 경우

1인당 20m³/h 이상의 환기량을 요구한다.

(3) 자연환기

① 풍력환기 : 외기의 바람(풍력)에 의한 환기로 실 개구부의 배치에 따라 많은 차이가 있다.
② 중력환기 : 부력에 의한, 즉 실내외 공기의 온도차에 의해 환기를 할 수 있다. [10년 출제]

04 음환경

1. 음의 성질

(1) 소리의 3요소

소리의 높이, 소리의 세기(강도), 음색

(2) 음의 세기

물리적인 양(세기)을 표현할 때, 소음 측정 단위는 데시벨(dB)을 사용한다.

(3) 음의 크기

음의 감각적인 크기를 표현할 때는 폰(Phon)을 쓴다.

2. 잔향 이론

(1) 잔향

음원을 정지시킨 후 일정시간 동안 실내에 소리가 남는 현상을 말한다.

(2) 잔향시간 [16·10·09년 출제]

① 실내음의 발생을 중지시킨 후 60dB까지 감소하는 데 소요되는 시간을 말한다.

② 잔향시간은 실의 용적에 비례하고, 벽면의 흡음도에 반비례하며, 실형태와는 관계가 없다.

③ 강연이나 연극 등 언어를 사용하는 실내의 경우 잔향시간을 짧게 하여 음성의 명료도를 높이며, 오케스트라, 뮤지컬 등 음악을 주로 하는 경우 잔향시간을 길게 하여 음악의 음질을 우선으로 한다.

▶TIP◀

방음장치

① 흡음장치 : 소리를 흡수하는 장치로 섬유질, 석고보드, 발포플라스틱이 있다.
② 차음장치 : 소리를 차단하는 장치로 단단하고 치밀한 금속판, 콘크리트가 있다.

예제 11   기출 3회

잔향시간에 대한 설명으로 옳지 않은 것은?

① 실의 용적에 비례한다.
② 실의 흡음력에 비례한다.
③ 일반적으로 잔향시간이 짧을수록 명료도는 높아진다.
④ 음악을 주목적으로 하는 실의 경우는 잔향시간을 비교적 길게 계획하는 것이 좋다.

해설 잔향시간은 벽면의 흡음도에 반비례하며, 실형태와는 관계가 없다.

정답 ②

05 빛환경

1. 빛과 조명의 요소

(1) 조도(룩스, lx)

① 단위 평면위에 입사하는 빛의 양으로 장소에 대한 밝기를 나타낸다.

② 조도와 거리의 관계
- 조도(lux) $E = $ 광속(lm)/조사면적(m²)도 되고
  조도(lux) $E = $ 광도(cd)/[거리(m)]²도 된다.
- 조도는 광원으로부터의 거리가 2배가 되면 $\frac{1}{4}$, 거리가 3배가 되면 $\frac{1}{9}$이 된다.

(2) 현휘(Glare, 눈부심 현상)

시야 내에 눈이 순응하고 있는 휘도보다 현저하게 휘도가 높은 부분이 있거나 대비가 현저하게 큰 부분이 있어 잘 보이지 않거나 불쾌한 느낌을 주는 현상을 현휘라 한다.

(3) 광속(루멘, lm) [12년 출제]

빛의 방사 에너지가 일정한 면을 통과하는 비율 또는 광원으로부터 방출되는 빛의 양을 나타낸다.

(4) 휘도[니트, nt(cd/cm²)]

① 빛을 받는 반사면에서 나오는 광도의 면적을 휘도라 한다.
② 휘도 차에서 오는 눈부심을 적게 하는 적정 조명도와 균일한 조명도를 유지하는 것이 중요하다.

(5) 광도(칸델라, cd)

광원의 세기를 나타낸다.

예제 12   기출 1회

조명과 관련된 단위의 연결이 옳지 않은 것은?

① 광속 : N   ② 광도 : cd
③ 휘도 : nt   ④ 조도 : lx

해설 광속 : lm

정답 ①

MEMO

주거건축계획

◆ **핵심내용 정리** ◆ • • • 주거건축계획은 생활을 쾌적하게 하고 가사노동을 절감해 준다.

◆ **학습 POINT** ◆ • • • **회당 4~6문제**가 출제된다. 최신 출제경향으로 공부한다.

◆ **학습목표** ◆ • • • 1. 주택계획의 기본방향을 익힌다.
2. 건물의 배치계획을 익힌다.
3. 각 실의 기능 및 위치를 이해한다.
4. 식당의 배치 유형에 대해 이해한다.
5. 연립주택의 종류의 개념을 이해한다.
6. 단위주거 단면구성과 단위평면의 구성의 개념을 이해한다.
7. 주택단지계획의 단위를 이해한다.

◆ **주요용어** ◆ • • • 한식주택과 양식주택의 비교, 건물의 배치, 동선계획, 식당의 배치, 타운 하우스, 부엌의 배치, 홀형, 집중형, 플랫형, 스킵형, 메조넷형, 단위평면의 구성, 인보구, 근린분구, 근린주구

01 주택계획과 분류

1. 주택계획의 기본 방향

(1) 주택계획의 기본 목표

1) 생활의 쾌적함

정신적 안정과 생활 의욕, 재충전을 고양할 수 있게 조성한다.

2) 가사노동의 절감

능률이 좋은 부엌시설과 설비의 현대화를 추구하여 주부의 동선을 단축한다.

3) 가족 본위의 거주

가족생활을 중심으로 한 공간구성으로 가족 전체의 단란을 위한다.

4) 개인의 프라이버시 확립

개인의 프라이버시를 유지하고 침해하지 않도록 노력한다.

5) 활동성 증대를 위한 입식생활 도입

편리한 가구와 평면으로 자유롭고 편리하게 생활할 수 있게 한다.

(2) 주생활 수준의 기준 [16·15년 출제]

주생활 수준의 기준은 1인당 주거면적으로 나타낸다. (건축 연면적의 50~60%)

① 1인당 점유 바닥면적(주거면적) : 최소 10m², 표준 16m²

② 숑바르 드 로브의 한계기준 : 14m²/인, 병리기준 : 8m²/인

2. 주택의 분류

① 주택의 종류

㉠ 단독주택의 종류 [10·07년 출제]

단독주택	가정 보육시설이 포함된다.
다중주택	학생, 직장인 등 다수인이 장기간 거주할 수 있는 구조로 된 주택으로, 연면적 330m² 이하, 3층 이하인 것을 말한다.
다가구주택	주택으로 쓰이는 바닥면적의 합계가 660m² 이하이며, 3개 층 이하 19세대 이하가 거주할 수 있는 주택으로 공동주택에 해당하지 않는 것을 말한다.
공관	공공 시설 건물을 말한다.

예제 01   기출 2회

사회학자 숑바르 드 로브의 주거면적 기준 중 한계기준으로 옳은 것은?

① 8m²/인   ② 10m²/인
③ 14m²/인   ④ 16.5m²/인

해설 병리기준은 8m²/인이고 한계기준은 14m²/인이다.

정답 ③

TIP

각국의 주거면적 기준

① UIOP(세계가족단체협회) : 16m²/인
② Frank Am Mein의 국제주거회의 : 15m²/인

예제 02 기출 7회

건축법령상 공동주택에 속하지 않는 것은?

① 기숙사 ② 연립주택
③ 다가구주택 ④ 다세대주택

해설 다가구주택은 단독주택의 한 종류이다.

정답 ③

Ⓛ 공동주택의 종류 [21·16·15·13·12·11·09·08년 출제]

아파트	주택으로 사용하는 층수가 5개 층 이상인 것을 말한다.
연립 주택	주택으로 사용하는 1개 동의 연면적이 660m² 초과하고, 4개 층 이하인 것을 말한다.
다세대주택	주택으로 사용하는 1개 동의 연면적이 660m² 이하이고, 4개 층 이하인 것을 말한다.
기숙사	독립된 주거형태가 아닌 학교나 공장의 학생, 종업원을 위해 사용하는 것이다.

② 생활양식 : 한식주택, 양식주택

③ 구조재료 : 목조주택, 조적조주택, 철근콘크리트주택, 조립식 주택

④ 지역에 따른 분류 : 도시주택, 농·어촌주택, 전원주택

◆ SECTION ◆

02 주거생활의 이해

1. 주거의 기능별 공간 이해

(1) 개인(정적) 공간 [21·20·15·13·11·07년 출제]

각 개인의 사생활을 위한 사적 및 독립성이 가장 확보된 공간을 말한다.(침실, 서재, 작업실)

예제 03 기출 9회

주택의 주거공간을 공동공간과 개인공간으로 구분할 경우, 다음 중 개인공간에 해당하지 않는 것은?

① 서재 ② 침실
③ 작업실 ④ 응접실

해설 사회적 공간으로 응접실, 거실, 식당, 현관이 있다.

정답 ④

(2) 노동 및 작업 공간

가사노동을 위한 공간을 말한다.(부엌, 세탁실, 창고, 다용도실)

(3) 사회(동적) 공간 [21·15·14·13·12·11·07·06년 출제]

가족 중심의 공간으로 모두 같이 사용하는 공간을 말한다.(거실, 응접실, 식당, 현관)

(4) 위생적(생리적 기능) 공간

건강을 유지하기 위한 위생적이고 쾌적한 공간을 말한다.(욕실, 화장실)

2. 한식주택과 양식주택의 비교 [21·20·15·14·12·11·10·08·06년 출제]

요소	한식 주생활 양식	양식 주생활 양식
평면적 차이	각 실의 조합	각 실의 분화
	위치 벽식의 구분	기능별 구분
구조적 차이	목조 가구식	벽돌 조적식
	바닥이 높고 개구부가 크다.	바닥이 낮고 개구부가 작다.
관습적 차이	좌식 생활	입식 생활
용도적 차이	각 실의 다기능 (융통성이 높다.)	실의 용도 단일기능
가구의 차이	부수적 요소	중요한 내용물

예제 04 기출 12회

한식주택의 특징으로 옳지 않은 것은?

① 좌식 생활 중심이다.
② 공간의 융통성이 낮다.
③ 가구는 부수적인 내용물이다.
④ 평면은 실의 위치별 분화이다.

해설 한식주택에서는 각 실이 다기능으로 사용된다.

정답 ②

◆ SECTION ◆

 03 배치 및 평면계획

1. 배치계획

(1) 대지의 선정 [08년 출제]

1) 자연적 조건

① 일조, 통풍이 좋고 매립지, 저습지, 부식토질 등이 아닌 곳
② 부지가 정형 또는 구형인 곳, 경사지에서의 구배는 되도록 1/10 이하일 것

2) 사회적 조건

① 교통이 편리하고, 학교, 의료시설, 판매시설이 주변에 있을 것
② 상하수도, 가스, 전기, 통신시설 등이 갖추어 있고 소음, 공해 등이 없을 것

(2) 건물의 배치

① 인동간격을 충분히 고려하여 일조, 통풍, 채광, 방재, 프라이버시 등을 검토한다. [09·08년 출제]
② 인접도로에서의 접근관계를 고려하고 장래의 확장에 따른 증축 문제를 고려한다.

예제 05 기출 1회

다음의 주택 대지에 대한 설명 중 옳지 않은 것은?

① 대지의 모양은 정사각형이나 직사각형에 가까운 것이 좋다.
② 경사지일 경우 기울기는 1/10 정도가 적당하다.
③ 대지가 작으면 일조, 통풍, 독립성 등의 확보가 용이하고 평면계획에 제약을 받지 않는다.
④ 대지의 방위는 지방에 따라 다르지만, 남향이 좋다.

해설 대지가 작으면 여러 면에서 제약을 많이 받는다.

정답 ③

CHAPTER 04. 주거건축계획 **33**

2. 평면계획 [10·09년 출제]

(1) 생활공간에 의한 분류 [11년 출제]

① 사적인 생활공간 : 취침, 공부

② 보건, 위생공간 : 욕실, 변소, 부엌, 가사실

③ 단란한 생활공간 : 오락, 휴식, 식사

(2) 지대별 계획

① 구성원끼리 유사한 것은 서로 접근

② 시간적 요소가 같은 것끼리 접근(주방 – 식당) [07년 출제]

③ 유사한 요소는 서로 공용(주방 – 다용도실)

④ 상호 간 다른 요소는 분리, 격리(식당 – 화장실) [13년 출제]

(3) 동선계획 [21·15·14·12·09·07·06년 출제]

① 단순, 명쾌하게 하며 빈도가 높은 동선은 짧게 처리한다.

② 상호 간에 상이한 유형의 동선은 명확히 분리하는 것이 좋다.

③ 개인, 사회, 가사노동권의 동선은 상호 간 분리하는 것이 좋다.

④ 수평동선과 수직동선으로 나누어 생각할 때 수평동선은 복도 등이
부담하고 수직동선은 계단이 부담한다.

⑤ 가사노동의 동선은 되도록 남쪽에 오도록 하고, 짧게 한다.

⑥ 동선에는 공간이 필요하고 가구를 두지 않는다.

⑦ 주택설계 시 가장 큰 비중을 두는 것은 가사노동의 경감을 위한 주부
의 동선이다.

※ 동선의 3요소 [20·16·14·12·11·10·09년 출제]

속도(길이), 빈도, 하중

(4) 방위

실의 배치와 개구부, 창의 위치, 전망, 바람, 채광 등을 고려한다.

① **동쪽** : 침실, 식당이 적당하다.

② **서쪽** : 욕실, 건조실, 탈의실이 적당하다.

③ **남쪽** : 거실, 아동실, 노인실이 적당하다.

④ **북쪽** : 화장실, 보일러실이 적당하다.

예제 06   기출 11회

동선계획의 일반적인 원칙에 대한 설명 중 옳지 않은 것은?

① 동선은 직선이고 간단해야 한다.
② 동선은 한곳에 집중시켜야 한다.
③ 동선은 될 수 있으면 짧아야 한다.
④ 서로 다른 동선은 서로 교차하지 않도록 한다.

해설 상이한 유형의 동선은 분리하고 같은 유형은 근접시킨다.

정답 ②

예제 07   기출 8회

동선계획에서 고려되는 동선의 3요소에 속하지 않는 것은?

① 길이   ② 빈도
③ 하중   ④ 공간

해설 길이(속도), 빈도, 하중은 동선계획에서 중요한 3요소이다.

정답 ④

04 단위공간계획

1. 거실

(1) 기능 및 위치

① 가족의 휴식, 대화, 단란한 공동생활의 중심이 되는 곳이다. [11년 출제]

② 주택의 중심에 위치하고 현관, 복도, 계단 등과 근접하되 통로역할은 피한다. [13·09·07·06년 출제]

③ 남향이나 남동쪽으로 일조, 통풍이 좋은 곳으로 한다.

④ 소주택에서는 서재, 응접실, 음악실, 리빙 키친으로 이용된다. [13·10년 출제]

(2) 규모

① 1인당 소요 바닥면적은 4~6m²가 적당하며 건축면적의 30% 정도가 적당하다.

② 가족 수, 가족구성, 전체 주택의 규모, 접객빈도, 주생활 양식에 따라 결정된다.

2. 침실

(1) 기능 및 위치 [21·16·15·12·11·10·09·08·06년 출제]

① 방위는 일조와 통풍이 좋은 남쪽이나 동남쪽이 이상적이다.

② 크기는 사용 인원수, 침구의 종류, 가구의 종류, 통로 등의 사항에 따라 결정된다.

③ 도로 쪽은 피하고, 정원 등의 공지에 면하도록 하는 것이 좋다.

④ 환기 시 통풍의 흐름이 직접 침대 위를 통과하지 않도록 한다.

⑤ 독립성을 확보하고, 다른 실의 통로가 되지 않도록 한다.

(2) 분류

① 부부침실은 독립성이 확보되고 조용한 공간으로 구성한다.

② 어린이침실은 주간에는 공부를 할 수 있고, 유희실을 겸하는 것이 좋다.

③ 노인침실은 1층에 배치하고 일조, 조망과 통풍이 양호한 곳에 위치한다. [20·11·06년 출제]

예제 08   기출 7회

주택의 거실에 관한 설명으로 옳지 않은 것은?

① 가급적 현관에서 가까운 곳에 위치시키는 것이 좋다.

② 거실의 크기는 주택 전체의 규모나 가족 수, 가족구성 등에 의해 결정된다.

③ 전체 평면의 중앙에 배치하여 각실로 통하는 통로로서의 역할을 하도록 한다.

④ 거실의 형태는 일반적으로 직사각형이 정사각형보다 가구의 배치나 실의 활용 측면에서 유리하다.

해설 안정된 거실 분위기를 위해 통로역할은 피하는 것이 좋다.

정답 ③

예제 09   기출 13회

주택의 침실계획에 대한 설명으로 옳지 않은 것은?

① 방위는 일조와 통풍이 좋은 남쪽이나 동남쪽이 이상적이다.

② 침실의 크기는 사용 인원수, 침구의 종류, 가구의 종류, 통로 등의 사항에 따라 결정된다.

③ 노인침실의 경우, 바닥이 고저차가 없어야 하며 위치는 가급적 2층 이상이 좋다.

④ 침실 환기 시 통풍의 흐름이 직접 침대 위를 통과하지 않도록 한다.

해설 노인침실은 1층에 배치하고 일조, 조망, 통풍이 양호한 곳에 위치한다.

정답 ③

예제 10 　　　　기출 1회

주택의 주방과 식당 계획 시 가장 중요하게 고려하여야 할 사항은?

① 채광　　　　② 조명배치
③ 작업동선　　④ 색채조화

해설 동선이 연결되면 주부의 노동력이 절감된다.

정답 ③

예제 11 　　　　기출 8회

부엌의 일부에 간단히 식당을 꾸민 형식은?

① 리빙 키친(Living Kitchen)
② 다이닝 포치(Dining Porch)
③ 다이닝 키친(Dining Kitchen)
④ 다이닝 테라스(Dining Terrace)

해설 다이닝 키친은 부엌에 일부에 식사실을 두어 동선이 짧아 노동력이 절감된다.

정답 ③

예제 12 　　　　기출 3회

다음 설명에 알맞은 주택의 실 구성형식은?

- 소규모 주택에서 많이 사용된다.
- 거실 내에 부엌과 식사실을 설치한 것이다.
- 실을 효율적으로 이용할 수 있다.

① K형　　　　② DK형
③ LD형　　　④ LDK형

해설 리빙 키친은 거실 내에 부엌과 식사실을 설치하기 때문에 환기에 주의해야 한다.

정답 ④

3. 식당

(1) 기능 및 위치

① 식당은 부엌과 거실의 중간 위치에 배치하는 것이 좋다.

② 색채는 난색개통으로 하는 것이 좋다. [16·13년 출제]

② 작업동선 : 가사작업의 흐름을 위해 식당 – 부엌 – 가사실을 연결한다. [14년 출제]

(2) 배치에 따른 유형

1) D형(독립형 식당)

① 식사실로서 완전한 독립기능을 갖춘 형태로, 보통 거실과 주방 사이에 배치한다.

② 동선이 다소 길어지며 작업능률이 저하될 수 있다.

2) DK형(다이닝 키친) [16·15·14·13·12·11·10·09·08·06년 출제]

① 소규모 주택에서 활용되며 부엌의 일부분에 식사실을 두는 형태로 동선의 연결이 짧아 노동력이 절감된다.

② 부엌에서의 조리작업 및 음식찌꺼기 등으로 식사분위기를 다소 해칠 수 있다.

3) LD형(리빙 다이닝) = 다이닝 앨코브(DA : Dining Alcove) [07년 출제]

① 거실의 한 부분에 식탁을 설치하는 형태(6~9m² 정도)를 말한다.

② 거실의 분위기 및 조망 등을 공유할 수 있으나 부엌과의 동선이 길어질 수 있다.

4) LDK형 = 리빙 키친(LK : Living Kitchen) [16·12·09년 출제]

① 소규모 주택에서 많이 나타나는 형태로 거실 내의 부엌과 식사실을 설치한다.

② 실을 효율적으로 이용할 수 있고, 능률적인 형태이다.

5) 다이닝 포치(Dining Porch), 다이닝 테라스(Dining Terrace)

여름철 좋은 날씨에 테라스나 포치에서 식사하는 것이다.

6) 키친 네트 [16년 출제]

① 작업대 길이가 2m 정도인 소형 주방가구가 배치된 간이 부엌의 형태이다.

② 사무실이나 독신자 아파트에 주로 설치된다.

(3) 규모 [06년 출제]

① 1인당 식탁 요구 면적은 600×350mm 정도이다.

② 4~5인 가족의 경우 15m² 정도가 적당하다.

③ 가족의 수, 식탁의 크기, 통행 여유치수 등을 고려한다.

4. 부엌

(1) 기능 및 위치

① 햇빛이 잘 드는 남동쪽으로 통풍이 잘되는 곳이 좋다.(서쪽은 피한다.) [07년 출제]

② 식당, 마당, 가사실, 다용도실 등과 연결하고 주부의 동선을 가장 우선적으로 고려하여 작업동선을 짧게 한다. [09·08년 출제]

③ 작업대 : 준비대 → 개수대 → 조리대 → 가열대 → 배선대의 순서로 배치한다. [16·13·07년 출제]

④ 작업 삼각형(Work Triangle) : 냉장고(준비대) → 개수대 → 가열대를 연결하는 작업대의 길이는 3.6~6.6m, 높이는 850mm가 적당하고 개수대는 창에 면하는 것이 좋다. 작업순서는 오른쪽 방향으로 하는 것이 편리하다. [20·16·13·09년 출제]

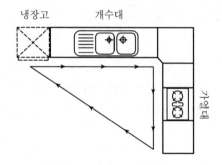

(2) 배치 유형

1) 일자형 [06년 출제]

① 작업대를 일렬로 벽면에 배치한 형태로 좁은 면적에 효과적이며 소규모 주택에 사용한다.

② 작업대가 길어지므로 동선의 길이는 3m를 넘지 않도록 한다.

2) 병렬형 [15·14·12·10년 출제]

① 양쪽 벽면에 작업대를 마주보도록 배치하는 형태이다.

② 동선이 짧아지나, 돌아보는 동작이 많아서 쉽게 피로를 느낄 수 있다.

예제 13   기출 2회

주택의 부엌에서 작업 삼각형(Work Triangle)의 구성에 속하지 않는 것은?

① 냉장고   ② 배선대
③ 개수대   ④ 가열대

해설 **작업 삼각형**
냉장고, 개수대, 가열대

정답 ②

예제 14   기출 4회

부엌 가구의 배치 유형 중 양쪽 벽면에 작업대가 마주보도록 배치한 것으로 부엌의 폭이 길이에 비해 넓은 부엌의 형태에 적당한 것은?

① ―자형   ② L자형
③ 병렬형   ④ 아일랜드형

해설 병렬형은 동선이 짧아지나, 돌아보는 동작이 많아서 쉽게 피로를 느낄 수 있다.

정답 ③

◀ TIP ▶

부엌 배치 유형
• 병렬형

• L자형

• U자형(ㄷ자형)

• 아일랜드 키친

③ 양쪽 작업대의 폭은 700~1,000mm로 하고 높이는 850mm가 적당하다. [12·09년 출제]

3) L자형 [10년 출제]

① 인접된 양면의 벽에 L형으로 배치하여 동선의 흐름이 자연스러운 형태이다.
② 작업동선이 적으며 여유 공간에 식탁을 배치하는 것이 일반적인 배치방법이다.

4) U자형(ㄷ자형) [14년 출제]

① 인접된 3면의 벽에 배치한 형태로 가장 편리하고 능률적이다.
② 식탁과의 연결이 다소 불편해질 수 있다.

5) 아일랜드 키친

취사용 작업대가 주방의 가운데에 하나의 섬처럼 설치되어 있다.

(3) 규모 [16년 출제]

주택 연면적의 10% 전후가 적당하다. 가족 수, 주택의 연면적, 작업대의 면적에 의해 결정된다.

5. 위생공간 및 연결공간

(1) 욕실

① 욕조 및 세면기, 변기를 포함하는 경우 4m² 정도로 한다.
② 조명은 방습 조명기구를 사용하며, 100lx 전후의 조도가 필요하다.
③ 세면기의 높이는 750mm가 적당하다. [20·12·11·10년 출제]

(2) 현관

① 주택 내외부의 동선이 연결되며 출입구 밖의 포치, 출입문 안의 홀 등으로 구성된다.
② 현관의 바닥 차는 15cm가 적당하다. [14·10·07년 출제]
③ 방위와 무관하며 도로와의 관계, 대지의 형태 등에 의해 결정되고 주택면적에 7% 정도가 적당하다. [20·16·14·12·11년 출제]
④ 신발장 등을 제외하고 최소 1.2m×0.9m 정도의 규모가 필요하다.
⑤ 서먹한 기분이 들지 않게 벽체는 밝은색, 바닥은 저명도·저채도로 계획한다. [14년 출제]

(3) 복도

① 각 실을 연결해 주는 통로로 최소 폭은 90cm 정도로 한다.

TIP

주택에서의 높이

① 부엌 작업대 높이 : 85cm
② 세면대 높이 : 75cm
③ 현관의 바닥차 : 15cm
④ 도면 표시기호의 높이 : H

예제 15   기출 4회

주택 욕실에 배치하는 세면기의 높이로 가장 적당한 것은?

① 600mm   ② 750mm
③ 850mm   ④ 900mm

해설 세면기의 높이는 750mm가 적당하다.

정답 ②

② 햇빛을 받아들이는 선룸의 역할도 하며 아이들의 놀이공간으로 이용할 수 있다.

③ 소규모 주택에 비경제적이며 전체 면적에 10% 정도로 한다.

(4) 계단

① 건물의 상하 연결통로로서 가능한 한 짧고 적은 면적을 차지하게 한다.

[10·07년 출제]

② 현관, 홀, 식당, 욕실, 화장실과 인접하게 배치한다.

③ 단높이 23cm 이하, 단너비 15cm 이상으로 한다.

④ 크기는 층높이, 계단참의 유무, 계단의 너비에 의해 결정된다.

⑤ 계단의 폭 : 법적으로는 60cm 이상이나 90~120cm가 적당하다.

(5) 다용도실

세탁, 창고의 역할도 하며 전기나 수도, 보일러 등의 설비를 설치하고 크기는 5~10m² 정도로 부엌 및 식사실에 근접해서 배치한다.

예제 16 기출 6회

다음 중 주택 현관의 위치를 결정하는 데 가장 큰 영향을 끼치는 것은?

① 현관의 크기
② 대지의 방위
③ 대지의 크기
④ 도로와의 관계

해설 주택 현관의 위치는 도로의 위치에 따라 결정되며 방위와는 무관하다.

정답 ④

◆ SECTION ◆

05 단지계획

1. 연립주택

(1) 연립주택의 개념과 특징

① 4층 이하로 된 독립주택으로 수평방향으로 연결시켰으며 1개 동의 연면적이 660m²를 초과하고 각 호별로 주차공간을 가지고 있으며, 맨션(Mansion), 빌라(Villa)라 불린다.

(2) 종류 [09년 출제]

1) 타운 하우스(Town House)

① 아파트와 단독주택의 장점을 취한 구조로 2~3층짜리 단독주택을 연속적으로 붙인 형태를 말한다.

② 수직공간을 한 가구가 독점하는 것이 연립과 다른 점이며 1층은 거실, 식당, 부엌 등의 생활공간이고, 2층은 침실, 서재 등 휴식 및 수면공간이 위치한다.

2) 중정형 주택(Patio House)

① 보통 한 세대가 한 층을 점유하는 주거형식으로 중정을 향하여 L자형으로 둘러싸고 있다.

예제 17   기출 1회

연립주택의 형식 중 경사지를 이용하거나 상부층으로 갈수록 약간씩 뒤로 후퇴하는 형식은?

① 타운 하우스
② 테라스 하우스
③ 중정형 주택
④ 로우 하우스

해설 자연형의 경사지를 이용하여 축조하는 방식은 테라스 하우스이다.

정답 ②

예제 18   기출 2회

건축법령상 아파트의 정의로 옳은 것은?

① 주택으로 쓰는 층수가 3개 층 이상인 주택
② 주택으로 쓰는 층수가 4개 층 이상인 주택
③ 주택으로 쓰는 층수가 5개 층 이상인 주택
④ 주택으로 쓰는 층수가 6개 층 이상인 주택

해설 아파트는 5층 이상 공동주택을 말한다.

정답 ③

예제 19   기출 11회

계단실형 아파트에 관한 설명으로 옳지 않은 것은?

① 거주의 프라이버시가 높다.
② 채광, 통풍 등의 거주조건이 양호하다.
③ 통행부 면적을 크게 차지하는 단점이 있다.
④ 계단실에서 직접 각 세대로 접근할 수 있는 유형이다.

해설 통행부 면적이 홀에서 직접 단위주거로 들어가는 형식이라 가장 작다.

정답 ③

② 몇 세대가 중정을 공유하고 있으며, 아트리움 하우스라고 불리기도 한다.

3) 테라스 하우스(Terrace House) [09년 출제]

경사지를 이용하여 지형에 따라 상부층으로 갈수록 후퇴하여 아랫집의 옥상을 테라스처럼 사용한다. 단점으로 뒤쪽이 막혀 있어 환기가 잘 안 된다.

  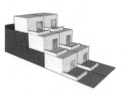

▌ 중정형 주택 ▌   ▌ 타운 하우스 ▌   ▌ 테라스 하우스 ▌

2. 다세대주택

(1) 다세대주택계획의 개념과 특징 [08년 출제]

주택으로 사용하는 1개 동의 연면적이 $660m^2$ 이하이고, 4개 층 이하인 것으로 출입구를 달리하여 입주한 공동주택이다.

3. 아파트형식

(1) 성립요건

① 주택으로 쓰는 층수가 5개 층 이상인 공동주택을 말한다. [21·15년 출제]
② 도시인구의 급증, 도시 생활자의 이동성, 세대인원의 감소로 인해 성립되었다.
③ 단지생활에 편리한 상업적·문화적 공공시설을 만들어 생활협동체로서 주거환경의 질을 높일 수 있다.
④ 공간의 다양화나 생활의 변화에 대해 융통성이 없는 단점이 있다. [07·06년 출제]

(2) 평면형식의 분류 [16·13·11·07·06년 출제]

1) 계단실(홀)형 [20·16·15·14·13·12·10·09·07·06년 출제]

① 계단실, 엘리베이터 홀에서 직접 각 세대로 접근할 수 있는 형식으로 통행부 면적이 작고 거주 프라이버시가 높다.
② 단위주거의 두 벽면이 외벽에 면하기 때문에 채광, 통풍이 유리하고 출입이 편리하다.

③ 1대의 엘리베이터에 대한 이용 가능한 세대수가 가장 적다.

④ 통행부 면적이 적어 건물의 이용도가 높고 좁은 대지에서 집약형 주거 등이 가능하다.

2) 편복도형 [12년 출제]

① 계단 및 엘리베이터를 직접적으로 각 층에 연결하고 복도에서 각 세대로 접근하는 유형이다.

② 각 세대의 거주성이 균일한 배치구성이 가능하나 복도의 소음으로 인해 독립성이 좋지 않다.

3) 중복도형

① 복도 양쪽으로 세대가 위치하기 때문에 채광, 통풍조건이 아주 좋지 않고 프라이버시가 보호되지 않으며 시끄럽다.

② 독립성이 낮고 화재 시 방연에 문제가 있으며, 주로 독신자 아파트에 이용된다.

4) 집중형 [16·15년 출제]

① 중앙에 엘리베이터나 계단을 두고 많은 주호를 집중 배치하는 형식으로 독립성이 가장 나쁘다.

② 대지 이용률이 가장 높다.

③ 일조와 환기조건이 가장 불리하다.

(3) **외관형식의 분류** [16·13·11·07·06년 출제]

1) 판상형

복도식 아파트와 같이 10세대, 15세대 정도가 일렬로 이어지도록 반듯하고 기다랗게 만든 아파트로, 각 단위주거가 균등한 조건을 주며 건물 시공이 쉽다.

2) 탑상형(타워형) [20·07년 출제]

① 대지조망을 해치지 않고 건물의 그림자도 적어서 변화를 줄 수 있는 형태이나, 단위 주거의 실내 환경조건이 불균등하게 된다.

② 몇 세대를 묶어 탑을 쌓듯이 '와이(Y)' 자형, '미음(ㅁ)' 자형, '이응(ㅇ)' 자형 등의 타워형태로 짓는다.

3) 복합형

판상형과 탑상형을 합쳐 놓은 형태로 대지의 형태에 제약을 받을 때 사용한다. '엘(L)' 자형 등이 있다.

TIP

아파트 평면형식의 분류

① 계단실(홀)형

② 편복도형

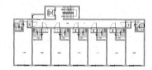

③ 중복도형

④ 집중형

예제 20   기출 2회

다음과 같은 특징을 갖는 아파트 주동의 외관형식은?

대지의 조망을 해치지 않고 건물의 그림자도 적어서 변화를 줄 수 있는 형태이지만, 단위 주거의 실내 환경조건이 불균등하게 된다.

① 테라스형　　② 탑상형
③ 중복도형　　④ 복층형

해설 탑상형은 단위세대 간 뷰와 방향이 다르게 된다.

정답 ②

| ❙ 판상형 ❙ | ❙ 탑상형(타워형) ❙ | ❙ 복합형 ❙ |

예제 21   기출 5회

아파트의 평면형식에 따른 분류에 속하지 않는 것은?

① 판상형   ② 집중형
③ 계단실형   ④ 편복도형

해설 판상형은 외관형식의 분류이다.

정답 ①

4. 단위주거계획

(1) 단위주거 평면구성

① 직사각형, ㄱ자형, ㄹ자형, ㄷ자형 등이 있다.
② 각각 개구부를 설치할 수 있는 개구부면과 그렇지 않은 폐쇄된 벽면이 있다.

예제 22   기출 3회

스킵플로어형 공동주택에 관한 설명으로 옳지 않은 것은?

① 복도면적이 증가한다.
② 엑세스(Access) 동선이 복잡하다.
③ 엘리베이터의 정지 층수를 줄일 수 있다.
④ 동일한 주거동에 각기 다른 모양의 세대 배치계획이 가능하다.

해설 공용 복도면적이 작아진다.

정답 ①

(2) 단위주거 단면구성

1) 플랫형 [09년 출제]

한 세대가 1개 층으로 되어 있는 것으로 평면계획과 구조가 단순하고 획일적으로 되기 쉽다.

2) 스킵플로어형 [14·13·06년 출제]

① 주거단위의 단면을 단층형과 복층형에서 동일 층으로 하지 않고 반 층씩 어긋난 형식으로 구조 및 설비계획이 어렵다.
② 동일한 주거동에 각기 다른 모양의 세대 배치계획이 가능하며 통행·채광의 확보가 용이하다. 엘리베이터 정지 층수를 줄일 수 있으며 복도면적이 감소한다.

예제 23   기출 7회

공동주택의 단위주거의 단면형식에 의한 분류에서 1개의 단위주거가 복층형식을 취하는 것은?

① 플랫형   ② 메조넷형
③ 계단실형   ④ 탑상형

해설 메조넷형은 복층형식이므로 단위주거의 평면계획에 변화를 줄 수 있다.

정답 ②

3) 메조넷형(복층형) [13·09·08년 출제]

① 1개의 단위주거가 2개 층 이상에 걸쳐 있는 공동주택으로 단위주거의 평면계획에 변화를 줄 수 있다. [16·11년 출제]
② 단면형식 중 주호가 2개 층에 걸쳐 있을 때 듀플렉스형, 3개 층으로 있을 때 트리플렉스형이라고 한다. [15·06년 출제]
③ 엘리베이터 정지 층수가 적어지고 공용 통로면적이 절약된다.
④ 복도가 없는 층은 남북면이 모두 외기에 면할 수 있으며, 일조, 통풍 및 전망이 좋다.

▼ 단위주거 단면구성

단면형		플랫형	스킵형	복층형 중 듀플렉스형 1주거가 2층에 겹친 것	스킵 메조넷형	복층형 중 트리플렉스형
단면형						
집합의 예	접지 형식					
	겹친 경우 동일 형식					

5. 주택단지계획

(1) 개요

① 대도시의 주거환경 악화 및 도시 주변부의 무질서한 팽창에 대한 대책의 일환이다.

② 주택 부족난 심화와 노후 및 불량주택 해소를 위해서이다.

(2) 근린생활권의 구성 [14·12·11·09·07년 출제]

1) 인보구(20~40호, 100~200명) [15·09·08년 출제]

① 어린이 놀이터가 중심이 되는 단위로 규모가 가장 작다.

② 아파트의 경우는 3~4층 건물로서 1~2동이 여기에 해당한다.

③ 유아 놀이터, 공동 세탁장 등이 있다.

2) 근린분구(400~500호, 2,000~2,500명) [20·12·11·10·09년 출제]

① 일상 공공생활 시설이 여기에 해당한다.

② 잡화상, 술집, 공중목욕탕, 이발소, 약국, 유치원, 보육시설 등이 있다.

3) 근린주구(1,600~2,000호, 8,000~10,000명) [13·11·09년 출제]

① 초등학교를 중심으로 한 단위이며, 근린분구 여러 개의 집합체이다. [14·12·11·10·09년 출제]

② 초등학교, 도서관, 병원, 우체국, 어린이 공원 등이 있다.

4) 1단지 주택계획 [14·12·11·09·07년 출제]

인보구 → 근린분구 → 근린주구의 순으로 구성된다.

예제 24   기출 5회

단지계획에서 근린분구에 해당되는 주택 호수 규모는?

① 100~200호   ② 400~500호
③ 1,000~1,500호 ④ 1,600~2,000호

해설 근린분구는 400~500호 규모로 일상 공공생활 시설이 여기에 해당한다.

정답 ②

예제 25   기출 7회

주거단지의 단위 중 초등학교를 중심으로 한 단위는?

① 근린지구   ② 인보구
③ 근린분구   ④ 근린주구

해설 근린주구
근린분구 4개 정도의 규모로 1,600~2,000호 정도이며 초등학교, 어린이 공원 등이 있다.

정답 ④

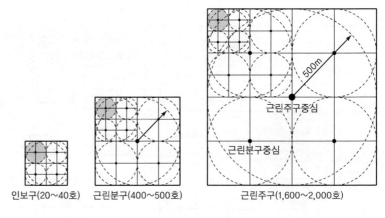

인보구(20~40호)　　근린분구(400~500호)　　　　　　근린주구(1,600~2,000호)

▌1단지 주택계획 ▌

건축설비

💬 출제경향

개정 이후 매회 60문제 중 2~5문제가 출제되며, 각 장마다 0~1문제가 출제되며, 건축설비의 용어 이해와 특징을 이해하는 것이 중요하다.

CHAPTER

01

급 · 배수 위생설비

◆ 핵심내용 정리 ◆ • • •
건축물이 사람이 생활하는 데 편리하도록 물 이용시설의 원리를 이해하고 설치 목적에 맞게 계획하는 것도 중요한 일이다.

◆ 학습 POINT ◆ • • •
회당 0~2문제가 출제된다. 최신 출제경향으로 공부한다.

◆ 학습목표 ◆ • • •
1. 급수방식의 원리와 장단점을 이해한다.
2. 급수오염의 원인과 수격작용에 대해 공부한다.
3. 급탕설비의 원리를 이해한다.
4. 트랩의 종류와 봉수파괴 원인에 대해 공부한다.

◆ 주요용어 ◆ • • •
수도직결방식, 고가수조방식, 수격작용, 리버스 리턴방식, 급탕온도, 트랩의 종류, 봉수, 하이탱크, 세정 밸브식

01 급수설비

1. 급수설비

(1) 급수의 의미

음료, 세탁, 대소변 등 건축물에서 사용되는 물을 공급하기 위한 설비이다.

(2) 급수방식

1) 수도직결방식

① 수도본관에서 수도관을 이끌어 직접 급수하는 방식이다.

② 정전과 관계없이 급수 가능하나 단수 시 급수 불가하다.

③ 저수조가 없기 때문에 급수 오염의 가능성이 적고, 소규모 건물에 적합하다. [10·09·08년 출제]

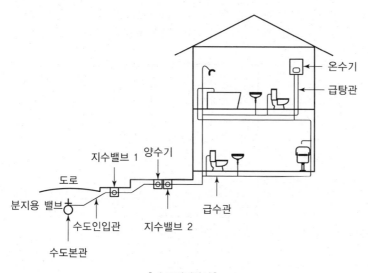

| 수도직결방식 |

2) 고가(옥상)수조방식 [15·10·08년 출제]

① 지하저수탱크에 물을 받아서 옥상의 수조에 양수하여 낙차에 의한 수압으로 각 층수에 급수하는 방식이다.

② 일정한 수압으로 급수가 가능하며 단수 시 저수량으로 급수가 가능하나 저수조가 오염될 가능성이 높다.

③ 설비 및 경상비가 높고, 중·대규모 건물에 사용된다.

예제 01   기출 3회

다음 중 오염 가능성이 가장 적은 급수방식은?

① 수도직결방식
② 고가탱크방식
③ 압력탱크방식
④ 탱크가 없는 부스터방식

해설 수도본관에서 직접 급수하는 방식이다.

정답 ①

예제 02   기출 3회

높이에 의한 수압 차이로 급수하는 방식으로 항상 일정한 수압을 유지하며 대규모 급수설비에 적합한 급수방식은?

① 부스터방식
② 압력탱크방식
③ 고가탱크방식
④ 수도직결방식

해설 옥상의 수조에 양수하여 낙수차에 의해 급수하는 방식이다.

정답 ③

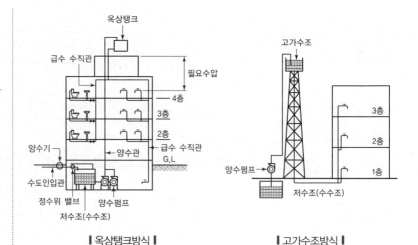

┃옥상탱크방식┃　　　　　┃고가수조방식┃

TIP

급수방식의 특징

① 오염이 적은 방식 : 수도 직결방식
② 급수압력 일정 : 고가 수조방식
③ 단수 시 급수 가능 : 고가수조, 압력탱크방식
④ 전력 차단 시 급수 불가능 : 압력탱크방식

예제 03　　　　　기출 3회

압력탱크식 급수방법에 관한 설명으로 옳은 것은?

① 급수공급 압력이 일정하다.
② 단수 시에 일정량의 급수가 가능하다.
③ 전력공급 차단 시에는 급수가 가능하다.
④ 위생상 측면에서 가장 바람직한 방법이다.

해설 압력탱크식은 단수 시 저수조의 저장된 물을 사용할 수 있다.

정답 ②

3) 압력탱크식 급수방식 [16·13·10년 출제]

① 압력탱크를 설치하고 에어컴프레서로 공기를 공급해 그 압력으로 급수하는 방식으로 압력차가 생기면 수압이 일정하지 않고 정전이나 펌프 고장 시 급수가 불가능하다.

② 단수 시에 일정량의 급수가 가능하고 고가수조를 설치하지 못하는 실내체육관, 공장, 지하도 등에 사용한다.

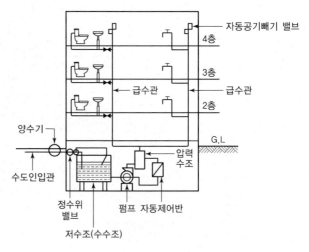

┃압력수조방식┃

2. 수격작용

(1) 발생원인

① 플러시 밸브나 수전류를 급격히 열고 닫을 때 일어난다.

② 관경이 작을수록, 유속이 빠를수록, 굴곡개소가 많을수록, 감압밸브를 사용할 경우 일어나기 쉽다.

(2) 방지대책

① 기구류 가까이에 공기실(Air Chamber)을 설치한다. [11·07년 출제]
② 수전류 등을 서서히 잠그거나 직선 배관, 관경을 크게 하고 유속을 느리게 한다.

(3) 슬리브 배관

바닥이나 벽을 관통하는 배관의 경우 콘크리트를 칠 때 미리 통과시켜 배관을 하는 것으로 관의 신축과 팽창을 흡수하며 관의 교체 시 편리하다.

◆ SECTION ◆

02 급탕설비

1. 급탕방식

(1) 급탕의 의미 [15·09·08·06년 출제]

증기, 가스, 전기, 석탄 등을 열원으로 하는 물의 가열장치를 설치하여 온수를 만들어 공급하는 설비이다.

(2) 개별식 급탕방식 [21·20·16·13년 출제]

① 필요한 곳에 탕비기를 설치하여 수시로 필요한 높은 온도의 물을 쉽게 얻을 수 있다.
② 배관이 짧고 열손실이 적으며 시설비가 싸고 증설이 비교적 쉽다.
③ 순간식 국소급탕법, 저탕식 국소급탕법, 기수 혼합식, 개별식으로 소규모 건물에 적당하다.

(3) 중앙식 급탕방식 [20·12년 출제]

① 가열장치·저탕조 등의 기기류를 기계실 등의 1개소에 설치해서 급탕을 필요로 하는 곳에 배관으로 공급하는 방식이다.
② 직접 가열식 : 열효율이 높고 소규모 주택에 사용한다.
③ 간접 가열식 : 열효율이 직접 가열식보다 낮고 큰 건물의 급탕에 사용된다. 가열보일러와 난방용 보일러와 겸용할 수 있다.

예제 04　　　　기출 2회

급수설비에서 수격작용을 방지하기 위해 설치하는 것은?

① 플러시 밸브　② 공기실
③ 신축곡관　　④ 배수 트랩

해설 기구류 가까이 공기실(에어 챔버)을 설치한다.

정답 ②

예제 05　　　　기출 4회

증기, 가스, 전기, 석탄 등을 열원으로 하는 물의 가열장치를 설치하여 온수를 만들어 공급하는 설비는?

① 급수설비
② 급탕설비
③ 배수설비
④ 오수정화설비

해설 급탕설비에 대한 설명이다.

정답 ②

예제 06　　　　기출 4회

다음 중 개별식 급탕방식에 속하지 않는 것은?

① 순간식　　　② 저탕식
③ 직접 가열식　④ 기수혼합식

해설 직접 가열식, 간접 가열식은 중앙식 급탕방식이다.

정답 ③

▎개별식▎

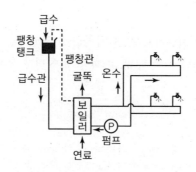

▎중앙식(직접 가열식)▎

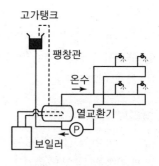

▎중앙식(간접 가열식)▎

2. 급탕설계

(1) 급탕온도

일반적으로 60℃ 내외를 표준으로 하고 안전을 위해 필요시 45℃로 공급한다. 급탕량은 1일 급수량의 2/3로 계산한다.

(2) 급탕배관 시공상 주의사항

① 관경은 최소 20A 이상으로 한다.
② 급수관경보다 한 치수 큰 것을 사용한다.

(3) 공기빼기 밸브

부득이 굴곡배관을 해야 할 경우 고인 공기를 빼기 위해 배관 도중에 슬루스 밸브를 사용한다.

◆ SECTION ◆

03 배수설비

1. 배수의 의미

건물이나 부지에 생긴 오수, 빗물, 폐수 등을 외부에 배출하는 설비를 말한다.

2. 트랩

(1) 설치목적 [14·11·10·06년 출제]

배수관 속의 악취나 벌레 등이 실내로 유입되는 것을 방지하기 위해 배수관 중에 봉수가 고이게 하는 기구이다.

예제 07   기출 5회

배수관 속의 악취, 유독가스 및 벌레 등이 실내로 침투하는 것을 방지하기 위하여 설치하는 것은?
① 트랩   ② 플랜지
③ 부스터   ④ 스위블이음쇠

해설 트랩은 배수관 중에 봉수가 고이게 하는 기구로 냄새, 벌레 등을 막아준다.

정답 ①

(2) **종류** [15·13년 출제]

1) S트랩(세면기)

세면기, 대변기, 소변기에 많이 사용하며 사이펀 작용으로 인해 봉수가 파괴되기 쉽다.(수직배관)

2) P트랩(세면기)

세면대에 사용되며 벽체 내의 배수관에 접속방식으로 봉수가 S트랩보다 안전하다.(수평배관)

3) U트랩(가옥트랩) [13년 출제]

가옥트랩으로서 옥내 배수 수평 주관의 말단에 부착하여 공공 하수관으로부터의 해로운 가스가 집안으로 침입하는 것을 방지한다.

4) 드럼트랩(부엌, 주방용) [11·08·07년 출제]

부엌용 싱크대의 배수용으로 다량의 물이 고이게 하며, 봉수가 가장 안전하고 청소가 가능하다.

5) 벨트랩(바닥배수) [12년 출제]

욕실 바닥 배수용으로 사용한다.

6) 특수트랩

① 플라스터트랩(치과기공실, 외과 깁스실)
② 가솔린트랩(주차장, 세차장, 주유소)
③ 헤어트랩(미용실)

7) 그리스트랩(호텔 주방, 음식점 주방) [11년 출제]

기름기가 많은 곳에 설치한다.

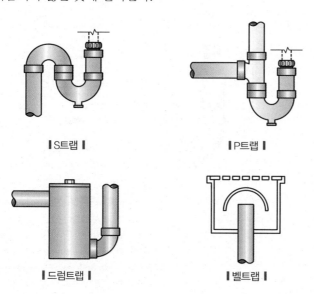

| S트랩 | | P트랩 |

| 드럼트랩 | | 벨트랩 |

예제 08 기출 3회

부엌용 개수기류에 사용되는 트랩으로, 관트랩에 비하여 봉수의 파괴가 적은 것은?

① S 트랩   ② P트랩
③ U트랩   ④ 드럼트랩

해설 드럼트랩은 부엌 싱크대 배수용으로 가장 안전하다.

정답 ④

예제 09 기출 1회

욕실 바닥의 물을 배수할 때 주로 사용되는 트랩은?

① 드럼트랩   ② U트랩
③ P트랩   ④ 벨트랩

해설 벨트랩은 일반 가정집의 욕실 바닥에 사용된다.

정답 ④

(3) 트랩의 봉수파괴 원인 [16·14·12·09·08·07·06년 출제]

1) 자기사이펀 작용

기구에 찬 물이 일시에 흐르게 되면 트랩 내의 물이 모두 배수관 쪽으로 흡인되어 배출하는 현상을 말한다.

2) 분출(= 토출)작용

일시적으로 다량의 배수가 흘러내릴 때 트랩 내 봉수를 공기압력에 의해 실내 쪽으로 역류시키는 현상을 말한다.

3) 모세관현상

머리카락, 실 등이 트랩 내에 늘어뜨려져 봉수가 모세관현상으로 말라버리는 현상을 말한다.

4) 증발현상

오랫동안 사용하지 않아서 봉수가 증발하는 현상을 말한다.

(4) 봉수파괴 방지책 [09년 출제]

1) 통기관 설치

자기사이펀 작용(S트랩), 유인사이펀 작용(흡입), 분출작용을 방지할 수 있다.

2) 청소(머리카락, 이물질 제거)

모세관현상을 방지할 수 있다.

3) 기름막 형성

증발현상을 방지할 수 있다.

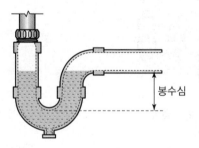

┃ P트랩의 봉수 ┃

봉수심

3. 통기설비

(1) 통기관 설치목적 [20·10·09년 출제]

① 배수관 내의 악취를 실외로 배출하여 청결을 유지한다.

② 트랩의 봉수를 보호한다.

③ 배수관 내의 흐름을 원활하게 한다.

(2) 통기관의 종류

1) 각개 통기관 [16·14·11·10년 출제]

각 기구의 트랩마다 통기관을 설치하기 때문에 가장 안정도가 높은 방식이다. 관경은 32A 정도로 한다.

2) 루프 통기관

위생기구 2~8개의 트랩, 봉수를 보호하기 위하여 수평지관과 연결한다. 관경은 40A 이상으로 한다.

(3) 통기 배관상 주의사항

① 통기 수직관과 빗물 수직관은 겸용을 금한다.

② 통기관과 실내 환기용 덕트와 연결해서는 안 된다.

③ 오수 피트나 잡배수 피트는 각개 통기관을 설치한다.

예제 12　　　　기출 4회

통기방식 중 트랩마다 통기되기 때문에 가장 안정도가 높은 방식은?

① 루프 통기방식

② 결합 통기방식

③ 각개 통기방식

④ 신정 통기방식

해설 트랩마다 통기관이 있기 때문에 자기사이펀 작용의 방지에도 효과가 있다.

정답 ③

◆ SECTION ◆

04 위생기구

1. 위생기구의 조건

① 흡수성이 작을 것

② 내마모성, 내식성이 있을 것

③ 항상 청결하게 유지할 수 있을 것

④ 제작과 설치가 용이할 것

2. 위생기구의 종류

(1) 대변기 세정급수방식

1) 하이탱크식

① 소음이 크지만 물 사용량이 적다.

<table>
</table>

예제 13   기출 1회

대변기의 세정급수방식과 관련 없는
것은?
① 로탱크식
② 하이탱크식
③ 압력탱크방식
④ 플러시 밸브식

해설 압력탱크방식은 급수방식이다.

정답 ③

예제 14   기출 3회

세정 밸브식 대변기에 관한 설명으로
옳지 않은 것은?
① 대변기의 연속사용이 가능하다.
② 일반 가정용으로는 거의 사용되
지 않는다.
③ 세정음은 유수음도 포함되기 때
문에 소음이 크다.
④ 레버의 조작에 의해 낙차에 의한
수압으로 대변기를 세척하는 방
식이다.

해설 낙차에 의한 세척방식은 하이탱크
식이다.

정답 ④

② 탱크 높이 1.9m, 탱크 용량 15리터, 급수관 10~15mm, 세정관
32mm로 한다.

2) 로탱크식

① 많은 면적을 차지, 소음이 적지만 물 사용량이 많다.
② 탱크 용량 18리터, 급수관 15mm, 세정관 50mm, 주택, 호텔에
이용한다.

▌하이탱크식 ▌

▌로탱크식 ▌

3) 플러시 밸브(세정 밸브식) [13·12·06년 출제]

① 급수관에서 한번 핸들에 일정량의 물이 나온 다음 자동으로 잠
기므로 소음이 크나, 대변기의 연속사용이 가능하다.
② 수압이 0.7kg/cm^2 이상이어야 하고 최소 급수관 관경은 25mm
로 한다.
③ 학교, 호텔, 사무소, 공공건물, 백화점 등 사용빈도가 많거나 일시
적으로 많은 사람들이 연속하여 사용하는 경우 등에 적용된다.

▌플러시 밸브 ▌

MEMO

냉 · 난방 및 공기조화설비

◆ 핵심내용 정리 ◆ • • • 무더위와 추위로부터 신체를 안전하게 보호하고 쾌적한 삶을 살 수 있도록 하는 설비이다. 즉, 건축설비의 목적은 쾌적성, 편리성, 안전성, 위생성 등이다.

◆ 학습 POINT ◆ • • • **회당 1~2문제**가 출제된다. 최신 출제경향으로 공부한다.

◆ 학습목표 ◆ • • • 1. 증기난방과 온수난방을 비교하고 차이를 이해한다.
2. 복사난방의 특징을 이해한다.
3. 환기의 목적을 이해한다.
4. 각 실에 맞는 공조장치에 의한 분류를 이해한다.

◆ 주요용어 ◆ • • • 증기난방, 온수난방, 복사난방, 방열기의 위치, 제1종 환기, 단일 덕트방식, 이중 덕트방식, 멀티존 유닛방식, 각층 유닛방식, 팬코일 유닛방식

01 냉방설비

1. 중앙식 냉방

(1) 특징

① 중앙기계실의 열원에서 조화된 공기 또는 냉수와 온수를 각 실로 공급하는 방식이다.

② 파이프 샤프트, 덕트 스페이스가 필요하다.

③ 유지관리가 용이하고, 대규모 건물에 적합하다.

④ 전공기방식, 공기수방식, 전수방식이 있다.

2. 개별식 냉방

(1) 특징

① 각각의 존(Zone), 즉 각 실마다 개별 냉방기를 설치하여 개별 제어하는 방식이다.

② 중소규모 공간에 적합하다.

③ 창문형, 분리형, 수랭식, 실내 유닛형 등이 있다.

02 난방설비

1. 증기난방과 온수난방 [15년 출제]

(1) 증기난방의 특징 [20·15·14·13·12·11·10·09년 출제]

① 증발 잠열을 이용하기 때문에 열의 운반능력이 크다. [20년 출제]

② 예열시간이 짧으며 한랭지 동결 우려가 적다.

③ 난방부하의 변동에 따라 실내 방열량의 제어가 곤란하다.

④ 화상이 우려되며 먼지 등의 상승으로 쾌감도가 적다.

⑤ 방열면적을 작게 할 수 있으나 스팀해머에 의한 소음이 발생한다.

(2) 온수난방의 특징 [09·08년 출제]

① 현열을 이용한 난방으로 증기난방에 비해 쾌감도가 높다.

② 증기난방에 비해 방열면적과 배관이 크다.

예제 01   기출 11회

온수난방과 비교한 증기난방의 특징으로 옳지 않은 것은?

① 예열시간이 짧다.
② 열의 운반능력이 크다.
③ 난방의 쾌감도가 높다.
④ 방열면적을 작게 할 수 있다.

해설 증기난방은 먼지가 상승하므로 난방의 쾌감도가 적다.

정답 ③

다음 온수난방에 대한 설명으로 옳은 것은?

① 예열시간이 증기난방에 비해 짧다.
② 증기난방에 비해 방열면적과 배관이 작다.
③ 한랭시 난방을 정지하였을 경우 동결의 우려가 없다.
④ 현열을 이용한 난방이므로, 증기난방에 비해 쾌감도가 높다.

해설 온수난방은 동결우려가 높고 방열면적이 크며 예열시간이 길다.

정답 ④

③ 난방 정지 시 동결의 우려가 크며, 온수 순환시간이 길다.

④ 예열시간이 길지만 난방을 정지하여도 난방효과가 잠시 지속된다.

(3) 증기난방과 온수난방의 비교 [14·13·12·11년 출제]

구분	증기난방	온수난방
열매체(이용열)	잠열	현열
예열시간	빠르다.	느리다.
난방지속시간	짧다.	길다.
쾌감도	나쁘다.	좋다.
온도조절 (방열량조절)	곤란하다.	용이하다.
관경 및 방열면적	작다.	크다.
취급	어렵다.	쉽다.
동결 우려	작다.	크다.
소음 및 관의 부식	크다.	작다.
공통 설비	공기빼기 밸브, 방열기 밸브	

2. 온풍난방

(1) 특징

① 온풍로를 가열한 공기를 직접 실내로 공급하는 방식이다.

② 설비비용이 낮고 설비면적이 작으며 열용량이 작고 예열시간이 짧다.

‖ 증기난방 ‖

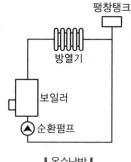

‖ 온수난방 ‖

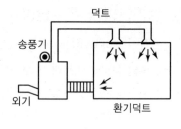

‖ 온풍난방 ‖

3. 복사난방

(1) 특징 [13·11·10·09년 출제]

① 외기 개방공간이나, 천장높이가 높은 장소에도 난방효과가 있다.

② 실내에 방열기가 없기 때문에 바닥면의 이용도가 높다.

③ 실내 온도분포가 균등하여 쾌감도가 높다.

④ 실내온도가 낮아도 난방효과가 있으며 손실열량이 적다.

⑤ 설비비가 많이 들고 고장 시 발견이 어렵다.

⑥ 열용량이 크기 때문에 예열시간이 길고 외기 급변에 따른 방열량 조절이 어렵다.

 기출 4회

예제 03

복사난방에 관한 설명으로 옳은 것은?

① 방열기 설치를 위한 공간이 요구된다.

② 실내 온도분포가 균등하고 쾌감도가 높다.

③ 대류식 난방으로 바닥면의 먼지 상승이 많다.

④ 열용량이 작기 때문에 방열량 조절이 용이하다.

 해설 열용량이 크기 때문에 예열시간도 길고 방열량 조절도 어렵다.

정답 ②

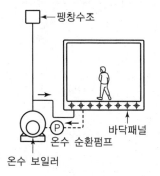

‖ 복사난방 계통도 ‖

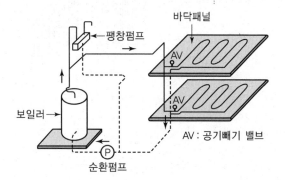

‖ 복사난방 배관 ‖

4. 방열기

(1) 방열기 설치와 위치

① 방열기 한 대의 방열면적은 $10cm^2$ 이하가 되도록 한다.

② 외기에 면한 열손실이 가장 큰 곳인 창문 아래에 설치하고 벽과는 5~6cm 이격시킨다.

TIP

난방설비 비교

① 예열시간
　복사>온수>증기>온풍 순이다.

② 쾌감도
　복사>온수>증기>온풍 순이다.

③ 설치비
　복사>온수>증기>온풍 순이다.

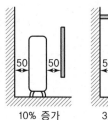
10% 증가

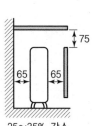
3.5% 감소

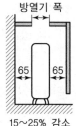
25~35% 감소

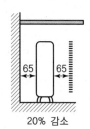
15~25% 감소

20% 감소

‖ 방열기 위치에 따른 열손실 ‖

지역난방 [13·08년 출제]

지역난방은 장치가 대규모로 한곳에 설치되기 때문에 일반적으로 각 건물마다 개별적으로 열원(난방설비)을 놓는 경우보다 싸지만, 열의 수요에 비해 열을 보내는 배관망이 길어질 때에는 불리하다.

• 한곳에 집중되기 때문에 각 건물의 설비 면적이 감소된다.
• 각 건물마다 보일러 시설을 할 필요가 없다.
• 설비의 고도화에 따라 도시의 매연을 경감시킬 수 있다.
• 각 건물에서는 위험물을 취급하지 않으므로 화재 위험이 적다.

(2) 방열기의 종류

1) 라디에이터

공기의 대류작용에 의한 난방으로 방열효과를 높이기 위해 표면적이 최대가 되도록 여러 개의 구부러진 관이나 코일로 만든다.

2) 컨벡터

파이프에 수직방향의 핀을 촘촘한 간격으로 붙인 것으로 파이프가 벽의 걸레받이를 따라 길게 배열되어 있어 걸레받이 난방이라고도 한다.

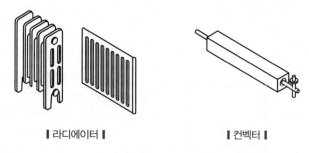

┃ 라디에이터 ┃   ┃ 컨벡터 ┃

◆ SECTION ◆

03 환기설비

실내환기의 척도로 주로 이용되는 것은?
① 공기 중의 산소 농도
② 공기 중의 아황산가스 농도
③ 공기 중의 이산화탄소 농도
④ 공기 중의 질소 농도

해설 실내공기 중 이산화탄소 농도를 오염의 척도로 본다.

정답 ③

1. 개요

오염공기를 실외로 제거해서 청정한 외기와 교체하는 것을 말한다. 실내 환기의 척도는 이산화탄소 농도로 확인한다. [15·13·11·10·07년 출제]

2. 자연환기

(1) 풍력환기

외기의 바람(풍력)에 의한 환기로 실 개구부의 배치에 따라 많은 차이가 있다.

(2) 중력환기 [10년 출제]

실내공기와 건물 외기의 온도차 의한 환기이다.

3. 기계환기

(1) 중앙식

1) 제1종 환기 [15·14·12·11·10·08년 출제]

① 급기와 배기를 모두 기계장치를 사용한 환기방식으로 실내외의 압력 차를 조정할 수 있다.

② 병용식 : 기계송풍＋기계배기

　예 수술실

2) 제2종 환기 [08년 출제]

① 급기를 기계식(송풍기)으로 하며 배기는 배기구 및 틈새 등으로 배출되는 환기방식이다.

② 압입식 : 기계송풍＋자연배기

　예 공장, 무균실, 반도체 시설 등

3) 제3종 환기

① 배기를 기계식으로 하며 주방, 화장실 등 냄새 또는 유해가스, 증기 발생이 있는 장소에 적합하다.

② 흡출식 : 자연급기＋기계배기

　예 화장실, 주방 등

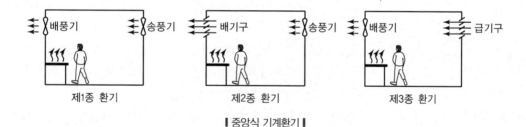

┃ 중앙식 기계환기 ┃

(2) 개별식

① 각 실에 소형 팬을 설치하여 각 실을 임의로 환기할 수 있다.

② 국소배기장치로 후드가 포집구로서 잘 사용된다.

예제 05　　　　　기출 5회

급기와 배기측에 송풍기를 설치하여 정확한 환기량과 급기량 변화에 의해 실내압을 정압(+) 또는 부압(-)으로 유지할 수 있는 환기 방법은?

① 중력환기　　② 제1종 환기
③ 제2종 환기　　④ 제3종 환기

해설 급기와 배기를 모두 기계식으로 사용하는 것으로 수술실 등에 사용된다.

정답 ②

예제 06　　　　　기출 1회

기계환기방식 중 송풍기에 의하여 실내로 송풍하고 배기는 배기구 및 틈새 등으로 배출되는 환기방식은?

① 제1종　　② 제2종
③ 제3종　　④ 제4종

해설 오염공기가 침투되지 않게 송풍기를 사용하는 방식으로 공장, 무균실 등이 있다.

정답 ②

04 공기조화설비

1. 개념

실내의 온도, 습도, 환기 청정 및 공기의 흐름을 항상 실내의 사용목적에 가장 적합한 상태로 조절하는 것이며 이를 지속적으로 발휘하기 위해서는 적절한 운전과 보수관리가 필요하다.

2. 열매의 종류에 의한 분류

(1) 전 공기방식 [21·13·12년 출제]

① 공기조화기로 냉·온풍을 만들어 실에 덕트를 통해 송풍하는 방식으로 실내에 배관으로 인한 누수의 우려가 없다.

② 덕트 스페이스가 필요하며 중간기에 외기 냉방이 가능하다.

③ 이중덕트는 고급사무실, 각층 유닛은 백화점 등에 사용한다.

④ 단일 덕트방식, 이중 덕트방식, 각층 유닛방식, 멀티존 유닛방식 등이 있다.

(2) 공기 수방식

① 1차 공기조화기와 2차 공기조화기 또는 실내 유닛을 병용하는 것이다.

② 각 실 온도 조절이 가능하다.

③ 전 공기방식에 비해 실내공기오염과 배수관 누수의 우려가 있다.

④ 사무소, 병원, 호텔 등에 사용한다.

⑤ 유인 유닛(인덕션)방식, 외기 덕트 병용, 팬코일 유닛방식 등이 있다.

(3) 전 수방식 [14년 출제]

① 중앙기계실에서 냉수 또는 온수를 만들어 각 실의 유닛에 보내는 방식이다.

② 덕트가 필요 없고 개별 제어가 가능하다.

③ 실내공기오염과 배수관 누수의 우려가 있다.

④ 주택, 여관 등 비교적 사용인원이 적은 곳에서 사용한다.

⑤ 팬코일 유닛방식, 복사 냉난방방식 등이 있다.

예제 07   기출 3회

다음의 공기조화방식 중 전 공기방식에 해당되지 않는 것은?

① 단일 덕트방식
② 각층 유닛방식
③ 팬코일 유닛방식
④ 멀티존 유닛방식

해설 팬코일 유닛방식은 전 수방식에 속한다.

정답 ③

예제 08   기출 1회

공기조화방식의 열반송매체에 의한 분류 중 전 수방식에 속하는 것은?

① 단일 덕트방식
② 이중 덕트방식
③ 팬코일 유닛방식
④ 멀티존 유닛방식

해설 전 수방식에는 팬코일 유닛방식, 복사 냉난방방식 등이 있다.

정답 ③

(4) 냉매식

① 현장에서 냉동기 및 히트 펌프 등의 열원으로 실내공기를 직접 처리하는 방식으로 개별 제어가 가능하다.

② 소규모 건물, 점포, 주택 등에 사용한다.

③ 패키지 유닛방식, 룸 에어컨 등이 있다.

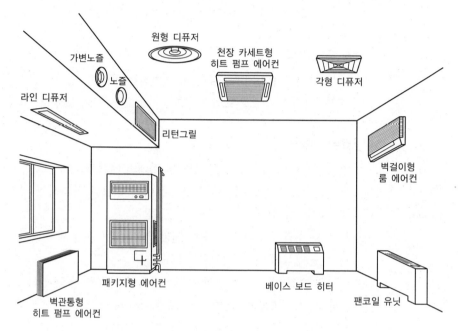

원형 디퓨저

가변노즐

천장 카세트형
히트 펌프 에어컨

각형 디퓨저

노즐

라인 디퓨저

리턴그릴

벽걸이형
룸 에어컨

패키지형 에어컨

베이스 보드 히터

벽관통형
히트 펌프 에어컨

팬코일 유닛

▌열공급 장치들 ▌

3. 공조장치에 의한 분류

(1) 단일 덕트방식 [15·12년 출제]

① 전 공기방식의 특성이 있다.

② 냉풍과 온풍을 혼합하는 혼합상자가 필요 없어 소음과 진동이 적다.

③ 각 실이나 존의 부하변동에 즉시 대응할 수 없다.

④ 설치비가 저렴하고 유지관리가 쉽다.

⑤ 바닥면적이 크고 천장이 높은 중·소규모 건물과 공장, 극장에 적합하다.

(2) 이중 덕트방식 [16년 출제]

① 전 공기방식으로 냉풍과 온풍을 각각 덕트로 보낸 후 각 실의 분출구 바로 앞의 혼합상자에서 실온별로 혼합하여 배출하는 방식이다. 혼합에 의한 혼합손실이 발생한다.

예제 09   기출 2회

다음과 같은 특징을 갖는 공기조화방식은?

• 전 공기방식의 특성이 있다.
• 냉풍과 온풍을 혼합하는 혼합상자가 필요 없어 소음과 진동이 적다.
• 각 실이나 존의 부하변동에 즉시 대응할 수 없다.

① 단일 덕트방식
② 이중 덕트방식
③ 멀티존 유닛방식
④ 팬코일 유닛방식

해설 단일 덕트방식은 개별 제어가 불가능하다.

정답 ①

② 혼합상자에서 소음과 진동이 생기나 개별제어가 가능하다.

③ 단일 덕트방식에 비해 덕트 샤프트 및 덕트 스페이스를 크게 차지하며 고층건물에 적합하다.

(3) 멀티존 유닛방식

① 냉·온풍을 만들어 각 지역별로 혼합하여 각각의 덕트에 보낸다.

② 여름과 겨울의 냉·난방 시 에너지 혼합 손실이 적다.

(4) 각층 유닛방식

① 각 층 구역마다 공기조화 유닛을 설치하는 방식이다.

② 각 층, 각 구역별로 온도조절이 가능하고 큰 덕트가 필요치 않다.

(5) 팬코일 유닛방식 [16·15·10·07년 출제]

① 팬코일이라고 부르는 소형 유닛을 실내의 여러 장소에 설치하고 냉·온수 배관을 접속시킨 다음, 실내의 공기를 대류시켜 냉·난방하는 방식이다.

② 각 실의 개별 조절이 가능하며, 팬코일 유닛방식은 공기 수방식으로 전 공기식에 비해 덕트면적이 작다.

③ 유닛의 증설 및 위치 변경이 가능하나 누수의 우려가 있다.

④ 호텔의 객실, 병원의 입원실, 아파트 등에서 사용한다.

⑤ 극장, 대공간, 방송국, 스튜디오 등은 부적당하다.

예제 10 　　　기출 4회

전동기 직결의 소형송풍기, 냉·온수 코일 및 필터 등을 갖춘 실내형 소형 공조기를 각 실에 설치하여 중앙 기계실로부터 냉수 또는 온수를 공급받아 공기조화를 하는 방식은?

① 2중 덕트방식
② 멀티존 유닛방식
③ 팬코일 유닛방식
④ 단일 덕트방식

정답 ③

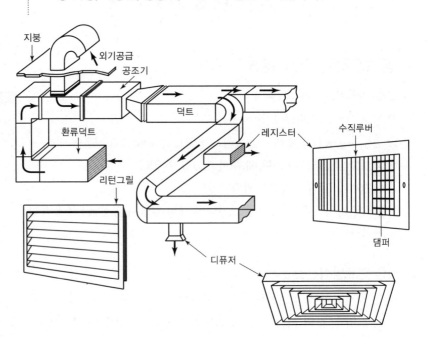

▌ 공조 덕트 시스템 ▌

MEMO

CHAPTER

03

전기설비

◆ 핵심내용 정리 ◆　• • •　안전한 전기설비의 사용을 위해 알맞은 전기설비를 익혀보자.

◆ 학습 POINT ◆　• • •　**회당 0~2문제가 출제된다. 최신 출제경향으로 공부한다.**

◆ 학습목표 ◆　• • •　1. 조명 배광에 의한 분류와 원리를 이해한다.
2. 조명의 조건과 설계를 이해한다.
3. 방재설비를 이해한다.

◆ 주요용어 ◆　• • •　건축화 조명, 전기설비 구분 및 용어 정리, 피뢰침, 방재설비

01 조명설비

1. 조명설비의 개요

눈의 피로를 덜어주고 일의 능률을 올려준다.

2. 조명방식의 선정

(1) 배치에 의한 분류

1) 전반 조명방식

작업면 전반에 균등한 조도를 갖게 하는 방식이다.

2) 국부 조명방식

작업면의 필요한 개소만 고조도로 하는 방식이다.

3) 전반국부 조명방식

작업면 전체는 전반조명, 필요한 장소에 국부조명을 혼합하여 사용한다.

(2) 배광에 의한 분류

1) 직접 조명 [15·14·12·08년 출제]

① 하향광속이 90~100%로 광원이 노출되어 있다.
② 설비비가 싸고 조명률이 좋아 집중적으로 밝게 할 때 유리하다.
③ 눈부심이 크고 조도의 불균형이 크며 강한 대비로 인한 그림자가 생성된다.
④ 다운라이트, 실링라이트 등이 있다.

2) 간접 조명

① 광원의 90~100%를 천장이나 벽에 투사하여 반사·확산된 광원을 이용한다.
② 조도가 가장 균일하고 음영이 가장 적어 부드러운 느낌을 준다.
③ 조명률이 가장 낮고 경제성이 떨어지며 먼지에 의한 감광이 크고 음산한 분위기를 준다.

TIP

조명 단위 [12년 출제]
① 광속 : lm
② 광도 : cd
③ 휘도 : nt
④ 조도 : lx

예제 01　　　　　기출 4회

직접 조명방식에 관한 설명으로 옳지 않은 것은?
① 조명률이 크다.
② 직사 눈부심이 없다.
③ 공장조명에 적합하다.
④ 실내면 반사율의 영향이 적다.

해설 광원이 100% 노출되어 눈부심이 심하다.

정답 ②

---

3) 전반 확산조명

① 직접 조명과 간접 조명의 혼합형태로 위, 아래 빛을 균등하게 분배·확산하는 조명방식이다.
② 옥외의 장식조명이나 브래킷 조명 등이 있다.

(3) 조명방식의 종류와 설치장소

구분	직접 조명	반직접 조명	전반확산 조명	반간접 조명	간접 조명
조명 기구 배광					
상방	0~10%	10~40%	40~60%	60~90%	90~100%
하방	100~90%	90~60%	60~40%	40~10%	10~0%
설치 장소	• 공장 • 다운라이트 매입	• 사무실 • 학교 • 상점	• 사무실 • 학교 • 상점	• 병실 • 침실 • 식당	• 병실 • 침실 • 식당

예제 02   기출 4회

건축화 조명에 속하지 않는 것은?
① 코브 조명   ② 루버 조명
③ 코니스 조명   ④ 펜던트 조명

해설 **펜던트 조명**
천장에 와이어나 파이프로 매달려 조명하는 방식이다.

정답 ④

TIP

조명의 종류
① 펜던트 조명 : 천장에 와이어나 로프로 매달려 조명하는 방식이다.
② 브래킷 조명 : 벽에 부착하는 조명방식이다.

(4) 건축화 조명

1) 특징 [11년 출제]

① 조명이 건축물과 일체가 되고, 건물의 일부가 광원의 역할을 한다.
② 건축공간의 조명적 디자인이므로 천장이나 벽면의 크기, 재료, 색채 등의 전체적인 조화가 필요하다.

2) 종류 [16·11·09년 출제]

① 광천장 조명, 루버천장 조명 : 천장면에 확산 투과재로 마감하고, 그 속에 광원을 배치하는 방식이다.
② 다운라이트 조명, 코퍼 조명 : 천장에 작은 구멍을 뚫어 그 속에 기구를 매입하는 방식이다.
③ 광창 조명 : 광원을 넓은 면적의 벽면에 매입하여 시선에 안락한 배경으로 작용하도록 한다.
④ 코브(Cove) 조명 : 광원을 벽, 천장 내, 가림막 등으로 은폐시키고 그 반사광으로 채광하는 간접 조명방식이다.
⑤ 밸런스 조명 : 창이나 벽의 커튼 상부에 부설된 조명방식이다.
⑥ 코니스 조명 : 벽면의 상부에 위치하여 모든 빛이 아래로 직사하도록 하는 조명방식이다.

⑦ 캐노피(Canopy) 조명 : 벽면이나 천장면의 일부가 돌출하여 강한 조명을 아래로 비추는 방식이다.

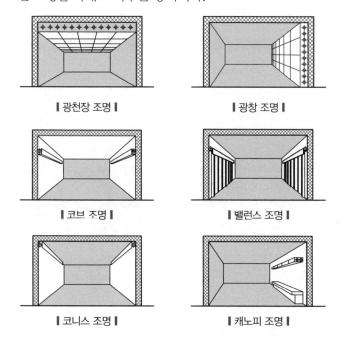

┃ 광천장 조명 ┃ 　 ┃ 광창 조명 ┃

┃ 코브 조명 ┃ 　 ┃ 밸런스 조명 ┃

┃ 코니스 조명 ┃ 　 ┃ 캐노피 조명 ┃

3. 조명설계

(1) 우수한 조명의 조건

① 조도가 적당할 것 : 생리, 심리적 여건과 경제적인 설계를 고려한다.
② 균등한 광속발산도 분포일 것 : 지나친 명암 차가 없게 한다.
③ 휘도가 적당할 것 : 눈부심으로 인한 글레어(Glare)현상을 막아 준다.
④ 적당한 그림자가 있을 것 : 명암 대비는 3 : 1이 적당하다.

(2) 조명 설계순서 [13·06년 출제]

소요조도 결정 → 전등종류 결정 → 조명방식과 조명기구 선택 → 조명기구 배치

1) 용도별 적정조도의 기준

① 설계, 제도, 수술, 계단, 정밀검사 : 700lx
② 일반사무, 제조, 판매, 회의 : 300lx
③ 독서, 식사, 조리, 세척, 집회 : 150lx

2) 조도와 거리의 관계

① 조도(lux) E＝광속(lm)/조사면적(㎡)도 되고 광도(cd)/[거리(m)]²도 된다.

◀TIP▶

램프의 종류 [14년 출제]

① 할로겐 램프
　• 연색성이 좋으나 휘도가 높다.
　• 광속이나 색온도의 저하가 적고 흑화가 거의 일어나지 않는다.
② 메탈할라이드 램프
　• 높은 효율과 우수한 연색성으로 수명이 길다.
　• 휘도가 높고 시동전압이 높다.
　• 1등당 광속이 많고 배광제어가 용이하다.

예제 03 　 기출 2회

다음 중 실내조명 설계순서에서 가장 먼저 이루어져야 할 사항은?
① 조명방식 선정
② 소요조도 결정
③ 전등종류 결정
④ 조명기구 배치

해설 실내에 맞는 사용조도를 결정하는 것이 가장 먼저 이루어져야 한다.

정답 ②

② 조도는 광원으로부터의 거리가 2배가 되면 $\frac{1}{4}$이 되고 3배가 되면 $\frac{1}{9}$이 된다.

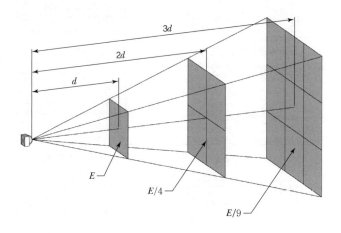

(3) 스위치, 콘센트 등의 배치

① 스위치는 바닥에서 1.2m 정도의 높이에 설치한다.
② 콘센트는 바닥에서 0.3m 정도의 높이에 설치한다.
③ 물에 접촉할 우려가 있는 경우에는 0.5~1.0m 정도로 한다.

◆ SECTION ◆

02 배전 및 배선설비

예제 04   기출 2회

주택에서 옥내배선도에 기입하여야 할 사항과 가장 관계가 먼 것은?
① 전등의 위치
② 가구의 배치표시
③ 콘센트의 위치 및 종류
④ 배선의 상향, 하향의 표시

해설 가구의 배치표시는 인테리어 도면에서 표현한다.

정답 ②

1. 배선설비

(1) 개요

건물에 시설하는 전등, 콘센트, 전동기, 전열장치 등의 전기설비를 말한다.

(2) 주택 옥내 배선도 기입사항 [09·07년 출제]

전등의 위치, 콘센트의 위치 및 종류, 배선의 상향, 하향 표시

(3) 배선공사 방식

① 합성수지관 : 열적 영향이나 기계적 외상을 받기 쉬운 곳이 아니면

금속배관과 같이 광범위하게 사용 가능하다. 관 자체가 절연체이므로 감전의 우려가 없다.

② 가요전선관 : 구부릴 수 있는 전선관을 사용해 설치하는 공사방식이다.

2. 전압의 종류

전력회사에서 공급되는 전기는 수용가의 부하설비에 따라 전압의 종류가 다르다. 일반가정에서는 100V 및 200V, 공장이나 빌딩에서는 3,300V, 6,600V, 20,000V가 있다. [2021년 전기사업법 변경됨]

구분	직류	교류
저압 [12년 출제]	1,500V 이하	1,000V 이하
고압	1,500V 초과~7,000V 이하	1,000V 초과~7,000V 이하
특고압	7,000V를 초과하는 것	

3. 간선의 배전방식에 의한 분류 [13년 출제]

(1) 수지상식(나뭇가지식)

1개의 간선이 각각의 분전반을 거치는 것으로 소규모 건물에 적당하다.

(2) 평행식

배전반에서 분전만마다 단독 회선으로 배선하므로 배선비가 많이 든다. 대규모 건물에 적당하다.

(3) 병용식(나뭇가지 평행 병용식)

평행식과 수지상식을 병용한 것이다. 부하의 중심에 분전반을 설치하고 분전반에서 각 부하에 배선하는 방식이다.

(4) 루프식

각 방식에서 다른 간선을 통하여 전력을 공급할 수 있도록 한 것으로 간선방식 채용일 때 보호협조에 대한 검토를 해야 한다.

> **TIP**

전기설비 용어정리

① 간선 [13·06년 출제]
- 주동력선에서 분기되어 나오는 것으로, 주택에서는 각 실의 콘센트에 전원을 공급하는 선이다.
- 평행식, 루프식, 나뭇가지식, 나뭇가지 평행 병용식이 있다.

② 차단기 [09년 출제]
부하전류를 개폐함과 동시에 단락 및 지락사고 발생 시 각종 계전기와의 조합으로 신속히 전로를 차단하여 기기 및 전선을 보호하는 장치이다.

> **TIP**

옴(Ohm)의 법칙

회로의 저항에 흐르는 전류의 크기는 인가된 전압의 크기와 비례하며 저항과는 반비례한다.

예제 05 기출 1회

전기설비에서 간선의 배선방식에 속하지 않는 것은?

① 평행식 ② 루프식
③ 나뭇가지식 ④ 군관리방식

해설 간선의 배선방식에는 평행식, 루프식, 나뭇가지식이 있다.

정답 ④

> **TIP**

전기 이격거리

① 전기 점멸기, 전기 콘센트 : 30cm
② 전기 개폐기, 전기 계량기, 전기 안전기 : 60cm

4. 분전반

① 간선과 분기회로 사이에 설치한다.

② 가능한 한 매 층에 설치하며 부하 중심, 파이프 샤프트 근처에 설치한다.

③ 분기회로수는 20회선(예비회로 포함 40회선) 이내로 한다.

④ 분기회로의 길이는 30m 이내 간격으로 설치한다.

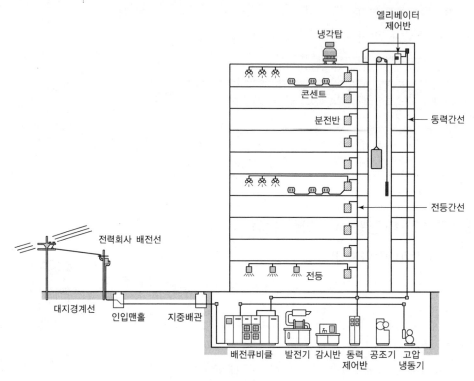

| 전력공급시스템 |

03 방재설비

1. 피뢰설비

(1) 피뢰침설비 [13년 출제]

① 건축물 등을 낙뢰로부터 보호하기 위하여 옥상 등에 독립시켜서 설치한다. 돌침부는 피뢰도선에 접속되고 도선은 접지 전극에 의해서 접지된다.

② 설치대상 : 20m 이상인 건축물에 설치한다. [22·09·06년 출제]

③ 피뢰침의 보호각 : 일반건축물 60° 이하, 위험물 관련 45° 이하로 한다.

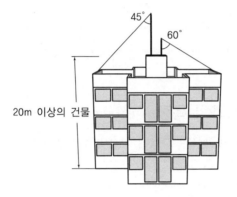

45°
60°
20m 이상의 건물

(2) 접지설비 [20·16·15년 출제]

대지에 이상전류를 방류 또는 계통구성을 위해 의도적이거나 우연하게 전기회로를 대지 또는 대지를 대신하는 전도체에 연결하는 전기적인 접속이다.

2. 방재설비

조기발견 및 경보설비, 초기소화설비, 특수소화설비, 피난유도설비 등이 있다.

3. 방범설비

건축물 내에 허가 없이 침입하려는 인원에 대한 출입통제설비와 침입발견설비 등에 대한 센서와 경보설비 등이 있다.

04 전원설비

1. 변전실의 위치 [21·13년 출제]

① 사용부하의 중심에 가깝고 수전 및 배전거리가 짧은 곳으로 한다.
② 외부로부터의 수전이 편리한 위치로 한다.
③ 용량의 증설에 대비한 면적을 확보할 수 있는 장소로 한다.
④ 화재, 폭발의 우려가 있는 위험물 제조소나 저장소 부근은 피한다.

2. 예비전원의 조건

① 자가발전설비는 정전 후 10초 이내에 작동하고 충전하지 않고 30분 이상을 방전할 수 있어야 한다.
② 변전설비용량의 20% 정도로 부하 중심 가까이에 설치한다.
③ 내화, 방음, 방진구조로 설계한다.

3. 전력 퓨즈의 특징 [16·15·14년 출제]

과전류가 통과하면 가열되어 끊어지는 용융회로 개방형의 가용성 부분이 있는 과전류 보호장치이다.

장점	단점
• 가격이 싸다. • 릴레이나 변성기가 필요 없다. • 소형으로서 큰 차단용량을 가진다. • 빠른 속도로 차단할 수 있다.	• 재투입이 불가능하다. • 과전류에서 용단될 수도 있다. • 동작시간, 전류특성을 계전기처럼 자유로 조정할 수 없다.

예제 08   기출 3회

과전류가 통과하면 가열되어 끊어지는 용융회로 개방형의 가용성 부분이 있는 과전류 보호장치는?
① 퓨즈   ② 캐비닛
③ 배전반   ④ 분전반

해설 전력 퓨즈는 소형으로 큰 차단용량을 가지며 릴레이나 변성기가 필요 없다.

정답 ①

MEMO

가스 및 소화설비

◆ 핵심내용 정리 ◆ • • • 건축물에 사용되는 가정용 연료인 LP가스와 도시가스에 대한 특징을 정확히
이해하여 안전하게 설치·사용할 수 있고, 소화설비의 특징과 건축물 설치용
도를 파악하여 안전하게 건축물에서 생활할 수 있어야 한다.

◆ 학습 POINT ◆ • • • **회당 0~2문제가 출제된다. 최신 출제경향으로 공부한다.**

◆ 학습목표 ◆ • • • 1. LPG와 LNG의 특징을 비교하여 익힌다.
2. 스프링클러의 특징을 익힌다.
3. 드렌처설비의 특징을 익힌다.

◆ 주요용어 ◆ • • • 도시가스, 액화석유가스, 액화천연가스, 옥내소화전, 스프링클러설비,
드렌처설비

01 가스설비

1. 개요

(1) 가스의 종류

① 천연가스체 : 천연가스, 메탄가스

② 인공가스체 : 석탄가스, 수성가스, 아세틸렌가스

(2) 가스기구의 설치 위치

① 연소에 의한 급 · 배기가 가능한 곳

② 용도에 적합히고 사용하기 쉬운 곳

③ 열에 의한 주위의 손상 등이 없는 곳

④ 가스기구의 손질이나 점검이 용이한 곳

2. 도시가스

(1) 특성

① 공급관을 통해 수요자에게 공급하는 가스를 말한다.

② 공기보다 가볍다.(공기의 0.55~0.875배)

③ 대기오염이 없다.(매연, 아황산가스 등)

④ 단위 : m^3/h

3. 액화석유가스(LPG)

(1) 특징 [21·20·16·14·13·11·09·07년 출제]

① 공기보다 무거워 누설 시 인화폭발의 위험성이 크다.

② 발열량이 크며 연소 시에 많은 공기량이 필요하다.

③ 석유정제과정에서 채취된 가스를 압축 · 냉각해서 액화시킨 것으로 용기(Bomb)에 넣을 수 있다.

④ 단위 : kg/h

(2) 봄베(저장용기) 설치 시 주의사항

① 통풍이 잘되는 옥외에 설치하고, 직사광선을 차단한다.(옥상은 아니다.)

② 40℃ 이하에서 보관한다.

③ 옥외에 두고 2m 이내에 화기 접근을 금지한다.

TIP

가스누설감지기 [16년 출제]

① 바닥에서 30cm 이내에 설치한다.

② 도시가스는 천장으로부터 30cm 이내에 설치한다.

예제 01 기출 10회

액화석유가스(LPG)에 관한 설명으로 옳지 않은 것은?

① 공기보다 가볍다.

② 용기(Bomb)에 넣을 수 있다.

③ 가스 절단 등 공업용으로도 사용된다.

④ 프로판가스(Propane Gas)라고도 한다.

해설 공기보다 무거워 누설 시 폭발 위험이 있다.

정답 ①

④ 충격 금지 및 습기에 의한 부식을 방지한다.

4. 액화천연가스(LNG)

① 공기보다 가벼워 창문으로 배기 가능하다.
② 메탄을 주성분으로 한다.
③ LPG보다 안전하며, 무공해, 무독성이다.
④ 단위 : m^3/h

5. 가스설비와 전기설비의 이격거리 [21·16·13·10·09년 출제]

① 가스계량기(가스관)와 전기점멸기(접속기) : 30cm
② 가스계량기(가스관)와 전기콘센트 : 30cm
③ 가스계량기(가스관)와 전기개폐기 : 60cm

◆ SECTION ◆

02 소방시설

1. 소방시설의 목적

화재를 탐지해서 통보함으로써 사람들을 보호하거나 대비시키고, 화재초기단계에서 소화활동을 할 수 있도록 하는 것이다.

2. 소화설비 [14년 출제]

물 또는 소화약제를 사용하여 소화하는 기계·기구설비이다.

(1) 소화기구

소화기, 간이소화용구, 자동확산소화용구 등 쉽게 작동시킬 수 있는 소방용 기구이다.

(2) 스프링클러설비

소방대상물의 천장, 벽 등에 스프링클러 헤드 및 감지기를 설치하고 화재를 자동으로 감지하여 물을 방수시켜 화재를 진압할 수 있는 소화설비이다.

(3) 자동소화장치

소화약제를 자동으로 방사하는 고정된 소화장치이다.

(4) 옥내소화전설비 [10년 출제]

건물 각 층 벽면에 호스, 노즐, 소화전 밸브를 내장한 소화전함을 설치하고 화재 시에는 호스를 끌어낸 후 화재발생지점에 물을 뿌려 소화시키는 설비이다.

(5) 옥외소화전설비 [10년 출제]

방수구가 옥외에 설치되어 화재발생 시 옥외에서 화재확대 방지 및 화재를 소화하는 소화전설비이다.

(6) 물분무등소화설비

고압으로 방사하여 물의 입자를 미세하게 분무시켜 물방울의 표면적을 넓게 함으로써 유류화재, 전기화재 등에도 적응성이 뛰어나도록 한 소화설비이다.

┃ 옥내소화전과 소화기 ┃

3. 소화활동설비 [15년 출제]

화재를 진압하거나 인명구조 활동을 위해 사용하는 설비이다.

(1) 제연설비

화재 시 유독가스의 확산을 방지하기 위한 설비이다.

(2) 연결송수관설비

화재 시 옥내소화전의 저수량을 모두 소비하고도 소화되지 않을 경우 소방차에 연결하여 펌프로 물을 건물 내로 송수하기 위한 설비이다.

예제 03 ⎪ 기출 4회

소방시설은 소화설비, 경보설비, 피난설비, 소화용수설비, 소화활동설비로 구분할 수 있다. 다음 중 소화설비에 속하지 않는 것은?

① 연결살수설비
② 옥내소화전설비
③ 스프링클러설비
④ 물분무등소화설비

해설 연결살수설비는 소화활동설비이다.

정답 ①

<table>
</table>

예제 04 기출 3회

소방대 전용 소화전인 송수구를 통하여 실내로 물을 공급하여 소화활동을 하는 것으로 지하층의 일반 화재진압 등에 사용되는 소방시설은?

① 드렌처설비
② 연결살수설비
③ 스프링클러설비
④ 옥외소화전설비

해설 연결살수설비는 지하층의 화재진압을 위한 설비이다.

정답 ②

예제 05 기출 3회

소방시설은 소화설비, 경보설비, 피난설비, 소화용수설비, 소화활동설비로 구분할 수 있다. 다음 중 경보설비에 속하지 않는 것은?

① 누전경보기
② 비상방송설비
③ 무선통신보조설비
④ 자동화재탐지설비

해설 무선통신보조설비는 화재진압 시 소방방재센터와 교신하는 설비로 소화활동설비이다.

정답 ③

예제 06 기출 5회

다음 자동화재탐지설비의 감지기 중 연기감지기에 해당하는 것은?

① 광전식   ② 차동식
③ 정온식   ④ 보상식

해설 연기감지기는 광전식만 있다.

정답 ①

---

(3) 연결살수설비 [12·08년 출제]

소방대 전용 소화전인 송수구를 통하여 실내로 물을 공급하여 지하층의 일반 화재진압을 위한 설비이다.

(4) 비상콘센트설비

화재진압 시 소방대가 사용할 수 있는 전원설비이다.

(5) 무선통신보조설비 [14년 출제]

화재진압 시 소방방재센터와 교신하는 설비이다.

(6) 연소방지설비

지하구의 연소방지를 위한 것으로 연소방지 전용헤드나 스프링클러 헤드를 천장 또는 벽면에 설치하여 지하구의 화재를 방지하는 설비이다.

┃연결송수관 송수구┃

4. 경보설비 [14년 출제]

화재발생 사실을 통보하는 기계·기구 등의 설비로, 단독경보형 감지기, 비상경보설비, 통합감지시설, 가스누설감지기, 누전감지기, 자동화재 탐지설비, 자동화재속보설비, 비상방송설비 등이 있다.

(1) 자동화재탐지설비 중 열감지기 [20·15·13·10·08년 출제]

① 화재 시 온도상승으로 바이메탈이 팽창하여 접점이 닫힘으로써 화재 신호를 발신하는 것으로 보일러실, 주방 등의 장소에 적합하다.
② 차동식, 정온식, 보상식이 있다.

(2) 자동화재탐지설비 중 연기감지기 [20·13년 출제]

연기를 감지하여 일정농도 이상일 때 작동하고 복도와 계단실 등에 설치하며 광전식이 있다.

5. 피난구조설비

① 화재가 발생할 경우 피난하기 위하여 사용하는 기구이다.
② 피난기구, 인명구조기구, 유도등, 비상조명등 및 휴대용비상조명등이 있다.

6. 소화용수설비

① 화재를 진압하는 데 필요한 물을 공급하거나 저장하는 설비이다.
② 상수도소화용수설비, 소화수조, 저수조, 그 밖의 소화용수설비가 있다.

7. 드렌처설비 [20·15·11·10·09년 출제]

건축물의 외벽, 창, 지붕 등에 설치하여 인접 건물에 화재가 발생하였을 때 수막을 형성함으로써 화재의 연소를 방재하는 설비이다.

CHAPTER
05

정보 및 수송설비

◆ 핵심내용 정리 ◆ • • • 엘리베이터와 에스컬레이터의 서로 다른 특징을 이해하자.

◆ 학습 POINT ◆ • • • **회당 0~1문제**가 출제된다. 최신 출제경향으로 공부한다.

◆ 학습목표 ◆ • • • 1. 엘리베이터의 특징을 익힌다.
2. 에스컬레이터의 특징을 익힌다.

◆ 주요용어 ◆ • • • 안테나설비, 엘리베이터의 특징, 에스컬레이터

01 ## 정보통신설비

1. 정보통신의 목적

(1) 개요

유선, 무선, 광선 기타 전자적 방식에 의하여 부호, 문자, 음향 등의 정보를 저장·처리하거나 송수신하기 위한 기계, 기구, 선로 기타 필요한 설비이다.

2. 종류

(1) 구내교환설비 [08·06년 출제]

① 건물의 내부와 외부를 연결하는 매우 중요한 통신설비이다.
② 구성요소에는 구내전화기, 전력설비, 단자함이 있다.

(2) 인터폰설비 [20년 출제]

건물 구내(옥내)전용의 통화연락을 위한 설비이다.

(3) 표시설비 [07년 출제]

램프나 카드, 숫자에 의하여 상황이나 행위를 표현하여 다수가 알도록 하는 설비이다.

예제 01   기출 2회

다음 중 구내교환설비의 구성요소와 관련이 없는 것은?
① 구내전화기   ② 전력설비
③ 단자함   ④ 안테나

해설 **구내교환설비**
건물의 내부와 외부를 연결하는 통신설비로 구성요소에는 구내전화기, 전력설비, 단자함이 있다.
정답 ④

예제 02   기출 1회

램프나 카드, 숫자에 의하여 상황이나 행위를 표현하여 다수가 알도록 하는 설비를 무엇이라 하는가?
① 인터폰설비   ② 표시설비
③ 방송설비   ④ 안테나설비

해설 **표시설비**
다수가 알아보도록 램프, 카드, 숫자를 표시하는 설비이다.
정답 ②

---

02 ## 수송설비

1. 엘리베이터

(1) 개요 [07년 출제]

수직으로 사람, 화물을 이동시키는 장치로 운행, 정지의 반복이 많아 승객이 직접 조작하는 경우가 많다.

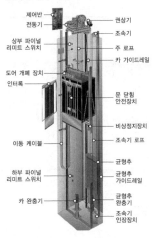

예제 03   기출 2회

엘리베이터가 출발 기준층에서 승객을 싣고 출발하여 각 층에 서비스한 후 출발 기준층으로 되돌아와 다음 서비스를 위해 대기하는 데까지 총시간을 무엇이라 하는가?

① 주행시간   ② 승차시간
③ 일주시간   ④ 가속시간

해설 일주시간에 대한 설명이다.

정답 ③

예제 04   기출 10회

계단식으로 된 컨베이어로서, 일반적으로 30° 이하의 기울기를 가지는 트러스에 발판을 부착시켜 레일로 지지한 구조체를 무엇이라 하는가?

① 엘리베이터   ② HA 시스템
③ 이동보도   ④ 에스컬레이터

해설 수송 능력이 엘리베이터보다 많다.

정답 ④

(2) 교류 · 직류 엘리베이터 비교

구분	교류 엘리베이터 [11년 출제]	직류 엘리베이터
기동	기동토크가 작다.	임의의 기동토크를 얻을 수 있다.
속도	• 속도를 선택할 수 없고 속도 제어가 불가능하며 부하에 의한 속도 변화가 있다. • 저속만 가능(30~60m/min)	• 속도를 임의로 선택할 수 있고 속도 제어가 가능하며 부하에 의한 속도 변화가 없다. • 고속 가능(90~210m/min)
승차감	직류에 비해 떨어진다.	승차감이 좋다.
착상오차	착상오차가 크다.	착상오차가 거의 없다.
설비비	저렴하다.	비싸다.

(3) 일주시간(RTT : Round Trip Time) [16·15년 출제]

엘리베이터가 출발 기준층에서 승객을 싣고 출발하여 각 층에 서비스한 후 출발 기준층으로 되돌아와 다음 서비스를 대기하는 데까지의 총 시간이다.

2. 에스컬레이터

(1) 개요 [10·07·06년 출제]

① 경사는 30° 이하, 속도는 30m/min 이하로 한다.

② 수송인원은 4,000~8,000인/h, 계단폭은 60~120cm 정도로 한다.

③ 주행거리는 가능한 한 길지 않게 한다. [10년 출제]

④ 구성요소로는 뉴얼(엄지기둥), 스커트, 스텝, 난간데크, 핸드레일 등이 있다. [13년 출제]

(2) 에스컬레이터의 장점 [20·16·15·14년 출제]

① 건축적으로 점유면적이 작고, 건물에 걸리는 하중이 분산되며 승강 중 주위가 오픈되므로 주변 광고효과가 크다.

② 대기시간이 없고 연속적인 수송설비이다.

③ 수송능력이 엘리베이터보다 많다.

④ 연속 운전되므로 전원설비에 부담이 적다.

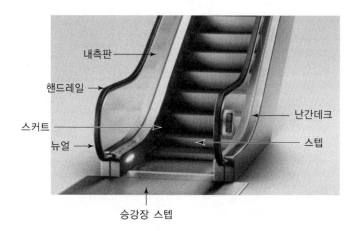

내측판

핸드레일

스커트

뉴얼

난간데크

스텝

승강장 스텝

3. 롤러 컨베이어 [10년 출제]

수평용으로 나란히 배열한 여러 개의 롤러를 굴려 그 위에 실려 있는 물건을 운반하는 기계장치이다.

예제 05 기출 1회

수송설비인 컨베이어 벨트 중 수평용으로 사용되며 기물을 굴려 운반하는 것은?
① 버킷 컨베이어
② 체인 컨베이어
③ 롤러 컨베이어
④ 에이프런 컨베이어

해설 롤러 컨베이어는 택배 물건 등을 연속적으로 운반하며 구분할 수도 있다.

정답 ③

MEMO

P A R T

3

건축제도

💬 **출제경향**

개정 이후 매회 60문제 중 3~7문제가 출제되며, 제1장에서 1~3문제, 제2장에서 0~2문제, 제3장, 제4장에서 1~2문제씩 출제되고 있다. 이해를 요하는 것보다는 개념 정도를 물어보는 수준이다. 이 단원은 정독으로 한 번 정도 읽어 보고 그림을 이해하면 거의 맞힐 수 있으며 문제가 쉬우므로 합격점수 60점(문제 개수로는 32개)을 얻는 데 활용하면 좋을 것이다.

CHAPTER

01

제도규약

◆ 핵심내용 정리 ◆ · · · · 도면은 예술 작품이 아니므로 작도된 그림이 난해하여 보는 사람들마다 각기
다른 해석이 나오면 안 된다.
따라서 제도규약을 전 세계적으로 통용화하여 글로 설명하지 않아도 서로 이
해할 수 있는 설명도서를 만드는 데 그 목적이 있다.

◆ 학습 POINT ◆ · · · · **회당 1~3문제**가 출제된다. 최신 출제경향으로 공부한다.

◆ 학습목표 ◆ · · · · 1. 건축, 토건의 분류 기호와 제도 용지의 규격을 익힌다.
2. 도면에 필요한 수치, 표제란, 선의 우선순위를 익힌다.
3. 도면에 사용되는 표시 기호를 익힌다.

◆ 주요용어 ◆ · · · · 건축, 토건의 분류 기호, 제도 용지의 규격, 표제란, 치수, 도면 표시 기호

01 KS 건축제도 통칭

1. 제도의 목적과 표준규격

건축에 관련된 공통적인 제도 규정을 정하여 도면 작성자의 설명 없이도 도면을 이해할 수 있게 하는 것을 목적으로 한다. 또한 작도 시 정확, 명료, 신속하게 나타내도록 한다.

(1) 한국산업표준(KS) 분류기호 [20·16·15·14·13·07·06년 출제]

A	기본부문	D	금속부문
B	기계부문	E	광산부문
C	전기전자부문	F	토건부문

제품표준은 제품의 향상(모양), 치수, 품질 등을 규정한 것이며, 시험, 분석, 검사 및 측정방법 등으로 규정한다.

(2) 제도용지의 규격 [21·20·16·15·14·13·12·11·10·09·08·07·06년 출제]

① 제도용지의 크기는 한국공업규격 KS A 5201(종이 재단 치수) 규정에 따르며, 주로 A0~A4의 것을 사용한다.

② 제도용지의 가로와 세로의 길이 비는 $\sqrt{2}$:1로 한다.

③ 도면을 접을 때에는 A4의 크기를 기준으로 한다.

제도용지의 크기		A0	A1	A2	A3	A4
$a \times b$		841×1189	594×841	420×594	297×420	210×297
c(최소)		10	10	10	5	5
d (최소)	철하지 않을 때	10	10	10	5	5
	철할 때	25	25	25	25	25

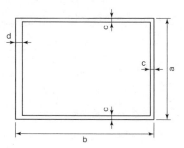

(3) 선 [21·20·16·15·14·13·12·11·10·09·08·07·06년 출제]

명칭		굵기(mm)	용도에 의한 명칭	용도
실선		굵은 선 (0.3~0.8)	단면선	벽체를 절단한 면의 선 (평면도의 단면선)
			외형선	건물의 외각모양의 선 (입면도의 입면선)
			파단선	전부를 나타낼 수 없을 때 도중에 생략하는 표현
		가는 선 (0.2~0.3)	치수선	치수를 기입하기 위한 선
			치수보조선	치수를 기입하기 위해 도형에서 인출한 선
			지시선	지시, 기호 등을 나타내기 위한 인출선
해치		가는 패턴	해칭선	절단면의 절단 표시를 위한 선
허선	파선	중간선	숨은선	물체의 보이지 않는 부분을 표시한 선
	일점쇄선	가는 선	중심선	• 도형의 중심축을 나타내는 선 • 중심이 이동한 중심 궤적을 나타내는 선
		굵은 선	절단선	물체의 절단한 위치를 표시한 선
			경계선	경계선으로 표시한 선
			기준선	• 기준으로 표시한 선
	이점쇄선	가는 선	가상선 상상선	• 물체가 있는 것으로 가상하여 표시한 선 • 대지표시선

(4) 척도

① KS 규정의 제도통칙에 의한 척도의 종류는 24종이다. [15·14년 출제]

② 종류

　㉠ 배척 : 실물을 일정한 비율로 확대한 것

　㉡ 실척 : 실물과 같은 크기로 작도한 것

　㉢ 축척 : 실물을 일정한 비율로 축소한 것 [06년 출제]

예제 04　　　　기출 4회

도면 작성 시 사용되는 선의 종류와 용도의 연결이 옳지 않은 것은?

① 굵은 실선 – 단면선
② 가는 실선 – 치수선
③ 2점쇄선 – 상상선
④ 1점쇄선 – 숨은선

해설 1점쇄선은 중심선, 경계선, 기준선이다.

정답 ④

예제 05　　　　기출 5회

다음 중 건축도면 작도에서 가장 굵은 선으로 표현하는 것은?

① 인출선　　② 해칭선
③ 단면선　　④ 치수선

해설 굵은 선은 단면선, 외형선이다.

정답 ③

예제 06　　　　기출 7회

건축제도에서 보이지 않는 부분을 표시하는 데 사용하는 선의 종류는?

① 파선　　② 1점쇄선
③ 2점쇄선　　④ 가는 실선

해설 파선은 숨은선이라고도 한다.

정답 ①

1/1, 1/2, 1/5, 1/10	부분상세도, 시공도 등에 사용된다.
1/5, 1/10, 1/20, 1/30	부분상세도, 단면상세도 등에 사용된다.
1/50, 1/100, 1/200, 1/300	평면도, 입면도 등 일반도, 기초평면도, 구조도, 설비도에 사용된다.
1/500, 1/600, 1/1000, 1/2000	배치도, 대규모 건물의 평면도에 사용된다.

③ 축척 계산법 [20·16·15·14·12·06년 출제]

도면상 길이는 실제길이를 mm로 바꾸고 축척을 곱하면 된다.

예 3,000mm×1/30＝100mm (도면상 길이)

(5) 치수 [20·16·15·14·13·12·11·10·09·08·07·06년 출제]

① 치수의 단위는 mm로 하고, 기호는 붙이지 않는다.

② 치수는 특별히 명시하지 않는 한 마무리 치수로 한다.

③ 치수선에 따라 도면에 평행하게 쓰고, 아래로부터 위로, 왼쪽에서 오른쪽으로 읽을 수 있도록 치수선 위의 가운데 기입한다.

④ 중복은 피하고, 필요한 치수는 누락되는 일이 없도록 하며 계산하지 않아도 알 수 있도록 기입한다.

⑤ 협소한 간격이 연속될 때에는 인출선을 사용하여 치수를 쓴다.

⑥ 치수선의 양 끝 표시는 화살 또는 점을 사용할 수 있으나 같은 도면에서 2종을 혼용할 수 없다.

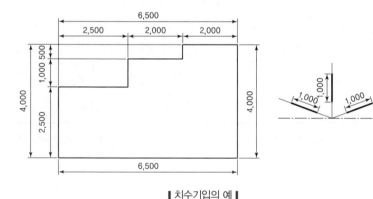

▮ 치수기입의 예 ▮

(6) 문자와 숫자 쓰기 [20·16·15·13·12·10·09·08·07년 출제]

① 글자체는 수직 또는 15° 경사의 고딕체로 쓰고 숫자는 아라비아숫자를 원칙으로 한다.

② 글자의 크기는 각 도면의 상황에 맞추어 알아보기 쉬운 크기로 하고 글자의 크기는 높이로 나타낸다.

◁TIP▷

규정된 척도가 아닌 것

① 1/80 [14년 출제]

② 1/400 [15·06년 출제]

③ 치수에 비례하지 않을 경우 : NS [15년 출제]

예제 **07**　　　　기출 7회

실제길이가 16m인 직선을 축척이 1/200인 도면에 표현할 경우, 직선의 도면길이는?

① 0.8mm　　　② 8mm

③ 80mm　　　④ 800mm

해설 16,000mm×1/200＝80mm

정답 ③

예제 **08**　　　　기출 13회

건축제도의 치수기입에 관한 설명으로 옳지 않은 것은?

① 치수는 특별히 명시하지 않는 한 마무리 치수로 표시한다.

② 치수기입은 치수선 중앙 윗부분에 기입하는 것이 원칙이다.

③ 협소한 간격이 연속될 때에는 인출선을 사용하여 치수를 쓴다.

④ 치수의 단위는 cm를 원칙으로 하고, 이때 단위기호는 쓰지 않는다.

해설 치수의 단위는 mm를 원칙으로 하고 단위기호는 쓰지 않는다.

정답 ④

예제 09　　기출 11회

건축제도에 사용되는 글자에 관한 설명으로 옳지 않은 것은?

① 숫자는 아라비아 숫자를 원칙
② 문장은 왼쪽에서부터 가로쓰기를 원칙
③ 글자체는 수직 또는 15° 경사의 명조체로 쓰는 것을 원칙
④ 4자리 이상의 수는 3자리마다 휴지부를 찍거나 간격을 둠을 원칙

해설 글자체는 고딕체가 원칙이다.

정답 ③

③ 4자리 이상의 수는 3자리마다 휴지부를 찍거나 간격을 둠을 원칙으로 한다.

④ 문장은 왼쪽에서부터 가로쓰기를 원칙으로 하고, 곤란한 경우 세로쓰기도 가능하다.

(7) 선을 그을 때 유의사항 [14·13·11년 출제]

① 시작부터 끝까지 일정한 힘을 가하여 일정한 속도로 긋는다.
② 각을 이루어 만나는 선은 정확하게 긋고 중복해서 긋지 않는다.
③ 축척과 도면의 크기에 따라서 선의 굵기를 다르게 한다.
④ 용도에 따라 선의 굵기를 구분하여 사용한다.
⑤ 파선이나 점선은 선의 길이와 간격이 일정해야 한다.

◆ SECTION ◆

도면의 표시방법에 관한 사항

예제 10　　기출 11회

도면의 표시기호로 옳지 않은 것은?

① L : 길이　　② H : 높이
③ W : 너비　　④ A : 용적

해설 A : 면적

정답 ④

예제 11　　기출 4회

직경 13mm의 이형철근을 200mm 간격으로 배치할 때 도면표시 방법으로 옳은 것은?

① D13#200　　② D13@200
③ φ13#200　　④ φ13@200

해설 D는 이형, @200는 간격이다.

정답 ②

1. 일반 표시기호 [21·20·16·15·14·13·12·11·09·06년 출제]

기호	명칭	기호	명칭
L	길이	Th	두께
H	높이	Wt	무게
W	너비	A	면적
@	간격	D	이형철근 지름
V	용적	R	반지름
D, φ	지름	Ø	원형철근 지름

직경이 13mm이고 배근 간격이 150mm인 이형철근 표시법(D13@150)

[16·15·12·09년 출제]

2. 일반 도면기호

(1) 창호기호 [20·16·14·13·12·11·10·08년 출제]

창호 재질별 기호	의미	창호 기호	의미
A	알루미늄합금	D	문
P	합성수지	W	창
S	강철	G	그릴
W	목재	Ss	셔터
SS	스테인리스 스틸		

(2) 기호표시 [14·10·08년 출제]

① 창호도에 창호형태, 개폐방법, 재료 및 치수 등을 표시한다.
② 강재 표시방법 : 2L−125×125×6 → (수량형강−길이×높이×두께)
[14·10년 출제]

3. 재료구조 표시기호(단면용) [14·13·11·10·09·07년 출제]

표시사항 구분		표시기호
지반		
잡석 다짐		
석재		
목재	치장재	
	구조재	

예제 15   기출 3회

다음의 평면 표시기호가 의미하는 것은?

① 미닫이창   ② 셔터 달린 창
③ 이중창   ④ 망사창

정답 ②

예제 16   기출 3회

다음 창호 기호의 명칭으로 옳은 것은?

① 셔터창   ② 회전창
③ 망사창   ④ 오르내리기창

정답 ④

4. 창호 표시기호(입면 및 평면) [16·13·12·11·10·09·08년 출제]

명칭		작도법	명칭		작도법
여닫이창	입면		오르내리창	입면	
	평면			평면	
미서기창	입면		망사창	입면	
	평면			평면	
붙박이창	입면		회전창	입면	
	평면			평면	
셔터창	입면				
	평면				

MEMO

CHAPTER

02

건축물의 묘사와 표현

◆ 핵심내용 정리 ◆ ・・・ 도면의 이해를 도와주는 다양한 표현 방법들을 숙지하는 것이 중요하다.

◆ 학습 POINT ◆ ・・・ **회당 0~2문제**가 출제된다. 최신 출제경향으로 공부한다.

◆ 학습목표 ◆ ・・・ 1. 묘사도구의 특징들을 익힌다.
2. 각종 표현방법의 특징들을 익힌다.
3. 투시도의 종류와 특징들을 익힌다.
4. 건물 주변의 배경과 음영처리방법을 익힌다.

◆ 주요용어 ◆ ・・・ 연필의 묘사도구, 에스키스, 모눈종이 묘사, 정투상도의 정의, 제3각법,
등각투상도, 배경의 표현, 음영의 표현

01 건축물의 묘사

1. 묘사도구

(1) 연필 [14·13·12·11·10·09·08·07년 출제]

① 심의 종류에 따라 무른 것과 딱딱한 것으로 나누어진다.
② 폭넓은 명암을 표현할 수 있으며 다양한 질감의 표현이 가능하다.
③ 지울 수 있는 장점이 있으나 번지거나 더러워지기 쉽다.
④ H의 수가 많을수록 단단하고 17단계로 구분한다.

(2) 잉크 [14·07년 출제]

① 농도를 명확하게 나타낼 수 있고 다양한 묘사가 가능하다.
② 선명하게 보이므로 도면이 깨끗하다.

(3) 유성마커펜 [11·08년 출제]

건축물의 묘사에 있어서 트레이싱지에 컬러를 표현하기 편리하다.

(4) 제도용구

① 자유곡선자 : 불규칙한 곡선을 그릴 때 사용하는 용구이다.
　[15·10·08년 출제]
② 삼각스케일 : 1/100, 1/200, 1/300, 1/400, 1/500, 1/600의 축척이 표시되어 있는 용구다. [13년 출제]
③ 삼각자의 작도방향 [09년 출제]

④ T자 : 삼각자 1개 또는 2개를 가지고 여러 가지 위치를 바꾸면 여러 가지 각도의 선을 그을 수 있다. [10년 출제]

2. 각종 표현

(1) 모눈종이 묘사 [21·12·08년 출제]

① 묘사하고자 하는 내용을 사각형 격자에 그리고, 한번에 하나의 사각형을 그릴 수 있도록 다른 종이에 같은 형태로 옮긴다.

② 사각형이 원본보다 크거나 작다면, 완성된 그림은 사각형의 크기에 따라서 규격이 정해진다.

(2) 에스키스 [09년 출제]

건축계획 단계에서 설계자의 머릿속에서 이루어진 공간의 구상을 종이에 형상화하여 그린 다음 시각적으로 확인하는 방법이다. 즉, 초고, 밑그림 등 습작 정도를 의미한다.

02 건축물의 표현

1. 투시도의 종류와 용어

(1) 투시도의 종류

1) 1소점 투시도

① 투사선이 1점으로 모이기 때문에 물체의 크기는 화면 가까이 있는 것이 커 보인다. [14·09·06년 출제]

② 투시도에서 수평면은 시점높이와 같은 평면 위에 있다.

③ 실내 투시도와 같은 정적인 건물 표현에 효과적이다.

2) 2소점 투시도 [06년 출제]

① 유각, 시각 투시도법으로 건물의 외관 등을 표현할 때 사용된다.

② 2개의 수평선이 화면과 각을 가지도록 물체를 돌려 놓은 경우이다.

③ 소점이 2개가 생기고 수직선은 투시도에서 그대로 수직으로 표현되는 가장 널리 사용되는 방법이다.

3) 3소점 투시도 [15·07년 출제]

① 투시도는 아주 높거나 낮은 위치에서 건축물을 표현할 때 사용되며, 고층 외관 투시도에 사용된다.

② 화면과 평행한 선이 없으므로 소점은 3개가 된다.

(2) 투시도의 용어

① 기선(G.L) : 기준선, 기면과 화면의 교차선

② 기면(G.P) : 사람이 서 있는 면

예제 04 기출 4회

투시도에 관한 설명으로 옳지 않은 것은?

① 투시도에 있어서 투시선은 관측자의 시선으로서, 화면을 통과하여 시점에 모이게 된다.

② 투사선이 1점으로 모이기 때문에 물체의 크기는 화면 가까이 있는 것보다 먼 곳에 있는 것이 커 보인다.

③ 투시도에서 수평면은 시점높이와 같은 평면 위에 있다.

④ 화면에 평행하지 않은 평행선들은 소점으로 모인다.

해설 화면에 가까이 있는 것이 커 보인다.

정답 ②

③ **수평면(H.P)** : 눈높이에 수평한 면
④ **정점(S.P)** : 사람이 서 있는 곳 [21·20년 출제]
⑤ **시점(E.P)** : 보는 눈의 위치 [20·16·06년 출제]
⑥ **소점(V.P)** : 수평선상에 존재하며 원근법을 표현하는 초점
[21·20·15·06년 출제]
⑦ **화면(P.P)** : 물체와 시점 사이에 기면과 수직한 평면 [13년 출제]
⑧ **수평선(H.L)** : 수평면과 화면의 교차선
⑨ **시선축(Axis of Vision)** : 시점에서 화면에 수직하게 통하는 투시선
[14년 출제]

(3) 정투상도

① 화면에 수직인 평행투사선에 의해 물체를 투상하는 것 [12년 출제]
② 정면도 아래쪽은 평면도, 오른쪽은 우측면도, 왼쪽은 좌측면도,
배면도, 정면도 등으로 구분한다.
③ 물체를 나타낼 때 제3각법을 쓰도록 한국산업규격에 정하여 놓고 있
다. [15·14·11·10·09·08·07년 출제]
④ 물체의 모양이나 크기를 정확하게 나타낸다.

(4) 등각투상도

① X, Y, Z의 기본 축이 120°씩 화면으로 나누어 표시되는 작도법이다.
[15·10·08년 출제]
② 하나의 투상도에서 물체의 세 면인 정면, 평면, 측면을 볼 수 있다.
③ 제품의 구상도, 설명도 등에 사용된다.

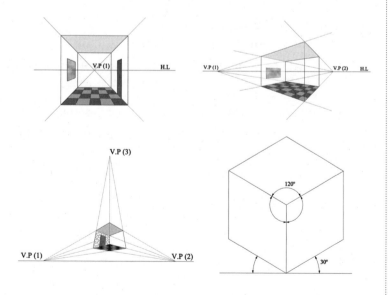

예제 05   기출 9회

투시도법에 사용되는 용어의 표시가
옳지 않은 것은?

① 시점 : E.P   ② 소점 : S.P
③ 화면 : P.P   ④ 수평면 : H.P

해설 소점 : V.P, 정점 : S.P가 주로 출
제된다.

정답 ②

예제 06   기출 7회

건축제도에서 투상법의 작도원칙은?

① 제1각법   ② 제2각법
③ 제3각법   ④ 제4각법

해설 **제3각법**
정면도, 배면도, 좌측면도, 우측면도, 평면
도가 투상면으로 나타난다.

정답 ③

예제 07   기출 3회

투상도의 종류 중 X, Y, Z의 기본 축이
120°씩 화면으로 나누어 표시되는 것
은?

① 등각투상도
② 유각투시도
③ 이등각투상도
④ 부등각투상도

해설 등각투상도는 120도 화면으로 나
누어 표현된다.

정답 ①

건축도면에서 각종 배경과 세부 표현에 대한 설명 중 옳지 않은 것은?

① 건축도면 자체의 내용을 해치지 않아야 한다.
② 건물의 배경이나 스케일 그리고 용도를 나타내는 데 꼭 필요할 때에만 적당히 표현한다.
③ 공간과 구조 그리고 그들의 관계를 표현하는 요소들에 지장을 주어서는 안 된다.
④ 가능한 한 현실과 동일하게 보일 정도로 디테일하게 표현한다.

해설 각종 배경 표현은 건물의 배경이나 스케일 그리고 용도를 나타내는데 꼭 필요한 때만 적당히 표현한다.

정답 ④

건축물을 묘사함에 있어서 선의 간격에 변화를 주어 면과 입체를 표현하는 묘사방법은?

① 단선에 의한 묘사방법
② 여러 선에 의한 묘사방법
③ 단선과 명암에 의한 묘사방법
④ 명암 처리에 의한 묘사방법

정답 ②

2. 표현방법

(1) 배경의 표현 [20·15·13·12·11·10·09·08·06년 출제]

① 각종 배경 표현은 건물의 주변 환경, 스케일, 그리고 용도를 나타내기 위해서 적당히 표현한다. [20·15·13·11·10·08년 출제]
② 건물보다 앞쪽의 배경은 사실적으로, 뒤쪽의 배경은 단순하게 표현한다. [12·09년 출제]
③ 사람의 크기나 위치를 통해 건축물의 크기 및 공간의 높이를 느끼게 한다.

(2) 음영 표현

① 건축물의 입체적 느낌을 나타내기 위해 사용하지만 실시 설계도나 시공도에는 사용하지 않는다. [12·11·10·08·06년 출제]
② 물체의 위치, 빛의 방향에 맞게 정확하게 표현한다.
③ 윤곽선을 강하게 묘사하면 공간상의 입체를 돋보이게 하는 효과가 있다.
④ 그늘과 그림자는 물체의 위치, 보는 사람의 위치, 빛의 방향, 그림자가 비칠 바닥의 형태에 의하여 표현을 달리한다.
⑤ 건물의 그림자는 건물표면의 그늘보다 어둡다. [13·10·09·06년 출제]

(3) 건축물의 묘사방법

① **단선에 의한 묘사방법** : 종류와 굵기에 유의하여 단면선, 윤곽선, 모서리선, 표면의 조직선 등을 표현한다.
② **명암 처리에 의한 묘사방법** : 명암의 농도 변화만으로 면과 입체를 결정하며, 명암이 진한 것이 돋보인다. [14·09년 출제]
③ **여러 선에 의한 묘사방법** : 선의 간격에 변화를 주어 면과 입체를 표현하는 묘사방법이다. [13·12·10·09년 출제]
④ **단선과 명암에 의한 묘사방법** : 선으로 공간을 한정시키고 명암으로 음영을 넣는 방법으로 평면은 같은 명암의 농도로 하여 그리고 곡면은 농도의 변화를 주어 묘사한다. [14·12년 출제]

MEMO

건축의 설계도면

◆ 핵심내용 정리 ◆ · · · 설계도면의 표시내용을 파악하여 작업현장에서 응용할 수 있다.
특히, 평면도, 단면도, 입면도가 많이 출제된다.

◆ 학습 POINT ◆ · · · **회당 1~2문제 정도가 출제된다. 최신 출제경향으로 공부한다.**

◆ 학습목표 ◆ · · · 1. 계획설계도면의 종류를 이해한다.
2. 실시 설계도서의 종류와 활용면을 이해한다.
3. 설계도면의 작도법을 익힌다.

◆ 주요용어 ◆ · · · 구상도, 동선도, 면적도표, 일반도, 구조도, 설비도, 배치도, 평면도, 입면도,
단면도, 천장도, 전개도, 설비도

01 설계도면의 종류

1. 계획 설계도

(1) 구상도

설계에 대한 최초의 생각을 자유롭게 표현하는 스케치 등의 작업을 말한다.

(2) 동선도 [14·11년 출제]

사람, 차량, 화물 등의 움직이는 흐름을 도식화한 도면으로 공간 레이아웃과 가상 밀접한 관계가 있다.

2. 기본 설계도

건축주에게 설계계획을 전달하는 등의 목적을 위한 도면으로 계획설계도를 바탕으로 작성한 평면도, 입면도, 배치도, 단면도 등이 속한다.

3. 실시 설계도

(1) 일반도

배치도, 평면도, 입면도, 단면도, 상세도, 전개도, 창호도 등

(2) 구조도

기초 평면도, 골조기초, 지붕틀 평면도, 바닥틀 평면도, 기둥·보·바닥 일람표, 배근도, 구조평면도, 골조도 및 각부상세도 등

(3) 설비도

전기, 위생, 냉난방, 공조, 가스, 상하수도, 환기, 승강기, 소방설비도 등

예제 01 　　　　기출 2회

사람이나 차 또는 화물 등의 흐름을 도식화하여 나타낸 계획 설계도는?

① 동선도 　　② 구상도
③ 조직도 　　④ 면적도표

해설 동선도는 동선의 흐름을 나타내는 계획도면이다.

정답 ①

예제 02 　　　　기출 1회

다음 중 계획 설계도에 속하지 않는 것은?

① 구상도 　　② 조직도
③ 배치도 　　④ 동선도

해설 배치도는 기본 설계도에 속한다.

정답 ③

TIP

건축허가 시 필요도면 [15년 출제]

건축계획서, 배치도, 평면도, 입면도, 단면도, 구조도, 구조계산서, 실내마감도, 소방설비도 등이 필요하다.

TIP

시공도

시공상세도, 시공계획서, 시방서 등 공사를 진행하는 데 필요한 도면으로 시공자에 의해 작성된다.

02 설계도면의 작도법

예제 03   기출 4회

다음 중 배치도에 표시하지 않아도 되는 사항은?

① 축척   ② 건물의 위치
③ 대지경계선   ④ 각 실의 위치

해설 각실의 위치는 평면도에서 표시한다.

정답 ④

1. 배치도

① 방위, 축척, 부지의 고저차, 인접도로의 길이 및 너비, 건축물의 위치, 대지경계선을 표시한다. [15·13·12·11년 출제]
② 대지 안의 건물이나 부대시설을 표시하고 위쪽을 북쪽으로 한다.

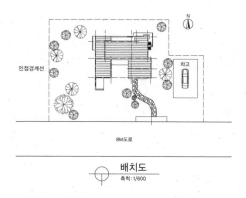

배치도
축척: 1/600

예제 04   기출 6회

일반 평면도의 표현 내용에 속하지 않는 것은?

① 실의 크기
② 보의 높이 및 크기
③ 창문과 출입구의 구별
④ 개구부의 위치 및 크기

해설 보의 높이와 크기는 구조도에서 표시한다.

정답 ②

2. 평면도

① 기준 층의 바닥면에서 1.2~1.5m 높이에서 수평 절단하여 내려다 본 도면이다. [11년 출제]
② 실배치와 크기, 창문과 출입구의 구별, 개구부의 위치 및 크기, 벽두께, 벽 중심선을 표시한다. [16·13·12·07년 출제]

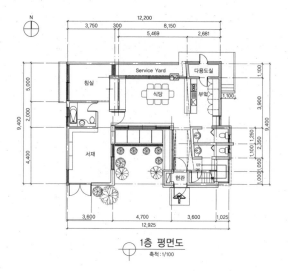

1층 평면도
축척: 1/100

3. 단면도

① 건축물의 주요 부분을 수직 절단한 것을 상상하여 그린 도면이다.
[11·09·07년 출제]

② 건물높이, 층높이, 처마높이, 창대 및 창높이, 지반에서 1층 바닥까지의 높이, 반자높이, 난간높이를 표시한다. [16·15·10·09·06년 출제]

③ 설계자의 강조부분, 평면도만으로 이해하기 어려운 부분, 전체구조의 이해가 필요한 부분을 표현한 도면이다. [14년 출제]

예제 05   기출 11회

단면도에 표기하는 사항과 가장 거리가 먼 것은?

① 층높이
② 창대높이
③ 부지경계선
④ 지반에서 1층 바닥까지의 높이

해설 부지경계선은 배치도에 표시된다.

정답 ③

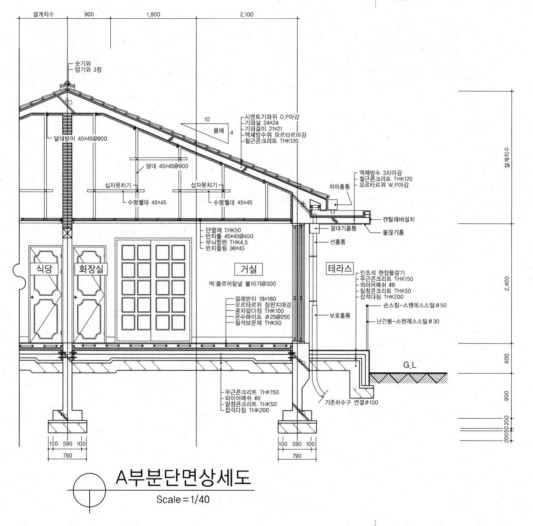

A부분단면상세도
Scale = 1/40

4. 입면도

① 건물벽 직각방향에서 건물의 외관을 그린 것이다. [13·12·10·09년 출제]
② 외벽의 마감재료, 처마높이, 창문의 형태 및 높이 표시 [09·07년 출제]
③ 입면도 그리는 순서 [15·10년 출제]

    지반선 작도 → 각 층 높이(처마선) → 개구부 높이 → 개구부 형태
    → 재료의 마감표시

FRONT ELEVATION
축척 : 1/100

EAST ELEVATION
축척 : 1/100

NORTH ELEVATION
축척 : 1/100

WEST ELEVATION
축척 : 1/100

5. 전개도

① 건물 내부의 입면을 정면에서 바라보고 작도하는 내부 입면도이다.
    [15·10년 출제]
② 벽의 형상, 가구의 입면, 반자높이, 걸레받이 형태, 마감상세 등을
    표시한다. [20·12년 출제]

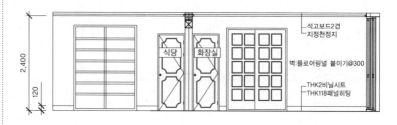

전개도
Scale = 1/40

6. 천장평면도

① 천장을 올려다보는 방향으로 수평 투상한 도면이다.
② 환기구, 조명기구 및 설비기구, 반자틀 재료 및 규격을 표시한다.
    [08년 출제]

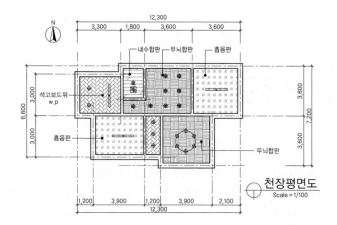

천장평면도
Scale = 1/100

7. 기초평면도

① 기초의 위치, 모양, 크기를 작도한다.

② 바닥재료, 동바리 마루구조, 각 실의 바닥구조 등을 표현한다.

[21·12년 출제]

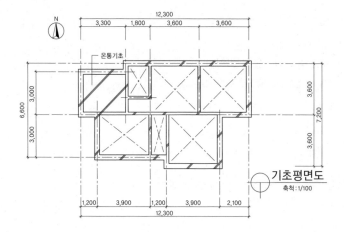

기초평면도
축척 : 1/100

8. 배근도

① 철근콘크리트 구조의 설계도 중에서 철근의 품질·지름·개수를 표시하는 도면이다.

② 철근을 구부리는 위치와 치수, 이음매의 위치·방법·치수를 포함해서 철근의 길이방향의 치수를 나타내면서 철근의 배치·조립방법 등을 상세히 나타낸 것을 말한다.

③ 스터럽(늑근)이나 띠철근을 철근 배근도에서 표시할 때 일반적으로 가는 실선을 사용한다. [14·11년 출제]

각 구조부의 제도

◆ 핵심내용 정리 ◆ · · · 각 구조부의 제도순서는 축척에 맞게 도구를 잡고 각 도면의 내용에 맞고 작도를 한 다음 가장 마지막에 치수선과 인출선 및 치수와 명칭을 기입한다. 벽체제도 순서가 가장 많이 출제되었다.

◆ 학습 POINT ◆ · · · **회당 0~1문제** 정도 출제된다. 최신 출제경향으로 공부한다.

◆ 학습목표 ◆ · · · 1. 구조부의 요소들을 이해한다.
2. 각 구조부의 제도순서를 익힌다.

◆ 주요용어 ◆ · · · 기초 제도, 온돌난방 바닥 제도, 벽체 제도

구조부의 이해

1. 구조부

(1) 주요구조부

① 내력벽, 기둥, 바닥슬래브, 큰보(Gider : 기둥과 기둥에 연결된 보)가 있다.

② 지붕틀(지붕마감을 지지하는 구조체 : 철골조 또는 경량철골조 포함), 주계단이 있다.

(2) 기타 구조부

① 사이 기둥(구조내력을 받지 않는 간격재 역할의 기둥), 최하층 바닥슬래브, 작은보(Beam : 큰보와 큰보 사이에 연결된 보)가 있다.

② 차양(하중을 받지 않는 창문 위 등에 햇빛을 가리기 위한 목적의 슬래브 등), 옥외계단(건물 외부에 설치된 계단) 등이 있다.

> **TIP**
>
> **주요구조부의 정의(건축법 제2조제1항 제7호)**
>
> 주요구조부란 내력벽, 기둥, 바닥, 보, 지붕틀 및 주계단을 말한다. 다만, 사이 기둥, 최하층 바닥, 작은보, 차양, 옥외계단, 그 밖에 이와 유사한 것으로 건축물의 구조상 중요하지 아니한 부분은 제외한다.

> **TIP**
>
> **지시선 사용법** [14년 출제]
>
> ① 지시대상이 선인 경우 지적 부분은 화살표를 사용한다.
> ② 지시대상이 면인 경우 지적 부분은 채워진 원을 사용한다.
> ③ 지시선은 다른 제도선과 혼동되지 않도록 가늘고 명료하게 그린다.
> ④ 지시선은 꺾인 직선 사용을 원칙으로 한다.

 각 구조부의 제도

1. 기초의 제도순서 [13·09·07년 출제]

① 제도용지를 부착하여 테두리선을 긋고 표제란을 만든다.

② 제도용지에 기초의 배치를 적당히 잡아 가로와 세로 나누기를 한다.

③ 중심선에서 기초와 벽의 두께, 푸팅 및 잡석 지정의 너비를 양분하여 연하게 그린다.

④ 재료의 단면표시를 하고, 치수선과 치수보조선, 인출선을 가는 선으로 긋고, 부재의 명칭과 치수를 기입한다.

2. 벽체 제도 [15·14·11·10·09·08년 출제]

① 제도용지에 테두리선을 긋고, 축척과 구도를 정한다.

② 지반선과 벽체 중심선을 긋고, 기초와 벽체를 작도한다.

> **예제 01**   기출 3회
>
> 다음 중 기초의 제도 시 가장 먼저 해야 할 것은?
>
> ① 치수선을 긋고 치수를 기입한다.
> ② 제도지에 테두리선을 긋고 표제란을 만든다.
> ③ 제도지에 기초의 배치를 적당히 잡아 가로와 세로 나누기를 한다.
> ④ 중심선에서 기초와 벽의 두께, 푸팅 및 잡석 지정의 너비를 양분하여 연하게 그린다.
>
> **해설** 제도용지를 부착 후 표제란을 만든다. 순서는 ② → ③ → ④ → ①
>
> **정답** ②

　　　　기출 6회

조적조 벽체를 제도하는 순서로 가장 알맞은 것은?

ⓐ 축척과 구도 정하기
ⓑ 지반선과 벽체 중심선 긋기
ⓒ 치수와 명칭 기입하기
ⓓ 벽체와 연결부분 그리기
ⓔ 재료표시
ⓕ 치수선과 인출선 긋기

① ⓐ-ⓑ-ⓒ-ⓓ-ⓔ-ⓕ
② ⓐ-ⓑ-ⓓ-ⓕ-ⓔ-ⓒ
③ ⓐ-ⓑ-ⓓ-ⓔ-ⓕ-ⓒ
④ ⓐ-ⓕ-ⓑ-ⓒ-ⓓ-ⓔ

해설 벽체 제도순서의 시작은 축척 및 구도 정하기, 마지막은 치수선 작도와 치수와 명칭기입이다.

정답 ③

③ 벽체와 연결부분을 그린다.(단면선과 입면선을 구분)
④ 각 부분에 재료 표시를 한다.
⑤ 치수선과 인출선을 긋고, 치수와 명칭을 기입한다.

3. 입면의 제도

① 제도용지에 테두리선을 긋고, 축척과 구도를 정한다.
② 지반선과 벽체 중심선 긋고, 벽체 외형을 작도한다.
③ 창호의 크기와 높이에 맞게 작도한다.
④ 재료를 표현하고 주변 환경을 작도한다.
⑤ 치수선과 인출선을 긋고, 치수와 명칭을 기입한다.

4. 지붕틀 제도

① 축척에 따라 구도를 정한다.
② 각부 부재를 그린다.
③ 각종 보강철물을 그린다.
④ 치수선과 인출선을 긋고, 치수와 명칭을 기입한다. [06년 출제]

일반구조

 출제경향

개정 이후 매회 60문제 중 18~20문제가 출제되며, 제2장 건축물의 각 구조가 내용이 많고 출제도 꾸준히 되고 있는 부분이므로 개념과 용어를 이해하면 점수를 쉽게 얻을 수 있다.

건축구조의 일반사항

◆ 핵심내용 정리 ◆ ・・・ 각 건축구조의 종류별 특성을 비교하여 이해하자.

◆ 학습 POINT ◆ ・・・ **회당 2~4문제**가 출제된다. 최신 출제경향으로 공부한다.

◆ 학습목표 ◆ ・・・
1. 건축구조의 개념을 익힌다.
2. 구조형식과 시공형식에 따라 다른 차이점을 익힌다.
3. 특수구조를 익힌다.
4. 기초의 종류를 익힌다.

◆ 주요용어 ◆ ・・・ 건축의 3요소, 가구식 구조, 일체식 구조, 건식 구조, 공기막 구조, 기초, 지정, 보일링, 히빙, 파이핑, 부동침하원인, 하중

01 ## 건축구조의 개념

건축물의 구조체를 가장 경제적으로 이룩할 수 있는 건축적 구성기술을 연구하는 학문으로 건축구조의 요건인 안전성, 거주성, 내구성, 경제성을 충족시킬 수 있는 건축물을 구조적으로 형태화하는 데 그 목적이 있다.

◀ TIP ▶

건축의 3요소

① 구조 : 안전성, 거주성, 내구성, 경제성이 있어야 한다.
② 기능 : 인간이 편리하게 생활할 수 있어야 한다.
③ 미 : 정신적 안정을 취할 수 있어야 한다.

 02 ## 건축구조의 분류

1. 구성방식에 의한 분류

구조체인 기둥, 보, 벽 등을 축조하는 방법이다. [16·15·14·12·06년 출제]

구조별	설명	예
가구식 구조	① 목재, 철골 등과 같은 비교적 가늘고 긴 재료를 이용하여 구조부인 뼈대를 만드는 구조이다. ② 공사기간이 짧고 지진에 강하며 물과 불에는 약하다.	① 목구조 ② 철골구조
조적식 구조	① 비교적 작은 재료를 접착제인 모르타르를 이용하여 쌓아 만든 구조이다. ② 횡력(지진)에 약하며, 고층·대형건물에 부적당하다.	① 벽돌구조 ② 돌구조 ③ 블록구조
일체식 구조	① 전체가 하나가 되게 거푸집을 짜서 콘크리트를 넣는 구조이다. ② 주거성, 내진성, 내화성, 내구성, 보수성 등이 우수하며 다양한 거푸집 형상에 따른 성형성이 뛰어나다. ③ 건물 무게가 무겁고 균일한 시공이 어렵다.	① 철근콘크리트 구조 ② 철골철근 콘크리트 구조

예제 01 기출 5회

구조의 구성방식에 의한 분류 중 구조체인 기둥과 보를 부재의 접합에 의해서 축조하는 방법으로 목구조, 철골구조 등을 의미하는 것은?
① 조적식 구조
② 가구식 구조
③ 습식 구조
④ 건식 구조

해설 **가구식 구조**
가늘고 긴 재료로 뼈대를 만드는 구조로 횡력에 강하나 불에는 약하다.

정답 ②

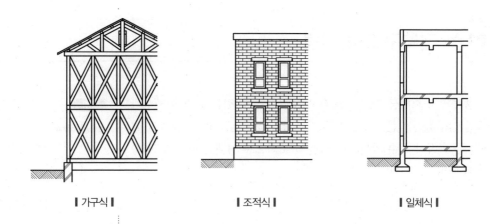

| ▌가구식 ▌ | ▌조적식 ▌ | ▌일체식 ▌ |

예제 02   기출 6회

건물의 주요 뼈대를 공장제작한 후 현장에 운반하여 짜맞춘 구조는?
① 조적식 구조
② 습식 구조
③ 일체식 구조
④ 조립식 구조

◆해설◆ **조립식 구조**
공장생산으로 대량생산, 공사기간 단축의 장점이 있다.

◆정답◆ ④

2. 시공과정에 의한 분류(시공법에 따른 분류)

건축물의 설계도를 가지고 건축재료를 이용하여 건축물로 변환하는 과정이다. [16·15·14·12·10·09·08·07·06년 출제]

구조별	설명	예
건식 구조	① 기성제품을 가구식으로 짜맞추어 물을 사용하지 않는 공법으로 공사기간이 짧아진다. ② 대량생산이 가능하고 겨울에도 시공이 가능하다.	① 목구조 ② 철골구조
습식 구조	① 건축재료에 물을 사용하여 축조하는 방법이다. ② 물을 건조시켜야 하기 때문에 공사기간이 길다. ③ 바름벽, 콘크리트 등을 쓰는 구조이다.	① 벽돌구조 ② 돌구조 ③ 블록구조 ④ 철근콘크리트구조 ⑤ 철골철근콘크리트구조
조립식 구조	① 자재를 공장에서 제조하여 현장에서 조립하는 구조이다. ② 공장생산, 대량생산, 공기가 짧다.(모듈개념 도입) ③ 기계화시공으로 단기완성이 가능하다. ④ 각 부품과의 접합부가 일체화되기 어렵다.	① 철근콘크리트구조 ② 철골철근콘크리트구조

3. 구조재료에 의한 분류

건축물을 지을 때 주로 사용한 재료로 분류할 수 있다. [15·14·08·07년 출제]

구조별	설명	단점
목구조	① 이음과 접합으로 구성한 구조이다. ② 재료 가공이 쉽고 시공이 용이하다. ③ 공사기간이 짧고 무게가 가벼우며 강도가 비교적 크다.	① 부패와 변형(습기) ② 화재의 위험
벽돌구조	① 압축력에는 강성이 있으나, 부재를 접착하는 형식으로 벽체 두께의 한정성 때문에 수평 횡력과 인장력에 약하다. ② 내화, 방한, 방서, 내구적이다.	① 벽체에 균열이 발생하기 쉽다. ② 횡력(지진)에 약해서 고층구조가 부적당하다. ③ 벽체가 두꺼워 실내가 좁아진다.
블록구조	① 블록 내부에 철근과 콘크리트를 채워 보강한 구조이다. ② 방화·방서·방한·방음성이 좋다.	① 횡력(지진)에 약하다. ② 균열이 발생하기 쉽다. ③ 고층건물에 부적당하다.
석조구조	① 불연성이고 압축강도가 크다. ② 내수성, 내구성, 내화학성이 좋고 내마모성이 크다. ③ 외관이 장중하고, 치밀하며, 갈면 아름다운 광택이 난다.	① 중량이 크고 견고하여 시공이 어렵다. ② 고열에 약하여 화열이 닿으면 균열이 발생한다. ③ 재료 구입이 용이하지 못하고, 고가이다.
철근콘크리트구조	① 거푸집을 짜고 철근을 조립한 다음 콘크리트를 부어 넣은 일체식 구조이다. ② 형태의 설계가 자유롭다. ③ 재료 구입과 건물 유지관리가 용이하다. ④ 내화·내구·내진성이 좋은 구조이다.	① 자체 자중이 크다. ② 해체, 이전 등이 어렵다. ③ 습식이라 공사기간이 길고 거푸집비용이 많이 든다. ④ 균질한 시공이 어렵다.
철골구조 (강구조)	① 철재 강재와 강판을 조립하여 볼트나 리벳이음 등으로 만든 구조이다. ② 건물 무게가 가벼워 고층 및 대규모 건축물을 만들 수 있다. ③ 해체, 이동, 수리가 가능하나 정밀 시공을 요구한다.	① 가늘고 길어서 좌굴하기 쉽다. ② 재료가 철이라 화재에 약하고 녹슬기 쉽다. ③ 공사비가 고가이다. ④ 접합부가 약해질 우려가 있어 정밀 시공을 요한다.
철골철근 콘크리트 구조	① 철골구조의 취약한 부분인 내구성과 내화성을 보강한 구조이다. ② 철골과 철근을 콘크리트로 피복한 상태로 안전하고 내진과 내구, 내화성에 유리하여 고층건물에 많이 적용된다.	① 공사비가 고가이다. ② 습식이라 공사기간이 길다.

건축구조에서 중간에 기둥을 두지 않고, 직사각형의 면적에 지붕을 씌우는 형식으로 교량 시스템을 응용한 것은?

① 절판구조   ② 공기막구조
③ 셸구조   ④ 현수구조

해설 현수구조는 강제케이블에 바닥판 또는 지붕을 매단 형식이다.

정답 ④

4. 특수구조 [14·08년 출제]

구조별	설명
현수구조	기둥과 기둥 사이에 강제케이블로 연결한 다음, 지붕 또는 바닥판을 매단 구조로 케이블에는 인장력이 작용한다. **예** 영종대교, 남해대교
사장구조	주탑에서 늘어뜨린 케이블에 의해 지지되는 바닥판이 구조적으로 우수할 뿐 아니라 외관 또한 수려하다. **예** 서해대교, 신행주대교, 올림픽대교
절판구조	① 평면을 아코디언과 같이 주름을 잡아 지지하중을 증가시키는 구조형태이다. ② 절판은 나무, 강철, 알루미늄 또는 철근콘크리트로 만들어진다.
셸구조	① 지붕에 사용하는 구조재로서 곡면판(휘어진 얇은 판)을 외각에 사용한 구조이다. ② 외력을 면내의 응력으로 처리하기 때문에 얇은 두께로 넓은 스팬(Span)의 지붕을 얻는다.
공기막구조	일정한 형태의 막을 제작하거나 막과 막 사이에 공기를 넣어 그 압력에 의하여 일정한 형태를 유지하는 막구조물로서 설치, 이동이 간편하다. **예** 여의도 중소기업 전시관, 한국마사회의 마권발매소, 신도리코 물류창고
캔틸레버식 구조	부재를 한쪽 벽면에 고정시켜 외부로 돌출시키는 구조 **예** 베란다, 현관 처마 등
조립식 구조	① 공장 생산이 가공한 기성재료를 현장에서 조립하는 구조법이다. ② 대량생산이 가능하고, 기계화 시공으로 단기 완성이 가능하나 운반의 제약을 받고 접합부에 대한 정밀시공이 힘들다. **예** 일산의 스틸 하우스

| 절판구조 |

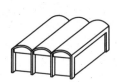

| 셸구조 |

| 텐트구조 |

| 입체 트러스 |

| 현수구조 |

| 공기막구조 |

5. 재해 방지 구조

(1) 방한구조

추위를 방지하기 위한 벽이나 천장의 구조를 말하는데, 열이 통하지 않는 벽을 만들고, 창·문 등을 기밀하게 하는 것이 필요하다.

(2) 방서구조 [12·06년 출제]

부위의 차열 계획과 일사 차폐, 통풍 환기를 통해 열의 차단을 막아 더위를 막는 구조를 말한다.

(3) 내진구조 [14년 출제]

지진에 견딜 수 있도록 설계된 구조로, 유구조와 강구조의 두 방식이 있다.

◆ SECTION ◆

03 각 구조의 특성

1. 기초

(1) 기초의 정의 [07년 출제]

건물의 최하부에 놓여 건물의 무게를 안전하게 지반에 전달하는 구조부이다.

(2) 기초의 구성

기초판+지정(밑창 콘크리트와 잡석)

 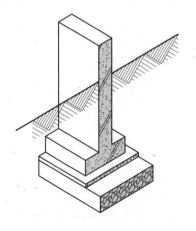

예제 06   기출 2회

다음 중 열의 차단으로 더위를 막기 위해 축조된 구조는?
① 방서구조   ② 방한구조
③ 방충구조   ④ 방청구조

해설 방서구조는 더위를 막는 구조이다.

정답 ①

예제 07   기출 2회

건물의 최하부에 놓여 건물의 무게를 안전하게 지반에 전달하는 구조부는?
① 지붕   ② 계단
③ 기초   ④ 창호

정답 ③

(3) 기초의 종류

기초는 보통 철근콘크리트로 만들어지며 지중보(Footing Beam)로 상호 연결된다. 상부하중과 지반의 조건에 따른 기초의 유형은 다음 그림과 같다.

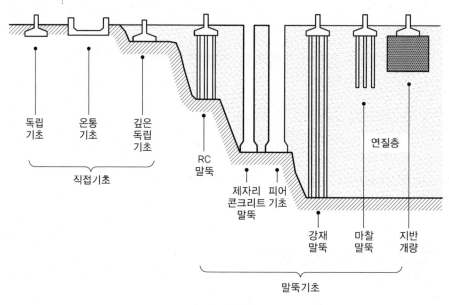

독립
기초

온통
기초

깊은
독립
기초

RC
말뚝

연질층

┗━━━━━━━━┛
직접기초

제자리   피어
콘크리트 기초
말뚝

강재   마찰   지반
말뚝   말뚝   개량

┗━━━━━━━━━━━━━━━┛
말뚝기초

┃ 기초의 종류 ┃

1) 온통기초(매트기초) [21·20·15·14·13·12·11·10·09·08·07·06년 출제]

① 지반이 연약할 때 사용한다.

② 건물의 하부 전체 또는 지하실 전체를 하나의 기초판으로 구성한 기초로서 매트 슬래브 기초 또는 매트기초라 한다.

2) 줄기초(연속기초) [12·11년 출제]

벽 또는 일련의 기둥으로부터의 응력을 띠모양으로 하여 지반 또는 지정에 전달하도록 하는 기초형식으로 연속기초라고 한다.

3) 피어기초

지반을 굴착하여 기둥모양으로 만든 다음 기초판의 하중을 지반에 전달하는 기초로 우물통 기초라고도 한다.

4) 잠함기초 [09년 출제]

견고한 지반이 깊이 있을 경우 지상에서 원형통, 사각형통의 밑 없는 상자를 만들고 그 속에서 토사를 파내어 상자를 내려앉히고 저부에 콘크리트를 부어 기초로 하는 것으로 케이슨 기초라고도 한다.

예제 08　　　　기출 13회

건물의 하부 전체 또는 지하실 전체를 하나의 기초판으로 구성한 기초는?

① 독립기초　　② 줄기초
③ 복합기초　　④ 온통기초

해설 온통기초는 지반이 연약하거나 기둥에 작용하는 하중이 커서 기초판이 넓어야 할 때 사용하는 기초이다.

정답 ④

◀ **TIP** ▶

1. 직접기초

기초판에 직접 지반에 전달되는 형식의 얕은 기초이다.

2. 말뚝기초

기초판에 말뚝을 박아낸 기초로 굳은 지반까지 박는다.

5) 독립푸팅기초 [15년 출제]

① 한 개의 기둥에서 전달되는 하중을 하나의 기초판으로 단독 설치한 단순 기초구조이다.

② 횡력에 약하기 때문에 지중보로 기초를 서로 연결한다.

③ 동바리기초, 호박돌기초, 주춧돌기초

TIP
독립푸팅기초

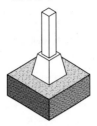

2. 지정

(1) 지정의 정의

기초를 지지하기 위해 기초 파기를 한 다음 바닥 판을 다져 치밀하게 기반을 만든다.

(2) 지정의 종류

건축물의 규모와 토질에 따라 잡석지정, 자갈지정, 모래지정, 말뚝지정 등이 있다.

1) 잡석지정

① 연약지반이나 또는 습기가 많은 진흙지반에 적당하므로 우리나라 지반에 많이 사용한다.

② 터파기를 한 다음에 바닥을 다지기 위해 깐 잡석을 100~200mm 정도 세워서 편평하게 깐다.

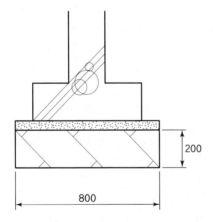

2) 자갈지정 [20·14년 출제]

① 잡석지정을 할 필요가 없는 양호한 지반에 사용한다.

② 깬 자갈 또는 자갈+모래를 100mm 정도의 두께로 편평하게 깐 다음 다진다.

예제 09   기출 2회

잡석지정을 할 필요가 없는 비교적 양호한 지반에서 사용되는 지정방식은?

① 자갈지정
② 제자리 콘크리트 말뚝지정
③ 나무 말뚝지정
④ 기성제 철근 콘크리트 말뚝지정

해설 자갈지정은 양호한 지반에 사용한다.

정답 ①

언더피닝공법(Underpinning Method)
[09·07년 출제]
기성 구조물의 기초를 새로 만든 견고한 기초로 대치하거나 보강하는 것이다.

예제 10 기출 4회

기성콘크리트 말뚝을 타설할 때 말뚝 직경(D)에 대한 말뚝 중심 간 거리 기준으로 옳은 것은?

① 1.5D 이상
② 2.0D 이상
③ 2.5D 이상
④ 3.0D 이상

해설 말뚝 간의 간격은 말뚝 지름의 2.5배 이상 또는 75cm 이상 보통 90cm이다.

정답 ③

말뚝지정 시 주의사항
① 시험용 말뚝은 실제 사용할 말뚝과 동일한 조건에서 사용한다.
② 합성말뚝은 지지말뚝과 마찰말뚝을 같이 사용한 것이다.
③ 시험용 말뚝은 3개 이상을 사용한다.
④ 말뚝박기는 내부에서 외부로 박아 나간다.

3) 모래지정

비교적 안정된 지반에 직접기초를 할 때 밑자리가 흐트러지는 것을 방지하기 위해 두께 10cm 정도로 설치한다.

4) 말뚝지정

지반의 지내력이 약할 때 말뚝을 통해 깊은 곳의 단단한 지반의 지내력을 얻기 위해 설치하는 형식의 지정이다. [14·08·07·06년 출제]

말뚝의 종류	설명
나무말뚝	① 소나무, 낙엽송, 미송 등의 생 통나무를 주로 사용 ② 윗 마구리와 밑 마구리의 차가 적은 것을 사용 ③ 말뚝 사용 전 현장에서 껍질을 벗겨서 사용 ④ 말뚝의 상판은 기초판의 밑면까지 오도록 함 ⑤ 썩는 것을 방지하기 위해 지하수 상수면 아래에서 깊게 박음 ⑥ 말뚝과 말뚝 간격은 말뚝 지름의 2.5배 이상 또는 60cm 이상 보통 90cm ⑦ 기초판 끝면에서는 말뚝 간격은 말뚝 지름의 1.25배
기성 콘크리트 말뚝	① 대규모 중량 건설에 사용, 상수면에 관계없이 공사 가능 ② 운반이나 쌓을 때 충격을 받지 않도록 주의 ③ 말뚝 간의 간격은 말뚝 지름의 2.5배 이상 또는 75cm 이상 보통 90cm
제자리 콘크리트 말뚝	① 기성 콘크리트보다 더 큰 말뚝을 필요로 할 때 ② 운반 등 조건의 제약 없이 현장에서 지반을 기둥모양으로, 즉 우물처럼 파서 그 안에 콘크리트를 부어 말뚝을 만든 방법 ③ 말뚝 간의 간격은 말뚝 지름의 2.5배 이상 또는 90cm 이상 보통 150cm
철재말뚝	① 연약지반이 깊이 있을 때 ② 현장에서 직접 용접하여 길이와 강성을 높일 수 있음 ③ 부식이 되기 쉬우므로 살두께를 두껍게 상수면 이하에 박음 ④ 말뚝 간의 간격은 말뚝 지름의 2.5배 이상 또는 90cm 이상 보통 150cm 정도
지지말뚝	견고한 지층까지 닿도록 박은 것
마찰말뚝	연약지반이 깊은 곳까지 있어 말뚝 끝이 견고한 지반까지 도달하지 않고 말뚝과 흙의 마찰력으로 하중을 지지하는 말뚝

3. 흙막이벽 공사 시 토질에 생기는 현상

(1) 보일링 현상(수압 차 → 지하수 + 모래) [09·07년 출제]

사질토 굴착 시 지하수위가 굴착 지면보다 높을 때 지하수가 터파기한 바닥에서 모래와 함께 솟아오른 현상이다.

(2) 히빙(토압 차 → 흙) [21·20년 출제]

흙막이 벽 안쪽과 바깥쪽의 토압차이에 의해 흙막이 바깥 흙이 안쪽으로 밀려들어와 저면이 부풀어 오르는 현상이다.

(3) 파이핑

흙막이 벽의 부실공사로 뚫린 구멍이 원인이 되어 침투수와 토입자가 나타나는 현상이다.

예제 11   기출 3회

흙막이 공사를 하다가 굴착면 저면이 부풀어 오르는 현상은?
① 보일링   ② 파이핑
③ 히빙   ④ 블리딩

해설 히빙은 토압차이에 의해 바깥쪽 흙이 안쪽으로 밀려들어와 부풀어 오르는 현상이다.

정답 ③

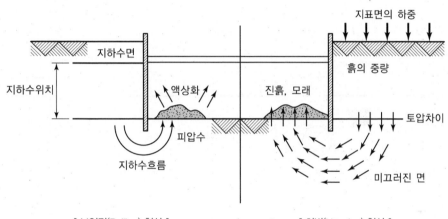

┃보일링(Boiling) 현상┃　　　　┃히빙(Heaving) 현상┃

4. 밑창 콘크리트

잡석 다짐 위에 밑창(버림) 콘크리트를 50mm 두께로 깔아 수평을 어느 정도 잡아준다. 콘크리트 기초의 습기를 외부와 차단시켜 준다.

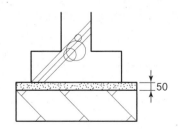

<table>
<tr><td>예제 12</td><td>기출 7회</td></tr>
</table>

예제 12   기출 7회

지반 부동침하의 원인이 아닌 것은?

① 이질지층   ② 이질지정
③ 연약층   ④ 연속기초

해설 연속기초는 벽 또는 일련의 기둥으로부터의 응력을 띠모양으로 하여 지반 또는 지정에 전달하도록 하는 기초형식이다.

정답 ④

5. 부동침하

(1) 부동침하의 원인 [21·20·15·10·09년 출제]

① 건물의 위치가 이질 지층일 경우 또는 지반이 연약할 경우
② 지반이 동결작용을 받을 때
③ 일부 지정, 경사지반, 건축물의 일부 증축일 경우
④ 지하수위가 일부 변경될 때
⑤ 이웃건물에서 깊은 굴착을 할 때

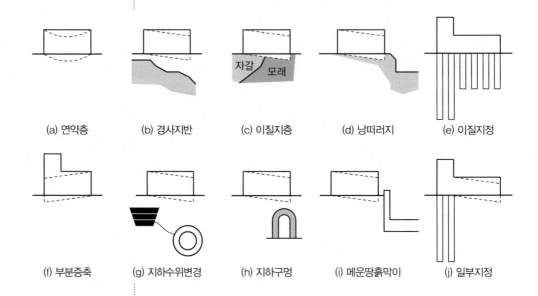

(a) 연약층   (b) 경사지반   (c) 이질지층   (d) 낭떠러지   (e) 이질지정

(f) 부분증축   (g) 지하수위변경   (h) 지하구멍   (i) 메운땅흙막이   (j) 일부지정

예제 13   기출 3회

연약지반에 건축물을 축조할 때 부동침하를 방지하는 대책으로 옳지 않은 것은?

① 건물의 강성을 설치할 것
② 지하실을 강성체로 설치할 것
③ 건물의 중량을 크게 할 것
④ 건물은 너무 길지 않게 할 것

해설 건물의 중량을 가볍게 한다.

정답 ③

(2) 연약지반에 대한 대책 [14·11·10년 출제]

상부구조에 대한 대책	하부구조에 대한 대책
① 건물의 무게를 가볍게 한다.(경량화) ② 평면의 길이를 짧게 한다. ③ 건물의 강성을 높인다. ④ 다른 건물과 거리를 멀게 한다. ⑤ 건축물의 중량을 잘 배분한다.	① 온통기초를 이용한 지하실을 설치한다. ② 지붕보를 이용하여 기초 상호 간을 연결한다. ③ 마찰말뚝을 사용한다. ④ 경질지반에 지지시킨다. ⑤ 기초를 크게 한다.

(3) 지반의 허용 응력도 [07년 출제]

기초의 크기를 결정하는 데 사용되는 자료이다.

(단위 : t/m² = 10kN/m²)

지반	장기 응력에 대한 허용 응력도	단기 응력에 대한 허용 응력도
경암반	400	장기허용 응력도의 약 2배로 한다.
연암반	200	
	100	
자갈	30	
자갈과 모래의 혼합물	20	
모래 섞인 점토	15	
모래 또는 점토	10	

예제 14   기출 1회

다음 중 지반의 허용지내력도가 가장 큰 것은?
① 자갈
② 모래
③ 연암반
④ 모래 섞인 점토

해설 허용지내력도 크기
연암반>자갈>모래 섞인 점토>모래 또는 점토
정답 ③

6. 하중

(1) 하중의 종류

1) 고정하중

지붕, 기둥바닥과 같은 건물의 자중으로서 정하중이라고 부른다.

2) 활하중 [16년 출제]

사람이나 가구, 차량 등의 중량에 발생하는 수직하중이다.

3) 적설하중

지붕면에 쌓인 눈의 중량으로서 적재하중의 일종이다.

4) 풍하중

건물의 외벽 또는 지붕에 미치는 바람의 압력을 말한다.

(2) 작용방향에 따른 종류

1) 수직하중

고정하중, 적재하중, 적설하중이 있다.

2) 수평하중 [16·09년 출제]

풍하중, 지진력, 토압, 수압이 있다.

예제 15   기출 2회

하중의 작용방향에 따른 하중분류에서 수평하중에 포함되지 않는 것은?
① 활하중   ② 풍하중
③ 수압   ④ 토압

해설 활하중은 수직하중에 해당한다.
정답 ①

7. 단면력(응력)

물체에 하중 및 외력이 작용하였을 때, 그 외력에 저항하여 물체의 형태를 그대로 유지하려고 물체 내에 생기는 내력을 말한다.

건축구조의 부재에 발생하는 단면력의 종류가 아닌 것은?
① 풍하중   ② 전단력
③ 축방향력   ④ 휨모멘트

해설 단면력의 종류에는 전단력, 축방향력(인장력, 압축력), 휨모멘트가 있다.

정답 ①

◀TIP▶

기초보

건물의 각 기초를 잇는 수평재로서 주각의 휨모멘트 및 그에 의한 전단력을 부담함으로써 보이 강성을 크게 하여 부동침하를 방지한다.

---

(1) 인장력 [14년 출제]

양쪽으로 당기는 힘을 말하며 지붕구조에서 케이블은 인장력을 이용한 구조이다.

(2) 압축력 [15·08년 출제]

누르는 힘, 즉 위에서 아래로 가해지는 힘을 말하며 아치구조는 상부에서 오는 수직하중이 아치 축선에 따라 밑으로 압축력만 전달하게 한다.

(3) 전단력 [10년 출제]

부재를 직각으로 자를 때에 생기는 힘을 말한다.

(4) 휨모멘트

비틀거나 회전에 의한 힘을 말한다.

8. 각 구조부의 설명

(1) 기둥(Column, Post)

바닥, 지붕, 보등을 상부의 하중을 받는 수직 구조재로서 축압축력을 주로 지지하는 데 쓰이는 부재이다.

(2) 벽(Wall)

① 수직으로 공간을 막는 것으로 안팎의 구별이 있으며, 외부에 있는 벽을 외벽이라 하고, 건물 안에 있는 것을 내벽이라고 한다.
② 칸막이 역할을 하는 장막벽과 상부에서 오는 하중을 받는 내력벽으로 구분된다.

(3) 보(Beam, Girder)

기둥과 기둥, 기둥과 벽을 연결하는 수평 구조부재로 작은보(Beam), 큰보(Girder)가 있다.

(4) 바닥(Floor, Slab)

공간을 막아 놓은 밑바닥, 즉 건물의 수평체이고 그 위에 실리는 하중을 받아 이것을 기둥 또는 벽에 전달하는 구조재이다.

(5) 지붕(Roof)

건물의 최상부를 막아 우설을 막는 구조체이다.

(6) 계단(Stairs, Stair Way) [10·07년 출제]

높이가 다른 바닥의 상호 간의 단을 연결하는 구조체로 세로방향의 통로의 역할을 한다.

높이가 다른 바닥의 상호 간에 단을 만들어 연결하는 구조체로서 세로방향의 통로로 중요한 역할을 하는 것은?
① 수장   ② 기초
③ 계단   ④ 창호

해설 계단은 높이가 다른 세로방향의 통로 역할을 한다.

정답 ③

MEMO

CHAPTER

02

건축물의 각 구조

◆ **핵심내용 정리** ◆ • • • 각 건축물의 시공방법과 구조에 대해 공부하여 합리적인 건축물의 용도에 맞는
구조를 선택할 수 있도록 한다.

◆ **학습 POINT** ◆ • • • **회당 8~15문제가 출제된다.**
과거부터 많이 출제되는 부분으로 용어와 특징들을 잘 파악하자.

◆ **학습목표** ◆ • • • 1. 각 구조의 특징의 장단점을 파악한다.
2. 각 구조의 기본개념을 이해한다.
3. 각 구조의 용어를 이해한다.
4. 각 구조원리와 시공방법을 익힌다.

◆ **주요용어** ◆ • • • 벽돌의 규격, 줄눈의 형태, 벽돌쌓기법, 벽돌조의 기둥과 벽체, 블록구조의 분류,
석재의 가공 및 종류, 철근과 콘트리트의 특징, 철근콘크리트구조 형태, 주근,
늑근, 철근의 배근, 바닥 슬래브의 형태, 무량판구조, 지붕의 형태, 물매, 지하
실 방수, 형강의 표시법, 철골의 구조 형식, 철골조의 장단점, 리벳의 접합, 리벳
배치, 용접의 특징, 용접 결함, 주각의 개념, 플레이트보, 목구조의 특징, 가새,
기둥의 종류, 마루의 종류, 왕대공 지붕틀의 특징, 목조계단의 특징

01 조적구조

1. 벽돌구조

(1) 벽돌구조의 특징 [13·12·06년 출제]

장점	단점
① 방화, 내구, 방한, 방서구조이다. ② 시공이 간단하고 외관이 아름답다.	① 횡력(지진)에 약해서 고층건물에 부적당하다. ② 벽체가 두꺼워 실내가 좁아진다.

(2) 벽돌의 치수 및 마름질 종류

1) 치수

① 내화벽돌 : 230×114×65 [08년 출제]

② 표준형 : 190×90×57 [20·14·09·06년 출제]

2) 두께 [21·20·16·15·14·13·12·11·10·09·08·07·06년 출제]

- 벽돌길이 치수 : 190
- 마구리 치수 : 90
- 줄눈 치수 : 10
- 공간 치수 : 70~80

구분	0.5B	1.0B	1.5B	2.0B	2.5B	0.5B씩 증가
표준형	90	190	290	390	490	0.5B를 기준으로 100씩 증가
공간쌓기 (70mm)	90	250	350	450	550	
계산식 예	1.5B의 두께식 190(1.0B) + 10(줄눈) + 90(0.5B) = 290 (공간쌓기가 아닌 경우)					
	• 1.0B 공간쌓기(75mm)두께 식 90(0.50B) + 75(공간) + 90(0.5B) = 255 • 1.5B 공간쌓기(80mm)두께 식 190(1.0B) + 80(공간) + 90(0.5B) = 360					

※ 공간쌓기에서 단열재는 50~80mm 정도를 사용한다.

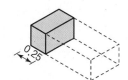

| 온장 | 100%

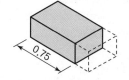

| 이오토막 | 25% | 칠오토막 | 75% [14년 출제]

예제 01   기출 3회

다음 중 내구적, 방화적이나 횡력과 진동에 약하고 균열이 생기기 쉬운 구조는?

① 철골구조
② 목구조
③ 벽돌구조
④ 철근콘크리트구조

해설 벽돌구조는 횡력에 약하고 고층건물에 부적합하다.

정답 ③

예제 02   기출 18회

조적조 벽체에서 표준형 벽돌 1.5B 쌓기의 두께로 옳은 것은?(단, 공간쌓기가 아닌 경우)

① 190mm   ② 220mm
③ 280mm   ④ 290mm

해설 190(1.0B) + 10(줄눈) + 90(0.5B) = 290mm

정답 ④

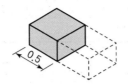

▌반토막▐ 50%

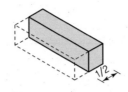

▌반절▐

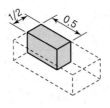

▌반반절▐

예제 **03**　　　　　　　기출 4회

건설공사표준품셈에 따른 기본벽돌의 크기로 옳은 것은?

① 210×100×60mm
② 210×100×57mm
③ 190×90×57mm
④ 190×90×60mm

해설 현장에서 표준형의 크기를 많이 사용한다.

정답 ③

예제 **04**　　　　　　　기출 2회

온장벽돌의 3/4 크기를 의미하는 벽돌의 명칭은?

① 반절　　　　② 이오토막
③ 반반절　　　④ 칠오토막

해설 칠오토막의 크기는 온장의 75% 길이이다.

정답 ④

◀**TIP**▶

물축이기 주의사항

① 붉은 벽돌은 2~3일 전에 미리 축여서 사용한다.
② 시멘트 벽돌은 쌓기 바로 전에 충분히 축여서 사용한다.
③ 내화벽돌은 물축임을 하지 않는다.

예제 **05**　　　　　　　기출 4회

벽돌벽 줄눈에서 상부의 하중을 전 벽면에 균등하게 분포시키도록 하는 줄눈은?

① 빗줄눈　　　② 막힌줄눈
③ 통줄눈　　　④ 오목줄눈

해설 막힌줄눈은 하중을 분산하여 균열을 막아준다.

정답 ②

3) 마름질 종류

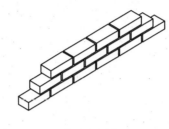

▌길이쌓기▐

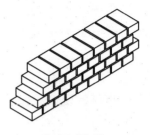

▌마구리쌓기▐

(3) **벽돌쌓기**

1) 모르타르 배합

① 시멘트＋모래＋물을 혼합하여 만든 수경성 접착제이다.
② 물을 부어 섞은 후 1시간부터 응결이 시작되므로 가수 후 1시간 이내에 사용한다.(경화시간 1~10시간) [08년 출제]
③ 모르타르의 강도는 벽돌 강도와 동일 이상의 것을 사용한다. 내화벽돌은 내화 모르타르를 사용한다.
④ 배합비(시멘트＋모래)：조적용(1：3), 아치용(1：2), 치장용 (1：1)

2) 줄눈

① 벽돌과 벽돌 사이를 모르타르로 붙이는 역할을 한다. (표준 10mm, 내화벽돌 6mm, 막힌줄눈 원칙)
② **막힌줄눈** : 상부의 하중을 전 벽면에 균등하게 분포시킨다. [21·15·12년 출제]
③ **통줄눈** : 상부의 하중을 집중적으로 전달받아 균열의 원인이 된다.(단, 보강블록조는 통줄눈이 원칙) [12년 출제]
④ **치장줄눈** : 10mm 정도 줄눈파기를 하고 치장용 모르타르로 마무리한다.

3) 치장줄눈 [15년 출제]

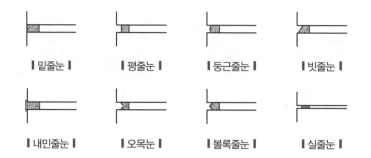

| 밑줄눈 | 평줄눈 | 둥근줄눈 | 빗줄눈 |
| 내민줄눈 | 오목눈 | 볼록줄눈 | 실줄눈 |

4) 벽돌줄눈과 하중전달 범위 [21·15·12년 출제]

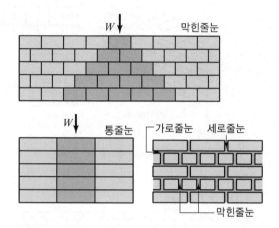

막힌줄눈

통줄눈   가로줄눈 세로줄눈

막힌줄눈

5) 각종 벽돌쌓기 [21·20·16·15·14·13·12·11·10·09·08·07·06년 출제]

종류	형식
길이쌓기	벽돌의 길이면만 보이게 쌓는 방법으로 조적조 공간벽의 외부에서 보이는 벽에 많이 쓰인다.
마구리쌓기	벽돌의 마구리면만 보이게 쌓는 방법이다.
영식 쌓기	① 길이쌓기켜와 마구리쌓기켜를 번갈아 쌓고 벽의 모서리나 끝에 반절이나 이오토막을 사용한 쌓기방법 ② 내력벽에 사용되며 가장 튼튼한 쌓기공법이다.
화란식(네덜란드식) 쌓기	① 쌓기방법은 영식 쌓기와 같으나 모서리 또는 끝부분에 칠오토막을 사용한다. ② 가장 많이 사용되며 일하기 쉽다.
불식(프랑스식) 쌓기	① 한 켜에 길이와 마구리를 번갈아서 같이 쌓는 방법이다. ② 비내력벽, 장식용 벽돌담 등으로 사용한다.
미식 쌓기	① 5~6켜 정도 길이쌓기, 다음 한 켜는 마구리쌓기로 한다. ② 뒷면을 영식 쌓기로 물리는 방식이다.
영롱쌓기	① 장식적으로 사각형, 십자형 구멍을 내어 쌓는 것이다. ② 담장에 많이 사용된다.

예제 06   기출 8회

벽돌쌓기에서 길이쌓기켜와 마구리쌓기켜를 번갈아 쌓고 벽의 모서리나 끝에 반절이나 이오토막을 사용한 것은?

① 영식 쌓기   ② 영롱쌓기
③ 미식 쌓기   ④ 화란식 쌓기

해설 영식 쌓기
내력벽에 사용되고 가장 튼튼한 쌓기공법이며 이오토막 사용이 특징이다.

정답 ①

예제 07   기출 9회

벽돌쌓기 중 모서리 또는 끝부분에 칠오토막을 사용하는 것은?

① 영국식 쌓기
② 프랑스식 쌓기
③ 네덜란드식 쌓기
④ 미국식 쌓기

해설 네덜란드식 쌓기
작업하기 쉬워서 많이 사용되며 칠오토막 사용이 특징이다.

정답 ③

뒷면은 영국식 쌓기로 하고 표면은 치장벽돌을 써서 5켜 또는 6켜는 길이쌓기로 하며, 다음 1켜는 마구리쌓기로 하여 뒷벽돌에 물려서 쌓는 방식은?

① 미국식 쌓기
② 네덜란드식 쌓기
③ 프랑스식 쌓기
④ 영롱 쌓기

해설 미국식 쌓기는 5~6켜는 길이쌓기, 다음 켜는 마구리쌓기 방식이다.

정답 ①

벽돌벽 등에 장식적으로 사각형, 십자형 구멍을 내어 쌓는 것으로 담장에 많이 사용되는 쌓기법은?

① 엇모쌓기　　② 무늬쌓기
③ 공간벽쌓기　④ 영롱쌓기

해설 영롱쌓기는 구멍이 있는 장식담장에 많이 사용된다.

정답 ④

벽돌벽체의 내쌓기에서 내미는 정도의 한도는?

① 1.0B　　② 1.5B
③ 2.0B　　④ 3.0B

해설 내쌓기의 한도는 2.0B이다.

정답 ③

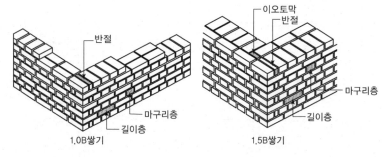

┃영식 쌓기┃

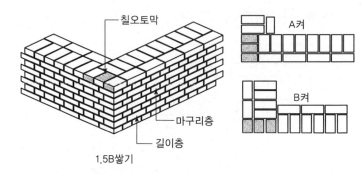

┃화란식 쌓기┃

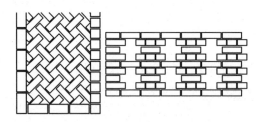

┃영롱쌓기┃

6) 각 부분별 쌓기법 [21·16·15·14·13·12·11·10·07·06년 출제]

종류	형식
내쌓기	① 벽체 마루틀을 받치거나 방화벽의 처마부분을 가리고자 할 때 내밀어 쌓는 방식이다. ② 한 켜는 벽돌길이의 1/8씩 내쌓는다. ③ 두 켜는 벽돌길이의 1/4씩 내쌓는다. ④ 내쌓기의 한도는 2.0B 이하이다.
공간쌓기	① 벽의 중간에 공간을 두고 쌓는 방법으로 간격은 5~10cm 정도로 한다. ② 방습, 방한, 방음을 목적으로 한다. ③ 연결철물은 수직거리 45cm, 수평거리 90cm 이내, 벽면적 0.4m² 이내마다 1개씩 사용한다.

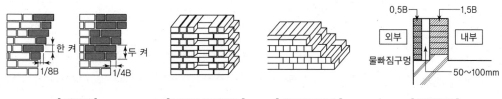

| 내쌓기 | 켜걸름 들여쌓기 | 층단떼어쌓기 | 공간쌓기 |

(4) 벽돌조의 기초

1) 기초쌓기

① 벽돌조 기초는 줄기초로 만든다.

② 기초에 쓰이는 벽돌은 높은 온도에서 잘 구어진 강도 높은 과소품 벽돌을 사용한다.

③ 기초판은 콘크리트구조로 두께 200mm 이상 또는 기초 판 너비의 1/3 정도로 한다. [08·07·06년 출제]

④ 기초벽의 두께는 최소 250mm 이상, 벽두께의 2배 정도 벌린다. [15·14년 출제]

⑤ 기초쌓기 푸팅의 벌림 각도는 60° 이상으로 한다.

2) 기초의 계산 [08년 출제]

예 벽두께 1.5B 공간쌓기(공간은 80mm) 단위는 mm

벽두께 t는 $190 + 80 + 90 = 360$

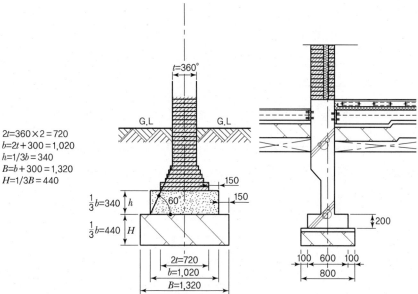

$2t = 360 \times 2 = 720$
$b = 2t + 300 = 1,020$
$h = 1/3b = 340$
$B = b + 300 = 1,320$
$H = 1/3B = 440$

예제 13   기출 5회

벽의 종류와 역할에 대하여 가장 바르게 연결된 것은?

① 지하 외벽 – 결로 방지
② 실내의 간막이벽 – 슬래브 지지
③ 옹벽의 부축벽 – 벽의 횡력 보강
④ 코어의 전단벽 – 기둥 수량 감소

해설 벽의 횡력 보강은 부축벽, 붙임벽, 붙임 기둥 등이 있다.

정답 ③

◀**TIP**▶

토압을 받는 내력벽

토압을 받는 내력벽은 조적식 구조로 해서는 안 된다. 다만, 토압을 받는 부분의 높이가 2.5m를 넘지 않는 경우에는 조적식 구조인 벽돌구조로 할 수 있다.

예제 14   기출 5회

벽돌조 내력벽의 두께는 당해 벽높이의 최소 얼마 이상으로 하여야 하는가?

① 1/12   ② 1/15
③ 1/18   ④ 1/20

해설 내력벽 두께는 당해 벽높이에 따라 벽돌조는 1/20, 블록조는 1/16이다.

정답 ④

예제 15   기출 4회

조적식 구조에서 내력벽으로 둘러싸인 부분의 최대 바닥면적은 얼마를 넘을 수 없는가?

① 40m²   ② 60m²
③ 80m²   ④ 100m²

해설 길이는 10m 이하, 내력벽으로 둘러싸인 최대 바닥면적은 80m² 이하, 높이는 4m 이하로 한다.

정답 ③

(5) 벽돌조의 벽체

1) 벽체의 형식

① **내력벽** : 벽체 자체의 하중과 외력을 지지하는 벽을 말한다.
② **비내력벽** : 장막벽(칸막이벽)이라 하고 칸막이 역할과 자체 하중만 지지하는 벽을 말한다. [16·13·10년 출제]
③ **대린벽** : 내력벽에 직각으로 교차하는 벽을 말한다. [15년 출제]
④ **공간 조적벽** : 벽체의 공간을 두어 이중으로 쌓는 벽으로 습기 차단이 좋고 공기층이 형성되어 단열효과와 방음효과도 좋다. [10년 출제]
⑤ **부축벽(Buttress Wall)** : 벽의 횡력 보강으로 달아낸 벽이다. 조적 벽체가 10m를 넘을 때 부축벽, 붙임벽, 붙임 기둥, 플라잉 월 등을 설치한다. [20·13·11·10년 출제]

‖ 공간 조적벽 ‖

2) 벽체의 두께

① 내력벽 두께는 그 벽높이의 1/20 이상으로 한다. [14·12·11·09년 출제]
② 칸막이 벽의 두께는 9cm 이상으로 한다. 단, 직상층의 하중을 받는 내력벽일 때는 19cm 이상으로 한다.
③ 벽의 높이, 벽의 길이, 건축물의 층수의 요소에 따라 내력벽의 두께가 결정되며 바로 위층 내력벽의 두께 이상이어야 한다. [13·10·08년 출제]

3) 벽체의 길이 및 면적, 높이

① 길이는 10m 이하로 하고 초과 시 붙임 기둥이나 부축벽으로 보강한다. [16·13·10년 출제]
② 내력벽으로 둘러싸인 최대 바닥면적은 80m² 이하로 하고 높이는 4m 이하로 한다. [21·15·11·10년 출제]

4) 벽의 홈파기

① 그 층 높이의 3/4 이상 연속되는 홈을 세로로 팔 때는 그 벽두께의 1/3 이하의 깊이로 파야 한다.

② 가로로 홈을 팔 때는 길이 3m 이하로 하고 그 벽두께의 1/3 이하의 깊이로 파야 한다. [06년 출제]

(6) 테두리보

1) 역할 [16·14·11년 출제]

① 벽체를 일체화하여 벽체의 강성을 증대시킨다.

② 기초의 부동침하나 지진발생 시 지반반력의 국부집중에 따른 벽의 직접피해를 완화시킨다.

③ 수직 균열을 방지하고, 수축 균열 발생을 최소화한다.

2) 구조

① 테두리보 춤은 벽두께의 1.5배 이상으로 한다. [09년 출제]

② 철근콘크리트구조로 한다.

3) 테두리보를 목조로 하는 경우

① 단층일 경우

② 벽두께가 벽높이의 1/16 이상인 경우

③ 바닥판이 철근콘크리트인 경우

④ 벽길이가 5m 이하인 경우 [14·06년 출제]

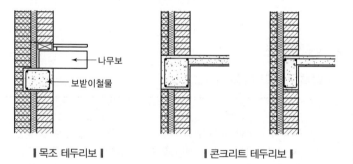

┃목조 테두리보┃   ┃콘크리트 테두리보┃

(7) 벽돌조의 개구부

1) 개구부

① 건물 각 층의 내력벽 위의 춤은 벽두께의 1.5배 이상으로 철골구조 또는 철근콘크리트로 해야 한다.

② 개구부가 1.8m 이상이면 철근콘크리트구조로 해야 한다.

③ 인방보는 개구부 상부 양쪽 벽체에 20cm 이상 물려야 한다.

예제 16   기출 3회

조적구조에서 테두리보의 역할과 거리가 먼 것은?

① 벽체를 일체화하여 벽체의 강성을 증대시킨다.

② 벽체 폭을 크게 줄일 수 있다.

③ 기초의 부동침하나 지진발생 시 지반반력의 국부집중에 따른 벽의 직접피해를 완화시킨다.

④ 수직 균열을 방지하고, 수축 균열 발생을 최소화한다.

해설 벽체 폭을 줄이는 방법은 붙임벽을 만든다.

정답 ②

예제 17   기출 4회

벽돌조에서 대린벽으로 구획된 벽의 길이가 7m일 때 개구부의 폭의 합계는 총 얼마까지 가능한가?

① 1.75m   ② 2.3m

③ 3.5m   ④ 4.7m

해설 개구부의 폭 합계는 그 벽길의 1/2 이하로 한다.

정답 ③

④ 대린벽으로 구획된 벽에서 개구부의 폭 합계는 그 벽길이의 1/2 이하로 한다. [20·16·14·06년 출제]

⑤ 개구부와 바로 위 개구부의 수직거리는 60cm 이상으로 한다. [20·16·14·10·07년 출제]

⑥ 개구부의 상호거리는 그 벽 두께의 2배 이상으로 한다.(단, 인 방이 아치구조인 경우에는 제외한다.) [06년 출제]

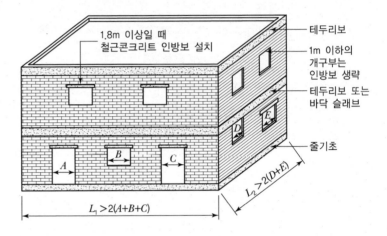

2) 창대

① 벽돌의 윗면을 15° 내외로 경사지어 옆세워 쌓는다.

② 문 위는 1/8~1/4B 내쌓거나 벽면에 일치시킨다.

③ 빗물로부터 벽체를 보호하는 개구부의 끝마구리 부재로서 물 돌림, 물끊기 홈을 만든다.

2. 블록구조

(1) 블록구조의 특징 [11년 출제]

장점	단점
① 내화, 내구, 내풍적인 구조이다.	① 지진, 강풍 등의 횡력에 약하다.
② 경량구조이며 단열, 방음성이 좋다.	② 균열이 발생하기 쉽다.
③ 시공 용이, 공기 단축, 경제적이다.	③ 고층건물에 부적당하다.

(2) 블록구조의 분류

1) 조적식 블록조

① 일반적인 막힌줄눈 형식의 내력벽이다.

② 소규모 건물에 적합하다.

예제 18   기출 6회

벽돌구조에서 개구부 위와 그 바로 우의 개구부와의 최소 수직거리는?

① 10cm   ② 20cm
③ 40cm   ④ 60cm

해설 개구부와 바로 위 개구부의 수직거리는 60cm이다.

정답 ④

예제 19   기출 1회

다음 중 개구부 설치에 가장 많은 제약을 받는 구조는?

① 목구조
② 블록구조
③ 철근콘크리트구조
④ 철골구조

해설 조적식 구조인 블록구조는 개구부 폭이 1.8m 이상인 경우 철근콘크리트 인방보를 설치해야 한다.

정답 ②

2) 보강 블록조 [16·13·11·10·09·08년 출제]

① 블록의 중공부(빈 속)에 철근과 콘크리트를 부어 넣어 보강한 것으로서 수평하중 및 수직하중을 견딜 수 있는 구조이다.

② 통줄눈으로 쌓으며 튼튼한 구조이고 4층까지 가능하다.

3) 장막벽 블록조 [13년 출제]

뼈대를 철근콘크리트구조나 철골구조로 하고 칸막이벽으로 블록을 쌓는 방식으로 비내력벽에 적당하다.

4) 거푸집 블록조

① 속이 빈 형태의 블록을 거푸집으로 구성하는 구조로 ㄱ, ㄷ, ㅁ, T자 형이 있다.

② 2층 정도가 적당하다.

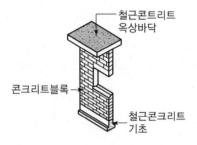

| 조적식 블록조 |

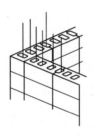

| 보강 블록조 |

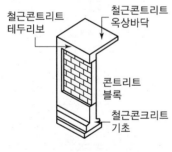

| 장막벽 장막벽 |

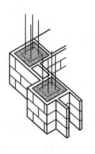

| 거푸집 블록조 |

(3) 블록제품의 종류

1) 기본형

390(길이)×190(높이)×190(150, 100)(두께) [09년 출제]

2) 표준형

290×190×190(150,100)

예제 20   기출 7회

블록의 빈 속에 철근과 콘크리트를 부어 넣은 것으로서 수직하중, 수평하중에 견딜 수 있는 구조로 가장 이상적인 블록구조는?
① 거푸집 블록조
② 보강 블록조
③ 조적식 블록조
④ 블록 장막벽

정답 ②

예제 21   기출 1회

다음 중 상부에서 오는 하중을 받지 않는 비내력벽은?
① 조적식 블록조
② 보강 블록조
③ 거푸집 블록조
④ 장막벽 블록조

해설 장막벽블록조는 칸막이벽용의 비내력벽에 해당한다.

정답 ④

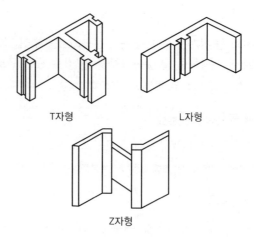

TIP

1. 창쌤블록 [10년 출제]

창문틀의 옆에 창문틀이 끼워지기 위해 만든 창문틀 옆에 쌓는 블록이다.

2. 창대블록 [10년 출제]

창의 하부에 건너 댄 블록으로 빗물을 처리하고 장식적으로 사용된다.

예제 22   기출 1회

블록구조에 대한 설명 중 옳지 않은 것은?

① 블록 장막벽은 라멘구조에서 내부 칸막이로 사용하는 비내력벽 구조이다.

② 창쌤용 블록은 장문틀의 하부에 설치하며 물끊기홈이 설치되어 있다.

③ 보강 블록조는 블록의 빈 속에 철근과 콘크리트를 부어 넣어 보강한 것이다.

④ 창대용 블록은 문틀이 맞추어지고 물흘림, 물끊기가 달린 것이다.

해설 창쌤용 블록은 창문틀 옆에 쌓는 블록이다.

정답 ②

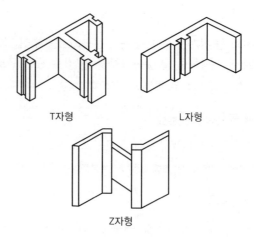

┃ 거푸집 콘크리트블록 ┃

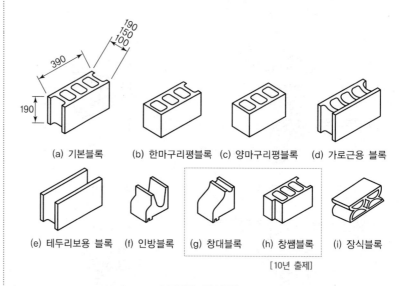

┃ 공동콘크리트블록 ┃

(4) 블록쌓기 주의사항

① 하루 쌓는 높이는 1.2(6켜)~1.5m(7켜)로 균등하게 쌓는다.
[07년 출제]

② 시공 시 모르타르 접착면에만 물축임을 한다.

③ 블록의 살두께가 두꺼운 면이 위로 가게 쌓는다. [11년 출제]

④ 줄눈은 10mm를 기준으로 하고 통줄눈을 피하고 막힌줄눈으로 하지만 보강 블록조는 통줄눈으로 하는 것이 시공상 유리하다.
[13년 출제]

(5) 보강 블록조의 기초

① 기초보의 두께는 벽체의 두께와 같게 하거나 다소 크게 한다.
[10년 출제]

② 기초보의 춤(높이 : D)은 처마 높이의 1/12 이상 또는 60cm 이상으로 한다. (단층은 45cm 이상) [21·20·13년 출제]

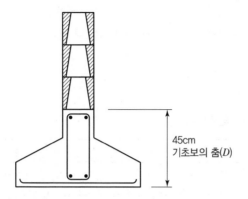

45cm
기초보의 춤(D)

(6) 보강 블록조의 벽체

1) 두께 및 배치

① 내력벽 두께는 15cm 이상, 벽높이의 1/16 이상, 벽길이의 1/50 이상 중에서 큰 값으로 한다. [15·14·10·09·06년 출제]

② 좁은 벽이 많은 것보다 긴 벽이 연속된 것이 좋다. [20·16년 출제]

③ 내력벽으로 둘러싸인 부분의 바닥면적은 80m²를 넘을 수 없다. [15·14·13년 출제]

2) 벽량과 벽길이 [16·15·14·13·12·11·10·08·07·06년 출제]

① 내력벽 벽량 : 최소 벽량은 15cm/m² 이상으로 한다.
계산식 : 벽량(cm/m²) = 내력벽의 길이(cm)/바닥면적(m²)

② 벽길이 : 10m 이하로 하고 10m가 넘을 때는 부축벽, 붙임벽, 붙임 기둥을 한다.

(7) 테두리보 쌓기

1) 테두리보 [14·13·11·10년 출제]

① 분산된 벽체를 일체화하여 하중을 균등히 배분, 수직균열을 방지한다.

② 테두리보의 너비를 크게 할 필요가 있을 때에는 경제적으로 ㄱ자형, T자형으로 한다.

③ 인방보는 양쪽 벽체에 20cm 이상 물려야 한다.

④ 너비는 보통 그 밑의 내력벽의 두께보다는 커야 한다.

2) 테두리보의 배근 [09년 출제]

① 철근의 정착이음은 기초보나 테두리보에 둔다.
② 철근은 가는 것을 많이 넣는 것이 좋다.
③ 세로근은 기초에서 보까지 하나의 철근으로 한다.

3. 돌구조

(1) 돌구조의 특징 [09년 출제]

장점	단점
① 불연성이고 압축강도가 크다.	① 장대재를 얻기 어렵다.
② 내수성, 내구성, 내화학성이 좋고 내마모성이 크다.	② 중량이 크고 견고하여 가공하기가 어렵다.
③ 외관이 장중하고, 치밀하며, 갈면 아름다운 광택이 난다.	③ 고열에 약하여 화열이 닿으면 균열이 발생한다.
④ 내화적이다.	④ 재료 구입이 용이하지 못하고, 고가이다.

(2) 석재의 가공 및 종류

1) 가공 [15·13·12·11·09·06년 출제]

가공 종류	가공 공구	내용
혹두기(메다듬)	쇠메	마름돌의 거친 면과 큰 요철만 없애는 단계
정다듬	정	혹두기면을 정으로 곱게 쪼아서 평탄하게 하는 단계
도드락다듬	도드락망치	거친 정다듬면을 도드락망치로 평탄하게 하는 단계
잔다듬	날망치	날망치로 곱게 쪼아서 표면을 매끈하게 다듬는 단계
물갈기 및 광내기	금강사, 숫돌	금강사, 모래, 숫돌 등으로 물을 주어 갈아 광택이 나게 다듬는 단계
버너마감	불꽃	고열의 불꽃으로 석재의 표면을 굽는 단계

| 채석 |

| 할석 |

| 혹두기 |

| 정다듬 |

| 도드락 |

예제 29   기출 6회

석재의 가공에서 돌의 표면을 쇠메로 쳐서 대강 다듬는 것을 의미하는 용어는?

① 물갈기 　② 정다듬
③ 혹따기 　④ 잔다듬

해설 쇠메로 다듬는 돌을 혹두기 또는 혹따기라고 한다.

정답 ③

2) 석재의 가공 및 표면마무리 시공순서

① 혹두기 → ② 정다듬 → ③ 도드락다듬 → ④ 잔다듬 → ⑤ 거친갈기 · 물갈기 → ⑥ 광내기 → ⑦ 플레이너 다듬 또는 버너 다듬

(a) 혹두기 마감

(b) 정다듬 거친 마감

(c) 정다듬 고운 마감

(d) 도드락 마감

(e) 물갈기 마감

(3) 돌쌓기

1) 거친돌쌓기(허튼쌓기)

거친 다듬으로 하여 불규칙하게 쌓은 것이다.

2) 다듬돌쌓기

일정하게 다듬어 쌓기의 원칙에 따라 쌓는 것이다.

TIP

1. 세로규준틀 [11년 출제]

• 벽돌, 블록, 돌쌓기 등 조적공사에서 높이 및 수직면의 기준을 삼고자 설치한다.
• 벽돌 한 켜의 높이, 각 층 바닥의 높이, 앵커 볼트와 매립철물의 위치, 창문틀의 위치와 치수표시, 테두리보나 인방보 위치 등이 표시된다.

2. 수평규준틀

• 건축물의 각 위치 및 높이, 기초너비를 결정하기 위한 것이다.
• 이동, 변형이 없도록 견고히 설치하고 기초 및 기둥 폭의 크기, 기초 중심선, 기초나 터파기 등이 표시된다.

예제 30 기출 4회

돌쌓기의 1켜의 높이는 모두 동일한 것을 쓰고 수평줄눈이 일직선으로 통하게 쌓는 돌쌓기 방식은?

① 바른층쌓기 ② 허튼층쌓기
③ 층지어쌓기 ④ 허튼쌓기

정답 ①

예제 31 기출 1회

네모돌을 수평줄눈이 부분적으로만 연속되게 쌓고, 일부 상하 세로줄눈이 통하게 쌓는 방식을 무엇이라 하는가?

① 허튼층쌓기 ② 허튼쌓기
③ 바른층쌓기 ④ 층지어쌓기

해설 허튼층쌓기 시 부분적으로 연속되고 상하 세로줄눈이 통하게 쌓는다.

정답 ①

예제 32 기출 2회

석재의 이음 시 연결철물 등을 이용하지 않고 석재만으로 된 이음은?

① 꺾쇠이음 ② 은장이음
③ 측이음   ④ 제혀이음

해설 제혀이음은 홈을 파서 다른 쪽을 끼운 것이다.

정답 ④

3) 바른층쌓기 [15·10·09·08년 출제]

돌쌓기의 1켜 높이는 모두 동일한 것을 쓰고 수평줄눈이 일직선으로 통하게 쌓는 돌쌓기를 말한다.

4) 허튼층쌓기 [15년 출제]

네모돌을 수평줄눈이 부분적으로만 연속되게 쌓고, 일부 상하 세로줄눈이 통하게 쌓는 방식이다.

▌다듬돌 바른층쌓기▌   ▌다듬돌 허튼층쌓기▌   ▌거친돌 막쌓기▌

다듬돌 바른층쌓기   다듬돌 막쌓기

거친돌 바른층쌓기   거친돌 막쌓기

(4) 접합과 이음

1) 접합

① 꽂임촉 : 맞댄 면 양쪽에 구멍을 파고 철재의 촉을 꽂은 다음 모르타르, 납 등을 채워 고정한다.

② 촉(Dowel) : 맞댄 면 양쪽에 구멍을 파고 철재의 촉을 꽂아 납·황 또는 좋은 모르타르를 채워 고정한다.

③ 꺾쇠·은장(Clamp) : 이음에는 꺾쇠 또는 은장자리를 파고 모르타르 또는 납·황 등을 채워 고정한다.

2) 이음

① 반턱이음 : 양쪽의 접합면을 반씩 잘라내고 집합시킨 것이다.

② 제혀이음 : 한쪽 맞댄 면에 홈을 파고 다른 쪽의 제혀 부분을 끼운 것이다. [14·11년 출제]

(5) 용어 해설

1) 인방돌(Lintel Stone) [16·13·12·11·08·07년 출제]

인방은 창문 등의 문꼴 위에 걸쳐 대어 상부의 하중을 받는 수평재이다.

2) 창대돌(Window Sill Stone) [12·11·09년 출제]

① 창 밑에 대어 빗물을 처리하고 장식적으로 하는 것이다.

② 윗면, 밑면에는 물끊기, 물돌림 등을 두어 빗물의 침입을 막고 물흘림이 잘되게 한다.

3) 문지방 돌(Door Sill Stone)

출입문 밑에 문지방으로 댄 돌로 마멸에 강한 경질의 석재를 사용한다.

4) 쌤돌(Jamb Stone) [11·10년 출제]

창문의 틀 옆에 세워대는 돌 또는 벽돌벽의 중간중간에 설치한 돌이다.

5) 두겁돌(Capping Stone) [14년 출제]

담, 박공벽, 난간 등의 꼭대기에 덮어씌우는 것으로 그 윗면에는 물흘림, 밑면에는 물끊기를 둔다.

6) 견치석 [15년 출제]

면이 30cm 각 정방형에 가까운 네모뿔형의 돌이다.

7) 판석 [13년 출제]

두께가 15cm 미만으로 폭이 두께의 3배 이상으로 두께에 비해 넓이가 큰 돌을 말하며 구들장, 바닥, 도로를 까는 데 이용된다.

(6) 석재 사용상 주의사항

① 취급상 1m³ 이내의 것을 사용하고 중량이 큰 부재는 상부 사용을 피한다.

② 석재 사용 시 예각은 피한다.

③ 외벽 콘크리트 표면 침투용 석재는 연석을 피한다.

④ 내화 구조물은 강도보다 내화성에 주의한다.

예제 33 기출 8회

석구조에서 창문 등의 개구부 위에 걸쳐대어 상부에서 오는 하중을 받는 수평부재는?

① 창대돌   ② 문지방돌
③ 쌤돌   ④ 인방돌

해설 인방돌은 창문 상부에 설치하여 벽체가 처지는 것을 막아준다.

정답 ④

예제 34 기출 3회

창의 하부에 건너댄 돌로 빗물을 처리하고 장식적으로 사용되는 것으로, 윗면, 밑면에 물끊기, 물돌림 등을 두어 빗물의 침입을 막고, 물흘림이 잘되게 하는 것은?

① 인방돌   ② 쌤돌
③ 창대돌   ④ 돌림띠

해설 창대돌은 빗물의 침입을 막아준다.

정답 ③

예제 35 기출 2회

다음 중 석재의 사용 시 유의사항으로 옳은 것은?

① 석재를 구조재로 사용 시 인장재만 사용해야 한다.

② 가공 시 되도록 예각으로 한다.

③ 외벽 특히 콘크리트 표면 첨부용 석재는 연석을 피해야 한다.

④ 중량이 큰 것은 높은 곳에 사용하도록 한다.

해설 석재는 압축재로 사용하고 가공 시 둔각이 되게 하며 중량이 작은 것은 높은 곳에 사용한다.

정답 ③

02 철근콘크리트구조

1. 철근콘크리트구조의 특징

(1) 정의 [16·15·14·13·11·10·09·08·07년 출제]

① 거푸집을 짜고 철근을 조립한 다음 콘크리트를 부어 일체식이 되게 만드는 구조로 설계가 자유롭다.

② 철근은 인장력이 강하므로 인장력을 부담한다.

③ 콘크리트는 압축력이 강하므로 압축력을 부담한다.

④ 철근과 콘크리트의 선팽창계수가 거의 같다.

⑤ 철근과 콘크리트는 부착강도가 우수하며 콘크리트의 알칼리성은 철근의 부식을 방지한다.

(2) 철근콘트리트구조의 장단점 [20·15·09·08·07년 출제]

장점	단점
① 내화, 내구, 내진성이 좋은 구조이다.	① 자체 자중이 크다.
② 구조물의 크기와 형태의 설계가 자유롭다.	② 해체, 이전 등이 어렵다.
③ 재료 구입과 건물 유지관리가 용이하다.	③ 습식이므로 공사기간이 길고 거푸집비용이 많이 든다.
	④ 균질한 시공이 어렵다.

2. 재료의 특성

(1) 철근콘크리트의 중량 및 강도 [15·10·08·07년 출제]

① 철근콘크리트의 중량 : $2.4t/m^3$

② 무근콘크리트의 중량 : $2.3t/m^3$

③ 경량콘크리트의 중량 : $2.0t/m^3$

④ 철근콘크리트의 4주 압축강도 : $150kg/m^3$

예제 36   기출 8회

철근콘크리트구조의 원리에 대한 설명으로 옳지 않은 것은?

① 콘크리트와 철근이 강력히 부착되면 철근의 좌굴이 방지된다.

② 콘크리트는 인장력에 강하므로 부재의 인장력을 부담한다.

③ 콘크리트와 철근의 선팽창계수가 거의 같다.

④ 콘크리트는 내구성과 내화성이 있어 철근을 피복, 보호한다.

해설 콘크리트는 압축력에 강하고 철근은 인장력에 강하다.

정답 ②

예제 37   기출 5회

다음 중 철근콘크리트구조의 특성으로 옳지 못한 것은?

① 부재의 크기와 형상을 자유자재로 제작할 수 있다.

② 내화성이 우수하다.

③ 작업방법, 기후 등에 영향을 받지 않으므로 균질한 시공이 가능하다.

④ 철골조에 비해 철거작업이 곤란하다.

해설 습식 공법으로 건조기간이 필요하며 균질한 시공이 어렵다.

정답 ③

예제 38   기출 4회

단면이 0.3m×0.6m이고 길이가 10m인 철근콘크리트보의 중량은?

① 1.8t   ② 3.6t

③ 4.14t   ④ 4.32t

해설 0.3×0.6×10×2.4 = 4.32t

정답 ④

(2) 철근

1) 종류

① 원형철근은 ϕ로 표시하고 이형철근은 D로 표시하며 표면에 마디가 있어 부착강도가 높다. [12년 출제]

② 철근 도면에서 늑근이나 띠철근은 가는 실선으로 표현한다. [15·10·08년 출제]

③ 철근의 합산한 총단면적이 같을 때 가는 철근을 사용하는 것이 부착력 향상에 좋다. [09·08년 출제]

2) 철근주근의 순간격

다음 세 가지 중 최댓값으로 한다.

① 철근 공칭지름 이상

② 굵은 골재 최대치수의 4/3배 이상(1.33배 이상) : 굵은 골재의 자유이동 가능

③ 25mm 이상 [21·10·06년 출제]

3) 135° 표준갈고리는 스터럽, 띠철근에서 할 수 있다. [11·09·07년 출제]

(3) 배근

1) 배근의 기본원칙 [14년 출제]

① 인장력이 작용하는 부분에 배근한다.

② 휨모멘트와 축방향력에 저항하는 철근이 주근이다.

2) 철근의 정착

① 구조체가 일체화되기 위해 고정하는 것으로 인장정착은 300mm 이상, 압축정착은 200mm 이상으로 한다. [09년 출제]

② 작은보 주근은 큰보에 정착, 큰보 주근은 기둥에 정착, 기둥주근은 기초에 정착한다. [16·11년 출제]

③ 지중보의 주근은 기초 또는 기둥에 정착한다.

④ 벽철근은 기둥, 보 또는 바닥판에 정착한다.

⑤ 바닥철근은 보 또는 벽체에 정착한다.

3) 정착길이 [15·12·11·10·09·07·06년 출제]

① 철근의 종류, 콘크리트의 강도가 클수록 짧아진다.

② 철근의 지름이나 항복강도가 클수록 길어진다.

③ 갈고리의 유무에 따라 달라진다.

예제 39 기출 3회

철근의 간격은 얼마 이상인가?

① 25mm ② 10mm
③ 15mm ④ 20mm

해설 철근 공칭지름 이상, 골재 4/3 이상, 25mm 이상 중 최댓값이다.

정답 ①

예제 40 기출 3회

다음 중 철근가공에서 표준갈고리의 구부림 각도를 135°로 할 수 있는 것은?

① 기둥 주근 ② 보 주근
③ 늑근 ④ 슬래브 주근

해설 135° 표준갈고리의 구부림은 스터럽(늑근)과 띠철근에서 할 수 있다.

정답 ③

예제 41 기출 7회

다음 중 철근의 정착길이의 결정요인과 가장 관계가 먼 것은?

① 철근의 종류
② 콘크리트의 강도
③ 갈고리의 유무
④ 물-시멘트비

해설 물-시멘트비는 시공연도와 관계있다.

정답 ④

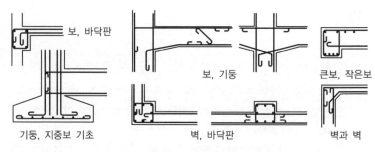

┃기둥, 보, 철근의 정착 및 이음위치┃

예제 42 기출 2회

다음 중 철근콘크리트 부재에서 주근의 이음 위치로 가장 알맞은 것은?

① 큰 인장력이 생기는 곳
② 경미한 인장력이 생기는 곳 또는 압축측
③ 단순보의 경우 보의 중앙부
④ 단부에서 1m 떨어진 곳

해설 응력이 큰 곳은 피하고 집중하지 않고 엇갈려 있다.

정답 ②

4) 이음, 겹침

① 이음의 위치는 인장력이 작은 곳 또는 압축 측이 좋다.
[15·10·09년 출제]

② 응력이 큰 곳을 피하고 한곳에 집중하지 않고 엇갈려 있고 압축철근 이음은 $25d$, 인장철근 이음은 $40d$ 이상으로 한다.

③ D35를 초과하는 철근은 겹침이음을 하지 않는다. [06년 출제]

5) 철근과 콘크리트의 부착력

① 콘크리트의 강도가 클 때 부착력이 커진다.

② 철근의 피복두께가 두꺼울 때 부착력이 커진다.

③ 굵은 철근보다 가는 철근 여러 개 쓰는 것이 부착력에 좋다.(주장에 비례한다.) [13·10·08·06년 출제]

④ 철근의 표면상태와 단면모양에 따라 부착력이 좌우된다.

⑤ 철근의 정착길이가 크게 증가함에 따라 부착력이 비례 증가되지는 않는다. [13·06년 출제]

예제 43 기출 6회

콘크리트와 철근 사이의 부착력에 영향을 주는 것이 아닌 것은?

① 철근의 항복점
② 콘크리트의 압축강도
③ 철근 표면적
④ 철근의 표면상태와 단면모양

해설 부착력은 철근의 항복점과 관계없다.

정답 ①

6) 철근의 피복두께

① 콘크리트 표면부터 가장 바깥쪽 철근(주근 아님) 표면까지의 최단 거리이다. [15년 출제]

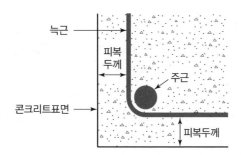

② 환경조건과 부재의 종류에 따른 최소 피복두께
[16·13·10·09·08·07년 출제]

환경조건과 부재의 종류		최소 피복두께(mm)
외기나 흙에 접하지 않는 콘크리트	보, 기둥	40
	슬래브, 벽체	20
영구히 흙에 묻히는 콘크리트(옹벽, 기초)		80
수중에 타설되는 콘크리트		100

③ 철근의 부식방식, 철근의 내화성 강화, 철근 부착력 증가가 피복두께의 목적이다. [15·12·11년 출제]

7) 거푸집

① 콘크리트를 부어 넣는 틀로서 형태를 유지시켜준다.
② 운반과 가공이 쉽고 여러 번 반복 사용할 수 있어야 한다.
[10·08년 출제]
③ 모르타르나 시멘트 풀이 누출되지 않아야 한다.
④ 거푸집을 받치는 가설재는 동바리이다. [15년 출제]
⑤ 거푸집의 간격을 유지하는 세퍼레이터가 있다. [10·09년 출제]
⑥ 철근의 피복두께 확보를 위한 스페이서가 있다.
⑦ 강재거푸집은 목재거푸집보다 오염도가 크다. [14·10·06년 출제]

3. 구조 형식

(1) 라멘구조

① 기둥과 보, 슬래브가 강접합되어 있어 횡력에 저항하게 하는 방식으로 내부 벽의 설치가 자유롭다. [11·09·08·07년 출제]
② 수직하중은 기둥, 수평하중은 보가 큰 저항력을 가진다.

예제 44   기출 3회

철근콘크리트구조에서 철근의 피복 두께를 가장 크게 해야 할 곳은?
① 기둥   ② 보
③ 기초   ④ 계단

해설 흙속에 묻히는 기초는 80mm 피복두께를 가진다.

정답 ③

예제 45   기출 3회

철근콘크리트구조에서 최소 피복두께의 목적에 해당되지 않는 것은?
① 철근의 부식방지
② 철근의 강도증가
③ 철근의 내화
④ 철근의 부착

해설 피복두께는 철근의 부식방식, 내화, 부착력 증가의 목적이 있다.

정답 ②

예제 46   기출 6회

라멘구조에 대한 설명으로 옳지 않은 것은?
① 예로는 철근콘크리트구조가 있다.
② 기둥과 보의 절점이 강접합되어 있다.
③ 기둥과 보에 휨응력이 발생하지 않는다.
④ 내부 벽의 설치가 자유롭다.

해설 기둥과 보에 휨응력이 발생하면 부재의 변형으로 외부에너지를 흡수한다.

정답 ③

③ 기둥과 보에 휨응력이 발생한다. [13년 출제]

④ 하중 작용 시 기둥 또는 부재의 변형으로 외부에너지를 흡수한다.
[09년 출제]

예제 47 기출 6회

보를 없애고 바닥판을 두껍게 해서 보의 역할을 겸하도록 한 구조로서, 하중을 직접 기둥에 전달하는 슬래브는?

① 장방향슬래브
② 장선슬래브
③ 플랫슬래브
④ 워플슬래브

정답 ③

(2) 플랫슬래브구조

① 보를 없애고 바닥판을 두껍게 하여 보의 역할을 겸하도록 한 구조로 하중을 직접 기둥에 전달한다. [20·14·12·11·06년 출제]

② 플랫슬래브의 두께는 최소 15cm 이상으로 한다.

③ 기둥 주위의 전단력과 모멘트를 감소시키기 위해 드롭패널과 주두를 둔다.

④ 층고를 낮게 하여 주상복합이나 자하주차장에 사용한다. [10년 출제]

(3) 벽식 구조

① 기둥이나 보 없이 수직의 벽체와 수평의 슬래브로 구성되어 일체가 되도록 한 구조이다. [15·14·11·10·07년 출제]

② 아파트구조로 많이 활용되며 내력벽과 내력벽 사이의 거리제한으로 넓은 공간을 확보하기 어렵고, 평면상 가변성이 없다는 점, 상부의 충격소음이 내력벽으로 전달되어 차음성능이 떨어지는 단점이 있다.

예제 48 기출 4회

보와 기둥 대신 슬래브와 벽이 일체가 되도록 구성한 구조는?

① 라멘구조
② 플랫슬래브구조
③ 벽식 구조
④ 셸구조

정답 ③

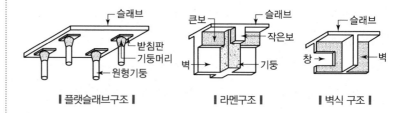

∎ 플랫슬래브구조 ∎   ∎ 라멘구조 ∎   ∎ 벽식 구조 ∎

4. 기초

(1) 철근콘크리트 기초보

① 독립기초 상호를 연결한다.

② 주각의 이동이나 회전을 구속한다. [14년 출제]

③ 지진 시에 주각에서 전달되는 모멘트에 저항한다.

④ 부동침하를 막을 수 있다. [06년 출제]

(2) 온통기초 [08·07년 출제]

건축물의 지하바닥 전체를 기초로 만드는 것이다.

예제 49 기출 2회

철근콘크리트 기초보에 대한 설명으로 옳지 않은 것은?

① 부동침하를 방지한다.
② 주각의 이동이나 회전을 원활하게 한다.
③ 독립기초를 상호 간 연결한다.
④ 지진 발생 시 주각에서 전달되는 모멘트에 저항한다.

해설 주각의 이동이나 회전을 구속하여 부동침하를 막을 수 있다.

정답 ②

5. 기둥

(1) 기둥의 형태

① 압축부재로 띠철근 기둥의 최소 단면 치수는 200mm 이상 또는 기둥 간사이의 1/15 이상이어야 하고, 기둥의 단면적은 60,000mm² 이상이 되어야 기둥으로 인정한다. [12·07·06년 출제]

② 위, 아래층의 기둥 열이 동일한 간격이 되도록 한다.

③ 기둥 1개가 지지하는 바닥면적은 약 30m² 정도이고, 스팬은 5~8m 정도가 좋다.

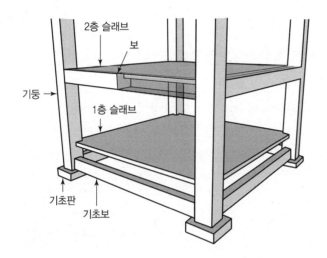

(2) 기둥의 주근

① 휨모멘트와 축방향에 저항하는 수직철근을 주근이라 하고 직각방향으로 감아대는 것을 띠철근이라 한다. [16·07년 출제]

② 주근은 D13 이상, 사각 및 원형 띠철근 기둥에는 4개, 나선철근 기둥에는 6개 이상을 사용한다. [16·15·13·12·09·07·06년 출제]

③ 주근의 간격 40mm 이상, 철근 공칭지름 1.5배 이상, 굵은 골재의 4/3 이상 중 가장 큰 값으로 한다. [21·09·06년 출제]

(3) 기둥의 띠철근(대근) [16·15·14·09년 출제]

① 띠철근은 전단력에 저항, 주근의 위치를 수평으로 둘러 감아서 고정하며 좌굴을 막아준다.

② 띠철근 끝은 135° 이상 굽힌 갈고리를 한다.

③ 띠철근은 지름 6mm 이상의 것을 사용한다.

④ 띠철근의 간격은 기둥의 최소 치수 이하, 주근지름의 16배, 띠철근지름의 48배 이하, 30cm 이하 중 가장 작은 값으로 배근한다. [15·14년 출제]

예제 50   기출 4회

철근콘크리트 기둥에 대한 설명으로 옳지 않은 것은?

① 기둥의 최소 단면적은 60,000mm² 이상이어야 한다.
② 원형이나 다각형 기둥은 주근을 최소 2개 이상 사용하여야 한다.
③ 띠철근 기둥 단면의 최소 치수는 200mm이다.
④ 띠철근과 나선철근은 주근의 좌굴을 막는 역할을 한다.

해설 원형이나 다각형 기둥은 주근을 4개 이상 사용한다.

정답 ②

예제 51   기출 9회

철근콘크리트 사각형 기둥에는 주근을 최소 몇 개 이상 배근해야 하는가?

① 2개   ② 4개
③ 6개   ④ 8개

해설 사각형, 원형은 4개, 나선철근은 6개 이상으로 한다.

정답 ②

예제 52   기출 3회

철근콘크리트 기둥에 철근 배근 시 띠철근의 수직 간격으로 가장 알맞은 것은? (단, 기둥단면 400mm×400mm, 주근지름 13mm, 띠철근지름 10mm임)

① 200mm   ② 250mm
③ 400mm   ④ 480mm

해설 기둥단면 최소 치수 400, 주근지름 13×16=208, 띠철근지름 10×48=480 중 작은 값

정답 ①

예제 53   기출 6회

철근콘크리트 단순보의 철근에 관한 설명 중 옳지 않은 것은?

① 인장력에 저항하는 재축방향의 철근을 보의 주근이라 한다.
② 압축 측에도 철근을 배근한 보를 복근보라 한다.
③ 전단력을 보강하여 보의 주근 주위에 둘러서 감은 철근을 늑근이라 한다.
④ 늑근은 단부보다 중앙부에서 촘촘하게 배치하는 것이 원칙이다.

해설 늑근은 단부에 촘촘하게 배치한다.

정답 ④

예제 54   기출 3회

다음 중 내민보(Cantilever Beam)에 대한 설명으로 옳은 것은?

① 연속보의 한 끝이나 지점에 고정된 보의 한 끝이 지지점에서 내민 형태로 달려 있는 보를 말한다.
② 보의 양단이 벽돌, 블록, 석조벽 등에 단순히 얹혀 있는 상태로 된 보를 말한다.
③ 단순보와 동일하게 보의 하부에 인장주근을 배치하고 상부에는 압축철근을 배치한다.
④ 전단력에 대한 보강의 역할을 하는 늑근은 사용하지 않는다.

해설 내민보는 끝부분에 내민 형태로 상부에 주근을 배치한다.

정답 ①

---

6. 보

(1) 보의 형태

① 기둥과 벽의 수직구조재를 연결하여 일체화시키는 수평구조재이다.
② 보의 춤은 간사이의 1/10~1/15 정도가 적당하다. [08년 출제]
③ 양쪽 끝부분은 중앙부보다 휨모멘트나 전단력을 많이 받아 단면을 크게 하는 헌치를 한다. [13·12·09·06년 출제]
④ 인장 측에만 배근하는 단근보와 인장, 압축 측 양쪽에 배근하는 복근보가 있다. [10년 출제]

(2) 지지조건에 따른 보의 종류

1) 단순보

① 양단이 단순히 얹혀 있는 상태의 보를 말한다.
② 보의 하부에서 인장력이 작용하므로 하부에 주근을 배치한다. 부재의 축에 직각인 늑근(스터럽)의 간격은 단부로 갈수록 촘촘하게 한다. [20·14·12·10·07년 출제]

2) 연속보

연속보에서는 지지점 부분의 상부에서 인장력을 받기 때문에 이곳에 주근을 배치한다. [20·14·10·07년 출제]

3) 내민보(Cantilever Beam) [20·14·12·07년 출제]

① 연속보의 한 끝이나 지점에 고정된 보의 한 끝이 지지점에서 내민 형태로 달려 있는 보를 말한다.
② 상부에 인장력이 작용하므로 상부에 주근을 배치한다.

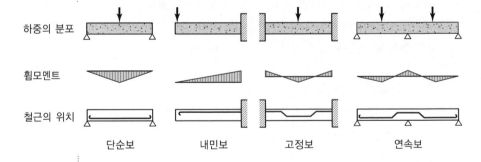

하중의 분포 / 휨모멘트 / 철근의 위치

단순보   내민보   고정보   연속보

(3) 보의 배치

① 큰보는 기둥과 기둥을 연결하는 부재이다.

② 작은보는 큰보와 큰보를 연결하는 부재로 큰보의 중앙부에 작용하는 하중을 작게 한다. [15년 출제]

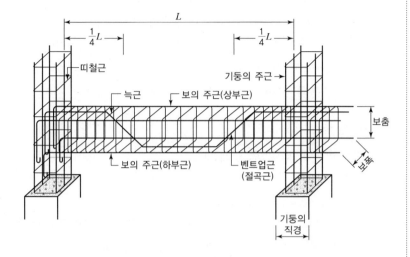

(4) 보의 주근

① 주근은 D13 이상으로 한다. [08년 출제]

② 간격은 25mm 이상, 주근지름의 1.0배 이상, 굵은 골재의 4/3배 이상 중 큰 값으로 한다. [07·06년 출제]

③ 이음 위치는 인장력이 약한 곳 또는 압축 측에 한다. [06년 출제]

(5) 보의 늑근(스터럽, Stirrup)

① 보가 전단력에 저항할 수 있게 보강을 하는 역할로 주근의 직각방향에 배치한다. [20·16·12·10·07·06년 출제]

② 늑근은 지름 6mm 이상의 것을 사용한다.

③ 전단력은 단부로 갈수록 커지기 때문에 단부로 갈수록 촘촘하게 한다. [13·12·07년 출제]

④ 늑근의 끝은 135° 이상 굽힌 갈고리로 만든다. [11·07년 출제]

7. 바닥 슬래브

(1) 바닥 슬래브 구조

① 바닥판은 일반적으로 4변이 보를 지지하면서 전달된 하중을 보나 기둥에 골고루 전달한다.

스팬(Span)

기둥과 기둥 사이의 간격을 말한다.

예제 55   기출 2회

철근콘크리트 보에서 동일 평면에서 평행한 철근 사이의 수평 순간격은 최소 얼마 이상이어야 하는가?

① 12.5mm   ② 15mm
③ 20mm   ④ 25mm

해설 25mm 이상, 주근지름 이상, 굵은 골재 4/3 이상 중 큰값으로 한다.

정답 ④

예제 56   기출 8회

철근콘크리트 보에 늑근을 사용하는 주된 이유는?

① 보의 전단저항력을 증가시키기 위하여

② 철근과 콘크리트의 부착력을 증가시키기 위하여

③ 보의 강성을 증가시키기 위하여

④ 보의 휨저항을 증가시키기 위하여

해설 늑근은 전단력에 저항하는 철근이다.

정답 ①

예제 57 기출3회

온도조절철근(배력근)의 역할과 가장 거리가 먼 것은?

① 균열방지
② 응력의 분산
③ 주철근 간격유지
④ 주근의 좌굴방지

해설 주근의 좌굴방지 역할은 기둥에서 띠철근이 한다.

정답 ④

예제 58 기출7회

철근콘크리트 구조의 슬래브에서 단변을 l_x, 장변을 l_y 라 할 때 2방향 슬래브에 해당되는 기준은?

① $l_y/l_x \geq 1$ ② $l_y/l_x \leq 1$
③ $l_y/l_x \geq 2$ ④ $l_y/l_x \leq 2$

해설 2방향 슬래브는 정방형 슬래브에 속하므로 장변길이는 최대 2를 넘을 수 없다.

정답 ④

② 배근은 짧은 변(단변) 방향의 주근을 배치하고, 긴쪽 변(장변) 방향의 배력근(부근)을 배치한다.

③ 배력근(온도조절철근)은 반드시 주근의 안쪽에 직각방향으로 배치하며, 균열방지, 응력의 분산, 주철근 간격유지의 역할을 한다. [20·14·13년 출제]

④ 주근, 부근 모두 D10(ϕ9) 이상의 철근을 사용한다.

⑤ 철근의 간격을 주근은 200mm 이하로 하고, 배력근(부근)의 간격은 300mm 이하로 한다. [16년 출제]

⑥ 바닥 피복의 두께는 2cm 이상으로 한다.

(2) 바닥의 형태

1) 2방향 슬래브(정방형 슬래브)

① $\lambda = l_y/l_x \leq 2$ ($l_x =$단변길이, $l_y =$장변길이)
[20·16·14·13·12·08·06년 출제]

② 4변으로 지지되는 슬래브로서 서로 직각되는 두 방향으로 주철근을 배치한다. [13년 출제]

2) 1방향 슬래브(장방형 슬래브)

① $\lambda = l_y/l_x > 2$ ($l_x =$단변길이, $l_y =$장변길이) [09년 출제]

② 바닥판의 하중이 단변쪽으로 전달이 많이 되는 슬래브이다.

③ 단변 방향은 주근을 배치하고 장변 방향에는 균열방지를 위해 0.2% 이상의 온도철근을 배근해야 한다. [20·14·13년 출제]

④ 슬래브의 최소 두께는 100mm이다. [16·07년 출제]

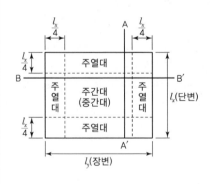

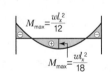

A–A′ 단면(단변 방향)

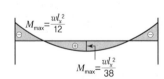

B–B′ 단면(단변 방향)

8. 벽체

(1) 내력벽 [15·14·12·08·07·06년 출제]

① 수평, 연직하중을 지지하는 벽체이다.

② 벽두께는 최소 100mm 이상으로 하며, 복배근은 250mm 이상으로 한다.

③ 철근은 D10(ϕ9) 이상으로 하고, 배근 간격은 45cm 이하로 한다.

(2) 내진벽 [14·12·08·07년 출제]

① 하중을 벽체가 고르게 부담하도록 배치하며, 위·아래층에서 동일한 위치에 배치하며 되도록 아래층에 많이 배치한다.

② 균형을 고려하여 평면상으로 둘 이상의 교점을 가지도록 배치한다.

9. 계단

(1) 철근콘크리트구조 계단

바닥 슬래브에 지지되기 때문에 튼튼하고 내구적이며, 내화적이다. 철근 배근과 지름은 바닥 슬래브와 동일하게 사용되며 경사진 슬래브라고 생각하면 된다.

(2) 계단보식 계단(4변 지지 고정)

① 계단의 너비와 간사이가 큰 경우에 사용된다.

② 단변 방향에 주근, 장변 방향에 배력근을 배근한다. [12년 출제]

예제 59 기출 3회

수직 및 수평철근을 벽면에 평형하게 양면으로 배치하여야 하는 철근콘크리트벽체의 최소 두께는?

① 150mm ② 200mm
③ 250mm ④ 300mm

해설 복배근은 250mm 이상으로 한다.
정답 ③

예제 60 기출 10회

다음 중 철근콘크리트구조의 내진벽에 관한 설명으로 틀린 것은?

① 내진벽은 수평하중에 대하여 저항할 수 있도록 설계된 벽체이다.
② 평면상으로 둘 이상의 교점을 가지도록 배치한다.
③ 하중을 벽체가 고르게 부담할 수 있도록 배치한다.
④ 내진벽은 상부층에 많이 배치하는 것이 바람직하다.

해설 내진벽은 아래층에 많이 배치한다.
정답 ④

03 철골구조

예제 61　　　기출 12회

철골구조의 특성에 관한 기술 중 옳지 않은 것은?

① 고층이나 대규모 건물에 많이 사용된다.
② 내화적이다.
③ 정밀한 가공을 요한다.
④ 가구식 구조이다.

해설 고온에 취약하여 내화피복을 한다.

정답 ②

예제 62　　　기출 12회

강구조의 특징에 대한 설명이 옳지 않은 것은?

① 강도가 커서 부재를 경량화할 수 있다.
② 콘크리트구조에 비해 강도가 커서 바닥진동 저감에 유리하다.
③ 부재가 세장하여 좌굴하기 쉽다.
④ 연성구조이므로 취성파괴를 방지할 수 있다.

해설 강구조는 처짐이나 진동에 민감하다.

정답 ②

1. 철골구조의 특징

(1) 철골구조(강구조)의 특징 [14·13·10·09·08·07년 출제]

장점	단점
• 자중이 작고 고강도이므로 장스팬, 고층 구조에 대규모 건축에 적합하다. • 동절기 기후 영향이 없다. • 연성이 크므로 내진성과 내충격성이 양호하다. • 구조물 해체 후 재사용이 가능하다.	• 부재가 세장하여 변형과 좌굴이 발생하기 쉽다. • 고온에 취약하므로 내화피복이 필요하다. • 부식이 발생하기에 정기적 유지·관리가 필요하다. • 처짐이나 진동에 민감하다.

(2) 강재의 종류 및 표시법

1) 부재의 종류

① 단일재 : 기존에 만들어진 H형강, I형강, 강판을 그대로 사용한 것이다.
② 조립재 : 기존에 만들어진 H형강, I형강, 강판을 리벳과 용접 등으로 조립하여 사용한 것이다.

2) 재료의 표시법

① 형강의 종류 : ㄱ형강, ㄷ형강, H형강, I형강, T형강, Z형강
② 형강의 표시법(t : 두께) [20년 출제]

명칭	형상	표시
등변 ㄱ형강(Angle)	(등변 ㄱ형강 단면도, A, A, t)	$L-A \times A \times t$
H형강	(H형강 단면도, A, B, t_1, t_2)	$H-A \times B \times t_1 \times t_2$

(3) 철골의 분류

1) 재료상 분류

형강구조, 강관구조, 케이블구조, 경량철골구조 등이 있다.

2) 구조형식상 분류 [10·07년 출제]

트러스구조, 라멘구조, 아치구조, 돔구조, 현수구조, 입체트러스구조 등이 있다.

3) 트러스구조

① 삼각형인 구조물로서 축방향력만 생기도록 한 구조로 부재의 절정은 핀접합으로 본다. [12·11·09·06년 출제]

② 지점의 중심선과 트러스절점의 중심선은 가능한 한 일치시키고 부재주에는 응력을 거의 받지 않는 경우도 생긴다.

③ 단면의 크기는 압축재가 인장재보다 크다. [15·13·08년 출제]

4) 입체트러스구조(스페이스 프레임)

① 삼각형 또는 사각형의 구성요소로써 축방향만으로 힘을 받는 직선재를 핀으로 결합하여 효율적으로 힘을 전달하는 구조 시스템이다. [15·14·10·07년 출제]

② 트러스를 종횡 배치하여 입체적으로 구성한 구조로서, 형상이나 강관을 사용하여 넓은 공간을 구성할 수 있다. [21년 출제]

5) 합성구조

① 철골철근콘크리트 : 연직하중은 철골이 부담하고 수평하중은 철골과 철근콘크리트의 양자가 같이 대항하도록 한 구조이다. [14년 출제]

② CFT(콘크리트충전강관기둥) : 내부 콘크리트가 강관의 급격한 국부좌굴을 방지한다. [16·08년 출제]

③ 합성보 : 콘크리트 슬래브와 철골보를 전단 연결재로 연결하여 외력에 대한 구조체의 거동을 일체화시킨 구조이다. 이때 전단 연결재로 스터드 볼트가 사용된다. [20·16·12·08년 출제]

2. 철골조의 접합

(1) 철골구조의 접합방법

고력볼트접합, 핀접합, 용접접합, 롤러접합, 리벳접합 등이 있다. [20·15·12·09·08년 출제]

예제 67   기출 5회

철골구조에서 사용되는 접합방법에
속하지 않는 것은?

① 용접접합   ② 듀벨접합
③ 고력볼트접합   ④ 핀접합

해설 듀벨접합은 목구조 접합방법이다.

정답 ②

예제 68   기출 3회

철골구조에서 축방향력, 전단력 및 모멘
트에 대해 모두 저항할 수 있는 접합은?

① 전단접합   ② 모멘트접합
③ 핀접합   ④ 롤러접합

해설 철골구조에서 모멘트접합 또는 강
접합은 모두 저항할 수 있다.

정답 ②

예제 69   기출 6회

철골구조에서 고력볼트접합에 대한
설명 중 옳지 않은 것은?

① 마찰접합, 지압접합 등이 있다.
② 볼트가 쉽게 풀리는 단점이 있다.
③ 피로강도가 높다.
④ 접합부의 강성이 높다.

해설 고력볼트는 임팩트 렌치 등을
이용해 강한 힘으로 체결하여 접합하는
방식으로 볼트 풀림이 없다.

정답 ②

---

(2) 강접합(모멘트접합)

① 철골구조에서 축방향력, 전단력 및 모멘트에 대해 모두 저항할 수 있는 접합이다. [14·11·06년 출제]

② 용접접합, 리벳, 고력볼트접합 등이 있다.

(3) 리벳접합

① 2장 이상의 강재에 구멍을 뚫어 약 800~1,000℃ 정도 가열한 리벳을 압축공기로 타격하여 박는데 소음이 심하다.

② 강재에 구멍으로 인해 결손, 파괴가 우려되면 시공이 불가능한 곳도 있다.

③ 리벳 배치

게이지 라인	재축 방향과 평행한 리벳 배치의 중심선이다.
게이지	게이지 라인의 상호 간 중심 거리이다.
피치	게이지 라인상에서 리벳 중심간격(최소 2.5D, 표준 4.0D)이다.

(4) 볼트

① 강재에 구멍을 뚫어 볼트와 너트로 접합·고정하는 것이다.

② 볼트의 구멍은 볼트 지름보다 0.5mm 이내로 한다.

(5) 고장력 볼트

① 접합면에 생기는 마찰력으로 힘이 전달되는 것으로 마찰접합, 지압접합 등이 있다. [10·07·06년 출제]

② 접합부의 강성과 피로강도가 높고 강한 조임으로 볼트 풀림이 없다. [15·13·12년 출제]

③ 정확한 계기공구로 죄어 일정하고 정확한 강도를 얻을 수 있다. [15년 출제]

(6) 용접접합

1) 특징

① 리벳 및 볼트에 비해 부재단면 결손이 없고 경량이 된다.

② 용접은 부재의 손실이 없는 대신 용접열에 의한 변위가 생길 수 있다. 검사가 곤란하여 시공 결함을 발견하기 어렵다.

2) 용접의 형식

용접명	용접방법
맞댄용접	접합재를 나란히 놓고 맞댄 면을 용접
모살용접	직각이나 45° 등의 일정한 각도로 용접
플러그 및 슬롯용접	접합재의 구멍을 용착금속으로 전부 채움

구분	맞댄이음	각이음	T이음
맞댄용접 (Groove)		덧판 	
모살용접 (Fillet) [11년 출제]	 겹침이음	 덧판이음	

3) 보강재 [21·16·14·12·11·07년 출제]

엔드탭	용접결함의 발생을 방지하기 위해 용접의 시발부와 종단부에 임시로 붙이는 보조판이다.(용접 종료 후 제거)
뒷댐재	용착금속이 새지 않게 하는 철판 뒷 보강재이다.
스캘럽	용접선이 교차되는 부분을 모따기 한 것이다.

4) 결함 [21·14·11년 출제]

용접결함	특징
슬래그 감싸들기	용접 시 슬래그가 용착금속 안에 혼입되는 현상
오버랩(Overlap) 현상	용착금속이 모재에 결합되지 않고 들떠 있는 현상
언더컷(Under Cut) 현상	용접선 끝에 용착금속이 채워지지 않아서 생긴 작은 홈
블로홀(Blowhole)	용접부에 발생하는 작은 기포나 틈
크랙	용접 후 냉각 시 발생하는 갈라짐
피트	용접부에 생기는 미세한 홈
피시아이	은색의 반점이 생김

예제 70   기출 3회

다음 중 철골부재의 용접접합과 관계 없는 것은?
① 엔드탭   ② 뒷댐재
③ 윙 플레이트   ④ 스캘럽

해설 윙 플레이트는 주각 부재이다.

정답 ③

예제 71   기출 5회

다음 중 용접결함에 속하지 않는 것은?
① 언더컷(Under Cut)
② 엔드탭(End Tab)
③ 오버랩(Overlap)
④ 블로홀(Blowhole)

해설 엔드탭은 용접 보강재이다.

정답 ②

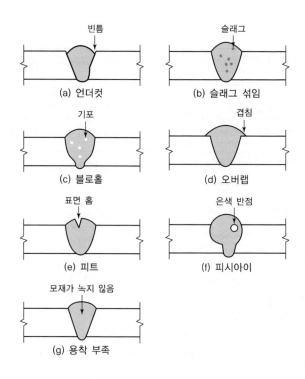

빈틈

(a) 언더컷

슬래그

(b) 슬래그 섞임

기포

(c) 블로홀

겹침

(d) 오버랩

표면 홈

(e) 피트

은색 반점

(f) 피시아이

모재가 녹지 않음

(g) 용착 부족

3. 주각부

(1) 주각의 개념

① 철골구조에서 기둥과 보, 지붕 등의 하중을 기초에 전달하는 역할을 한다.

② 베이스 플레이트는 기둥이 받는 하중을 기초에 전달하고 윙 플레이트를 대서 힘을 분산시킨다.

(2) 구성재 [14 · 13 · 12 · 10 · 09 · 08 · 07 · 06년 출제]

베이스 플레이트, 리브 플레이트, 윙 플레이트, 클립 앵글, 사이드 앵글, 앵커 볼트 등이 있다.

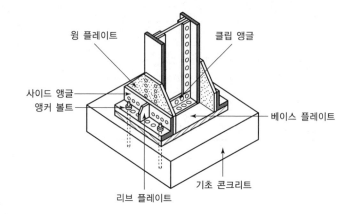

윙 플레이트

클립 앵글

사이드 앵글

앵커 볼트

베이스 플레이트

리브 플레이트

기초 콘크리트

4. 기둥

(1) 형강 기둥

① 단일 I형강, H형강, ㄷ형강을 쓴다.

② 소규모 건물의 지붕을 받치는 정도의 기둥으로 사용한다.

③ 저항력을 크게 하기 위해 플랜지 및 웨브 플레이트를 댈 수도 있다.

(2) 플레이트 기둥

① 플랜지 부분에는 L형강을, 웨브 부분에는 강판을 사용하여 I자형으로 만들어 저항력을 크게 만든 기둥이다.

② 하중에 따라 조립할 수 있는 기둥이다.

(3) 래티스 기둥, 사다리 기둥

① 형강이나 평강을 사용하여 철골, 철근콘크리트 구조물을 만든다.

② 래티스는 약 30°, 복래티스는 약 45°로 구조물을 만든다.

(4) 트러스 기둥

큰 구조물에 주로 사용된다.

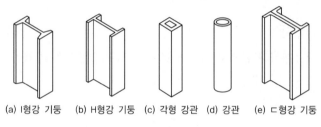

(a) I형강 기둥　(b) H형강 기둥　(c) 각형 강관　(d) 강관　(e) ㄷ형강 기둥

┃ 단일 기둥 ┃

(5) 격자 기둥 [21·16·13·08년 출제]

앵글, 채널 등으로 대판을 플랜지에 직각으로 접합한 기둥이다.

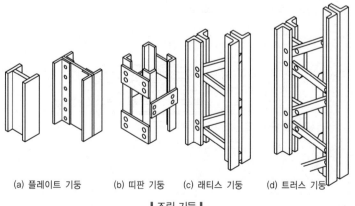

(a) 플레이트 기둥　(b) 띠판 기둥　(c) 래티스 기둥　(d) 트러스 기둥

┃ 조립 기둥 ┃

예제 74

철골보의 종류에서 형강의 단면을 그대로 이용하므로 부재의 가공절차가 간단하고 기둥과 접합도 단순한 것은?

① 조립보   ② 형강보
③ 래티스보   ④ 트러스보

해설 형강보는 단일형강을 쓰며 휨내력 보강을 위해 커버 플레이트를 덧붙인다.

정답 ②

예제 75

다음 중 플레이트보와 직접 관계가 없는 것은?

① 커버 플레이트
② 웨브 플레이트
③ 스티프너
④ 거싯 플레이트

해설 거싯 플레이트는 트러스보에 사용된다.

정답 ④

예제 76

철골구조의 판보(Plate Girder)에서 웨브의 좌굴을 방지하기 위하여 사용되는 것은?

① 거싯 플레이트
② 플랜지
③ 스티프너
④ 래티스

해설 스티프너는 웨브판 좌굴을 방지하기 위해 설치하는 보강재이다.

정답 ③

5. 보

(1) 보의 종류별 특징

1) 형강보 [15·14·13·07·06년 출제]

형강의 단면인 I형강, H형강, ㄷ형강을 그대로 쓰며, 휨내력의 보강을 위해 커버 플레이트를 덧붙인다.

2) 플레이트보(판보)

① 웨브에 철판을 쓰고 상하부에 플랜지 철판을 용접하거나 ㄱ형강을 리벳접합하고 커버 플레이트나 스티프너로 보강한 조립보이다. [21·16·15·12·11·10·09·08·07년 출제]

② 하중과 응력에 따라 단면을 자유로이 조절할 수 있다.

③ 플랜지(커버) 플레이트 : 휨모멘트에 저항하기 위해 사용되고, 매수가 결정되며 4장 이하로 한다. [16·07년 출제]

④ 웨브 플레이트 : 전단력 크기에 따라 결정되며 6mm 이상으로 한다. [16년 출제]

⑤ 스티프너 : 웨브 플레이트의 좌굴을 방지하기 위해 설치하며 평강이나 L형강을 사용한다. [20·16·13·12·09·08년 출제]

3) 띠판보

웨브재를 띠판으로 연결한 보이며, 전단력에 약하고 철골콘크리트에 사용한다.

4) 래티스보

① 상, 하 플랜지 사이에 웨브재 평강을 45°, 60° 등 일정한 각도로 접합한 조립보로 규모가 작거나 철골철근콘크리트로 피복할 때 사용한다.

② 웨브를 현재에 90°로 댄 것을 사다리보라 한다. [08년 출제]

③ 거싯 플레이트를 사용하지 않는다.

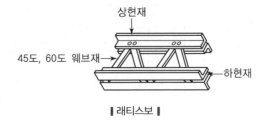

┃ 래티스보 ┃

5) 트러스보

① 트러스로 구성되어 모든 하중이 압축력과 인장력으로 작용한다. [10년 출제]

② 간사이가 큰 구조물, 즉 15m가 넘거나 보의 춤이 1m를 넘을 때 사용한다. [10·09년 출제]

③ 거싯 플레이트(Gusset Plate), 상현재(Upper Chord Member), 하현재(Lower Chord Member), 웨브재[복재(Web Member)]를 사용한다. [13·11년 출제]

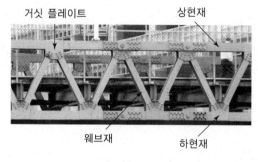

거싯 플레이트   상현재

웨브재   하현재

┃ 트러스보 ┃

(2) **부재의 구성**

1) 플랜지

보의 단면의 상하에 날개처럼 내민 부분이다. [14·10·06년 출제]

2) 커버 플레이트 [15·13·07년 출제]

① 플랜지를 보강하기 위해 플랜지 상부에 사용하는 보강재이다.
② 휨내력의 부족을 보충하기 위함이다.
③ 커버 플레이트는 4장 이하로 겹쳐대고 플랜지보다 얇은 두께를 사용한다.

3) 웨브 플레이트 [16년 출제]

전단력에 저항하며 크기에 따라 두께를 결정하고 보통 6mm 이상으로 한다. 스티프너로 보강한다.

4) 스티프너 [20·16·13·12·09·08년 출제]

웨브의 좌굴을 방지하기 위한 보강재이다.

예제 **77**   기출 2회

철골구조에서 간사이가 15m를 넘거나, 보의 춤이 1m 이상 되는 보를 판보로 하기에는 비경제적일 때 사용하는 것으로 접합판(Gusset Plate)을 대서 접합한 조립보는?

① 허니컴보   ② 래티스보
③ 상자형보   ④ 트러스보

해설 **트러스보**
간사이가 큰 구조물에 사용되며 거싯 플레이트를 대서 조립한 보이다.

정답 ④

예제 **78**   기출 3회

H형강, 판보 또는 래티스보 등에서 보의 단면 상하에 날개처럼 내민 부분을 지칭하는 용어는?

① 웨브
② 플랜지
③ 스티프너
④ 거싯 플레이트

해설 플랜지는 인장 휨응력에 저항한다.

정답 ②

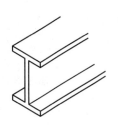

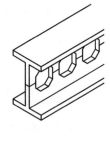

플랜지 플레이트

스티프너

웨브 플레이트

| H형강 | | 조립재 | | 허니컴 H－beam |

5) 허니컴보

I형강의 웨브를 톱니모양으로 절단한 후 구멍이 생기도록 맞추고 용접하여 구멍을 각 층의 배관에 이용하도록 제작한 보이다.

6. 바닥

(1) 데크 플레이트 [15·12·08년 출제]

철골공사 시 바닥 슬래브를 타설하기 전에, 철골보 위에 설치하여 바닥판 등으로 사용하는 절곡된 얇은 판의 부재이다.

(2) 스터드 볼트(Stud Bolt) [20·16·08년 출제]

① 합성보에서 철골과 콘크리트의 일체성 확보와 전단응력전달을 위해 설치한다.

② 철골 윗부분에 일정한 간격으로 용접으로 접합 시공한다.

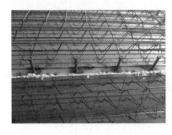
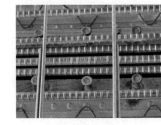

| 데크 플레이트 | | 스터드 볼트 |

7. 철골구조 계단 [15·13·09년 출제]

① 건식 구조로 시공이 간편하고 제작기간이 짧다.

② 형태를 자유로이 만들 수 있고 무게가 가볍다.

③ 불연성이나 내화성은 부족하다.

④ 피난계단에 적당하다.

예제 79   기출 3회

철골공사 시 바닥 슬래브를 타설하기 전에, 철골보 위에 설치하여 바닥판 등으로 사용하는 절곡된 얇은 판의 부재는?

① 윙 플레이트
② 데크 플레이트
③ 베이스 플레이트
④ 메탈 라스

해설 데크 플레이트는 철골보 위에 설치하는 바닥판이다.

정답 ②

예제 80   기출 3회

강제 계단의 특성으로 옳지 않은 것은?

① 건식 구조이다.
② 형태구성이 비교적 자유로운 편이다.
③ 철근콘크리트 계단에 비해 무게가 무겁다.
④ 내화성이 부족하다.

해설 철골구조 계단은 형태를 자유로이 만들 수 있고 무게가 가볍다.

정답 ③

 **목구조**

1. 목구조의 특징 [15·10·09·08·06년 출제]

장점	단점
① 건물의 중량이 가볍다.	① 내화, 내구성이 적다.
② 비중에 비하여 인장·압축강도가 크다.	② 재질이 불균등하고 큰 단면이나 긴 부재를 얻기 힘들다.
③ 열전도율이 작아 방한, 방서에 뛰어나다.	③ 변형과 부식, 부패되기 쉽다.
④ 가공성이 좋아서 공기가 짧다.	④ 접합부의 강성이 약하다.
⑤ 친화감이 있고 사원, 전각 등의 동양고전식 구조법이다.	

2. 목재의 접합

(1) 이음과 맞춤 시 주의사항 [13·12·07년 출제]

① 접합부는 가능한 한 적게 깎아 낼 것
② 이음과 맞춤은 응력이 적은 곳에 응력과 직각으로 할 것
③ 공작은 되도록 간단히 하고 튼튼한 접합을 선택할 것
④ 맞춤면은 서로 밀착되어 빈틈이 없이 가공할 것

(2) 목재 접합의 종류(이음, 맞춤, 쪽매)

1) 엇걸이이음(엇걸이 산지이음)

① 비녀, 산지 등을 박아서 이음을 한 것으로 매우 튼튼하다.
[16·13·11년 출제]
② 토대, 처마도리, 중도리 등의 중요한 가로재의 이음에 사용한다.
[16·11년 출제]

2) 짧은 장부맞춤 [14·11·09·08년 출제]

한 부재는 장부를 만들고 다른 부재 춤의 1/2~1/3 정도 구멍을 파서 끼우는 맞춤, 토대와 기둥에 사용한다.

3) 장부맞춤 [10년 출제]

한 부재를 장부로 내고, 다른 부재의 구멍을 파서 끼우는 방법으로 일반적이고 가장 튼튼한 맞춤이다.

예제 81 기출 6회

목구조의 특징에 관한 설명 중 옳지 않은 것은?
① 부재의 함수율에 따른 변형이 크다.
② 부패 및 충해가 크다.
③ 열전도율이 크다.
④ 고층건물에 부적당하다.

해설 열전도율이 작아 방한, 방서에 뛰어나다.

정답 ③

 TIP

목재 접합의 종류 [16·11·08년 출제]
① 이음 : 두 부재를 재의 길이방향으로 이어 한 부재로 만드는 방법
② 맞춤 : 두 재가 직각 또는 경사로 짜여지는 방법
③ 쪽매 : 판재를 수평방향으로 붙여 나가는 방법

예제 82 기출 3회

옆에서 산지치기로 하고, 중간은 맞물리게 한 이음으로 토대, 처마도리, 중도리 등에 주로 쓰이는 것은?
① 엇걸이 산지이음
② 빗이음
③ 엇빗이음
④ 겹친이음

해설 엇걸이 이음의 특징이다.

정답 ①

예제 83 기출 4회

목구조에서 토대와 기둥의 맞춤으로 가장 알맞은 것은?
① 짧은 장부맞춤 ② 빗턱맞춤
③ 턱솔맞춤   ④ 걸침턱맞춤

해설 장부를 다른 부재의 구멍을 파서 끼우는 맞춤이다.

정답 ①

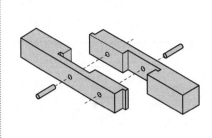
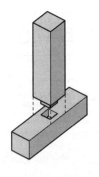

| 엇걸이 산지이음 | | 짧은 장부맞춤 |

4) 안장맞춤 [09·07년 출제]

작은 재를 두 갈래로 중간을 파내고 큰 재의 쌍으로 파낸 부위에 끼워 맞추는 방법으로 평보와 ㅅ자보에 사용한다.

5) 연귀맞춤 [14년 출제]

접합재의 마구리를 감추기 위해 45°로 잘라 맞추고 창문 등의 마무리에 이용된다.

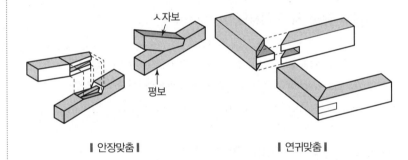

ㅅ자보

평보

| 안장맞춤 | | 연귀맞춤 |

6) 쪽매의 종류

① **제혀쪽매** : 널 옆이 서로 물리게 하고 마루의 진동에 의하여 못이 솟아오르지 않게 하는 마루깔기에 이용된다. [13년 출제]

② **오니쪽매** : 흙막이 널말뚝에 이용된다.

③ **틈막이대쪽매** : 징두리판벽에 사용된다.

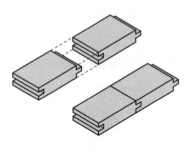

| 제혀쪽매 |

예제 84　　기출 2회

다음 중 왕대공 지붕틀에서 평보와 ㅅ자보의 맞춤으로 알맞은 것은?

① 걸침턱맞춤　　② 안장맞춤
③ 사개맞춤　　　④ 턱솔맞춤

해설 ㅅ자보를 두 갈래로 파내서 평보에 맞추는 방법이다.

정답 ②

TIP

산지

목재의 이음 및 맞춤에서 서로 빠지는 것을 방지하기 위해 원형 또는 각형의 가늘고 긴 일종의 나무못을 사용하는 보강재이다.

3. 보강 철물

(1) 주걱 볼트 [14·12년 출제]

철판에 볼트를 용접한 철물로 깔도리와 처마도리, 지붕보와 처마도리에 사용한다.

(2) 앵커 볼트(갈고리 볼트)

① 기초부분과 구조물을 연결하기 위해 사용되는 볼트이다.

② 기초와 토대, 처마도리와 평보, 깔도리에 사용한다. [13·12년 출제]

(3) 듀벨 [15·13·12년 출제]

목구조에 사용되는 금속의 긴결 철물 중 2개 부재 접합에 끼워 전단력에 견디도록 사용한다.

(4) 감잡이쇠

① ㄷ자형으로 구부려 만든 띠쇠이다.

② 평보와 왕대공, 평보와 ㅅ자보의 밑, 기둥과 들보에 걸쳐대어 못을 박아 사용한다. [13·10년 출제]

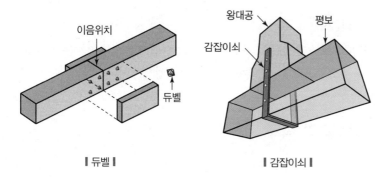

| 듀벨 | | 감잡이쇠 |

(5) 안장쇠

① 큰보를 따내지 않고 작은 보를 걸쳐 받게 하는 철물이다.

② 큰보와 작은 보의 연결에 사용한다. [14·12·11·08년 출제]

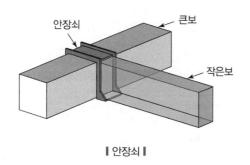

| 안장쇠 |

예제 85 　　　　기출 3회

목구조에서 기초와 토대를 연결시키기 위하여 사용되는 것은?
① 감잡이쇠　　② 띠쇠
③ 앵커 볼트　　④ 듀벨

해설 **앵커 볼트**
기초와 토대를 연결할 때 사용하는 기초볼트이다.
정답 ③

예제 86 　　　　기출 3회

목구조에서 토대를 기둥 및 기초부와 연결해주는 연결재가 아닌 것은?
① 띠쇠　　　　② 듀벨
③ 산지　　　　④ 감잡이쇠

해설 기초와 토대를 연결할 때 사용하는 기초볼트이다.
정답 ②

예제 87 　　　　기출 2회

왕대공 지붕틀에서 평보와 왕대공의 맞춤에 사용되는 보강 철물은?
① 감잡이쇠　　② 띠쇠
③ 꺾쇠　　　　④ 주걱 볼트

해설 ㄷ자형으로 구부려 만든 띠쇠 종류이다.
정답 ①

예제 88 　　　　기출 4회

목재 왕대공 지붕틀에 사용되는 부재와 연결철물의 연결이 옳지 않은 것은?
① ㅅ자보와 평보 – 안장쇠
② 달대공과 평보 – 볼트
③ 빗대공과 왕대공 – 꺾쇠
④ 대공 밑잡이와 왕대공 – 볼트

해설 안장쇠는 큰보와 작은 보를 연결할 때 사용한다.
정답 ①

(6) 꺾쇠 [12·09년 출제]

ㅅ자보와 중도리, 빗대공과 왕대공, 빗대공과 ㅅ자보를 맞출 때 사용하는 보강 철물이다.

(7) 띠쇠 [13년 출제]

일자형으로 된 철판에 볼트구멍이 있는 철물로 평기둥과 층도리의 맞춤 시 사용한다.

4. 목구조의 토대

(1) 토대 [20·14·12·10·07년 출제]

① 기둥에서 내려오는 상부의 하중을 기초에 전달하는 역할을 한다.
② 연속기초 위에 수평으로 놓고 앵키 볼트로 고정시킨다.
③ 토대에는 바깥토대, 칸막이토대, 귀잡이토대가 있다.
④ 단면은 기둥과 같거나 좀 더 크게 한다.
⑤ 토대의 이음은 기둥과 앵커 볼트의 위치를 피하여 턱걸이 주먹장이음 또는 엇걸이 산지이음으로 한다.

(2) 귀잡이보 [20·13년 출제]

토대·보·도리 등의 가로재가 서로 수평으로 맞추어지는 곳을 안정한 세모구조로 하기 위하여 설치하는 경사재이다.

5. 목구조의 벽체

(1) 벽체 양식

　　1) 심벽식 벽체 [15·11년 출제]

　　　　① 기둥이 보이도록 만든 벽체로 목재 고유의 아름다움을 표현할 수 있다.(한식 목조에 사용)
　　　　② 기둥에 꿸대를 대어 설치한다.

　　2) 평벽식 벽체

　　　벽체가 뼈대를 감싸서 안으로 감춰진 형식이다.(양식 목조에 사용)

예제 89　　　　기출 6회

목구조의 토대에 대한 설명으로 틀린 것은?
① 기둥에서 내려오는 상부의 하중을 기초에 전달하는 역할을 한다.
② 토대에는 바깥토대, 칸막이토대, 귀잡이토대가 있다.
③ 연속기초 위에 수평으로 놓고 앵커 볼트로 고정시킨다.
④ 이음으로 사개연귀이음과 주먹장 이음이 주로 사용된다.

해설 토대의 이음은 턱걸이 주먹장이음 또는 엇걸이 산지이음으로 한다.

정답 ④

예제 90　　　　기출 2회

토대·보·도리 등의 가로재가 서로 수평으로 맞추어지는 곳을 안정한 세모구조로 하기 위하여 설치하는 것은?
① 귀잡이보　　② 꿸대
③ 가새　　　　④ 버팀대

해설 귀잡이보
가로재와 가로재를 안정한 세모구조로 만들기 위해 설치하는 경사재이다.

정답 ①

예제 91　　　　기출 2회

목조 벽체에 관한 설명으로 옳지 않은 것은?
① 평벽은 양식 구조에 많이 쓰인다.
② 심벽은 한식 구조에 많이 쓰인다.
③ 심벽에서는 기둥이 노출된다.
④ 꿸대는 평벽에 주로 사용된다.

해설 꿸대는 심벽에 사용된다.

정답 ④

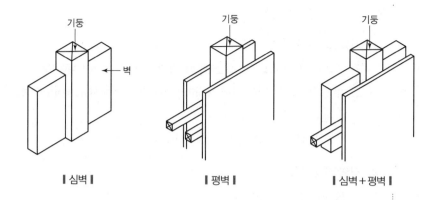

| 심벽 | 평벽 | 심벽＋평벽 |

(2) 외벽

1) 판벽

① 턱솔 비늘판벽 [12년 출제]

널판 상, 하, 옆을 반턱으로 하여 기둥 및 샛기둥에 가로쪽매로
붙이는 판벽이다.

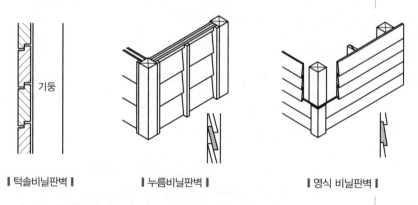

| 턱솔비늘판벽 | 누름비닐판벽 | 영식 비닐판벽 |

② 영식 비늘판벽

널을 빗겨서 윗널 밑을 반턱으로 하여 가로로 못을 박는 판벽
이다.

2) 징두리판벽 [13·06년 출제]

실 내부의 벽 하부에서 1～1.5m 정도의 높이로 설치하여 밑부분을
보호하고 장식을 겸한 용도로 사용한다.

3) 걸레받이 [08년 출제]

벽면을 보호하고 장식하기 위해 벽의 하부에 붙이는 마감재이다.

예제 92　　　　　　　기출 2회

실 내부의 벽 하부에서 1～1.5m 정도
의 높이로 설치하여 일부분을 보호하
고 장식을 겸한 용도로 사용하는 것은?

① 걸레받이　　② 고막이널
③ 징두리판벽　　④ 코펜하겐 리브

정답 ③

6. 목구조의 기둥

(1) 기둥의 구조

① 마루, 지붕 등의 하중을 토대에 전달하는 수직구조재이다.

② 기둥의 크기는 단층에서 100mm 각이고, 2층에서 120mm 각 정도가 된다.

③ 기둥의 간격은 1.8~2m 정도로 배치한다.

(2) 기둥의 종류

1) 통재기둥 [15·10·06년 출제]

2층 이상의 기둥 전체를 하나의 단일재로 사용하는 기둥이다.

2) 평기둥 [15·10·06년 출제]

각 층별로 각 층의 높이에 맞게 배치되는 기둥이다.

3) 샛기둥 [21·15·07·06년 출제]

본기둥 사이에 벽체를 이루는 것으로서 가새의 옆 휨을 막는 데 유효하며 간격은 50cm가 적당하다.

4) 활주 [16·14·09년 출제]

추녀뿌리를 받치는 기둥의 명칭이다.

5) 누주 [16·10년 출제]

다락 기둥을 말한다.

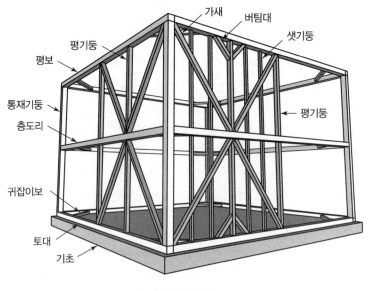

┃ 목구조 기둥 ┃

예제 93　　　　기출 3회

기둥의 종류에서 2층 건물의 아래층에서 위층까지 관통한 하나의 부재로 된 기둥은?

① 샛기둥　　② 통재기둥
③ 평기둥　　④ 동바리

[해설] 통재기둥은 2층 이상 기둥 전체를 하나의 단일재로 사용한다.

[정답] ②

예제 94　　　　기출 3회

목구조에서 본기둥 사이에 벽체를 이루는 것으로서, 가새의 옆 휨을 막는 데 유효한 것은?

① 장선　　② 멍에
③ 토대　　④ 샛기둥

[해설] 샛기둥은 본기둥과 기둥 사이에 50cm 간격으로 배치된다.

[정답] ④

예제 95　　　　기출 3회

한식 건축에서 추녀뿌리를 받치는 기둥의 명칭은?

① 평기둥　　② 누주
③ 통재기둥　　④ 활주

[해설] 활주는 추녀뿌리를 받치는 기둥이다.

[정답] ④

7. 목구조의 가새

(1) 가새의 구조 [21·20·16·15·14·12·11·10·09·07·06년 출제]

① 목조 벽체를 수평력에 견디게 하고 안정한 구조로 대각선 방향으로 빗대는 재를 의미한다.

② 힘의 흐름상 인장력과 압축력에 번갈아 저항할 수 있다.

③ 단면이 큰 것이 좋지만 좌굴할 우려가 있다.

④ 가새는 45°에 가까울수록 유리하다.

⑤ 가새를 결손시켜 내력상 지장을 주어서는 안 된다.

(2) 버팀대(수직재 + 수평재) [15년 출제]

① 절점 부분인 기둥과 깔도리, 기둥과 층도리, 보 등의 수평력에 의한 변형을 막기 위해 설치하는 부재로 가새보다는 수평력 저항에 적게 영향을 미친다.

② 크기는 기둥 단면에 적당한 크기의 것을 쓰고 기둥 따내기도 되도록 적게 한다.

8. 목구조의 도리

(1) 층도리

① 위층과 아래층 사이에서 연결하여 바닥 하중을 기둥에 골고루 전달하는 가로재이다.

② 통재 기둥과의 맞춤은 빗턱통을 넣고 내다지 장부맞춤, 벌림쐐기치기로 한다. [13년 출제]

(2) 깔도리

① 기둥 맨 위 처마부분에 수평으로 거는 가로재로서 기둥머리를 고정하는 도리이다. [20·12·06년 출제]

② 지붕틀의 하중을 기둥에 전달하는 부재로 크기는 기둥 단면과 같게 한다. [12·06년 출제]

(3) 처마도리

① 기둥 위의 머리를 연결하고 지붕보를 받는 하중을 기둥에 전달하는 가로재이다. [20·09·07년 출제]

② 절충식 지붕틀에서는 처마도리가 한번에 깔도리 역할까지 한다.

예제 96   기출 14회

다음 중 목조 벽체를 수평력에 견디게 하고 안정한 구조로 하는 데 필요한 부재는?

① 멍에   ② 가새
③ 장선   ④ 동바리

해설 가새는 목조 벽체를 수평력에 견디게 하고 안정한 구조로 하기 위한 것이다.

정답 ②

예제 97   기출 6회

목조 벽체에서 기둥 맨 위 처마부분에 수평으로 거는 가로재로서 기둥머리를 고정하는 것은?

① 처마도리   ② 샛기둥
③ 깔도리   ④ 꿸대

해설 깔도리는 처마 아래 기둥을 고정하는 가로재 도리로 기둥 단면과 같은 크기로 한다.

정답 ③

기출 2회

예제 98

한식 공사에서 종도리를 얹는 것을 의미하는 것은?

① 열초　　　　② 치목
③ 상량　　　　④ 입주

해설 상량은 마룻대에 해당하는 종도리를 올리는 것을 말한다.

정답 ③

기출 3회

예제 99

다음 중 동바리 마루의 구성요소가 아닌 것은?

① 인방　　　　② 멍에
③ 장선　　　　④ 동바리돌

해설 인방은 문틀이 휘지 않게 위에 가로로 대는 재이다.

정답 ①

기출 4회

예제 100

복도 또는 간사이가 적을 때에 보를 쓰지 않고 층도리와 칸막이도리에 직접 장선을 걸쳐 대고 그 위에 마루널을 깐 마루는?

① 동바리마루　　② 보마루
③ 짠마루　　　　④ 홑마루

해설 홑마루는 좁은 복도에 사용한다.

정답 ④

기출 4회

예제 101

큰보 위에 작은보를 걸고 그 위에 장선을 대고 마루널을 깐 2층 마루는?

① 홑마루　　　② 보마루
③ 짠마루　　　④ 동바리마루

해설 짠마루
2층의 간사이가 넓은 마루이다.

정답 ③

---

(4) 상량 [10·08년 출제]

기둥 위에 보를 얹고 지붕틀을 꾸민 다음 종도리(마룻대)를 올리는 것을 말한다.

9. 마루

(1) 1층 마루

1) 동바리마루 [13·12·07년 출제]

① 마루 밑 지면에 동바리 25cm 정도의 돌을 90~100cm 간격으로 배치하고 그 위에 동바리(수직재)를 세운다.
② 받침돌 → 동바리 기둥 → 멍에 → 장선 → 마루널로 깐다.

2) 납작마루 [13년 출제]

동바리를 세우지 않고 땅바닥 또는 호박돌 위에 직접 멍에와 장선을 걸고 마루널을 깐 마루를 말한다.

(2) 2층 마루

1) 장선마루(홑마루) [20·13·11년 출제]

① 보를 쓰지 않고 층도리와 칸막이도리에 직접 장선을 걸쳐 대고 마루널을 깐다.
② 간사이가 2.4m 미만인 좁은 복도에 사용한다.

2) 보마루

보를 걸어 장선을 받치게 하고 그 위에 마루널을 깐다.

3) 짠마루 [21·15·13·09년 출제]

① 큰보 위에 작은보를 걸고 그 위에 장선을 대고 마루널을 깐 2층 마루이다.
② 간사이가 6m 이상일 때 사용한다.

▐ 장선마루틀 ▐

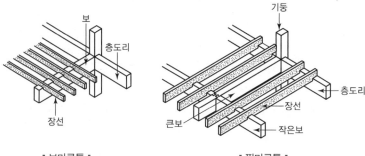

▐ 보마루틀 ▐　　　　▐ 짠마루틀 ▐

10. 지붕 [21·13·11년 출제]

(1) 지붕물매의 결정 요소

건축물의 용도, 간사이 크기, 지붕재료의 성질, 지붕의 크기와 형상, 강수량 등이 있고, 지붕의 종류와는 상관이 없다.

(2) 지붕모양

① **합각지붕** [15·13·06년 출제]

모임지붕 일부에 박공지붕을 같이 한 것으로, 화려하고 격식이 높으며 대규모 건물에 적합한 한식 지붕구조이다.

② **톱날지붕** [12·09년 출제]

주택에 일반적으로 사용되지 않고 공장에 사용된다.

③ **꺾인지붕** [10년 출제]

지붕을 중간에 두 물매로 꺾어 만든 지붕이다.

④ **우미량** [14·12년 출제]

모임지붕, 합각지붕 등의 측면에서 동자기둥(동자주)을 세우기 위하여 처마도리와 지붕보에 걸쳐 댄 보이다.

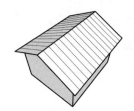 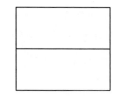

┃ 박공지붕 ┃

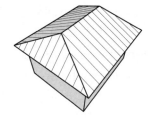 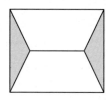

┃ 모임지붕 ┃

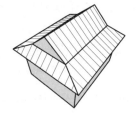 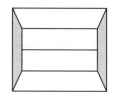

┃ 합각지붕 ┃

예제 102   기출 4회

지붕의 물매를 결정하는 데 가장 영향이 적은 사항은?

① 지붕의 종류
② 지붕의 크기와 형상
③ 지붕재료의 성질
④ 강수량

해설 지붕의 종류와는 상관이 없다.

정답 ①

예제 103   기출 3회

모임지붕 일부에 박공지붕을 같이 한 것으로, 화려하고 격식이 높으며 대규모 건물에 적합한 한식 지붕구조는?

① 외쪽지붕   ② 솟을지붕
③ 합각지붕   ④ 방형지붕

정답 ③

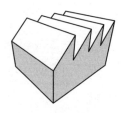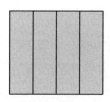

‖ 톱날지붕 ‖

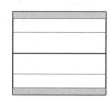

‖ 꺾인지붕 ‖

(3) 물매

① 지붕경사의 표시로 물매는 수평거리 10cm에 대한 직각삼각형의 수직높이로 표시한다. [09년 출제]

② 물매의 종류

ㄱ 평물매 : 45° 미만인 경사의 물매이다.(예 4/10)

ㄴ 되물매 : 45° 경사인 물매이다.(예 10/10) [16·15·12년 출제]

ㄷ 된물매 : 45° 이상인 경사의 물매이다.(예 12/10)

(4) 절충식 지붕틀

1) 절충식 지붕틀의 특징 [21·15년 출제]

① 지붕보에 휨이 발생하므로 구조적으로 불리하며 지붕의 하중은 수직부재(대공)를 통하여 지붕보에 전달된다.

② 구조가 간단하고 작은 건물에 적당하다.

③ 한식 구조와 절충식 구조는 구조상 비슷하다.

2) 절충식 지붕틀 구조

① 지붕보를 약 1.8~2m 간격으로 벽체 위에 걸쳐 댄다.

② 대공을 약 90cm 간격으로 세운 다음 중도리를 그 위에 걸쳐 댄다.

③ 대공(동자기둥)은 중도리와 마루대를 받는 부재이다. [10년 출제]

④ 동자기둥을 서로 연결하기 위하여 수평 또는 빗방향으로 대는 부재를 지붕꿸대라 한다. [11년 출제]

⑤ 지붕보와 처마도리는 주걱 볼트로 고정시킨다. [14·12년 출제]

예제 104   기출 3회

지붕물매 중 되물매에 해당하는 것은?

① 4cm   ② 5cm

③ 10cm   ④ 12cm

해설 45° 경사인 물매로 10/10으로 표시된다.

정답 ③

예제 105   기출 2회

절충식 지붕틀의 특징으로 틀린 것은?

① 지붕보에 휨이 발생하므로 구조적으로는 불리하다.

② 지붕의 하중은 수직부재를 통하여 지붕보에 전달된다.

③ 한식 구조와 절충식 구조는 구조상으로 비슷하다.

④ 작업이 복잡하며 대규모 건물에 적당하다.

해설 소규모 건물에 적당하다.

정답 ④

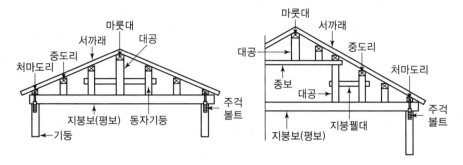

┃ 절충식 지붕틀 ┃

(5) 양식 지붕틀

1) 왕대공 지붕틀

① 왕대공 지붕틀의 특징

㉠ 양식 지붕틀에서 가장 많이 사용하는 구조이다.

㉡ 왕대공, 평보, ㅅ자보, 빗대공, 달대공의 부재로 안전한 삼각형 구조로 만든다.

㉢ 간사이가 큰 구조물에 사용하며(최대 20m) 간격은 2~3m 벽체 위에 걸쳐 댄다.

㉣ 압축응력을 받는 부재 : ㅅ자보, 빗대공 등의 사재로 구성되어 있다.

㉤ 인장응력을 받는 부재 : 왕대공, 평보, 달대공 등의 직재로 구성되어 있다.

㉥ 압축력과 휨모멘트를 동시에 받는 부재 : ㅅ자보

[14·13·08·06년 출제]

② 왕대공 지붕틀 구조

㉠ 왕대공의 윗부분은 마룻대와 가름장으로 장부맞춤을 하고, 아래는 평보와 짧은 장부맞춤으로 하여 감잡이쇠를 대고 볼트로 조인다.

㉡ 평보를 이을 때는 인장력이 작은 중앙부에서 하며 깔도리에 걸침턱으로 처마도리는 평보에 물리고 일체가 되게 볼트로 조인다.

㉢ ㅅ자보는 중도리를 직접 받쳐주며 평보와 빗턱통을 넣고 짧은 장부맞춤 또는 안장맞춤을 하고 볼트로 조인다. [09년 출제]

예제 106 기출 2회

목조 왕대공 지붕틀의 구성부재와 관련 없는 것은?

① 빗대공 ② 우미량
③ ㅅ자보 ④ 달대공

해설 우미량은 한식구조인 모임지붕, 합각지붕 등에 쓰이는 부재이다.

정답 ②

예제 107 기출 4회

목재 왕대공 지붕틀에서 압축력과 휨모멘트를 동시에 받는 부재는?

① ㅅ자보 ② 빗대공
③ 평보   ④ 중도리

해설 ㅅ자보
중도리를 직접 받쳐주는 역할을 하면서 압축력과 휨모멘트를 동시에 받는 부재이다.

정답 ①

예제 108 기출 1회

왕대공 지붕틀에서 중도리를 직접 받쳐주는 것은?

① 처마도리 ② ㅅ자보
③ 깔도리   ④ 평보

해설 ㅅ자보는 중도리를 직접 받쳐주는 부재로 압축력과 휨모멘트를 동시에 받는다.

정답 ②

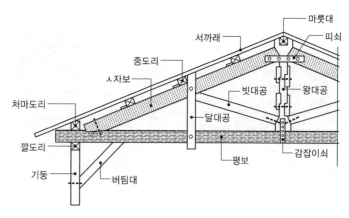

┃ 왕대공 지붕틀 ┃

2) 쌍대공 지붕틀 [11년 출제]

간사이가 10m이거나 꺾임지붕, 다락방으로 이용할 때 쓰이는 지붕 형식이다.

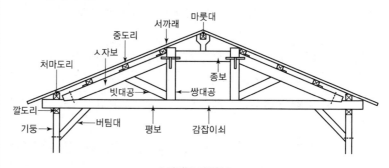

┃ 쌍대공 지붕틀 ┃

11. 수장 및 내장

(1) 처마

예제 109   기출 1회

건물의 수장 부분에 속하지 않는 것은?
① 외벽   ② 보
③ 홈통   ④ 반자

해설 보는 힘을 받는 구조재이다.

정답 ②

① 처마는 도리의 바깥부분을 구성하며 지붕의 밑부분을 이루는 것으로 비, 바람, 햇빛으로부터 바깥 벽을 보호하는 기능을 가진다.

② 평고대는 처마 끝에 걸쳐대는 가로재이다. [15년 출제]

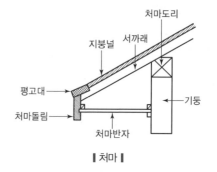

┃ 처마 ┃

(2) 홈통

① 지붕의 빗물을 지상으로 유도하기 위해 선홈통을 설치한다.

② 홈통에서 우수의 배수과정 [12년 출제]

처마홈통 → 깔때기홈통 → 장식통 → 선홈통 → 보호관 → 낙수
받이 돌

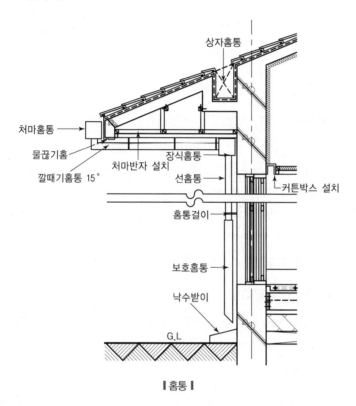

상자홈통

처마홈통
물끊기홈
처마반자 설치
장식홈통
깔때기홈통 15°
선홈통
커튼박스 설치
홈통걸이
보호홈통
낙수받이
G.L

┃홈통┃

(3) 반자

지붕 밑 또는 위층 바닥 밑을 가려 장식적 · 방온적으로 꾸민 구조부
분이다.

1) 반자틀 구성 [20 · 16 · 12 · 11 · 07 · 06년 출제]

반자돌림<반자틀<반자틀받이<달대<달대받이 순서로 지붕 쪽
으로 올라간다.

2) 반자 구성요소의 간격 [16년 출제]

① 반자틀 : 45cm

② 반자틀받이 : 90cm

③ 달대의 거리 : 90cm

④ 달대받이 : 90cm

예제 110　　　　기출 2회

다음 중 지붕의 빗물을 지상으로 유도
하기 위해 설치하는 것은?

① 아스팔트 루핑

② 선홈통

③ 기와

④ 석면 슬레이트

정답 ②

◀**TIP**▶

달반자

지붕틀이나 바닥판 밑에 매단 반자이다.

예제 111　　　　기출 6회

반자구조의 구성부재가 아닌 것은?

① 반자돌림대　② 달대

③ 변재　　　　④ 달대받이

해설 반자구조는 반자돌림, 반자틀, 반
자틀받이, 달대, 달대받이로 되어 있다.

정답 ③

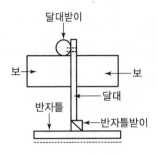

■ 목조지붕틀 ■

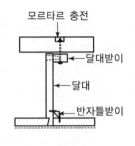

■ 경량콘크리트 슬래브 ■

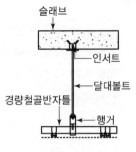

■ 콘크리트 슬래브 ■

◀TIP▶

문선 [12·06년 출제]

문꼴을 보기 좋게 만드는 동시에 주위벽의 마무리를 잘하기 위하여 둘러대는 누름내를 말한다.

예제 112   기출 4회

다음 중 여닫이창호에 쓰이는 철물이 아닌 것은?

① 도어클로저   ② 경첩
③ 레일   ④ 함자물쇠

해설 레일은 미서기창호에 사용된다.

정답 ③

예제 113   기출 3회

창호 종류 중 방풍을 목적으로 풍소란을 설치하는 것은?

① 미서기문   ② 양판문
③ 플러시문   ④ 회전문

해설 미서기문에 방풍을 목적으로 서로 접하는 부분에 턱솔 또는 딴혀를 대어 사용한다.

정답 ①

(4) 창호

1) 여닫이문, 여닫이창

① 경첩 등을 축으로 개폐되는 창호를 말한다.

② 열고 닫을 때 실내 유효면적이 감소한다. [13·10년 출제]

③ 외여닫이와 쌍여닫이 등이 있다.

④ 밖여닫이는 빗물 막기가 편리하지만 열렸을 때 바람에 손상되기 쉽다.

⑤ 경첩, 도어클로저, 함자물쇠가 쓰인다. [12·11·08년 출제]

2) 미닫이문, 미닫이창 [11년 출제]

문짝을 상하문틀에 홈을 파서 끼우고, 옆벽에 문짝을 몰아붙이거나 이중벽 중간에 몰아넣는 형태의 문이다.

3) 미서기문, 미서기창

① 위, 아래 홈을 파서 창호를 끼워 넣어 창호 한쪽에 다른 쪽을 밀어 포개어 넣는 형식이다.

② 창호의 홈 깊이는 위틀인 경우 1.5cm 정도로 한다. [08년 출제]

③ 미닫이 창호와 거의 같은 구조이며 우리나라 전통건축에서 많이 볼 수 있는 창호로 칸막이 기능을 가지고 있으며 문골의 50% 정도만 개폐가 된다. [12년 출제]

④ 턱솔 또는 딴혀를 대어 방풍적으로 물리게 하는 풍소란을 설치한다. [13·09·08년 출제]

■ 풍소란 ■

4) 회전문, 회전창 [14년 출제]

은행 · 호텔 등의 출입구에 통풍 · 기류를 방지하고 출입인원을 조절할 목적으로 쓰이며 원통형을 기준으로 3~4개의 문으로 구성된 문이다.

5) 붙박이문, 붙박이창

열지 못하게 고정하고, 채광용으로 사용한다.

6) 플러시문(합판문) [14 · 12 · 09년 출제]

① 울거미를 짜고 중간 살을 25cm 이내 간격으로 배치하고 양면을 합판으로 붙인 것이다.

② 실린더 자물쇠가 사용되며 뒤틀림 변형이 적다.

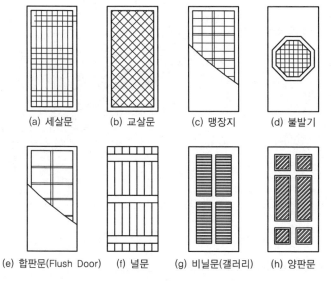

(a) 세살문　　(b) 교살문　　(c) 맹장지　　(d) 불발기

(e) 합판문(Flush Door)　　(f) 널문　　(g) 비닐문(갤러리)　　(h) 양판문

┃ 창호의 종류 ┃

(5) 계단

1) 계단의 역할

높이가 다른 바닥의 상호 간에 단을 연결하는 구조체로서 세로방향의 통로로 중요한 역할을 하는 것이다. [10 · 07년 출제]

2) 옆판 계단

① 규모가 큰 계단에 사용한다.

② 옆판, 디딤판, 챌판, 엄지기둥, 난간, 난간두겁 등으로 구성된다.

③ 계단 너비가 1.2m를 넘을 경우 중간에 계단멍에를 걸어 디딤판의 휨, 보행진동을 막는다. [20 · 08년 출제]

예제 114　　기출 3회

울거미를 짜고 중간에 살을 25cm 이내 간격으로 배치하여 양면에 합판을 교착하여 만든 문은?

① 접문　　② 플러시문
③ 띠장문　　④ 도듬문

해설 플러시문은 뒤틀림 변형이 적다.

정답 ②

예제 115　　기출 2회

높이가 다른 바닥의 상호 간에 단을 연결하는 구조체로서 세로방향의 통로로 중요한 역할을 하는 것은?

① 수정　　② 기초
③ 계단　　④ 창호

해설 계단은 세로방향의 층으로 이동하는 통로로 사용된다.

정답 ③

예제 116　　기출 2회

목조계단의 폭이 1.2m 이상일 때 디딤판의 처짐, 보행진동 등을 막기 위하여 계단 뒷면에 보강하는 부재는?

① 계단멍에　　② 엄지기둥
③ 난간두겁　　④ 계단참

정답 ①

3) 틀계단
주택에 주로 많이 이용되며 철판 없이 옆판, 디딤판으로 구성된다.

4) 목조계단 설치시공 순서
1층 멍에 · 계단참 · 2층받이 보 → 계단 옆판 · 난간어미기둥 → 디딤판 · 챌판 → 난간동자(엄지기둥) → 난간두겁 [13년 출제]

TIP

계단의 구성요소
① 엄지기둥 : 목조계단에서 양 끝에 세우는 굵은 난간동자 [20년 출제]
② 난간두겁 : 난간의 손스침이 되는 빗재로, 높이는 90cm 정도이며 이음방법으로 은장이음을 사용
③ 계단참 : 디딤판이 계속될 때 중간에 단이 없이 넓게 되어 다리쉼과 돌림 등에 사용

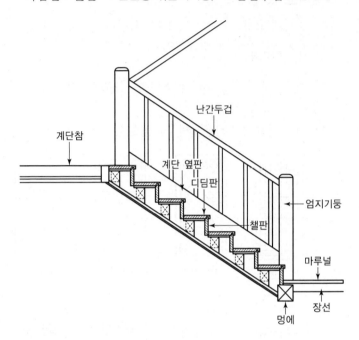

예제 117 기출 4회

다음 중 계단의 모양에 따른 분류에 속하지 않는 것은?
① 곧은 계단 ② 돌음계단
③ 꺾인 계단 ④ 옆판 계단

해설 옆판 계단은 종류에 따른 분류이다.

정답 ④

5) 계단 형상(모양)에 의한 분류 [20 · 13 · 06년 출제]
곧은 계단, 꺾인 계단, 돌음계단, 나선계단

6) 계단 재료에 의한 분류 [20 · 14년 출제]
석조계단, 목조계단, 철골계단, 철근콘크리트계단

구조시스템

💬 출제경향

개정 이후 매회 60문제 중 2~4문제가 출제되며, 각 구조의 개념과 특징으로 출제되고 있다.

CHAPTER

01

일반구조시스템

◆ 핵심내용 정리 ◆ • • • 라멘구조, 벽식구조, 아치구조의 특성을 비교하면서 각각의 특징 위주로 공부한다.

◆ 학습 POINT ◆ • • • **회당 1~2문제가 출제된다. 각 구조의 개념과 특징을 잘 익힌다.**

◆ 학습목표 ◆ • • • 1. 라멘구조의 장단점을 이해한다.
2. 벽식 구조의 특징을 이해한다.
3. 아치구조의 원리를 이해한다.

◆ 주요용어 ◆ • • • 라멘구조, 내력벽, 압축력, 벽식 구조, 아치구조, 아치의 종류

01 라멘구조와 벽식구조

1. 라멘구조의 특징 [13·11·09·08·07년 출제]

① 기둥과 보, 슬래브의 절점이 강접합하여 하중에 대하여 일체로 저항하도록 하는 구조이다.

② 수직하중은 기둥, 수평하중은 보가 큰 저항력을 가진다.

③ 기둥과 보에 휨응력이 발생한다.

④ 하중 작용 시 기둥 또는 부재의 변형으로 외부에너지를 흡수한다.

⑤ 예로는 철근콘크리트 구조가 있고 내부 벽의 설치가 자유롭다.

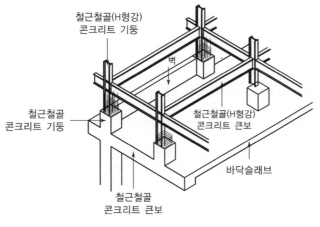

철근철골(H형강)
콘크리트 기둥

철근철골
콘크리트 기둥

철근철골(H형강)
콘크리트 큰보

바닥슬래브

철근철골
콘크리트 큰보

┃라멘구조┃

2. 벽식 구조의 특징

① 기둥이나 보 없이 수직의 벽체와 수평의 슬래브로 구성되어 일체가 되도록 한 구조이다. [15·14·10·07년 출제]

② 기둥이나 보가 차지하는 공간이 없기 때문에 건축물의 층고를 줄일 수 있다.

③ 벽체와 슬래브의 마감공사가 단순해지는 경제적인 구조이다. (아파트, 호텔 등)

④ 내력벽과 내력벽 사이의 거리 제한으로 넓은 공간을 확보하기 어렵고, 평면상 가변성이 없다는 점, 상부의 충격소음이 내력벽으로 전달되어 차음 성능이 떨어지는 단점이 있다.

⑤ 벽식 구조의 종류에는 RC 구조, PC 구조, 일체식 구조 등이 있고 초고층건물의 구조시스템으로는 부적합하다. [15년 출제]

예제 01 　　　　　기출 6회

라멘구조에 대한 설명으로 옳지 않은 것은?

① 예로는 철근콘크리트구조가 있다.
② 기둥과 보의 절점이 강접합되어 있다.
③ 기둥과 보에 휨응력이 발생하지 않는다.
④ 내부 벽의 설치가 자유롭다.

해설 기둥과 보에 휨능력이 발생한다.

정답 ③

예제 02 　　　　　기출 6회

다음 중 벽식 구조로 적합하지 않은 공법은?

① PC(Precast Concrete)
② RC(Reinforced Concrete)
③ Masonry
④ Membrane

해설 Membrane 공법
얇은 합성수지 계통의 천을 지지하여 지붕을 구성하는 막구조를 의미한다.

정답 ④

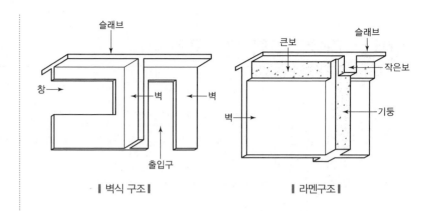

┃ 벽식 구조 ┃　　　　　┃ 라멘구조 ┃

02 아치구조

예제 03　　　　기출3회

다음 중 건축구조의 재료에 따른 분류에 속하지 않는 것은?

① 목구조　　　② 돌구조
③ 아치구조　　④ 강구조

해설 아치구조는 건축구조의 형식이다.

정답 ③

예제 03　　　　기출3회

다음 중 건축구조의 재료에 따른 분류에 속하지 않는 것은?

① 목구조　　　② 돌구조
③ 아치구조　　④ 강구조

해설 아치구조는 건축구조의 형식이다.

정답 ③

예제 04　　　　기출3회

벽돌구조의 아치(Arch)는 부재의 하부에 어떤 힘이 생기지 않도록 의도된 구조인가?

① 압축력　　　② 인장력
③ 수평반력　　④ 수직반력

해설 아치구조는 하부로 압축력만 전달하고 인장력은 생기지 않게 한 구조이다.

정답 ②

1. 아치구조

① 개구부 상부의 하중을 지지하기 위하여 돌이나 벽돌을 곡선형으로 쌓아올린 구조이다. [16년 출제]

② 상부에서 오는 수직하중이 아치의 축선에 따라 좌우로 나뉘어 밑으로 압축력만을 전달하게 한 것이다. [16·15·12·11·08년 출제]

③ 하부에 인장력이 생기지 않게 한 구조이다. [13·10·06년 출제]

④ 아치를 서로 연결하여 교점에서 추력을 상쇄시킨다. [20·14·11년 출제]

⑤ 버트레스(Buttress)는 횡력에 저항하는 아치형의 부축벽이다. [20년 출제]

2. 아치의 종류

(1) 본아치 [20·15·13·09년 출제]

아치벽돌을 사다리꼴 모양으로 특별히 주문하여 쌓은 아치이다.

(2) 막만든아치

벽돌을 쐐기모양으로 만들어 쌓은 아치이다.

(3) 거친아치 [16·10년 출제]

줄눈을 쐐기모양으로 만들어 쌓은 아치이다.

(4) 층두리아치 [21·15년 출제]

아치 너비가 클 때 아치를 여러 겹으로 둘러쌓아 만든 아치이다.

(5) 이맛돌 [21·16·10·07년 출제]

반원아치의 중앙에 장식적으로 들어가는 돌을 말한다.

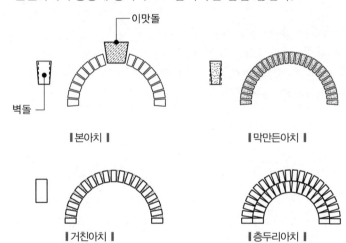

┃본아치┃   ┃막만든아치┃

┃거친아치┃   ┃층두리아치┃

3. 횡력에 대한 보강법

① 내진벽 등을 구조체 내에 설치한다.
② 벽 상부에 테두리보를 설치한다.
③ 벽량을 증가시킨다.
④ 부축벽(Buttress)을 설치한다.

예제 05   기출 4회

아치벽돌을 특별히 주문 제작하여 만든 아치는?
① 민무늬아치   ② 본아치
③ 막만든아치   ④ 거친아치

정답 ②

예제 06   기출 4회

반원아치의 중앙에 들어가는 돌의 이름은?
① 쌤돌   ② 고막이돌
③ 두겁돌   ④ 이맛돌

정답 ④

예제 07   기출 2회

횡력을 받는 벽을 지지하기 위해서 설치하는 구조물은?
① 버트레스   ② 커튼월
③ 타이바   ④ 컬럼밴드

해설 부축벽(버트레스)을 설치하여 횡력에 저항한다.

정답 ①

특수구조

◆ 핵심내용 정리 ◆ • • • 우리 주변에 있는 특수구조들을 생각하면서 개념 위주로 공부한다.

◆ 학습 POINT ◆ • • • **회당 2문제**가 출제된다. 최신 출제경향으로 공부한다.

◆ 학습목표 ◆ • • • 1. 절판구조의 개념을 이해한다.
2. 셸구조와 돔구조의 특징을 이해한다.
3. 트러스구조의 개념을 이해한다.
4. 현수구조의 개념을 이해한다.

◆ 주요용어 ◆ • • • 절판구조, 곡면판, 간사이, 케이블구조

01 절판구조

1. 특징

① 평면형상으로 아코디언과 같이 주름을 잡아 지지하중을 증가시킨 구조형태이다. [15·10년 출제]

② 시공이 쉽고 구조적으로 강성이 우수하여 대공간 지붕구조로 적합하다. [20·14·11년 출제]

③ 슬래브의 두께를 얇게 할 수 있다.

④ 음향 성능이 우수하다.

⑤ 철근 배근이 까다롭다. [21·15·09년 출제]

예제 01   기출 3회

평면형상으로 시공이 쉽고 구조적 강성이 우수하여 대공간 지붕구조로 적합한 것은?

① 돔구조   ② 셸구조
③ 절판구조   ④ PC 구조

해설 절판구조는 아코디언같이 주름을 잡아 슬래브 두께를 얇게 할 수 있다.

정답 ③

02 셸구조와 돔구조

1. 셸구조(Shell)의 특징

① 얇은 곡면판이 지니는 역학적 특성을 이용한 구조이다. [21·16·15·13·12·07년 출제]

② 외력이 판의 면내력으로 전달되기 때문에 가볍고 강성이 우수한 구조 시스템이다. [21·15·07년 출제]

③ 넓은 공간을 필요로 할 때 이용된다.

④ 시드니의 오페라 하우스가 대표적이다. [20·16·13·11·10·07·06년 출제]

2. 돔(Dome)구조의 특징

① 반구형의 형태로 결점은 형틀제작에 공사비가 많이 든다. 판테온 신전, 장충체육관이 대표적이다.

예제 02   기출 6회

곡면판이 지니는 역학적 특성을 응용한 구조로서 외력은 주로 판의 면내력으로 전달되기 때문에 경량이고 내력이 큰 구조물을 구성할 수 있는 것은?

① 셸구조   ② 철골구조
③ 현수구조   ④ 커튼월구조

해설 셸구조에 대한 설명이며, 대표적인 건축물은 시드니의 오페라 하우스이다.

정답 ①

SECTION

예제 03 기출 3회

다음 중 인장링이 필요한 구조는?
① 트러스 ② 막구조
③ 절판구조 ④ 돔구조

해설 인장링은 돔의 하부에서 밖으로 퍼져나가는 힘에 저항하기 위해 설치한다.

정답 ④

② 돔의 하부에서 밖으로 퍼져나가는 힘에 저항하기 위해 인장링을 설치한다. [15·13년 출제]

③ 돔의 상부에서 여러 부재가 만날 때 접합부가 조밀해지는 것을 방지하기 위해 압축링을 설치한다. [11년 출제]

---

 03 트러스구조

1. 트러스구조의 특징

예제 04 기출 5회

축방향력만을 받는 직선재를 핀으로 결합시켜 힘을 전달하는 구조는?
① 트러스구조 ② 돔구조
③ 절판구조 ④ 막구조

해설 트러스구조는 인장력과 압축력의 축력만을 생기도록 삼각형 구조로 부재중에는 응력을 거의 받지 않는 경우도 생긴다.

정답 ①

① 삼각형 구조물로서 인장력과 압축력의 축력만 생기도록 한 구조로 부재의 절정은 핀접합으로 본다. [12·11·09·06년 출제]

② 지점의 중심선과 트러스절점의 중심선은 가능한 한 일치시키고 부재 중에는 응력을 거의 받지 않는 경우도 생긴다. [11년 출제]

③ 단면의 크기는 압축재가 인장재보다 크다. [15·13·08년 출제]

2. 입체트러스구조(스페이스 프레임)

TIP

간사이(스팬)
기둥과 기둥 사이의 간격을 말한다.

① 삼각형 또는 사각형의 구성요소로써 축방향만으로 힘을 받는 직선재를 핀으로 결합하여 효율적으로 힘을 전달하는 구조 시스템이다. [15·14·10·07년 출제]

② 트러스를 종횡 배치하여 입체적으로 구성한 구조로서, 형상이나 강관을 사용하여 넓은 공간을 구성할 수 있다. [21·07년 출제]

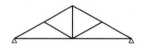

(a) 왕대공 트러스
(King Post Truss)

(b) 쌍대공 트러스
(Queen Post Truss)

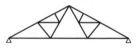

(c) 핑크 트러스
(Fink Truss)

(d) 호우 트러스
(Howe Truss)

(e) 프랫 트러스
(Pratt Truss)

(f) 와렌 트러스
(Warren Truss)

(g) 2절점 산형 트러스

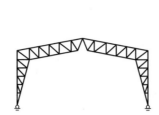
(h) 3절점 산형 트러스

(i) 입체 트러스(Fuller Dome)

▮트러스의 종류▮

◆ SECTION ◆

04 케이블구조

1. 케이블(Cable)구조

① 케이블구조란 모든 부재가 인장력만 받고 압축력은 발생하지 않는 구조시스템이다. [14·10년 출제]

② 케이블을 이용한 구조는 현수구조, 사장구조, 막구조가 있다.
[16·13·11·07년 출제]

2. 현수구조

① 특수지지 프레임을 두 지점에 세우고 프레임 상부 새들(Saddle)을 통해 케이블을 걸치고 여기서 내린 로프로 도리를 매다는 구조이다. [14·12년 출제]

② 교량 시스템을 응용한 지붕 및 바닥 등을 인장력을 가한 케이블로 매단 특수구조로 이용한다. [12·09·08·06년 출제]

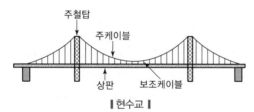

주철탑
주케이블
상판
보조케이블

▮현수교▮

▮샌프란시스코의 금문교▮

예제 05   기출 4회

케이블을 이용하는 구조물에 해당하지 않는 것은?

① 현수구조   ② 사장구조
③ 트러스구조   ④ 막구조

해설 **트러스 구조**
삼각형의 뼈대를 하나의 기본형으로 조립하여 축방향력만 생기한 구조이다.

정답 ③

예제 06   기출 5회

바닥 등의 슬래브를 케이블로 매단 특수구조는?

① 공기막구조   ② 현수구조
③ 커튼월구조   ④ 셸구조

해설 **현수구조**
케이블을 걸치고 여기서 내린 로프에 바닥판을 매단 구조이다.

정답 ②

<table>
<tr><td>

예제 07   기출 2회

주탑에서 주케이블에 바로 상판을 지지한 구조는?

① 현수교   ② 사장교
③ 아치교   ④ 게르버교

정답 ②

</td></tr>
</table>

3. 사장구조

① 주탑에서 주케이블이 바로 상판을 지지한다. [13 · 09년 출제]

② 서해대교, 올림픽대교, 돌산대교 등이 있다.

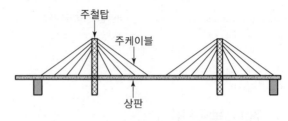

‖ 사장교 ‖

‖ 서해대교 ‖

◆ SECTION ◆

05   막구조

예제 08   기출 7회

다음 중 막구조로 이루어진 구조물이 아닌 것은?

① 서귀포 월드컵 경기장
② 상암동 월드컵 경기장
③ 인천 월드컵 경기장
④ 수원 월드컵 경기장

해설 수원 월드컵 경기장 지붕은 트러스구조이다.

정답 ④

---

1. 막구조(Membranes)의 특징

① 내면에 균일한 인장력을 분포시켜 얇은 합성수지 계통의 천을 지지하여 지붕을 구성하는 구조이다. [15 · 14 · 11 · 10년 출제]

② 재질이 가볍고 투명성이 좋아 채광을 필요로 하는 대공간 지붕 구조로 가장 적합하다. [20 · 14 · 09년 출제]

③ 힘의 흐름이 불명확하여 구조해석이 난해하다. [15 · 10년 출제]

④ 대형공간에 많이 이용되고 있고 상암동 월드컵 경기장, 서귀포 월드컵 경기장, 인천 월드컵 경기장의 지붕이 대표적이다.
[12 · 11 · 10 · 09 · 08 · 06년 출제]

2. 막구조의 종류

(1) 현수막구조 [20·13·10년 출제]

막의 무게를 케이블로 지지하는 구조이다.

(2) 공기막구조 [20·14·13·11년 출제]

막상재료로 내외의 기압차를 이용하여 공간을 확보하고 구조적 안정성을 추구한 구조이다.

(3) 골조막구조

골조 위에 막재를 뒤집어 덮어 형성한 구조이다.

◆ SECTION ◆

06 초고층구조

1. 특징

(1) 튜브구조 [08년 출제]

초고층건물의 외관을 일체화시켜 지상에서 속이 빈 상자관과 같이 하중에 저항하는 부직부재가 대부분 건물의 바깥쪽에 배치되어 있어 횡력에 효율적으로 저항하도록 계획된 구조이다.

(2) 가새 시스템

수평하중을 주로 수직방향의 캔틸레버형 트러스에 골조부재의 축강성으로 지지시키는 방식이다.

(3) 아웃리거 시스템

초고층 빌딩에서 횡력(풍하중, 지진하중)에 저항하기 위해 내부 코어와 외부기둥을 연결하는 강성이 큰 수평부재를 이용한 시스템이다.

MEMO

PART

6

건축재료 일반

 출제경향

개정 이후 매회 60문제 중 3문제가 출제되며, 제1장, 제2장, 제3장에서 한 문제씩 출제되고 있다.

CHAPTER

01

건축재료의 발달

◆ 핵심내용 정리 ◆　• • •　자연환경과 외적 침해로부터 보호를 받고자 주거를 만들기 위해 초근목피와
암석 등 제한된 종류의 천연재료를 사용하였으나 건축재료의 발달로 건축구조와
기능이 진보하였다. 또한 과학기술의 발달로 새로운 재료의 출현과 신공법이
근대건축의 비약적인 발전과 현대 건축물 축조를 가능하게 하였다.

◆ 학습 POINT ◆　• • •　**회당 0~2 문제**가 출제된다. 최신 출제경향으로 공부한다.

◆ 학습목표 ◆　• • •　1. 현대 건축재료의 발전방향을 이해한다.
2. 건축재료 발달의 시기와 과정을 이해한다.
3. 건축재료의 분류기호와 부분을 이해한다.

◆ 주요용어 ◆　• • •　20세기 건축의 주재료

건축재료의 생산과 발달과정

1. 20세기 3대 건축재료 [14년 출제]

시멘트, 강철, 유리 세 가지 재료가 건축의 주재료가 되고 있다.

2. 건축재료의 발달

(1) 18세기 말

① 18세기 말 : 소다유리가 발명되면서부터 제조방법이 개량되었다.

② 19세기 초 : 영국의 애습딘(Aspdin)에 의해 포틀랜드 시멘트가 발명되었다.

③ 19세기 중 : 프랑스 모니에(Monnier)에 의해 철근콘크리트의 이용이 개발되었다. [16·08년 출제]

(2) 현대 건축재료의 발전방향 [20·15·13·11·09년 출제]

① 고성능화, 고품질, 공업화

② 프리패브화의 경향에 맞는 재료 개선

③ 에너지 절약화와 능률화

④ 합리화, 표준화

예제 01　　　　　기출 1회

20세기 3대 건축재료에 해당하지 않는 것은?

① 강철　　　　② 판유리
③ 시멘트　　　④ 합성수지

해설 강철, 판유리, 시멘트는 20세기 고층화에 지대한 영향을 끼쳤다.

정답 ④

예제 02　　　　　기출 8회

건축재료의 발전방향으로 틀린 것은?

① 고성능화　　　② 현장시공화
③ 공업화　　　　④ 에너지 절약화

해설 **현대 건축재료의 발전방향**
현장시공화에서 공업화, 고성능화, 에너지 절약화로 발전되었다.

정답 ②

건축재료의 분류와 요구성능

◆ 핵심내용 정리 ◆ • • •　건축재료를 파악하여 건축요소에 맞게 사용한다.

◆ 학습 POINT ◆ • • •　**회당 1~2문제**가 출제된다. 건축재료의 개념을 이해한다.

◆ 학습목표 ◆ • • •　1. 건축재료의 분류과정을 이해한다.
　　　　　　　　　　2. 건축부위에 의한 분류를 이해한다.

◆ 주요용어 ◆ • • •　천연재료, 인공재료, 구조재료, 마감재료, 차단재료, 내화재료

01 건축재료의 분류

1. 제조분야별 분류

(1) 천연재료(자연재료) [16·13·06년 출제]

흙, 모래, 석재, 목재, 천연 아스팔트 등

(2) 인공재료(공업재료) [21·16·13·12·07·06년 출제]

철근, 유리, 테라코타, 콘크리트, 플라스틱재등의 금속재료, 고분자재료, 화학재료 등

2. 화학조성에 의한 분류

(1) 무기재료 [20·13·12년 출제]

석재, 흙, 시멘트, 콘크리트, 도기류, 금속계(철재, 알루미늄, 구리, 합금류)

(2) 유기재료 [20·14·13·12년 출제]

목재, 역청재료(아스팔트), 고무계, 섬유계, 유지계, 합성수지(플라스틱재)

3. 사용목적에 의한 분류 [20·14·09·07년 출제]

(1) 구조재료 [06년 출제]

① 건축물의 골조인 기둥, 보, 벽체 등 내력부를 구성하는 재료이다.
② 목재, 석재, 콘크리트, 철강 등이 있다.

(2) 마감재료

① 내력부 이외의 칸막이, 장식 등을 목적으로 사용하는 내외장 재료이다.
② 타일, 도벽, 유리, 금속판, 보드류, 도료 등이 있다.

(3) 차단재료 [15년 출제]

① 방수, 방습, 차음, 단열 등을 목적으로 사용하는 재료이다.
② 아스팔트, 실링재, 페어글라스, 글라스울 등이 있다.

예제 01   기출 9회

재료의 분류 중 천연재료에 속하지 않는 것은?

① 목재   ② 대나무
③ 플라스틱재   ④ 아스팔트

해설 플라스틱재는 인공재료에 속한다.

정답 ③

예제 02   기출 4회

유기재료에 속하는 건축재료는?

① 철재   ② 석재
③ 아스팔트   ④ 알루미늄

해설 금속계의 알루미늄은 무기재료에 속한다.

정답 ③

예제 03   기출 4회

건축재료의 사용목적에 의한 분류에 속하지 않는 것은?

① 구조재료   ② 인공재료
③ 마감재료   ④ 차단재료

해설 인공재료는 제조분야별 분류에 속한다.

정답 ②

---

① 화재의 연소방지 및 내화성의 향상을 목적으로 하는 재료이다.

② 방화문, PC 부재, 석면 시멘트판, 규산칼슘판, 암면 등이 있다.

4. 건축 부위에 의한 분류

(1) 구조재료

건축물의 구조물의 주체가 되는 기둥, 보, 내력 벽체 등을 구성하는 재료이다.

1) 특징[15·14·10·08·07년 출제]

① 재질이 균일하고 강도가 커야 한다. (가장 우선적이다.)

② 내구성과 내화성이 커야 한다.

③ 가볍고 큰 재료를 쉽게 구할 수 있어야 한다.

④ 가공이 용이해야 한다.

2) 종류[21·14·10년 출제]

목재, 석재, 시멘트, 콘크리트, 철골, 철재 등

(2) 구조 부재료

구조 주재료에 첨가 또는 부가하여 건축물을 완성하는 보조적 역할을 하는 재료이다.

1) 지붕재료의 특징[20·16·13·08년 출제]

① 재료가 가볍고 방수, 방습, 내화, 내수성이 큰 것을 사용한다.

② 열전도율이 작은 것이어야 한다.

③ 외관이 보기 좋아야 한다.

2) 벽, 천장재료의 특징

① 열전도율이 작은 것을 사용한다. [15·14·13·11·09·06년 출제]

② 외관이 좋고 시공이 용이해야 한다.

③ 내화, 내구성이 큰 것을 사용한다.

④ 차음, 방음이 잘되어야 한다.

3) 바닥, 마무리재료의 특징[14·12년 출제]

① 바닥 타일은 미끄럼 방지를 위해 유약을 사용하지 않는다.

② 접착력을 높이기 위해 타일 뒷면에 요철을 만든다.

③ 보통 클링커 타일은 외부 바닥용으로 사용한다.

④ 외장 타일은 내장 타일보다 강도가 강하고 흡수율이 적다.

---

02 건축재료의 요구성능

1. 요구 성질

(1) 역학적 성능

강도, 변형, 탄성계수, 크리프, 인성, 피로강도 등

(2) 물리적 성능

비중, 경도, 수축, 열, 음, 빛, 수분의 투과와 반사

(3) 내구성능 [14년 출제]

산화, 변질, 열화, 풍화, 재해, 충해, 부패

(4) 화학적 성능

산, 알칼리, 약품에 대한 변질, 부식, 용해성

(5) 방화, 내화성능

연소성, 인화성, 용융성, 발연성, 유동성 가스

예제 07   기출1회

건축재료의 각 성능과 연관된 항목들이 올바르게 짝지어진 것은?
① 역학적 성능−연소성, 인화성, 용융성, 발연성
② 화학적 성능−강도, 변형, 탄성계수, 크리프, 인성
③ 내구성능−산화, 변질, 풍화, 충해, 부패
④ 방화, 내화성능−비중, 경도, 수축, 수분의 투과와 반사

해설 ①항 : 방화, 내화성능
　　　②항 : 역학적 성능
　　　④항 : 물리적 성능
정답 ③

---

2. 건축재료의 요구성능

재료＼성질	역학적 성능	물리적 성능	내구성능	화학적 성능	방화, 내화 성능	감각적 성능	생산 성능
구조재료	강도, 강성, 내피로성	비수축성	산화, 냉해, 변질, 풍화, 내부후성	발청, 부식, 중성화	불연성, 내열성		가공성, 시공성
마감재료		열, 음, 빛의 투과, 반사			비발연성, 비유독 가스	색채, 촉감	
차단재료		열, 음, 빛, 수분의 차단					
내화재료	고온강도, 고온변형	고융점		화학적 안정	불연성		

건축재료의 일반적 성질

◆ 핵심내용 정리 ◆ ・・・ 탄성과 취성같이 우리 주변의 건축재료에서 많이 보이는 성질 위주로 공부한다.

◆ 학습 POINT ◆ ・・・ **회당 1~2문제가 출제된다. 건축재료의 성질을 이해한다.**

◆ 학습목표 ◆ ・・・ 1. 역학적 성질을 이해한다.
2. 물리적 성질을 이해한다.

◆ 주요용어 ◆ ・・・ 탄성, 소성, 강도, 응력, 푸아송비, 인성, 취성, 연성, 전성, 피로성, 크리프,
연화점, 인화점, 착화점

01 역학적 성질

1. 탄성 [15·13·12·10·08년 출제]

재료에 외력이 작용하면 순간적으로 변형이 생겼다가 외력을 제거하면 원래 상태로 되돌아가는 성질을 말한다.

2. 소성 [16·14·09년 출제]

재료에 외력이 어느 한도에 도달하면 외력의 증가 없이 변형만 증대하는 성질을 말한다. 이 경우 외력을 제거해도 원형으로 회복되지 않는다.

3. 점성 [13년 출제]

유체가 유동하고 있을 때 유체 내부의 흐름을 저지하려고 하는 내부 마찰저항이 발생하는 성질이다.

4. 인성 [16·14년 출제]

압연강, 고무와 같은 재료가 파괴에 이르기까지 고강도의 응력에 견딜 수 있고 동시에 큰 변형을 나타내는 성질을 말한다.

5. 취성 [20·15·13·12·09·07·06년 출제]

유리와 같은 재료에 외력을 가했을 때 작은 변형만으로도 파괴되는 성질을 말한다.

6. 연성 [16·13년 출제]

재료를 잡아당겼을 때 가늘고 길게 늘어나는 성질을 말한다.

7. 전성 [06년 출제]

재료를 해머 등으로 두들기면 얇게 펴지는 성질을 말한다. 금, 납 등을 들 수 있다.

예제 01   기출 7회

재료의 응력 – 변형도 관계에서 가해진 외부의 힘을 제거하였을 때 잔류변형 없이 원형으로 되돌아오는 경계점은?
① 인장강도점   ② 탄성한계점
③ 상위항복점   ④ 하위항복점

해설 탄성
외력을 제거하면 원래 상태로 되돌아가는 성질이다.

정답 ②

예제 02   기출 9회

재료에 외력을 가했을 때 작은 변형만 나타나도 곧 파괴되는 성질을 의미하는 것은?
① 전성   ② 취성
③ 탄성   ④ 연성

해설 취성
유리재료에 외력을 가했을 때 작은 변형만으로도 파괴되는 성질이다.

정답 ②

예제 03   기출 5회

보통재료에서는 축방향에 하중을 가할 경우 그 방향과 수직인 횡방향에도 변형이 생기는데, 횡방향 변형도와 축방향 변형도의 비를 무엇이라 하는가?

① 탄성계수비   ② 경도비
③ 푸아송비   ④ 강성비

정답 ③

예제 04   기출 3회

금속 또는 목재에 적용되는 것으로서, 지름 10mm의 강구를 시편 표면에 500~3,000kg의 힘으로 압입하여 표면에 생긴 원형 흔적의 표면적을 구한 후 하중을 그 표면적으로 나눈 값을 무엇이라 하는가?

① 브리넬 경도   ② 모스 경도
③ 푸아송비   ④ 푸아송수

정답 ①

예제 05   기출 2회

건축재료의 강도 구분에서 정적 강도에 해당하지 않는 것은?

① 압축강도   ② 충격강도
③ 인장강도   ④ 전단강도

해설 충격강도는 급속한 속도로 가해지는 하중에 대한 저항성이다.

정답 ②

예제 06   기출 4회

수직부재가 축방향으로 외력을 받았을 때 그 외력이 증가해 가면 부재의 어느 위치에서 갑자기 휘어 버리는 현상을 의미하는 용어는?

① 폭열   ② 좌굴
③ 컬럼쇼트닝   ④ 크리프

해설 좌굴은 가늘고 길어질수록 급격히 발생한다.

정답 ②

8. 푸아송비 [16·15·11·10·09년 출제]

보통재료에서는 축방향에 하중을 가할 경우 그 방향과 수직 횡방향에도 변형이 생기는데, 횡방향의 변형과 축방향의 변형의 비를 말한다. 강재는 대략 0.3, 콘크리트는 0.1~0.2 정도이다.

9. 크리프 [15·11·08년 출제]

콘크리트 구조물에서 하중을 지속적으로 작용시켜 놓을 경우 하중의 증가가 없음에도 불구하고 지속하중에 의해 시간과 더불어 변형이 증대하는 현상을 말한다.

10. 경도

① 경도는 재료의 단단한 정도를 의미한다.
② 경도는 긁히는 데 대한 저항도, 새김질에 대한 저항도 등에 따라 표시방법이 다르다.
③ 브리넬 경도는 표면적에 생긴 원형 흔적의 표면적으로 경도를 측정하며, 금속 또는 목재에 적용된다. [11·08년 출제]
④ 모스 경도는 스크래치의 여부로 경도를 측정한다. [15년 출제]

11. 강도

(1) 정적 강도

① 느린 속도로 가해지는 하중(외력)에 대한 저항성이다.
② 압축강도, 인장강도, 휨강도, 전단강도, 비틀림 강도 [16·13년 출제]

(2) 피로강도

재료가 반복하중을 받는 경우 정적 강도보다 낮은 강도에서 파괴되는 응력의 한계이다. [15·09년 출제]

(3) 허용강도

최대강도를 안전율로 나눈 값을 말한다. [21·20·10·06년 출제]

12. 좌굴(버클링) [15·14·11·10년 출제]

압축력을 받는 세장한 기둥이 하중 증가 또는 외력이 가해지면 부재가 갑자기 휘어 버리는 현상을 말한다.

물리적 성질

1. 비중 [16·12·10년 출제]

상대적으로 무거운 정도의 의미로 (물질의 밀도)/(4℃ 물의 밀도)로 계산한 값이다.

2. 비열 [20·14·07년 출제]

단위 질량의 물질을 온도 1℃ 올리는 데 필요한 열량을 말한다.

3. 열전도율

단위 두께를 가진 재료의 맞닿는 두 면에 단위 온도차를 줄 때 단위시간에 전해지는 열량을 말한다.

4. 차음률 [16·13·07년 출제]

음을 차단하는 성질로 재료의 비중이 클수록 크다.

5. 연화점 [15·07년 출제]

열을 가하면 물러지기 시작하여 액체로 변화하는 상태에 달할 때의 온도를 말한다. 보통유리는 약 740℃, 컬러유리는 1,000℃ 정도이다.

6. 착화점 [20·15·06년 출제]

재료에 열을 계속 가하면 불에 닿지 않고도 자연 발화하게 되는 온도이다.

7. 열팽창계수

온도의 변화에 따라 물체가 팽창·수축하는 비율을 말한다.

8. 열용량(열량)

물체에 열을 저장할 수 있는 용량을 말한다.

9. 감온성 [20·11·09년 출제]

아스팔트의 물리적 성질 중 온도에 따른 견고성 변화의 정도를 나타낸다.(온도에 얼마나 민감하게 변화하는지의 정도)

예제 07 기출 3회

물의 밀도가 1g/cm³이고 어느 물체의 밀도가 1kg/m³라 하면 이 물체의 비중은 얼마인가?

① 1 　　② 1,000
③ 0.001 　　④ 0.1

해설 물체의 밀도를 0.001g/cm³로 단위를 맞춰 계산하면 된다.
• 1m³ = 1,000,000cm³
• 1kg = 1,000g
정답 ③

예제 08 기출 3회

재료 관련 용어에 대한 설명 중 옳지 않은 것은?
① 열팽창계수란 온도의 변화에 따라 물체가 팽창·수축하는 비율을 말한다.
② 비열이란 단위 질량의 물질을 온도 1℃ 올리는 데 필요한 열량을 말한다.
③ 열용량은 물체에 열을 저장할 수 있는 용량을 말한다.
④ 차음률은 음을 얼마나 흡수하느냐 하는 성질을 말하며, 재료의 비중이 클수록 작다.

해설 차음률
음을 차단하는 성질로 재료의 비중이 클수록 크다.
정답 ④

예제 09 기출 3회

아스팔트의 물리적 성질 중 온도에 따른 견고성 변화의 정도를 나타내는 것은?
① 침입도 　　② 감온성
③ 신도 　　④ 비중
정답 ②

MEMO

PART

7

각종 건축재료 및 실내건축재료의 특성, 용도, 규격에 관한 사항

 출제경향

개정 이후 매회 60문제 중 20문제가 출제되며, 제1장 각종 건축재료의 특성, 용도, 규격에 관한 사항의 출제 비중이 매우 높다.

각종 건축재료의 특성, 용도, 규격에 관한 사항

◆ 핵심내용 정리 ◆ • • • 각종 건축재료들의 특성과 용도를 개념과 용어 위주로 외우는 것이 중요하다.

◆ 학습 POINT ◆ • • • **회당 15~19문제가 출제된다.**
과거부터 많이 출세되므로 용어와 특징들을 잘 파악하지.

◆ 학습목표 ◆ • • • 1. 목재, 석재의 재료적 장단점을 파악한다.
2. 목재, 석재의 가공품을 익힌다.
3. 콘크리트의 재료적 특성을 이해한다.
4. 시멘트의 특성과 가공품을 익힌다.
5. 점토의 재료적 장단점과 가공품을 익힌다.
6. 금속의 재료적 특성을 익히고 금속제품의 용도를 익힌다.
7. 유리제품의 특징들을 익힌다.
8. 미장재료의 특징과 제품들의 특성을 익힌다.
9. 방수재료인 아스팔트제품군들의 특성을 익힌다.
10. 합성수지의 일반적 특성을 익힌다.

◆ 주요용어 ◆ • • • 섬유포화점, 수축과 팽창, 합판, 집성목재, 코펜하겐 리브, 석재의 인장강도와 압축강도, 화강암, 응회암, 대리석, 인조석, 포틀랜드 시멘트 비중, 분말도, 양생, 조강 포틀랜드, 중용열 포틀랜드, 배합, 블리딩, 콘크리트의 압축강도와 인장강도, 수밀성, 콘크리트의 내화성, AE 콘크리트, PS 콘크리트(프리스트레스트 콘크리트), 지연제, 급결제, 포졸란, 과소품 벽돌, 다공질 벽돌, 테라코타, 탄소강, 담금질, 황동, 청동, 두랄루민, 이형 철근, 펀칭 메탈, 코너비드, 레버터리 힌지, 크레센트, 도어 행거, 소다 석회유리, 강화판유리, 복층유리, 폼글라스, 프리즘 유리, 수경성, 기경성, 소석회, 돌로마이트석회, 마그네시아 시멘트, 석유 아스팔트, 아스팔트 프라이머, 열가소성 수지, 열경화성 수지, 실리콘수지, 에폭시수지, 방청 도료, 경량기포콘크리트(ALC)

01 목재 및 석재

1 목재

1. 목재의 장단점 [15·14·13·12·11·08년 출제]

장점	단점
• 가벼워 취급과 가공이 쉽고 외관이 아름답다.	• 화재 우려가 있어 내화성이 나쁘다.
• 중량에 비해 강도와 탄성이 크다.	• 함수율에 따라 팽창, 수축이 크다.
• 열전도율이 작아 보온, 방한, 방서성이 뛰어나다.	• 충해 및 풍화로 인해 부패하므로 비내구적이다.
• 충격 및 진동을 잘 흡수한다.	• 생물이라 큰 재료를 언기 힘들다.
• 내산, 내약품성이 있고, 염분에 강하다.	• 섬유방향에 따라 재질, 강도 등이 다르다.

2. 목재의 분류와 조직

(1) 목재의 분류

① 목재의 성장, 외관, 재질, 용도에 따라 다음과 같이 분류한다.

[14·12년 출제]

성장	외장수	길이와 두께가 모두 성장하는 것(소나무, 낙엽송 등)
	내장수	길이만 성장하는 것으로 특수용도 외에는 별 가치가 없다.(대나무, 야자수 등)
외관	침엽수	소나무, 전나무, 삼송나무, 낙엽송, 잣나무 등
	활엽수	참나무, 단풍나무, 느티나무, 느티나무, 은행나무 등
재질	연재	침엽수림(소나무, 삼나무, 전나무 등)
	경재	활엽수림(떡갈나무, 참나무 등)
용도	구조용재	구조물의 뼈대를 형성하는 데 사용되는 목재(소나무, 삼송나무, 잣나무 등)
	수장재	내부 치장용이나 가구를 만드는 데 사용하는 목재(적송, 낙엽송, 단풍나무 등)

② 목재의 허용강도(kg/cm²) [13년 출제]

목재	압축강도	인장강도	전단강도
삼나무, 소나무, 춘양목, 미삼	60	70	5
회나무, 미송. 낙엽송	80	90	7
밤나무, 떡갈나무	70	95	10
느티나무	80	110	12
참나무	90	125	14

예제 01   기출 8회

목재에 관한 설명 중 틀린 것은?
① 온도에 대한 신축이 비교적 적다.
② 외관이 아름답다.
③ 중량에 비하여 강도와 탄성이 크다.
④ 재질, 강도 등이 균일하다.

해설 섬유방향에 따라 재질, 강도 등이 다르다.

정답 ④

예제 02   기출 2회

다음 수종 중 침엽수가 아닌 것은?
① 소나무   ② 삼송나무
③ 잣나무   ④ 단풍나무

해설 단풍나무는 활엽수이다.

정답 ④

예제 03   기출 10회

목재의 심재를 변재와 비교하여 옳게 설명한 것은?
① 색깔이 연하다.
② 함수율이 높다.
③ 내구성이 작다.
④ 강도가 크다.

해설 심재는 색깔이 진하고, 함수율이 작아 단단하여 내구성이 크다.

정답 ④

---

(2) 목재의 조직

1) 나이테(연륜)

① 목재의 횡단면상에 나타나는 동심원형의 조직으로 춘재와 추재로 구분된 것을 1쌍으로 합한 것이다.
② 수목의 성장 연수를 보여주며 강도를 표시하는 기준이 된다.
③ 춘재 : 봄, 여름에 걸쳐 성장이 빨라 그 부분의 색이 연하고 세포막이 유연하다.
④ 추재 : 가을, 겨울에 생긴 세포여서 성장이 늦고 단단하며 색도 짙다.

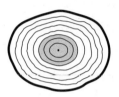

┃ 수목의 횡단면과 나이테 ┃

2) 심재와 변재

① **심재** [16·15·12·11·09·07년 출제]
    ㉠ 목질부 중 수심 부근에 있고 색깔이 진한 암갈색이다.
    ㉡ 오래된 나무일수록 폭이 넓다.
    ㉢ 수목의 강도가 크다.
    ㉣ 함수율이 작아 단단하고 부패하지 않는다.
    ㉤ 변형이 적어 내구성이 있어 이용가치가 크다.

② **변재**
    ㉠ 수목의 횡단면에서 표피 쪽의 연한 색이다.
    ㉡ 함수율이 높아 제재 후 부패되기 쉽다.
    ㉢ 강도가 약하며 수축률이 크다.

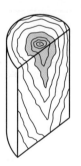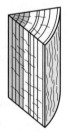

┃ 목재의 조직 ┃

3) 나뭇결 [11년 출제]

목재를 구성하는 섬유의 배열상태 및 목재의 외관적 상태를 말한다. 또한 건조 수축에 의한 변형에도 관계가 깊다.

곧은결	널결(무늬결)
• 목재의 마구리 면의 수심을 통하여 나이테의 직각방향으로 자르면 곧은 평행선의 나이테 무늬가 나타난다. • 건조, 뒤틀림, 갈림, 수축과 변형이 적어 구조재로 사용한다. • 가공이 용이하여 각재로 이용한다.	• 나뭇결이 거칠고, 불규칙하고 곧은결보다 변형이 크며 마모율도 큰 편이다. • 무늬가 아름다워 장식재로 사용되며, 경제적이기 때문에 주로 판재로 사용된다.

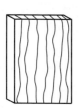 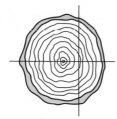 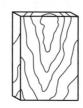

‖ 목재의 제재선 ‖

4) 목재의 결함(흠) [11년 출제]

옹이	성장하는 도중 줄기에서 가지가 생기면 세포가 변형을 일으켜 옹이가 생긴다.
산 옹이	벌목 시까지 붙어 있던 산 가지로 목재면에는 굳은 암갈색의 반점이 생겨 외관상 좋지 않지만 가공이 가능하면 목재로 사용할 수 있다.
죽은 옹이	벌목 시 세포활동이 없는 상태로 목질부분이 단단히 굳어 진한 흑갈색이며 목재로서는 사용이 불가능하다.
썩은 옹이	부패되어 주위 세포와 완전 분리된 상태로 목재가 연약하여 목재로서 사용이 불가능하다.
껍질박이	• 벌레 등에 의한 외부 상처로 표피가 목질부 속으로 말려 들어간 것을 말한다. • 활엽수에 많이 발생한다.
혹	균류에 의해 일부가 부자연스럽게 부풀어 오른 것을 말한다.
썩정이	• 부패균이 목재 내부에 침입하여 섬유를 파괴시킨 것이다. • 갈색이나 백색으로 변색되고 부패되어 무게, 강도 등이 감소되어 사용할 수 없게 된다.

예제 04   기출 1회

목재에 대한 설명 중 옳지 않은 것은?
① 심재는 목재의 수심에 가까이 위치하고 암색 부분을 띠고 나무줄기에 견고성을 준다.
② 제재 시는 건조에 대한 수축을 고려하여 여유 있게 계획선을 긋는다.
③ 인공건조법은 다습저온의 열기를 통과시켰다가 점차로 고온 저습으로 조절하여 건조한다.
④ 목재의 전수축률은 무늬결방향이 가장 작고 길이방향이 가장 크다.

해설 무늬결방향은 수축률이 크기 때문에 변형도 크다.

정답 ④

예제 05   기출1회

다음 중 목재의 흠에 해당되지 않는 용어는?
① 옹이   ② 껍질박이
③ 연륜   ④ 혹

해설 연륜(나이테)은 수목이 성장하면서 생겨나는 것이다.

정답 ③

예제 06 기출3회

목재의 공극이 전혀 없는 상태의 비중을 무엇이라 하는가?

① 기건비중   ② 진비중
③ 절건비중   ④ 겉보기비중

해설 목재를 구성하고 있는 섬유질의 평균적인 진비중의 값은 1.54이다.

정답 ②

예제 07 기출4회

어느 목재의 절대건조비중이 0.54일 때 목재의 공극률은 얼마인가?

① 약 65%   ② 약 54%
③ 약 46%   ④ 약 35%

해설 공극률 = (1 − 0.54/1.54) × 100%
= 65%

정답 ①

예제 08 기출3회

길이 5m인 생나무가 전건상태에서 길이가 4.5m로 되었다면 수축률은?

① 6%   ② 10%
③ 12%   ④ 14%

해설 수축률 = (1 − 4.5/5) × 100%
= 10%

정답 ②

예제 09 기출3회

목재의 기건상태의 함수율은 평균 얼마 정도인가?

① 5%   ② 10%
③ 15%   ④ 30%

해설 기건상태는 15% 정도가 되는 상태이다.

정답 ③

3. 목재의 성질 [16년 출제]

(1) 비중

1) 진비중

① 목재의 공극이 전혀 없는 상태의 비중을 말한다. [16·12년 출제]

② 목재의 종류에 관계없이 목재를 구성하고 있는 섬유질의 평균적인 진비중 값은 1.54이다. [16년 출제]

2) 공극률 계산식 [15·13·10·07년 출제]

$$v = (1 - \gamma/1.54) \times 100\%$$

여기서, v : 공극률, γ : 절대건조비중, 1.54 : 진비중

① 절대건조비중이 1.54일 경우 공극률은 0%이다.

② 절대건조비중이 0.54일 경우 공극률은 65%이다.

3) 수축률 계산식 [20·16·13년 출제]

수축률 = (1 − 전건상태길이/생나무길이) × 100%

4) 비중과 강도

① 절대건조비중이 작은 목재일수록 공극률이 크며, 강도가 작아진다.

② 비중이 작은 목재는 강도가 작고 비중이 큰 목재는 강도가 크다.
[10년 출제]

(2) 함수율

1) 함수율에 따른 목재의 상태 [16·15·14·13·07·06년 출제]

섬유포화점	• 목재가 건조하게 되면 유리수가 증발하고 세포수만 남게 되는 시점으로 약 30%의 함수상태를 보인다. • 섬유포화점 이하에서는 목재의 수축, 팽창 등 재질에 변화가 일어나고 섬유포화점 이상에서는 불변한다. • 목재의 강도는 섬유포화점 이하에서는 함수율이 감소하면 강도는 증가하고 섬유포화점 이상에서는 불변한다.
기건상태	목재를 건조하여 대기 중에 습도와 균형상태가 된 것이며 함수율은 약 15% 정도가 되는 상태이다.
전건(절건)상태	완전히 건조되어 함수율이 0%가 된 상태이다.

100%	→	30%	→	15%	→	0%
		섬유포화점		기건재		전건재

섬유포화점 전단계 목재강도 동일	목재강도 증가	1.5배 강도 증가	3배 강도 증가

2) 함수율 계산식 [21·20·11·09·07년 출제]

$$함수율 = \frac{[목재의\ 중량(w_1) - 전건중량(w_2)]}{전건중량(w_2)} \times 100\%$$

① 목재 중량에 함유된 수분의 중량비이다.

② 함수량은 계절, 수종, 수령, 생산지 및 심재, 변재 등에 따라 다르다.

(3) 수축과 팽창

① 생목재를 건조하면 처음부터 수축되지 않으며, 섬유포화점까지는 수축·팽창되지 않다가 수분이 섬유포화점 이하로 감소되면 섬유 자신의 수분이 말라서 목재의 수축이 일어난다.

② 동일한 나뭇결에서 변재가 심재보다 수축이 크다.

③ 비중이 큰 목재일수록 수축, 팽창의 변형이 크다. [10년 출제]

④ 목재의 수축 크기는 널결 방향 > 곧은결 방향 > 섬유방향 순이다.

(4) 강도

① 목재의 강도는 인장강도 > 휨강도 > 압축강도 > 전단강도 순서로 작아진다. [14·09년 출제]

② 나무 섬유의 평행방향에 대한 강도가 나무섬유의 직각방향에 대한 강도보다 크다. [12년 출제]

③ 비중이 큰 목재일수록 각종 강도도 크다. [10년 출제]

④ 섬유포화점(30%) 이상에서는 강도가 일정하지만 섬유포화점 이하에서는 함수율의 감소에 따라 강도가 증대된다. [21·20·15·14·09·06년 출제]

⑤ 기건재의 강도는 생나무 강도의 약 1.5배, 전건재의 강도는 3배 이상이다. [07년 출제]

⑥ 변재보다 심재가 강도가 크다. [09년 출제]

⑦ 목재에 옹이, 썩정이, 갈림 등이 있으면 강도가 떨어진다. 특히, 죽은 옹이, 썩은 옹이, 썩정이 등의 영향이 크다.

(5) 내구성

1) 부패 [21·16년 출제]

목재가 부패되는 것은 균류에 의한 것으로 온도, 수분, 양분, 공기는 부패의 필수조건이다. 이 중 하나만 결여되면 번식할 수가 없다. 목재가 부패가 되면 비중과 강도가 저하된다.

예제 10　　기출 3회

어느 목재의 중량을 달았더니 50g이었다. 이것을 건조로에서 완전히 건조시킨 후 달았더니 중량이 35g이었을 때 이 목재의 함수율은?

① 약 25%　　② 약 33%
③ 약 43%　　④ 약 50%

해설 함수율 = (50g − 35g)/35g × 100
= 42.857%

정답 ③

예제 11　　기출 11회

목재의 강도에 관한 설명으로 틀린 것은?

① 섬유포화점 이하의 상태에서는 건조하면 함수율이 낮아지고 강도가 커진다.
② 옹이는 강도를 감소시킨다.
③ 일반적으로 비중이 클수록 강도가 크다.
④ 섬유포화점 이상의 상태에서는 함수율이 높을수록 강도가 작아진다.

해설 섬유포화점 이상에서는 강도가 일정하다.

정답 ④

예제 12　　기출 2회

목재의 부패와 관련된 직접적인 조건과 가장 거리가 먼 것은?

① 적당한 온도　　② 수분
③ 목재의 밀도　　④ 공기

해설 목재의 밀도는 강도와 관계있다.

정답 ③

---

2) 온도

부패균은 25~35℃에서 가장 왕성하고, 4℃ 이하에서는 발육할 수 없다. 55℃ 이상에서 30분 이상이면 거의 사멸된다.

3) 습도 [16년 출제]

40~50%에서 발육이 가장 왕성하고, 15% 이하로 건조하면 번식이 중단된다.

4) 공기

완전히 수중에 잠긴 목재는 부패하지 않는데, 이는 공기가 없기 때문이다.

4. 목재의 재제와 건조

(1) 벌목 [15·12·11·10년 출제]

벌목하기 유리한 계절은 가을-겨울로, 수액이 가장 적고 목질이 견고하다. 또한 운반이 쉽고 노임도 싸다.

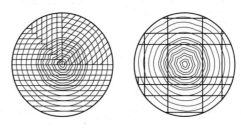

▌판재와 각재 ▌

(2) 건조

1) 건조의 목적 [15년 출제]

① 강도 및 내구성이 증진된다.
② 수축, 균열, 비틀림 등 변형을 방지할 수 있다.
③ 부패균을 방지할 수 있다.
④ 무게를 줄일 수 있다.

2) 건조 조건

① 생솔, 통나무 이외의 목재는 무게의 1/3 이상이 경감되도록 한다.
② 구조재는 함수율 15% 이하, 마무리 가구재의 함수율은 10% 이하로 한다. [10년 출제]
③ 침엽수는 자연건조가 좋고, 활엽수는 인공건조가 좋다.

예제 13   기출 4회

목재를 벌목하기에 가장 적당한 계절로 짝지어진 것은?
① 봄-여름   ② 여름-가을
③ 가을-겨울   ④ 겨울-봄

해설 벌목하기 좋은 계절은 수액이 적고 목질이 견고한 가을-겨울이다.

정답 ③

예제 14   기출 3회

10cm×10cm인 목재를 400kN의 힘으로 잡아당겼을 때 끊어졌다면, 이 목재의 최대 강도는 얼마인가?
① 4MPa   ② 40MPa
③ 400MPa   ④ 4,000MPa

해설 강도는 단위면적당 작용하는 힘으로 계산한다.
400kN/(0.1m×0.1m) = 40,000kN/m²
= 40MPa

정답 ②

예제 15   기출 1회

목재를 건조하는 목적으로 틀린 것은?
① 중량의 경감
② 강도 및 내구성 증진
③ 도장 및 약제주입 방지
④ 부패균류의 발생 방지

해설 목재를 건조하는 목적과 도장 및 약제주입 방지는 상관없다.

정답 ③

3) 건조법

① 자연건조법

ㄱ. 공기건조법 : 일광이나 비에 직접 닿지 않게 옥내에서 건조하는 방법이다.

ㄴ. 옥외 대기 건조법 : 옥외에 엇갈리게 수직으로 쌓아 자연건조하는 방법이다.

ㄷ. 침수건조법 : 목재를 반년쯤 물속에 저장하여 수액을 제거한 방법으로 흡수성이나 신축이 매우 적어진다. [12년 출제]

② 인공건조법 [20·08년 출제]

종류	설명
열기법	밀폐 건조실 내부 압력을 감소시킨 후 가열공기를 건조하는 방법이다.
증기법	적당한 습도의 증기를 건조실에 보내 가열·건조시키는 방법이다.
훈연법	짚이나 톱밥 등을 태운 연기를 건조실에 도입하여 건조시키는 방법이다.
진공법	탱크 속에 목재를 넣어 고온, 저압 상태로 수분을 빼내는 방법이다.

(4) 목재의 방부법

1) 특징

① 목재를 균류로부터 보호하기 위해 사용하는 약제를 목재방부제라 한다.

② 자외선 살균인 일광직사, 물속에 넣어 공기를 차단하는 침지, 목재의 표면을 태워서 하는 표면탄화법이 있다. [15년 출제]

2) 방부제의 종류

① 수성 방부제 [14·12·06년 출제]

황산동 1% 용액	철재 부식, 인체에 유해하다.
염화아연 4% 용액	목질부의 약화, 인체에 유해하다.
염화제2수은 1% 용액	방부효과는 양호하나 부식성이 있고 인체에 유해하다.
불화소다 2% 용액	• 방부효과는 양호하나 부식성이 있고 인체에 유해하며 도장이 가능하다. • 비용이 비싸고 내구성이 부족하다.

예제 16   기출 3회

목재의 건조방법 중 인공건조법에 해당하는 것은?

① 증기건조법
② 침수건조법
③ 공기건조법
④ 옥외 대기 건조법

 해설 인공건조법은 건조가 빠르고 변형도가 적으나 시설비가 많이 든다.

정답 ①

예제 17   기출 3회

목재의 방부제 중 수용성 방부제에 속하는 것은?

① 크레오소트 오일
② 불화소다 2% 용액
③ 콜타르
④ PCP

해설 ①, ③항 : 유성 방부제
④항 : 유용성 방부제

정답 ②

② 유성 방부제 [13년 출제]

목재의 방부제로 사용하지 않는 것은?
① 크레오소트 오일
② 콜타르
③ 페인트
④ 테레빈유

해설 테레빈유는 페인트에 혼합하여 사용하는 재료이다.

정답 ④

② 유성 방부제 [13년 출제]

크레오소트 오일 (Creosote Oil)	• 방부력은 우수하고 염가이나 도포부분이 갈색이고 냄새가 강하여 실내에 사용할 수 없다. • 토대, 기둥, 도리 등에 사용한다.
콜타르 (Coal Tar)	• 방부력이 약하고, 흑색이어서 사용장소가 제한된다. • 상온에서는 침투가 잘되지 않아 도포용, 가설대 등에 사용된다.
아스팔트 (Aspalt)	• 가열하여 용해해서 도포한다. • 페인트칠이 불가능하다.
페인트 (Paint)	• 유성피막을 형성하며 방부, 방습효과가 있다. • 착색이 자유로우며 의장적 효과가 있다.

③ 유용성 방부제 [08년 출제]

유기계 방충제 (PCP : Penta- ChloroPhenol)	• 무색이고 방부력이 가장 우수하다. • 페인트칠을 할 수 있다. • 값이 비싸고 석유 등의 용제에 녹여 써야 한다. • 침투성이 매우 양호하며 수용성, 유용성이 있다.

넓은 기계 대패로 나이테를 따라 두루마리를 펴듯이 연속적으로 벗기는 방법으로, 얼마든지 넓은 베니어를 얻을 수 있으며 원목의 낭비도 적어 합판 제조의 80~90%에 해당하는 것은?
① 소드 베니어
② 로터리 베니어
③ 반 로터리 베니어
④ 슬라이드 베니어

해설 로터리 베니어는 널결만이어서 표면이 거친 결점이 있으나 원목 낭비가 적어 많이 사용된다.

정답 ②

5. 목재의 가공품

(1) 합판 [20·16·13·08년 출제]

1) 정의 [13년 출제]

얇은 판(단판)을 1장마다 섬유방향과 직교되게 3, 5, 7, 9 등의 홀수 겹으로 겹쳐 접착제로 붙여댄 것을 말한다.

2) 단판제법

로터리 베니어	슬라이스드 베니어	소드 베니어
• 넓은 기계 대패로 나이테를 따라 두루마리를 펴듯이 연속적으로 벗기는 방법으로, 얼마든지 넓은 베니어를 얻을 수 있으며 원목의 낭비도 적어 합판 제조의 80~90%에 해당한다. • 베니어의 두께는 0.5~3mm이다.	• 상하 또는 수평으로 이동하는 넓은 대팻날로 얇게 절단하는 방법으로 합판 표면에 아름다운 무늬를 얻으려 할 때 사용한다. • 베니어의 두께는 0.5~1.5mm이다.	• 판재를 만드는 것과 같은 방법으로 톱을 이용하여 얇게 절단한다. • 아름다운 결을 얻을 수 있고, 결의 무늬를 좌우대칭의 위치로 배열한 합판을 만들 때 효과적이다. • 베니어의 두께는 1~6mm이다.

3) 합판의 특성 [15·13·07년 출제]

① 판재에 비해 균질하고, 함수율 변화에 의한 신축변형이 적다.

② 단판을 서로 직교로 붙인 구조로 되어 있어 방향에 따른 강도차가 적다.

③ 소경의 목재로 넓은 판을 얻을 수 있고, 곡면 가공이 가능하다.

④ 여러 가지 아름다운 무늬를 얻을 수 있다.

⑤ 뒤틀림이나 변형이 적은 큰 면적의 평면 재료를 얻을 수 있다.

(2) 집성목재 [21·16년 출제]

1) 정의

1.5~5cm의 두께를 가진 단판을 겹쳐서 접착한 것으로 섬유방향을 일치하게 접착하는 것과 판의 수가 홀수가 아니라는 점에서 합판과 구분된다.

2) 특징

① 목재의 강도를 인공적으로 자유롭게 조절할 수 있다.

② 응력에 따라 필요한 단면을 만들 수 있고 보, 기둥에 활용할 수 있다.

③ 필요에 따라 아치와 같은 굽은 용재를 만들 수 있다.

④ 길고 단면이 큰 부재를 간단히 만들 수 있다.

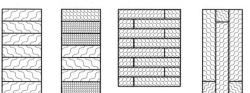

┃ 각종 집성목재의 단면 ┃

(3) 인조목재

1) 정의

가공하고 남은 나무 톱밥이나 부스러기 등을 고열압하여 원료 자체의 리그닌 등으로 목재 섬유를 고착시켜 만든 판이다.

2) 특징

① 적은 비용으로 원료를 구입할 수 있고 재료 구입이 용이하다.

② 재질이 천연목재와 달리 균일하다.

③ 강도가 크고, 변형이 적다.

④ 교착제가 필요 없다.

예제 20   기출 3회

합판(Plywood)의 특성으로 옳지 않은 것은?

① 판재에 비해 균질하다.
② 방향에 따라 강도의 차가 크다.
③ 너비가 큰 판을 얻을 수 있다.
④ 함수율 변화에 의한 신축변형이 적다.

[해설] 단판을 서로 직교로 붙인 구조로 방향에 따라 강도차이가 적다.

[정답] ②

예제 21   기출 2회

집성목재의 장점에 속하지 않는 것은?

① 목재의 강도를 인공적으로 조절할 수 있다.
② 응력에 따라 필요한 단면을 만들 수 있다.
③ 길고 단면이 큰 부재를 간단히 만들 수 있다.
④ 톱밥, 대팻밥, 나무 부스러기를 이용하므로 경제적이다.

[해설] 집성목재
일정 두께가 있는 단판을 섬유방향과 일치하게 겹쳐 붙여 원하는 강도를 인공적으로 조절할 수 있다.

[정답] ④

TIP

리그닌(Lignin) [16·11년 출제]
목재에서 힘을 받는 섬유소 간의 접착제 역할을 하는 성분이다.

(4) 파티클 보드(칩보드)

1) 정의 [16·14년 출제]

목재의 작은 조각(부스러기)을 합성수지 접착제와 같은 유기질의 접착제를 사용하여 가열 · 압축하여 만든 판재이다.

2) 특징

① 비중이 0.4 이상이다.
② 강도에 방향성이 없고, 큰 면적의 판을 만들 수 있다. [15·08년 출제]
③ 두께는 비교적 자유롭게 선택할 수 있다.
④ 상판, 칸막이벽, 가구 등에 이용되며, 접착제에 방수제, 곰팡이 억제제와 섞어서 사용한다. [21·16·12·06년 출제]
⑤ 흡음성과 열의 차단성이 좋다. [16·10·09·07·06년 출제]
⑥ 큰 면적의 판을 만들 수 있다.
⑦ 표면이 평활하고 경도가 크다.

(5) 마루널, 쪽매판

1) 정의 [15년 출제]

바닥재를 플로어링 판으로 마감할 경우 참나무, 너도밤나무, 단풍나무 등을 가공하여 만든다. 연질의 목재인 마디카는 부적합하다.

2) 종류 [11년 출제]

플로어링 블록, 플로어링 보드, 파키트리 패널, 파키트리 블록 등이 있다.

(6) 벽, 천장재

1) 코펜하겐 리브 [21·15·13·12·10·09·08·07·06년 출제]

① 두께 3~5cm, 넓이 10cm 정도의 긴 판에 표면을 리브로 가공한 것이다.
② 강당, 극장, 집회장 등의 음향 조절용이나 일반건물의 벽 수장재료로 사용한다.

┃ 코펜하겐 리브의 종류 ┃

2) 코르크 [15·10·08·07·06년 출제]

① 코르크용 외피를 부수어 금속 형틀 속에 넣고 압축하며 열기 또는 과열 증기로 가열하여 만든다.

예제 22   기출 12회

파티클 보드에 대한 설명 중 옳지 않은 것은?

① 변형이 아주 적다.
② 합판에 비해 휨강도는 떨어지나 면내 강성은 우수하다.
③ 흡음성과 열의 차단성이 작다.
④ 칸막이벽, 가구 등에 이용된다.

해설 파티클 보드도 목재의 작은 조각을 사용하기 때문에 흡음성과 열의 차단성이 좋다.

정답 ③

예제 23   기출 1회

바닥재를 플로어링 판으로 마감할 경우의 수종으로 부적합한 것은?

① 참나무   ② 너도밤나무
③ 단풍나무   ④ 마디카

해설 바닥재는 단단한 목재를 사용해야 하는데 마디카는 연질이므로 부적합하다.

정답 ④

예제 24   기출 10회

다음 목재제품 중 일반건물의 벽 수장재로 사용되는 것은?

① 플로어링 보드 ② 코펜하겐 리브
③ 파키트리 패널 ④ 파키트리 블록

해설 코펜하겐 리브는 음향 조절용이나 일반건물의 벽 수장재료로 사용한다.

정답 ②

② 가벼우며, 탄성, 단열성, 흡음성이 좋다.

③ 방송실의 흡음재, 제빙공장의 단열재, 전산실의 바닥재 등에 사용된다.

3) OSB [14년 출제]

① 목조주택의 건축용 외장재로 많이 사용되고 있다.

② 표면의 독특한 질감과 문양으로 인해 그 자체가 최종 마감재로 사용된다.

③ 직사각형 모양의 얇은 나무조각을 서로 직각으로 겹쳐지게 배열하고 내수수지로 압착 가공한 패널이다.

(7) **섬유판**

1) 정의

조각 낸 목재톱밥, 대팻밥, 볏짚, 보리짚 등의 식물성 재료를 원료로 하여 펄프로 만든 다음, 접착제, 방부제 등을 첨가하여 제판한 것이다.

2) 종류

① 연질 섬유판

  ㉠ 건축의 내장 및 보온을 목적으로 성형한 것으로 비중이 0.4 미만인 판이다.

  ㉡ 습도에 따라 다소 신축성이 있는 결점이 있다.

  ㉢ 비교적 단열, 흡음성이 뛰어나다.

② 중질 섬유판(MDF : Medium Density Fiberboard)

  ㉠ 톱밥, 나무 부스러기 등을 사용한 인공합성 목재이다.

  ㉡ 고정철물을 사용한 곳은 재시공이 어렵다.

  ㉢ 천연목재보다 강도는 크나, 습기에는 약하다. [16년 출제]

예제 **25**   기출 6회

코르크판(Cork Board)의 용도로 옳지 않은 것은?

① 방송실의 흡음재
② 제빙공장의 단열재
③ 전산실의 바닥재
④ 내화건물의 불연재

 코르크는 목재이기 때문에 내화적이지 않다.

정답 ④

예제 **26**   기출 6회

목조 주택의 건축용 외장재로 많이 사용되고 있으니, 표면의 독특한 질감과 문양으로 인해 그 자체가 최종 마감재로 사용되는 경우도 있고 직사각형 모양의 얇은 나무조각을 서로 직각으로 겹쳐지게 배열하고 내수수지로 압착 가공한 패널을 의미하는 것은?

① 코어 합판   ② OSB
③ 집성목   ④ 코펜하겐 리브

정답 ②

예제 **27**   기출 1회

MDF(Medium Density Fiberboard)에 대한 설명으로 옳지 않은 것은?

① 톱밥, 나무 부스러기 등을 사용한 인공합성 목재이다.
② 고정철물을 사용한 곳은 재시공이 어렵다.
③ 천연목재보다 강도가 작다.
④ 천연목재보다 습기에 약하다.

 MDF는 천연목재보다 강도가 크다.

정답 ③

② 석재

1. 석재의 장단점

장점	단점
• 불연성이고 압축강도가 크다. • 내수성, 내구성, 내화학성이 풍부하고 내마모성이 크다. • 외관이 장중하고, 치밀하며, 갈면 아름다운 광택이 난다.	• 인장강도가 압축강도의 1/10~1/20 낮다. • 장대재를 얻기 어렵다. • 중량이 크고 견고하여 가공하기가 어렵다. • 고열에 약하여 화열이 닿으면 균열이 발생한다.

2. 석재의 조직과 분류

(1) 조직

1) 절리

석재의 갈라진 틈을 말한다.

2) 석리 [16·12·11년 출제]

석재 표면을 구성하는 조직이면서 외관 및 성질과 가장 관계가 깊다.

3) 석목

절리 이외에 작게 쪼개기 쉬운 면이다.

4) 층리 [10년 출제]

수성암 중 점판암과 같이 퇴적층이 쌓여 지표면에 생기는 것으로 얇게 떼어 낼 수 있는 것을 말한다.

(2) 분류

1) 용도에 의한 분류

① 구조용으로 화강암을 사용한다. [12년 출제]
② **마감용** [13·09년 출제]
   ⓐ 외장용은 화강암, 안산암, 점판암이다.
   ⓑ 내장용은 대리석, 사문암, 응회암이다.
③ 지붕재로 점판암을 사용한다. [12년 출제]
④ 시멘트 원료로 석회암을 사용한다. [07년 출제]

예제 28   기출 4회

석재 표면을 구성하고 있는 조직을 무엇이라 하는가?

① 석목   ② 석리
③ 층리   ④ 도리

해설 석리
표면을 구성하고 있는 조직으로서 외관 및 성질과 관계가 깊다.

정답 ②

예제 29   기출 1회

석재 중 얇은 판으로 떼어 내어 기와 대신 지붕재로 사용할 수 있는 것은?

① 점판암   ② 사암
③ 석회암   ④ 응회암

해설 수성암계인 점판암은 석질이 치밀하고 흡수율이 작아 지붕재로 사용할 수 있다.

정답 ①

2) 성인에 의한 분류

  ① 화성암 [09년 출제]

    ㉠ 화산의 마그마가 굳어진 위치에 따라 조직이 다르다.

    ㉡ 화강암, 안산암, 현무암, 감람석, 부석 등이 여기에 속한다.

  ② 수성암 [16·12년 출제]

    ㉠ 암석이 풍화, 침식, 운반, 퇴적되는 작용에 의해 생긴 암석이다.

    ㉡ 석회암, 사암, 점판암, 응회암 등이 있다.

  ③ 변성암

    ㉠ 화성암 또는 수성암이 지각활동에 의해 변질되어 성분에 변화를 일으켜서 생기는 암석이다.

    ㉡ 대리석, 사문암, 석면, 편암 등이 있다. [14·13년 출제]

3. 석재의 성질

(1) 석재의 강도

  ① 인장강도 : 극히 약하여 압축강도의 1/10~1/20에 불과하다.

  ② 압축강도 : 비중이 큰 것일수록 크며, 공극이나 흡수율이 많은 것일수록 작다.

  ③ 압축강도 순서 [21·16·08년 출제]

    화강암 > 대리석 > 안산암 > 사문암 > 전판암 > 사암 > 응회암

(2) 석재의 내화성

  ① 응회암, 안산암 및 사암 : 700℃까지는 강도가 증가하고 1,200℃에서 파괴된다.

  ② 석회석 및 대리석 : 500℃ 전후에서 광택이 사라지고 700~800℃ 이상에서 파괴된다.

  ③ 화강석 : 강도가 300℃ 정도에서 다소 증가하고 500~550℃ 이상의 온도에서 강도가 저하되며 700℃에서 파괴된다. [15년 출제]

  ④ 석재의 내화성 순서 [15·14·10·08년 출제]

    응회암 > 안산암 > 대리석 > 화강암

(3) 석재의 내구성

  ① 빗물 속의 탄산, 아황산 등에 의하여 석재의 표면이 침해된다.

  ② 온도의 변화에 따라 암석을 구성하는 조암광물이 팽창과 수축을 반복한다.

예제 30   기출 3회

수성암에 속하지 않는 것은?

① 사암   ② 안산암

③ 석회암   ④ 응회암

해설 안산암은 화성암계이다.

정답 ②

예제 31   기출 2회

다음 석재 중 변성암에 속하는 것은?

① 안산암   ② 석회암

③ 응회암   ④ 사문암

해설 안산암은 화성암, 석회암과 응회암은 수성암이다.

정답 ④

예제 32   기출 3회

다음 중 평균적으로 압축강도가 가장 큰 석재는?

① 화강암   ② 사문암

③ 사암   ④ 대리석

해설 화강암 > 대리석 > 사문암 > 사암 순으로 작아진다.

정답 ①

예제 33   기출 3회

다음 석재 중 내화성이 가장 우수한 것은?

① 응회암   ② 화강암

③ 대리석   ④ 석회석

해설 응회암 > 대리석 > 화강암 순이다.

정답 ①

다음 중 흡수율이 가장 큰 석재는?
① 화강암　　② 대리석
③ 안산암　　④ 점판암

해설 안산암＞화강암＞점판암＞대리석 순으로 작아진다.

정답 ③

③ 석재의 내구성 순서 [11년 출제]

　화강암＞대리석＞석회암＞사암

④ 석재의 흡수율 순서 [09년 출제]

　안산암＞화강암＞점판암＞대리석

(4) 석재의 유의사항 [09년 출제]

① 석재를 구조재로 사용 시 압축재로만 사용한다.

② 중량이 큰 것은 높은 곳 사용을 피한다.

③ 외벽, 특히 콘크리트표면 첨부용 석재는 연석을 피한다.

④ 가공 시 되도록 예각을 피한다.(결손되기 쉬움)

4. 석재의 이용

(1) 화성암

1) 화강암

① 석질이 견고하고, 풍화작용이나 마멸에 강하다.

② 성분은 석영, 장석, 운모, 휘석, 각섬석 등이다.

③ 바탕색과 반점이 아름다우며 우리나라에 풍부하다.

④ 내화도가 낮아 고열을 받는 곳에는 적당하지 않다.(600℃ 정도에서 강도 저하) [15·09년 출제]

⑤ 구조재 및 수장재로 쓰인다.

2) 안산암(화산암류)

① 내화도가 높다.(1,200℃에서 파괴된다.)

② 가공이 용이하여 조각을 필요로 하는 곳에 적합하다.

③ 갈아도 광택이 나지 않고 우리나라보다 일본에 많다.

3) 부석(화산암류)

① 마그마가 급속히 냉각될 때 가스가 방출되면서 다공질의 유리질로 형성된 것이다.

② 화강암에 비해 압축강도가 작다. [20·11년 출제]

③ 비중은 0.7～0.8로서 석재 중 가장 가벼워 경량 콘크리트 골재로 쓰인다.

④ 내화도가 높아 내화재로 사용된다.

4) 현무암(화산암류)

① 큰 재료를 얻기가 어렵고 기둥모양의 절리가 잘 발달된 흑색 암석이다.

화강암에 관한 설명으로 옳지 않은 것은?
① 내화성은 석재 중에서 가장 큰 편이다.
② 주요 광물은 석영과 장석이다.
③ 콘크리트용 골재로도 사용된다.
④ 구조재 및 수장재로 쓰인다.

해설 화강암은 내화성이 낮아 고열을 받는 곳에는 적당하지 않다.

정답 ①

화산암에 대한 설명 중 옳지 않은 것은?
① 다공질로 부석이라고도 한다.
② 비중이 0.7~0.8로 석재 중 가벼운 편이다.
③ 화강암에 비하여 압축강도가 크다.
④ 내화도가 높아 내화재로 사용된다.

해설 화산암(부석)은 화강암에 비해 압축강도가 작다.

정답 ③

② 암면의 원료로 이용된다.

(2) 수성암(퇴적암)

1) 석회암

① 화강암과 석회분이 물에 용해되어 침전이 생성된 것이다.

② 재질이 치밀하고 강도가 크다.

③ 내산성, 내화학성이 약한 회백색의 암석이다.

④ 도로 포장용, 석회, 콘크리트의 원료로 사용한다. [07년 출제]

2) 사암

① 석영질의 모래가 압력을 받아 응고·경화된 것이다.

② 내화성 및 흡수성이 크고, 가공하기가 쉽다.

③ 구조재 또는 실내장식재 등에 사용된다.

3) 점판암 [12·07년 출제]

① 점토가 바다 밑에 침전·응결된 것을 이판암이라 하고, 이판암이 다시 오랜 세월 동안 지열, 지압으로 변질되어 층상으로 응고된 것이 점판암이다.

② 치밀한 판석으로 흡수성이 작아 기와 대신의 지붕재로 사용된다.

4) 응회암 [14·12·06년 출제]

① 화산재, 화산 모래 등이 퇴적·응고되거나, 물에 의하여 운반되어 암석 분쇄물과 혼합되어 침전된 것이다.

② 다공질이며, 강도, 내구성이 작아 구조재로 부적합하다.

③ 내화성이 있으며, 외관이 좋아 내화재 또는 장식재로 많이 사용된다.

(3) 변성암

1) 대리석 [13·12·11·10·09·08·07년 출제]

① 석회석이 변화되어 결정화한 것이다.

② 석질이 치밀하고 견고할 뿐만 아니라 연마하면 광택과 고운 무늬가 생긴다.

③ 열, 산에 약하므로 실내마감 장식재로 적합하며 외부벽체 마감용으로는 부적합하다.

2) 트래버틴 [14·13·07·06년 출제]

① 대리석의 한 종류로 다공질이며 석질이 균일하지 못하며 암갈색의 무늬가 있다.

예제 37 기출 4회

각 석재의 용도로 옳지 않은 것은?

① 화강암 – 외장재
② 점판암 – 지붕재
③ 석회암 – 구조재
④ 대리석 – 실내장식재

해설 석회암은 시멘트의 원료이다.

정답 ③

예제 38 기출 10회

석회석이 변화되어 결정화한 것으로 실내장식재 또는 조각재로 사용되는 것은?

① 대리석　　　② 응회암
③ 사문암　　　④ 안산암

해설 대리석은 열과 산에 약하므로 실내장식재로 사용되며 외부벽체로는 부적합하다.

정답 ①

대리석의 일종으로 다공질이며 황갈색의 무늬가 있으며 특수한 실내장식재로 이용되는 것은?

① 테라코타   ② 트래버틴
③ 점판암   ④ 석회암

해설 트래버틴은 대리석 대용으로 실내장식재로 사용된다.

정답 ②

운모계와 사문암계 광석으로서 800~1000℃로 가열하면 부피가 5~6배로 팽창되며, 비중이 0.2~0.4인 다공질 경석으로 단열, 흡음, 보온효과가 있는 것은?

① 부석   ② 탄각
③ 질석   ④ 펄라이트

정답 ③

대리석, 사문암, 화강암 등의 쇄석을 종석으로 하여 백색 포틀랜드 시멘트에 안료를 섞어 천연석재와 유사하게 성형시킨 것은?

① 점판암   ② 석회석
③ 인조석   ④ 화강암

정답 ③

---

② 물갈기를 하면 평활하고 광택이 나는 부분과 구멍과 골이 진 부분이 있어 특수한 실내 장식재로 이용된다.

3) 사문암

① 감람석, 섬록암 등이 압력을 받아 변질된 것으로 생성된다.
② 질이 굳고 연마하면 광택이 나므로 장식재료로 사용한다.(대리석 대용)

(4) 석재제품

1) 암면

① 안산암, 사문암 등을 원료로 하여 이를 고열로 녹여 작은 구멍을 통하여 분출시켜 솜모양으로 만든 것이다.
② 흡음, 단열, 보온성이 우수한 불연재로서 단열재나 음향의 흡음재로 사용한다.
③ 보온 및 보냉재, 흡음재, 흡음 천장판 등이 있다.

2) 질석 [15·13년 출제]

① 운모계와 사문암계의 광석을 원광을 800~1,000℃로 가열하면 부피가 5~6배로 팽창되어 비중이 0.2~0.4인 다공질 경석으로 된다.
② 경량, 단열, 흡음, 보온, 방화, 내화성이 우수하다.

3) 인조석 [16·12·09·06년 출제]

① 대리석, 사문암, 화강암 등의 아름다운 쇄석(종석)과 백색 시멘트, 안료를 섞어 천연석재와 유사하게 성형시킨 것이다.
② 인조석에 사용되는 안료로는 황토, 주토, 산화철이 있다.

4) 테라초 [10년 출제]

대리석의 쇄석을 종석으로 하여 시멘트를 사용, 콘크리트판의 한쪽 면에 타설한 후 가공연마하여 대리석과 같이 미려한 광택을 갖도록 마감한 것을 말한다.

02 시멘트 및 콘크리트

1 시멘트

1. 시멘트의 정의

물과 섞어 이겨두면 굳는 무기질의 접착물로, 시멘트란 '굳힌다', '결합한다'라는 어원에서 유래되었으며 일반적으로 포틀랜드 시멘트를 지칭하는 것이다.

2. 시멘트의 분류 [14·12·06년 출제]

분류	종류
포틀랜드 시멘트	보통 포틀랜드 시멘트(1종), 중용열 포틀랜드 시멘트(2종), 조강 포틀랜드 시멘트(3종), 저열 포틀랜드 시멘트(4종), 내황산염 포틀랜드 시멘트(5종), 백색 포틀랜드 시멘트
혼합 시멘트	포졸란 시멘트(실리카), 고로 시멘트, 플라이애시 시멘트
특수 시멘트	알루미나 시멘트, 초속경 시멘트, 팽창 시멘트

3. 시멘트의 제조와 성분

(1) 시멘트의 원료

① 포틀랜드 시멘트의 주원료는 석회석, 점토, 석고이다. [08년 출제]
② 시멘트의 주성분은 석회, 실리카, 산화알루미늄(산화철)이다.
[12·09·06년 출제]

(2) 시멘트의 제조방법

① 원료배합을 한 다음 고온소성을 하고 분쇄의 공정을 거친다.
② 시멘트의 응결시간을 조정하기 위하여 석고는 보통 시멘트 클링커의 2~3% 정도가 쓰인다. [12년 출제]

(3) 원료 배합

1) 건식법

① 각 원료를 개별적으로 함수량 1% 이하로 건조하여 분쇄·배합하여 소성하는 방법이다.

예제 **42** 기출 3회

다음 중 혼합 시멘트에 해당하지 않는 것은?

① 고로 시멘트
② 플라이애시 시멘트
③ 포졸란 시멘트
④ 중용열 포틀랜드 시멘트

해설 ④항은 포틀랜드 시멘트이다.

정답 ④

예제 **43** 기출 3회

다음 중 시멘트를 구성하는 3대 주성분이 아닌 것은?

① 산화칼슘   ② 실리카
③ 염화칼슘   ④ 산화알루미늄

해설 시멘트의 3대 주성분은 석회(산화칼슘), 실리카, 산화알루미늄이다.

정답 ③

◀TIP▶

시멘트 클링커 [16년 출제]

시멘트를 제조할 때 최고온도까지 소성이 이루어진 후에 공기를 이용하여 급랭시켜 소성물을 배출하게 되면 화산암과 같은 검은 입자가 나오는데 이 검은 입자를 말한다.

예제 44　　기출 1회

포틀랜드 시멘트류를 제조할 때 석고를 넣는 이유는?

① 응결시간을 조절하기 위해서
② 강도를 높이기 위해서
③ 분말도를 높이기 위해서
④ 비중을 높이기 위해서

해설 석고를 넣어 응결시간을 조절한다.

정답 ①

예제 45　　기출 4회

시멘트의 성질에 대한 설명 중 옳지 않은 것은?

① 시멘트의 분말도는 단위중량에 대한 표면적, 즉 비표면적에 의하여 표시한다.
② 분말도가 큰 시멘트일수록 수화반응이 지연되어 응결 및 강도의 증진이 작다.
③ 시멘트의 풍화란 시멘트가 습기를 흡수하여 경미한 수화반응을 일으켜 생성된 수산화칼슘과 공기 중의 탄산가스가 작용하여 탄산칼슘을 생성하는 작용을 말한다.
④ 시멘트의 안정성 측정은 오토클레이브 팽창도 시험방법으로 행한다.

해설 분말도가 큰 시멘트는 수화작용이 빠르고 초기강도의 발생이 빠르다.

정답 ②

예제 46　　기출 5회

시멘트의 분말도가 높은 경우의 특징으로 옳지 않은 것은?

① 수화작용이 빠르다.
② 시공연도가 좋다.
③ 조기강도가 크다.
④ 재료분리가 크다.

해설 분말도가 높을 경우 재료분리가 적어 시공연도가 좋다.

정답 ④

---

② 효율과 품질이 좋은 장점이 있으나 습식법에 비하여 원료를 미분말화하기 쉽지 않고 먼지가 많이 나는 단점이 있다.

2) 습식법

① 각 원료를 건조시키지 않고 분쇄·배합하며, 다시 약 36~40%의 물을 첨가하여 재분쇄·혼합하여 소성하는 방법이다.
② 원료배합이 매우 우수하여 고급 시멘트의 제조에 쓰인다.

3) 반습식법

건식배합 원료에 10~20%의 물을 가하여 원료를 소립자의 모양으로 만드는 것이 특징이다.

4. 시멘트의 일반적인 성질

(1) 비중

① 포틀랜드 시멘트의 비중은 3.05~3.15 정도이다.
② 시멘트의 단위용적중량은 일반적으로 1,500kg/m³이며, 1포의 무게는 40kg이다. [07년 출제]

시멘트 비중이 작아지는 원인	
• 클링커의 소성이 불충분할 때	• 시멘트가 풍화되었을 때
• 혼합물이 섞여 있을 때	• 저장기간이 길었을 때

(2) 분말도 [15·09·07·06년 출제]

① 시멘트 입자의 크기 정도를 말한다.
② 시멘트의 입자가 미세할수록 분말도가 크다고 한다.
③ 분말도의 측정은 브레인법 또는 표준체법으로 한다.

분말도가 큰 시멘트의 특징 [21·16·13·11·10년 출제]
• 풍화하기 쉽고 건조수축이 커져서 초기균열이 발생하기 쉽다.
• 물과 혼합 시 접촉하는 표면적이 크므로 수화작용이 빠르다.
• 초기강도의 발생이 빠르며, 강도 증진율이 높다.
• 재료분리가 적어 블리딩이 적고 시공연도가 좋다.
• 시공 후 투수성이 작아진다.

(3) 시멘트 강도 [14·13년 출제]

시멘트의 강도에 영향을 주는 요인은 사용하는 물의 양, 분말도, 양생조건, 풍화 정도, 골재 등이 있다.

원인	결과
시멘트의 풍화 정도	시멘트가 풍화되면 비중과 비표면적이 감소하고 초기, 장기 강도는 떨어지며 응결시간이 지연된다.
분말도	분말도가 크면 조기 강도가 증가된다.
물−시멘트비	수량이 많으면 강도와 반비례한다.
양생조건	양생온도는 30℃ 이하에서는 비례, 재령과도 비례한다.(28일 때 강도가 가장 강하다) 온도가 낮으면 강도가 저하된다.

(4) 시멘트의 수화반응(응결 및 경화)

① 시멘트가 수화반응으로 경화되면서 강도가 만들어진다.

② 모르타르 또는 콘크리트가 유동적인 상태에서 겨우 형체를 유지할 수 있을 정도로 엉키는 초기작용을 응결이라 한다. [11년 출제]

③ 시간은 초결 60분 이상, 종결 10시간 이하로 한다. [10·08년 출제]

④ 영향을 주는 요소는 시멘트의 분말도, 온도, 습도 등이다. [14년 출제]

⑤ 응결시간 단축조건 [15·10·09·06년 출제]

시멘트 분말도가 클 때, 용수가 적을 때, 온도가 높을수록, 알루민산3석회가 많을수록 응결시간이 단축된다.

(5) 시멘트의 안정성

① 시멘트가 경화 중에 체적이 팽창하여 팽창균열이나 휨 등이 생기는 정도, 즉 반응상의 안정성을 말한다.

② 시멘트가 안정성이 나쁘면 구조물에 팽창성 균열이 발생하고, 구조물의 내구성을 해치는 원인이 된다.

③ 시멘트의 안정성 측정은 오토클레이브 팽창도 시험방법으로 한다.
[14·09·07·06년 출제]

(6) 시멘트의 양생방법 [13·09년 출제]

적당한 온도와 습도를 위해서 수중양생을 한다.

5. 시멘트의 저장 및 제품

(1) 시멘트 풍화

1) 정의 [15·13년 출제]

시멘트가 공기 중의 습기를 받아 천천히 수화 반응을 일으켜 작은 알갱이 모양으로 굳어졌다가, 이것이 계속 진행되면 주변의 시멘트와 달라붙어 결국에는 큰 덩어리로 굳어지는 현상을 말한다.

2) 특징

① 경화 후 강도가 저하된다.

② 비중이 떨어진다.

③ 응결이 지연된다.

(2) 시멘트 저장 시 주의점 [16·14·12·11·10·08년 출제]

① 방습적인 구조로 된 창고에 품종별로 구분하여 저장한다.

② 지상 30cm 이상 되는 마루 위에 적재한다.

③ 13포대 이하로 올려쌓기를 하고 장기간 저장할 경우 7포대 이상 쌓지 않는다.

④ 시멘트는 입하 순서로 사용한다.

⑤ 3개월 이상 경과한 시멘트는 재시험을 거친 후 사용한다.

⑥ 반출입 출입구 이외의 시멘트의 환기를 위한 창문은 설치하지 않는다.

(3) 시멘트 및 콘크리트 제품

① 형상에 따른 분류 [13·10·08년 출제]
판상제품, 봉상제품, 블록제품 등

② 치수에 따른 분류
대형제품, 중형제품, 소형제품 등

③ 벽체를 구성하는 구조재로 사용 가능한 제품으로는 속빈 시멘트 블록이 있다. [20·09년 출제]

6. 각종 시멘트의 특징

(1) 포틀랜드 시멘트

1) 보통 포틀랜드 시멘트

특성	용도
• 우리나라 생산량의 90%를 차지한다. • 원료인 석회석과 점토를 구하기 쉽다. • 제조 공정이 간단하고 성질이 대단히 우수하다.	일반적으로 가장 많이 사용한다.

2) 조강 포틀랜드 시멘트 [16·15·13·11·09·08·06년 출제]

특성	용도
• 보통 포틀랜드시멘트 보다 C_3S나 석고가 많고 분말도가 높아 조기에 강도 발휘가 높다. • 콘크리트의 수밀성이 높고 경화에 따른 수화열이 크므로 낮은 온도에서도 강도의 발생이 크다.	긴급공사, 수중공사, 한중공사

예제 50 기출 7회

시멘트의 저장방법 중 틀린 것은?

① 주위에 배수 도랑을 두고 누수를 방지한다.

② 채광과 공기순환이 잘 되도록 개구부를 최대한 많이 설치한다.

③ 3개월 이상 경과한 시멘트는 재시험을 거친 후 사용한다.

④ 쌓기 높이는 13포 이하로 하며, 장기간 저장 시는 7포 이하로 한다.

해설 시멘트의 풍화를 방지하기 위해 환기창은 설치하지 않는다.

정답 ②

예제 51 기출 3회

시멘트 및 콘크리트 제품의 형상에 따른 분류에 속하지 않는 것은?

① 판상제품　② 블록제품

③ 봉상제품　④ 대형제품

해설 대형제품은 치수에 따른 분류이다.

정답 ④

예제 52 기출 8회

한중(寒中) 콘크리트의 시공에 가장 적합한 시멘트는?

① 조강 포틀랜드 시멘트

② 고로 시멘트

③ 백색 포틀랜드 시멘트

④ 플라이애시 시멘트

해설 한중공사에는 조강 포틀랜드 시멘트가 적합하다.

정답 ①

3) 중용열 포틀랜드 시멘트 [20·16·13·11·10·09·08·06년 출제]

특성	용도
• 수화열을 적게 하기 위하여 알루민산삼칼슘(C_3A)과 규산삼칼슘(C_3S)의 양을 적게 하고 대신 장기강도를 높게 하기 위해 규산이칼슘(C_2S)의 양을 많게 한 시멘트이다. • 수화열이 작고 내수성이 크고 수축률도 매우 작아 댐이나 방사선 차폐용, 매스 콘크리트 등 단면이 큰 구조물에 적당하다. • 조기강도는 낮으나 장기강도는 크다.	댐, 방사능 차폐용 콘크리트, 매스콘크리트

4) 백색 포틀랜드 시멘트 [16·13·11·09년 출제]

특성	용도
• 산화철을 적게 하여 백색을 띠게 한 시멘트이다. • 표면 마무리, 인조석 제조 등에 사용되며 구조체의 축조에는 거의 사용하지 않는다. • 백색 시멘트, 종석, 안료를 섞어 테라초를 만든다.	미장, 인조석

(2) 혼합 시멘트

포틀랜드 시멘트에 고로 슬래그, 실리카, 플라이애시 등을 혼합하여 시멘트의 결점을 보강하여 특유의 성질을 부여한 것이다.

1) 고로 시멘트 [12·09·08년 출제]

특성	용도
• 포틀랜드시멘트 클링커에 철용광로에서 나온 슬래그를 급랭슬래그와 혼합하고 응결시간 조정용 석고를 혼합하여 분쇄한 시멘트이다. • 조기강도는 작고 장기강도가 크며 수화열량이 작아 매스 콘크리용이다. • 화학저항성이 높아 하수, 해수 등에 접하는 콘크리트에 적합하다. • 내열성이 크고 수밀성이 양호하다. • 비중이 작아 중성화가 빨라 풍화되기 쉽다.	해안공사, 매스콘크리트 공사에 적당

예제 53   기출 10회

다음 중 수화열 발생이 적은 시멘트로서 원자로의 차폐용 콘크리트 제조에 가장 적합한 시멘트는?
① 중용열 포틀랜드 시멘트
② 조강 포틀랜드 시멘트
③ 보통 포틀랜드 시멘트
④ 알루미나 시멘트

해설 방사선 차폐용 콘크리트는 수화열 발생이 적어 균열발생도 적은 중용열 포틀랜드 시멘트이다.

정답 ①

예제 54   기출 4회

건축물의 표면 마무리, 인조석 제조 등에 사용되며 구조체의 축조에는 거의 사용되지 않는 시멘트는?
① 조강 포틀랜드 시멘트
② 플라이애시 시멘트
③ 백색 포틀랜드 시멘트
④ 고로슬래그 시멘트

해설 백색 포트랜드 시멘트는 미장 또는 종석, 안료를 섞어 인조석인 테라초를 만든다.

정답 ③

예제 55   기출 3회

고로 시멘트에 관한 설명 중 옳지 않은 것은?
① 바닷물에 대한 저항성이 크다.
② 초기강도가 작다.
③ 수화열량이 작다.
④ 매스콘크리트용으로는 사용이 불가능하다.

해설 조기강도가 작고 장기강도가 크기 때문에 매스콘크리트로 적당하다.

정답 ④

예제 56   기출 4회

각종 시멘트의 특성에 관한 설명 중 옳지 않은 것은?

① 중용열 포틀랜드 시멘트에 의한 콘크리트는 수화열이 작다.
② 실리카 시멘트에 의한 콘크리트는 초기강도가 크고 장기강도는 낮다.
③ 조강 포틀랜드 시멘트에 의한 콘크리트는 수화열이 크다.
④ 플라이애시 시멘트에 의한 콘크리트는 내해수성이 크다.

해설 실리카 시멘트는 수화발열량이 작아 초기강도가 작고 장기강도가 크다.

정답 ②

2) 실리카 시멘트(포졸란 시멘트) [16·14·13·10년 출제]

특성	용도
• 천연 또는 인공 실리카(포졸란) 혼화재를 혼합한 시멘트이다. • 워커빌리티를 증가시키고 블리딩을 감소시킨다. • 초기강도는 작으나 장기강도는 크다. • 수밀성이 좋고 화학저항성이 크다. • 수화 발열량이 적다. • 건조, 수축이 크다.	시멘트 절약과 성질 개선을 위해 사용한다.

3) 플라이애시 시멘트 [16·12·08년 출제]

특성	용도
• 화력발전소와 같이 미분탄을 연소할 때 석탄재가 고온에 녹은 후 냉각되어 구상이 된 미립분을 혼화재로 사용한 시멘트이다. • 워커빌리티를 좋게 하며 수밀성을 크게 한다. • 수화열이 적고 건조수축도 적어 매스콘크리트 등의 수화열 억제의 용도로 이용된다. • 해수에 대한 내해수성이 크다. • 초기강도는 낮지만 장기강도가 크다.	해안, 해수공사, 하천공사, 기초공사

(3) 특수 시멘트

시멘트의 제조방법이나 화학조성 등이 포틀랜드 시멘트와는 매우 다르고 특수한 목적을 위해 사용되는 시멘트이다.

1) 알루미나 시멘트 [21·20·15·11·10·09·07년 출제]

특성	용도
• 보크사이트와 같은 산화알루미늄(Al_2O_3)의 함유량이 많은 광석과 거의 같은 양의 석회석을 혼합하여 전기로에서 완전히 용융시켜 미분쇄한 시멘트이다. • 재령 1일 만에 4주 강도를 얻을 수 있다. • 조기의 강도 발생이 커서 긴급공사, 한중공사에 유리하다. • 산, 염류, 해수 등의 화학적 침식에 대한 저항성이 크다.	동기공사, 긴급공사, 해수공사

예제 57   기출 7회

물을 가한 후 24시간 내에 보통 포틀랜드 시멘트의 4주 강도가 발현되는 시멘트는?

① 고로 시멘트
② 알루미나 시멘트
③ 팽창 시멘트
④ 플라이애시 시멘트

해설 알루미나 시멘트는 조기강도가 커서 긴급공사, 한중공사, 해수공사에 유리하다.

정답 ②

2) 팽창 시멘트

특성	용도
• 수축률이 보통 콘크리트에 비해 30% 낮다. • 수축균열을 방지할 목적으로 사용한다.	방수용, 이음 없는 포장판

7. 혼화재료

(1) 혼화제와 혼화재의 차이

1) 혼화제의 정의

① 콘크리트 속의 시멘트 중량에 대해 5% 이하를 배합한다.

② 화학제품이 많다.

2) 혼화재의 정의

① 콘크리트 속의 시멘트 중량의 5% 이상, 경우에 따라서는 50% 이상 다량으로 사용한 재료이다.

② 광물질 분말이 많다.(고로슬래그, 포졸란, 실리카 흄, 플라이애시 등) [14·09·07년 출제]

③ 천가 목적 : 워커빌리티 개량, 펌퍼빌리티 개량, 장기강도 또는 초기강도 증진에 있다. [10년 출제]

(2) 혼화제의 종류

1) AE제(공기연행제) [20·16·15·14·12·10·09·08·07년 출제]

① 콘크리트 내부에 미세한 기포를 생성, 발생시켜 콘크리트의 작업성 및 동결융해 저항성능을 향상시킨다.

② 사용 수량을 줄여 블리딩을 감소시킨다.

③ 시공연도가 좋아지므로 재료분리가 적어진다.

④ 콘크리트의 압축강도가 감소한다.

⑤ 철근의 부착강도가 감소한다.

2) 경화촉진제 [13·10·09·06년 출제]

① 콘크리트의 발열량을 높게 하여 경화가 촉진된다.

② 염화칼슘($CaCl_2$)이 들어 있어 강재(철근)의 발청, 부식을 촉진시키므로 RC 부재에는 사용하지 않는 것이 좋다.

③ 염화칼슘을 많이 사용할 경우 압축강도가 감소한다.

④ 시공연도가 빨리 감소되므로 시공을 빨리 실시하는 것이 좋다.

⑤ 한중 콘크리트의 방동효과가 있다.

3) 지연제

응결, 초기경화를 지연시킬 목적으로 사용하는 혼화제이다.

4) 급결제 [06년 출제]

시멘트의 응결시간을 매우 빠르게 하기 위하여 사용하는 혼화제로, 탄산소다(Na_2CO_3), 알루민산소다($NaAl_2O_3$), 규산소다(Na_2SiO_3) 등을 주성분으로 하는 것이 있다.

예제 58   기출 3회

혼화재료 중 혼화재에 속하는 것은?

① 포졸란   ② AE제
③ 감수제   ④ 기포제

해설 혼화재에는 고로슬래그, 포졸란, 실리카 흄, 플라이애시 등이 있다.

정답 ①

예제 59   기출 12회

다음 중 혼화제인 AE제에 대한 설명으로 옳은 것은?

① 사용 수량을 줄여 블리딩(Bleeding)이 감소한다.
② 화학작용에 대한 저항성을 저감시킨다.
③ 콘크리트의 압축강도를 증가시킨다.
④ 철근의 부착강도를 증가시킨다.

해설 AE제 사용 시 압축강도와 부착강도가 감소한다.

정답 ①

예제 60   기출 4회

콘크리트용 혼화제 중 콘크리트의 발열량을 높게 하는 것은?

① 경화촉진제   ② AE제
③ 포졸란   ④ 방수제

해설 경화촉진제는 콘크리트의 발열량을 높게 하여 한중 콘크리트의 초기 동해 방지를 위해 사용된다.

정답 ①

---

5) 방수제

콘크리트의 수밀성을 높이기 위하여 사용하는 혼화제로, 방수성을 갖게 하거나 균열 및 누수를 방지할 목적으로 사용된다.

6) 방청제 [07년 출제]

콘크리트 내부의 철근이 콘크리트에 혼입되는 염화물에 의해 부식되는 것을 억제하기 위해 이용한다.

(3) 혼화재의 종류

1) 고로 슬래그

용광로에서 선철을 만들 때 배출되는 슬래그를 냉수 등으로 급랭한 슬래그이다.

2) 포졸란(실리카)

천연 또는 인공(실리카질) 분말로 된 혼화재의 일종이다.

3) 플라이애시

화력발전소와 같이 미분탄을 연소할 때 석탄재가 고온에 녹은 후 냉각되어 구상이 된 미립분을 혼화재로 사용한다.

2 콘크리트

1. 콘크리트의 정의

① 시멘트, 물, 잔골재, 굵은 골재 및 필요에 따라 혼화재료를 혼합하여 만든 것을 말한다.
② 콘크리트에 골재를 사용하지 않고 시멘트와 물을 혼합한 것을 시멘트 풀이라 한다.
③ 잔골재(모래)를 혼합한 것은 모르타르라고 한다.

2. 콘크리트의 장단점 [13·12·10년 출제]

콘크리트의 장점	콘크리트의 단점
• 인장강도는 작고, 압축강도가 크다. • 내화적, 내구적이다. • 강재와의 접착이 잘되고, 방청력이 크다.	• 무게가 많이 나간다. • 인장강도가 작다. (압축강도의 1/10) • 경화할 때 수축에 의한 균열이 발생하기 쉽고, 이들의 보수, 제거가 곤란하다.

2. 골재와 물

(1) 골재의 분류

1) 크기에 따른 분류 [21·09·08년 출제]

분류	사용법
잔골재(모래)	5mm 체에서 중량비로 85% 이상 통과하는 골재
굵은 골재 (자갈류)	• 5mm 체에서 중량비로 85% 이상 남는 골재 • 최대치수는 25mm로 함

2) 형성원인에 따른 분류 [10년 출제]

분류	생성방법	골재의 종류
천연골재	천연작용에 의해 암석에서 생긴 골재	강모래, 강자갈, 바다모래, 바다자갈, 산모래, 산자갈 등
인공골재	암석을 부수어 만든 부순 모래	깬자갈, 슬랙 깬자갈 등

3) 비중에 따른 분류

분류	절건비중	골재의 종류
결량골재	2.0 이하	경석, 인조 경량골재 등
보통골재	2.5~2.7 정도	강모래, 강자갈, 깬자갈 등
중량골재	2.8 이상	철광석 등

(2) 골재의 비중 [10년 출제]

① 골재의 비중시험을 할 때 일반적으로 절건비중이 사용된다.

② 일반적으로 비중이 클수록 치밀하고 흡수량이 적으며, 내구성이 크다.

(3) 골재의 입도 [11·08·07·06년 출제]

골재의 작고 큰 입자의 혼합된 정도를 말한다.

1) 적당한 입도를 사용한 콘크리트의 장점

① 콘크리트의 워커빌리티가 증대된다.

② 소요 품질이 콘크리트를 만들기 위하여 단위수량 및 단위시멘트량이 적어진다.

③ 재료분리현상이 감소된다.

④ 건조수축이 적어지며 내구성도 증대된다.

예제 63   기출 2회

20kg의 골재가 있다. 5mm체에 몇 kg 이상 통과하여야 잔골재라 할 수 있는가?

① 3kg   ② 10kg
③ 12kg   ④ 17kg

해설 20kg×85%=17kg

정답 ④

예제 64   기출 1회

골재의 비중시험을 할 때 일반적으로 사용되는 비중은?

① 진비중   ② 표건비중
③ 절건비중   ④ 기건비중

해설 절건비중은 골재를 완전 건조시킨 상태이다.

정답 ③

예제 65   기출 4회

크고 작은 모래, 자갈 등이 혼합되어 있는 정도를 나타내는 골재의 성질은?

① 입도   ② 실적률
③ 공극률   ④ 단위용적중량

해설 입도는 골재의 작고 큰 입자의 혼합된 정도를 말한다.

정답 ①

예제 66   기출 5회

콘크리트에 사용하는 골재의 요구성능으로 옳지 않은 것은?

① 내구성과 내화성이 큰 것이어야 한다.

② 유해한 불순물과 화학적 성분을 함유하지 않은 것이어야 한다.

③ 입형은 각이 구형이나 입방체에 가까운 것이어야 한다.

④ 흡수율이 높은 것이어야 한다.

해설 골재는 흡수율이 높을 필요가 없다.

정답 ④

2) 체가름시험 [09년 출제]

① 골재의 입도를 구하기 위한 시험이다.

② 80/40/20/10/5/2.5/1.2/0.6/0.3/0.15mm의 10개의 체를 1조로 체가름 시험을 한다.

(4) 골재의 품질 [16·12·11·06년 출제]

① 표면은 거칠고 모양은 구형에 가까운 것이 가장 좋다.

② 강도는 경화시멘트 페이스트의 강도 이상이어야 한다.

③ 내마멸성이 있고, 화재에 견딜 수 있는 성질을 갖추어야 한다.

④ 유해량 이상의 염분이나 기타 유기 불순물이 포함되지 않아야 한다.

⑤ 입도는 조립에서 세립까지 연속적으로 균등히 혼합되어 있어야 한다.

(5) 골재의 수분 [16·09·07년 출제]

① 절대건조상태 : 골재를 완전 건조시킨 상태를 말한다.

② 기건상태 : 대기 중에 방치하여 건조시킨 것으로 내부에 약간의 수분이 있는 상태이다.

③ 표면 건조포화상태 : 골재 내부는 포수상태이며 표면은 건조한 상태이다. 콘크리트 배합설계의 기준이 된다.

④ 습윤상태 : 골재 내부와 표면에도 물이 부착되어 있는 상태를 말한다.

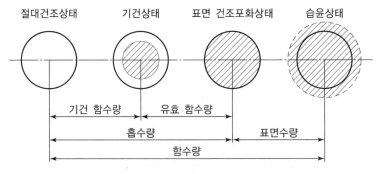

‖ 골재의 함수상태 ‖

예제 67   기출 2회

콘크리트 배합에 사용되는 수질에 대한 설명으로 옳지 않은 것은?

① 산성이 강한 물은 사용하면 콘크리트의 강도가 증가한다.

② 수질이 콘크리트의 강도나 내구력에 미치는 영향은 크다.

③ 당분은 시멘트 무게의 일정 이상이 함유되었을 경우 콘크리트의 강도에 영향을 끼친다.

④ 염분은 철근 부식의 원인이 된다.

해설 산성이 강한 물을 사용하면 콘크리트의 강도가 감소한다.

정답 ①

(6) 물 [11·08년 출제]

① 콘크리트 제조 시 혼합용수는 콘크리트 용적의 15%를 차지한다.

② 시멘트와 수화작용으로 응결·경화하고 강도를 증진시키므로 물이 콘크리트의 강도와 내구성에 미치는 영향은 매우 크다.

③ 기름, 산, 염류, 유기물 등이 콘크리트의 품질에 영향을 주므로 깨끗한 물을 사용해야 한다.

④ 해수(염분)는 철근 또는 PC 강선을 부식시키므로 절대 사용해서는 안 된다.

⑤ 산성이 강한 물을 사용하면 콘크리트의 강도가 감소한다.

⑥ 당분은 시멘트 무게의 0.1~0.2%가 함유되어도 응결이 늦고, 그 이상이면 강도가 떨어진다.

3. 배합

(1) 콘크리트 배합의 목적 [06년 출제]

① 소요강도를 얻을 수 있을 것
② 적당한 워커빌리티를 가질 것
③ 균일성이 있을 것
④ 내구성이 있을 것
⑤ 수밀성 등 기타 수요자가 요구하는 성능을 만족시킬 것
⑥ 가장 경제적일 것

(2) 콘크리트 배합설계 순서 [08·07년 출제]

요구성능 설정 → 계획배합 설정 → 시험배합 실시 → 현장배합 결정

(3) 콘크리트의 시공연도(시공성)

1) 워커빌리티(시공연도) 정의

콘크리트를 배합에서부터 타설까지의 작업의 난이도 및 재료분리에 저항하는 정도를 말한다.

2) 굳지 않은 콘크리트의 구비조건 [09·07년 출제]

① 워커빌리티가 좋을 것
② 시공 시 및 그 전후에 재료분리가 적을 것
③ 거푸집에 부어넣은 후, 균열 등 유해한 현상이 발생하지 않을 것
④ 각 시공단계에서 작업을 용이하게 할 수 있을 것

3) 워커빌리티에 영향을 미치는 요인 [10년 출제]

① 단위수량과 단위시멘트량
② 골재의 입도 및 입형
③ 시멘트의 성질
④ 비빔시간 및 온도
⑤ 공기량

TIP

중량배합 [08년 출제]

• 재료를 중량(kg)으로 표시한 것으로 계측 상 오차 없이 정확하게 만든다.
• 실험실이나 레미콘 생산배합과 같이 정밀한 배합을 요구할 때 사용한다.

예제 68   기출 2회

다음 중 배합된 콘크리트가 갖추어야 할 성질과 가장 관계가 먼 것은?

① 가장 경제적일 것
② 재료의 분리가 쉽게 생길 것
③ 소요강도를 얻을 수 있을 것
④ 적당한 워커빌리티를 가질 것

해설 재료의 분리가 생기면 소요강도를 얻을 수 없다.

정답 ②

TIP

굳지 않은 콘크리트의 성질

① 컨시스턴시(Consistency, 반죽질기)
단위수량에 의해 변화하는 콘크리트 유동성의 정도, 혼합물의 묽기 정도, 콘크리트의 변형능력의 총칭이다.
② 플라스티시티(Plasticity, 성형성)
거푸집 등의 형상에 순응하여 채우기 쉽고, 재료 분리가 일어나지 않는 성질이다.
③ 피니셔빌리티(Finishability, 마감성)
골재의 최대치수에 따라 표면정리의 난이도, 마감작업의 용이성이다.
⑤ 펌퍼빌리티(Pumpability, 압송성)
펌프에 콘크리트가 잘 밀려나가는 정도의 난이도이다.

예제 69 기출 4회

다음 중 콘크리트 시공연도 시험법으로 주로 쓰이는 것은?

① 슬럼프시험   ② 낙하시험
③ 체가름시험   ④ 표준관입시험

해설 콘크리트 시공연도 시험법
슬럼프시험, 플로(흐름)시험, 리몰딩 시험, 비비(Vee－Bee)시험, 구관입시험 등 있다.

정답 ①

예제 70 기출 1회

그림은 콘크리트의 슬럼프시험(Slump Test)결과이다. 슬럼프 값은 얼마인가?

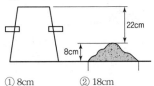

① 8cm   ② 18cm
③ 22cm   ④ 30cm

해설 30cm 높이의 콘크리트가 가라앉은 값을 슬럼프 값이라 한다.

정답 ③

4) **워커빌리티 및 컨시스턴시 측정방법** [21·15·12·09·06년 출제]

① 슬럼프시험(Slump Test) 방법

㉠ 슬럼프 통은 밑지름 20cm, 윗면의 지름 10cm, 높이가 30cm이고, 다짐봉은 지름 16mm, 길이 50cm인 강봉을 사용한다.

㉡ 통 속에 콘크리트를 용적으로 3회로 나누어 쳐 넣고 다짐봉으로 각각 25회씩 균일하게 다진 다음 통을 조용히 수직으로 들어 올린다.

㉢ 30cm 높이의 콘크리트가 가라앉은 값(X)을 슬럼프값이라 한다.

㉣ 묽은 콘크리트일수록 슬럼프값이 크다.

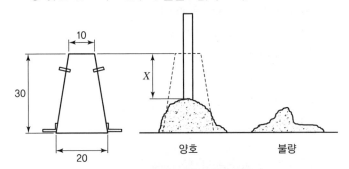

② 기타 측정방법

플로(흐름)시험, 리몰딩 시험, 비비(Vee－Bee)시험, 구관입시험 등 있다.

(4) **콘크리트의 저하요인** [14·09년 출제]

1) 작업 중에 생기는 재료분리

원인	대처 방안
• 반죽질기가 지나칠 때 • 단위수량, 단위골재량이 많을 때 • 골재의 입도 및 입형이 부적당한 경우 • 굵은 골재의 최대치수가 지나치게 큰 경우 • 물과 시멘트 페이스트로 분리(Bleeding과 Laitance)	• 콘크리트의 성형성을 증가시킨다. • 잔골재율을 크게 한다. • 물－시멘트비를 작게 한다. • 잔골재 중의 0.15~0.3mm 정도의 세립분을 많게 한다. • AE제, 플라이애시 등의 혼화재료를 적절히 사용한다.

2) 블리딩(Bleeding) [15·14·11·09년 출제]

① 콘크리트 타설 후 비중이 무거운 시멘트와 골재 등이 침하되면서 물이 분리·상승하여 미세한 부유물질과 함께 콘크리트 표면으로 떠오르는 현상을 말한다.

② 재료분리이므로 상부의 콘크리트가 다공질이 되며 강도, 수밀성, 내구성 등이 떨어진다.

3) 레이턴스(Laitance)

블리딩에 의하여 콘크리트 표면에 떠올라와 침전된 미세한 물질을 말한다.

4) 크리프(Creep) [21·08년 출제]

① 정의 : 구조물에 하중을 지속적으로 작용시켜 놓으면 하중의 증가 없이도 시간과 더불어 변형이 증가되는 현상을 말한다.

② 크리프가 증가하는 경우 : 재령이 모자랄 경우, 작용하중이 클수록, 부재의 단면치수가 작을수록, 물-시멘트비가 클수록, 온도가 높을수록, 단위시멘트량이 많을수록 등이다.

5) 콘크리트의 중성화 [06년 출제]

콘크리트가 시일이 경과함에 따라 공기 중의 탄산가스의 작용을 받아 수산화칼슘이 서서히 탄산칼슘으로 변하면서 알칼리성을 잃어가는 현상이다.

6) 내구성 저하

① 내구성 저하과정

철근의 부식 → 부피 팽창 → 콘크리트 균열 → 콘크리트 열화

② 내구성 저하의 원인 및 대책

원인	대책
• 탄산가스의 농도가 클 경우 • 시멘트의 분말도가 클 때 • 물-시멘트비가 클 경우 • 습도가 높을 경우 • 경량골재의 사용 • 온도가 높을 때 • 혼합 시멘트의 사용 • 산성비의 영향 또는 단기 재령일 때	• 혼화제(AE제, AE감수제) 사용 • 타일, 돌붙임 등의 마감 • 피복두께를 두껍게 • 부재 단면을 크게 • 장기재령 유지 • 기공률을 적게 • 습도는 높고, 온도는 낮게 • 탄산가스의 영향을 적게 • 충분한 다짐 및 양생을 충분히 할 것 • 재료분리 방지

예제 71   기출 4회

콘크리트 타설 후 비중이 무거운 시멘트와 골재 등이 침하되면서 물이 분리·상승하여 미세한 부유물질과 함께 콘크리트 표면으로 떠오르는 현상은?
① 레이턴스(Laitance)
② 초기 균열
③ 블리딩(Bleeding)
④ 크리프

정답 ③

예제 72   기출 2회

다음 중 콘크리트의 크리프에 영향을 미치는 요인으로 가장 거리가 먼 것은?
① 작용하중의 크기
② 물-시멘트비
③ 부재 단면치수
④ 인장강도

해설 인장강도는 크리프에 영향을 끼치는 요인과 무관하다.

정답 ④

예제 73   기출 10회

콘크리트가 시일이 경과함에 따라 공기 중의 탄산가스의 작용을 받아 수산화칼슘이 서서히 탄산칼슘으로 변하면서 알칼리성을 잃어가는 현상을 무엇이라 하는가?
① 블리딩
② 동결융해 작용
③ 중성화
④ 알칼리골재 반응

해설 콘크리트가 탄산가스에 노출되어 알칼리성을 일어가는 것을 중성화라 한다.

정답 ③

4. 콘크리트의 강도

(1) 콘크리트의 강도

예제 74　　　기출 5회

콘크리트의 강도 중에서 가장 큰 것은?

① 인장강도　② 전단강도
③ 휨강도　　④ 압축강도

해설 콘크리트의 강도는 압축강도이다.

정답 ④

1) 설계기준강도 [20·15·14·13·11·09·08·07년 출제]

　① 압축강도 : 콘크리트의 강도 중 가장 큰 강도이다.

　② 인장강도 : 압축강도의 약 1/10~1/13 정도이다.

　③ 콘크리트 타설 후 28일의 압축강도를 기준으로 한다.

　④ 물－시멘트비가 가장 큰 영향을 준다.

2) 부착강도

　① 콘크리트의 부착강도는 철근콘크리트구조에서 철근과 콘크리트 사이에 일어나는 부착의 정도를 말한다.

　② 콘크리트의 경화수축에 의한 철근 표면에의 압력 및 철근 표면의 상태 등에 따른 마찰력에 의해서 발생한다.

　③ 이형 철근의 부착강도가 원형 철근보다 2배 더 높고, 두꺼운 철근이 적게 들어가는 것보다 가는 철근이 여러 개 들어가서 주장을 늘리는 것이 더 유리하다.

(2) 물－시멘트비설(W/C) [14·13·09년 출제]

　① 콘크리트 강도에 영향을 미치는 요인 중에 가장 큰 영향을 미치는 것은 물－시멘트비이다.

　② 물－시멘트비가 작으면 강도는 커진다.(반비례관계)

예제 75　　　기출 3회

콘크리트의 배합에서 물－시멘트비와 가장 관계 깊은 것은?

① 강도　　　② 내동해성
③ 내화성　　④ 내수성

해설 물－시멘트비가 작으면 강도는 커진다.

정답 ①

(3) 수량 이외의 강도에 영향을 주는 요인

1) 사용재료의 품질

물－시멘트비가 일정한 콘크리트의 강도는 사용재료인 시멘트, 골재, 혼합수, 혼화재 등에 따라 달라진다.

2) 배합

물－시멘트비, 공기량, 단위시멘트량 등의 배합방법에 따라 달라진다.

3) 시공방법

콘크리트의 비빔, 다짐 등 약 10분까지는 오래 비빌수록 강도가 커지나 1분 이하일 경우에 강도는 현저하게 떨어진다.

4) 양생방법, 재령 [13·12·09년 출제]

　① 습윤양생

　　㉠ 수중보양, 살수보양하는 대중적인 방법으로 충분하게 살수하고 방수지를 덮어서 봉합양생한다.

　　㉡ 수축균열을 적게 하기 위한 보양이다.

② 증기양생

ⓐ 단기간에 소요강도를 얻기 위해 고온, 고압증기 양생한다.

ⓑ 한중기 콘크리트 PC, PS 부재에는 적합하나 알루미나 시멘트는 하지 않는다.

③ 전기양생

콘크리트 내에 직접 배선한 도선에 저압 교류에 의해 전기저항의 발열을 유발하여 콘크리트에 열을 주어 콘크리트의 경화, 촉진 및 보온하는 보양법이다.

④ 재령 [12년 출제]

온도 20℃, 습도 80% 이상으로 보양된 콘크리트가 완전히 경화한다. 일수로 재령 28일(4주간) 이상만 경과해야 한다.

5. 특수 콘크리트

(1) 무근 콘크리트

철근 등의 보강재를 사용하지 않는 콘크리트, 즉 버림 콘크리트, 밑창 콘크리트 등 철근 및 철망으로 보강하지 않는 콘크리트이다.

(2) 경량 콘크리트

1) 정의

경량골재를 사용하여 구조물의 경량화를 목적으로 만든 콘크리트로 기건 단위 용적중량이 2.0ton/m³ 이하인 것을 말한다.

2) 장단점 [09년 출제]

장점	단점
• 자중이 적어 건물 중량이 경감된다. • 내화성이 크다. • 열전도율이 적고 방음, 단열효과가 우수하다.	• 강도가 작다. • 다공질이며 건조수축이 크다. • 흡수성이 크고, 동해에 약하다.

3) 종류 [14·11·09년 출제]

① 경량기포 콘크리트 : 시멘트 페이스트 속에 AE제, 알루미늄 분말 등을 가하여 만든 경량콘크리트이다.

② A.L.C 제품 : 생석회와 규사를 혼합하여 고온·고압하에 양생하면 수열반응을 일으키는데 여기에 기포제를 넣어 경량화한 기포 콘크리트이다.

(3) AE 콘크리트 [16·14·12·10·09년 출제]

① 콘크리트에 혼화제인 AE제(표면활성제)를 첨가하여 콘크리트 중

에 미세한 기포를 발생시킨다.

② 장단점

장점	단점
• 시공연도가 향상된다. • 단위수량이 감소한다. • 수화열이 적고 내구성, 수밀성이 크다. • 재료분리, 블리딩 형상이 감소하고 시공면이 평활하게 되어 제물치장 콘크리트에 적당하다. • 화학작용에 대한 저항성과 동결 융해에 대한 저항성이 크다.	• 적당한 AE 공기량(5%)은 내구성을 증대시키나 지나친 공기량(6%)은 강도와 내구성을 저하시킨다.(공기량 1%에 대하여 압축강도는 약 4~6% 떨어진다.) • 부착강도가 저하된다. • 마감 모르타르, 타일 붙임용 모르타르의 부착력도 약간 떨어진다.

(4) PS 콘크리트(프리스트레스트 콘크리트) [12·10·09년 출제]

① 고강도선인 피아노선에 인장력을 가해둔 다음 콘크리트를 부어 넣고 경화된 후 인장력을 제거시킨 콘크리트이다.

② 공기를 단축할 수 있고 시공과정을 기계화할 수 있다.

③ 고강도 재료를 사용하므로 강도와 내구성이 큰 구조물을 만들 수 있다.

④ 부재의 크기를 작게 할 수 있으나, 항복점 이상에서 진동, 충격에 약하다.

⑤ 간사이를 길게 할 수 있어서 넓은 공간을 설계할 수 있다.

(5) 프리플레이스트 콘크리트(프리팩트 콘크리트) [20·10·08·07년 출제]

① 거푸집에 미리 자갈을 채워넣고 시멘트 모르타르를 주입시켜 만든 콘크리트이다.

② 재료분리, 수축이 보통 콘크리트의 1/2 정도로 적다.

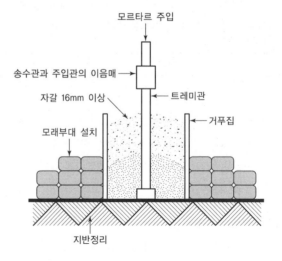

예제 78　기출 3회

고강도선인 피아노선에 인장력을 가해둔 다음 콘크리트를 부어 넣고 경화된 후 인장력을 제거시킨 콘크리트는?

① 레디믹스트 콘크리트
② 프리캐스트 콘크리트
③ 프리스트레스트 콘크리트
④ 레진 콘크리트

정답 ③

예제 79　기출 5회

거푸집에 미리 자갈을 채워넣고 시멘트 모르타르를 주입시켜 만든 콘크리트는?

① 유동화 콘크리트
② 프리팩트 콘크리트
③ 매스 콘크리트
④ 진공 콘크리트

정답 ②

예제 80　기출 3회

콘크리트 제조공장에서 주문자가 요구하는 품질의 콘크리트를 소정의 시간에 원하는 수량을 현장까지 배달·공급하는 굳지 않는 콘크리트는?

① 프리팩트 콘크리트
② 수밀 콘크리트
③ AE 콘크리트
④ 레디믹스트 콘크리트

정답 ④

(6) 레디믹스트 콘크리트 [14·11·10년 출제]

1) 정의

콘크리트 전문 제조공장에서 주문자가 요구하는 품질의 콘크리트를 소정의 시간에 원하는 수량을 현장까지 배달·공급하는 굳지 않는 콘크리트이다.

2) 레디믹스트 콘크리트의 현장 품질관리

① 외관검사   ② 슬럼프 시험
③ 공기량 시험   ④ 염화물질 함유량 시험
⑤ 강도 시험   ⑥ 단위용적 질량 시험

◆ SECTION ◆

03 점토재료

1. 점토의 개설 및 성질

(1) 개설 [20·10·08년 출제]

① 각종 암석이 풍화·분해되어 만들어진 가는 입자로 이루어져 있다.
② 점토의 주성분은 실리카, 알루미나이다.
③ 제품의 색깔과 관계있는 것은 산화철과 석회이다.
④ 점토를 구성하고 있는 점토광물은 잔류점토와 침적점토로 구분된다.

(2) 물리적 성질 [20·15·14·11·10·09·08·07년 출제]

① 점토의 비중은 일반적으로 2.5~2.6 정도이다.
② 입자가 고운 양질의 점토일수록 가소성이 좋다.
③ 미립점토의 인장강도는 3~10kg/cm²(0.3~1MPa) 정도이다.
④ 점토의 압축강도는 인장강도의 약 5배이다.
⑤ 순도가 높은 점토 소성품은 강도가 크고, 불순물이 많을수록 강도가 작다.
⑥ 가소성이 너무 큰 경우 점성조절재로 모래 또는 샤모테를 섞어서 조절한다.
　　※ 샤모테 : 구운 점토분말
⑦ 점토에 포함된 성분에 의해 산화철이 많으면 적색, 석회가 많으면 황색을 띠게 된다.

2. 점토의 분류 및 제조법

(1) 점토제품의 분류 [21·20·16·15·14·13·12·11·10·09·08년 출제]

종류	소성온도 (℃)	원료	흡수성	투명도	건축재료
토기	790 ~1,000	최저급 원료(전답토)	크다.	불투명	기와, 벽돌, 토관
도기	1,100 ~1,230	석영, 운모의 풍화물(도토)	약간 크다.	불투명	타일, 테라코타 타일, 위생도기
석기	1,160 ~1,350	양질의 점토 (내화점토)	작다.	불투명	마루 타일, 클링커 타일
자기	1,230 ~1,460	양질의 도토와 자토	아주 작다.	투명	자기질 타일, 내장벽 타일

(2) 제조법 [22·21·14·13·12·10·09년 출제]

① 원토처리 → 원료배합 → 반죽 → 성형 → 건조 → (소성 → 시유 → 소성) → 냉각 → 검사, 선별

② 소성온도를 측정하는 데는 제게르 추가 사용된다.

③ 점토제품에서 소성온도를 나타내는 SK의 번호가 표시된다.

3. 점토제품

(1) 벽돌(KS L 4201)

1) 벽돌의 치수

(단위 : mm)

구분	길이	너비	두께
내화벽돌	230	114	65
표준형	190	90	57

2) 벽돌의 품질 [14·07·06년 출제]

점토벽돌의 품질결정에 가장 중요한 요소는 압축강도와 흡수율이다.

품질기준	시료종류	압축강도(N/mm^2)	흡수율(%)
KS L 4201	1종	24.50 이상	10 이하
	2종	14.70 이상	13 이하

3) 과소품벽돌 [14·07년 출제]

① 지나치게 높은 온도로 구워서 모양이 좋지 않고 빛깔이 짙다.

② 압축강도는 매우 크고, 흡수율이 매우 적다.

③ 기초쌓기나 특수 장식용으로 이용된다.

4) 이형벽돌

특별한 모양으로 성형한 벽돌이다.

5) 다공질벽돌 [16·14·12·09·08·07·06년 출제]

① 점토에 톱밥, 목탄가루 등을 혼합하여 성형한 벽돌이다.

② 비중이 1.2~1.5 정도인 경량 벽돌이다.

③ 톱질과 못박기가 가능하다.

④ 단열 및 방음성이 좋으나 강도는 약하다.

5) 포도벽돌 [15·06년 출제]

① 마멸이나 충격에 강하며 흡수율이 작고, 내구성이 좋고 내화력이 강하다.

② 도로 포장용, 건물 옥상 포장용 및 공장 바닥용으로 사용된다.

6) 내화벽돌 [08년 출제]

① 내화성이 높은 원료인 내화점토로 성형한 벽돌이다.

② 내화도가 1,500~2,000℃ 정도인 황색 벽돌이다.

③ 치수는 230×114×65mm이고 내화 모르타르로 쌓기를 해야 한다.

④ 용광로, 시멘트 소성 가마, 굴뚝 등에 사용된다.

(2) 점토기와

1) 원료

전답의 하층토, 산흙 등 저급 점토를 원료로 사용한다.

2) 종류

① 한식기와(전통기와)

오목한 암키와, 수키와, 막새, 내림새 등이 있다.

② 일식기와(평기와)

암키와와 수키와의 구별이 없는 것이 한식기와와의 차이점이다.

③ 양식기와

유럽 각국에서 발달한 기와로 스페인식, 그리스식, 이탈리아식 등의 여러 기와가 있다.

예제 87   기출 8회

점토에 톱밥이나 분탄 등을 혼합하여 소성시킨 것으로 절단, 못치기 등의 가공성이 우수하며 방음·흡음성이 좋은 경량벽돌은?

① 이형벽돌   ② 포노벽돌
③ 다공벽돌   ④ 내화벽돌

정답 ③

예제 88   기출 2회

다음의 점토제품에 대한 설명 중 옳지 않은 것은?

① 테라코타는 공동의 대형 점토제품으로 주로 장식용으로 사용된다.
② 모자이크 타일은 일반적으로 자기질이다.
③ 토관은 토기질의 저급점토를 원료로 하여 건조·소성시킨 제품으로 주로 환기통, 연통 등에 사용된다.
④ 포도벽돌은 벽돌에 오지물을 칠해 소성한 벽돌로서, 건물의 내외장 또는 장식물의 치장에 쓰인다.

해설 포도벽돌은 도로 포장용, 바닥용으로 사용된다.

정답 ④

예제 89   기출 3회

점토제품 중 타일에 대한 설명으로 옳지 않은 것은?

① 자기질 타일의 흡수율은 3% 이하이다.

② 일반적으로 모자이크 타일은 건식법에 의해 제조된다.

③ 클링커 타일은 석기질 타일이다.

④ 도기질 타일은 외장용으로만 사용된다.

해설 도기질 타일은 흡수율이 18% 정도로 외장용으로 사용할 수 없다.

정답 ④

예제 90   기출 4회

다음 중 모자이크 타일의 재질로 가장 좋은 것은?

① 토기질   ② 자기질

③ 석기질   ④ 도기질

해설 자기질 타일이 가장 단단하며 흡수율도 가장 작다.

정답 ②

예제 91   기출 11회

재료의 주용도로서 맞지 않는 것은?

① 테라초 – 바닥마감재

② 트래버틴 – 특수실내장식재

③ 타일 – 내외벽, 바닥의 수장재

④ 테라코타 – 흡음재

해설 테라코타는 장식용 점토 소성제품이다.

정답 ④

예제 92   기출 4회

다음 중 점토제품이 아닌 것은?

① 내화벽돌

② 위생도기

③ 모자이크 타일

④ 아스팔트 타일

해설 아스팔트 타일은 석유원유로 만든 제품이다.

정답 ④

---

3) 품질

① 광택이 좋고 재질이 균질하여야 한다.

② 치수가 정확해야 한다.

③ 투수성이 작아야 한다.

④ 동해에 대한 저항성과 강도가 커야 한다.

(3) 타일

1) 특징 [15·13·12·11·08년 출제]

① 자기질 타일의 흡수율은 3% 이하이다.

② 일반적으로 모자이크 타일은 건식법에 의해 제조된다.

③ 클링커 타일은 석기질 타일이다.

④ 도기질 타일은 외장용으로 사용할 수 없다.

⑤ 압착이 충분하지 않아 떨어지는 박리현상을 주의한다.

2) 종류 [20·14·13·11·06년 출제]

종류	성질
스크래치 타일	• 표면이 긁힌 모양의 외장용 타일이다. • 표면에 먼지가 끼는 단점이 있다.
클링커 타일	• 표면이 거칠게 요철모양의 무늬가 새겨진 외부 바닥용 특수 타일로, 고온으로 충분히 소성하며 다갈색이다. • 외부바닥, 옥상 등에 사용된다.
보더 타일	• 최고급품으로 선 두르기 등 기타 장식에 쓰인다. • 길이가 폭의 3배 이상으로 가늘고 길게 된 타일로서 징두리벽 등의 장식용에 사용한다.
논슬립 타일	계단 디딤판의 끝에 붙여 미끄럼 방지를 한다.
모자이크 타일	• 정방형, 장방형, 다각형 등과 여러 색의 무늬가 있으며 자기질 타일이 가장 좋다. • 바닥이나 벽면에 장식으로 사용된다.

(4) 테라코타 [16·15·14·13·12·11·10·09·07·06년 출제]

① 석재 조각물 대신에 사용되는 장식용 점토 소성제품이다.

② 고급 점토인 도토를 사용하여 조형과 색을 자유롭게 할 수 있다.

③ 일반 석재보다 가볍고, 압축강도는 화강암의 1/2 정도이다.

④ 내화력이 화강암보다 좋고, 대리석보다 풍화에 강하여 외장에 적당하다.

⑤ 건축물의 난간벽 돌림대, 창대, 주두 등에 장식적으로 사용된다.

04 금속재, 유리

1 금속재

1. 금속재의 개설 및 분류

(1) 개설

① 철강은 철(Fe)과 탄소(C) 이외에 규소(Si), 망간(Mn), 황(S), 인(P) 등을 함유하고 있다.

② 탄소의 함유량에 따라 성질이 달라진다.

(2) 철강의 분류

1) 강재의 응력 − 변형도 곡선 [15·08년 출제]

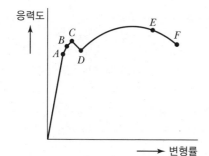

여기서, A : 비례한도
B : 탄성한도
C : 상위 항복점
D : 하위 항복점
E : 최대인장강도
F : 파괴강도

2) 탄소함유량에 따른 철의 분류 [11·09년 출제]

명칭	탄소량	성질
선철(주철)	1.7% 이상	강도와 취성이 크다.
탄소강(강철)	0.03~1.7%	• 가단성, 주공성, 담금질 효과가 있다. • 건축재료로 가장 많이 사용한다.
순철(연철)	0.04% 이하	연질이며, 합금재료이다.

3) 탄소함유량 증가의 영향 [14·09년 출제]

① 항복강도, 경도, 비열, 전기저항 등 증가

② 연신율, 열팽창계수, 비중, 용접성 등 감소

4) 온도에 따른 강도 변화 [15·09년 출제]

① 100℃ 이상 : 강도가 증가하여 250℃에서 최대가 된다.

② 500℃ : 강도가 1/2로 감소한다.

③ 900℃ : 강도가 0으로 감소한다.

예제 93   기출 2회

다음 중 탄소함유량이 가장 적은 것은?

① 주철   ② 반경강
③ 순철   ④ 최경강

해설 순철은 탄소량이 0.04% 이하이며 연질이다.

정답 ③

예제 94   기출 2회

탄소함유량이 증가함에 따라 철에 끼치는 영향으로 옳지 않은 것은?

① 항복강도의 증가
② 연신율의 증가
③ 경도의 증가
④ 용접성의 저하

해설 탄소량이 증가하면 연신율, 열팽창계수, 비중, 용접성이 감소한다.

정답 ②

(3) 가공법

1) 표면처리공정 [12년 출제]

냉간압연강판의 표면을 주석·아연 등으로 피복함으로써 방식 처리를 하는 공정이다.

2) 성형방법

종류	탄소함유량
단조	강을 가열해 기계 해머나 수압 프레스 등으로 압축하중을 가하여 정해진 모양·치수의 물품을 만든다.
압연	회전하고 있는 한 쌍의 원기둥체인 롤 사이를 통과하여 롤의 압력으로 후강판, 강판, 봉강, 형강, 봉, 선, 관 등을 제조한다.
인발	다이 구멍과 같은 치수의 단면을 가지는 제품을 뽑아 가는 못, 철사 등을 제조한다.

3) 강의 열처리방법 [14·11·07년 출제]

종류	방법	특징
풀림	조직이 조잡한 강을 726℃ 이상(800~1,000)으로 가열하여 노 속에서 서서히 냉각시킨다.	강을 연화하고 결정조직을 균질화하며 내부응력을 제거한다.
불림	강을 800~1,000℃ 이상 가열 후 공기 중에서 냉각시킨다.	강의 조직이 표준화·균질화되어 내부 변형이 제거된다.
담금질	가열 후 물이나 기름에서 급속히 냉각하는 것이다.	강도와 경도가 증가하고 신장률과 단면 수축률이 감소한다.
뜨임	담금질한 강을 변태점 이하(600℃)로 다시 가열 후 서서히 식혀 강인한 강이 되게 한다.	담금질한 강에 인성을 부여하여 강의 변형을 적게 하고 강하게 한다.

2. 금속재의 종류

(1) 철금속

1) 탄소강 [09년 출제]

① 탄소강은 0.04~1.7%의 탄소를 함유하는 철, 탄소합금으로 탄소 이외의 망간, 인, 황, 규소를 포함하고 있다.
② 탄소의 함유량에 따라 기계적 성질이 달라진다.
③ 건축재료용으로 가장 많이 이용된다.

예제 95   기출 1회

강재의 인장강도가 최대가 되는 온도는 대략 어느 정도인가?

① 0℃   ② 150℃
③ 250℃   ④ 500℃

해설 강재의 강도는 100℃부터 증가하여 250℃에서 최대가 되고 500℃에서 1/2 감소, 900℃에서 0이 된다.

정답 ③

예제 96   기출 1회

열연강판을 화학처리하여 표면에 있는 녹 등 불순물을 제거한 다음 상온에서 다시 한 번 압연한 것으로 두께가 얇으며 표면이 미려하여 자동차, 가구, 사무용기구 등에 사용되는 철강가공 방법은?

① 냉간압연   ② 담금질
③ 불림   ④ 풀림

정답 ①

예제 97   기출 1회

강의 열처리방법 중 담금질에 의하여 감소하는 것은?

① 강도   ② 경도
③ 신장률   ④ 전기저항

해설 담금질의 열처리 후 강도와 경도가 증가하고 신장률은 감소한다.

정답 ③

예제 98   기출 1회

다음 중 건축재료용으로 가장 많이 이용되는 철강은?

① 탄소강   ② 니켈강
③ 크롬강   ④ 순철

해설 탄소강은 탄소의 함유량에 따라 기계적 성질이 달라지는 것을 이용한다.

정답 ①

2) TMCP강 [12년 출제]

구조물의 고층화, 대형화의 추세에 따라 우수한 용접성과 내진성을 가진 극후판의 고강도 강재이다.

(2) 비철금속 [20·16·15·14·13·12·11·10·09·08·06년 출제]

종류	성분	특징	용도
구리(동)	황동광 또는 휘동광 등을 용광로에서 가열한 다음 다시 전기분해에 의해 동으로 정재된다.	• 전성, 연성이 뛰어나고 가공성이 풍부하다. • 전기, 열전도율이 크다. • 건조 공기에는 부식이 안 되고 습기에는 녹청색을 띤다. • 알킬리싱(암모니아) 용액에 침식이 잘되며, 산성 용액에는 잘 용해된다.	지붕잇기, 홈통, 철사, 못, 철망 등
황동	구리(Cu)와 아연(Zn)의 합금	• 황색 또는 금색을 띠며 구리보다 단단하고 주조가 잘되며, 가공하기 쉽다. • 내식성이 크고 외관이 아름답다.	논슬립, 창문의 레일, 장식 철물, 나사, 볼트, 너트 등
청동	구리와 주석의 합금	강하고 단단하며 황동보다 내식성이 크고 주조하기 쉽다. 표면에 특유의 아름다운 청록색 광택을 띤다.	장식철물, 공예재료 등
알루미늄	보크사이트로 순수한 알루미나(Al₂O₃)를 전기분해 하여 만든 은백색 경금속이다.	• 가볍고 비중에 비해 강도가 크다. • 비중이 작다.(2.77로 철의 약 1/3) • 전기나 열의 전도율이 크다. • 전성, 연성이 좋아 가공이 쉽다. • 공기 중에 산화막이 생겨 내식성이 크다. • 산, 알칼리에 침식된다. (콘크리트 표면에 바로 대면 부식) • 용융점이 낮다.	창호, 커튼 레일, 가구, 실내장식 등

예제 99 · 기출 6회

동에 대한 설명으로 옳은 것은?
① 전성, 연성이 크다.
② 열전도율이 작다.
③ 건조한 공기 중에서도 산화된다.
④ 산, 알칼리에 강하다.

해설 구리(동)는 전성·연성이 뛰어나 가공성이 풍부하다.

정답 ①

예제 100 · 기출 4회

다음 합금의 구성요소로 틀린 것은?
① 황동 = 구리 + 아연
② 청동 = 구리 + 납
③ 포금 = 구리 + 주석 + 아연 + 납
④ 두랄루민 = 알루미늄 + 구리 + 마그네슘 + 망간

해설 청동 = 구리 + 주석이다.

정답 ②

예제 101 · 기출 6회

알루미늄의 주요 특성에 대한 설명 중 틀린 것은?
① 알칼리에 강하다.
② 열전도율이 높다.
③ 강도, 탄성계수가 작다.
④ 용융점이 낮다.

해설 알루미늄은 알칼리에 약하다.

정답 ①

예제 102 · 기출 2회

금속 중에서 비교적 비중이 크고 연하며 방사선을 잘 흡수하므로 X선 사용 개소의 천장·바닥에 방호용으로 사용되는 것은?

① 황동　　　② 알루미늄

③ 구리　　　④ 납

해설 납은 차폐효과가 콘크리트의 100배 정도로 높다.

정답 ④

종류	성분	특징	용도
두랄루민	알루미늄에 구리, 망간, 마그네슘을 넣어 합금하여 용도에 맞게 특수 제작한 것이다.	• 경량이고 강도가 높고, 내식성이 크다. • 염분이 있는 해수에는 부식된다.	항공기, 자동차, 기타 기계부품 등
주석	은백색의 광택이 나는 금속원소의 한 가지로 주요 광석은 산화주석(SnO_2)에서 제조되며 보통의 주석 순도는 99% 정도이다.	• 전성과 연성이 크고, 공기 중이나 수중에서 녹슬지 않는다. 부식에 대한 저항성이 커 유기산에 침식되지 않는다. • 양철판은 철판에 주석을 도금한 것이다.	식기, 통조림, 식료품용 등
납	방납광, 백납광 등의 광석을 제련하여 얻는다.	• 금속 중에 비중이 가장 크고, 연성, 전성이 좋아 압연 가공성이 풍부하다. • 방사선 차폐효과가 콘크리트의 100배 정도이다. • 대기 중 보호막이 형성되어 부식되지 않는다. • 내산성이며 알칼리에 침식된다. • 열전도율이 작으나 온도변화에는 신축성이 크다.	송수관, 가스관, X-선실 등
텅스텐		금속을 가열했을 때 녹는 용융점이 가장 높다.	

3. 금속재료의 부식과 방지

(1) 부식작용 [15·09년 출제]

① 오수, 연수, 경수 등에 함유된 성분에 의해 부식된다.

② 습기 및 수중에 탄산가스가 존재하면 부식된다.

③ 바닷가 공기 속의 염분에 의해 부식된다.

④ 산성흙 속에서 부식한다.

⑤ 동판과 철판을 같이 사용하면 부식이 된다.

⑥ 철판의 자른 부분 및 구멍을 뚫은 주위는 다른 부분보다 빨리 부식된다.

(2) 방식방법 [15·14·13·09·07·06년 출제]

① 다른 종류의 금속을 서로 잇대어 사용하지 않는다.

② 균질한 재료를 사용한다.

③ 표면을 깨끗하게 하고 물기나 습기가 없도록 한다.

④ 도료나 내식성이 큰 금속으로 표면에 피막을 하여 보호한다.

⑤ 큰 변형을 준 것은 가능한 한 풀림하여 사용한다.

⑥ 자기질 법랑을 입힌다.

⑦ 부분적인 녹은 빨리 제거한다.

4. 금속제품

(1) 철근

① 콘크리트 속에 묻어서 콘크리트의 인장력을 보강하기 위해 쓰는 강재이다.

② 둥근 철근(SR) 2종류와 이형 철근(SD) 5종류가 있다.

③ 건설공사에서는 콘크리트와 부착이 잘되는 표면이 요철형으로 된 이형 철근이 많이 쓰이며, 마디와 리브가 높은 것일수록 부착이 잘된다.

④ 이형 철근 표시방법 [16 · 15 · 12 · 09년 출제]

직경 13mm(D13), 간격 200mm(@200)으로 표기한다.

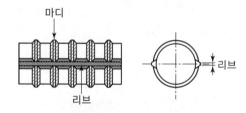
마디
리브
리브

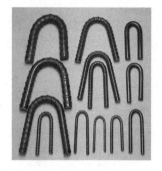

(2) 와이어메시

① 굵은 보통 철선을 격자 형태로 만든 다음 교차되는 곳을 용접으로 붙여 제작한다.

② 콘크리트 보강용, 도로 포장용으로 사용된다.

예제 103   기출 6회

금속의 부식방지법으로 틀린 것은?

① 상이한 금속은 접속시켜 사용하지 말 것
② 균질의 재료를 사용할 것
③ 부분적인 녹은 나중에 처리할 것
④ 청결하고 건조상태를 유지할 것

해설 부분적이 녹은 빨리 제거한다.

정답 ③

예제 104   기출 10회

이형 철근에서 표면에 마디를 만드는 이유로 가장 알맞은 것은?

① 부착강도를 높이기 위해
② 인장강도를 높이기 위해
③ 압축강도를 높이기 위해
④ 항복점을 높이기 위해

해설 이형 철근의 마디와 리브가 높은 것일수록 부착이 잘된다.

정답 ①

예제 105   기출 10회

이형 철근의 직경이 13mm이고 배근 간격이 150mm일 때 도면 표시법으로 옳은 것은?

① ϕ13@150   ② 150ϕ13
③ D13@150   ④ @150D13

해설 직경 13mm(D13), 간격 150mm(@150)으로 표기한다.

정답 ③

(3) 와이어로프

① 몇 개의 강선을 꼬아 만든 선을 다시 꼬아 만든 것이다.

② 엘리베이터, 크레인, 케이블카 등에 사용된다.

(4) 긴결 철물 및 고정철물 [11년 출제]

1) 강의 긴결철물 및 고정철물

고력볼트, 리벳, 스크류 앵커 등이 있다.

(a) 둥근머리 리벳   (b) 납작머리 리벳   (c) 접시머리 리벳

(d) 둥근접시머리 리벳   (e) 나사 리벳

‖ 리벳의 종류 ‖

2) 듀벨(Dowel) [20·15·13·08년 출제]

목재와 목재 사이에 끼워서 전단력을 보강하는 철물이다.

예제 106   기출 1회

다음 중 강을 사용하여 만든 긴결철물 및 고정철물이 아닌 것은?

① 고력볼트   ② 리벳
③ 스크류 앵커   ④ 조이너

해설 조이너는 재료 분리대이다.

정답 ①

예제 107   기출 6회

철골구조에서 사용되는 접합방법에 속하지 않는 것은?

① 용접접합   ② 듀벨접합
③ 고력볼트접합   ④ 핀접합

해설 듀벨접합은 목재와 목재 사이에 끼워 전단력을 보강하는 철물이다.

정답 ②

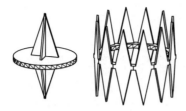

┃듀벨 ┃

3) 꺾쇠

목구조의 접합 또는 보강용으로 양끝을 뾰족하게 ㄷ자형으로 구부려 목재를 연결시키거나 엇갈리게 고정시킬 때 사용되며 길이는 5~18cm 정도를 사용한다.

4) 세퍼레이터(Separator) [10·09년 출제]

거푸집과 거푸집 사이에 넣어서 거푸집 간격을 일정하게 유지시켜 줄 때 사용한다.

5) 컬럼밴드(Column Band)

사각기둥 작업 시 거푸집이 벌어지는 것을 막기 위해 사면을 조여주는 철물이다.

6) 드롭헤드(Drop Head) [14년 출제]

철재 또는 금속재 거푸집에 사용되는 철물로서 지주를 제거하지 않고 슬래브 거푸집만 제거할 수 있도록 한다.

┃드롭헤드 ┃

7) 못 [11년 출제]

① 쇠못, 구리못, 황동못 등이 있고 골형의 볼록한 곳에 박는다.
② 못의 길이는 널 두께의 2.0~2.5배 이상의 것을 쓴다.
③ 아연도금 한 못은 슬레이트, 함석잇기, 지붕과 같이 빗물을 받는 곳에 쓴다.

예제 108   기출 2회

다음 중 거푸집 상호 간의 간격을 유지하는 데 쓰이는 긴결재는?
① 꺾쇠   ② 컬럼밴드
③ 세퍼레이터   ④ 듀벨

정답 ③

(5) 박판 및 가공품

1) 아연 철판

① 박강판에 아연도금 한 것을 함석판이라 하고 골판을 골함석이라 한다.

② 지붕공사에는 두께 #28~#31을 사용한다.

③ 아연 철판은 두께를 번(#)으로 표시하고 번수가 작을수록 두껍다.

④ 홈통, 지붕 등에 사용된다.

2) 펀칭 메탈(Punching Metal) [11·10년 출제]

① 금속판에 여러 가지 무늬의 구멍을 뚫은 것이다.

② 환기구멍, 라디에이터 커버 등에 사용된다.

3) 메탈 라스(Metal Lath) [14·10년 출제]

얇은 강판에 일정한 간격으로 금을 내고 늘려서 그물코 모양으로 만든 것으로 모르타르 바탕에 사용한다.

4) 코너 비드(Corner Bead) [15·14·12·07·06년 출제]

① 벽, 기둥 등의 모서리를 보호하기 위하여 미장공사 전에 사용하는 철물이다.

② 아연도금 철제, 스테인리스 철제, 황동제, 플라스틱 등이 있다.

 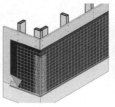 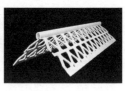

5) 논슬립(Non Slip) [09년 출제]

① 미끄럼을 방지하기 위하여 홈파기, 고무 삽입 등으로 계단 코에 설치한다.

② 철제, 놋쇠, 황동, 스테인리스 강제 등이 있다.

예제 109 기출 2회

얇은 금속판에 여러 가지 모양으로 도려낸 철물로서 환기공·라디에이터 커버 등에 이용되는 것은?

① 코너 비드　② 듀벨
③ 논슬립　④ 펀칭 메탈

해설 펀칭 메탈은 환기구멍, 라디에이터 커버에 사용된다.

정답 ④

예제 110 기출 2회

얇은 강판에 마름모꼴의 구멍을 연속적으로 뚫어 만든 것으로 천장, 내벽 등의 회반죽 바탕에 균열 방지의 목적으로 쓰이는 금속제품은?

① 코너 비드　② 메탈 라스
③ 펀칭 메탈　④ 와이어메시

해설 메탈 라스는 금을 내어 그물코 모양으로 잡아당겨 만들어 모르타르 바탕에 사용한다.

정답 ②

예제 111 기출 5회

코너 비드(Corner Bead)를 사용하기에 가장 적합한 곳은?

① 난간 손잡이　② 창호 손잡이
③ 벽체 모서리　④ 나선형 계단

해설 코너 비드는 모서리 보호를 위해 사용한다.

정답 ③

6) 인서트(Insert) [13·12년 출제]

콘크리트 슬래브에 묻어 천장의 반자틀 등을 달아매고자 할 때 사용한다.

7) 멀리온(Mullion) [11·06년 출제]

창 면적이 클 때에는 스틸바만으로는 약하며, 여닫을 때의 진동으로 유리가 파손될 우려가 있으므로 이것을 보강하고 외관을 꾸미기 위해 사용한다.

(6) 창호철물

1) 경첩 [08년 출제]

① 여닫이 창호를 달 때 한쪽 문틀에 다른 한쪽의 문짝을 고정하고 여닫이 축이 되는 철물이다.

② 종류로는 숨은 경첩, 자유경첩, 내닫이 경첩 등이 있다.

2) 플로어 힌지(Floor Hinge)

① 상점의 유리문처럼 무거운 여닫이문에 사용된다. [15년 출제]

② 바닥에 오일이나 스프링 유압 밸브를 장치하여 문을 열면 저절로 닫히게 된다.

3) 피벗 힌지(Pivot Hinge)

바닥에 플로어 힌지를 쓸 때 문 위쪽에 쓰이는 철물로 경쾌한 개폐를 할 수 있는 도어의 일종이다.

┃경첩┃

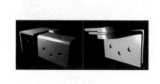

┃플로어 힌지┃

┃피벗 힌지┃

4) 레버터리(Lavatory Hinge) 힌지 [11년 출제]

① 일종의 스프링 힌지로 항상 15cm 정도 열리도록 닫히며 표시기가 없어도 비어 있는 것이 판별되고 사용 시에는 안에서 잠그도록 되어 있다.

② 공중용 변소나 전화실 출입문 등에 사용한다.

예제 112 기출 2회

콘크리트구조 바닥판 밑에 묻어 반자틀 등을 달아매고자 할 때 사용되는 철물은?
① 메탈 라스 ② 논슬립
③ 인서트 ④ 앵커 볼트

정답 ③

예제 113 기출 1회

다음 창호 부속철물 중 경첩으로 유지할 수 없는 무거운 자재 여닫이문에 쓰이는 것은?
① 플로어 힌지(Floor Hinge)
② 피벗 힌지(Pivot Hinge)
③ 레버터리 힌지(Lavatory Hinge)
④ 도어체크(Door Check)

해설 무거운 자재 여닫이문에는 플로어 힌지가 사용된다.

정답 ①

예제 114

기출 2회

창호와 창호철물의 연결에서 상호 관련성이 없는 것은?
① 오르내리창-크레센트
② 여닫이문-도어체크
③ 도어 행거-실린더
④ 자재문-자유경첩

해설 도어행거는 접문에 사용된다.

정답 ③

예제 115

기출 8회

창호철물 중 열린 문이 자동적으로 닫히게 하는 개폐조절기의 명칭은?
① 크레센트   ② 도어 클로저
③ 경첩   ④ 모노 로크

정답 ②

5) 도어 행거(Door Hanger) [15·07년 출제]

접문의 이동장치에 문짝의 크기에 따라 2개 또는 4개의 바퀴가 달린다.

6) 도어 스톱(Door Stop)

열린 문짝이 벽 등에 손상되는 것을 막기 위해 바닥 또는 옆 벽에 대는 철물이다.

7) 도어 클로저, 도어 체크(Door Closer, Door Check)

[16·12·11·07·06년 출제]

문을 자동적으로 닫히게 하는 장치로서 스프링 경첩의 일종이다.

8) 크레센트(Crescent) [16·15·07년 출제]

오르내리창에 사용되는 걸쇠이다.

9) 나이트 래치(Night Latch)

외부에서는 열쇠로, 내부에서는 손잡이를 틀어 열 수 있는 실린더 장치의 자물쇠이다.

10) 모노 로크(Mono Lock) [11년 출제]

손잡이대 속에 자물쇠가 있는 것이다.

| 도어 홀더 | | 도어 스톱 | | 도어 클로저 |

(a) 경첩(Fast Pin)   (b) 경첩(Loose Pin)   (c) 프랑스 경첩   (d) 자유경첩   (e) 그래비티 힌지

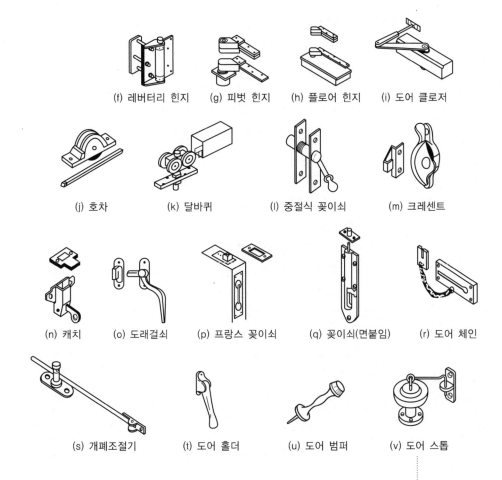

(f) 레버터리 힌지 (g) 피벗 힌지 (h) 플로어 힌지 (i) 도어 클로저

(j) 호차 (k) 달바퀴 (l) 중절식 꽂이쇠 (m) 크레센트

(n) 캐치 (o) 도래걸쇠 (p) 프랑스 꽂이쇠 (q) 꽂이쇠(면붙임) (r) 도어 체인

(s) 개폐조절기 (t) 도어 홀더 (u) 도어 범퍼 (v) 도어 스톱

② 유리재료

1. 유리재료의 개요와 성질

(1) 유리재료의 개요

유리는 18세기 말에 소다석회유리(Soda Glass)가 발명되면서 제조방법이 개량되고 대량생산이 가능하게 되었다.

(2) 유리의 주원료

1) 산성 원료

① 규산(SiO_2), 붕산(H_3BO_3) 등이 주성분이다.

② 1,400∼1,550℃의 고온에서 액상체로 결정화되지 않고 상온에서 냉각동결 되어 광학적으로 투명한 유리가 된다.

2) 염기성 원료

소다, 산화칼륨, 석회, 중토 등이 있다.

창유리의 강도란 일반적으로 어떤 것을 말하는가?

① 압축강도   ② 인장강도
③ 휨강도   ④ 전단강도

해설 유리의 강도는 휨강도를 말하며 500~750kg/cm²이다.

정답 ③

예제 117   기출 13회

다음 중 결로(結露)현상 방지에 가장 적합한 유리는?

① 무늬유리   ② 강화판유리
③ 복층유리   ④ 망입유리

해설 복층유리는 단열, 차음, 결로에 좋다.

정답 ③

예제 118   기출 10회

안전유리의 일종으로 유리평면 및 곡면의 판유리를 약 600℃까지 가열하였다가 양면을 냉각공기로 급랭한 유리는?

① 보통판유리   ② 복층유리
③ 무늬유리   ④ 강화유리

정답 ④

예제 119   기출 3회

유성 성분에 산화 금속류의 착색제를 넣은 것으로 스테인드글라스의 제작에 사용되는 유리제품은?

① 색유리   ② 복층유리
③ 강화판유리   ④ 망입유리

해설 색유리를 도안에 맞춰 절단해서 장식용 창에 사용한다.

정답 ①

(3) 유리의 성질

① 보통 유리의 비중은 2.5 내외이다.
② 납, 아연, 알루미나 등의 금속산화물을 포함하면 비중은 커진다.
③ 창유리의 강도는 휨강도를 말한다. [16·12·11·10·08년 출제]
④ 보통 유리는 모스경도로 약 6 정도이다.
⑤ 열전도율은 콘크리트의 1/2 정도이다.
⑥ 연화점
    ㉠ 보통유리 : 740℃
    ㉡ 컬러유리 : 1,000℃
⑦ 흡수율
    ㉠ 깨끗한 창유리의 흡수율은 2~6%이다.
    ㉡ 두께가 두꺼울수록, 불순물이 많을수록, 착색된 색깔이 짙을수록 광선의 흡수율이 커진다. [11년 출제]
⑧ 자외선 차단성분인 산화제2철을 조절할 수 있다.

2. 유리제품의 종류

(1) 복층유리(Pair Glass) [15·14·13·12·11·10·09·07·06년 출제]

① 2장 또는 3장의 판유리를 일정한 간격을 두고 금속 테두리로 기밀하게 하고 건조공기를 봉입한 유리이다.
② 단열성, 차음성이 좋고, 결로현상을 방지할 수 있다.

(2) 강화유리(열처리유리) [20·16·15·13·11·10·08·07년 출제]

① 판유리를 600℃쯤 가열했다가 급랭하여 기계적 성질을 증가시킨 유리이다.
② 보통 유리 강도의 3~5배 정도 크며, 충격강도는 5~10배 정도이다.
③ 파괴 시 모래처럼 잘게 부서져 파편에 의한 부상이 적다.
④ 현장에서 가공절단이 불가능하므로 사전에 소요치수대로 절단가공하여 사용한다.
⑤ 자동차 앞 유리, 형틀 없는 문 등에 사용된다.

(3) 스테인드글라스(Stained Glass) [13·12·08년 출제]

각종 색유리의 작은 조각을 도안에 맞추어 절단해서 조합하여 모양을 낸 것으로 성당의 창, 상업건축의 장식용으로 사용된다.

(4) 망입유리 [10년 출제]

금속망을 유리 가운데에 넣은 것으로 비상통로의 감시창 및 진동이 심한 장소에 사용되는 유리이다.

(5) X선 차단유리 [13년 출제]

유리원료에 납을 섞어 유리에 산화납 성분을 포함시킨 유리로 병원의 X선 차단용으로 사용된다.

(6) 로이유리(Low - E Glass)

저방사 단열성이 뛰어난 에너지 절약형 유리이다.

(7) 열선 흡수유리 [13·07년 출제]

① 단열유리라고도 하며 철, 니켈, 크롬 등이 들어 있는 유리로 담청색을 띠고 태양광선 중 장파 부분을 흡수한다.
② 차량유리, 서향의 창문 등에 사용된다.

(8) 자외선 투과유리 [11년 출제]

① 자외선을 차단하는 산화제2철(Fe_2O_3)의 함량을 줄여 위생상 좋은 자외선을 50~90% 투과시킨다.
② 온실, 병원의 일광욕실 등에 사용된다.

(9) 자외선 차단유리 [13·06년 출제]

① 자외선을 차단하는 산화제2철(Fe_2O_3)을 증가시켜 자외선의 화학작용을 방지할 목적으로 사용되는 유리이다.
② 진열장, 용접공 및 컴퓨터 보안경 등에 사용된다.

3. 2차 성형유리제품

(1) 유리 블록(Glass Block) [14·11년 출제]

① 속이 빈 상자모양의 유리 둘을 맞대어 저압공기를 넣고 녹여 붙인 것으로, 옆면은 모르타르가 잘 부착되도록 합성수지 풀로 돌가루를 붙여 놓은 유리제품이다.
② 실내의 투시를 어느 정도 방지하므로 벽에 붙이면 간접 채광, 의장 벽면, 방음, 방화, 단열, 내화성이 좋다.

예제 120   기출 2회

철, 니켈, 크롬 등이 들어 있는 유리로서 서향일광을 받는 창에 사용되며 단열유리라고도 불리는 것은?
① 열선 반사유리
② 자외선 투과유리
③ 열선 흡수유리
④ 자외선 흡수유리

정답 ③

예제 121   기출 2회

유리에 함유되어 있는 성분 가운데 자외선을 차단하는 주성분이 되는 것은?
① 황산나트륨(Na_2SO_4)
② 탄산나트륨(Na_2CO_2)
③ 산화제2철(Fe_2O_3)
④ 산화제철(FeO)

해설 자외선의 화학작용을 방지하여 의류품 진열창, 식품 또는 약품 창고 유리로 사용한다.

정답 ③

예제 122   기출 2회

속이 빈 상자모양의 유리 둘을 맞대어 저압공기를 넣고 녹여 붙인 것으로, 옆면은 모르타르가 잘 부착되도록 합성수지 풀로 돌가루를 붙여 놓은 유리제품은?
① 유리 블록   ② 프리즘 타일
③ 유리섬유   ④ 결정화유리

정답 ①

(2) 폼글라스(Foam Glass)

① 유리원료에 발포질 물질을 혼입하여 약 850℃ 정도로 가열해서 미세기포를 발생시켜 만든 판이다.

② 흑갈색 불투명 다포질판으로 단열재, 보온재, 방음재로 벽면, 천장 등에 사용된다.

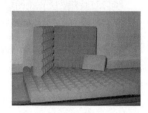

▐ 폼글라스 ▐

예제 123   기출 5회

지하실이나 옥상 채광의 목적으로 많이 쓰이는 유리는?

① 프리즘 유리   ② 로이유리
③ 유리 블록   ④ 복층유리

정답 ①

(3) 프리즘 타일(프리즘 유리)

[20 · 13 · 12 · 09 · 08년 출제]

지하실이나 옥상의 채광용으로 입사 광선의 방향을 바꾸거나 확산 또는 집중시킬 목적으로 사용되는 유리제품이다.

▐ 프리즘 유리 ▐

(4) 유리섬유(Glass Wool) [13년 출제]

① 녹인 유리로 섬유모양의 건축용 판상으로 만든 것이다.

② 불연성이고 무연, 무가스성이다.

③ 내열성, 내화성이 우수하며 내열온도 300~550℃, 연화온도 840℃이다.

▐ 유리섬유 ▐

④ 흡음, 보온재, 화학공장의 산여과용, 먼지 흡수재에 사용된다.

05 미장, 방수재료

1 미장재료

1. 미장재료의 개요

(1) 정의 [09년 출제]

미장재료 내 외벽이나 바닥, 천장 등에 흙손이나 스프레이건 등을 이용하여 일정한 두께로 발라 마무리하는 데 사용되는 재료이다.

(2) 미장재료의 응결방식에 따른 분류 [15·12·11·09·07년 출제]

응결경화방식	설명
수경성	물만 있으면 공기 중이나 수중에서도 굳는 것을 말하며 시멘트계와 석고계가 있다. (시멘트 모르타르, 킨즈 시멘트, 경석고 플라스터, 혼합석고 플라스터, 보드용석고 플라스터, 순석고 플라스터)
기경성	공기 중에서만 경화하고, 수중에서는 굳어지지 않는 것을 말하며 석회계 플라스터와 흙, 섬유벽이 있다. (회반죽, 회사벽, 돌로마이트 플라스터, 진흙)

2. 미장재료의 구성

(1) 고결재(결합재) [09·08년 출제]

독자적으로 물리적·화학적으로 고체화하여 미장재료의 주체가 되는 재료이다.

1) 소석회

① 기경성 분말로 비중이 1.08 정도이다.

② 경화된 반죽의 경도는 시멘트 모르타르보다 낮다.

③ 접착성이 적어 풀로 반죽한다. [20·11년 출제]

④ 수축균열이 커서 여물로 방지한다.

2) 돌로마이트 석회(돌로마이트 플라스터) [21·20·15·11·10·09·08·06년 출제]

① 점성이 높아 풀을 넣을 필요가 없다.

② 변색과 곰팡이 냄새가 없다.

③ 표면 경도가 회반죽보다 크고 작업성이 좋다.

④ 건조, 경화 시에 수축률이 가장 커서 균열 보강을 위한 여물을 꼭

---

⑤ 강알칼리성이므로 건조 후 바로 유성 페인트를 칠할 수 없다.

예제 127   기출 8회

미장재료 중 돌로마이트 플라스터에 대한 설명으로 틀린 것은?

① 수축균열이 발생하기 쉽다.
② 소석회에 비해 작업성이 좋다.
③ 점도가 없어 해초풀로 반죽한다.
④ 공기 중의 탄산가스와 반응하여 경화한다.

해설 돌로마이트 플라스터는 점도가 높아 풀이 필요 없다.

정답 ③

3) 석고(수경성 재료)

① 비중은 2.6이며 강도는 소석회보다 크다.
② 점성이 가장 많아 해초풀을 사용할 필요가 없다.
③ 다른 미장재료보다 응고가 빠르며 팽창한다.
④ 약산성이므로 유성 페인트 마감이 가능하다.

4) 점토(기경성 재료)

흙재료는 진흙, 풍화토, 모래, 짚여물 등을 사용하고 물로 이겨 반죽하여 공기 중에 건조한다.

(2) 여물 [20·16·15·11·08·07년 출제]

결합재의 하나로서 미장재료에 혼합하여 보강, 균열 방지의 역할을 하는 섬유질 재료이다.

예제 128   기출 6회

결합재의 하나로서 미장재료에 혼합하여 보강, 균열 방지의 역할을 하는 섬유질 재료를 무엇이라 하는가?

① 풀   ② 여물
③ 골재   ④ 안료

해설 여물은 보강, 균열 방지의 역할을 한다.

정답 ②

(3) 풀

접착성을 개선하는 재료로 미역, 가사리, 황각 등의 해초를 건조하여 끓어 체에 걸러 사용한다.

(4) 염화칼슘 [11·07년 출제]

미장용 혼합재료 중 응결시간을 단축시키는 것을 목적으로하는 급결제이다.

예제 129   기출 2회

미장용 혼화재료 중 응결시간을 단축시키는 것을 목적으로 하는 급결제에 속하는 것은?

① 카본블랙   ② 점토
③ 염화칼슘   ④ 이산화망간

해설 염화칼슘은 응결시간을 단축시켜준다.

정답 ③

(5) 여물과 풀 사용 여부 [14·11·06년 출제]

고결재 종류	여물	풀
석고	경화 수축이 적어 여물 불필요	점성이 가장 많아 해초풀 불필요
돌로마이트 석회	수축 균열이 커서 여물 필요	접착성이 커서 해초풀 불필요
점토	수축 균열이 커서 여물 필요	접착성이 있어 해초풀 불필요
소석회	수축 균열이 커서 여물 필요	접착성이 작아서 해초풀 필요
석회	미세 수축 균열이 생겨 여물 필요	점성이 없어 해초풀 필요

3. 여러 가지 미장 바름

(1) 회반죽, 회사벽

1) 회반죽 [16·14·13·11·10·09·08·07년 출제]

① 소석회＋모래＋해초풀＋여물 등을 바르는 미장재료로서 목조바탕, 콘크리트 블록 및 벽돌 바탕 등에 사용된다.

② 건조, 경화 시 수축률이 크기 때문에 여물을 사용한다.

③ 공기 중의 탄산가스(이산화탄소)와 화학작용을 통해 굳어진다.

2) 회사벽

① 석회죽＋모래를 넣어 반죽한 것으로 해초풀은 넣지 않는다.

② 풀 없이 사용하며 바름 벽이 깨끗하다.

③ 경도가 약해 잘 쓰지 않는다.

(2) 석고 플라스터 [15·14·11·06년 출제]

① 수화하여 굳어지므로 내부까지 거의 동일한 경도가 된다.

② 경화, 건조 시 치수 안정성이 우수하다.

③ 점성이 많아 해초풀을 사용하지 않는다.

④ 미장재료 중 균열 발생이 가장 적다.

⑤ 결합수로 인하여 방화성이 크다.

⑥ 유성 페인트 마감이 가능하다.

(3) 시멘트 모르타르

① 시멘트 모르타르 바름 위에 내알칼리성 도료를 칠하여 종이를 발라 마감을 한다.

② 철골조는 방식성과 내열성을 주기 위해 석면, 펄라이트 등을 섞어서 3cm 두께로 뿜어서 바름마감을 한다.

③ 초벌과 정벌 2회 바름, 상급공사는 초벌, 재벌, 정벌한다.

④ 바름 두께는 천장, 차양은 15mm 이하, 그 밖은 15mm 이상이다.

(4) 리신 바름 [14년 출제]

돌로마이트에 화강석 부스러기, 색모래, 안료 등을 섞어 정벌 바름하고 충분히 굳지 않은 상태에서 표면을 거친 솔, 얼레빗 같은 것으로 긁어 거친 면으로 마무리한 인조석 바름이다.

예제 130 　　　기출 8회

회반죽이 공기 중에서 굳어질 때 필요한 물질은?

① 산소 　　② 수증기
③ 탄산가스 　④ 질소

해설 회반죽은 탄산가스와 화학작용을 통해 굳어진다.

정답 ③

예제 131 　　　기출 4회

회반죽 바름에서 여물을 넣는 주된 이유는?

① 균열을 방지하기 위해
② 점성을 높이기 위해
③ 경화속도를 높이기 위해
④ 경도를 높이기 위해

해설 여물은 균열 방지를 위해 넣는다.

정답 ①

TIP

경석고 플라스터 [14·12년 출제]
무수석고가 주재료이며 경화한 것은 강도와 표면경도가 큰 재료로서 킨즈 시멘트라고도 불린다.

예제 132 　　　기출 5회

다음 미장재료 중 균열 발생이 가장 적은 것은?

① 돌로마이트 플라스터
② 석고 플라스터
③ 회반죽
④ 시멘트 모르타르

해설 석고 플라스터는 균열 발생이 가장 적어 해초풀을 사용하지 않는다.

정답 ②

예제 133 　　　기출 1회

돌로마이트에 화강석 부스러기, 모래, 안료 등을 섞어 정벌 바름하고 충분히 굳지 않을 때 표면에 거친 솔, 얼레빗 등을 사용하여 거친 면으로 마무리하는 방법은?

① 질석 모르타르 바름
② 펄라이트 모르타르 바름
③ 바라이트 모르타르 바름
④ 리신 바름

정답 ④

2 방수 · 방습재료

1. 방수 · 방습재료의 개요

(1) 정의

건축에 미치는 물은 우수뿐만 아니라 지하수, 생활용수, 작업용수 등 여러 종류의 물과 관계하고 있기 때문에 이들이 건축물에 흡수 또는 투수하는 현상을 막는 중요한 재료와 시공방법이 있다.

(2) 방습층

물의 이동을 방지하는 장치로 연속적인 막을 형성하는 재료이다.

(3) 역청재료 [12년 출제]

아스팔트나 피치처럼 가열하면 연화하고, 벤젠, 알코올 등의 용제에 녹는 흑갈색의 점성질 반고체 물질로 도로의 포장, 방수재, 방진재로 사용된다.

(4) 방수공사용 아스팔트의 품질 판별 요소 [20 · 13 · 12 · 09년 출제]

연화점, 침입도, 신도, 감온비, 가열 안전성, 인화점 등이 있다.

2. 방수재료

(1) 아스팔트 방수

1) 천연 아스팔트 [12 · 09 · 08년 출제]

종류	설명
레이크 아스팔트	• 지면에 호수모양으로 고여 있는 액체로 규석, 교질 점토 등이 포함된 천연 아스팔트이다. • 도로포장, 마루포장, 방수, 내산공사 등에 쓰인다.
로크 아스팔트	암석에 섞인 것으로 증류한 천연 아스팔트이다.
아스팔타이트	암석의 틈에서 석유가 변질된 천연 아스팔트이다.

2) 석유 아스팔트 [14 · 12 · 10 · 09 · 07년 출제]

종류	설명
스트레이트 아스팔트	원유를 증류하고 피치가 되기 전에 유출량을 제한하여 잔류분을 반고체형으로 고형화시켜 만든 것으로 지하실 방수공사에 사용된다.
블론 아스팔트	점성이나 침투성은 작으나 온도에 의한 변화가 적어서 열에 대한 안정성이 크며 아스팔트 프라이머의 제작에 사용된다.
아스팔트 콤파운드	블론 아스팔트의 성능을 개량하기 위해 동식물성 유지와 광물질 분말을 혼합한 것으로 일반지붕 방수공사에 이용된다.

예제 134   기출 1회

아스팔트나 피치처럼 가열하면 연화하고, 벤젠, 알코올 등의 용제에 녹는 흑갈색의 점성질 반고체 물질로 도로의 포장, 방수재, 방진재로 사용되는 것은?

① 도장재료   ② 미장재료
③ 역청재료   ④ 합성수지 재료

정답 ③

예제 135   기출 5회

아스팔트의 품질 판별 관련 요소와 가장 거리가 먼 것은?

① 침입도   ② 신도
③ 감온비   ④ 강도

해설 아스팔트의 품질과 강도는 상관없다.

정답 ④

예제 136   기출 3회

다음 중 석유계 아스팔트가 아닌 천연 아스팔트에 해당하는 것은?

① 레이크 아스팔트
② 스트레이트 아스팔트
③ 블론 아스팔트
④ 용제추출 아스팔트

해설 천연 아스팔트계에는 레이크, 로크, 아스팔타이트가 있다.

정답 ①

3) 아스팔트 펠트 [15·14년 출제]

양털, 무명, 삼 등을 혼합하여 만든 원지에 스트레이트 아스팔트를 침투시켜 만든 두루마리 제품이다.

4) 아스팔트 루핑 [15·10년 출제]

아스팔트 펠트의 양면에 아스팔트 피복을 하고 밀착 방지를 위해 활석, 운모, 석회석, 규조토의 미분말을 뿌린 것으로 방수층의 주 층으로 쓰이거나 지붕바탕 깔기로 쓰인다.

5) 아스팔트 싱글 [11년 출제]

모래붙임 루핑을 사각형, 육각형으로 잘라 만든 것으로 주택 등의 경사지붕에 사용하는 아스팔트 제품이다.

6) 아스팔트 바닥재료

① 아스팔트 타일 [11년 출제]
  ㉠ 아스팔트에 합성수지, 석면, 광물분말, 안료를 배합하고 가열·압연하여 판모양으로 만든 바닥 마무리 재료이다.
  ㉡ 염화비닐계 타일에 비해 내마모성·내유성이 떨어지나 내수·내습·내산성이 좋다. 그러나 내열성이 없기 때문에 열을 받는 곳에는 사용하지 않는 것이 좋다.
  ㉢ 치수는 보통 두께 3mm, 길이 30cm인 사각형으로 바닥에 접착제로 붙인다.

② 아스팔트 블록
  ㉠ 아스팔트와 모래, 자갈 등의 광재를 열압성형 하여 벽돌모양으로 만든 제품이다.
  ㉡ 내마모성이 크고 탄성이 있으며 소음 방지 효과, 방수성이 있다.

7) 아스팔트 도료

① 아스팔트 프라이머 [21·16·14·12·11·10·08·07년 출제]
  ㉠ 블론 아스팔트를 휘발성 용제에 희석한 흑갈색 액체이다.
  ㉡ 콘크리트, 모르타르 바탕에 아스팔트 방수층 또는 아스팔트 타일 붙이기 시공을 할 때 초벌용 재료(제일 먼저 사용)이다.

② 아스팔트 코팅
  ㉠ 블론 아스팔트를 휘발성 용제로 녹여 석면, 광물질분말, 안정재를 혼합한 것이다.
  ㉡ 도막이 강하고 방수성이 크며 탄력이 있다.

예제 137 기출 2회

블론 아스팔트의 성능을 개량하기 위해 동식물성 유지와 광물질 분말을 혼합한 것으로 일반지붕 방수공사에 이용되는 것은?
① 아스팔트 유제
② 아스팔트 펠트
③ 아스팔트 루핑
④ 아스팔트 콤파운드

정답 ④

예제 138 기출 2회

양털, 무명, 삼 등을 혼합하여 만든 원지에 스트레이트 아스팔트를 침투시켜 만든 두루마리 제품은?
① 아스팔트 싱글
② 아스팔트 루핑
③ 아스팔트 타일
④ 아스팔트 펠트

정답 ④

예제 139 기출 1회

다음 방수재료 중 액체상 재료가 아닌 것은?
① 방수공사용 아스팔트
② 아스팔트 루핑류
③ 폴리머 시멘트 페이스트
④ 아크릴고무계 방수재

해설 아스팔트 루핑류는 아스팔트를 침투시킨 두루마리 제품들이다.

정답 ②

예제 140 기출 6회

콘크리트, 모르타르 바탕에 아스팔트 방수층 또는 아스팔트 타일 붙이기 시공을 할 때의 초벌용 재료를 무엇이라 하는가?
① 아스팔트 프라이머
② 아스팔트 콤파운드
③ 블론 아스팔트
④ 아스팔트 루핑

해설 아스팔트 프라이머
블론 아스팔트를 희석해서 콘크리트 바탕에 제일 먼저 사용하는 초벌용 재료이다.

정답 ①

③ 아스팔트 접착제

용제형과 에멀션형이 있고 아스팔트 타일, 아스팔트 루핑, 플라스틱 시트 등에 사용한다.

(2) 방수 시트 [11년 출제]

시공은 접착제로 공기가 짧고 상온에서 시공이 가능하다. 지붕방수의 경량화라는 장점이 있다.

(3) 도막(멤브레인) 방수 [13년 출제]

도료상태의 방수재를 바탕면에 여러 번 칠하여 얇은 수지 피막을 만들어 방수효과를 얻는 공법이다.

(4) 시멘트 모르타르계 방수

방수제와 시멘트를 혼합한 모르타르를 번갈아 바르는 공법으로, 지하실 및 실내방수에서 많이 사용된다.

(5) 실링 방수 [07년 출제]

① 실(Seal)재란 퍼티, 코킹, 실링재, 실런트 등의 총칭이다.
② 건축물의 프리패브 공법, 커튼월 공법 등의 공장 생산화가 추진되면서 더욱 주목받기 시작한 재료이다.
③ 옥외에서 태양광선이나 풍우의 영향을 받아도 소기의 기능을 유지할 수 있어야 한다.

(6) 에폭시 방수

① 어떠한 다른 방수재에 비하여 강력한 자기 접착력과 파단 시 우수한 신장률, 우수한 물리적 강도를 갖고 있어 외부 방수, 내부 방수에 두루 사용되고 있다.
② 체육시설, 대형 매장, 대형 주차장 등 넓은 장소의 통바닥 방수에 우수하다. 햇볕에 노출된 부위에 효과적이다.
③ 내마모성, 내충격성, 내화학성 바닥의 방수에 이용된다.

06 합성수지, 도장재료, 접착제

1. 합성수지와 천연수지

(1) 합성수지 [14·07년 출제]

① 석유와 석탄, 목재 등 석유화학제품을 원료로 화학적 합성에 의하여 인공적으로 만들어진 고분자 화합물로서 플라스틱이라 한다.

② 가소성 및 전성, 연성이 크고 착색이 자유롭고 투수성이 작으며 내화성, 내열성이 부족하다.

(2) 천연수지 [15년 출제]

자연으로부터 얻은 수지로 송진, 다마르, 셀락 등이 있다.

2. 합성수지 분류

(1) 열가소성 수지

1) 성질

① 가열하면 녹는 수지로, 성형한 후 다시 재활용하기 위해 열을 가하면 가소성이 생긴다.

② 성형 후 냉각시키면 성형된 모양이 그대로 유지되며 굳는다.

2) 종류

① 염화비닐수지(PVC)

㉠ 내수, 내약품성, 전기절연성이 양호하고 내후성도 열가소성 수지 중에서 우수한 편이다.

㉡ 필름, 시트, 건축재료, 파이프 등 광범위한 제품으로 가공된다.

② 폴리에틸렌수지

㉠ 내충격성이 일반 플라스틱의 5배 정도이다.

㉡ 내화학, 약품성, 전기절연성, 내수성이 우수하다.

㉢ 용기, 필름, 전선피복, 일용 잡화, 도료, 접착제 등에 사용된다.

③ 초산비닐수지 [13년 출제]

㉠ 무색, 무취, 무해하며 감온성이 크다.

㉡ 접착제, 도료, 합성 섬유의 원료 등으로 사용된다.

예제 142   기출 2회

합성수지의 주원료가 아닌 것은?

① 석재   ② 목재
③ 석탄   ④ 석유

해설 합성수지는 석유, 석탄, 목재 등의 원료를 사용한다.

정답 ①

예제 143   기출 2회

다음 수지의 종류 중 천연수지가 아닌 것은?

① 송진
② 니크로셀룰로오스
③ 다마르
④ 셀락

해설 천연수지는 자연으로부터 얻어진 수지를 말한다.

정답 ②

예제 144   기출 3회

다음 중 열가소성 수지가 아닌 것은?

① 염화비닐수지
② 아크릴수지
③ 초산비닐수지
④ 요소수지

해설 열가소성 수지는 재활용이 되는 수지이며, 요소수지는 열경화성 수지이다.

정답 ④

④ 폴리스티렌수지 [14·10년 출제]

④ 폴리스티렌수지 [14·10년 출제]

　㉠ 벤젠과 에틸렌으로 만들며 무색투명한 액체이다.

　㉡ 벽, 타일, 천장재, 블라인드, 도료 전기용품 및 발포제품은 저온 단열재로 쓰인다.

⑤ 아크릴수지

　㉠ 투명성, 내후성, 내화학성, 전기전열성이 뛰어나고 표면광택이 우수하다.

　㉡ 조명기구, 평판 성형하여 유리대용으로 사용된다.

(2) 열경화성 수지

1) 성질

① 가열하면 경화되고 일단 경화되면 다시 가열하여도 연화되거나 용매에 녹지 않는 재활용이 안 되는 합성수지이다.

② 열경화점이 높고 열가소성 수지보다 열과 화학약품에 비교적 안정적이다.

③ 재료를 형틀에 넣어 가열한 후 압력을 가하는 압축성형법을 사용한다. [22·15년 출제]

2) 종류

① 페놀수지(베이클라이트)

　전기 통신 기자재의 전수용량을 60% 이상 공급하며, 내수합판의 접착제, 화장판류 도료 등으로 사용한다.

② 요소수지 [15·09·07년 출제]

　㉠ 무색으로 착색이 자유롭다.

　㉡ 강도와 단열성이 있으나 내수성이 약하다.

　㉢ 일용품(완구, 장식품), 마감재, 가구재, 접착제(준내수합판) 등에 사용된다.

③ 멜라민수지

　㉠ 성질은 요소수지보다 우수하고 무색투명하여 착색이 자유롭다.

　㉡ 내수성, 내약품성, 내용제성이 크고, 내후성, 내노화성, 내열성, 기계적 강도, 전기적 성질이 우수하다.

　㉢ 마감재, 가구재 등 목재 접착제로 적당하다. [22·13년 출제]

④ 폴리에스테르수지 [15·12·11·10·06년 출제]

　㉠ 유리섬유로 보강한 섬유 보강 플라스틱 일명 FRP라 하며 건축용으로 강화된 평판 또는 판상제품으로 사용된다.

예제 145 　　기출 2회

벤젠과 에틸렌으로 만든 것으로 벽, 타일, 천장재, 블라인드, 도료, 전기용품으로 쓰이며, 특히 발포제품은 저온 단열재로 널리 쓰이는 수지는?

① 아크릴수지
② 염화비닐수지
③ 폴리스티렌수지
④ 폴리프로필렌수지

정답 ③

예제 146 　　기출 2회

주로 페놀, 요소, 멜라민수지 등 열경화성 수지에 응용되는 가장 일반적인 성형법으로 옳은 것은?

① 압축성형법　② 이송성형법
③ 주조성형법　④ 적층성형법

해설 열경화성 수지는 압축성형법을 사용한다.

정답 ①

예제 147 　　기출 3회

요소수지에 대한 설명으로 틀린 것은?

① 착색이 용이하지 못하다.
② 마감재, 가구재 등에 사용된다.
③ 내수성이 약하다.
④ 열경화성 수지이다.

해설 요소수지는 착색이 자유롭다.

정답 ①

ⓒ 항공기, 선박, 차량재, 건축의 천장, 루버, 아케이드, 파티션 접착제 등의 구조재로 쓰이며, 도료로도 사용된다.

⑤ 실리콘수지 [10·09년 출제]

　　ⓐ 내열성, 내한성이 우수한 수지로 −60~260℃까지 탄성이 유지되며, 270℃에서도 수 시간 이용 가능하다.

　　ⓑ 내후성 및 내화학성 등이 우수하기 때문에 접착제, 도료로 사용된다.

⑥ 에폭시수지 [10·06년 출제]

　　ⓐ 급경성으로 내알칼리성 등의 내화학성이나 접착력이 크고 내수성이 우수하다.

　　ⓑ 금속, 석재, 도자기, 글라스, 콘크리트, 플라스틱재 등의 접착에 사용된다.

3. 도장의 개론

(1) 정의

① 도료를 물체에 칠하는 것을 도장이라고 한다.

② 물체의 표면을 칠하여 표면을 보호하고 미관을 증진시키는 데 목적이 있다.

(2) 성능 [14·10년 출제]

① 방습, 방청, 방식 등 표면 보호와 색채 등 미관 기능이 있다.

② 페이트칠의 경우 초벌과 재벌을 할 때 색을 약간씩 다르게 하여 다음 칠을 구분한다.

4. 페인트

(1) 수성 페인트 [20·13·09년 출제]

① 아교, 카세인, 녹말, 안료, 물을 혼합한 페인트이다.

② 내알칼리성이 우수하여 콘크리트면, 모르타르면의 바름에 적합하다.

③ 건조가 빠르며 작업성이 좋다.

④ 수성 페인트의 일종으로 에멀션 페인트가 있다.

(2) 유성 페인트 [12·09·06년 출제]

① 안료, 보일유, 테라빈유, 건조제 등을 혼합하여 사용한다.

② 내후성이 우수하고 붓바름 작업성이 뛰어나다.

예제 148 　　　　기출 5회

유리섬유로 보강한 섬유보강 플라스틱으로서 일명 FRP라 불리는 제품을 만드는 합성수지는?

① 아크릴수지
② 폴리에스테르수지
③ 실리콘수지
④ 에폭시수지

해설 폴리에스테르수지는 건축용 글라스 섬유로 강화된 평판 또는 판상제품으로 사용된다.

정답 ②

예제 149 　　　　기출 2회

급경성으로 내알칼리성 등의 내화학성이나 접착력이 크고 금속, 석재, 도자기, 글라스, 콘크리트, 플라스틱재의 접착에 모두 사용되는 합성수지 접착제는?

① 에폭시수지 접착제
② 요소수지 접착제
③ 페놀수지 접착제
④ 멜라민수지 접착제

정답 ①

◀TIP▶

건축용 접착제에 요구되는 성질
[12년 출제]

① 진동, 충격의 반복에 잘 견딜 것
② 충분한 접착성과 유동성을 가질 것
③ 내수성, 내한성, 내열성, 내산성이 있을 것
④ 경화 시 체적 수축 등의 변형을 일으키지 않을 것
⑤ 독성이 없으며 접착강도를 유지할 것

예제 150 　　　　기출 3회

콘크리트면, 모르타르면의 바름에 가장 적합한 도료는?

① 옻칠 　　　　② 래커
③ 유성 페인트 　④ 수성 페인트

해설 수성 페인트는 내알칼리성이 우수하여 콘크리트면 바름에 적합하다.

정답 ④

③ 수성 페인트에 비해 건조시간이 오래 걸린다.

④ 알칼리성분이 약해 모르타르, 콘크리트, 석회벽 등에 정벌바름 하면 피막이 부서져 떨어진다.

(3) 합성수지 도료 [22 · 11 · 06년 출제]

① 합성수지와 안료 및 휘발성 용제를 혼합하여 사용한다.

② 건조시간이 빠르고(1시간 이내), 도막이 단단하다.

③ 붓바름이 간편하고 내산성, 내알칼리성이 우수하여 콘크리트나 모르타르면에 사용할 수 있다.

④ 페인트와 바니시보다는 내화성이 있다.

⑤ 염화비닐수지 도료가 있다.

(4) 특수 페인트

1) 방청 도료(녹막이 페인트) [14 · 12 · 11년 출제]

① 방청제로는 광명단(연단), 크롬산아연, 산화철 등을 사용하며, 산화철과 연단은 적색을 만든다.

② 투수성이 작아 수분 침투를 막고 철강재, 경금속재 바탕에 산화되어 녹이 나는 것을 방지한다.

2) 방화 도료

① 목재의 착화를 지연하여 연소를 방지하는 데 사용되고 완전한 방화효과는 없다.

② 산화안티몬제품인 발포성 안료를 넣거나 염화고무제품인 발포제, 전색제 등이 있다.

③ 소형가구, 가구 등에 사용된다.

3) 형광 도료 [12 · 08년 출제]

① 단파장의 방사선, 전자선이 닿으면 형광을 발하는 형광체 안료를 주재료로 한 도료이다.

② 밤에 빛을 비추면 잘 볼 수 있도록 도로 표지판 등에 사용되는 도료이다.

5. 니스(바니시), 클리어 래커

(1) 휘발성 니스(바니시)

1) 특성 [10년 출제]

① 페인트와 달리 투명막을 통하여 바탕의 자연미를 발휘하는 것을 목적으로 한다.

예제 151 　　　　 기출 2회

합성수지에멀션 도료의 특징 중 옳지 않은 것은?

① 접착성이 좋다.
② 내알카리성이 우수하다.
③ 내화성이 부족하다.
④ 착색이 자유롭다.

해설 합성수지에멀션 도료는 내화성이 있다.

정답 ③

예제 152 　　　　 기출 2회

녹막이 페인트로 방청제 역할을 하는 것은?

① 광명단　　　② 수성 페인트
③ 바니시　　　④ 유성 페인트

해설 녹막이 페인트에는 광명단이 사용된다.

정답 ①

예제 153 　　　　 기출 2회

밤에 빛을 비추면 잘 볼 수 있도록 도로 표지판 등에 사용되는 도료는?

① 방화 도료　　② 에나멜 래커
③ 방청 도료　　④ 형광 도료

해설 형광 도료는 밤에 잘 볼 수 있도록 도로 표지판에 사용된다.

정답 ④

② 건조가 빠르고 내후성, 내수성, 내유성이 우수하다.

③ 도막이 얇고 부착력이 약하다.

④ 실내 목재의 내장재 마감을 한다.

⑤ 목재의 착색은 오일 스테인으로 한다.

2) 종류

① 클리어 래커 : 건조가 빠르므로 스프레이 시공이 가능하고 목재 면을 투명 도장하여 목재 바탕의 무늬를 살린다. [12·07년 출제]

② 에나멜 래커 : 클리어 래커에 안료를 섞어 만든 불투명한 도료 이다.

③ 우드 실러 : 목부 바탕에 바탕칠을 한 다음 재벌칠의 흡수를 방지하기 위하여 쓰이는 것이다. [12년 출제]

(2) 유성 바니시 [14·11·08년 출제]

① 안료가 포함되지 않고 무색 또는 담갈색의 투명 도료로서 광택이 있다.

② 내후성이 작아 옥외에서는 별로 쓰이지 않는다.

③ 실내 목재부 도장에 쓰인다.

(3) 퍼티, 코킹재

1) 퍼티 [08년 출제]

유지 및 수지 등의 충전제를 혼합하여 만든 것으로 창유리를 끼우거나 도장 바탕을 고르는 데 사용하는 것이다.

2) 유성 코킹재

① 유지, 수지와 석면, 탄산칼슘 등을 혼합하여 제조된다.

② 새시 주위의 균열 보수, 줄눈의 틈을 메우는 데 사용된다.

3) 합성수지 코킹재

① 합성수지인 실리콘, 폴리우레탄 등의 충전제에 경화제 등을 혼합하여 제조된다.

② 접착성과 탄성이 우수하고 유성 코킹재의 용도와 동일하다.

예제 154   기출 3회

목재 바탕의 무늬를 살리기 위한 도장 재료는?
① 유성 페인트 ② 수성 페인트
③ 에나멜 페인트 ④ 클리어 래커

해설 클리어 래커는 목재 바탕의 무늬를 살리는 도장재료이다.

정답 ④

예제 155   기출 2회

다음 도료 중 안료가 포함되어 있지 않은 것은?
① 유성 페인트 ② 수성 페인트
③ 합성수지 도료 ④ 유성 바니시

해설 유성바니시는 안료가 없는 무색 또는 담갈색 투명 도료이다.

정답 ④

07 단열재료

1. 단열재의 개요

(1) 단열의 목적

① 열의 이동을 억제할 목적으로 사용되는 재료이다.

② 단열재는 열전도율이 낮을수록 단열성능이 좋은 것으로 볼 수 있다.

③ 단열재료의 대부분은 흡음성도 우수하므로 흡음재료로도 이용된다.

(2) 열전도율의 일례 [15년 출제]

알루미늄(200) > 강재(58) > 화강암(3.3) > 콘크리트(2.0) > 타일(1.3) > 유리(0.76) > 석고보드(0.18) > 목재(0.14) > 암면(0.038) > 폴리스티렌, 비드법보온판(0.027)

2. 단열재의 구비조건 [21·15·11·07년 출제]

① 열전도율이 낮아야 한다.

② 흡수율이 낮고 비중이 작아야 한다.

③ 내화성, 내부식성이 좋아야 한다.

④ 가공, 접착 등의 시공성이 좋아야 한다.

⑤ 일반적으로 다공질 재료가 많다.

⑥ 역학적 강도가 작기 때문에 구조체 역할을 하지 않는다.

MEMO

02

각종 실내건축재료의 특성, 용도, 규격에 관한 사항

◆ 핵심내용 정리 ◆ ● ● ● 마감작업 단계에서 사용되는 재료로, 일반적으로 벽지, 카펫, 합성수지제품, 일광조절제품 등이 포함된다. 구조적인 하중을 지지하는 개념보다 마감재로서 바탕의 표피를 기능적 · 미적으로 어떻게 효과적으로 마무리할 수 있느냐가 관건이다.

◆ 학습 POINT ◆ ● ● ● **회당 0~1문제가 출제된다. 최신 출제경향으로 공부한다.**

◆ 학습목표 ◆ ● ● ● 1. 바닥재료의 요구 성질을 파악한다.
2. 목질계 바닥재료의 종류를 파악한다.
3. 비닐 타일 바닥재료의 종류와 특성을 이해한다.
4. 천장 마감재의 성질을 이해한다.

◆ 주요용어 ◆ ● ● ● 내마모성, 플로어링보드, 포도용 벽돌, 클링커 타일, 염화비닐 타일, 코펜하겐 리브판, 석고보드

01 바닥 마감재

1. 바닥재료에 요구되는 성질

바닥재는 주어진 하중조건에 따른 충분한 강도와 강성을 갖추고 단열성, 차음, 방수성을 지녀야 한다.

2. 바닥재료 종류

(1) 목재 바닥재

① 부드러운 느낌을 주며, 나무의 색채, 무늬, 질감으로 친근한 느낌을 준다.

② 래커나 니스, 왁스를 칠해 주면 수명이 길고 관리하기 쉽다.

③ **치장 목질 마루판의 성능기준(KS F 3126)** [15년 출제]
휨강도, 평면인장강도, 내마모성, 내충격성, 내긁힘성, 내오염성, 내시가레트성, 흡수 두께 팽창률, 치수변화율, 내변퇴색성, 포름알데히드방산량, 접착성, 함수율이다.

(2) 석재 바닥재

① 다른 마감재보다 단단하고 차가운 느낌을 주고 웅장한 효과가 있다.

② 값이 비싼 고급 재료이다.

③ 매끈하게 다듬어서 사용하면 화려한 느낌을 주고, 자연석으로 사용하면 소박한 느낌을 준다.

④ 대리석, 화강석이 주로 사용된다.

(3) 점토재

① 토기질은 흡수성이 커서 현관, 테라스에 사용한다.

② 석재에 비해 표면이 덜 매끈하여 자연스러운 느낌을 준다.

③ 가격이 저렴하다.

④ 포도용 벽돌, 클링커 타일 등이 있다.

(4) 섬유

① 부드러운 촉감과 화려한 분위기를 조성하며, 보행 시 소음을 방지할 수 있다.

② 흡음효과가 좋고 탄력성이 크며 시각적, 심리적으로 온화한 느낌을 준다.

③ 크기에 따라 카펫, 타일 카펫, 러그, 매트 등이 있다.

예제 01   기출 4회

다음 중 바닥 마감재인 비닐 타일에 대한 설명으로 옳지 않은 것은?

① 석면, 안료 등을 혼합·가열하고 시트형으로 만들어 절단한 판이다.
② 착색이 자유롭다.
③ 내마멸성, 내화학성이 우수하다.
④ 아스팔트 타일보다 가열변형의 정도가 크다.

해설 아스팔트 타일보다 가열변형의 정도가 작다.

정답 ④

(5) 비닐 타일 [11·10·09·08년 출제]

① PVC는 염화비닐(Polyvinyl Chloride)의 약자이다.
② 착색이 자유롭고 시공성이 좋다.
③ 내마멸성, 내화학성이 우수하다.
④ 아스팔트, 석면, 안료 등을 혼합, 가열하고 시트형으로 만들어 절단한 판이다.
⑤ 아스팔트 타일보다 가열변형의 정도는 작다.

◆ SECTION ◆

02 벽 마감재

1. 벽지

(1) 특징

① 가장 일반적인 재료로 시공성, 기능성, 장식성이 우수하다.
② 재료와 무늬, 색상이 다양하여 선택의 폭도 넓지만 재료에 따라 적합한 접착제가 뒤따라야 한다.

(2) 종류

1) 종이벽지

① **하급벽지** : 갱지, 모조지 등을 사용하여 표면에 색무늬를 인쇄한 벽지를 말한다.

② **고급벽지** : 두꺼운 갱지 또는 중절지를 사용하여 표면에 색무늬를 인쇄하여 형을 누르고 수성의 합성수지로 코팅하여 만든 벽지를 말한다.

예제 02   기출 4회

실을 뽑아 직기에 제직을 거친 벽지는?

① 직물벽지   ② 비닐벽지
③ 종이벽지   ④ 발포벽지

정답 ①

2) 직물(섬유)벽지 [14·12·10·08년 출제]

실을 뽑아 직기에 제직을 거친 벽지이다.

3) 합성수지 제품(비닐벽지)

① **염화비닐 필름** : 염화비닐 필름에 면폴 등과 같이 3중으로 하여 표면을 형압하여 프린트한 제품을 말한다.

② **라미네이트 제품** : 격자형 무늬, 돌 무늬, 천 무늬 등을 인쇄한 종이 표면에 염화비닐수지로 압착한 것을 말한다.

4) 기타 특수벽지

① **코르크벽지** : 안대기한 종이 위에 코르크 조각을 접착한 것으로 흡음효과가 좋다.

② **띠벽지** : 띠 타일처럼 벽면의 일정 높이를 구분하는 가는 수평 띠모양의 벽지로서 대부분 무늬나 색상이 일반벽지보다 차별화되도록 디자인된 벽지를 말한다.

2. 코펜하겐 리브판

(1) 특징

플로어링판과 같은 형의 두꺼운 판에 표면을 자유곡면으로 파내서 수직, 평행선인 리브를 만든 공장제품이다.

(2) 용도

집회장, 강당, 영화관 등에 천장과 내벽에 사용하여 음향효과 및 장식효과를 얻는다.

03 천장 마감재

1. 개요

① 암면 흡음판, 석고보드, 펄프 시멘트판, 합성수지 가공판, 목재보드, 알미늄판 등 욕실과 같이 습기가 많은 곳에는 내수성이 뛰어난 재료를 써야 하며 화재에 취약한 공간에는 꼭 불연재료를 써야 한다.

② 화장실과 같이 협소한 장소는 무늬가 작고, 각 공간의 특징을 살릴 수 있는 디자인이 필요하다.

2. 석고보드 [16·12·09·08·07·06년 출제]

(1) 특징

① 부식이 안 되고 충해를 받지 않는다.

② 시공이 용이하고 표면가공이 다양하다.

③ 흡수로 인해 강도가 현저하게 저하된다.

④ 팽창 및 수축의 변형이 작다.

⑤ 단열성이 높고 방부성, 방화성이 크다.

예제 03   기출 7회

석고보드에 대한 설명으로 옳지 않은 것은?

① 부식이 진행되지 않고 충해를 받지 않는다.

② 팽창 및 수축의 변형이 크다.

③ 흡수로 인해 강도가 현저하게 저하된다.

④ 단열성이 높다.

해설 석고보드는 팽창 및 수축의 변형이 작다.

정답 ②

⑥ 유성 페인트로 마감할 수 있다.

(2) 종류

평보드, 데파드보드, 베벨보드 등이 있다.

3. 중밀도섬유판(MDF : Medium Density Fiberboard)

(1) 제조

① MDF는 목질섬유(Wood Fiber)를 합성수지 접착제로 결합시킨 후 성형·열압하여 만든 목질판상 제품이다.

② 전 두께에 걸쳐 섬유분배가 균일하고 조직이 치밀하다.

③ 면이 견고하고 평활하여 장식용 필름이나 베니어 등을 오버레이 하거나 페인팅하는 데에도 적합하다.

④ 뛰어난 안정성과 기계가공성, 높은 강도 때문에 다방면에 일반목재를 대신하여 사용한다.

(2) 특징

① 목재의 방향성이 없고 조직이 치밀하다.

② 몰딩, 측면가공 등 조직가공성이 좋다.

③ 표면이 평활하며 도장성 및 접착성이 우수하다.

④ 재질이 가볍고 강하다.

(3) 분류

① 연질 섬유판 : 비중 $0.5g/cm^3$ 미만

② 중질 섬유판 : 비중 $0.5\sim0.8g/cm^3$

③ 경질 섬유판 : 비중 $0.9g/cm^3$ 이상

4. 합성수지

(1) SMC PANEL(열경화성 수지 천장판)

1) 제조

고온·고압의 프레스를 사용하여 불포화 폴리에스터수지, 보강재, 경화재, 난연재, 착색재, 이형재 등을 혼합한 접착성 있는 시트상 태로 만들어 스틸 몰드를 이용하여 성형하는 특수 복합재료이다.

2) 특징

① 다양한 디자인과 색상으로 우아하고 아름다운 분위기를 연출할 수 있다.

② 표면이 미려하며, 고강도의 제품으로 내구성이 우수하다. 특히 수분과 염분, 기타 화학물 등에 강하며, 부식 및 변형, 변색이 전혀 없다.

③ 열변형온도가 200℃ 이상이며 내열성 소재이다.

④ 열전도가 매우 낮아 단열효과가 뛰어나다.

⑤ 흡음성이 높아 방음효과가 탁월하다.

⑥ 오염 시 물 및 일반세제로 세척이 가능하다.

⑦ 천장시공 시스템의 특성으로 파손 발생 시 부분교체가 가능하며 사후관리가 용이하다.

기타 마감재

1. 목재

① 내부용 문에 가장 많이 사용하는 재료이다.

② 합판은 원목보다 값이 싸며, 앞뒤에 무늬목을 붙여 사용한다.

2. 철재

① 내부용보다는 외부용인 대문이나 현관의 방화문으로 사용된다.

② 알루미늄은 창호에 많이 사용되며 금속 중에 가볍고 녹슬지 않아서 편리하게 열고 닫을 수 있다.

3. 종이

① 전통 한옥에 주로 사용되는 재료로 내부용 문과 창호인 나무 문살에 붙이는 창호지를 말한다.

② 채광효과가 좋고 무게가 가벼우며 문을 닫은 상태에서 통기성이 좋다.

4. 유리

① 20세기 이후 건축 마감재료로 가장 많이 사용되는 재료이다.

② 벽체로 사용할 경우 외부 소리를 차단하고 단열성이 뛰어나며 채광과 시선 연장이 가능하므로 시야가 넓어 실내가 넓어 보인다.

MEMO

APPENDIX

1

과년도 기출문제

2011년 제1회 기출문제

01 다음 중 벽식 구조로 적합하지 않은 공법은?

① PC(Precast Concrete)
② RC(Reinforced Concrete)
③ Masonry
④ Membrane

▶▶ 막구조(Membrane) [10·09·07년 출제]
막구조로 강한 얇은 막을 잡아당겨 공간을 덮는 구조방식이다.

02 플레이트보에 사용되는 부재의 명칭이 아닌 것은?

① 커버 플레이트
② 웨브 플레이트
③ 스티프너
④ 베이스 플레이트

▶▶ 철골구조 [21·15·14·12·10년 출제]
커버 플레이트, 웨브 플레이트, 스티프너는 플레이트보에 사용된다.
※ 주각의 구성재 : 베이스 플레이트, 리브 플레이트, 윙 플레이트, 클립 앵글, 사이드 앵글, 앵커 볼트 등이 있다.

03 압축력을 받는 세장 한 기둥 부재가 하중의 증가 시 내력이 급격히 떨어지게 되는 현상을 무엇이라 하는가?

① 버클링
② 모멘트
③ 코어
④ 전단파괴

▶▶ 버클링(좌굴)
좌굴이라고도 하며 부재가 길고 얇을수록 쉽게 생긴다. 길쭉한 기둥 따위에 세로방향으로 압력을 가했을 때 가로방향으로 휘는 현상이다.

04 철근콘크리트 부재에서 철근 피복두께 확보의 직접적인 목적이 아닌 것은?

① 철근의 부식 방지
② 철근의 내화
③ 철근의 강도 증가
④ 철근의 부착력 확보

▶▶ 최소 피복두께를 두는 이유 [15·12년 출제]
① 콘크리트 철근의 부식 방지(콘크리트의 알칼리 성질이 철근의 부식을 방지한다.)
② 내구, 내화성 확보
③ 철근과 콘크리트의 부착력 확보

정답

| 01 | ④ | 02 | ④ | 03 | ① | 04 | ③ |

05 건물의 지붕에 적용된 공기막구조에 대하여 옳게 설명한 것은?

① 구조재의 자중이 무거워 대스팬 구조에 불리하다.
② 내외부의 기압의 차를 이용하여 공간을 확보한다.
③ 아치를 양방향으로 확장한 형태다.
④ 얇은 두께의 콘크리트 내부에 섬유막을 함유하였다.

▶ 공기막구조 [21·14·13·10·08년 출제]
막상 재료로 공간을 덮어 건물 내외의 기압차를 이용한 풍선모양의 지붕구조를 말한다.

06 목구조에서 가새에 대한 설명으로 옳은 것은?

① 목조 벽체를 수평력에 견디게 하고 안정한 구조로 하기 위한 것이다.
② 가새의 경사는 30°에 가까울수록 유리하다.
③ 기초와 토대를 고정하는 데 설치한다.
④ 가새에는 인장응력만 발생한다.

▶ 가새 [10·09·07년 출제]
직사각형의 구조에 대각선방향으로 빗대는 재를 의미한다. 가새를 달 때는 45°에 가깝게 좌우 대칭으로 배치하며 압축력과 인장력에 저항하는 가새를 사용할 수 있다.

07 지붕의 골슬레이트 잇기에 관한 사항 중 옳지 않은 것은?

① 직접 중도리 위에 이을 때가 많다.
② 골판의 크기에 맞추어 중도리 간격을 정한다.
③ 도리방향의 겹침은 한 골 반이나 두 골 겹친다.
④ 못이나 볼트는 골형의 오목한 곳에 박는다.

▶ 골슬레이트
임시건물이나 창고 등에 지붕재료로 쓰이며, 시멘트와 석면을 혼합·형성하여 골이 지게 만든 것이다. 못이나 볼트는 골형의 볼록한 곳에 박는다.

08 벽식 구조에서 횡력에 대한 보강방법으로 적합하지 않은 것은?

① 벽 상부의 슬래브 두께를 증가시킨다.
② 벽 상부에 테두리보를 설치한다.
③ 벽량을 증가시킨다.
④ 부축벽(Buttress)을 설치한다.

▶ 횡력에 대한 보강방법
벽식 구조는 수직의 벽체와 수평의 슬래브로 구성된 구조이며, 횡력은 수평력(지진, 풍력)의 외력으로 부축벽, 보, 기둥, 벽량을 증가시키는 것이 구조적으로 좋다. 상부 슬래브 하중을 증가시키는 것은 바람직하지 않다.

09 돔의 상부에서 여러 부재가 만날 때 접합부가 조밀해지는 것을 방지하기 위해 설치하는 것은?

① 인장링
② 압축링
③ 트러스리브
④ 트러스

▶ 돔이나 회전체 모양의 셸구조
① 압축링(Compression Ring) : 상부에 부재들이 모이는 부분에 부재가 안으로 몰리는 것을 방지하기 위해 설치하는 링
② 인장링(Tension Ring) : 하부에 부재들이 바깥 방향으로 벌어지려는 추력을 막기 위해서 안으로 모아주는 역할을 하는 링

정답
05 ② **06** ① **07** ④ **08** ① **09** ②

10 다음 중 라멘구조에 대한 설명으로 옳지 않은 것은?

① 기둥 위에 보를 단순히 얹어놓은 구조이다.
② 수직하중에 대하여 큰 저항력을 가진다.
③ 수평하중에 대하여 큰 저항력을 가진다.
④ 하중작용 시 기둥 또는 부재의 변형으로 외부에너지를 흡수한다.

▶▶ 라멘구조 [09·07·06년 출제]
기둥과 보로 구조체의 뼈대를 강절점하여 하중에 대해 일체로 저항하도록 하는 구조이다. 수직하중에는 기둥이, 수평하중에는 보가 큰 저항력을 가진다.

11 커튼월의 부재 중 구조용도로 사용되는 것과 관련이 가장 적은 것은?

① 노턴테이프
② 간봉
③ 수직 알루미늄바(Mullion Bar)
④ 패스너(Fastener)

▶▶ 커튼월의 부재
① 간봉 : 로이 복층유리에는 간봉으로 유리와 유리 사이에 아르곤 가스를 주입하여 열의 전도를 차단한다.
② 수직 알루미늄바 : 커튼월 유리벽체 방식에서 유리를 수직으로 지지하는 방식이다.

12 다음 중 철근 가공에서 표준갈고리의 구부림 각도를 135°로 할 수 있는 것은?

① 기둥 주근
② 보 주근
③ 늑근
④ 슬래브 주근

▶▶ 늑근(스터럽) [12·11·07년 출제]
보가 전단력에 저항할 수 있게 보강하는 역할로 주근의 직각방향에 배치한다. 간격은 45cm 이하 또는 보 춤의 3/4 이하로 한다. 늑근의 끝은 135° 이상 굽힌 갈고리로 만든다.

13 다음 중 철골부재의 용접접합과 관계없는 것은?

① 엔드탭
② 뒷댐재
③ 필러 플레이트
④ 스캘럽

▶▶ 필러 플레이트
보와 데크 플레이트 사이의 공간을 메우기 위한 부재이다.

14 대표적인 구조물로 시드니 오페라하우스가 있으며 간사이가 넓은 건축물의 지붕을 구성하는 데 많이 쓰이는 구조는?

① 셸구조
② 벽식구조
③ 현수구조
④ 라멘구조

▶▶ 셸구조 [10·07년 출제]
곡면의 휘어진 얇은 판으로 공간을 덮은 구조이다. 가볍고 큰 힘을 받을 수 있어 넓은 공간을 필요로 할 때 사용한다.

정답
10 ① **11** ② **12** ③ **13** ③ **14** ①

15 건축물 구성 부분 중 구조재에 속하지 않는 것은?

① 기둥
② 기초
③ 슬래브
④ 천장

▶ 구조재 [08년 출제]
건축물의 구조물의 주체가 되는 기둥, 보, 내력벽체 등을 구성한다.
※ 천장은 내장재에 속한다.

16 다음 중 석재의 가공 시 가장 나중에 하는 작업은?

① 메다듬
② 도드락다듬
③ 잔다듬
④ 정다듬

▶ 석재의 가공순서 [12·11년 출제]
혹두기(메다듬) → 정다듬 → 도드락다듬 → 잔다듬 → 물갈기

17 창의 하부에 건너댄 돌로 빗물을 처리하고 장식적으로 사용되는 것으로, 윗면·밑면에 물끊기·물돌림 등을 두어 빗물의 침입을 막고, 물흘림이 잘되게 하는 것은?

① 인방돌
② 창대돌
③ 쌤돌
④ 돌림띠

▶ 돌마감 종류 [12·10·09년 출제]
① 인방돌 : 개구부(창, 문) 위에 걸쳐 상부에 오는 하중을 받는 수평부재
② 창대돌 : 창 밑에 대어 빗물을 처리하고 장식하는 돌
③ 쌤돌 : 개구부의 벽 두께면에 대는 돌
④ 돌림띠 : 벽에 재료가 분리될 경우 가로방향으로 길게 내민 장식재

18 블록쌓기의 원칙으로 옳지 않은 것은?

① 블록은 살 두께가 두꺼운 쪽이 아래로 향하게 한다.
② 블록의 하루 쌓기 높이는 1.2~1.5m 정도로 한다.
③ 막힌줄눈을 원칙으로 한다.
④ 인방보는 좌우 지지벽에 20cm 이상 물리게 한다.

▶ 블록쌓기 주의사항
블록의 살 두께가 두꺼운 면이 위로 가게 쌓는다.

19 아치에 대한 설명으로 옳은 것은?

① 압축력을 주로 받는 구조이다.
② 개구부 폭은 넓을수록 구조적으로 안전하다.
③ 셸은 아치를 공간적으로 확장한 형태이다.
④ 하단에 온도에 의한 수축팽창에 저항하기 위한 힌지를 설치한다.

▶ 아치
상부에서 오는 수직 압축력이 아치의 중심선을 따라 좌우로 나뉘어 전달되고 하부에는 인장력이 생기지 않는 구조이다.

정답
15 ④ **16** ③ **17** ② **18** ① **19** ①

20 벽 또는 일련의 기둥으로부터의 응력을 띠모양으로 하여 지반 또는 지정에 전달하도록 하는 기초형식으로 연속기초라고도 하는 것은?

① 복합기초
② 줄기초
③ 독립기초
④ 온통기초

▶▶ 기초의 종류 [21·15·14·13·12·11년 출제]
① 복합기초 : 한 개의 기초판이 두 개 이상의 기둥을 지지한다.
② 줄기초 : 내력벽 또는 일렬로 된 기둥을 연속적으로 따라서 기초벽을 설치하는 구조이다.
③ 독립기초 : 한 개의 기둥에 하나의 기초판을 설치한 기초이다.
④ 온통기초 : 건물하부 전체를 기초판으로 만든다.

21 점토제품 중 도기의 소성온도로 옳은 것은?

① 790∼1,000℃
② 1,100∼1,230℃
③ 1,160∼1,350℃
④ 1,230∼1,460℃

▶▶ 소성온도 [20·15·10·09년 출제]
① 도기 : 1,100∼1,230℃
② 자기 : 1,230∼1,460℃

22 앞으로 요구되는 건축재료의 발전방향이 아닌 것은?

① 고품질
② 합리화
③ 프리패브화
④ 현장시공화

▶▶ 현대건축 [21·15·13·11·09·08년 출제]
① 고성능화, 공업화, 프리패브화의 경향에 맞는 재료 개선, 에너지 절약화, 능률화 등이 있다.
② 인건비가 비싸서 수작업과 현장시공은 되도록 하지 않는다.

23 여닫이 창호 철물 중 개폐 조정기가 아닌 것은?

① 도어 체크
② 도어 클로저
③ 도어 스톱
④ 모노 로크

▶▶ 모노 로크
실린더 자물쇠라고도 하며 자물통이 실린더로 된 것으로 실린터 록으로 고정한다.

24 수화열이 작고 단기강도가 보통 포틀랜드 시멘트보다 작으나 내침식성과 내수성이 크고 수축률도 매우 작아서 댐공사나 방사능 차폐용 콘크리트로 사용되는 것은?

① 백색 포틀랜드 시멘트
② 조강 포틀랜드 시멘트
③ 중용열 포틀랜드 시멘트
④ 내황산염 포틀랜드 시멘트

▶▶ 중용열 포틀랜드 시멘트 [20·16·13·11·10년 출제]
조기강도가 낮아 균열발생이 적고 장기강도가 커서 댐, 방사선 차폐용, 매스 콘크리트 등으로 사용된다.

정답
20 ② **21** ② **22** ④ **23** ④ **24** ③

25 타일 나누기에 대한 설명으로 옳지 않은 것은?

① 기준치수는 타일치수와 줄눈치수를 합하여 산정한다.
② 시공면의 높이, 중간 문꼴부 등은 정수배로 나누어지도록 한다.
③ 타일의 세로줄눈은 통줄눈 또는 막힌줄눈으로 한다.
④ 수도, 전등의 위치는 타일 한가운데 위치하도록 한다.

26 목재의 심재를 변재와 비교하여 옳게 설명한 것은?

① 색깔이 연하다.
② 함수율이 높다.
③ 내구성이 작다.
④ 강도가 크다.

27 콘크리트 구조물에서 하중을 지속적으로 작용시켜 놓을 경우 하중의 증가가 없음에도 불구하고 지속하중에 의해 시간과 더불어 변형이 증대하는 현상은?

① 영계수
② 점성
③ 탄성
④ 크리프

28 보통 재료에서는 축방향에 하중을 가할 경우 그 방향과 수직인 횡방향에도 변형이 생기는데, 횡방향 변형도와 축방향 변형도의 비를 무엇이라 하는가?

① 탄성계수비
② 경도비
③ 푸아송비
④ 강성비

▶▶ 타일 나누기
① 타일과 줄눈치수를 합해서 기준치수(한장)로 하며 온장을 쓰도록 한다.
② 시공면 높이, 문꼴 주위, 교차벽 좌우 등의 타일이 정수배로 나뉘도록 하며 매설물 위치를 확인한다.
③ 배수구, 급수전 주위 및 모서리는 타일 나누기 도면에 따라 미리 마름장(자르기, 구멍뚫기)을 하여 보기 좋게 시공한다.

▶▶ 심재 [12·11년 출제]
나무 중심에 있는 부분으로 진한 암갈색이며, 강도가 크고, 수분함량이 적어 내구성이 높고 부패하지 않는다.

▶▶ 크리프 [15·08년 출제]
증가 원인은 시멘트양과 물시멘트비가 클수록, 하중이 클수록, 단면부재가 작을수록 발생한다.

▶▶ 푸아송비 [16·15·10·09년 출제]
부재가 축방향력을 받아 길이와 폭의 변형에 대한 비율을 말한다.

정답
25 ④ **26** ④ **27** ④ **28** ③

29 바닥재료에 대한 설명으로 옳지 않은 것은?

① 비닐 타일 : 가격이 저렴하고, 착색이 자유로우며 약간의 탄력성, 내마멸성, 내약품성을 가진다.

② 아스팔트 타일 : 비닐 타일에 비해 가열 변형의 정도가 작은 편으로 기름 용제를 취급하는 건물바닥에 적당하다.

③ 비닐 시트 : 여러 가지 부가재료를 혼합하여 기능성 있는 제품이 많이 출시되고 있다.

④ 바름 바닥 : 모르타르 바닥에 바름으로 아름다운 표면이 유지되고, 먼지가 덜 나며, 바닥강도가 강화된다.

▶ 아스팔트 타일
① 염화비닐계 타일에 비해 내마모성 · 내유성이 떨어지나 내수 · 내습 · 내산성이 좋다.
② 내열성이 없기 때문에 열을 받는 곳에는 사용하지 않는 것이 좋다.

30 화산암에 대한 설명 중 옳지 않은 것은?

① 다공질로 부석이라고도 한다.

② 비중이 0.7~0.8로 석재 중 가벼운 편이다.

③ 화강암에 비하여 압축강도가 크다.

④ 내화도가 높아 내화재로 사용된다.

▶ 화산암
① 마그마가 지표에 나와 급속히 굳어진 암석이다.
② 부석, 현무암, 안산암이 있다.
※ 석재의 압축강도 크기
화강암 > 대리석 > 안산암 > 사문암 >전판암 > 사암 > 응회암

31 미장재료 중 회반죽에 여물을 혼합하는 가장 주된 이유는?

① 변색을 방지하기 위해서

② 균열을 분산, 경감하기 위해서

③ 경도를 크게 하기 위해서

④ 굳는 속도를 빠르게 하기 위해서

▶ 여물의 사용 [16·15·11·10·07·06년 출제]
바름벽의 보강 및 균열 방지의 목적이 있다.

32 다음 중 벽 및 천장재료에 요구되는 성질로 옳지 않은 것은?

① 열전도율이 큰 것이어야 한다.

② 차음이 잘되어야 한다.

③ 내화 · 내구성이 큰 것이어야 한다.

④ 시공이 용이한 것이어야 한다.

▶ 벽 및 천장재료의 특징 [14·13·12·11·09년 출제]
열전도율이 작은 재료를 사용하면 여름에는 시원하고 겨울에는 따듯하다(벽, 천장 단열재의 사용 목적이다).

33 유리제품과 용도와의 연결 중 옳지 않은 것은?

① 유리블록(Glass Block) – 결로 방지용

② 프리즘 타일(Prism Tile) – 채광용

③ 폼글라스(Foam Glass) – 보온재

④ 유리섬유(Glass Fiber) – 흡음재

▶ 유리블록(Glass Block) [20·13년 출제]
유리블록은 상자형 유리를 서로 맞대고 만든 것으로 간접채광, 방음, 방화, 단열, 내화성이 좋다.

정답
29 ② 30 ③ 31 ② 32 ① 33 ①

34 미장재에서 결합재에 대한 설명 중 옳지 않은 것은?

① 풀은 접착성이 작은 소석회에 필요하다.
② 돌로마이트 석회는 점성이 작아 풀이 필요하다.
③ 수축균열이 큰 고결재에는 여물이 필요하다.
④ 결합재는 고결재의 성질에 적합한 것을 선택하여 사용해야 한다.

35 유리를 열처리하여 충격강도를 5~10배 증대시킨 유리는?

① 복층유리　　　　　② 착색유리
③ 강화유리　　　　　④ 접합유리

36 다음 중 콘크리트의 시멘트 페이스트 속에 AE제, 알루미늄 분말 등을 첨가하여 만든 경량콘크리트는?

① 경량골재콘크리트
② 경량기포콘크리트
③ 무세골재콘크리트
④ 무근콘크리트

37 다음 중 단열재에 대한 설명으로 옳지 않은 것은?

① 단열재는 역학적인 강도가 작기 때문에 건축물의 구조체 역할에는 사용하지 않는다.
② 단열재는 흡습 및 흡수율이 좋아야 한다.
③ 단열재의 열전도율은 낮을수록 좋다.
④ 단열재는 공사현장까지의 운반이 용이하고 현장에서의 가공과 설치도 비교적 용이한 것이 좋다.

38 아스팔트의 물리적 성질 중 온도에 따른 견고성 변화의 정도를 나타내는 것은?

① 침입도　　　　　② 감온성
③ 신도　　　　　　④ 비중

▶▶ 돌로마이트 석회 [21·11년 출제]
점성이 커서 해초풀은 불필요하며, 수축 균열이 커서 여물은 필요하다.

▶▶ 강화유리 [20·15·11·10년 출제]
판유리를 600℃ 이상으로 가열했다가 급랭하여 기계적 강도를 증대한 유리로, 파괴 시 모래처럼 부서지며 손으로 절단이 불가능하다.

▶▶ 경량기포콘크리트
골재를 쓰지 않고 시멘트＋물＋기포제를 혼합하여 경량하고 단열, 흡음성, 내화성이 뛰어나게 만든다.

▶▶ 단열재의 구비조건 [21·11년 출제]
열전도율과 흡수율이 낮아야 한다.

▶▶ 감온성 [20·11년 출제]
① 감온성은 온도반응성이라고도 한다.
② 블론 아스팔트는 내구력이 크고 연화점이 높으며 온도에 대한 감온성과 신도가 적어 지붕방수로 쓰인다.

정답

34 ②	35 ③	36 ②	37 ②	38 ②

39 다음 중 실리콘(Silicon)과 가장 관계 깊은 것은?

① 방수도료
② 신전제
③ 희석제
④ 미장재

▶▶ 실리콘 수지 [10·09년 출제]
내열성, 내알칼리성, 내후성, 전기절연
성, 방수효과가 우수하다.

40 콘크리트 제조공장에서 주문자가 요구하는 품질의 콘크리트를
소정의 시간에 원하는 수량을 현장까지 배달·공급하는 굳지 않
는 콘크리트는?

① 프리팩트콘크리트
② 수밀콘크리트
③ AE콘크리트
④ 레디믹스트콘크리트

▶▶ 레드믹스트콘크리트 [14·11·10년 출제]
① 장점 : 대량의 콘크리트가 가능하며
   품질이 균질하고 우수하다.
② 단점 : 운반 중 재료 분리가 우려되
   며 운반로 확보와 시간 지연 시 대책
   을 강구해야 한다.

41 다음 중 아파트의 평면형식에 의한 분류에 속하지 않는 것은?

① 홀형
② 탑상형
③ 집중형
④ 편복도형

▶▶ 평면형식 [10·07년 출제]
복도와 계단실로 구분을 하며 홀형, 편복
도형, 중앙복도형, 집중형이 있다.
※ 탑상형은 외관형태로 구분하는 분류
   이다.

42 온수난방과 비교한 증기난방의 특징에 속하지 않는 것은?

① 설비비와 유지비가 싸다.
② 열의 운반능력이 크다.
③ 예열시간이 짧다.
④ 난방의 쾌감도가 높다.

▶▶ 증기난방의 단점 [15·14·13·11·10·09·
08년 출제]
① 소음이 많이 나며, 방열량의 제어가
   어렵다.
② 화상이 우려되며 먼지 등이 상승하여
   불쾌감을 준다.

43 표준형 벽돌을 사용한 벽체 1.5B의 두께는?(단, 공간쌓기 아님)

① 290mm
② 300mm
③ 320mm
④ 380mm

▶▶ 벽돌의 1.5B 두께 [16·15·14·13·12·
10년 출제]
190(1.0B) + 10(줄눈) + 90(0.5B)
= 290mm

정답

| 39 | ① | 40 | ④ | 41 | ② | 42 | ④ | 43 | ① |

44 A3 도면에 테두리를 만들 경우, 도면의 여백은 최소 얼마 이상으로 하여야 하는가?(단, 묶지 않을 경우)

① 5mm

② 10mm

③ 15mm

④ 20mm

▶▶ 테두리 도면의 여백 [21·11·10년 출제]
A3 용지 크기는 297×420이며 최소 여백은 5mm이다.

45 다음 중 주택에서 각 실의 방위가 가장 부적절한 것은?

① 거실 – 남쪽

② 부엌 – 서쪽

③ 침실 – 동남쪽

④ 화장실 – 북쪽

▶▶ 부엌의 기능과 위치 [07년 출제]
서향은 햇빛이 길어 음식이 쉽게 상하므로 피한다.

46 건물의 외벽, 창, 지붕 등에 설치하여 인접 건물에 화재가 발생하였을 때 수막을 형성함으로써 화재의 연소를 방지하는 설비는?

① 스프링클러설비

② 드렌처설비

③ 연결살수설비

④ 옥내소화전설비

▶▶ 드렌처설비의 설치목적 [20·15·11·10·09년 출제]
방화지구 내 건축물의 인접대지경계선에 접하는 외벽에 설치하는 창문 등으로서 연소할 우려가 있는 부분에 설치하여 유소를 방지하기 위한 방화설비를 말한다.

47 주택지의 단위 분류에 속하지 않는 것은?

① 인보구

② 근린분구

③ 근린주구

④ 근린지구

▶▶ 주택단지계획 [20·15·14·13·12·11·10년 출제]
1단지 주택계획은 인보구(어린이 놀이터) → 근린분구(유치원, 보육시설) → 근린주구(초등학교)의 순으로 구성된다.

48 다음과 같은 특징을 갖는 투시도 묘사용구는?

- 밝은 상태에서 어두운 상태까지 폭넓게 명암을 나타낼 수 있다.
- 다양한 질감 표현이 가능하다.
- 지울 수 있는 장점이 있는 반면에 번지거나 더러워지는 단점이 있다.

① 포스터 컬러　　② 연필

③ 잉크　　④ 파스텔

▶▶ 연필 [13·10·09·08·07년 출제]
9H부터 6B까지 17단계로 구분되며 명암 표현이 자유롭고 H의 수가 많을수록 단단하다.

정답

| 44 ① | 45 ② | 46 ② | 47 ④ | 48 ② |

49 다음 중 건축계획 및 설계과정에서 가장 선행되는 사항은?

① 기본계획

② 조건파악

③ 기본설계

④ 실시설계

▶ 건축설계의 진행법 [15·12·08년 출제]
조건파악 → 기본계획 → 기본설계 → 실시설계

50 다음 중 도면에서 가장 굵은 선으로 표현되는 것은?

① 치수선

② 경계선

③ 기준선

④ 단면선

▶ 선의 종류 [16·15·14·09·07년 출제]
① 치수선 : 가는 실선
② 경계선 : 1점쇄선
③ 기준선 : 1점쇄선
④ 단면선 : 굵은 실선

51 실내 공기 오염의 종합적 지표가 되는 것은?

① 먼지

② 이산화탄소

③ 일산화탄소

④ 산소

▶ 실내 환기의 척도 [15·13·11·10·07년 출제]
공기 중의 이산화탄소 농도로 확인한다.

52 급수설비에서 수격작용을 방지하기 위해 설치하는 것은?

① 플러시 밸브

② 공기실

③ 신축곡관

④ 배수 트랩

▶ 수격작용 방지대책 [11·07년 출제]
기구류 가까이에 공기실(에어챔버)을 설치한다.

53 교류 엘리베이터에 대한 설명 중 옳지 않은 것은?

① 기동 토크가 작다.

② 부하에 의한 속도 변동이 있다.

③ 직류 엘리베이터에 비해 착상오차가 크다.

④ 속도를 선택할 수 있고, 속도 제어가 가능하다.

▶ 엘리베이터
교류는 설비가 저렴하여 직류에 비해 승차감이 떨어지고 속도를 선택할 수 없고 제어가 불가능하다.

정답

| 49 ② | 50 ④ | 51 ② | 52 ② | 53 ④ |

54 주택의 현관에 관한 설명 중 옳지 않은 것은?

① 주택 외부와 내부의 연결기능을 갖는다.

② 현관의 위치는 대지의 형태 및 도로와의 관계 등에 의하여 결정된다.

③ 현관의 크기는 접객의 용무 외에 다양한 활동이 가능하도록 가급적 크게 하는 것이 좋다.

④ 현관 바닥에서 홀(Hall)의 단높이는 일반적으로 10~20cm 정도로 한다.

▶▶ 현관 [16·13·12·11년 출제]
방위와 무관하고 도로의 위치와 관계있으며 주택면적의 7% 정도가 적당하다.

55 건축 도면에서 각종 배경과 세부 표현에 대한 설명 중 옳지 않은 것은?

① 건축 도면 자체의 내용을 해치지 않아야 한다.

② 건물의 배경이나 스케일 그리고 용도를 나타내는 데 꼭 필요할 때에만 적당히 표현한다.

③ 공간과 구조 그리고 그들의 관계를 표현하는 요소들에게 지장을 주어서는 안 된다.

④ 가능한 한 현실과 동일하게 보일 정도로 디테일하게 표현한다.

▶▶ 배경의 표현 [20·15·13·12·10·09년 출제]
앞쪽 배경은 사실적으로, 뒤쪽의 배경은 단순하게 표현한다.

56 다음 설명이 나타내는 건축형태의 구성원리는?

> 일반적으로 규칙적인 요소들의 반복으로 디자인에 시각적인 질서를 부여하는 통제된 운동감각을 말한다.

① 통일

② 균형

③ 강조

④ 리듬

▶▶ 리듬 [11·08년 출제]
통제된 운동감으로 공간이나 형태의 구성을 조직하고 반영하여 시각적 질서를 부여한다.

57 다음 중에서 시기적으로 가장 먼저 이뤄지는 도면은?

① 기본 설계도

② 실시 설계도

③ 계획 설계도

④ 시공 계획도

▶▶ 도면의 순서 [08년 출제]
계획 설계도 → 기본 설계도 → 실시 설계도 → 시공 계획도 → 시공 설계도

정답

54 ③ **55** ④ **56** ④ **57** ③

58 다음은 건축법상 지하층의 정의와 관련된 기준 내용이다. ( ) 안에 알맞은 것은?

> "지하층"이란 건축물의 바닥이 지표면 아래에 있는 층으로서 바닥에서 지표면까지 평균높이가 해당 층 높이의 ( ) 이상인 것을 말한다.

① 2분의 1
② 3분의 1
③ 3분의 2
④ 4분의 1

59 도면에서 창호의 재질별 기호로 옳지 않은 것은?

① 알루미늄 합금 : A
② 합성수지 : P
③ 강철 : S
④ 목재 : T

60 주택에서 독립성이 가장 확보되어야 할 공간은?

① 거실
② 부엌
③ 침실
④ 다용도실

▶ 지하층의 정의 [16·14·09년 출제]

▶ 창호기호의 종류 [11·10·08년 출제]
목재는 W 기호를 사용한다.

▶ 침실의 기능과 위치 [21·16·15·12·11·10년 출제]
도로 쪽은 피하고 동남쪽에 위치하며 정적이고 독립성이 있어야 한다.

정답
58 ① **59** ④ **60** ③

01 다음 중 내구적, 방화적이나 횡력과 진동에 약하고 균열이 생기기 쉬운 구조는?

① 철골구조
② 목구조
③ 벽돌구조
④ 철근콘크리트구조

 벽돌구조 [13·12년 출제]
내화, 내구, 방한, 방서구조이며 횡력(지진)에 약해 고층구조가 부적당하다.

02 다음 중 철골부재접합에 대한 설명으로 옳지 않은 것은?

① 고장력볼트는 상호부재의 마찰력으로 저항한다.
② 용접은 품질관리가 볼트보다 어렵다.
③ 메탈터치(Metal Touch)는 기둥에서 각 부재면을 맞대는 접합 방식이다.
④ 초음파 탐상법은 사용방법과 판독이 어려워 거의 사용되지 않고 있다.

초음파 탐상법
주조재의 내부결함이나 용접부분, 관재 등의 내부결함을 비파괴적으로 측정하는 방법으로 전문가가 필요하다.

03 다음 중 주택에 일반적으로 사용되는 지붕이 아닌 것은?

① 모임지붕
② 박공지붕
③ 평지붕
④ 톱날지붕

톱날지붕 [14·13·12·10년 출제]
톱날모양으로 공장의 채광창이 북향으로 종일 변함없는 조도로 작업능률이 좋다.

04 벤딩모멘트나 전단력을 견디게 하기 위해 보 단부의 단면을 중앙부의 단면보다 증가시킨 부분은?

① 헌치(Haunch)
② 주두(Capital)
③ 스터럽(Stirrup)
④ 후프(Hoop)

헌치
보 양쪽 끝부분은 중앙부보다 휨모멘트나 전단력을 많이 받아 춤과 너비를 10~20 cm 정도 크게 하는 헌치를 한다.

정답
01 ③ **02** ④ **03** ④ **04** ①

05 부재축에 직각으로 설치되는 전단철근의 간격은 철근콘크리트 부재의 경우 최대 얼마 이하로 하여야 하는가?

① 300mm
② 450mm
③ 600mm
④ 700mm

▶▶ 전단철근(스터럽)
보의 주철근을 둘러싸고 이에 직각되게 도는 경사지게 배치한 복부보강근으로서 전단력 및 비틀림모멘트에 저항하도록 배치한 보강철근이다. 스터럽의 간격은 보춤의 1/2 또는 600mm를 넘지 않아야 한다.

06 2방향 슬래브는 슬래브의 장변이 단변에 대해 길이의 비가 얼마 이하일 때부터 적용할 수 있는가?

① 1/2
② 1
③ 2
④ 3

▶▶ 2방향 슬래브 [14·13·12·11년 출제]
$l_y/l_x \leq 2(l_x$: 단변길이, l_y : 장변길이)
하중은 두 방향으로 4개 보에 전달되므로 주철근을 두 방향으로 배치한다. 단변 방향에는 주근, 장변방향에는 배력근을 배근한다.

07 콘크리트에서의 최소피복두께의 목적에 해당되지 않는 것은?

① 철근의 부식방식
② 철근의 연성 감소
③ 철근의 내화
④ 철근의 부착

▶▶ 최소피복두께의 목적 [15·12·11년 출제]
콘크리트 표면부터 가장 바깥쪽 철근표면까지의 최단거리이며, 철근의 부식 방지, 철근의 내화성 강화, 철근의 부착력 증가의 목적이 있다.

08 조립식 구조물(P.C)에 대하여 옳게 설명한 것은?

① 슬래브의 부재는 크고 무거워서 P.C로 생산이 불가능하다.
② 접합의 강성을 높이기 위하여 접합부는 공장에서 일체식으로 생산한다.
③ P.C는 현장 콘크리트 타설에 비해 결과물의 품질이 우수한 편이다.
④ P.C는 장비를 사용하므로 공사기간이 많이 소요된다.

▶▶ 조립식 구조 [15·14·12년 출제]
공장생산으로 높은 품질, 우기나 동절기에도 가능, 공사기간도 단축할 수 있다. 단, 현장에서 조립하기 때문에 접합부 일체화는 곤란하다.

09 다음 중 철골부재의 용접과 거리가 먼 용어는?

① 윙플레이트
② 엔드탭
③ 뒷댐재
④ 스캘럽

▶▶ 철골의 용접 [12·10·09·08년 출제]
① 윙플레이트 : 철골조 주각의 구성재이다.
② 엔드탭 : 용접의 시발부와 종단부에 임시로 붙이는 보조판이다.
③ 뒷댐재 : 용접을 용이하게 하고 엔드탭의 위치를 확보하기 위해 사용하는 받침쇠이다.
④ 스캘럽 : 용접선의 교차로 열영향을 피하기 위해 부채꼴모양으로 모따기 한 홈이다.

정답
05 ③ **06** ③ **07** ② **08** ③ **09** ①

10 목재의 이음과 맞춤을 할 때 주의사항으로 옳지 않은 것은?

① 이음과 맞춤은 응력이 큰 곳에서 하여야 한다.
② 맞춤면은 정확히 가공하여 서로 밀착되어 빈틈이 없게 한다.
③ 공작이 간단하고 튼튼한 접합을 선택하여야 한다.
④ 목재는 될 수 있는 한 적게 깎아 내어 약하게 되지 않도록 한다.

▶▶ 목재의 접합
접합부는 가능한 한 적게 깎아내고 응력이 적은 곳에서 접합한다.

11 다음 중 구조부재를 보호하는 방법으로 옳은 것은?

① 철근콘크리트 기둥의 파손을 방지하기 위하여 내부에 알루미늄을 삽입하였다.
② 서해대교 케이블의 보호를 위하여 염소를 발랐다.
③ 목조 지붕틀의 방식을 위하여 광명단을 칠했다.
④ 화재로부터 철골부재를 보호하기 위하여 내화뿜칠을 하였다.

▶▶ ① 철재에 녹막이 페인트로 광명단을 사용한다.
② 케이블의 로프 보호를 위해 아연도금을 사용한다.
③ 목재의 착화를 지연하기 위해 방화도료를 사용한다.

12 보강블록구조에 대한 설명 중 옳지 않은 것은?

① 내력벽의 양이 많을수록 횡력에 대항하는 힘이 커진다.
② 철근은 굵은 것을 조금 넣는 것보다 가는 것을 많이 넣는 것이 좋다.
③ 철근의 정착이음은 기초보와 테두리보에 둔다.
④ 내력벽의 벽량은 최소 20cm/m² 이상으로 한다.

▶▶ 보강블록구조 [15·14·13·12년 출제]
내력벽의 벽량은 최소 15cm/m² 이상으로 한다.

13 벽돌구조에서 통줄눈을 피하는 가장 중요한 이유는?

① 내부구조상 하중의 분산을 위하여
② 외관의 미적 표현을 위하여
③ 벽체의 습기 방지를 위하여
④ 시공의 편의를 위하여

▶▶ 통줄눈
상부에서 오는 하중을 집중적으로 전달받아 균열의 원인이 되므로 구조용으로는 사용하지 않는다.

정답
10 ① **11** ④ **12** ④ **13** ①

14 강구조 트러스에 대한 설명 중 옳지 않은 것은?

① 접합 시의 거싯 플레이트는 직사각형에 가까운 모양이 좋다.

② 지정의 중심선과 트러스절점의 중심선은 가능한 한 일치시켜 편심모멘트가 생기지 않도록 한다.

③ 현재란 수직으로 배치된 복재를 말한다.

④ 지정은 지지점이라고도 하며 트러스가 놓이는 점을 말한다.

▶▶ 트러스 보
① 플레이트 보의 웨브재로 수직재와 경사 재를 거싯 플레이트로 조립한 보이다.
② 간사이가 큰 구조물, 즉 15m가 넘거나 보의 춤이 1m를 넘을 때 사용한다.
③ 휨모멘트는 현재가 부담하고, 전단력 은 웨브재의 축방향력으로 작용한다.
④ 거싯 플레이트, 상현재(수평재), 하현재 (수평재), 웨브재(수직재)를 사용한다.

15 철근콘크리트 구조의 경사보식 계단에 대한 설명 중 옳지 않은 것은?

① 4변이 지지된 계단으로 본다.

② 좌우벽이나 측보로 지지한다.

③ 단변방향에는 배력근, 장변방향에는 주근을 배치한다.

④ 계단의 너비와 간사이가 큰 경우에 많이 사용된다.

▶▶ 경사보식 계단
단변방향에는 주근, 장변방향에는 배력 근을 배치한다.

16 목조 벽체에서 기둥 맨 위 처마부분에 수평으로 거는 가로재로서 기둥머리를 고정하는 것은?

① 처마도리

② 샛기둥

③ 깔도리

④ 꿸대

▶▶ 목구조의 부재 [13·12·09·06년 출제]
① 처마도리 : 지붕보(평보) 위에 깔도 리와 같은 방향으로 덧댄 것으로 서 까래를 받는 가로재이다.
② 샛기둥 : 기둥과 기둥 사이의 작은 기둥을 의미한다.
③ 깔도리 : 기둥 또는 벽 위에 놓아 기 둥을 고정하고 지붕보(평보)를 받는 가로재이다.
④ 꿸대 : 벽의 보강을 위해 기둥을 꿰 어 상호 연결하는 가로재이다.

17 다음 재해방지 성능상의 분류 중 지진에 의한 피해를 방지할 수 있는 구조는?

① 방화구조

② 내화구조

③ 방공구조

④ 내진구조

▶▶ 내진구조의 정의 [12·11·07년 출제]
지진에 견딜 수 있도록 설계된 구조로 유 구조와 강구조의 두 방식이 있다.

정답
14 ③ **15** ③ **16** ③ **17** ④

18 구조물에 작용하는 외력을 곡면판의 면 내력으로 전달시키는 특성을 가진 구조는?

① 절판구조

② 셸(Shell)구조

③ 현수구조

④ 다이아그리드구조

▶ 특수구조 [21·15·12·11·07년 출제]
① 절판구조 : 아코디언같이 주름지게 하여 하중에 대한 저항을 증진시킨 구조로 철근 배근이 어렵다.
② 셸(Shell)구조 : 곡면의 휘어진 얇은 판으로 공간을 덮은 구조이다. 가볍고 큰 힘을 받을 수 있어 넓은 공간을 필요로 할 때 사용한다.
③ 현수구조 : 기둥과 기둥 사이에 강제 케이블로 연결한다.
④ 다이아그리드구조 : 대각 가새를 반복적으로 사용한 형태의 구조로 롯데월드타워가 있다.

19 철골구조의 플레이트 보에서 웨브의 두께가 춤에 비해서 얇을 때, 웨브의 국부 좌굴을 방지하기 위해 사용하는 것은?

① 데크플레이트(Deck Plate)

② 턴버클(Turn Buckle)

③ 베니션 블라인드(Venetion Blind)

④ 스티프너(Stiffener)

▶ [20·16·13·11·09년 출제]
① 데크플레이트 : 강판을 구부려 만들어 거푸집 대신 깔고 거기에 철근을 보강하여 바닥판으로 사용한다.
② 턴버클 : 와이어로프나 전선 등의 길이 조절, 장력의 조정을 할 때 사용한다.
③ 베니션 블라인드 : 얇은 금속판 또는 나무판 등을 일정 간격으로 엮어 늘어뜨려 햇빛을 차단하는 커튼의 일종이다.
④ 스티프너 : 웨브의 좌굴을 방지하기 위한 보강재이다.

20 연속기초라고도 하며 조적조의 벽기초 또는 콘크리트 연결기초로 사용되는 것은?

① 줄기초

② 독립기초

③ 온통기초

④ 캔틸레버푸팅기초

▶ [12·11년 출제]
① 줄기초 : 내력벽 또는 일렬로 된 기둥을 연속으로 따라서 기초벽을 설치하는 구조이다.
② 독립기초 : 한 개의 기둥에 하나의 기초판을 설치한 기초이다.
③ 온통기초 : 건물하부 전체를 기초판으로 만든다.
④ 캔틸레버푸팅기초 : 2개의 기초를 스터럽이라 부르는 보로 연결한 복합기초이다.

21 바닥재료를 타일로 마감할 때의 내용으로 옳지 않은 것은?

① 접착력을 높이기 위해 타일 뒷면에 요철을 만든다.

② 바닥 타일은 미끄럼 방지를 위해 유약을 사용하지 않는다.

③ 보통 클링커 타일은 외부바닥용으로 사용한다.

④ 외장 타일은 내장 타일보다 강도가 약하고 흡수율이 높다.

▶ 외장 타일은 내장 타일보다 강도가 강하고 흡수율이 낮다.

정답			
18 ②	**19** ④	**20** ①	**21** ④

22 유리와 같은 어떤 힘에 대한 작은 변형으로도 파괴되는 재료의 성질을 나타내는 용어는?

① 연성   ② 전성

③ 취성   ④ 탄성

▶▶ 역학적 성질 [20·15·13·12·09년 출제]
① 연성 : 가늘고 길게 늘어나는 성질
② 전성 : 외력에 의해 얇게 펴지는 성질
③ 취성 : 주철, 유리와 같은 재료가 작은 변형만으로도 파괴되는 성질
④ 탄성 : 외력을 제거하면 순간적으로 원형으로 회복하는 성질

23 난간벽, 돌림대, 창대, 주두 등에 장식용으로 사용되는 공동(空胴)의 대형 점토제품은?

① 콘크리트   ② 인조석

③ 테라초   ④ 테라코타

▶▶ 테라코타 [16·15·14·13·12년 출제]
석조 조각물 대신에 사용되는 장식용 점토소성제품이며, 일반석재보다 가볍고, 압축강도는 화강암의 1/2 정도이다.

24 다음 중 콘크리트 보양에 관련된 내용으로 옳지 않은 것은?

① 콘크리트 타설 후 완전히 수화되도록 살수 또는 침수시켜 충분하게 물을 공급하고 또 적당한 온도를 유지하는 것이다.
② 콘크리트 비빔 후 습기가 공급되면 재령이 작아지며 강도가 떨어진다.
③ 보양온도가 높을수록 수화가 빠르다.
④ 보양은 초기 재령 때 강도에 큰 영향을 준다.

▶▶ 재령과 습윤양생
온도 20℃, 습도 80% 이상으로 보양된 콘크리트가 완전히 경화한다.

25 아스팔트의 견고성 정도를 침의 관입저항으로 평가하는 방법은?

① 수축률   ② 침입도

③ 경도   ④ 갈라짐

▶▶ 침입도
아스팔트의 경도를 표시하는 수치이다. 침입도계로 보통 25℃, 하중 100g의 바늘이 5초간에 시료에 관입하는 깊이를 mm 단위로 측정하여 그 수의 10배로 표시한다. 침입도로 아스팔트의 등급을 나타낸다.

26 건축재료의 생산방법에 따른 분류 중 1차적인 천연재료가 아닌 것은?

① 흙   ② 모래

③ 석재   ④ 콘크리트

▶▶ 천연재료(자연재료) [16·15·14·13·12년 출제]
석재, 목재, 토벽 등이 있다.

정답
22 ③   **23** ④   **24** ②   **25** ②   **26** ④

27 다음 중 혼합 시멘트에 해당하지 않는 것은?

① 고로 시멘트

② 플라이애시 시멘트

③ 포졸란 시멘트

④ 중용열 포틀랜드 시멘트

▶▶ 혼합 시멘트
포틀랜드 시멘트에 고로 슬래그, 실리카, 포졸란, 플라이애시 등을 혼합하여 시멘트의 결점을 보강하여 특유의 성질을 부여한 것이다.

28 목재의 방부제 중 수용성 방부제에 속하는 것은?

① 크레오소트 오일

② 불화소다 2%용액

③ 콜타르

④ PCP

▶▶ 수용성 방부제 [14·12·06년 출제]
물에 용해해서 사용하는 방부제이다.(황산동 1%용액, 염화아연 4%용액, 염화제2수은 1%용액, 불화소다 2%용액)

29 화력발전소와 같이 미분탄을 연소할 때 석탄재가 고온에 녹은 후 냉각되어 구상이 된 미립분을 혼화재로 사용한 시멘트로서, 콘크리트의 워커빌리티를 좋게 하며 수밀성을 크게 할 수 있는 시멘트는?

① 플라이애시 시멘트

② 고로 시멘트

③ 백색 포틀랜드 시멘트

④ AE 포틀랜드 시멘트

▶▶ 플라이애시 특징 [12·08년 출제]
① 초기강도가 작지만 장기강도는 크다.
② 응결시간이 지연된다.

30 점토제품에서 SK의 번호는 무엇을 나타내는 것인가?

① 제품의 크기를 표시한다.

② 점토의 구성 성분을 표시한다.

③ 제품의 용도를 나타낸다.

④ 소성온도를 나타낸다.

▶▶ 소성온도 [21·13·09년 출제]
SK는 소성온도를 나타내며 제게르 추를 이용하여 측정한다.

31 건축용 접착제가 필히 갖추어야 할 요건이 아닌 것은?

① 접착면의 유동성이 작아야 한다.

② 독성이 없어야 하고 접착강도를 유지해야 한다.

③ 진동, 충격 등의 반복에 잘 견딜 수 있어야 한다.

④ 경화 시 체적수축 등의 변형을 일으키지 않아야 한다.

▶▶ 접착제의 정의
두 물체를 서로 접합하는 데 사용하는 물질로 처음에는 액상이다가 나중에 고화되는 경우 떨어지지 않고, 그 자체가 파괴되지 않는 고분자이어야 한다.

정답
27 ④ **28** ② **29** ① **30** ④ **31** ①

32 도료의 원료 중 건조된 도막에 탄성, 교착성을 부여함으로써 내구력을 증가시키는 데 쓰이는 것은?

① 가소제
② 용제
③ 안료
④ 수지

▶▶ 가소제
합성수지 등 고분자 물질에 첨가하여 경도와 점도를 바꾸는 등 그 물질의 성상을 용도에 따라 개선시키는 약품이다. 특히, 염화비닐류에 각종의 가소제가 대량으로 사용된다.

33 창유리의 강도란 일반적으로 어떤 것을 말하는가?

① 압축강도
② 인장강도
③ 휨강도
④ 전단강도

▶▶ 유리창 강도 [10·08년 출제]
유리의 강도는 휨강도를 말하며 500~750kg/cm²이다.

34 AE제를 사용한 콘크리트의 특징이 아닌 것은?

① 동결융해작용에 대하여 내구성을 갖는다.
② 작업성이 좋아진다.
③ 수밀성이 좋아진다.
④ 압축강도가 증가한다.

▶▶ AE제의 사용 효과 [20·16·15·10·08년 출제]
콘크리트 내부에 미세기포를 발생시켜 콘크리트의 워커빌리티(작업성) 및 내구성을 향상시킨다. 다만, 공기량 1% 증가에 따라 압축강도가 4~6% 감소한다.

35 벽 및 천장재로 사용되는 것으로 강당, 집회장 등의 음향조절용으로 쓰이거나 일반건물의 벽 수장재로 사용하여 음향효과를 거둘 수 있는 목재가공품은?

① 파키트리 패널
② 플로어링 합판
③ 코펜하겐 리브
④ 파키트리 블록

▶▶ 목재가공품 [21·15·13·12·10년 출제]
바닥 마루판의 종류로 파키트리 패널, 플로어링 합판, 파키트리 블록이 있고, 코펜하겐 리브는 벽 및 천장재료에 사용되는 음향조절용 목재가공품이다.

36 다음 중 목부에 사용되는 투명도료는?

① 유성 페인트
② 클리어래커
③ 래커에나멜
④ 에나멜 페인트

▶▶ 클리어래커 [10·07년 출제]
건조가 빠르므로 스프레이 시공이 가능하고 목재면의 투명도장에 사용된다.

정답
32 ① **33** ③ **34** ④ **35** ③ **36** ②

37 다음 중 시멘트를 구성하는 3대 주성분이 아닌 것은?

① 산화칼슘
② 실리카
③ 염화칼슘
④ 산화알루미늄

38 석회석이 변화되어 결정화한 것으로 실내장식재 또는 조각재로 사용되는 것은?

① 대리석
② 응회암
③ 사문암
④ 안산암

39 철판에 도금하여 양철판으로 쓰이며 음료수용 금속재료의 방식 피복재료로도 사용되는 금속은?

① 니켈
② 아연
③ 주석
④ 크롬

40 석고보드에 대한 다음 설명 중 옳지 않은 것은?

① 부식이 안 되고 충해를 받지 않는다.
② 팽창 및 수축의 변형이 크다.
③ 흡수로 인해 강도가 현저하게 저하된다.
④ 단열성이 높다.

41 소방대 전용 소화전인 송수구를 통하여 실내로 물을 공급하여 소화활동을 하는 것으로 지하층의 일반 화재진압 등에 사용되는 소방시설은?

① 드렌처설비
② 연결살수설비
③ 스프링클러설비
④ 옥외소화전설비

▶ **염화칼슘**
초기강도를 촉진시켜 콘크리트 구조물을 빨리 사용할 때 이용되며 너무 많이 사용할 경우 콘크리트 압축강도가 감소한다.

▶ **대리석** [13·12·10·08년 출제]
색채, 무늬 등이 아름답고 갈면 광택이 난다. 열, 산에 약하므로 실내장식재 또는 조각재로 사용된다.

▶ **주석** [15·12년 출제]
① 공기 중에 녹슬지 않고, 부식에 대한 저항성이 크다.
② 양철판은 철판에 주석을 도금한 것으로, 식기, 통조림, 식료품용 등에 사용된다.

▶ **석고보드** [09·08년 출제]
① 소석고를 주원료로 경량 탄성률을 높이기 위해 톱밥, 펄라이트, 섬유 등을 섞어 물로 반죽한 양면에 종이를 붙인 판재이다.
② 초벌 바름용 재료로 방수성, 차음성, 단열성, 무수축성이며 건조 바탕벽에 사용한다.

▶ **소화활동설비** [12·08년 출제]
연결살수설비, 제연설비, 연결송수관설비, 비상콘센트설비, 무선통신보조설비, 연소방지설비가 있다.
※ 스프링클러설비, 옥외소화전설비는 소화설비이다.

정답
37 ③ **38** ① **39** ③ **40** ② **41** ②

42 주거공간을 주행동에 따라 개인공간, 사회공간, 노동공간 등으로 구분할 때, 다음 중 사회공간에 해당되지 않는 것은?

① 거실
② 식당
③ 서재
④ 응접실

▶▶ 사회공간 [12·20·15·14·13·12년 출제]
가족 중심의 공간으로 모두 같이 사용하는 공간이다.
※ 서재는 개인공간이다.

43 건축물의 생산과정 중 가장 마지막 단계는?

① 시공
② 기획
③ 제도
④ 설계

▶▶ 건축물을 만드는 과정 [13·12년 출제]
'기획 → 설계 → 시공' 3단계로 이루어진다.

44 직경 13mm의 이형철근을 200mm 간격으로 배치할 때 도면표시방법으로 옳은 것은?

① D13#200
② D13@200
③ ϕ13#200
④ ϕ13@200

▶▶ 일반 표시 기호 [16·15·14·11·10년 출제]
이형철근의 직경 13mm는 D13, 간격 200mm는 @200으로 표시한다.

45 건축도면에서 굵은 실선으로 표시하여야 하는 것은?

① 해칭선
② 절단선
③ 단면선
④ 치수선

▶▶ 선의 종류 [16·15·14·09·07년 출제]
① 해칭선 : 가는 실선으로 빗줄을 그은 선
② 절단선 : 1점쇄선
③ 단면선 : 굵은 실선
④ 치수선 : 가는 실선

46 부엌과 식당을 겸용하는 다이닝 키친(Dining Kitchen)의 가장 큰 장점은?

① 침식분리가 가능하다.
② 주부의 동선이 단축된다.
③ 휴식, 접대 장소로 유리하다.
④ 이상적인 식사 분위기 조성에 유리하다.

▶▶ 다이닝 키친 [20·14·13·12·10년 출제]
부엌 일부분에 식사실을 두는 형태로 주부의 동선이 짧아 노동력 절감이 된다.

정답
| 42 ③ | 43 ① | 44 ② | 45 ③ | 46 ② |

47 대지면적에 대한 건축면적의 비율을 의미하는 것은?

① 용적률
② 건폐율
③ 점유율
④ 수용률

▶▶ 건폐율
대지면적에 대한 건축면적의 비율로 대지면적에 얼마만큼 건축물을 지을 수 있는가를 나타내는 %이다.

48 건축물의 묘사에 있어서 묘사 도구로 사용하는 연필에 관한 설명으로 옳지 않은 것은?

① 다양한 질감 표현이 가능하다.
② 밝고 어두움의 명암 표현이 불가능하다.
③ 지울 수 있으나 번지거나 더러워질 수 있다.
④ 심의 종류에 따라서 무른 것과 딱딱한 것으로 나누어진다.

▶▶ 연필 [13·10·09·08·07년 출제]
9H부터 6B까지 17단계로 구분되며 명암 표현이 자유롭고 H의 수가 많을수록 단단하다.

49 다음 전압의 종류 중 저압에 해당하는 기준은?

① 직류 100V 이하, 교류 220V 이하
② 직류 350V 이하, 교류 420V 이하
③ 직류 1,500V 이하, 교류 1,000V 이하
④ 직류 900V 이하, 교류 1,000V 이하

▶▶ 전압의 종류(2021년 개정)
전력회사에서 공급되는 전기는 수요가의 부하설비에 따라 전압의 종류가 다르다.

구분	직류	교류
저압	1,500V 이하	1,000V 이하
고압	1,500V 초과 ~7,000V 이하	1,000V 초과 ~7,000V 이하
특별 고압	7,000V를 초과하는 것	

50 실내 색채 계획에 관한 설명으로 옳지 않은 것은?

① 주가 되는 색을 명확히 선정한다.
② 사용되는 색의 수는 되도록 많게 한다.
③ 각 실의 위치, 밝기, 조명 등의 영향을 고려한다.
④ 색의 팽창과 수축성에 따른 실의 확대, 축소감에 유의한다.

▶▶ 실내 색채 계획
사용하는 수는 제한적으로 하되 아래로 갈수록 명도를 낮게 사용한다.

51 계단실(홀)형 아파트에 관한 설명으로 옳지 않은 것은?

① 프라이버시 확보가 좋다.
② 동선이 짧아 출입이 용이하다.
③ 엘리베이터 효율이 가장 우수하다.
④ 통행 부분(공용 면적)의 면적이 작다.

▶▶ 계단실(홀)형 아파트 [15·12·11·10·09년 출제]
통행부 면적이 작아 독립성이 좋은 반면 엘리베이터 이용률이 낮다.

정답
47 ② **48** ② **49** ③ **50** ② **51** ③

52 증기난방에 관한 설명으로 옳지 않은 것은?

① 예열시간이 온수난방에 비해 짧다.
② 난방의 쾌감도가 온수난방보다 높다.
③ 방열면적을 온수난방보다 작게 할 수 있다.
④ 증발잠열을 이용하기 때문에 열의 운반능력이 크다.

▶ 증기난방의 단점 [15·14·11·10·09·08년 출제]
소음이 많이 나며, 방열량 조절이 어렵다. 화상이 우려되며 먼지 등이 상승하여 불쾌감을 준다.

53 건축도면 중 평면도에 관한 설명으로 옳은 것은?

① 계획 설계도에 해당된다.
② 실의 배치 및 크기가 표현된다.
③ 건축물의 외관을 나타낸 직립투상도이다.
④ 천장 높이, 지붕 물매, 처마길이 등이 표현된다.

▶ 평면도 [16·10·09·08년 출제]
기준 층의 바닥면에서 1.2~1.5m 높이에서 수평절단하여 아래로 내려다본 도면이다.

54 건축물의 묘사 및 표현에 관한 설명으로 옳지 않은 것은?

① 건축 도면에 사람을 그려 넣는 목적은 스케일 감을 나타내기 위해서이다.
② 건축 도면에서 수목의 배치와 표현을 통해 건물 주변 대지의 성격을 나타낼 수 있다.
③ 여러 선에 의한 건축물의 표현 방법은 선의 간격을 달리함으로써 면과 입체를 결정한다.
④ 음영은 건축물의 입체적인 표현을 강조하기 위해 그려 넣는 것으로 실시설계도나 시공도에 주로 사용된다.

▶ 건축물의 묘사 및 표현 [08년 출제]
① 설계도나 시공도에는 입체적인 표현을 하지 않는다.
② 조감도, 투시도에 음영 등 입체적 표현기법이 들어간다.

55 건축제도용지 중 A0 용지의 크기는?

① 594×841mm
② 841×1,189mm
③ 1,189×1,090mm
④ 1,090×1,200mm

▶ 건축제도용지 [21·11·06년 출제]

종류	크기
A0	841×1,189
A1	594×841
A2	420×594
A3	297×420
A4	210×297

56 전개도에 표현되는 사항에 해당되지 않는 것은?

① 반자 높이
② 가구의 입면
③ 기초의 형태
④ 걸레받이 형태

▶ 전개도 [15·12·10년 출제]
건물 내부의 입면을 정면에서 바라보고 작도하는 내부입면도이다.

정답
52 ② **53** ② **54** ④ **55** ② **56** ③

57 다음 설명에 알맞은 부엌 가구의 배치 유형은?

> • 양쪽 벽면에 작업대가 마주 보도록 배치한 것으로 부엌의 폭이 길이
> 에 비해 넓은 부엌의 형태에 적당한 형식이다.
> • 작업 동선은 줄일 수 있지만 몸을 앞뒤로 바꾸는 데 불편하다.

① 일자형
② L자형
③ 병렬형
④ 아일랜드형

▶ 병렬형 [15·14·12년 출제]
양쪽 작업대의 통로 폭은 700~1,000mm
사이로 한다.

58 배수트랩의 봉수파괴 원인과 가장 거리가 먼 것은?

① 증발
② 통기작용
③ 모세관현상
④ 자기사이펀 작용

▶ 봉수파괴 원인 및 방지책 [16·14·12·09·
08년 출제]
① 통기관 설치 : 자기사이펀 작용, 유인
사이펀 작용, 분출작용 방지
② 청소(머리카락, 이물질 제거) : 모세
관현상 방지
③ 기름막 형성 : 증발현상 방지

59 열의 이동방법에 해당되지 않는 것은?

① 복사
② 회절
③ 전도
④ 대류

▶ 열의 이동 [12·11년 출제]
전도는 고체 내부 속에서 열이 이동하는
것이며, 대류는 유체(액체, 기체), 복사는
전달매개체 없이 직접 이동한다.

60 주거단지의 단위 중 초등학교를 중심으로 한 단위는?

① 근린지구
② 인보구
③ 근린분구
④ 근린주구

▶ 주택단지계획 [20·15·14·13·12·11·10년
출제]
1단지 주택계획은 인보구(어린이 놀이
터) → 근린분구(유치원, 보육시설) → 근
린주구(초등학교)의 순으로 구성된다.

정답

57	③	58	②	59	②	60	④

01 벽돌을 한 켜씩 내밀어 쌓을 때 내미는 길이는 얼마 이하로 하는가?

① 1/8B ② 1/6B
③ 1/4B ④ 1/2B

 내쌓기 [16·15·14·13·12·11·06년 출제]
1/8B는 한 켜, 1/4B는 두 켜를 내쌓고, 한도는 2.0B 이하로 한다.

02 철근콘크리트보의 늑근에 대한 설명 중 옳지 않은 것은?

① 전단력에 저항하는 철근이다.
② 중앙부로 갈수록 조밀하게 배치한다.
③ 굽힘철근의 유무에 관계없이 전단력의 분포에 따라 배치한다.
④ 계산상 필요 없을 때라도 사용한다.

▶▶ **늑근** [12·07년 출제]
전단 보강을 위해 중앙부보다 단부에 촘촘하게 배치한다.

03 목재 왕대공 지붕틀에서 압축력과 휨모멘트를 동시에 받는 부재는?

① ㅅ자보
② 빗대공
③ 평보
④ 중도리

▶▶ **ㅅ자보** [14·13·12·07년 출제]
중도리를 직접 받쳐주는 부재로 하부는 평보 위에 안장맞춤으로 하고 압축력과 휨모멘트를 동시에 받는다.

04 트러스 구조에 대한 설명으로 옳지 않은 것은?

① 지점의 중심선과 트러스절점의 중심선은 가능한 한 일치시킨다.
② 항상 인장력을 받는 경사재의 단면이 가장 크다.
③ 트러스의 부재 중에는 응력을 거의 받지 않는 경우도 생긴다.
④ 트러스 부재의 절점은 핀접합으로 본다.

▶▶ **트러스의 특징** [15·08년 출제]
크기가 작은 막대모양의 부재를 삼각형 형태로 엮어 규모가 큰 지붕을 만들 수 있다. 압축, 인장 같은 축력만이 발생하고 모멘트는 생기지 않으며, 압축을 받는 부재는 좌굴의 우려가 있어 부재를 크게 사용한다.

정답
01 ① **02** ② **03** ① **04** ②

05 건축물의 밑바닥 전부를 두꺼운 기초판으로 구성한 기초이며, 하중에 비하여 지내력이 작을 때 설치하는 기초는?

① 온통기초
② 독립기초
③ 복합기초
④ 연속기초

▶▶ 기초의 종류 [21·15·14·12·11년 출제]
① 온통기초 : 건물하부 전체를 기초판으로 만든다.
② 독립기초 : 한 개의 기둥에 하나의 기초판을 설치한 기초이다.
③ 복합기초 : 한 개의 기초판이 두 개 이상의 기둥을 지지한다.
④ 연속기초 : 내력벽 또는 일렬로 된 기둥을 연속으로 따라서 기초벽을 설치하는 구조이다.

06 라멘구조에 대한 설명으로 옳지 않은 것은?

① 예로는 철근콘크리트구조가 있다.
② 기둥과 보의 절점이 강접합되어 있다.
③ 기둥과 보에 휨응력이 발생하지 않는다.
④ 내부 벽의 설치가 자유롭다.

▶▶ 라멘구조 [11·09·07·06년 출제]
기둥과 보로 구조체의 뼈대를 강절점하여 하중에 대해 일체로 저항하도록 하는 구조이다.

07 다음 중 셸구조의 대표적인 구조물은?

① 세종문화회관
② 시드니 오페라 하우스
③ 인천대교
④ 상암동 월드컵 경기장

▶▶ 셸구조 [21·20·16·15·10년 출제]
곡면의 휘어진 얇은 판으로 공간을 덮은 구조이다. 가볍고 큰 힘을 받을 수 있어 넓은 공간을 필요로 할 때 사용한다. 시드니의 오페라 하우스가 대표건물이다.

08 다음과 같은 플랫 트러스에서 각각의 부재에 작용하는 응력으로 옳지 않은 것은?

① 상현재 – 압축응력
② 경사재 – 인장응력
③ 하현재 – 인장응력
④ 수직재 – 인장응력

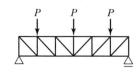

▶▶ 수직재는 압축응력이 작용된다.

09 4변으로 지지되는 슬래브로서 서로 직각되는 두 방향으로 주철근을 배치하는 슬래브는?

① 1방향 슬래브
② 2방향 슬래브
③ 데크 플레이트 슬래브
④ 캐피털

▶▶ 2방향 슬래브 [12·08·06년 출제]
바닥판의 하중이 양방향으로 골고루 전달되는 슬래브로 단변방향에는 주근, 장변방향에는 배력근을 배근한다.

정답
05 ① **06** ③ **07** ② **08** ④ **09** ②

10 창문이나 출입문 등의 문골 위에 걸쳐 대어 상부에서 오는 하중을 받는 수평재는?

① 창쌤돌
② 창대돌
③ 문지방돌
④ 인방돌

▶▶ 돌마감 종류 [14·13·12·10·09년 출제]
① 창쌤돌 : 개구부의 벽 두께면에 대는 돌
② 창대 : 창밑에 대어 빗물을 처리하고 장식적 용도
③ 문지방돌 : 출입문 밑에 문지방으로 댄 돌
④ 인방돌 : 개구부(창, 문) 위에 걸쳐 상부에 오는 하중을 받는 수평부재

11 철근과 콘크리트의 부착력에 대한 설명으로 옳지 않은 것은?

① 철근의 정착 길이를 크게 증가함에 따라 부착력은 비례 증가되지는 않는다.
② 압축강도가 큰 콘크리트일수록 부착력은 커진다.
③ 콘크리트와의 부착력은 철근의 수장(周長)에 반비례한다.
④ 철근의 표면상태와 단면모양에 따라 부착력이 좌우된다.

▶▶ 철근의 부착력 [13·10·08년 출제]
① 콘크리트 압축강도가 클수록 부착강도가 크다.
② 이형철근은 표면의 마디와 리브로 원형철근보다 부착강도가 크며, 약간 녹슨 철근도 크다.
③ 철근의 지름이 큰 것보다는 가는 직경의 철근을 여러 개 사용하는 것이 좋다(철근의 주장과 비례).
④ 피복두께가 클수록 부착강도가 좋다.

12 막상(膜狀)재료로 공간을 덮어 건물 내외의 기압차를 이용한 풍선모양의 지붕구조를 무엇이라 하는가?

① 공기막구조
② 현수구조
③ 곡면판구조
④ 입체트러스구조

▶▶ 특수구조 [15·12·11·10년 출제]
① 공기막구조 : 내외부의 기압 차를 이용하여 공간을 확보한다.
② 현수구조 : 기둥과 기둥 사이에 강제 케이블로 연결한다.
③ 곡면판구조(셸구조) : 곡면의 휘어진 얇은 판으로 공간을 덮은 구조이다. 가볍고 큰 힘을 받을 수 있어 넓은 공간을 필요로 할 때 사용한다.
④ 스페이스 프레임(입체트러스구조) : 트러스구조를 입체적으로 조립한 것으로 초대형 공간을 만들 수 있다.

13 다음 중 습식 구조와 가장 거리가 먼 것은?

① 목구조
② 철근콘크리트구조
③ 블록구조
④ 벽돌구조

▶▶ 습식 구조 [16·13·07년 출제]
건축재료에 물을 사용하여 축조하는 방법이다.
※ 목구조는 건식 구조이다.

정답

10 ④	11 ③	12 ①	13 ①

14 목구조에서 토대를 기둥 및 기초부와 연결해주는 연결재가 아닌 것은?

① 띠쇠
② 듀벨
③ 산지
④ 감잡이쇠

▶▶ [20·15·13·08년 출제]
① 띠쇠 : 일자형으로 된 철판에 가시못 또는 볼트 구멍이 있는 철물이다.
② 듀벨 : 목재와 목재 사이에 끼워서 전단력을 보강하는 철물이다.
③ 산지 : 원형 또는 각형의 가늘고 긴 일종의 나무 못을 말한다.
④ 감잡이쇠 : ㄷ자형으로 구부려 만든 띠쇠이다.

15 벽돌구조의 아치(Arch)는 부재의 하부에 어떤 힘이 생기지 않도록 의도된 구조인가?

① 인장력
② 압축력
③ 수평반력
④ 수직반력

▶▶ 아치구조 [15·14·13·10년 출제]
상부하중이 아치의 축선을 따라 압축력만 전달하고 인장력은 생기지 않게 한 구조이다.

16 철골조의 판보에서 웨브판의 좌굴을 방지하기 위해 설치하는 보강재는?

① 스터드
② 덮개판
③ 끼움판
④ 스티프너

▶▶ [20·16·13·12년 출제]
① 스터드 : 중간에 보조적으로 세우는 작은 단면의 수직재로 벽의 축부재를 말한다.
② 덮개판 : 플랜지 플레이트의 아래위의 바깥쪽에 붙이는 강판 또는 트러스의 상현재 등의 단면상에 있는 강판으로 커버 플레이트이다.
③ 끼움판 : 상하기둥의 크기가 다를 경우 끼움판과 내력판을 설치한다.
④ 스티프너 : 웨브의 좌굴을 방지하기 위한 보강재이다.

17 철골조에서 주각부분에 사용되는 부재가 아닌 것은?

① 베이스 플레이트
② 사이드 앵글
③ 윙 플레이트
④ 플랜지 플레이트

▶▶ 철골조 주각의 구성재 [12·10·09·08년 출제]
베이스 플레이트, 리브 플레이트, 윙 플레이트, 클립 앵글, 사이드 앵글, 앵커 볼트 등이 있다.
※ 플랜지 플레이트는 보 단면의 상하 날개처럼 내민 부분으로 인장 및 휨 응력에 저항한다.

정답
14 ② **15** ① **16** ④ **17** ④

18 다음 중 철계단에 대한 설명으로 옳지 않은 것은?

① 피난계단에 적당하다.

② 철계단의 접합은 보통 볼트 조임, 용접 등으로 한다.

③ 철골구조라 진동에 유리하다.

④ 공장, 창고 등에 널리 사용된다.

▶▶ 철계단
철골구조는 진동에 의해 접합부 볼트가 풀릴 수가 있으므로 정밀 시공을 요한다.

19 철골구조의 특성에 관한 기술 중 옳지 않은 것은?

① 고층이나 대규모 건물에 많이 사용된다.

② 내화적이다.

③ 정밀한 가공을 요한다.

④ 가구식 구조이다.

▶▶ 철골구조의 단점
재료가 철이라 화재에 취약하며 녹슬기가 쉽다.

20 면에 곡률을 주어 경간을 확장하는 구조로서 곡면구조 부재의 축선을 따라 발생하는 응력으로 외력에 저항하는 구조는?

① 막구조

② 케이블돔 구조

③ 셸구조

④ 스페이스 프레임 구조

▶▶ 셸구조 [21·10·16·15·10년 출제]
곡면의 휘어진 얇은 판으로 공간을 덮은 구조이다. 가볍고 큰 힘을 받을 수 있어 넓은 공간을 필요로 할 때 사용한다. 시드니의 오페라 하우스가 대표건물이다.

21 유리의 종류와 용도의 조합 중 옳은 것은?

① 프리즘 유리 : 병원의 일광욕

② 스테인드 유리 : 장식용

③ 자외선 투과유리 : 방화용

④ 망입유리 : 굴절 채광용

▶▶ 유리제품 [20·13·12·08년 출제]
① 프리즘 유리 : 투사광선의 방향을 변화시키거나 집중 확산시켜 실내조도를 증대시킨다. 지하실, 지붕 채광용으로 사용한다.
② 스테인드 유리 : 착색제로 각종 유리를 만든 다음 납테로 모양을 만들어 벽면, 창을 장식하는 유리이다.
③ 자외선 투과유리 : 자외선을 투과하여 살균, 멸균 능력을 증대시켜 온실, 병원의 일광욕실에 사용한다.
④ 망입유리 : 금속망을 삽입하여 성형한 유리로 도난, 화재방지용으로 사용한다.

정답
18 ③ **19** ② **20** ③ **21** ②

22 멜라민(Melamine) 수지풀은 어떤 재료의 접착제로 적당한가?

① 목재
② 금속
③ 고무
④ 유리

▶▶ 멜라민 수지풀
인공목재인 합판, 벽판, 천장판, 카운터,
조리대 등에 사용된다.

23 아스팔트의 품질을 판별하는 항목과 거리가 먼 것은?

① 신도
② 침입도
③ 감온비
④ 압축강도

▶▶ 아스팔트의 품질기준 [20·13·09년 출제]
아스팔트는 방수시료이므로 연화점, 침
입도, 침입도 지수, 증발량, 인화점, 사염
화탄소 가용분, 취하점, 흘러내린 길이,
비교적 적은 감온성 등의 시험을 한다.
※ 압축강도 시험은 구조재료인 콘크리
트에 사용한다.

24 재료의 분류 중 천연재료에 속하지 않는 것은?

① 목재
② 대나무
③ 플라스틱재
④ 아스팔트

▶▶ 천연재료(자연재료) [16·15·14·13·12년
출제]
석재, 목재, 토벽 등

25 길이 5m인 생나무가 전건상태에서 길이 4.5m로 줄어들었다면
수축률은 얼마인가?

① 6%
② 10%
③ 12%
④ 14%

▶▶ 수축률
전건상태는 완전히 건조되어 함수율이
0%가 된 상태이다.(수축 전 길이 - 수축
후 길이)/수축 전 길이×100로 계산한
다. (5-4.5)/5×100=10%

26 다음 중 점토제품의 소성온도 측정에 쓰이는 것은?

① 샤모트(Chamotte) 추
② 머플(Muffle) 추
③ 호프만(Hoffman) 추
④ 제게르(Seger) 추

▶▶ 소성온도 [21·13·09년 출제]
SK는 소성온도를 나타내며 제게르 추를
이용하여 측정한다.

정답

22 ① **23** ④ **24** ③ **25** ② **26** ④

27 염분이 섞인 모래를 사용한 철근콘크리트에서 가장 염려되는 현상은?

① 건조수축
② 철근부식
③ 슬럼프
④ 동해

▶▶ 콘크리트에 사용되는 물 [16·13·11년 출제]
해수는 철근 또는 PC 강선을 부식시키므로 사용하지 않는다.

28 다음 합성수지 중 열가소성 수지는?

① 페놀수지
② 에폭시수지
③ 초산비닐수지
④ 폴리에스테르수지

▶▶ 열가소성 수지의 종류
폴리에틸렌, 나일론, 폴리아세탈, 염화비닐, 폴리스티렌, 아크릴, ABS 수지 등이 있다.

29 타일시공 후 압착이 충분하지 않는 경우 등으로 타일이 떨어지는 현상을 무엇이라 하는가?

① 백화현상
② 박리현상
③ 소성현상
④ 동해현상

▶▶ 박리현상
시공 후 타일이 떨어지는 현상을 말한다. 원인은 다음과 같다.
① 압착 공법 시 시공속도를 위해 과도하게 넓은 면적의 붙임용 모르타르를 시공벽면에 도포하고 타일을 시공할 경우
② 시간 경과 후 굳은 상태의 모르타르 표면에 시공하는 경우
③ 압착 공법 시 붙임용 모르타르의 두께를 얇게 했을 경우
④ 압착 공법 시 붙임용 모르타르를 잘 두드려 넣지 않거나 줄눈의 간격을 좁게 하거나 넣지 않을 경우
⑤ 타일 뒷발(뒷면의 성형) 상태가 불량한 경우

30 재료를 잡아당겼을 때 길게 늘어나는 성질을 무엇이라 하는가?

① 강성
② 연성
③ 강도
④ 전성

▶▶ 역학적 성질 [20·15·13·12·09년 출제]
① 강성 : 외력으로 변형에 대해 저항하는 능력
② 연성 : 가늘고 길게 늘어나는 성질
③ 강도 : 파괴 시까지 받을 수 있는 응력
④ 전성 : 외력에 의해 얇게 펴지는 성질

정답
27 ② **28** ③ **29** ② **30** ②

31 그림에서 슬럼프값을 의미하는 기호는?

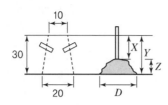

① X ② Y

③ Z ④ D

32 철근콘크리트의 특성에 대한 설명 중 옳지 않은 것은?

① 콘크리트는 습기를 흡수하면 팽창하고 건조하면 수축한다.
② 콘크리트의 인장강도는 압축강도의 1/2 정도이다.
③ 철근과 콘크리트의 열팽창계수는 거의 같다.
④ 철근의 피복두께를 크게 하면 철근콘크리트의 내구성은 증대된다.

33 화재의 연소방지 및 내화성 향상을 목적으로 하는 재료는?

① 아스팔트
② 석면시멘트판
③ 실링재
④ 글라스 울

34 다음 중 가장 높은 온도에서 소성된 점토제품은?

① 토기
② 도기
③ 석기
④ 자기

35 다음 각 석재의 용도로 옳지 않은 것은?

① 트래버틴 – 특수실내장식재
② 응회암 – 구조재
③ 점판암 – 지붕재
④ 대리석 – 장식재

▶ 슬럼프값 [21·15·13·09년 출제]
30cm 높이의 굳지 않은 콘크리트가 내려앉은 값(X)을 슬럼프값이라 한다.

▶ 콘크리트 단점 [13·12년 출제]
콘크리트의 인장강도는 압축강도의 약 1/10~1/13 정도이다. 경화할 때 수축에 의한 균열이 발생하기 쉽고, 보수, 철거가 곤란하다.

▶ 석면시멘트판
석면과 시멘트를 주원료로 중량이 가볍고 내화, 단열성이 뛰어나다. 단, 석면노출로 건강장애를 유발한다.
※ 아스팔트, 실링재는 방수재료이며, 글라스 울은 흡음 · 보온재료로 사용된다.

▶ 소성온도 [20·15·13·09년 출제]
① 토기 : 790~1,000℃
② 도기 : 1,100~1,230℃
③ 석기 : 1,160~1,350℃
④ 자기 : 1,230~1,460℃

▶ 석재의 용도 [06년 출제]
응회암은 내화성이 가장 높아 내화재로 사용하며, 압축강도는 낮아 구조재로 사용할 수 없다.

정답				
31 ①	32 ②	33 ②	34 ④	35 ②

36 다음 중 시공현장에서 절단가공 할 수 없는 유리는?

① 보통판유리
② 무늬유리
③ 망입유리
④ 강화유리

▶▶ 강화유리(열처리유리) [11·10·08·07년 출제]

① 판유리를 600℃쯤 가열했다가 급랭하여 기계적 성질을 증가시킨 유리이다.
② 보통유리 강도의 3~4배 정도 크며, 충격강도는 7~8배 정도이다.
③ 파괴 시 모래처럼 잘게 부서지므로 파편에 의한 부상을 줄일 수 있다.
④ 현장에서 손으로는 절단이 불가능하다.

37 절대건조비중이 0.3인 목재의 공극률은?

① 60.5%
② 70.5%
③ 80.5%
④ 90.5%

▶▶ 공극률 [13·10·07년 출제]
$v = (1 - \gamma/1.54) \times 100$ 공식에 대입
$(1 - 0.3/1.54) \times 100\% = 80.5\%$
※ 진비중은 수종에 관계없이 1.54이고, 절대건조비중(γ)은 0.30이다.

38 유리 원료에 납을 섞어 유리에 산화납 성분을 포함시킨 유리의 특징은?

① X선 차단성이 크다.
② 태양광선 중 열선을 흡수한다.
③ 자외선을 차단시키는 효과가 크다.
④ 자외선을 흡수하는 성질이 크다.

▶▶ X선 차단유리
유리원료에 납을 섞은 것으로 병원의 X선 차단용으로 사용된다.

39 알루미늄을 부식시키지 않는 재료는?

① 아스팔트
② 시멘트모르타르
③ 회반죽
④ 철강재

▶▶ 알루미늄방식
① 알루미늄은 산, 알칼리에 침식되므로 콘크리트 표면에 바로 대면 부식이 일어난다.
② 방식방법으로 방청도료 또는 아스팔트, 콜타르를 칠한다.

40 시멘트가 공기 중의 습기를 받아 천천히 수화반응을 일으켜 작은 알갱이모양으로 굳어졌다가, 이것이 계속 진행되면 주변의 시멘트와 달라붙어 결국에는 큰 덩어리로 굳어지는 현상은?

① 응결　　　　② 소성
③ 경화　　　　④ 풍화

▶▶ 시멘트의 풍화 [15·13년 출제]
공기 중의 수분이나 이산화탄소와 접하여 반응을 일으켜 비중이 떨어지고 경화 후 강도가 저하된다.

정답

| 36 | ④ | 37 | ③ | 38 | ① | 39 | ① | 40 | ④ |

41 주거공간을 주행동에 의해 개인공간, 사회공간, 노동공간, 보건 · 위생공간 등으로 구분할 경우, 다음 중 사회공간에 속하지 않는 것은?

① 거실
② 서재
③ 식당
④ 응접실

▶ 사회공간 [21 · 20 · 15 · 14 · 13 · 12년 출제]
가족 중심의 공간으로 모두 같이 사용하는 공간이다.
※ 서재는 개인공간이다.

42 기온 · 습도 · 기류의 3요소의 조합에 의한 실내 온열감각을 기온의 척도로 나타낸 것은?

① 유효온도
② 작용온도
③ 등가온도
④ 불쾌지수

▶ 유효온도 [16 · 13 · 12 · 11 · 08년 출제]
감각온도 또는 실감온도라 하며 온도, 습도, 기류의 3요소가 포함된다.

43 건축제도에서 선긋기에 관한 설명으로 옳지 않은 것은?

① 한번 그은 선은 중복해서 긋지 않는다.
② 굵은 선의 굵기는 0.8mm 정도면 적당하다.
③ 시작부터 끝까지 일정한 힘을 주어 일정한 속도로 긋는다.
④ 용도에 따른 선의 굵기는 축척과 도면의 크기에 관계없이 동일하게 한다.

▶ 선긋기 시 유의사항 [11년 출제]
① 시작부터 끝까지 일정한 힘을 주어 일정한 속도로 긋는다.
② 필기구는 선을 긋는 방향으로 약간 기울인다.
③ 각을 이루어 만나는 선은 정확하게 긋고 중복해서 긋지 않는다.
④ 축척과 도면의 크기에 따라서 선의 굵기를 다르게 한다.
⑤ 용도에 따라 선의 굵기를 구분하여 사용한다.

44 삼각스케일에 표기되어 있는 축척이 아닌 것은?

① 1/100
② 1/300
③ 1/600
④ 1/800

▶ 삼각스케일 [06년 출제]
1/100, 1/200, 1/300, 1/400, 1/500, 1/600의 축척이 표시되어 있는 제도용구이다.

45 아파트 단위주거의 단면형식에 따른 분류에 속하는 것은?

① 집중형
② 판상형
③ 복층형
④ 계단실형

▶ 아파트 단위주거의 분류 [11 · 09 · 07년 출제]
단면형식은 플랫형, 스킵형, 메조넷형(복층형) 등
※ 외관형식 : 판상형
   평면형식 : 집중형, 계단실형

정답
41 ② **42** ① **43** ④ **44** ④ **45** ③

46 건축도면 중에 쓰는 표시기호와 표시사항의 연결이 옳지 않은 것은?

① L : 길이　　　　　② R : 지름
③ A : 면적　　　　　④ THK : 두께

▶▶ 도면 표시기호 [21·20·16·15·14·13·12·09·08년 출제]
　• V : 용적　　　• A : 면적
　• L : 길이　　　• D : 지름
　• W : 너비　　　• H : 높이
　• THK : 두께　• R : 반지름

47 지각적으로는 구조적 높이감을 주며 심리적으로는 상승감, 존엄 감의 느낌을 주는 선의 종류는?

① 사선　　　　　　② 곡선
③ 수직선　　　　　④ 수평선

▶▶ 수직선 [15·14·13·11년 출제]
고결, 희망, 상승, 존엄, 긴장감을 표현한다.

48 그림과 같은 벽돌조 단면에서 '가' 부재의 명칭은?

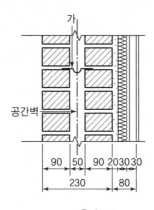

① 듀벨　　　　　　② 늑근
③ 스터럽　　　　　④ 긴결철물

▶▶ 공간 조적벽의 특징
외부 벽체와 내벽의 연결철물(긴결철물)로 띠쇠, 구형, Z형 등을 사용하고 벽면적 0.4m²마다 1개씩, 수직거리 6켜(45cm) 이내마다 넣고 수평거리는 90cm 이내로 설치한다.

49 흡수식 냉동기의 구성에 해당하지 않는 것은?

① 증발기　　　　　② 재생기
③ 압축기　　　　　④ 응축기

▶▶ 흡수식 냉동기
① 정의 : 저압조건에서 증발하는 냉매의 증발잠열을 이용하며, 흡수제에 혼합된 냉매를 외부 열원으로 가열하여 분해한 후, 냉각수에 의해 응축해서 다시 증발기로 보내는 순환 사이클을 말한다.
② 구성 : 증발기 → 흡수기 → (열교환기) → 발생기 → 응축기 → (증발기)

정답
46 ②　47 ③　48 ④　49 ③

50 증기난방에 관한 설명으로 옳지 않은 것은?

① 계통별 용량제어가 곤란하다.
② 온수난방에 비해 예열시간이 길다.
③ 증발잠열을 이용하는 난방방식이다.
④ 부하변동에 따른 실내방열량의 제어가 곤란하다.

▶▶ 증기난방의 특징 [10·09·08년 출제]
① 장점 : 증기난방은 온수난방에 비해 예열시간이 짧고 열운반능력이 크고 설치비 및 유지비가 싸다.
② 단점 : 소음이 많이 나며, 보일러 취급이 어렵다. 화상이 우려되며 먼지 등이 상승하여 불쾌감을 준다.

51 건축도면의 글자 및 치수에 관한 설명으로 옳지 않은 것은?

① 숫자는 아라비아숫자를 원칙으로 한다.
② 치수는 특별히 명시하지 않는 한 마무리 치수로 표시한다.
③ 글자체는 수직 또는 15° 경사의 고딕체로 쓰는 것을 원칙으로 한다.
④ 치수는 치수선에 평행하게 도면의 오른쪽에서 왼쪽으로 읽을 수 있도록 기입한다.

▶▶ 건축도면의 글자와 치수 [12·11·09·07년 출제]
치수선에 따라 도면에 평행하게 쓰고, 아래로부터 위쪽, 왼쪽에서 오른쪽으로 읽을 수 있게 치수선 위의 가운데에 기입한다.

52 압력탱크식 급수방법에 관한 설명으로 옳은 것은?

① 급수공급 압력이 일정하다.
② 정전 시에도 급수가 가능하다.
③ 단수 시에 일정량의 급수가 가능하다.
④ 위생상 측면에서 가장 바람직한 방법이다.

▶▶ 단수 시 압력탱크방식과 탱크 없는 부스터 방식, 고가탱크방식에서는 저수조탱크와 고가탱크에 남아 있는 물을 급수할 수 있고, 수도직결방식만 급수가 불가능하다.

53 다음 설명에 알맞은 형태의 지각심리는?

- 공동운명의 법칙이라고도 한다.
- 유사한 배열로 구성된 형들이 방향성을 지니고 연속되어 보이는 하나의 그룹으로 지각되는 법칙을 말한다.

① 유사성   ② 근접성
③ 폐쇄성   ④ 연속성

▶▶ 연속의 원리 [15·13년 출제]
유사한 배열이 하나의 묶음으로 보이는 현상을 말한다.

54 수·변전실의 위치 선정 시 고려사항으로 옳지 않은 것은?

① 외부로부터의 수전이 편리한 위치로 한다.
② 용량의 증설에 대비한 면적을 확보할 수 있는 장소로 한다.
③ 사용부하의 중심에서 멀고, 수전 및 배전 거리가 긴 곳으로 한다.
④ 화재, 폭발의 우려가 있는 위험물 제조소나 저장소 부근은 피한다.

▶▶ 변전실
위치는 부하의 중심에 가깝고 배전이 편리한 장소로 한다.

정답
50 ②   **51** ④   **52** ③   **53** ④   **54** ③

55 건축제도용지 중 A2 용지의 크기는?

① 420mm × 594mm

② 594mm × 841mm

③ 841mm × 1,189mm

④ 297mm × 420mm

▶ 건축제도용지 [21·11·06년 출제]

종류	크기
A0	841×1,189
A1	594×841
A2	420×594
A3	297×420
A4	210×297

56 다음 중 건축물의 평면계획 시 고려하여야 할 사항으로 가장 중요한 것은?

① 주위 환경과의 조화

② 경제적인 구조체 설계

③ 각 실의 기능 만족 및 실의 배치

④ 명암, 색채, 질감의 요소를 고려한 마감재료의 조화

▶ 건축물의 평면계획
평면계획 시 각 공간의 생활행위를 분석한 후 공간의 규모와 치수를 결정한다.

57 액화석유가스(LPG)에 관한 설명으로 옳지 않은 것은?

① 공기보다 가볍다.

② 용기(Bomb)에 넣을 수 있다.

③ 가스 절단 등 공업용으로도 사용된다.

④ 프로판 가스(Propane Gas)라고도 한다.

▶ 액화석유가스 [21·20·16·11·09년 출제]
공기보다 무거워 누설 시 인화폭발의 위험성이 크다.

58 건축법령에 따른 고층건축물의 정의로 옳은 것은?

① 층수가 30층 이상이거나 높이가 90미터 이상인 건축물

② 층수가 30층 이상이거나 높이가 120미터 이상인 건축물

③ 층수가 50층 이상이거나 높이가 150미터 이상인 건축물

④ 층수가 50층 이상이거나 높이가 200미터 이상인 건축물

▶ 층수 산정 [21·20·15·12년 출제]
층수가 명확하지 않을 때는 4m마다 하나의 층수로 산정한다.
① 고층건축물은 '층수 30층에 ×4m' 하면 높이 120m 이상인 건축물이다.
② 초고층건축물은 '층수 50층에 ×4m' 하면 높이 200m 이상인 건축물이다.

정답

55 ①	56 ③	57 ①	58 ②

59 투시도 용어 중 물체와 시점 사이에 기면과 수직한 직립 평면을 나타내는 것은?

① 기선(G.L)

② 화면(P.P)

③ 수평면(H.P)

④ 지반면(G.P)

60 주택의 식당 및 부엌에 관한 설명으로 옳지 않은 것은?

① 식당의 색채는 채도가 높은 한색 계통이 바람직하다.

② 식당은 부엌과 거실의 중간 위치에 배치하는 것이 좋다.

③ 부엌의 작업대는 준비대 → 개수대 → 조리대 → 가열대 → 배선대의 순서로 배치한다.

④ 키친네트는 작업대 길이가 2m 정도인 소형 주방가구가 배치된 간이 부엌의 형태이다.

▶▶ 투시도의 용어 [16·15·14·13년 출제]

① 기선(G.L) : 기면과 화면의 교차선이다.

② 화면(P.P) : 물체와 시점 사이에 기면과 수직한 평면이다.

③ 수평면(H.P) : 눈높이에 수평한 면이다.

④ 지반면(G.L) : 사람이 서 있는 면이다.

▶▶ 주택 색채계획

주방. 식당은 난색 계통으로 한다.

01 벽돌 내쌓기에서 한 켜씩 내쌓을 때의 내미는 길이는?

① 1/2B ② 1/4B

③ 1/8B ④ 1B

> ▶▶ 내쌓기 [21·13·12·11·06년 출제]
> 1/8B는 한 켜, 1/4B는 두 켜를 내쌓고,
> 한도는 2.0B 이하로 한다.

02 목조 벽체에 들어가지 않는 것은?

① 샛기둥 ② 평기둥

③ 가새 ④ 주각

> ▶▶ 주각 [21·15년 출제]
> 기둥의 뿌리 밑으로, 기둥의 응력을 기초
> 에 전하는 부분이다. 넓은 뜻으로는 기
> 초, 기초보로의 정착부분도 포함한다.

03 보가 없이 바닥판을 기둥이 직접 지지하는 슬래브는?

① 드롭패널

② 플랫슬래브

③ 캐피털

④ 위플슬래브

> ▶▶ 플랫슬래브 [12·11·06년 출제]
> 바닥에 보를 없애고 슬래브만으로 구성
> 하며 하중을 직접 기둥에 전달한다.

04 블록구조에 테두리보를 설치하는 이유로 옳지 않은 것은?

① 횡력에 의해 발생하는 수직균열의 발생을 막기 위해

② 세로철근의 정착을 생략하기 위해

③ 하중을 균등히 분포시키기 위해

④ 집중하중을 받는 블록의 보강을 위해

> ▶▶ 테두리보 [16·14·09년 출제]
> 철근의 정착이음은 기초보와 테두리보에
> 둔다.

05 건물의 주요 뼈대를 공장제작 한 후 현장에 운반하여 짜맞춘 구조는?

① 조적식 구조

② 습식 구조

③ 일체식 구조

④ 조립식 구조

> ▶▶ 조립식 구조 [15·14·12·10년 출제]
> 자재를 공장에서 제조하여 현장에서 조
> 립하는 구조로 대량생산, 공기단축이 장
> 점이며, 접합부 일체화는 곤란하다.

정답
01 ③ **02** ④ **03** ② **04** ② **05** ④

06 철근콘크리트 기초보에 대한 설명으로 옳지 않은 것은?

① 부동침하를 방지한다.
② 주각의 이동이나 회전을 원활하게 한다.
③ 독립기초를 상호 간 연결한다.
④ 지진 발생 시 주각에서 전달되는 모멘트에 저항한다.

▶ 기초보
건물의 각 기초를 잇는 수평재로서 주각의 휨모멘트 및 그에 의한 전단력을 부담한다. 보의 강성을 크게 함으로써 기초의 부동침하를 방지하여 건물 전체의 강성을 높이며 주각의 이동이나 회전을 막아준다.

07 기둥과 기둥 사이의 간격을 나타내는 용어는?

① 아치　　　　　　② 스팬
③ 트러스　　　　　④ 버트레스

▶ 스팬(간사이)
각 지점 사이의 간격을 말하며, 경간이라고도 한다. 지점이 기둥일 때는 중심선 간격을 택하는 것이 보통이다.

08 입체트러스의 구조에 대한 설명으로 옳은 것은?

① 모든 방향에 대한 응력을 전달하기 위하여 절점은 항상 자유로운 핀(Pin)접합으로만 이루어져야 한다.
② 풍하중과 적설하중은 구조계산 시 고려하지 않는다.
③ 기하학적인 곡면으로는 구조적 결함이 많이 발생하기 때문에 주로 평면형태로 제작된다.
④ 구성부재를 규칙적인 3각형으로 배열하면 구조적으로 안정이 된다.

▶ 입체트러스구조
트러스구조를 입체적으로 조립한 것으로 초대형 공간을 만들 수 있다.

09 목재 왕대공 지붕틀에 사용되는 부재와 연결철물의 연결로 옳지 않은 것은?

① ㅅ자보와 평보－안장쇠
② 달대공과 평보－볼트
③ 빗대공과 왕대공－꺾쇠
④ 대공 밑잡이와 왕대공－볼트

▶ 안장쇠 [13·12·08년 출제]
안장모양으로 구부려 만든 띠쇠로 큰보와 작은보 맞춤 시 사용된다.

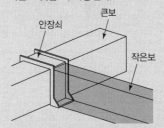

10 연약지반에 건축물을 축조할 때 부동침하를 방지하는 대책으로 옳지 않은 것은?

① 건물의 강성을 높일 것
② 지하실을 강성체로 설치할 것
③ 건물의 중량을 크게 할 것
④ 건물은 너무 길지 않게 할 것

▶ 연약지반 부동침하의 대책 [14·11·10년 출제]
건물의 무게를 가볍게, 길이를 짧게, 거리를 멀게, 강성은 높게 한다.

정답
06 ② **07** ② **08** ④ **09** ① **10** ③

11 벽돌조에서 내력벽의 두께는 당해 벽높이의 최소 얼마 이상으로 해야 하는가?

① 1/8　　　　　　　　② 1/12
③ 1/16　　　　　　　　④ 1/20

▶ 내력벽 두께 [12·11·09·08년 출제]
벽돌조는 당해 벽높이의 1/20, 블록구조는 당해 벽높이의 1/16, 보강블록조는 15cm 이상으로 한다.

12 내면에 균일한 인장력을 분포시켜 얇은 합성수지 계통의 천을 지지하여 지붕을 구성하는 구조는?

① 입체트러스구조
② 막구조
③ 철판구조
④ 조적식 구조

▶ 막구조 [12·11·10·08년 출제]
인장력에 강한 얇은 막을 잡아 당겨 공간을 덮는 구조방식이다.

13 목제 플러시문(Flush Door)에 대한 설명으로 옳지 않은 것은?

① 울거미를 짜고 중간 살을 25cm 이내의 간격으로 배치한 것이다.
② 뒤틀림 변형이 심한 것이 단점이다.
③ 양면에 합판을 교착한 것이다.
④ 위에는 조그마한 유리창경을 댈 때도 있다.

▶ 플러시문 [14·12·09년 출제]
울거미를 짜고 중간살을 25cm 이내 간격으로 배치하며 양면에 합판을 붙이기 때문에 뒤틀림 변형이 적다.

14 철근콘크리트 구조의 특성으로 옳지 않은 것은?

① 내구·내화·내풍적이다.
② 목구조에 비해 자체중량이 크다.
③ 압축력에 비해 인장력에 대한 저항능력이 뛰어나다.
④ 시공의 정밀도가 요구된다.

▶ 철근콘크리트의 특징 [10·09년 출제]
콘크리트는 압축력에 강하고 인장력에 약하므로(압축강도의 1/10 정도) 철근으로 인장력을 보강한 구조이다.

15 은행·호텔 등의 출입구에 통풍·기류를 방지하고 출입인원을 조절할 목적으로 쓰이며 원통형을 기준으로 3~4개의 문으로 구성된 것은?

① 미닫이문
② 플러시문
③ 양판문
④ 회전문

▶ 회전문 [14년 출제]
출입인원 조절이 가능하므로 많은 사람이 출입하는 곳에는 적당하지 않다.

정답
11 ④　**12** ②　**13** ②　**14** ③　**15** ④

16 강구조의 특징을 설명한 것으로 옳지 않은 것은?

① 강도가 커서 부재를 경량화할 수 있다.
② 콘크리트 구조에 비해 강도가 커서 바닥진동 저감에 유리하다.
③ 부재가 세장하여 좌굴하기 쉽다.
④ 연성구조이므로 취성파괴를 방지할 수 있다.

▶▶ 강구조의 특징 [10·09년 출제]
처짐이나 바닥 진동에 민감하므로 주의를 요한다.

17 강구조의 주각부분에 사용되지 않는 것은?

① 윙 플레이트
② 데크 플레이트
③ 베이스 플레이트
④ 클립 앵글

▶▶ 주각의 구성재 [16·15·14·13·12·11·10년 출제]
베이스 플레이트, 리브 플레이트, 윙 플레이트, 클립 앵글, 사이드 앵글, 앵커 볼트 등이 있다.
※ 데크 플레이트는 바닥구조에 사용되는 요철로 가공한 강판이디.

18 철근콘크리트 구조형식으로 가장 부적합한 것은?

① 트러스구조
② 라멘구조
③ 플랫슬래브구조
④ 벽식 구조

▶▶ 트러스구조 [12·09년 출제]
강재를 핀으로 고정하여 삼각형의 뼈대를 만들어 응력에 저항하도록 한 구조이다.

19 벽돌쌓기 방법 중 프랑스식 쌓기에 대한 설명으로 옳은 것은?

① 한 켜 안에 길이쌓기와 마구리쌓기를 병행하여 쌓는 방법이다.
② 처음 한 켜는 마구리쌓기, 다음 한 켜는 길이쌓기를 교대로 쌓는 방법이다.
③ 5~6켜는 길이쌓기로 하고, 다음 켜는 마구리쌓기를 하는 방식이다.
④ 모서리 또는 끝부분에 칠오토막을 사용하여 쌓는 방법이다.

▶▶ 벽돌쌓기 [15·14년 출제]
① 프랑스식 쌓기
② 영식 쌓기와 화란식(네덜란드식) 쌓기
③ 미식 쌓기
④ 화란식(네덜란드식) 쌓기

20 슬래브의 장변과 단변의 길이 비를 기준으로 한 슬래브에 해당하는 것은?

① 플랫 슬래브
② 2방향 슬래브
③ 장선 슬래브
④ 원형식 슬래브

▶▶ 2방향 슬래브 [14·13·12·11년 출제]
$l_y/l_x \leq 2$ (l_x : 단변길이, l_y : 장변길이)

정답
16 ② **17** ② **18** ① **19** ① **20** ②

21 혼화재료 중 혼화재에 속하는 것은?

    ① 포졸란
    ② AE제
    ③ 감수제
    ④ 기포제

▶▶ 혼화재와 혼화제의 정의 [13·10년 출제]
    ① 혼화재 : 시멘트량의 5% 이상으로 시멘트의 대체재료로 이용되며 그 사용량이 많아 부피가 배합계산에 포함되는 재료이다.
    ② 혼화제 : 시멘트량의 1% 이하로 약품으로 소량 사용되며 배합계산에서 무시되는 제품이다.

22 점토를 한 번 소성하여 분쇄한 것으로서 점성 조절재로 이용되는 것은?

    ① 질석
    ② 샤모테
    ③ 돌로마이트
    ④ 고로슬래그

▶▶ 샤모테
구운 점토분말로, 가소성이 너무 큰 경우에는 모래 또는 샤모테를 섞어서 조절한다.

23 강의 열처리방법 중 담금질에 의하여 감소하는 것은?

    ① 강도
    ② 경도
    ③ 신장률
    ④ 전기저항

▶▶ 열처리방법 [11·07년 출제]
가열 후 물이나 기름에서 급속히 냉각하는 것으로 강도와 경도가 증가하고 신장률과 단면 수축률이 감소한다.

24 1종 점토벽돌의 압축강도 기준으로 옳은 것은?

    ① 10.78N/mm^2 이상
    ② 20.59N/mm^2 이상
    ③ 24.50N/mm^2 이상
    ④ 26.58N/mm^2 이상

▶▶ 점토벽돌의 압축강도 [14·11년 출제]

품질 기준	시료 종류	압축 강도 (MPa)	흡수율 (%)	규격 (mm)	허용차
KS L 4201	1종	24.50 이상	10 이하	길이 : 190 너비 : 90 두께 : 57	길이 : ±5.0 너비 : ±3.0 두께 : ±2.5
	2종	14.70 이상	15 이하		

정답
21 ①   **22** ②   **23** ③   **24** ③

25 블리딩(Bleeding)과 크리프(Creep)에 대한 설명으로 옳은 것은?

① 블리딩이란 굳지 않은 모르타르나 콘크리트에 있어서 윗면에 물이 스며나오는 현상을 말한다.

② 블리딩이란 콘크리트의 수화작용에 의하여 경화하는 현상을 말한다.

③ 크리프란 하중이 일시적으로 작용하면 콘크리트의 변형이 증가하는 현상을 말한다.

④ 크리프란 블리딩에 의하여 콘크리트 표면에 떠올라 침전된 물질을 말한다.

▶▶ 재료의 분리 [15·14·09년 출제]
① 블리딩 : 아직 굳지 않은 콘크리트에 있어 물이 상승하는 현상이다.
② 레이턴스 : 콘크리트 부어넣기 후 수분 과다로 수분과 함께 떠오른 미세한 물질이다.
③ 크리프 : 콘크리트에 일정한 하중이 계속 작용하면 하중의 증가 없이도 시간과 더불어 변형이 증가하는 현상이다.

26 점토벽돌의 품질 결정에 가장 중요한 요소는?

① 압축강도와 흡수율
② 제품치수와 함수율
③ 인장강도와 비중
④ 제품모양과 색깔

▶▶ 벽돌의 품질 [14·13·12·10년 출제]
품질 결정을 1종, 2종으로 하는 요소가 압축강도와 흡수율이다.

27 양털, 무명, 삼 등을 혼합하여 만든 원지에 스트레이트 아스팔트를 침투시켜 만든 두루마리 제품은?

① 아스팔트 싱글
② 아스팔트 루핑
③ 아스팔트 타일
④ 아스팔트 펠트

▶▶ 아스팔트 펠트 [16·15·11·10년 출제]
양털, 무명, 삼 등을 혼합하여 만든 원지에 스트레이트 아스팔트를 침투시켜 만든 두루마리 제품이다.

28 시멘트의 응결 및 경화에 영향을 주는 요인 중 가장 거리가 먼 것은?

① 시멘트의 분말도
② 온도
③ 습도
④ 바람

▶▶ 시멘트의 응결시간
가수량(물)이 많을수록 길어지고, 온도가 높을수록, 분말도가 미세할수록 짧아진다.

정답
25 ① **26** ① **27** ④ **28** ④

29 한국산업표준(KS)의 부문별 분류 중 옳은 것은?

① A : 토건부문
② B : 기계부문
③ D : 섬유부문
④ F : 기본부문

▶▶ 한국산업규격의 부문별 분류 [14·06년 출제]
① A : 기본부문
③ D : 금속부문
④ F : 건축, 토목부문

30 나무조각에 합성수지계 접착제를 섞어서 고열·고압으로 성형한 것은?

① 코르크 보드
② 파티클 보드
③ 코펜하겐 리브
④ 플로어링 보드

▶▶ 파티클 보드 [16·14년 출제]
목재의 작은 조각을 합성수지 접착제를 사용하여 가열·압축해 만든 판재이다.

31 건축물의 용도와 바닥재료의 연결 중 적합하지 않은 것은?

① 유치원의 교실 – 인조석 물갈기
② 아파트의 거실 – 플로어링 블록
③ 병원의 수술실 – 전도성 타일
④ 사무소 건물의 로비 – 대리석

▶▶ 바닥재료 [10년 출제]
유치원 교실은 아이들이 거주하므로 목재나 카펫을 사용한다.

32 다공질이며 석질이 균일하지 못하고, 암갈색의 무늬가 있는 것으로 물갈기를 하면 평활하고 광택이 나는 부분과 구멍과 골이 진 부분이 있어 특수한 실내장식재로 이용되는 것은?

① 테라초(Terrazzo)
② 트래버틴(Travertine)
③ 펄라이트(Perlite)
④ 점판암(Clay Stone)

▶▶ 트래버틴 [14·13·07년 출제]
대리석의 한 종류로 다공질이고 석질이 균일하지 못하며 암갈색 무늬가 있다. 특수한 실내장식재로 이용된다.

33 콘크리트의 강도 중에서 가장 큰 것은?

① 인장강도
② 전단강도
③ 휨강도
④ 압축강도

▶▶ 콘크리트의 강도 [15·14·13·07·06년 출제]
콘크리트의 강도는 압축강도를 말하며 인장강도는 압축강도의 1/10 정도이다.

정답					
29 ②	**30** ②	**31** ①	**32** ②	**33** ④

34 보기의 ㉠과 ㉡에 알맞은 것은?

> 대부분의 물체는 완전 (㉠)체, 완전 (㉡)체는 없으며, 대개 외력의 어느 한도 내에서는 (㉠)변형을 하지만 외력이 한도에 도달하면 (㉡)변형을 한다.

① ㉠－소성, ㉡－탄성
② ㉠－인성, ㉡－취성
③ ㉠－취성, ㉡－인성
④ ㉠－탄성, ㉡－소성

▶▶ 역학적 성질 [12·10·09·08년 출제]
① 탄성 : 외력을 제거하면 순간적으로 원형으로 회복하는 성질(고무줄)
② 소성 : 외력을 제거해도 원형으로 회복되지 않는 성질(점토)
③ 인성 : 외형의 변형을 나타내면서도 파괴되지 않는 성질(철)
④ 취성 : 작은 변형만으로도 파괴되는 성질(유리)

35 유리블록에 대한 설명으로 옳지 않은 것은?

① 장식효과를 얻을 수 있다.
② 단열성은 우수하나 방음성이 취약하다.
③ 정방형, 장방형, 둥근형 등의 형태가 있다.
④ 대형 건물 지붕 및 지하층 천장 등 자연광이 필요한 곳에 적합하다.

▶▶ 유리블록 [11년 출세]
벽돌, 블록모양의 상자형 유리를 서로 맞대고 저압의 공기를 불어 넣고 붙여 만든다. 채광, 단열성, 방음 등이 좋다.

36 유기재료에 속하는 건축재료는?

① 철재
② 석재
③ 아스팔트
④ 알루미늄

▶▶ 건축재료 [13·12년 출제]
① 무기재료 : 금속, 석재, 콘크리트, 도자기류
② 유기재료 : 목재, 아스팔트, 합성수지, 고무

37 결로현상 방지에 가장 좋은 유리는?

① 망입유리
② 무늬유리
③ 복층유리
④ 착색유리

▶▶ 복층유리 [20·13·12·08년 출제]
2장 또는 3장의 판유리를 일정한 간격으로 기밀하게 하여 단열성, 차음성, 결로방지에 좋다.

정답
34 ④ **35** ② **36** ③ **37** ③

38 금속에 열을 가했을 때 녹는 온도를 용융점이라 하는데, 용융점이 가장 높은 금속은?

① 수은
② 경강
③ 스테인리스강
④ 텅스텐

▶▶ 텅스텐과 수은
용융점이 가장 높은 금속은 텅스텐으로 약 3,000도이고, 가장 낮은 금속은 수은이다. 수은은 상온에서도 액체로 존재하는 유일한 금속이다.

39 현강판에 일정한 간격으로 금을 내고 늘려서 그물코모양으로 만든 것으로 모르타르 바탕에 쓰이는 금속제품은?

① 메탈라스
② 펀칭메탈
③ 알루미늄판
④ 구리판

▶▶ 메탈라스 [10년 출제]
얇은 철판에 자국을 내어 옆으로 당겨 그물모양으로 만든 것이다. 바름 벽의 바탕에 사용된다.

40 모자이크 타일의 재질로 가장 좋은 것은?

① 토기질
② 자기질
③ 석기질
④ 도기질

▶▶ 모자이크 타일
정방형, 장방형, 다각형으로 여러 색의 무늬가 있으며 소형의 자기질 타일이다.

41 강재 표시방법 2L − 125 × 125 × 6에서 "6"이 나타내는 것은?

① 수량
② 길이
③ 높이
④ 두께

▶▶ 강재의 표시 [20·14년 출제]
수량(2) 형강모양(L) − 장축길이(125) × 단축길이(125) × 두께(6)

42 통기방식 중 트랩마다 통기되기 때문에 가장 안정도가 높은 방식은?

① 루프 통기방식
② 결합 통기방식
③ 각개 통기방식
④ 신정 통기방식

▶▶ 각개 통기방식 [15·14·10년 출제]
각 기구의 트랩마다 통기관을 설치하기 때문에 가장 안정도가 높다.

정답
38 ④ **39** ① **40** ② **41** ④ **42** ③

43 건축물의 층의 구분이 명확하지 아니한 건축물의 경우 건축물의 높이 얼마마다 하나의 층으로 산정하는가?

① 3m
② 3.5m
③ 4m
④ 4.5m

▶ 층수 산정 [21·20·14·12·10년 출제]
지하층은 층수에 삽입하지 않고 층의 구분이 명확하지 않을 때는 4m마다 하나의 층수로 산정한다.

44 투시도법의 시점에서 화면에 수직하게 통하는 투사선의 명칭으로 옳은 것은?

① 소점
② 시점
③ 시선축
④ 수직선

▶ 투시도의 용어 [13·06년 출제]
① 소점(V.P) : 원근법의 각 점이 모이는 초점
② 시점(E.P) : 보는 눈의 위치
③ 시선축(A.V) : 화면에 수직하게 통하는 투사선

45 메탈할라이드 램프에 관한 설명으로 옳지 않은 것은?

① 휘도가 높다.
② 시동전압이 높다.
③ 효율은 높으나 연색성이 나쁘다.
④ 1등당 광속이 많고 배광제어가 용이하다.

▶ 메탈할라이드 램프 [13·12·11·10·09년 출제]
높은 효율과 우수한 연색성으로 긴 수명 기간 동안 일정한 광량을 발산하는 특징이 있으며 주로 상업용, 산업용, 옥내외 조명용으로 사용된다.

46 건축물의 묘사에 있어서 묘사 도구로 사용하는 연필에 관한 설명으로 옳지 않은 것은?

① 다양한 질감 표현이 불가능하다.
② 밝고 어두움의 명암 표현이 가능하다.
③ 지울 수 있으나 번지거나 더러워질 수 있다.
④ 심의 종류에 따라서 무른 것과 딱딱한 것으로 나누어진다.

▶ 연필 [14·13·10·09·08·07년 출제]
9H부터 6B까지 17단계로 구분되며 명암 표현이 자유롭고 H의 수가 많을수록 단단하다. 다양한 질감 표현도 가능하다.

47 건축물의 입체적인 표현에 관한 설명 중 옳지 않은 것은?

① 같은 크기라도 명암이 진한 것이 돋보인다.
② 윤곽이나 명암을 그려 넣으면 크기와 방향을 느끼게 된다.
③ 같은 크기와 농도로 된 점들은 동일 평면상에 위치한 것으로 보인다.
④ 굵기가 다르고 크기가 같은 직사각형 중 굵은 선의 직사각형이 후퇴되어 보인다.

▶ 표현방법 [13·11·09·08년 출제]
굵기가 다르고 크기가 같은 직사각형 중 굵은 선의 직사각형이 진출되어 보이고, 얇은 선은 후퇴되어 보인다.

정답
43 ③ **44** ③ **45** ③ **46** ① **47** ④

48 주택의 현관에 대한 설명으로 옳지 않은 것은?

① 한 가정에 대한 첫인상이 형성되는 공간이다.

② 현관의 위치는 도로와의 관계, 대지의 형태 등에 의해 결정된다.

③ 현관의 조명은 부드러운 확산광으로 구석까지 밝게 비추는 것이 좋다.

④ 현관의 벽체는 저명도, 저채도의 색채로 바닥은 고명도, 고채도의 색채로 계획하는 것이 좋다.

▶▶ 현관 [12·10·07년 출제]
벽은 고명도, 고채도로 하고 바닥은 저명도, 저채도로 한다.

49 배경을 검정으로 하였을 경우, 다음 중 가시도가 가장 높은 색은?

① 노랑   ② 주황

③ 녹색   ④ 파랑

▶▶ 가시도
주차장에서 검정과 노랑의 사선표시로 주의를 환기시켜(가시도가 높아) 충돌과 추락을 방지한다.

50 건축도면에서 보이지 않는 부분의 표시에 사용되는 선의 종류는?

① 파선

② 가는 실선

③ 일점쇄선

④ 이점쇄선

▶▶ 선의 종류 [20·16·15·14·13·12년 출제]
① 파선 : 대상이 보이지 않는 부분 표시
② 가는 실선 : 배근에서 스터럽 또는 치수선, 치수보조선, 지시선의 표시
③ 일점쇄선 : 중심선, 기준선, 절단선, 경계선, 참고선 표시
④ 이점쇄선 : 가상선, 상상선 표시

51 건축법령상 다음과 같이 정의되는 용어는?

> 건축물이 천재지변이나 그 밖의 재해로 멸실된 경우 그 대지에 종전과 같은 규모의 범위에서 다시 축조하는 것

① 신축   ② 증축

③ 개축   ④ 재축

▶▶ 건축의 행위 [16·12·11년 출제]
① 신축 : 건축물이 없는 대지에 새로 축조할 경우
② 증축 : 기존 건축물에 늘려 축조할 경우
③ 개축 : 일부러 철거하고 종전과 같은 규모로 할 경우
④ 재축 : 재해로 멸실되어 종전과 같은 규모로 할 경우

52 표면결로의 방지방법에 관한 설명으로 옳지 않은 것은?

① 실내에서 발생하는 수증기를 억제한다.

② 환기에 의해 실내 절대습도를 저하한다.

③ 직접가열이나 기류 촉진에 의해 표면온도를 상승시킨다.

④ 낮은 온도로 난방시간을 길게 하는 것보다 높은 온도로 난방시간을 짧게 하는 것이 결로방지에 효과적이다.

▶▶ 결로방지법 [14·07·06년 출제]
낮은 온도로 난방시간을 길게 하여 저온 부분을 만들지 않는다.

정답

48 ④   **49** ①   **50** ①   **51** ④   **52** ④

53 주거단지의 단위 중 초등학교를 중심으로 한 단위는?

① 인보구
② 근린지구
③ 근린분구
④ 근린주구

▶▶ 주택단지계획 [20·15·14·13·12·11·10년 출제]
1단지 주택계획은 인보구(어린이 놀이터) → 근린분구(유치원, 보육시설) → 근린주구(초등학교)의 순으로 구성된다.

54 다음의 창호기호 표시가 의미하는 것은?

① 강철창
② 강철그릴
③ 스테인리스 스틸창
④ 스테인리스 스틸그릴

▶▶ 창호기호의 종류 [13·12·11·10년 출제]
• S : 강철
• W : 창
• SS : 스테인리스 스틸
• G : 그릴

55 급수펌프, 양수펌프, 순환펌프 등으로 건축설비에 주로 사용되는 펌프는?

① 왕복식 펌프
② 회전식 펌프
③ 피스톤 펌프
④ 원심식 펌프

▶▶ 원심식 펌프
누수 등의 쓸모없는 물을 배출하는 데 사용된다.

56 다음 설명에 알맞은 거실의 가구배치 형식은?

> • 서로 시선이 마주쳐 다소 딱딱하고 어색한 분위기를 만들 우려가 있다.
> • 일반적으로 가구 자체가 차지하는 면적이 커지므로 실내가 협소해 보일 수 있다.

① 대면형
② 코너형
③ 직선형
④ 자유형

▶▶ 대면형
테이블을 중심으로 서로 마주 보도록 배치하는 방식으로·시선이 마주쳐 다소 딱딱하고 사무적으로 느껴지게 한다.

57 건축도면의 크기 및 방향에 관한 설명으로 옳지 않은 것은?

① A3 제도용지의 크기는 A4 제도용지의 2배이다.
② 접은 도면의 크기는 A4의 크기를 원칙으로 한다.
③ 평면도는 남쪽을 위로 하여 작도함을 원칙으로 한다.
④ A3 크기의 도면은 그 길이방향을 좌우방향으로 놓은 위치를 정위치로 한다.

▶▶ 도면의 방향
평면도는 북쪽이 위로 가도록 작도한다.

정답				
53 ④	54 ①	55 ④	56 ①	57 ③

58 다음 설명에 알맞은 공간의 구조적 형식은?

> 동일한 형이나 공간의 연속으로 이루어진 구조적 형식으로서 격자형이라고도 불리며 형과 공간뿐만 아니라 경우에 따라서는 크기, 위치, 방위도 동일하다.

① 직선식
② 방사식
③ 그물망식
④ 중앙집중식

59 동선의 3요소에 속하지 않는 것은?

① 속도
② 빈도
③ 하중
④ 방향

60 소방시설은 소화설비, 경보설비, 피난설비, 소화용수설비, 소화활동설비로 구분할 수 있다. 다음 중 소화설비에 속하지 않는 것은?

① 연결살수설비
② 옥내소화전설비
③ 스프링클러설비
④ 물분무등소화설비

▶▶ 그물망식 구조형식 [21년 출제]
동일한 형, 공간의 연속으로 이루어진 구조적 형식을 격자형이라고 한다.

▶▶ 동선의 3요소 [16·14·13·12·10년 출제]
속도(길이), 빈도, 하중이며, 빈도가 높은 동선을 짧게 하고, 교차는 피한다.

▶▶ 소화설비 [16·14·12·08년 출제]
불을 끄는 설비로 소화기구, 옥내소화전, 스프링클러(스프링클러, 간이스프링클러, 화재조기진압용 스프링클러), 물분무등소화설비(물분무, 포, CO_2, 할론, 할로겐화합물 및 불활성기체, 분말, 강화액), 옥외소화전이 있다.
※ 연결살수설비는 소화활동설비에 속한다.

정답
58 ③ **59** ④ **60** ①

01 보강블록구조에 대한 설명 중 틀린 것은?

① 내력벽의 양이 많을수록 횡력에 대항하는 힘이 커진다.
② 철근은 굵은 것을 조금 넣는 것보다 가는 것을 많이 넣는 것이 좋다.
③ 철근의 정착이음은 기초보와 테두리보에 둔다.
④ 내력벽의 벽량은 최소 20cm/m² 이상으로 한다.

▶ 보강블록구조 [14·12·10·09·08·06년 출제]
내력벽의 벽량은 최소 15cm/m² 이상으로 한다.

02 처음 한 켜는 마구리쌓기, 다음 한 켜는 길이쌓기를 교대로 쌓는 것으로, 통줄눈이 생기지 않으며 내력벽을 만들 때 많이 이용되는 벽돌쌓기법은?

① 미국식 쌓기
② 프랑스식 쌓기
③ 영국식 쌓기
④ 영롱쌓기

▶ 벽돌쌓기 [15·14·11년 출제]
① 미식쌓기 : 5~6켜는 길이쌓기로 하고, 다음 켜는 마구리쌓기를 하는 방식이다.
② 프랑스식 쌓기 : 한 켜에 길이와 마구리가 번갈아서 같이 쌓는 방식으로 비내력벽, 장식용이다.
③ 영식쌓기 : 처음 한 켜는 마구리쌓기, 다음 한 켜는 길이쌓기를 교대로 쌓는 방법이다.
④ 영롱쌓기 : 모양구멍을 내어 쌓으며 장식벽으로 사용한다.

03 다음 중 인장력과 관계가 없는 것은?

① 버트레스(Buttress)
② 타이바(Tie Bar)
③ 현수구조의 케이블
④ 인장링

▶ 버트레스 [15·11년 출제]
외벽면에서 바깥쪽으로 튀어나와 벽체가 쓰러지지 않도록 지탱하는 부축벽을 말한다.

04 아치벽돌을 사다리꼴 모양으로 특별히 주문 제작하여 쓴 것을 무엇이라 하는가?

① 본아치
② 막만든아치
③ 거친아치
④ 층두리아치

▶ 아치쌓기 종류 [16·15·13·12·09년 출제]
① 본아치 : 사다리꼴 모양으로 특별 제작
② 막만든아치 : 벽돌을 쐐기모양으로 다듬어 사용
③ 거친아치 : 줄눈을 쐐기모양으로 채워서 만듦
④ 층두리아치 : 여러 겹으로 둘러쌓아 만듦

정답
01 ④ **02** ③ **03** ① **04** ①

05 바닥 등의 슬래브를 케이블로 매단 특수구조는?

① 공기막구조
② 현수구조
③ 커튼월구조
④ 셸구조

▶ 특수구조 [15·12·11·10년 출제]
① 공기막구조 : 내외부의 기압 차를 이용하여 공간을 확보한다.
② 현수구조 : 기둥과 기둥 사이에 강제 케이블을 내려 바닥판을 잡아주고 지지한다.
③ 커튼월구조 : 하중을 기둥, 보, 바닥, 지붕으로 지지하고, 외벽은 하중을 부담하지 않은 커튼을 치듯 돌려 외벽을 구성하는 구조이다.

06 조적조의 내력벽으로 둘러싸인 부분의 바닥면적은 몇 m^2 이하로 해야 하는가?

① $80m^2$
② $90m^2$
③ $100m^2$
④ $120m^2$

▶ 조적조의 내력벽 길이와 바닥면적 [14·12·10·09·08년 출제]
길이는 10m 이하, 면적은 $80m^2$ 이하, 높이는 4m 이하로 한다.

07 철근콘크리트기둥에서 띠철근의 수직간격 기준으로 틀린 것은?

① 기둥 단면의 최소 치수 이하
② 종방향 철근지름의 16배 이하
③ 띠철근 지름의 48배 이하
④ 기둥 높이의 0.1배 이하

▶ 띠철근의 간격 [15·14·09년 출제]
기둥의 최소 치수, 주근지름의 16배, 띠철근지름의 48배, 30cm 중 가장 작은 값으로 한다.

08 초고층건물의 구조시스템 중 가장 적합하지 않은 것은?

① 내력벽 시스템
② 아웃리거 시스템
③ 튜브 시스템
④ 가새 시스템

▶ 초고층건물의 구조시스템
초고층건물의 골조 강성을 증가시키기 위하여 아웃리거(Outrigger)를 설치하거나, 가새 등을 이용한 철골구조를 사용한다.
※ 내력벽 구조는 자중이 무거워 초고층건물에 적용하기 힘들다.

09 기초에 대한 설명으로 틀린 것은?

① 매트기초는 부동침하가 염려되는 건물에 유리하다.
② 파일기초는 연약지반에 적합하다.
③ 기초에 사용된 콘크리트의 두께가 두꺼울수록 인장력에 대한 저항성능이 우수하다.
④ RCD 파일은 현장타설 말뚝기초의 하나이다.

▶ 콘크리트 [13·11년 출제]
콘크리트는 압축력, 철근은 인장력을 부담한다.

정답
05 ② **06** ① **07** ④ **08** ① **09** ③

10 기본형 벽돌(190×90×57)을 사용한 벽돌벽 1.5B의 두께는?
(단, 공간쌓기 아님)

① 23cm
② 28cm
③ 29cm
④ 34cm

▶▶ 표준형 벽돌의1.5B 두께 [15·13·12·10·
09·08년 출제]
190(1.0B) + 10(줄눈) + 90(0.5B)
= 290mm

11 건축물의 큰보의 간사이에 작은보(Beam)를 짝수로 배치할 때의 주된 장점은?

① 미관이 뛰어나다.
② 큰보의 중앙부에 작용하는 하중이 작아진다.
③ 층고를 낮출 수 있다.
④ 공사하기가 편리하다.

▶▶ 보의 배치
기둥과 기둥을 연결하는 부재이며 작은
보는 큰보와 큰보를 연결하는 부재로 큰
보의 중앙부 하중을 감소시킨다.

12 하중 전달과 지지방법에 따른 막구조의 종류에 해당하지 않는 것은?

① 골조막구조
② 현수막구조
③ 공기막구조
④ 절판막구조

▶▶ 절판구조
① 수평형태의 슬래브와 수직형태의 슬
래브를 합친 건축구조로 지붕에 많이
사용된다.
② 골과 골 사이의 절판의 수에 따라 1
절판, 2절판, 3절판, 다절판 등으로
나뉜다.

13 막구조에 대한 설명으로 틀린 것은?

① 넓은 공간을 덮을 수 있다.
② 힘의 흐름이 불명확하여 구조해석이 난해하다.
③ 막재에는 항시 압축응력이 작용하도록 설계하여야 한다.
④ 응력이 집중되는 부위는 파손되지 않도록 조치해야 한다.

▶▶ 막구조 [14·13·12·08년 출제]
인장력에 강한 얇은 막을 잡아당겨 공간
을 덮는 구조방식이다.

14 구조물의 횡력 보강을 위하여 통상적으로 사용되는 부재는?

① 기둥
② 슬래브
③ 보
④ 가새

▶▶ 가새 [14·12·10·09년 출제]
횡력(수평력)이 작용해도 그 형태가 변형
되지 않도록 대각선방향으로 빗대는 재
를 의미한다.

정답
10 ③ **11** ② **12** ④ **13** ③ **14** ④

15 돌쌓기 시 1켜의 높이는 모두 동일한 것을 쓰고 수평줄눈이 일직선으로 통하게 쌓는 돌쌓기 방식은?

① 바른층쌓기
② 허튼층쌓기
③ 층지어쌓기
④ 허튼쌓기

▶ 돌쌓기 [15·14·12·10·09·08년 출제]
① 바른층쌓기 : 수평줄눈이 일직선으로 통하게 쌓는 방식
② 허튼층쌓기 : 줄눈을 맞추지 않고 쌓는 방식
③ 층지어쌓기 : 2~3켜 간격으로 줄눈이 일직선이 되도록 쌓고 그 사이는 허튼층쌓기로 한다.
④ 허튼쌓기(막쌓기) : 돌 생김새에 따라 쌓는 방식

16 철근콘크리트 기둥에서 주근 주위를 수평으로 둘러 감은 철근을 무엇이라 하는가?

① 띠철근
② 배력근
③ 수축철근
④ 온도철근

▶ 띠철근 [09년 출제]
기둥 주근의 주위를 수평으로 둘러 감으며 좌굴을 막아준다.

17 다음 건축구조의 분류 중 일체식 구조에 해당하는 것은?

① 조적구조
② 철골철근콘크리트구조
③ 조립식 구조
④ 목구조

▶ 일체식 구조
전체가 하나가 되게 현장에서 거푸집을 짜서 콘크리트를 부어 만든 형식이다. 철근콘크리트구조, 철골철근콘크리트구조가 있다.

18 목구조에서 기둥에 대한 설명으로 틀린 것은?

① 마루, 지붕 등의 하중을 토대에 전달하는 수직 구조재이다.
② 통재기둥은 2층 이상의 기둥 전체를 하나의 단열재로 사용하는 기둥이다.
③ 평기둥은 각 층별로 각 층의 높이에 맞게 배치되는 기둥이다.
④ 샛기둥은 본기둥 사이에 세워 벽체를 이루는 기둥으로, 상부의 하중을 대부분 받는다.

▶ 샛기둥
① 기둥과 기둥 사이의 작은 기둥을 의미한다.
② 45~60cm 정도의 간격으로 옆면은 기둥과 같게 하고 앞면은 기둥의 1/2~1/3 정도의 수직재이다.
③ 평기둥 사이에 세워서 벽체 구성 및 가새의 옆 휨을 막는 역할을 한다.

19 철근콘크리트 공사에서 거푸집을 받치는 가설재를 무엇이라 하는가?

① 턴버클
② 동바리
③ 세퍼레이터
④ 스페이서

▶ 가설공사에 사용되는 도구
① 턴버클 : 와이어로프 등의 길이를 조절하기 위한 기구
② 동바리 : 거푸집을 받치는 수직 가설재
③ 세퍼레이터 : 거푸집 간격을 유지하는 데 쓰이는 긴결재
④ 스페이서 : 철근 피복두께를 확보하기 위해 사용한 긴결재

정답
15 ① **16** ① **17** ② **18** ④ **19** ②

20 각 건축구조에 관한 기술로 옳은 것은?

① 철골구조는 공사비가 싸고 내화적이다.
② 목구조는 친화감이 있으나 부패되기 쉽다.
③ 철근콘크리트구조는 건식 구조로 동절기 공사가 용이하다.
④ 돌구조는 횡력과 진동에 강하다.

▶▶ 구조재료에 의한 분류 [14·09·08년 출제]
① 철골구조 : 무게가 가벼워 고층이 가
능하나 좌굴하기 쉽고 공사비가 고가
이다.
② 목구조 : 친화적이나 부패와 변형, 화
재에 취약하다.
③ 철근콘크리트 : 습식 구조로 공사기
간이 길고 자체무게가 무겁다.
④ 돌구조 : 재료를 접착제인 모르타르
를 이용하여 쌓는 방식으로 횡력에
약하다.

21 한국산업표준(KS)의 분류 중 토목건축 부문에 해당되는 것은?

① KS D
② KS F
③ KS E
④ KS M

▶▶ 분류기호 [14·13·07·06년 출제]
① KS D : 금속
③ KS E : 광산
④ KS M : 화학

22 내장재로 사용되는 판재 중 목질계와 가장 거리가 먼 것은?

① 합판류
② 강화석고보드
③ 파티클보드
④ 섬유판

▶▶ 강화석고보드
석고계 플라스터이다.

23 점토벽돌에 붉은색을 갖게 하는 성분은?

① 산화철
② 석회
③ 산화나트륨
④ 산화마그네슘

▶▶ 점토벽돌 [10·08년 출제]
철산화물은 적색, 석회물은 황색을 띠게
한다.

24 미장재료 중 석고플라스터에 대한 설명으로 틀린 것은?

① 알칼리성이므로 유성페인트 마감을 할 수 없다.
② 수화하여 굳어지므로 내부까지 거의 동일한 경도가 된다.
③ 방화성이 크다.
④ 원칙적으로 해초 또는 풀을 사용하지 않는다.

▶▶ 석고플라스터
약산성이므로 유성페인트 마감이 가능
하다.
※ 유성페인트 마감을 할 수 없는 것은
돌로마이트 석회이다.

정답
20 ② **21** ② **22** ② **23** ① **24** ①

25 건축물에서 방수, 방습, 차음, 단열 등을 목적으로 사용하는 재료는?

① 구조재료　　　　　② 마감재료
③ 차단재료　　　　　④ 방화 · 내화재료

▶▶ 차단재료
방수, 방습, 차음, 단열 등을 목적으로 사용하는 재료로 아스팔트, 실링재, 페어글라스, 글라스울 등이 있다.

26 열과 관련된 용어에 대한 설명으로 틀린 것은?

① 질량 1g의 물체의 온도를 1℃ 올리는 데 필요한 열량을 그 물체의 비열이라 한다.
② 열전도율의 단위로는 W/m · K이 사용된다.
③ 열용량이란 물체에 열을 저장할 수 있는 용량을 말한다.
④ 금속재료와 같이 열에 의해서 고체에서 액체로 변하는 경계점이 뚜렷한 것을 연화점이라 한다.

▶▶ 열 관련 용어 [07년 출제]
① 연화점 : 유리, 아스팔트와 같이 금속이 아닌 물질이 열에 의해 액체로 변화하는 상태에 달하는 온도를 말한다.
② 용융점 : 금속재료와 같이 열에 의해서 고체에서 액체로 변화는 경계점이 뚜렷한 것을 말한다.

27 조강 포틀랜드 시멘트에 대한 설명으로 옳은 것은?

① 생산되는 시멘트의 대부분을 차지하며 혼합 시멘트의 베이스 시멘트로 사용된다.
② 장기강도를 지배하는 C_2S를 많이 함유하여 수화속도를 지연시켜 수화열을 작게 한 시멘트이다.
③ 콘크리트의 수밀성이 높고 경화에 따른 수화열이 크므로 낮은 온도에서도 강도의 발생이 크다.
④ 내황산염성이 크기 때문에 댐공사에 사용될 뿐만 아니라 건축용 매스콘크리트에도 사용된다.

▶▶ 조강 포틀랜드 시멘트 [15·13·08년 출제]
분말도가 높고 수화속도가 빨라 수화열이 커지고 초기 강도도 커진다. 그러므로 긴급공사, 한중공사에 유리하지만 초기 수화열이 크므로 큰 구조물(매스콘크리트)에는 부적당하다.

28 재료의 기계적 성질 중의 하나인 경도에 대한 설명으로 틀린 것은?

① 경도는 재료의 단단한 정도를 의미한다.
② 경도는 긁히는 데 대한 저항도, 새김질에 대한 저항도 등에 따라 표시방법이 다르다.
③ 브리넬경도는 금속 또는 목재에 적용되는 것이다.
④ 모스 경도는 표면에 생긴 원형 흔적의 표면적을 구하여 압력을 표면적으로 나눈 값이다.

▶▶ 경도 [11·10년 출제]
재료의 기계적 성질, 즉 단단한 정도를 의미한다.
① 브리넬 경도 : 재료의 표면에 생긴 원형 흔적의 표면적을 구하여 압력을 표면적으로 나눈 값을 말하며 금속, 목재에 사용한다.
② 모스 경도 : 표준광물로 시편을 긁어서 스크래치의 여부로 경도를 측정한다.

정답
25 ③　**26** ④　**27** ③　**28** ④

29 다음 합금의 구성요소로 틀린 것은?

① 황동＝구리＋아연
② 청동＝구리＋납
③ 포금＝구리＋주석＋아연＋납
④ 두랄루민＝알루미늄＋구리＋마그네슘＋망간

▶▶ 청동 [15·13·12년 출제]
구리와 주석의 합금으로 황동보다 내식성이 크고 청록색 광택을 띤다.

30 보통 재료에서는 축방향에 하중을 가할 경우 그 방향과 수직인 횡방향에도 변형이 생기는데, 횡방향 변형도와 축방향 변형도의 비를 무엇이라 하는가?

① 탄성계수비
② 경도비
③ 푸아송비
④ 강성비

▶▶ 푸아송비 [16·15·10·09년 출제]
부재가 축방향력을 받으면 생기는 길이와 폭의 변형에 대한 비율을 말한다.

31 건축재료의 발전방향으로 틀린 것은?

① 고성능화
② 현장시공화
③ 공업화
④ 에너지 절약화

▶▶ 건축재료의 발달 [21·15·13·11·09·08년 출제]
공장제작 생산방향으로 표준화, 고성능화, 고품질화, 공업화, 에너지 절약화로 발전되고 있으며, 점차 현장시공이 많이 줄어들고 있다.

32 각종 점토제품에 대한 설명 중 틀린 것은?

① 테라코타는 공동(空胴)의 대형 점토제품으로 주로 장식용으로 사용된다.
② 모자이크 타일은 일반적으로 자기질이다.
③ 토관은 토기질의 저급 점토를 원료로 하여 건조 소성시킨 제품으로 주로 환기통, 연통 등에 사용된다.
④ 포도벽돌은 벽돌에 오지물을 칠해 소성한 벽돌로서, 건물의 내외장 또는 장식물의 치장에 쓰인다.

▶▶ 포도벽돌 [15·06년 출제]
마멸이나 충격에 강하며 흡수율은 작아서 도로포장용, 공장바닥용으로 사용된다.

33 목재를 건조하는 목적으로 틀린 것은?

① 중량의 경감
② 강도 및 내구성 증진
③ 도장 및 약제 주입 방지
④ 부패균류의 발생 방지

▶▶ 목재의 건조 [15·12·10년 출제]
강도 증가, 변형 방지, 부패균 방지, 무게 경감 효과가 있다.

정답
29 ② **30** ③ **31** ② **32** ④ **33** ③

34 시멘트 혼화제인 AE제를 사용하는 가장 중요한 목적은?

① 동결융해작용에 대하여 내구성을 가지기 위해
② 압축강도를 증가시키기 위해
③ 모르타르나 콘크리트에 색깔을 내기 위해
④ 모르타르나 콘크리트의 방수성능을 위해

▶▶ AE제 [16·13·12·10·09년 출제]
기포를 생성하고, 골고루 분포시켜 블리딩을 감소시켜 내구성을 가지게 한다.

35 유리와 같이 어떤 힘에 대한 작은 변형으로도 파괴되는 재료의 성질을 나타내는 용어는?

① 연성
② 전성
③ 취성
④ 탄성

▶▶ 역학적 성질 [15·13·12·09년 출제]
① 연성 : 가늘고 길게 늘어나는 성질
② 전성 : 외력에 의해 얇게 펴지는 성질
③ 취성 : 작은 변형만으로도 파괴되는 성질
④ 탄성 : 외력을 제거하면 순간적으로 원형으로 회복하는 성질

36 다음 중 기경성 미장재료는?

① 혼합 석고 플라스터
② 보드용 석고 플라스터
③ 돌로마이트 플라스터
④ 순석고 플라스터

▶▶ 기경성 미장재료 [14·12·10·09·08년 출제]
공기 중에서만 경화하고, 수중에서는 굳지 않는 것으로 석회계 플라스터와 흙, 섬유벽 등이 속한다.
※ 수경성 미장재료에는 석고계와 시멘트계가 있다.

37 주로 페놀, 요소, 멜라민수지 등 열경화성 수지에 응용되는 가장 일반적인 성형법으로 옳은 것은?

① 압축성형법
② 이송성형법
③ 주조성형법
④ 적층성형법

▶▶ 압축성형법
재료를 형틀에 넣고 가열한 후 압력을 가하는 성형방법으로 페놀, 요소, 멜라민수지 등 열경화성 수지에 사용된다.

정답							
34 ①	**35** ③	**36** ③	**37** ①

38 콘크리트 타설 후 비중이 무거운 시멘트와 골재 등이 침하되면서 물이 분리 · 상승하여 미세한 부유물질과 함께 콘크리트 표면으로 떠오르는 현상은?

① 레이턴스(Laitance)
② 초기 균열
③ 블리딩(Bleeding)
④ 크리프

39 다음 수지의 종류 중 천연수지가 아닌 것은?

① 송진
② 니트로셀룰로오스
③ 다마르
④ 셸락

40 목재의 강도에 관한 설명으로 틀린 것은?

① 섬유포화점 이하의 상태에서는 건조하면 함수율이 낮아지고 강도가 커진다.
② 옹이는 강도를 감소시킨다.
③ 일반적으로 비중이 클수록 강도가 크다.
④ 섬유포화점 이상의 상태에서는 함수율이 높을수록 강도가 작아진다.

▶▶ 재료의 분리 [15 · 14 · 09년 출제]
① 레이턴스 : 콘크리트 부어넣기 후 수분 과다로 수분과 함께 떠오른 미세한 물질을 말한다.
② 초기 균열 : 초기 타설에서 경화 시작 전 약 2~6시간 정도에서 발생하는 균열이다.(배합, 타설, 기상조건에 좌우된다.)
③ 블리딩 : 아직 굳지 않은 콘크리트에 있어 물이 상승하면서 미세한 부유물질과 콘크리트 표면으로 떠오르는 현상이다.(W/C 과다 현상)
④ 크리프 : 콘크리트에 일정한 하중이 계속 작용하면 하중의 증가 없이도 시간과 더불어 변형이 증가하는 현상이다.

▶▶ 천연수지 [14 · 12 · 10 · 09 · 08년 출제]
① 송진 : 소나무에서 분비되는 끈적끈적한 액체로 고체수지를 만든다.
② 니트로셀룰로오스 : 셀룰로오스를 화학처리 한 대표적인 합성수지이다.
③ 다마르 : 동남아시아에서 자라는 나무의 수피(樹皮)에서 채취하는 천연수지로 니스 · 래커 · 연마제 등으로 사용된다.
④ 셸락 : 천연수지의 일종으로 인도와 타이에 많이 사는 깍지벌레인 락깍지벌레(*Laccifer lacca*)의 분비물에서 얻는다.

▶▶ 목재의 강도 [14 · 10 · 09 · 07 · 06년 출제]
섬유포화점(30%) 이상에서는 강도가 일정하다.

정답
38 ③ **39** ② **40** ④

41 배수트랩의 종류에 속하지 않는 것은?

① S트랩
② 벨트랩
③ 버킷트랩
④ 드럼트랩

▶ 트랩의 종류 [13·12·11·08·07년 출제]
① 배수트랩 : 배수관 속의 악취나 벌레 등이 실내로 유입되는 것을 방지하기 위해 봉수가 고이게 하는 기구이다. S트랩, P트랩, 벨트랩, 드럼트랩, 그리스트랩 등이 있다.
② 버킷트랩 : 증기 내 응축수를 배출하기 위해 사용하는 증기트랩이다.

42 배경표현법의 주의사항으로 옳지 않은 것은?

① 건물 앞의 것은 사실적으로, 멀리 있는 것은 단순히 그린다.
② 건물의 용도와는 무관하게 가능한 한 세밀한 그림으로 표현한다.
③ 공간과 구조 그리고 그들의 관계를 표현하는 요소들에 지장을 주어서는 안 된다.
④ 표현에서는 크기와 무게 그리고 배치는 도면 전체의 구성요소가 고려되어야 한다.

▶ 배경표현법 [20·13·12·11·10년 출제]
건물의 크기, 용도에 맞춰 배경이 되게 적당히 그린다.

43 다음 중 건축제도에서 가장 굵게 표시되는 선은?

① 치수선   ② 격자선
③ 단면선   ④ 인출선

▶ 굵은 실선 [16·15·10·09·07년 출제]
벽의 절단한 선(단면선)과 건물의 외각 모양선을 표현한다.

44 한국산업표준(KS)의 건축제도통칙에 규정된 척도가 아닌 것은?

① 5/1   ② 1/1
③ 1/400   ④ 1/600

▶ 축척 [14·06년 출제]
1/100, 1/200, 1/250, 1/300, 1/500이 있으며, 1/400 축척은 없다.

45 다음 중 건축 도면에 사람을 그려 넣는 목적과 가장 거리가 먼 것은?

① 스케일감을 나타내기 위해
② 공간의 용도를 나타내기 위해
③ 공간 내 질감을 나타내기 위해
④ 공간의 깊이와 높이를 나타내기 위해

▶ 표현방법 [13·12·11·10·09년 출제]
건물에 사람을 표현하는 것은 크기, 깊이, 높이, 용도 등 스케일감을 나타내기 위해서다.

정답
41 ③ **42** ② **43** ③ **44** ③ **45** ③

46 다음의 주택단지의 단위 중 규모가 가장 작은 것은?

① 인보구   ② 근린분구
③ 근린주구   ④ 근린지구

▶▶ 주택단지계획 [20·15·14·13·12·11·10년 출제]
1단지 주택계획은 인보구(어린이 놀이터) → 근린분구(유치원, 보육시설) → 근린주구(초등학교)의 순으로 구성된다.

47 도면 중에 쓰는 기호와 표시사항의 연결이 옳지 않은 것은?

① V−용적   ② W−높이
③ A−면적   ④ R−반지름

▶▶ 도면 표시기호 [21·20·16·15·14·13·12·09·08년 출제]
• W−너비   • H−높이
• L−길이   • THK−두께

48 조적조 벽체 그리기를 할 때 순서로 옳은 것은?

> ㉠ 제도용지에 테두리선을 긋고, 축척에 알맞게 구도를 잡는다.
> ㉡ 단면선과 입면선을 구분하여 그리고, 각 부분에 재료 표시를 한다.
> ㉢ 지반선과 벽체의 중심선을 긋고, 기초와 깊이와 벽체의 너비를 정한다.
> ㉣ 치수선과 인출선을 긋고, 치수와 명칭을 기입한다.

① ㉠−㉡−㉢−㉣   ② ㉢−㉠−㉡−㉣
③ ㉠−㉢−㉡−㉣   ④ ㉡−㉠−㉢−㉣

▶▶ 벽체 그리기 [16·15·14·11·09년 출제]
축척 → 지반과 중심선 → 벽체선 → 재료 표시 → 치수선 → 치수와 명칭

49 소방시설은 소화설비, 경보설비, 피난설비, 소화활동설비 등으로 구분할 수 있다. 다음 중 소화활동설비에 속하지 않는 것은?

① 제연설비   ② 옥내소화전설비
③ 연결송수관설비   ④ 비상콘센트설비

▶▶ 소방설비 [12·08년 출제]
① 소화활동설비 : 연결살수설비, 제연설비, 연결송수관설비, 비상콘센트설비, 무선통신보조설비, 연소방지설비
② 소화설비 : 옥내소화전설비

50 아파트의 단면형식 중 하나의 단위주거가 2개 층에 걸쳐 있는 것은?

① 플랫형   ② 집중형
③ 듀플렉스형   ④ 트리플렉스형

▶▶ 메조넷형(복층형) [15·13·11·07년 출제]
단위주거의 평면이 2개 층이면 듀플렉스형, 3개 층이면 트리플렉스형이라 한다.

정답

46	①	47	②	48	③	49	②	50	③

51 주택의 동선계획에 관한 설명으로 옳지 않은 것은?

① 교통량이 많은 공간은 상호 간 인접 배치하는 것이 좋다.
② 가사노동의 동선은 가능한 한 남측에 위치시키는 것이 좋다.
③ 개인, 사회, 가사노동권의 3개 동선은 상호 간 분리하는 것이 좋다.
④ 화장실, 현관, 계단 등과 같이 사용 빈도가 높은 공간은 동선을 길게 처리하는 것이 좋다.

▶ 동선의 3요소 [15·12·10·07·06년 출제]
속도(길이), 빈도, 하중이며, 빈도가 높은 동선을 짧게하고, 교차는 피한다.

52 벽체의 열관류율을 계산할 때 필요한 사항이 아닌 것은?

① 상대습도
② 공기층의 열저항
③ 벽체 구성재료의 두께
④ 벽체 구성재료의 열전도율

▶ 열관류율 [15·12년 출제]
벽의 양쪽 공기의 온도차가 1℃일 때 벽의 1m²를 1시간에 관류하는 열량을 나타내는 것으로 작을수록 단열성이 좋은 것이다.

53 균형의 원리에 관한 설명으로 옳지 않은 것은?

① 크기가 큰 것이 작은 것보다 시각적 중량감이 크다.
② 기하학적 형태가 불규칙적인 형태보다 시각적 중량감이 크다.
③ 색의 중량감은 색의 속성 중 특히 명도, 채도에 따라 크게 작용한다.
④ 복잡하고 거친 질감이 단순하고 부드러운 것보다 시각적 중량감이 크다.

▶ 균형 [16·15·10년 출제]
시각적 무게의 평형을 뜻하며 크기가 큰 것, 불규칙적인 것, 색상이 어두운 것, 거친 질감, 차가운 색이 시각적 중량감이 크다.

54 건물 내부의 입면을 정면에서 바라보고 그리는 내부 입면도는?

① 배근도　　　　　② 전개도
③ 설비도　　　　　④ 구조도

▶ 전개도 [12·10년 출제]
각 실의 내부 의장을 나타내기 위한 도면으로 내부 입면도라 한다.

55 다음 설명에 알맞은 환기방식은?

> 급기와 배기 측에 송풍기를 설치하여 정확한 환기량과 급기량 변화에 의해 실내압을 정압 또는 부압으로 유지할 수 있다.

① 제1종　　　　　② 제2종
③ 제3종　　　　　④ 제4종

▶ 제1종 환기 [15·14·12·11·08년 출제]
기계 송풍 + 기계 배기를 사용하며, 수술실이 있다.

정답				
51 ④	52 ①	53 ②	54 ②	55 ①

56 건축법령상 아파트의 정의로 옳은 것은?

① 주택으로 쓰는 층수가 3개 층 이상인 주택
② 주택으로 쓰는 층수가 4개 층 이상인 주택
③ 주택으로 쓰는 층수가 5개 층 이상인 주택
④ 주택으로 쓰는 층수가 6개 층 이상인 주택

57 주택에서 식당의 배치유형 중 주방의 일부에 간단한 식탁을 설치하거나 식당과 주방을 하나로 구성한 형태는?

① 리빙 키친
② 리빙 다이닝
③ 다이닝 키친
④ 다이닝 테라스

58 다음과 같이 정의되는 전기설비 관련 용어는?

> 대지에 이상전류를 방류 또는 계통 구성을 위해 의도적이거나 우연하게 전기회로를 대지 또는 대지를 대신하는 전도체에 연결하는 전기적인 접속

① 접지
② 절연
③ 피복
④ 분기

59 건축공간에 관한 설명으로 옳지 않은 것은?

① 인간은 건축공간을 조형적으로 인식한다.
② 건축공간을 계획할 때 시각뿐만 아니라 그 밖의 감각 분야까지도 충분히 고려하여 계획한다.
③ 일반적으로 건축물이 많이 있을 때 건축물에 의해 둘러싸인 공간 전체를 내부공간이라고 한다.
④ 외부공간은 자연 발생적인 것이 아니라 인간에 의해 의도적·인공적으로 만들어진 외부의 환경을 말한다.

60 1점 쇄선의 용도에 속하지 않는 것은?

① 상상선
② 중심선
③ 기준선
④ 참고선

▶ **아파트** [21·15년 출제]
주택으로 쓰는 층수가 5개 층 이상인 공동주택을 말한다.

▶ **다이닝 키친** [20·14·13·12·10·09년 출제]
부엌의 일부분에 식사실을 두어 동선을 짧게 하여 노동력 절감을 준다.

▶ **접지설비** [20·16·15년 출제]
전로의 이상전압을 억제하고 지락 시 고장전류를 안전하게 대지로 흘려 인체, 화재, 기기의 손상 등 재해를 방지하고 안정하게 동작시키는 설비이다.

▶ **내부공간** [16·13·11·10년 출제]
일반적으로 벽과 지붕으로 둘러싸인 건물 안쪽의 공간을 말한다.

▶ **선의 종류** [20·16·15·14·13·12년 출제]
① 1점쇄선 : 중심선, 기준선, 절단선, 경계선, 참고선 표시
② 2점쇄선 : 가상선, 상상선 표시

정답
| 56 ③ | 57 ③ | 58 ① | 59 ③ | 60 ① |

2016년 제1회 기출문제

01 철근콘크리트구조의 원리에 대한 설명으로 옳지 않은 것은?

① 콘크리트와 철근이 강력히 부착되면 철근의 좌굴이 방지된다.
② 콘크리트는 압축력에 강하므로 부재의 압축력을 부담한다.
③ 콘크리트와 철근의 선팽창계수는 약 10배의 차이가 있어 응력의 흐름이 원활하다.
④ 콘크리트는 내구성과 내화성이 있어 철근을 피복 보호한다.

▶▶ 철근콘크리트 [16·13·11·10년 출제]
철근과 콘크리트의 선팽창계수는 거의 같다.

02 외관이 중요시되지 않는 아치는 보통벽돌을 쓰고 줄눈을 쐐기모양으로 하는데 이러한 아치를 무엇이라 하는가?

① 본아치
② 거친아치
③ 막만든아치
④ 층두리아치

▶▶ 아치쌓기 종류 [16·13·12·09년 출제]
① 본아치 : 사다리꼴 모양으로 특별 제작
② 거친아치 : 줄눈을 쐐기모양으로 채워서 만듦
③ 막만든아치 : 벽돌을 쐐기모양으로 다듬어 사용
④ 층두리아치 : 여러 겹으로 둘러쌓아 만듦

03 지붕의 물매 중 되물매의 경사로 옳은 것은?

① 15°
② 30°
③ 45°
④ 60°

▶▶ 물매의 종류 [13·11·10·07년 출제]
① 평물매 : 경사가 45° 미만인 물매 (4/10)
② 되물매 : 경사가 45°인 물매(10/10)
③ 된물매 : 경사가 45° 이상인 물매 (12/10)

04 곡면판이 지니는 역학적 특성을 응용한 구조로서 외력은 주로 판의 면내력으로 전달되기 때문에 경량이고 내력이 큰 구조물을 구성할 수 있는 것은?

① 셸구조
② 철골구조
③ 현수구조
④ 커튼월구조

▶▶ 셸구조 [21·20·16·15·10년 출제]
곡면의 휘어진 얇은 판으로 공간을 덮은 구조이다. 가볍고 큰 힘을 받을 수 있어 넓은 공간을 필요로 할 때 사용한다.

정답
01 ③ 02 ② 03 ③ 04 ①

05 건축구조의 구성방식에 의한 분류에 속하지 않는 것은?

① 가구식 구조
② 일체식 구조
③ 습식 구조
④ 조적식 구조

➤ 구성방식에 의한 분류 [13·07년 출제]
구조부 뼈대인 기둥, 보, 벽 등의 구조형식에 의한 분류로 가구식 구조, 조적식 구조, 일체식 구조가 있다.

06 개구부 상부의 하중을 지지하기 위하여 돌이나 벽돌을 곡선형으로 쌓아올린 구조를 무엇이라 하는가?

① 골조구조
② 아치구조
③ 린텔구조
④ 트러스구조

➤ 아치구조 [15·14·13·10년 출제]
상부하중이 좌우로 나뉘어 압축력만 전달하고 부재 하부에 인장력이 생기지 않게 한 구조이다.

07 벽돌벽체에서 벽돌을 1켜씩 내쌓기 할 때 얼마 정도 내쌓는 것이 적정한가?

① 1/2B
② 1/4B
③ 1/5B
④ 1/8B

➤ 내쌓기 [21·16·15·14·13년 출제]
한 켜는 벽돌길이의 1/8, 두 켜는 벽돌길이의 1/4씩 내쌓는다.

08 블록의 중공부에 철근과 콘크리트를 부어넣어 보강한 것으로서 수평하중 및 수직하중을 견딜 수 있는 구조는?

① 보강 블록조
② 조적식 블록조
③ 장막벽 블록조
④ 차폐용 블록조

➤ 보강 블록조 [20·16·14·11·10년 출제]
블록을 통줄눈으로 쌓고, 블록의 구멍에 철근과 콘크리트로 채워 보강한 구조이다.

09 합성골조에 관한 설명으로 옳지 않은 것은?

① CFT(콘크리트충전 강관기둥)에서는 내부 콘크리트가 강관의 급격한 국부좌굴을 방지한다.
② 코어(Core)의 전단벽에 횡력에 대한 강성을 증대시키기 위하여 철골빔을 설치한다.
③ 데크 플레이트(Deck Plate)는 합성슬래브의 한 종류이다.
④ 스터드 볼트(Stud Bolt)는 철골기둥을 연결하는 데 사용한다.

➤ 스터드 볼트
철골 보와 콘크리트 부재를 연결하는 전단 연결재로 사용된다.

정답
05 ③ **06** ② **07** ④ **08** ① **09** ④

10 철골구조의 보에 사용되는 스티프너(Stiffener)에 대한 설명으로 옳지 않은 것은?

① 하중점 스티프너는 집중하중에 대한 보강용으로 쓰인다.
② 중간 스티프너는 웨브의 좌굴을 막기 위하여 쓰인다.
③ 재축에 나란하게 설치한 것을 수평 스티프너라고 한다.
④ 커버 플레이트와 동일한 용어로 사용된다.

▶ 스티프너 [20·16·13·11·09년 출제]
웨브의 좌굴을 방지하기 위한 보강재이다.

11 철근콘크리트구조의 배근에 대한 설명으로 옳지 않은 것은?

① 기둥 하부의 주근은 기초판에 크게 구부려 깊이 정착한다.
② 압축 측에도 철근을 배근한 보를 복근보라고 한다.
③ 단순보의 주근은 중앙부에서는 하부에 많이 넣어야 한나.
④ 슬래브의 철근은 단변방향보다 장변방향에 많이 넣어야 한다.

▶ 슬래브의 철근 배근 [15·13·11년 출제]
단변방향(주근)은 20cm 이하로 하고, 장변방향(부근)은 30cm 이하로 한다.

12 조적구조에서 테두리보의 역할과 거리가 먼 것은?

① 벽체를 일체화하여 벽체의 강성을 증대시킨다.
② 벽체 폭을 크게 줄일 수 있다.
③ 기초의 부동침하나 지진 발생 시 지반반력의 국부 집중에 따른 벽의 직접피해를 완화시킨다.
④ 수직 균열을 방지하고, 수축 균열 발생을 최소화한다.

▶ 테두리보 [16·14·13·11년 출제]
수평부재로 벽체의 균열을 막고, 일체화하여 강성을 증대시킨다. 벽체 폭을 줄이는 역할은 없다.

13 2방향 슬래브는 슬래브의 단변에 대한 장변길이의 비(장변/단변)가 얼마 이하일 때부터 적용할 수 있는가?

① 1/2
② 1
③ 2
④ 3

▶ 2방향 슬래브 [14·13·12·11년 출제]
$l_y/l_x \leq 2(l_x$: 단변길이, l_y : 장변길이)

14 조적조에서 내력벽의 길이는 최대 얼마 이하로 하여야 하는가?

① 6m
② 8m
③ 10m
④ 15m

▶ 내력벽의 길이, 면적, 높이
길이는 10m 이하, 면적은 80m² 이하, 높이는 4m 이하로 한다.

정답
10 ④ **11** ④ **12** ② **13** ③ **14** ③

15 바닥면적이 40m²일 때 보강콘크리트블록조의 내력벽 길이의 종합계는 최소 얼마 이상이어야 하는가?

① 4m

② 6m

③ 8m

④ 10m

벽량 [13·11·10·08년 출제]

$$벽량(cm/m^2) = \frac{내력벽의\ 길이(cm)}{바닥면적(m^2)}$$

으로 벽량의 최솟값은 15cm/m²이다.

$$15 = \frac{내력벽의\ 길이}{40}$$

내력벽의 길이 = 15×40 = 600cm

이므로 6m가 된다.

16 철근콘크리트 보에 늑근을 사용하는 주된 이유는?

① 보의 전단 저항력을 증가시키기 위하여

② 철근과 콘크리트의 부착력을 증가시키기 위하여

③ 보의 강성을 증가시키기 위하여

④ 보의 휨저항을 증가시키기 위하여

늑근 [20·16·12·11년 출제]

보가 전단력에 저항할 수 있게 주근의 직각방향으로 배치한다.

17 트러스를 곡면으로 구성하여 돔을 형성하는 것은?

① 와렌 트러스

② 실린더 셸

③ 회전 셸

④ 래티스 돔

래티스 돔

건축물의 높이를 낮추기 위해 단층 래티스 돔 구조로 고정 지붕형식을 선택한 나고야 돔이 있다.

18 철근콘크리트 1방향 슬래브의 두께는 최소 얼마 이상으로 하여야 하는가?

① 80mm

② 90mm

③ 100mm

④ 120mm

1방향 슬래브 [16·13·07년 출제]

$\lambda = l_y/l_x > 2$

(l_x : 단변길이, l_y : 장변길이)

단면방향에만 주근을 배치하고 장변방향에는 균열방지를 위해 온도철근을 배근한다. 슬래브 두께는 최소 100mm 이상으로 한다.

19 줄눈을 10mm로 하고 기본 벽돌(점토 벽돌)로 1.5B 쌓기 하였을 경우 벽두께로 옳은 것은?

① 200mm

② 290mm

③ 400mm

④ 490mm

표준형 벽돌의1.5B 두께 [16·15·13·12·10·09·08년 출제]

190(1.0B) + 10(줄눈) + 90(0.5B)

= 290mm

정답

| 15 ② | 16 ① | 17 ④ | 18 ③ | 19 ② |

20 벽돌구조에서 방음, 단열, 방습을 위해 벽돌벽을 이중으로 하고 중간을 띄어 쌓는 법은?

① 공간쌓기
② 들여쌓기
③ 내쌓기
④ 기초쌓기

▶ 공간쌓기 [16·10년 출제]
벽을 이중으로 하고 중간에 공간을 두고 쌓는 방법이다.

21 석재표면을 구성하고 있는 조직을 무엇이라 하는가?

① 석목
② 석리
③ 층리
④ 도리

▶ 석리 [16·12·11년 출제]
석재표면을 구성하고 있는 조직으로 외관 및 성질을 나타낸다. 눈으로 볼 수 있는 화강석의 형정질인 것과 볼 수 없는 안산암의 미정질의 것이 있다.

22 19세기 중엽 철근콘크리트의 실용적인 사용법을 개발한 사람은?

① 모니에(Monier)
② 케오프스(Cheops)
③ 애습딘(Aspdin)
④ 안토니오(Antonio)

▶ 모니에 [16·08년 출제]
19세기 중엽 철근과 콘크리트의 특성을 고려하여 일체화한 철근콘크리트 사용법을 개발하였다.

23 물의 밀도가 $1g/cm^3$이고, 어느 물체의 밀도가 $1kg/m^3$라 하면 이 물체의 비중은 얼마인가?

① 1
② 1,000
③ 0.001
④ 0.1

▶ 비중 [20·14·07년 출제]
비중＝물질의 밀도÷표준 물의 밀도
$1g/cm^3 = 1,000kg/m^3$
$1kg/m^3 ÷ 1,000kg/m^3 = 0.001$

24 알루미늄의 성질에 관한 설명 중 옳지 않은 것은?

① 전기나 열의 전도율이 크다.
② 전성, 연성이 풍부하며 가공이 용이하다.
③ 산, 알칼리에 강하다.
④ 대기 중에서의 내식성은 순도에 따라 다르다.

▶ 알루미늄 [13·11·10·07년 출제]
산, 알칼리에 침식된다(콘크리트 표면에 바로 대면 부식).

정답
20 ① **21** ② **22** ① **23** ③ **24** ③

25 재료에 사용하는 외력이 어느 한도에 도달하면 외력의 증가 없이 변형만 증대하는 성질을 무엇이라 하는가?

① 소성
② 탄성
③ 전성
④ 연성

26 건축물의 표면 마무리, 인조석 제조 등에 사용되며 구조체의 축조에는 거의 사용되지 않는 시멘트는?

① 조강 포틀랜드 시멘트
② 플라이애시 시멘트
③ 백색 포틀랜드 시멘트
④ 고로슬래그 시멘트

27 석고보드 제품의 단면형상에 따른 종류에 해당되지 않는 것은?

① 칩보드
② 평보드
③ 데파드보드
④ 베벨보드

28 다음 중 평균적으로 압축강도가 가장 큰 석재는?

① 화강암
② 사문암
③ 사암
④ 대리석

29 수성암에 속하지 않은 것은?

① 사암
② 안산암
③ 석회암
④ 응회암

▶ 역학적 성질 [15·12·10·09·08년 출제]
① 소성 : 외력을 제거해도 원형으로 회복되지 않는 성질(점토)
② 탄성 : 외력을 제거하면 순간적으로 원형으로 회복하는 성질(고무)
③ 전성 : 두들기면 얇게 펴지는 성질 (금속)
④ 연성 : 가늘고 길게 늘어나는 성질 (비철금속)

▶ 백색 포틀랜드 시멘트 [16·13·09년 출제]
건축물의 표면 마무리 및 도장에 사용하고 인조석 제조에도 사용된다.

▶ 칩보드 [15년 출제]
파티클보드를 줄여서 칩보드라고 하며, 목재들을 잘게 분쇄해 접착제와 혼합시켜서 압축한 합판이다. 주방가구, 싱크대 제작에 많이 사용된다.

▶ 압축강도가 큰 석재의 순서 [16·15·12·11년 출제]
화강암 > 대리석 > 안산암 > 사문암 > 전판암 > 사암 > 응회암

▶ 수성암의 종류
풍화, 침식, 운반, 퇴적되는 작용에 의해 생긴 암석으로 석회암, 사암, 점판암, 응회암 등이 있다.
※ 안산암은 화성암이다.

정답

25 ①	26 ③	27 ①	28 ①	29 ②

30 목재제품 중 파티클보드(Particle Board)에 관한 설명으로 옳지 않은 것은?

① 합판에 비해 휨강도는 떨어지나 면내 강성은 우수하다.
② 강도에 방향성이 거의 없다.
③ 두께는 비교적 자유롭게 선택할 수 있다.
④ 음 및 열의 차단성이 나쁘다.

▶▶ 파티클보드 [21·16·15년 출제]
칩보드라고도 하며 목재들을 잘게 분쇄해 접착제와 혼합시켜서 압축한 합판이다. 변형이 적고, 음 및 열의 차단성이 우수하다.

31 재료의 분류 중 천연재료에 속하지 않는 것은?

① 목재   ② 대나무
③ 플라스틱재   ④ 아스팔트

▶▶ 천연재료(자연재료) [16·15·14·13·12년 출제]
천연재료에는 석재, 목재, 토벽 등이 있다.

32 황동의 합금 구성으로 옳은 것은?

① Cu + Zn   ② Cu + Ni
③ Cu + Sn   ④ Cu + Mn

▶▶ 황동 [15·12·09년 출제]
황동은 구리(Cu)와 아연(Zn)의 합금으로 주조가 잘되며, 가공하기 쉽다.

33 목재의 성질에 관한 설명으로 옳지 않은 것은?

① 함수율이 적어질수록 목재는 수축하며 수축률은 방향에 따라 다르다.
② 함수율의 변동에 따라 목재의 강도에 변동이 있다.
③ 침엽수와 활엽수의 수축률은 차이가 있다.
④ 목재를 섬유포화점 이하로만 건조시키면 부패방지가 가능하다.

▶▶ 목재의 성질
함수율 20% 이상이 되면 균이 발육하기 시작하여 40~50%에서 가장 왕성하고, 15% 이하로 건조하면 번식이 중단된다.

34 골재의 함수상태에 관한 설명으로 옳지 않은 것은?

① 절건상태는 골재를 완전 건조시킨 상태이다.
② 기건상태는 골재를 대기 중에 방치하여 건조시킨 것으로 내부에 약간의 수분이 있는 상태이다.
③ 표건상태는 골재 내부는 포수상태이며 표면은 건조한 상태이다.
④ 습윤상태는 표면에 물이 붙어 있는 상태로 보통 자갈의 흡수량은 골재 중량의 50% 내외이다.

▶▶ 골재의 함수상태
굵은 골재(자갈)의 평균 흡수량은 1% 내외로 하며 흡수량이 3% 이상 되면 콘크리트 강도나 내구성에 악영향을 끼친다. 습윤상태는 골재의 내부가 완전히 수분으로 채워져 있고 표면에도 여분의 물을 포함하고 있는 상태이다.

정답
| 30 ④ | 31 ③ | 32 ① | 33 ④ | 34 ④ |

35 각종 시멘트의 특성에 관한 설명 중 옳지 않은 것은?

① 중용열 포틀랜드 시멘트에 의한 콘크리트는 수화열이 작다.
② 실리카 시멘트에 의한 콘크리트는 초기강도가 크고 장기강도는 낮다.
③ 조강 포틀랜드 시멘트에 의한 콘크리트는 수화열이 크다.
④ 플라이애시 시멘트에 의한 콘크리트는 내해수성이 크다.

▶▶ 실리카 시멘트 [16·14·13·10년 출제]
초기강도는 작으나 장기강도가 크고 화학적 저항성이 크다.

36 시멘트 저장 시 유의해야 할 사항으로 옳지 않은 것은?

① 시멘트는 개구부와 가까운 곳에 쌓여 있는 것부터 사용해야 한다.
② 지상 30cm 이상 되는 마루 위에 적재해야 하며, 그 창고는 방습 설비가 완전해야 한다.
③ 3개월 이상 저장한 시멘트 또는 습기를 머금은 것으로 생각되는 시멘트는 반드시 사용 전 재시험을 실시해야 한다.
④ 포대에 들어 있는 시멘트는 13포대 이상 쌓으면 안 되며, 특히 장기간 저장할 경우에는 7포대 이상 쌓지 않는다.

▶▶ 시멘트의 저장 [16·14·12·11·10년 출제]
시멘트는 입하 순서로 사용한다.

37 목재의 공극이 전혀 없는 상태의 비중을 무엇이라 하는가?

① 기건비중   ② 진비중
③ 절건비중   ④ 겉보기비중

▶▶ 진비중
목재의 공극이 전혀 없는 상태의 비중을 말하며 세포 자체의 비중은 수종에 관계없이 1.54이다.

38 다음 각 재료의 주 용도로 옳지 않은 것은?

① 테라초 – 바닥마감재
② 트래버틴 – 특수실내장식재
③ 타일 – 내외벽, 바닥의 수장재
④ 테라코타 – 흡음재

▶▶ 테라코타 [16·15·14·13·12년 출제]
석재 조각물 대신 사용되는 장식용 점토 소성 제품이다.

39 점토에 톱밥이나 분탄 등을 혼합하여 소성시킨 것으로 절단, 못치기 등의 가공성이 우수하며 방음·흡음성이 좋은 경량벽돌은?

① 이형벽돌   ② 포도벽돌
③ 다공벽돌   ④ 내화벽돌

▶▶ 다공벽돌 [16·12·09·08·06년 출제]
톱밥 등이 사용되어 절단, 못치기가 가능한 것이 특징이다.

정답
| 35 ② | 36 ① | 37 ② | 38 ④ | 39 ③ |

40 재료의 푸아송비에 관한 설명으로 옳은 것은?

① 횡방향의 변형비를 푸아송비라 한다.
② 강의 푸아송비는 대략 0.3 정도이다.
③ 푸아송비는 푸아송수라고도 한다.
④ 콘크리트의 푸아송비는 대략 10 정도이다.

41 태양광선 가운데 적외선에 의한 열적 효과를 무엇이라 하는가?

① 일사
② 채광
③ 살균
④ 일영

42 시각적 중량감에 관한 설명으로 옳지 않은 것은?

① 어두운색이 밝은색보다 시각적 중량감이 크다.
② 차가운 색이 따뜻한 색보다 시각적 중량감이 크다.
③ 기하학적 형태가 불규칙적인 형태보다 시각적 중량감이 크다.
④ 복잡하고 거친 질감이 단순하고 부드러운 것보다 시각적 중량감이 크다.

43 건축도면에서 중심선, 절단선의 표시에 사용되는 선의 종류는?

① 실선
② 파선
③ 1점쇄선
④ 2점쇄선

44 개별식 급탕방식에 속하지 않는 것은?

① 순간식
② 저탕식
③ 직접 가열식
④ 기수 혼합식

▶ 푸아송비 [16·15·11·10·09년 출제]
  ① 횡방향의 변형과 축방향의 변형의 비를 말한다.
  ② 푸아송비의 역수는 푸아송수라고 한다.
  ③ 강재는 0.3, 콘크리트는 0.1~0.2 정도이다.

▶ 일사 [16·15년 출제]
  ① 태양으로부터 받는 복사에너지를 의미한다.
  ② 블라인드를 설치해서 일사를 차단하면 실내가 더워지는 것을 막을 수 있다.

▶ 균형 [16·15·10년 출제]
  시각적 무게의 평형을 뜻하며 크기가 큰 것, 불규칙적인 것, 색상이 어두운 것, 거친 질감, 차가운 색이 시각적 중량감이 크다.

▶ 선의 종류 [16·15·14·09·07년 출제]
  ① 가는 실선 : 배근에서 스터럽 또는 치수선, 치수보조선, 지시선 표시
  ② 굵은 실선 : 외형선, 단면선 표시
  ③ 파선 : 대상이 보이지 않는 부분 표시
  ④ 1점쇄선 : 중심선, 기준선, 절단선, 경계선, 참고선 표시
  ⑤ 2점쇄선 : 가상선, 상상선 표시

▶ 개별 급탕방식 [21·16·13년 출제]
  국소식 급탕방식으로 필요한 곳에 탕비기를 설치하여 배관이 짧고 열손실이 적으며 시설비가 싸고 증설이 비교적 쉽다. 순간식, 저탕식, 기수 혼합식, 개별식 등이 있으며 소규모 건물에 적당하다.

정답
40 ② **41** ① **42** ③ **43** ③ **44** ③

45 다음 중 계획설계도에 속하는 것은?

① 동선도
② 배치도
③ 전개도
④ 평면도

▶▶ 동선도 [16·11년 출제]
사람, 차량, 화물 등의 움직이는 흐름을 도식화한 도면이다.

46 건축제도의 글자에 관한 설명으로 옳지 않은 것은?

① 숫자는 아라비아숫자를 원칙으로 한다.
② 문장은 왼쪽에서부터 가로쓰기를 원칙으로 한다.
③ 글자체는 수직 또는 15° 경사의 명조체로 쓰는 것을 원칙으로 한다.
④ 4자리 이상의 수는 3자리마다 휴지부를 찍거나 간격을 둠을 원칙으로 한다.

▶▶ 건축제도의 글자 [20·15·12·10·08년 출제]
한글은 고딕체로 쓰고 아라비아숫자, 로마자는 수직 또는 15° 경사지게 쓴다.

47 건축화 조명에 속하지 않은 것은?

① 코브 조명
② 루버 조명
③ 코니스 조명
④ 펜던트 조명

▶▶ 건축화 조명 [16·15·11·09년 출제]
조명기구에 의한 방식이 아닌 건축물 내부에 조명기구를 삽입하여 일체로 하는 조명방식이다.
※ 펜던트 조명은 실내공간에 설치하는 전등형태이다.

48 홀형 아파트에 관한 설명으로 옳지 않은 것은?

① 거주의 프라이버시가 높다.
② 통행부 면적이 작아서 건물의 이용도가 높다.
③ 계단실 또는 엘리베이터 홀로부터 직접 주거단위로 들어가는 형식이다.
④ 1대의 엘리베이터에 대한 이용 가능한 세대수가 가장 많은 형식이다.

▶▶ 계단실형(홀형)아파트 [15·12·11·10·09년 출제]
계단실 또는 엘리베이터 홀에서 직접 주거단위로 들어가는 형식으로 통행부 면적이 작고 엘리베이터 이용률이 낮다.

49 먼셀 표색계에서 기본색이 되는 5색이 아닌 것은?

① 노랑
② 파랑
③ 연두
④ 보라

▶▶ 먼셀 표색계의 기본색
색상을 구별하는 기본색 5색은 빨강, 노랑, 녹색, 파랑, 보라이다.

정답

| 45 | ① | 46 | ③ | 47 | ④ | 48 | ④ | 49 | ③ |

50 실제 길이 16m는 축척 1/200의 도면에서 얼마의 길이로 표시되는가?

① 32mm

② 40mm

③ 80mm

④ 160mm

▶▶ 축척 계산 [21·15·12·08년 출제]
① 단위를 맞춘다.
1m = 1,000mm
② 축척을 넣어 계산한다.
16,000mm × 1/200 = 80mm

51 다음 설명에 알맞은 주택 부엌의 유형은?

> ㉠ 작업대 길이가 2m 정도인 소형 주방가구가 배치된 간이 부엌의 형식이다.
> ㉡ 사무실이나 독신자 아파트에 주로 설치된다.

① 키친네트(Kitchenette)

② 오픈 키친(Open Kitchen)

③ 리빙 키친(Living Kitchen)

④ 다이닝 키친(Dining Kitchen)

▶▶ 키친네트
1인 가구의 원룸에 많이 사용된다.

52 전동기 직결의 소형 송풍기, 냉·온수 코일 및 필터 등을 갖춘 실내형 소형 공조기를 각 실에 설치하여 중앙 기계실로부터 냉수 또는 온수를 공급받아 공기조화를 하는 방식은?

① 2중 덕트방식

② 단일 덕트방식

③ 멀티존 유닛방식

④ 팬코일 유닛방식

▶▶ 팬코일 유닛방식 [14·12·10년 출제]
소형 유닛을 실내의 여러 장소에 설치하여 냉, 온수 배관을 접속시켜 실내공기를 대류시켜 냉·난방하는 방식이다.

53 에스컬레이터에 관한 설명으로 옳지 않은 것은?

① 수송량에 비해 점유면적이 작다.

② 엘리베이터에 비해 수송능력이 작다.

③ 대기시간이 없고 연속적인 수송설비이다.

④ 연속운전되므로 전원설비에 부담이 적다.

▶▶ 에스컬레이터 [20·16·15·08·06년 출제]
경사는 30° 이하, 속도는 30m/min 이하로 하고 수송인원은 4,000~8,000인/h이므로 수송능력이 엘리베이터보다 많다.

정답

| 50 ③ | 51 ① | 52 ④ | 53 ② |

54 다음 중 단독주택의 현관 위치 결정에 가장 주된 영향을 끼치는 것은?

① 현관의 크기
② 대지의 방위
③ 대지의 크기
④ 도로의 위치

▶▶ 현관의 위치 [16·14·12·11년 출제]
방위와 무관하고 도로의 위치와 관계있
으며 주택면적의 7%가 적당하다.

55 다음과 같은 창호의 평면 표시기호의 명칭으로 옳은 것은?

① 회전창
② 붙박이창
③ 미서기창
④ 미닫이창

▶▶ 창호의 표시기호 [11·08년 출제]
붙박이창과 여닫이창이 많이 출제된다.
※ 여닫이창 :

56 다음 설명에 알맞은 주택의 실 구성형식은?

- 소규모 주택에서 많이 사용된다.
- 거실 내에 부엌과 식사실을 설치한 것이다.
- 실을 효율적으로 이용할 수 있다.

① K형　　　　　　② D형
③ LD형　　　　　④ LDK형

▶▶ LDK형 [16·12·10·09년 출제]
거실(Living) + 식사실(Dining) + 부엌
(Kitchen)

57 건축제도에서 치수 기입에 관한 설명으로 옳지 않은 것은?

① 치수는 특별히 명시하지 않는 한, 마무리 치수로 표시한다.
② 협소한 간격이 연속될 때에는 인출선을 사용하여 치수를 쓴다.
③ 치수 기입은 치수선을 중단하고 선의 중앙에 기입하는 것이 원칙이다.
④ 치수의 단위는 밀리미터(mm)를 원칙으로 하고, 이때 단위 기호는 쓰지 않는다.

▶▶ 치수기입 [15·14·12·11년 출제]
아래로부터 위로, 왼쪽에서 오른쪽으로
읽을 수 있도록, 치수선 위의 가운데에
기입하며 중단하지 않는다.

정답
| 54 ④ | 55 ② | 56 ④ | 57 ③ |

58 건축법령상 건축에 속하지 않는 것은?

① 증축
② 이전
③ 개축
④ 대수선

▶▶ 건축의 행위 [16·14·12·11년 출제]
① 증축 : 기존 건축물에 늘려 축조할 경우
② 이전 : 동일한 대지 내에서 위치를 변경하는 경우
③ 개축 : 일부러 철거하고 종전과 같은 규모로 할 경우
④ 대수선 : 주요구조부를 수선, 변경 또는 증설하는 경우

59 도시가스 배관 시 가스계량기와 전기점멸기의 이격거리는 최소 얼마 이상으로 하는가?

① 30cm
② 50cm
③ 60cm
④ 90cm

▶▶ 도시가스 배관 시 이격거리
① 가스계량기, 전기전멸기, 콘센트 : 30cm
② 전기계량기, 전기개폐기, 전기안전기 : 60cm

60 건축공간에 관한 설명으로 옳지 않은 것은?

① 인간은 건축공간을 조형적으로 인식한다.
② 내부공간은 일반적으로 벽과 지붕으로 둘러싸인 건물 안쪽의 공간을 말한다.
③ 외부공간은 자연 발생적인 것으로 인간에 의해 의도적으로 만들어지지 않는다.
④ 공간을 편리하게 이용하기 위해서는 실의 크기와 모양, 높이 등이 적당해야 한다.

▶▶ 외부공간 [16·13·11·10·06년 출제]
배치계획에 의하여 건축물의 주위에 만들어지는 외부환경 또는 건축군의 배치 문제를 포함한 광의적 의미를 말한다.

정답

58 ④ **59** ① **60** ③

APPENDIX 2

CBT 모의고사

01 복도 또는 간사이가 적을 때에 보를 쓰지 않고 층도리와 칸막이도리에 직접 장선을 걸쳐 대고 그 위에 마루널을 깐 마루는?

① 동바리마루　　② 보마루
③ 짠마루　　　　④ 홑마루

02 플레이트보에 사용되는 부재의 명칭이 아닌 것은?

① 커버 플레이트
② 웨브 플레이트
③ 스티프너
④ 베이스 플레이트

03 블록구조의 종류 중 블록의 빈 속에 철근과 모르타르를 부어 넣은 것으로서 수직하중, 수평하중에 견딜 수 있는 구조는?

① 조적식 블록조　　② 보강 블록조
③ 장막벽 블록조　　④ 거푸집 블록조

04 벽의 종류와 역할에 대하여 가장 바르게 연결된 것은?

① 지하 외벽 − 결로 방지
② 실내의 칸막이벽 − 슬래브 지지
③ 옹벽의 부축벽 − 벽의 횡력 보강
④ 코어의 전단벽 − 기둥 수량 감소

05 평면형상으로 시공이 쉽고 구조적 강성이 우수하여 대공간 지붕구조로 적합한 것은?

① 돔구조　　　　② 셸구조
③ 절판구조　　　④ PC 구조

06 2방향 슬래브는 슬래브의 장변/단변의 비가 얼마 이하이어야 하는가?

① 1/2　　　　　② 1
③ 2　　　　　　④ 3

07 문짝을 상하문틀에 홈을 파서 끼우고, 옆벽에 문짝을 몰아붙이거나 이중벽 중간에 몰아넣는 형태의 문은?

① 회전문　　　　② 미서기문
③ 여닫이문　　　④ 미닫이문

08 다음 중 철근의 정착길이 결정요인과 가장 관계가 먼 것은?

① 철근의 종류　　② 콘크리트의 강도
③ 갈고리의 유무　④ 물시멘트비

09 처음 한 켜는 마구리쌓기, 다음 한 켜는 길이쌓기를 교대로 쌓는 것으로, 통줄눈이 생기지 않으며 내력벽을 만들 때 많이 이용되는 벽돌쌓기법은?

① 미국식 쌓기　　② 프랑스식 쌓기
③ 영국식 쌓기　　④ 영롱쌓기

10 목재 접합의 종류가 아닌 것은?

① 이음　　　　　② 맞춤
③ 촉　　　　　　④ 쪽매

11 인접건물의 화재에 의해 연소되지 않도록 하는 구조는?

① 흡음벽   ② 보온벽

③ 방습벽   ④ 방화벽

12 목조 반자틀의 구성 부재와 관계없는 것은?

① 반자틀   ② 반자틀받이

③ 달대   ④ 밑잡이

13 부재를 휘게 하려는 힘을 무엇이라 하는가?

① 강성   ② 인장력

③ 압축력   ④ 휨모멘트

14 목구조에서 수평력을 견디기 위해 설치하는 구조재로 거리가 먼 것은?

① 토대   ② 가새

③ 귀잡이보   ④ 버팀대

15 보가 없이 바닥판을 기둥이 직접 지지하는 슬래브는?

① 헌치   ② 플랫슬래브

③ 장선슬래브   ④ 와플슬래브

16 모임지붕 일부에 박공지붕을 같이 한 것으로, 화려하고 격식이 높으며 대규모 건물에 적합한 한식 지붕구조는?

① 외쪽지붕   ② 합각지붕

③ 솟을지붕   ④ 꺾인지붕

17 벽돌쌓기법 중 모서리 또는 끝부분에 칠오토막을 사용하는 것은?

① 영국식 쌓기   ② 프랑스식 쌓기

③ 네덜란드식 쌓기   ④ 미국식 쌓기

18 아치의 추력에 적절히 저항하기 위한 방법이 아닌 것은?

① 아치를 서로 연결하여 교점에서 추력 상쇄

② 버트레스(Buttress) 설치

③ 타이바(Tie Bar) 설치

④ 직접 저항할 수 있는 상부구조 설치

19 석구조에서 창문 등의 개구부 위에 걸쳐대어 상부에서 오는 하중을 받는 수평부재는?

① 창대돌   ② 문지방돌

③ 쌤돌   ④ 인방돌

20 연약지반에 건축물을 축조할 때 부동침하를 방지하는 대책으로 옳지 않은 것은?

① 건물의 강성을 높일 것

② 지하실을 강성체로 설치할 것

③ 건물의 중량을 크게 할 것

④ 건물은 너무 길지 않게 할 것

21 다음 미장재료 중 균열발생이 가장 적은 것은?

① 돌로마이트 플라스터

② 회반죽

③ 점토

④ 경석고 플라스터

22 콘크리트의 강도 중에서 가장 큰 것은?

① 인장강도   ② 전단강도

③ 휨강도   ④ 압축강도

23 모래붙임 루핑을 사각형, 육각형으로 잘라 만든 것으로 주택 등의 경사지붕에 사용하는 아스팔트 제품은?

① 아스팔트 펠트　　② 아스팔트 블록
③ 아스팔트 싱글　　④ 아스팔트 타일

24 점토벽돌에 붉은색을 갖게 하는 성분은?

① 산화철　　　　　② 석회
③ 산화나트륨　　　④ 산화마그네슘

25 다음 중 탄소 함유량이 가장 적은 것은?

① 주철　　　　　　② 반경강
③ 순철　　　　　　④ 최경강

26 스프링 힌지의 일종으로서, 저절로 닫히지만 15cm 정도는 열려 있게 되는 것은?

① 플로어 힌지　　　② 피벗 힌지
③ 레버터리 힌지　　④ 경첩

27 다음 도료 중 안료가 포함되어 있지 않은 것은?

① 유성페인트　　　② 수성페인트
③ 합성수지도료　　④ 유성바니시

28 목재를 구성하는 섬유의 배열상태 및 목재의 외관적 상태를 말하는 것으로 외관상 중요할 뿐만 아니라 건조수축에 의한 변형에도 관계가 깊은 것은?

① 옹이　　　　　　② 나뭇결
③ 심재　　　　　　④ 변재

29 심재와 변재에 대해 비교 설명한 것 중 옳지 않은 것은?

① 신축성은 심재가 작고, 변재가 크다.
② 강도는 심재가 크고 변재가 작다.
③ 비중은 심재가 크고 변재가 작다.
④ 내구성은 심재가 작고 변재가 크다.

30 석재표면을 구성하고 있는 조직을 무엇이라 하는가?

① 석목　　　　　　② 석리
③ 층리　　　　　　④ 도리

31 콘크리트용 골재로서 요구되는 성질에 대한 설명으로 옳지 않은 것은?

① 강도는 콘크리트 중의 경화시멘트 페이스트의 강도 이상이어야 한다.
② 표면이 매끄럽고, 모양은 편평하거나 가늘고 긴 것이 좋다.
③ 입도는 조립에서 세립까지 연속적으로 균등히 혼합되어 있어야 한다.
④ 유해량 이상의 염분이나 기타 유기 불순물이 포함되지 않아야 한다.

32 금속 또는 목재에 적용되는 것으로서, 지름 10mm의 강구를 시편표면에 500~3,000kg의 힘으로 압입하여 표면에 생긴 원형 흔적의 표면적을 구한 후 하중을 그 표면적으로 나눈 값을 무엇이라 하는가?

① 브리넬경도　　　② 모스경도
③ 푸아송비　　　　④ 푸아송수

33 녹막이 페인트로 방청제 역할을 하는 것은?

① 광명단　　　　　② 수성페인트
③ 바니시　　　　　④ 유성페인트

34 페어글라스라고도 불리며 단열성, 차음성이 좋고 결로 방지에 효과적인 유리제품은?

① 접합유리　　　　② 강화유리
③ 무늬유리　　　　④ 복층유리

35 테라코타의 주용도로 옳은 것은?

① 방수　　　　　　② 보온
③ 장식　　　　　　④ 구조재

36 목재에서 힘을 받는 섬유소 간의 접착제 역할을 하는 것은?

① 도관세포　　　　② 헤미셀룰로오스
③ 리그닌　　　　　④ 탄닌

37 철과 비교한 목재의 특징으로 옳지 않은 것은?

① 열전도율이 크다.
② 내화성이 작다.
③ 열팽창률이 작다.
④ 가공이 쉽다.

38 주성분이 탄산석회이고 연마하면 광택이 나며, 산과 열에 약한 석재는?

① 사문암　　　　　② 사암
③ 대리석　　　　　④ 화강암

39 보통 포틀랜드 시멘트보다 C_3S나 석고가 많고 분말도가 높아 조기에 강도발휘가 높은 시멘트는?

① 고로 시멘트
② 백색 포틀랜드 시멘트
③ 중용열 포틀랜드 시멘트
④ 조강 포틀랜드 시멘트

40 유리섬유로 보강한 섬유보강 플라스틱으로서 일명 F.R.P라 불리는 제품을 만드는 합성수지는?

① 아크릴수지
② 폴리에스테르수지
③ 실리콘수지
④ 에폭시수지

41 다음 설명에 알맞은 통기방식은?

- 각 기구의 트랩마다 통기관을 설치한다.
- 트랩마다 통기되기 때문에 가장 안정도가 높은 방식으로, 자기사이펀 작용의 방지에도 효과가 있다.

① 각개 통기방식　　② 루프 통기방식
③ 회로 통기방식　　④ 신정 통기방식

42 다음 중 주택공간의 배치계획에서 다른 공간에 비하여 프라이버시 유지가 가장 요구되는 것은?

① 현관
② 거실
③ 식당
④ 침실

43 주택에서 부엌의 일부에 간단한 식탁을 설치하거나 식당과 부엌을 하나의 공간으로 구성한 형태는?

① 다이닝 포치(Dining Porch)
② 리빙 다이닝(Living Dining)
③ 다이닝 키친(Dining Kitchen)
④ 다이닝 테라스(Dining Terrace)

44 근린주구의 중심이 되는 시설은?

① 초등학교
② 중학교
③ 고등학교
④ 대학교

45 색의 지각적 효과에 대한 설명 중 옳지 않은 것은?

① 명시도에 가장 영향을 끼치는 것은 채도차이다.
② 일반적으로 고명도, 고채도의 색이 주목성이 높다.
③ 명도가 높은 색은 외부로 확산되려는 현상을 나타낸다.
④ 고명도, 고채도, 난색계의 색은 진출 · 팽창되어 보인다.

46 바닥에서 높이 1~1.5m 정도에서 수평 절단하여 수평 투상한 도면은?

① 평면도   ② 입면도
③ 단면도   ④ 전개도

47 다음 중 건축계획 및 설계과정에서 가장 선행되는 작업은?

① 기본계획   ② 조건파악
③ 기본설계   ④ 실시설계

48 주택의 생활공간을 개인생활공간, 공동생활공간, 가사생활공간으로 구분할 경우, 다음 중 공동생활공간에 속하지 않는 것은?

① 거실   ② 서재
③ 식당   ④ 응접실

49 건축도면을 작도할 때 원칙으로 하는 투상법은?

① 제1각법   ② 제2각법
③ 제3각법   ④ 제4각법

50 건축법령에 따른 초고층건축물의 기준은?

① 층수가 20층 이상이거나 높이가 50미터 이상인 건축물
② 층수가 30층 이상이거나 높이가 100미터 이상인 건축물
③ 층수가 50층 이상이거나 높이가 200미터 이상인 건축물
④ 층수가 100층 이상이거나 높이가 400미터 이상인 건축물

51 다음 중 건축물의 묘사에 있어서 트레이싱지에 컬러(Color)를 표현하기에 가장 적합한 도구는?

① 연필   ② 수채물감
③ 포스터컬러   ④ 유성마커펜

52 건축모형에 대한 설명으로 옳지 않은 것은?

① 건물 완성 시 결과를 예측할 수 있다.
② 투시도보다 다각적인 관측이 어렵다.
③ 음영효과, 색채대비의 확인이 용이하다.
④ 설계 검토 시 평면만으로 부족할 때 유용하다.

53 다음 중 도면 표시사항과 기호의 연결이 옳지 않은 것은?

① 길이 － A   ② 지름 － D
③ 너비 － W   ④ 높이 － H

54 심리적으로 존엄성, 엄숙함, 위엄, 절대 등의 느낌을 주는 선의 종류는?

① 수평선   ② 수직선
③ 사선   ④ 곡선

55 온도, 습도, 기류의 3요소를 어느 범위 내에서 여러 가지로 조합하면 인체의 온열감에 감각적인 효과를 나타낸다는 것과 가장 관계가 먼 것은?

① 실감온도   ② 유효온도
③ 감각온도   ④ 외기온도

56 복사난방에 대한 설명으로 옳지 않은 것은?

① 실내의 온도 분포가 균등하고 쾌감도가 높다.
② 방열기가 필요하지 않으며, 바닥면의 이용도가 높다.
③ 열용량이 크기 때문에 방열량 조설에 시간이 걸린다.
④ 천장고가 높은 공장이나 외기침입이 있는 곳에서는 난방감을 얻을 수 없다.

57 다음 중 건축법상 공동주택에 해당하지 않는 것은?

① 기숙사   ② 연립주택
③ 다가구주택   ④ 다세대주택

58 다음 중 건축화 조명의 종류에 속하지 않는 것은?

① 코브 조명   ② 코니스 조명
③ 밸런스 조명   ④ 펜던트 조명

59 사람이나 차 또는 화물 등의 흐름을 도식화하여 나타낸 계획 설계도는?

① 동선도   ② 구상도
③ 조직도   ④ 면적도표

60 건축제도에 사용되는 선의 용도에 관한 설명으로 옳지 않은 것은?

① 실선은 단면의 윤곽표시에 사용된다.
② 파선은 치수보조선, 인출선, 격자선에 사용된다.
③ 점선은 보이지 않는 부분의 모양을 표시하는 데 사용된다.
④ 1점쇄선은 중심선, 절단선, 기준선, 경계선 등에 사용된다.

CBT 모의고사 2회

01 돌구조에서 창문 등의 개구부 위에 걸쳐대어 상부에서 오는 하중을 받는 수평부재는?

① 문지방돌　　　② 인방돌
③ 창대돌　　　　④ 쌤돌

02 벽돌벽 등에 장식적으로 사각형, 십자형 구멍을 내어 쌓는 것으로 담장에 많이 사용되는 쌓기법은?

① 엇모쌓기　　　② 무늬쌓기
③ 공간벽쌓기　　④ 영롱쌓기

03 그림과 같은 왕대공 지붕틀의 ◎표의 부재가 일반적으로 받는 힘의 종류는?

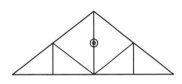

① 인장력　　　　② 전단력
③ 압축력　　　　④ 비틀림모멘트

04 목구조에서 깔도리와 처마도리를 고정시켜 주는 철물은?

① 주걱볼트　　　② 안장쇠
③ 띠쇠　　　　　④ 꺾쇠

05 보강블록조에서 벽량은 최소 얼마 이상으로 해야 하는가?

① $10\text{cm}/\text{m}^2$　　　② $15\text{cm}/\text{m}^2$
③ $20\text{cm}/\text{m}^2$　　　④ $25\text{cm}/\text{m}^2$

06 다음 중 막구조로 이루어진 구조물이 아닌 것은?

① 서귀포 월드컵 경기장
② 상암동 월드컵 경기장
③ 인천 월드컵 경기장
④ 수원 월드컵 경기장

07 목구조에서 기초와 토대를 연결시키기 위하여 사용되는 것은?

① 감잡이쇠　　　② 띠쇠
③ 앵커볼트　　　④ 듀벨

08 문꼴을 보기 좋게 만드는 동시에 주위벽의 마무리를 잘하기 위하여 둘러대는 누름대를 무엇이라 하는가?

① 문선　　　　　② 풍소란
③ 가새　　　　　④ 인방

09 철근콘크리트보에서 전단력을 보강하여 보의 주근 주위에 둘러감은 철근은?

① 띠철근　　　　② 스터럽
③ 벤트근　　　　④ 배력근

10 다음 중 아치(Arch)에 대한 설명으로 옳지 않은 것은?

① 조적벽체의 출입문 상부에서 버팀대 역할을 한다.
② 아치 내에는 압축력만 작용한다.
③ 아치벽돌을 특별히 주문 제작하여 쓴 것을 층두리 아치라 한다.
④ 아치의 종류에는 평아치, 반원아치, 결원아치 등이 있다.

11 왕대공 지붕틀에서 보강철물 사용이 옳지 않은 것은?

① 달대공과 평보 – 볼트
② 빗대공과 ㅅ자보 – 꺾쇠
③ ㅅ자보와 평보 – 안장쇠
④ 왕대공과 평보 – 감잡이쇠

12 다음 중 구조물의 고층화, 대형화의 추세에 따라 우수한 용접성과 내진성을 가진 극후판의 고강도 강재는?

① TMCP강   ② SS강
③ FR강   ④ SN강

13 지하실 외부에 흙막이벽을 설치하고 그 사이에 공간을 둔 것이며, 방수, 채광, 통풍에 좋도록 설치한 것은?

① 드라이 에어리어   ② 이중벽
③ 방습층   ④ 선루프

14 콘크리트 슬래브와 철골보를 전단연결재(Shear Connector)로 연결하여 외력에 대한 구조체의 거동을 일체화시킨 구조의 명칭은?

① 허니컴보   ② 래티스보
③ 플레이트거더   ④ 합성보

15 도어체크(Door Check)를 사용하는 문은?

① 접문   ② 회전문
③ 여닫이문   ④ 미서기문

16 홈통의 구성요소 중 처마홈통 낙수구 또는 깔대기홈통을 받아 선홈통에 연결하는 것은?

① 장식통
② 지붕골홈통
③ 상자홈통
④ 안홈통

17 철근콘크리트구조에서 휨모멘트가 커서 보의 단부 아래쪽으로 단면을 크게 한 것은?

① T형보   ② 지중보
③ 플랫슬래브   ④ 헌치

18 미서기창호에 사용되는 철물과 관계가 없는 것은?

① 레일   ② 경첩
③ 오목 손잡이   ④ 꽂이쇠

19 조립식 구조의 특성 중 옳지 않은 것은?

① 공장생산이 가능하다.
② 대량생산이 가능하다.
③ 기계화시공으로 단기완성이 가능하다.
④ 각 부품과의 접합부를 일체화하기 쉽다.

20 철골구조에서 판보(Plate Girder) 구성재와 가장 거리가 먼 것은?

① 플랜지(Flange)
② 웨브 플레이트(Web Plate)
③ 스티프너(Stiffener)
④ 래티스(Lattice)

21 점성이나 침투성은 작으나 온도에 의한 변화가 적어서 열에 대한 안정성이 크며 아스팔트 프라이머의 제작에 사용되는 것은?

① 록 아스팔트
② 스트레이트 아스팔트
③ 블론 아스팔트
④ 아스팔타이트

22 점토제품 중 타일에 대한 설명으로 옳지 않은 것은?

① 자기질 타일의 흡수율은 3% 이하이다.
② 일반적으로 모자이크 타일은 건식법에 의해 제조된다.
③ 클링커 타일은 석기질 타일이다.
④ 도기질 타일은 외장용으로만 사용된다.

23 열연강판을 화학처리 하여 표면에 있는 녹 등 불순물을 제거한 다음 상온에서 다시 한 번 압연한 것으로 두께가 얇으며 표면이 미려하여 자동차, 가구, 사무용 가구 등에 사용되는 철강 가공방법은?

① 냉간압연　　　② 담금질
③ 불림　　　　　④ 풀림

24 건축재료의 화학적 조성에 의한 분류 중 유기질 재료가 아닌 것은?

① 목재　　　　　② 역청재료
③ 합성수지　　　④ 석재

25 이형철근에서 표면에 마디를 만드는 이유로 가장 알맞은 것은?

① 부착강도를 높이기 위해
② 인장강도를 높이기 위해
③ 압축강도를 높이기 위해
④ 항복점을 높이기 위해

26 석재의 조직 중 석재의 외관 및 성질과 가장 관계가 깊은 것은?

① 조암광물
② 석리
③ 절리
④ 석목

27 콘크리트슬래브에 묻어 천장 달대를 고정시키는 철물은?

① 인서트
② 와이어 라스
③ 크레센트
④ 듀벨

28 석재의 가공과정에서 쇠메나 망치로 돌의 면을 대강 다듬는 것을 무엇이라 하는가?

① 혹두기　　　　② 정다듬
③ 도드락다듬　　④ 잔다듬

29 다음 중 석유계 아스팔트가 아닌 천연 아스팔트에 해당하는 것은?

① 레이크 아스팔트
② 스트레이트 아스팔트
③ 블론 아스팔트
④ 용제추출 아스팔트

30 유성페인트에 관한 설명 중 옳지 않은 것은?

① 내후성이 우수하다.
② 붓바름 작업성이 뛰어나다.
③ 모르타르, 콘크리트, 석회벽 등에 정벌바름하면 피막이 부서져 떨어진다.
④ 유성 에나멜페인트와 비교하여 건조시간, 광택, 경도 등이 뛰어나다.

31 시멘트 창고 설치에 대한 설명 중 옳지 않은 것은?

① 시멘트는 지상 30cm 이상 되는 마루 위에 적재해야 한다.
② 시멘트는 13포 이상 쌓지 않도록 한다.
③ 주위에는 배수구를 설치한다.
④ 시멘트의 환기를 위한 창문을 크게 설치한다.

32 다음 중 파티클보드의 특성에 대한 설명으로 옳지 않은 것은?

① 큰 면적의 판을 만들 수 있다.
② 표면이 평활하고 경도가 크다.
③ 방충, 방부성은 비교적 작은 편이다.
④ 못, 나사못의 지지력은 목재와 거의 같다.

33 콘크리트에 사용하는 골재의 요구성능으로 옳지 않은 것은?

① 내구성과 내화성이 큰 것이어야 한다.
② 유해한 불순물과 화학적 성분을 함유하지 않은 것이어야 한다.
③ 입형은 각이 구형이나 입방체에 가까운 것이어야 한다.
④ 흡수율이 높은 것이어야 한다.

34 목재의 건조방법에는 자연건조법과 인공건조법이 있는데 다음 중 자연건조법에 해당하는 것은?

① 증기건조법 　　② 침수건조법
③ 진공건조법 　　④ 고주파건조법

35 다음 중 복층유리(Pair Glass)의 주 용도로 옳은 것은?

① 방음, 결로 방지 　　② 도난, 화재 방지
③ 투시 방지 　　④ 장식효과

36 콘크리트의 슬럼프시험에 관한 설명 중 옳지 않은 것은?

① 콘크리트의 컨시스턴시를 측정하는 방법이다.
② 콘크리트를 슬럼프콘에 3회에 나누어 규정된 방법으로 다져서 채운다.
③ 묽은 콘크리트일수록 슬럼프값은 작다.
④ 콘크리트가 일정한 모양으로 변형하지 않았을 때에는 슬럼프시험을 적용할 수 없다.

37 다공질 벽돌에 대한 설명으로 옳지 않은 것은?

① 원료인 점토에 탄가루와 톱밥, 겨 등의 유기질 가루를 혼합하여 성형·소성한 것이다.
② 비중이 1.2~1.5 정도인 경량 벽돌이다.
③ 단열 및 방음성이 좋으나 강도는 약하다.
④ 톱질과 못 박기가 어렵다.

38 유성 성분에 산화 금속류의 착색제를 넣은 것으로 스테인드글라스의 제작에 사용되는 유리 제품은?

① 색유리 　　② 복층유리
③ 강화판유리 　　④ 망입유리

39 목재를 2차 가공하여 사용하는 건축재료가 아닌 것은?

① 합판 　　② 파티클보드
③ 집성목재 　　④ 제재목

40 콘크리트에 대한 설명으로 옳은 것은?

① 현대건축에서는 구조용 재료로 거의 사용하지 않는다.
② 압축강도는 크지만 내화성이 약하다.
③ 철근, 철골 등의 재료와 부착성이 우수하다.
④ 타 재료에 비해 인장강도가 크다.

41 공동주택의 평면형식 중 편복도형에 관한 설명으로 옳지 않은 것은?

① 복도에서 각 세대로 접근하는 유형이다.
② 엘리베이터 이용률이 홀(Hall)형에 비해 낮다.
③ 각 세대의 거주성이 균일한 배치구성이 가능하다.
④ 계단 및 엘리베이터가 직접적으로 각 층에 연결된다.

42 다음 중 건축계획과정에서 가장 먼저 이루어지는 사항은?

① 평면계획
② 도면작성
③ 형태구상
④ 대지조사

43 건축제도에서 가는 실선의 용도에 해당하는 것은?

① 단면선
② 중심선
③ 상상선
④ 치수선

44 다음과 같은 특징을 갖는 공기조화방식은?

- 전공기방식의 특성이 있다.
- 냉풍과 온풍을 혼합하는 혼합상자가 필요 없어 소음과 진동이 적다.
- 각 실이나 존의 부하변동에 즉시 대응할 수 없다.

① 단일 덕트방식
② 이중 덕트방식
③ 멀티 유닛방식
④ 팬코일 유닛방식

45 건축법령상 건축면적에 해당하는 것은?

① 대지의 수평투영면적
② 6층 이상의 거실면적의 합계
③ 하나의 건축물 각 층의 바닥면적의 합계
④ 건축물의 외벽의 중심선으로 둘러싸인 부분의 수평투영면적

46 색의 명시도에 가장 큰 영향을 끼치는 것은?

① 색상차
② 명도차
③ 채도차
④ 질감차

47 건축물의 층수 산정 시, 층의 구분이 명확하지 아니한 건축물의 경우, 그 건축물의 높이 얼마마다 하나의 층으로 보는가?

① 2m
② 3m
③ 4m
④ 5m

48 동선의 3요소에 해당하지 않는 것은?

① 빈도
② 하중
③ 면적
④ 속도

49 건축제도에 사용되는 글자에 관한 설명으로 옳지 않은 것은?

① 숫자는 아라비아숫자를 원칙으로 한다.
② 문장은 왼쪽에서부터 가로쓰기를 원칙으로 한다.
③ 글자체는 수직 또는 15° 경사의 명조체로 쓰는 것을 원칙으로 한다.
④ 4자리 이상의 수는 3자리마다 휴지부를 찍거나 간격을 둠을 원칙으로 한다.

50 온열지표 중 하나인 유효온도(실감온도)와 가장 관계가 먼 것은?

① 기온
② 복사열
③ 습도
④ 기류

51 실제길이가 16m인 직선을 축척이 1/200인 도면에 표현할 경우, 직선의 도면길이는?

① 0.8mm
② 8mm
③ 80mm
④ 800mm

52 건축물을 묘사함에 있어서 선의 간격에 변화를 주어 면과 입체를 표현하는 묘사방법은?

① 단선에 의한 묘사방법
② 여러 선에 의한 묘사방법
③ 단선과 명암에 의한 묘사방법
④ 명암 처리에 의한 묘사방법

53 투상도 중 화면에 수직인 평행 투사선에 의해 물체를 투상하는 것은?

① 정투상도　　　　② 등각투상도
③ 경사투상도　　　④ 부등각투상도

54 한식주택에 관한 설명으로 옳지 않은 것은?

① 바닥이 높다.
② 좌식 생활이다.
③ 각 실은 단일용도이다.
④ 가구는 부차적 존재이다.

55 기초 평면도의 표현내용에 해당하지 않는 것은?

① 반자높이　　　　② 바닥재료
③ 동바리 마루구조　④ 각 실의 바닥구조

56 다음 중 주택 현관의 위치를 결정하는 데 가장 큰 영향을 끼치는 것은?

① 현관의 크기　　　② 대지의 방위
③ 대지의 크기　　　④ 도로와의 관계

57 배수설비에 사용되는 포집기 중 레스토랑의 주방 등에서 배출되는 배수 중의 유지분을 포집하는 것은?

① 오일 포집기　　　② 헤어 포집기
③ 그리스 포집기　　④ 플라스터 포집기

58 중앙식 급탕법 중 간접 가열식에 관한 설명으로 옳지 않은 것은?

① 열효율이 직접 가열식에 비해 높다.
② 고압용 보일러를 반드시 사용할 필요는 없다.
③ 일반적으로 규모가 큰 건물의 급탕에 사용된다.
④ 가열보일러는 난방용 보일러와 겸용할 수 있다.

59 직접조명방식에 관한 설명으로 옳지 않은 것은?

① 조명률이 좋다.
② 눈부심이 일어나기 쉽다.
③ 작업면에 고조도를 얻을 수 있다.
④ 균일한 조도분포를 얻기 용이하다.

60 묘사용구 중 지울 수 있는 장점 대신 번질 우려가 있는 단점을 지닌 재료는?

① 잉크　　　　　　② 연필
③ 매직　　　　　　④ 물감

CBT 모의고사 **3**회

01 지반 부동침하의 원인이 아닌 것은?

① 이질지층   ② 이질지정
③ 연약층   ④ 연속기초

02 목구조에 대한 설명으로 틀린 것은?

① 전각 · 사원 등의 동양고전식 구조법이다.
② 가구식 구조에 속한다.
③ 친화감이 있고, 미려하나 부패에 약하다.
④ 재료 수급상 큰 단면이나 긴 부재를 얻기 쉽다.

03 건물의 수장 부분에 속하지 않는 것은?

① 외벽   ② 보
③ 홈통   ④ 반자

04 벽돌벽 줄눈에서 상부의 하중을 전 벽면에 균등하게 분포시키도록 하는 줄눈은?

① 빗줄눈
② 막힌줄눈
③ 통줄눈
④ 오목줄눈

05 절충식 지붕틀의 특징으로 틀린 것은?

① 지붕보에 휨이 발생하므로 구조적으로는 불리하다.
② 지붕의 하중은 수직부재를 통하여 지붕보에 전달된다.
③ 한식 구조와 절충식 구조는 구조상으로 비슷하다.
④ 작업이 복잡하며 대규모 건물에 적당하다.

06 셸구조에 대한 설명으로 틀린 것은?

① 얇은 곡면형태의 판을 사용한 구조이다.
② 가볍고 강성이 우수한 구조 시스템이다.
③ 넓은 공간을 필요로 할 때 이용된다.
④ 재료는 주로 텐트나 천막과 같은 특수천을 사용한다.

07 철골구조에서 사용되는 접합방법에 속하지 않는 것은?

① 용접접합
② 듀벨접합
③ 고력볼트접합
④ 핀접합

08 보강블록조에서 내력벽의 두께는 최소 얼마 이상이어야 하는가?

① 50mm   ② 100mm
③ 150mm   ④ 200mm

09 벽돌조에서 내력벽에 직각으로 교차하는 벽을 무엇이라 하는가?

① 대린벽   ② 중공벽
③ 장막벽   ④ 칸막이벽

10 기둥의 종류에서 2층 건물의 아래층에서 위층까지 관통한 하나의 부재로 된 기둥은?

① 샛기둥   ② 통재기둥
③ 평기둥   ④ 동바리

11 큰보 위에 작은보를 걸고 그 위에 장선을 대고 마루널을 깐 2층 마루는?

① 홑마루   ② 보마루
③ 짠마루   ④ 동바리마루

12 기둥 1개의 하중을 1개의 기초판으로 부담시킨 기초형식은?

① 독립푸팅기초
② 복합푸팅기초
③ 연속기초
④ 온통기초

13 조적조에서 내력벽으로 둘러싸인 부분의 바닥면적은 최대 몇 m^2 이하로 해야 하는가?

① $40m^2$ ② $60m^2$
③ $80m^2$ ④ $100m^2$

14 입체트러스 제작에 활용되는 구성요소로서 최소 도형에 해당되는 것은?

① 삼각형 또는 사각형
② 사각형 또는 오각형
③ 사각형 또는 육면체
④ 오각형 또는 육면체

15 절판구조의 장점으로 가장 거리가 먼 것은?

① 강성을 얻기 쉽다.
② 슬래브의 두께를 얇게 할 수 있다.
③ 음향 성능이 우수하다.
④ 철근 배근이 용이하다.

16 조적조 벽체 내쌓기의 내미는 최대한도는?

① 1.0B   ② 1.5B
③ 2.0B   ④ 2.5B

17 수직재가 수직하중을 받는 과정의 임계상태에서 기하학적으로 갑자기 변화하는 현상을 의미하는 것은?

① 전단파단   ② 응력
③ 좌굴   ④ 인장항복

18 모임지붕 일부에 박공지붕을 같이 한 것으로, 화려하고 격식이 높으며 대규모 건물에 적합한 한식 지붕구조는?

① 외쪽지붕   ② 솟을지붕
③ 합각지붕   ④ 방형지붕

19 아치쌓기법에서 아치너비가 클 때 아치를 여러 겹으로 둘러쌓아 만든 것은?

① 층두리아치   ② 거친아치
③ 본아치   ④ 막만든아치

20 플레이트 보에 사용되는 부재의 명칭이 아닌 것은?

① 커버 플레이트   ② 웨브 플레이트
③ 스티프너   ④ 베이스 플레이트

21 일반적으로 벌목을 실시하기에 계절적으로 가장 좋은 시기는?

① 봄   ② 여름
③ 가을   ④ 겨울

22 다음 창호 부속철물 중 경첩으로 유지할 수 없는 무거운 자재 여닫이문에 쓰이는 것은?

① 플로어 힌지(Floor Hinge)
② 피벗 힌지(Pivot Hinge)
③ 레버터리 힌지(Lavatory Hinge)
④ 도어체크(Door Check)

23 금속재료 중 황동에 대한 설명으로 옳은 것은?

① 주석과 니켈을 주체로 한 합금이다.
② 구리와 아연을 주체로 한 합금이다.
③ 구리와 주석을 주체로 한 합금이다.
④ 구리와 알루미늄을 주체로 한 합금이다.

24 어느 목재의 절대건조비중이 0.54일 때 목재의 공극률은 얼마인가?

① 약 65%   ② 약 54%
③ 약 46%   ④ 약 35%

25 건축재료에서 물체에 외력이 작용하면 순간적으로 변형이 생겼다가 외력을 제거하면 원래의 상태로 되돌아가는 성질은?

① 탄성   ② 소성
③ 점성   ④ 연성

26 재료명과 주 용도의 연결이 옳지 않은 것은?

① 테라코타 : 구조재, 흡음재
② 테라초 : 바닥면의 수장재
③ 시멘트모르타르 : 외벽용 마감재
④ 타일 : 내·외벽, 바닥면의 수장재

27 코르크판(Cork Board)의 사용 용도로 옳지 않은 것은?

① 방송실의 흡음재
② 제방공장의 단열재
③ 전산실의 바닥재
④ 내화건물의 불연재

28 코너비드(Corner Bead)를 사용하기에 가장 적합한 곳은?

① 난간 손잡이
② 창호 손잡이
③ 벽체 모서리
④ 나선형 계단

29 시멘트가 공기 중의 습기를 받아 천천히 수화반응을 일으켜 작은 알갱이모양으로 굳어졌다가, 이것이 계속 진행되면 주변의 시멘트와 달라붙어 결국에는 큰 덩어리로 굳어지는 현상은?

① 응결   ② 소성
③ 경화   ④ 풍화

30 재료가 반복하중을 받는 경우 정적강도보다 낮은 강도에서 파괴되는 응력의 한계로 옳은 것은?

① 정적강도   ② 충격강도
③ 크리프강도   ④ 피로강도

31 석재의 표면 마감방법 중 인력에 의한 방법에 해당되지 않는 것은?

① 정다듬
② 혹두기
③ 버너마감
④ 도드락다듬

32 목재의 강도에 관한 설명 중 옳지 않은 것은?

① 습윤상태일 때가 건조상태일 때보다 강도가 크다.
② 목재의 강도는 가력방향과 섬유방향의 관계에 따라 현저한 차이가 있다.
③ 비중이 큰 목재는 가벼운 목재보다 강도가 크다.
④ 심재가 변재에 비하여 강도가 크다.

33 점토제품 중 소성온도가 가장 높은 것은?

① 토기
② 석기
③ 자기
④ 도기

34 벽 및 천장재료에 요구되는 성질로 옳지 않은 것은?

① 열전도율이 큰 것이어야 한다.
② 차음이 잘되어야 한다.
③ 내화·내구성이 큰 것이어야 한다.
④ 시공이 용이한 것이어야 한다.

35 굳지 않은 콘크리트의 컨시스턴시를 측정하는 방법이 아닌 것은?

① 플로 시험
② 리몰딩 시험
③ 슬럼프 시험
④ 르샤틀리에 비중병 시험

36 합판(Plywood)의 특성으로 옳지 않은 것은?

① 판재에 비해 균질하다.
② 방향에 따라 강도의 차가 크다.
③ 너비가 큰 판을 얻을 수 있다.
④ 함수율 변화에 의한 신축변형이 적다.

37 건축생산에 사용되는 건축재료의 발전방향과 가장 관계가 먼 것은?

① 비표준화
② 고성능화
③ 에너지 절약화
④ 공업화

38 재료의 안정성과 관련된 설명으로 옳지 않은 것은?

① 망입판(網入板)유리는 깨지는 경우 파편이 튀지 않아 안전하다.
② 모든 석재는 화열에 대한 내력이 크기 때문에 붕괴의 위험이 적다.
③ 방화도료는 가연성 물질에 도장하여 인화, 연소를 방지 또는 지연시킨다.
④ 석고는 초기 방화와 연소지연 역할이 우수하며 무기질 섬유로 보강하여 내화성능을 높이기도 한다.

39 목재의 방부제로 사용하지 않는 것은?

① 크레오소트 오일
② 콜타르
③ 페인트
④ 테레빈유

40 초기 강도가 높고 양생기간 및 공기를 단축할 수 있어, 긴급공사에 사용되는 것은?

① 중용열 시멘트
② 조강포틀랜드 시멘트
③ 백색 시멘트
④ 고로 시멘트

41 도면작도 시 유의사항으로 옳지 않은 것은?

① 숫자는 아라비아숫자를 원칙으로 한다.
② 용도에 따라서 선의 굵기를 구분하여 사용한다.
③ 글자체는 수직 또는 15° 경사의 고딕체로 쓰는 것을 원칙으로 한다.
④ 축척과 도면의 크기에 관계없이 모든 도면에서 글자의 크기는 같아야 한다.

42 주택의 동선계획에 관한 설명으로 옳지 않은 것은?

① 동선은 일상생활의 움직임을 표시하는 선이다.
② 동선이 혼란하면 생활권의 독립성이 상실된다.
③ 동선 계획에서 동선을 이용하는 빈도는 무시한다.
④ 개인, 사회, 가사노동권의 3개 동선이 서로 분리되어 간섭이 없어야 한다.

43 건축법령에 따른 초고층건축물의 정의로 옳은 것은?

① 층수가 50층 이상이거나 높이가 150m 이상인 건축물
② 층수가 50층 이상이거나 높이가 200m 이상인 건축물
③ 층수가 100층 이상이거나 높이가 300m 이상인 건축물
④ 층수가 100층 이상이거나 높이가 400m 이상인 건축물

44 한식주택의 특징으로 옳지 않은 것은?

① 좌식 생활 중심이다.
② 공간의 융통성이 낮다.
③ 가구는 부수적인 내용물이다.
④ 평면은 실의 위치별 분화이다.

45 주거공간을 주 행동에 따라 개인공간, 사회공간, 노동공간 등으로 구분할 때, 다음 중 사회공간에 속하지 않는 것은?

① 거실
② 식당
③ 서재
④ 응접실

46 건축법령상 승용 승강기를 설치하여야 하는 대상 건축물 기준으로 옳은 것은?

① 5층 이상으로 연면적 1,000m² 이상인 건축물
② 5층 이상으로 연면적 2,000m² 이상인 건축물
③ 6층 이상으로 연면적 1,000m² 이상인 건축물
④ 6층 이상으로 연면적 2,000m² 이상인 건축물

47 벽체의 단열에 관한 설명으로 옳지 않은 것은?

① 벽체의 열관류율이 클수록 단열성이 낮다.
② 단열은 벽체를 통한 열손실 방지와 보온 역할을 한다.
③ 벽체의 열관류저항값이 작을수록 단열효과는 크다.
④ 조적벽과 같은 중공구조의 내부에 위치한 단열재는 난방 시 실내 표면온도를 신속히 올릴 수 있다.

48 공동주택의 단면형식 중 하나의 주호가 3개 층으로 구성되어 있는 것은?

① 플랫형
② 듀플렉스형
③ 트리플렉스형
④ 스킵플로어형

49 다음 설명에 알맞은 형태의 지각심리는?

• 공동운명의 법칙이라고도 한다.
• 유사한 배열로 구성된 형들이 방향성을 지니고 연속되어 보이는 하나의 그룹으로 지각되는 법칙을 말한다.

① 근접성   ② 유사성
③ 연속성   ④ 폐쇄성

50 다음 그림에서 A방향의 투상면이 정면도일 때 C방향의 투상면은 어떤 도면인가?

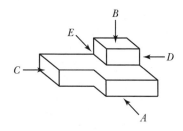

① 정면도 　　② 배면도
③ 좌측면도 　② 우측면도

51 다음 중 주택의 입면도 그리기 순서에서 가장 먼저 이루어져야 할 사항은?

① 처마선을 그린다.
② 지반선을 그린다.
③ 개구부 높이를 그린다.
④ 재료의 마감 표시를 한다.

52 직접 조명방식에 관한 설명으로 옳지 않은 것은?

① 조명률이 크다.
② 직사 눈부심이 없다.
③ 공장 조명에 적합하다.
④ 실내면 반사율의 영향이 적다.

53 증기, 가스, 전기, 석탄 등을 열원으로 하는 물의 가열장치를 설치하여 온수를 만들어 공급하는 설비는?

① 급수설비
② 급탕설비
③ 배수설비
④ 오수정화설비

54 정방형의 건물이 다음과 같이 표현되는 투시도는?

① 등각 투상도 　② 1소점 투시도
③ 2소점 투시도 　④ 3소점 투시도

55 자동화재탐지설비의 감지기 중 열감지에 속하지 않는 것은?

① 광전식 　　② 차동식
③ 정온식 　　④ 보상식

56 다음 설명에 알맞은 공기조화방식은?

> • 전공기방식의 특성이 있다.
> • 냉풍과 온풍을 혼합하는 혼합상자가 필요 없다.

① 단일 덕트방식
② 2중 덕트방식
③ 멀티존 유닛방식
④ 팬코일 유닛방식

57 아파트의 평면형식 중 집중형에 관한 설명으로 옳지 않은 것은?

① 대지 이용률이 높다.
② 채광 및 통풍이 불리하다.
③ 독립성 측면에서 가장 우수하다.
④ 중앙에 엘리베이터나 계단실을 두고 많은 주호를 집중 배치하는 형식이다.

58 이형철근의 직경이 13mm이고 배근 간격이 150mm일 때 도면 표시법으로 옳은 것은?

① ϕ13@150

② 150ϕ13

③ D13@150

④ @150D13

59 어떤 하나의 색상에서 무채색의 포함량이 가장 적은 색은?

① 명색　　　　　　② 순색

③ 탁색　　　　　　④ 암색

60 건축허가신청에 필요한 설계도서 중 배치도에 표시하여야 할 사항에 속하지 않는 것은?

① 축척 및 방위

② 방화구획 및 방화문의 위치

③ 대지에 접한 도로의 길이 및 너비

④ 건축선 및 대지경계선으로부터 건축물까지의 거리

01 보와 기둥 대신 슬래브와 벽이 일체가 되도록 구성한 구조는?

① 라멘구조
② 플랫슬래브구조
③ 벽식 구조
④ 아치구조

02 건물의 하부 전체 또는 지하실 전체를 하나의 기초판으로 구성한 기초는?

① 독립기초
② 줄기초
③ 복합기초
④ 온통기초

03 강구조에 관한 설명 중 옳지 않은 것은?

① 내구, 내화적이다.
② 좌굴의 가능성이 있다.
③ 철근콘크리트조에 비해 경량이다.
④ 고층건물이나 장스팬구조에 적당하다.

04 주로 철재 또는 금속재 거푸집에 사용되는 철물로서 지주를 제거하지 않고 슬래브 거푸집만 제거할 수 있도록 한 것은?

① 드롭헤드
② 컬럼밴드
③ 캠버
④ 와이어클리퍼

05 목조 왕대공 지붕틀에서 압축력과 휨모멘트를 동시에 받는 부재는?

① 빗대공
② 왕대공
③ ㅅ자보
④ 평보

06 목구조에서 토대와 기둥의 맞춤으로 가장 알맞은 것은?

① 짧은 장부맞춤
② 빗턱맞춤
③ 턱솔맞춤
④ 걸침턱맞춤

07 철근콘크리트 단순보의 철근에 관한 설명 중 옳지 않은 것은?

① 인장력에 저항하는 재축방향의 철근을 보의 주근이라 한다.
② 압축 측에도 철근을 배근한 보를 복근보라 한다.
③ 전단력을 보강하여 보의 주근 주위에 둘러서 감은 철근을 늑근이라 한다.
④ 늑근은 단부보다 중앙부에서 촘촘하게 배치하는 것이 원칙이다.

08 난간벽, 부란, 박공벽 위에 덮은 돌로서 빗물막이와 난간 동자받이의 목적 이외에 장식도 겸하는 돌은?

① 돌림띠
② 두겁돌
③ 창대돌
④ 문지방돌

09 벽돌벽체 내쌓기에서 벽체의 내밀 수 있는 한도는?

① 1.0B   ② 1.5B
③ 2.0B   ④ 2.5B

10 목조벽체를 수평력에 견디게 하고 안정한 구조로 하는 데 필요한 부재는?

① 멍에   ② 장선
③ 가새   ④ 동바리

11 절충식 구조에서 지붕보와 처마도리의 연결을 위한 보강철물로 사용되는 것은?

① 주걱볼트   ② 띠쇠
③ 감잡이쇠   ④ 갈고리볼트

12 상대적으로 얇고 길이가 짧은 부재를 상하 그리고 경사로 연결하여 장스팬의 길이를 확보할 수 있는 구조는?

① 철근콘크리트구조
② 블록구조
③ 트러스구조
④ 프리스트레스트구조

13 그림 중 꺾인지붕(Curb Roof)의 평면모양은?

① 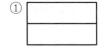   ②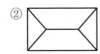

③   ④

14 모임지붕, 합각지붕 등의 측면에서 동자주를 세우기 위하여 처마도리와 지붕보에 걸쳐 댄 보를 무엇이라 하는가?

① 서까래   ② 우미량
③ 중도리   ④ 충량

15 송풍에 의한 내압으로 외기압보다 약간 높은 압력을 주고, 압력에 의한 장력으로 공간 및 구조적인 안정성을 추구한 건축구조는?

① 절판구조   ② 공기막구조
③ 셸구조   ④ 현수구조

16 가구식 구조에 대한 설명으로 옳은 것은?

① 개개의 재료를 접착제를 이용하여 쌓아 만든 구조
② 목재, 강재 등 가늘고 긴 부재를 접합하여 뼈대를 만드는 구조
③ 철근콘크리트 구조와 같이 전 구조체가 일체가 되도록한 구조
④ 물을 사용하는 공정을 가진 구조

17 블록조의 테두리보에 대한 설명으로 옳지 않은 것은?

① 벽체를 일체화하기 위해 설치한다.
② 테두리보의 너비는 보통 그 밑의 내력벽 두께보다는 작아야 한다.
③ 세로철근의 끝을 정착할 필요가 있을 때 정착 가능하다.
④ 상부의 하중을 내력벽에 고르게 분산시키는 역할을 한다.

18 채광만을 목적으로 하고 환기를 할 수 없는 밀폐된 창은?

① 회전창   ② 오르내리창
③ 미닫이창   ④ 붙박이창

19 다음 중 압축력이 발생하지 않는 구조 시스템은?

① 케이블구조　　② 트러스구조
③ 절판구조　　　④ 철골구조

20 H형강, 판보 또는 래티스보 등에서 보의 단면 상하에 날개처럼 내민 부분을 지칭하는 용어는?

① 웨브　　　　　② 플랜지
③ 스티프너　　　④ 거셋 플레이트

21 목재의 기건상태의 함수율은 평균 얼마 정도 인가?

① 5%　　　　　② 10%
③ 15%　　　　　④ 30%

22 블론 아스팔트를 휘발성 용제로 희석한 흑갈색의 액체로서 콘크리트, 모르타르 바탕에 아스팔트 방수층 또는 아스팔트 타일 붙이기 시공을 할 때 사용되는 것은?

① 아스팔트 코팅
② 아스팔트 펠트
③ 아스팔트 루핑
④ 아스팔트 프라이머

23 단위질량의 물질을 온도 1℃ 올리는 데 필요한 열량을 무엇이라 하는가?

① 열용량　　　　② 비열
③ 열전도율　　　④ 연화점

24 합성수지재료는 어떤 물질에서 얻는가?

① 가죽　　　　　② 유리
③ 고무　　　　　④ 석유

25 다음 도료 중 안료가 포함되어 있지 않은 것은?

① 유성페인트　　② 수성페인트
③ 합성수지도료　④ 유성바니시

26 탄소 함유량이 증가함에 따라 철에 끼치는 영향으로 옳지 않은 것은?

① 연신율의 증가　② 항복강도의 증가
③ 경도의 증가　　④ 용접성의 저하

27 금속의 부식방지법으로 틀린 것은?

① 상이한 금속은 접속시켜 사용하지 말 것
② 균질의 재료를 사용할 것
③ 부분적인 녹은 나중에 처리할 것
④ 청결하고 건조한 상태를 유지할 것

28 실리카 시멘트에 대한 설명 중 옳은 것은?

① 보통 포틀랜드 시멘트에 비해 초기강도가 크다.
② 화학적 저항성이 크다.
③ 보통 포틀랜드 시멘트에 비해 장기강도는 작은 편이다.
④ 긴급공사용으로 적합하다.

29 수장용 금속제품에 대한 설명으로 옳은 것은?

① 줄눈대 : 계단의 디딤판 끝에 대어 오르내릴 때 미끄럼을 방지한다.
② 논슬립 : 단면형상은 L형, I형 등이 있으며 벽, 기둥 등의 모서리 부분에 사용된다.
③ 코너비드 : 벽, 기둥 등의 모서리 부분에 미장 바름을 보호하기 위해 사용된다.
④ 듀벨 : 천장, 벽 등에 보드를 붙이고, 그 이음새를 감추는 데 사용된다.

30 시멘트의 저장방법 중 틀린 것은?

① 주위에 배수 도랑을 두고 누수를 방지한다.
② 채광과 공기 순환이 잘 되도록 개구부를 최대한 많이 설치한다.
③ 3개월 이상 경과한 시멘트는 재시험을 거친 후 사용한다.
④ 쌓기높이는 13포 이하로 하며, 장기간 저장 시에는 7포 이하로 한다.

31 콘크리트의 강도에 대한 설명 중 옳은 것은?

① 물 – 시멘트비가 가장 큰 영향을 준다.
② 압축강도는 전단강도의 1/10~1/15 정도로 작다.
③ 일반적으로 콘크리트의 강도는 인장강도를 말한다.
④ 시멘트의 강도는 콘크리트의 강도에 영향을 끼치지 않는다.

32 다음 수종 중 침엽수가 아닌 것은?

① 소나무   ② 삼송나무
③ 잣나무   ④ 단풍나무

33 점토제품의 제조순서를 옳게 나열한 것은?

[보기]
㉮ 반죽   ㉯ 성형   ㉰ 건조
㉭ 원토처리   ㉱ 원료배합   ㉲ 소성

① ㉭ – ㉱ – ㉮ – ㉯ – ㉰ – ㉲
② ㉮ – ㉯ – ㉰ – ㉭ – ㉱ – ㉲
③ ㉯ – ㉰ – ㉲ – ㉭ – ㉱ – ㉮
④ ㉰ – ㉲ – ㉱ – ㉯ – ㉭ – ㉮

34 공동(空胴)의 대형 점토제품으로서 주로 장식용으로 난간벽, 돌림대, 창대 등에 사용되는 것은?

① 이형벽돌   ② 포도벽돌
③ 테라코타   ④ 테라초

35 구조재료에 요구되는 성질과 가장 관계가 먼 것은?

① 재질이 균일하여야 한다.
② 강도가 큰 것이어야 한다.
③ 탄력성이 있고 자중이 커야 한다.
④ 가공이 용이한 것이어야 한다.

36 목재의 방부제 중 수용성 방부제에 속하는 것은?

① 크레오소트 오일
② 불화소다 2%용액
③ 콜타르
④ PCP

37 목재의 섬유 평행방향에 대한 강도 중 가장 약한 것은?

① 휨강도
② 압축강도
③ 인장강도
④ 전단강도

38 생석회와 규사를 혼합하여 고온, 고압하에 양생하면 수열반응을 일으키는데 여기에 기포제를 넣어 경량화한 기포콘크리트는?

① ALC 제품
② 흄관
③ 드리졸
④ 플렉시블보드

39 목재의 장점에 해당하는 것은?

① 내화성이 좋다.
② 재질과 강도가 일정하다.
③ 외관이 아름답고 감촉이 좋다.
④ 함수율에 따라 팽창과 수축이 작다.

40 미장재료에 대한 설명 중 옳은 것은?

① 회반죽에 석고를 약간 혼합하면 경화속도, 강도가 감소하며 수축균열이 증대된다.

② 미장재료는 단일재료로서 사용되는 경우보다 주로 복합재료로서 사용된다.

③ 결합재에는 여물, 풀 등이 있으며 이것은 직접 고체화에 관계한다.

④ 시멘트 모르타르는 기경성 미장재료로서 내구성 및 강도가 크다.

41 배수관 속의 악취, 유독가스 및 벌레 등이 실내로 침투하는 것을 방지하기 위하여 설치하는 것은?

① 트랩
② 플랜지
③ 부스터
④ 스위블이음쇠

42 도면 각 부분의 표기를 위한 지시선의 사용방법으로 옳지 않은 것은?

① 지시선은 곡선 사용을 원칙으로 한다.

② 지시대상이 선인 경우 지적부분은 화살표를 사용한다.

③ 지시대상이 면인 경우 지적부분은 채워진 원을 사용한다.

④ 지시선은 다른 제도선과 혼동되지 않도록 가늘고 명료하게 그린다.

43 온수난방과 비교한 증기난방의 특징으로 옳지 않은 것은?

① 예열시간이 짧다.
② 열의 운반능력이 크다.
③ 난방의 쾌감도가 높다.
④ 방열면적을 작게 할 수 있다.

44 다음은 건축물의 층수 산정에 관한 기준 내용이다. ( ) 안에 알맞은 것은?

층의 구분이 명확하지 아니한 건축물은 그 건축물의 높이 ( )마다 하나의 층으로 보고 그 층수를 산정한다.

① 2.5m   ② 3m
③ 3.5m   ④ 4m

45 할로겐 램프에 관한 설명으로 옳지 않은 것은?

① 휘도가 높다.
② 청백색으로 연색성이 나쁘다.
③ 흑화가 거의 일어나지 않는다.
④ 광속이나 색온도의 저하가 적다.

46 소방시설은 소화설비, 경보설비, 피난설비, 소화용수설비, 소화활동설비로 구분할 수 있다. 다음 중 경보설비에 속하지 않는 것은?

① 누전경보기
② 비상방송설비
③ 무선통신보조설비
④ 자동화재탐지설비

47 스킵플로어형 공동주택에 관한 설명으로 옳지 않은 것은?

① 복도면적이 증가한다.
② 액세스(Access) 동선이 복잡하다.
③ 엘리베이터의 정지 층수를 줄일 수 있다.
④ 동일한 주거동에 각기 다른 모양의 세대 배치계획이 가능하다.

48 제도에서 묘사에 사용되는 도구에 관한 설명으로 옳지 않은 것은?

① 물감으로 채색할 때 불투명 표현은 포스터 물감을 주로 사용한다.
② 잉크는 여러 가지 모양의 펜촉 등을 사용할 수 있어 다양한 묘사가 가능하다.
③ 잉크는 농도를 정확하게 나타낼 수 있고, 선명하게 보이기 때문에 도면이 깨끗하다.
④ 연필은 지울 수 있는 장점이 있는 반면에 폭넓은 명암이나 다양한 질감 표현이 불가능하다.

49 다음에서 설명하는 묘사방법으로 옳은 것은?

- 선으로 공간을 한정시키고 명암으로 음영을 넣는 방법
- 평면은 같은 명암의 농도로 하여 그리고, 곡면은 농도의 변화를 주어 묘사

① 단선에 의한 묘사방법
② 명암 처리만으로의 방법
③ 여러 선에 의한 묘사방법
④ 단선과 명암에 의한 묘사방법

50 다음은 건축도면에 사용하는 치수의 단위에 대한 설명이다. (   ) 안에 공통으로 들어갈 내용은?

치수의 단위는 (   )를 원칙으로 하고, 이때 단위기호는 쓰지 않는다. 치수단위가 (   )가 아닌 때에는 단위기호를 쓰거나 그 밖의 방법으로 그 단위를 명시한다.

① cm
② mm
③ m
④ Nm

51 다음 중 단면도를 그려야 할 부분과 가장 거리가 먼 것은?

① 설계자의 강조 부분
② 평면도만으로 이해하기 어려운 부분
③ 전체구조의 이해를 필요로 하는 부분
④ 시공자의 기술을 보여주고 싶은 부분

52 부엌의 일부분에 식사실을 두는 형태로 부엌과 식사실을 유기적으로 연결하여 노동력 절감이 가능한 것은?

① D(Dining)
② DK(Dining Kitchen)
③ LD(Living Dining)
④ LK(Living Kitchen)

53 고딕성당에서 존엄성, 엄숙함 등의 느낌을 주기 위해 사용된 선은?

① 사선
② 곡선
③ 수직선
④ 수평선

54 조적조 벽체를 제도하는 순서로 가장 알맞은 것은?

ⓐ 축척과 구도 정하기
ⓑ 지반선과 벽체 중심선 긋기
ⓒ 치수와 명칭 기입하기
ⓓ 벽체와 연결부분 그리기
ⓔ 재료표시
ⓕ 치수선과 인출선 긋기

① ⓐ-ⓑ-ⓒ-ⓓ-ⓔ-ⓕ
② ⓐ-ⓑ-ⓓ-ⓕ-ⓔ-ⓒ
③ ⓐ-ⓑ-ⓓ-ⓔ-ⓕ-ⓒ
④ ⓐ-ⓕ-ⓑ-ⓒ-ⓓ-ⓔ

55 실제 길이가 16m인 직선을 축척이 1/200인 도면에 표현할 경우, 직선의 도면길이는?

① 0.8mm
② 8mm
③ 80mm
④ 800mm

56 주택의 동선계획에 관한 설명으로 옳지 않은 것은?

① 동선에는 독립적인 공간을 두지 않는다.
② 동선은 가능한 한 짧게 처리하는 것이 좋다.
③ 서로 다른 동선은 교차하지 않도록 한다.
④ 가사노동의 동선은 가능한 한 남측에 위치시킨다.

57 건축물의 에너지 절약을 위한 단열계획으로 옳지 않은 것은?

① 외벽 부위는 내단열 시공한다.
② 건물의 창호는 가능한 한 작게 설계한다.
③ 태양열 유입에 의한 냉방부하 저감을 위하여 태양열 차폐장치를 설치한다.
④ 외피의 모서리 부분은 열교가 발생하지 않도록 단열재를 연속적으로 설치하고 충분히 단열되도록 한다.

58 주거공간을 주 행동에 의해 개인공간, 사회공간, 가사노동공간 등으로 구분할 경우, 다음 중 사회공간에 속하는 것은?

① 서재　　　　　② 식당
③ 부엌　　　　　④ 다용도실

59 한국산업표준(KS)에 따른 건축도면에 사용되는 척도에 속하지 않는 것은?

① 1/1　　　　　② 1/4
③ 1/80　　　　④ 1/250

60 주택지의 단위 분류에 속하지 않는 것은?

① 인보구　　　　② 근린분구
③ 근린주구　　　④ 근린지구

01 태양 광선 가운데 적외선에 의한 열적 효과를 무엇이라 하는가?

① 일사 　　　　② 채광
③ 살균 　　　　④ 일영

02 건축공간에 관한 설명으로 옳지 않은 것은?

① 인간은 건축공간을 조형적으로 인식한다.
② 내부공간은 일반적으로 벽과 지붕으로 둘러싸인 건물 안쪽의 공간을 말한다.
③ 외부공간은 자연 발생적인 것으로 인간에 의해 의도적으로 만들어지지 않는다.
④ 공간을 편리하게 이용하기 위해서는 실의 크기와 모양, 높이 등이 적당해야 한다.

03 주택의 부엌에서 작업 삼각형(Work Triangle)의 구성에 속하지 않는 것은?

① 냉장고
② 배선대
③ 개수대
④ 가열대

04 복층형 공동주택에 관한 설명으로 옳지 않은 것은?

① 공용 통로면적을 절약할 수 있다.
② 상하층의 평면이 똑같아 평면 구성이 자유롭다.
③ 엘리베이터의 정지 층수가 적어지므로 운영면에서 효율적이다.
④ 1개의 주거단위가 2개 층 이상에 걸쳐 있는 공동주택을 일컫는다.

05 주택의 동선계획에 관한 설명으로 옳지 않은 것은?

① 교통량이 많은 공간은 상호 간 인접 배치하는 것이 좋다.
② 가사노동의 동선은 가능한 한 남측에 위치시키는 것이 좋다.
③ 개인, 사회, 가사노동권의 3개 동선은 상호 간 분리하는 것이 좋다.
④ 화장실, 현관, 계단 등과 같이 사용 빈도가 높은 공간은 동선을 길게 처리하는 것이 좋다.

06 색의 3요소에 속하지 않는 것은?

① 광도 　　　　② 명도
③ 채도 　　　　④ 색상

07 건축법령에 따른 초고층건축물의 정의로 옳은 것은?

① 층수가 50층 이상이거나 높이가 150m 이상인 건축물
② 층수가 50층 이상이거나 높이가 200m 이상인 건축물
③ 층수가 100층 이상이거나 높이가 300m 이상인 건축물
④ 층수가 100층 이상이거나 높이가 400m 이상인 건축물

08 한식주택에 관한 설명으로 옳지 않은 것은?

① 공간의 융통성이 낮다.
② 가구는 부수적인 내용물이다.
③ 평면은 실의 위치별 분화이다.
④ 각 실이 마루로 연결된 조합 평면이다.

09 주택지의 단위 분류에 속하지 않는 것은?

① 인보구
② 근린분구
③ 근린주구
④ 근린지구

10 다음 중 주택의 현관 바닥면에서 실내 바닥면까지의 높이 차로 가장 적당한 것은?

① 5cm
② 15cm
③ 30cm
④ 40cm

11 통기방식 중 트랩마다 통기되기 때문에 가장 안정도가 높은 방식은?

① 루프 통기방식
② 결합 통기방식
③ 각개 통기방식
④ 신정 통기방식

12 소방시설은 소화설비, 경보설비, 피난설비, 소화활동설비 등으로 구분할 수 있다. 다음 중 소화활동설비에 속하지 않는 것은?

① 제연설비
② 옥내소화전설비
③ 연결송수관설비
④ 비상콘센트설비

13 다음 설명에 알맞은 공기조화방식은?

- 전공기방식의 특성이 있다.
- 냉풍과 온풍을 혼합하는 혼합상자가 필요 없다.

① 단일 덕트방식
② 2중 덕트방식
③ 멀티존 유닛방식
④ 팬코일 유닛방식

14 대지에 이상전류를 방류 또는 계통구성을 위해 의도적이거나 우연하게 전기회로를 대지 또는 대지를 대신하는 전도체에 연결하는 전기적인 접속은?

① 접지
② 분기
③ 절연
④ 배전

15 에스컬레이터에 관한 설명으로 옳지 않은 것은?

① 수송량에 비해 점유면적이 작다.
② 엘리베이터에 비해 수송능력이 작다.
③ 대기시간이 없고 연속적인 수송설비이다.
④ 연속 운전되므로 전원설비에 부담이 적다.

16 스터럽(늑근)이나 띠철근을 철근 배근도에 표시할 때 일반적으로 사용하는 선은?

① 가는 실선
② 파선
③ 굵은 실선
④ 이점쇄선

17 건축물의 묘사에 있어서 묘사 도구로 사용하는 연필에 관한 설명으로 옳지 않은 것은?

① 다양한 질감 표현이 불가능하다.
② 밝고 어두움의 명암 표현이 가능하다.
③ 지울 수 있으나 번지거나 더러워질 수 있다.
④ 심의 종류에 따라서 무른 것과 딱딱한 것으로 나누어진다.

18 조적조 벽체를 제도하는 순서로 가장 알맞은 것은?

ⓐ 축척과 구도 정하기
ⓑ 지반선과 벽체 중심선 긋기
ⓒ 치수와 명칭 기입하기
ⓓ 벽체와 연결부분 그리기
ⓔ 재료표시
ⓕ 치수선과 인출선 긋기

① ⓐ-ⓑ-ⓒ-ⓓ-ⓔ-ⓕ
② ⓐ-ⓑ-ⓓ-ⓕ-ⓔ-ⓒ
③ ⓐ-ⓑ-ⓓ-ⓔ-ⓕ-ⓒ
④ ⓐ-ⓕ-ⓑ-ⓒ-ⓓ-ⓔ

19 건축물의 표현방법에 관한 설명으로 옳지 않은 것은?

① 단선에 의한 표현방법은 종류와 굵기에 유의하여 단면선, 윤곽선, 모서리선, 표면의 조직선 등을 표현한다.

② 여러 선에 의한 표현방법에서 평면은 같은 간격의 선으로, 곡면은 선의 간격을 달리하여 표현한다.

③ 단선과 명암에 의한 표현방법은 선으로 공간을 한정시키고 명암으로 음영을 넣는 방법으로 농도에 변화를 주어 표현한다.

④ 명암 처리만으로의 표현방법에서 면이나 입체를 한정시키고 돋보이게 하기 위하여 공간상 입체의 윤곽선을 굵은 선으로 명확히 그린다.

20 도면 중에 쓰는 기호와 표시사항의 연결이 옳지 않은 것은?

① V – 용적   ② W – 높이
③ A – 면적   ④ R – 반지름

21 제도용지에 관한 설명으로 옳지 않은 것은?

① A0 용지의 넓이는 약 1m²이다.
② A2 용지의 크기는 A0 용지의 1/4이다.
③ 제도용지의 가로와 세로의 길이비는 $\sqrt{2}$: 1이다.
④ 큰 도면을 접을 때에는 A3의 크기로 접는 것을 원칙으로 한다.

22 정방형의 건물이 다음과 같이 표현되는 투시도는?

① 등각 투상도   ② 1소점 투시도
③ 2소점 투시도   ④ 3소점 투시도

23 건축제도의 치수 기입에 관한 설명으로 옳은 것은?

① 치수는 특별히 명시하지 않는 한, 마무리 치수로 표시한다.

② 치수 기입은 치수선을 중단하고 선의 중앙에 기입하는 것이 원칙이다.

③ 치수의 단위는 밀리미터(mm)를 원칙으로 하며, 반드시 단위기호를 명시하여야 한다.

④ 치수 기입은 치수선에 평행하게 도면의 오른쪽에서 왼쪽으로 읽을 수 있도록 기입한다.

24 창호의 재질별 기호가 옳지 않은 것은?

① W : 목재   ② SS : 강철
③ P : 합성수지   ④ A : 알루미늄합금

25 건축구조의 구성방식에 의한 분류에 속하지 않는 것은?

① 가구식 구조   ② 일체식 구조
③ 습식 구조   ④ 조적식 구조

26 석재의 이음 시 연결철물 등을 이용하지 않고 석재만으로 된 이음은?

① 꺾쇠이음   ② 은장이음
③ 촉이음   ④ 제혀이음

27 조적구조에서 테두리보의 역할과 거리가 먼 것은?

① 벽체를 일체화하여 벽체의 강성을 증대시킨다.
② 벽체 폭을 크게 줄일 수 있다.
③ 기초의 부동침하나 지진발생 시 지반반력의 국부집중에 따른 벽의 직접 피해를 완화시킨다.
④ 수직균열을 방지하고, 수축균열 발생을 최소화한다.

28 벽돌구조에서 방음, 단열, 방습을 위해 벽돌벽을 이중으로 하고 중간을 띄어 쌓는 법은?

① 공간쌓기
② 들여쌓기
③ 내쌓기
④ 기초쌓기

29 케이블을 이용한 구조로만 연결된 것은?

① 현수구조 – 사장구조
② 현수구조 – 셀구조
③ 절판구조 – 사장구조
④ 막구조 – 돔구조

30 조적식 구조에서 하나의 층에 있어서의 개구부와 그 바로 위층에 있는 개구부의 수직거리는 최소 얼마 이상으로 하여야 하는가?

① 200mm
② 400mm
③ 600mm
④ 800mm

31 반자구조의 구성부재가 아닌 것은?

① 반자돌림대
② 달대
③ 변재
④ 달대받이

32 기초에 대한 설명으로 틀린 것은?

① 매트기초는 부동침하가 염려되는 건물에 유리하다.
② 파일기초는 연약지반에 적합하다.
③ 기초에 사용된 콘크리트의 두께가 두꺼울수록 인장력에 대한 저항성능이 우수하다.
④ RCD 파일은 현장타설 말뚝기초의 하나이다.

33 면이 30cm 각 정방형에 가까운 네모뿔형의 돌로서 석축에 사용되는 돌은?

① 마름돌
② 각석
③ 견치돌
④ 다듬돌

34 입체구조 시스템의 하나로서, 축방향만으로 힘을 받는 직선재를 핀으로 결합하여 효율적으로 힘을 전달하는 구조 시스템을 무엇이라 하는가?

① 막구조
② 셀구조
③ 현수구조
④ 입체트러스구조

35 플레이트보에 사용되는 부재의 명칭이 아닌 것은?

① 커버 플레이트
② 웨브 플레이트
③ 스티프너
④ 베이스 플레이트

36 철근콘크리트구조에서 최소 피복두께의 목적에 해당되지 않는 것은?

① 철근의 부식 방지
② 철근의 연성 감소
③ 철근의 내화
④ 철근의 부착

37 목구조에서 버팀대와 가새에 대한 설명 중 옳지 않은 것은?

① 가새의 경사는 45°에 가까울수록 유리하다.
② 가새는 하중의 방향에 따라 압축응력과 인장응력이 번갈아 일어난다.
③ 버팀대는 가새보다 수평력에 강한 벽체를 구성한다.
④ 버팀대는 기둥 단면에 적당한 크기의 것을 쓰고 기둥 따내기도 되도록 적게 한다.

38 지진력에 대하여 저항시킬 목적으로 구성한 벽의 종류는?

① 내진벽　　　　② 장막벽
③ 칸막이벽　　　④ 대린벽

39 벽돌쌓기에서 길이쌓기켜와 마구리쌓기켜를 번갈아 쌓고 벽의 모서리나 끝에 반절이나 이오토막을 사용한 것은?

① 영식 쌓기　　　② 영롱쌓기
③ 미식 쌓기　　　④ 화란식 쌓기

40 슬래브의 장변과 단변의 길이비를 기준으로 한 슬래브에 해당하는 것은?

① 플랫 슬래브　　② 2방향 슬래브
③ 장선 슬래브　　④ 원형식 슬래브

41 철근콘크리트 단순보의 철근에 관한 설명 중 옳지 않은 것은?

① 인장력에 저항하는 재축방향의 철근을 보의 주근이라 한다.
② 압축 측에도 철근을 배근한 보를 복근보라 한다.
③ 전단력을 보강하여 보의 주근 주위에 둘러서 감은 철근을 늑근이라 한다.
④ 늑근은 단부보다 중앙부에서 촘촘하게 배치하는 것이 원칙이다.

42 각종 건축구조에 관한 설명 중 틀린 것은?

① 철근콘크리트구조는 다양한 거푸집형상에 따른 성형성이 뛰어나다.
② 조적식 구조는 개개의 재료를 접착재료로 쌓아 만든 구조이며 벽돌구조, 블록구조 등이 있다.
③ 목구조는 철근콘크리트구조에 비하여 무게가 가볍지만 내화, 내구적이지 못하다.
④ 강구조는 일체식 구조로 재료 자체의 내화성이 높고 고층구조에 적합하다.

43 연직하중은 철골에 부담시키고 수평하중은 철골과 철근콘크리트의 양자가 같이 대항하도록 한 구조는?

① 철골철근콘크리트구조
② 셸구조
③ 절판구조
④ 프리스트레스트구조

44 재질이 가볍고 투명성이 좋아 채광을 필요로 하는 대공간 지붕구조로 가장 적합한 것은?

① 막구조
② 셸구조
③ 절판구조
④ 케이블구조

45 보기의 ㉠과 ㉡에 알맞은 것은?

> 대부분의 물체는 완전 (㉠)체, 완전 (㉡)체는 없으며, 대개 외력의 어느 한도 내에서는 (㉠)변형을 하지만 외력이 한도에 도달하면 (㉡)변형을 한다.

① ㉠ - 소성, ㉡ - 탄성
② ㉠ - 인성, ㉡ - 취성
③ ㉠ - 취성, ㉡ - 인성
④ ㉠ - 탄성, ㉡ - 소성

46 19세기 중엽 철근콘크리트의 실용적인 사용법을 개발한 사람은?

① 모니에(Monier)
② 케옵스(Cheops)
③ 애습딘(Aspdin)
④ 안토니오(Antonio)

47 재료 관련 용어에 대한 설명 중 옳지 않은 것은?

① 열팽창계수란 온도의 변화에 따라 물체가 팽창·수축하는 비율을 말한다.
② 비열이란 단위질량의 물질을 온도 1℃ 올리는 데 필요한 열량을 말한다.
③ 열용량은 물체에 열을 저장할 수 있는 용량을 말한다.
④ 차음률은 음을 얼마나 흡수하느냐 하는 성질을 말하며, 재료의 비중이 클수록 작다.

48 콘크리트의 각종 강도 중 가장 큰 것은?

① 압축강도
② 인장강도
③ 휨강도
④ 전단강도

49 다공질이며 석질이 균일하지 못하고, 암갈색의 무늬가 있는 것으로 물갈기를 하면 평활하고 광택이 나는 부분과 구멍과 골이 진 부분이 있어 특수한 실내장식재로 이용되는 것은?

① 테라초(Terrazzo)
② 트래버틴(Travertine)
③ 펄라이트(Perlite)
④ 점판암(Clay Stone)

50 실리카 시멘트에 대한 설명 중 옳은 것은?

① 보통 포틀랜드 시멘트에 비해 초기강도가 크다.
② 화학적 저항성이 크다.
③ 보통 포틀랜드 시멘트에 비해 장기강도는 작은 편이다.
④ 긴급공사용으로 적합하다.

51 목재의 역학적 성질에 대한 설명 중 틀린 것은?

① 섬유포화점 이하에서는 강도가 일정하나 섬유포화점 이상에서는 함수율이 증가함에 따라 강도가 증가한다.
② 목재는 조직 가운데 공간이 있기 때문에 열의 전도가 더디다.
③ 목재의 강도는 비중 및 함수율 이외에도 섬유방향에 따라서도 차이가 있다.
④ 목재의 압축강도는 옹이가 있으면 감소한다.

52 강화 판유리에 대한 설명으로 틀린 것은?

① 열처리를 한 다음에 절단·연마 등의 가공을 하여야 한다.
② 보통유리의 3~5배의 강도를 가지고 있다.
③ 유리 파편에 의한 부상이 다른 유리에 비하여 적다.
④ 유리를 500~600℃로 가열한 다음 특수장치를 이용하여 급랭한 것이다.

53 굳지 않은 콘크리트의 컨시스턴시를 측정하는 방법이 아닌 것은?

① 플로 시험
② 리몰딩 시험
③ 슬럼프 시험
④ 르샤틀리에 비중병 시험

54 단열재의 조건으로 옳지 않은 것은?

① 열전도율이 높아야 한다.
② 흡수율이 낮고 비중이 작아야 한다.
③ 내화성, 내부식성이 좋아야 한다.
④ 가공, 접착 등의 시공성이 좋아야 한다.

55 시멘트 저장 시 유의해야 할 사항으로 옳지 않은 것은?

① 시멘트는 개구부와 가까운 곳에 쌓여 있는 것부터 사용해야 한다.
② 지상 30cm 이상 되는 마루 위에 적재해야 하며, 그 창고는 방습설비가 완전해야 한다.
③ 3개월 이상 저장한 시멘트 또는 습기를 머금은 것으로 생각되는 시멘트는 반드시 사용 전 재시험을 실시해야 한다.
④ 포대에 들어 있는 시멘트는 13포대 이상 쌓으면 안 되며, 특히 장기간 저장할 경우에는 7포대 이상 쌓지 않는다.

56 점토에 톱밥이나 분탄 등을 혼합하여 소성시킨 것으로 절단, 못치기 등의 가공성이 우수하며 방음·흡음성이 좋은 경량벽돌은?

① 이형벽돌
② 포도벽돌
③ 다공벽돌
④ 내화벽돌

57 회반죽 바름에서 여물을 넣는 주된 이유는?

① 균열을 방지하기 위해
② 점성을 높이기 위해
③ 경화속도를 높이기 위해
④ 경도를 높이기 위해

58 다음 중 유성페인트의 특징으로 옳지 않은 것은?

① 주성분은 보일유와 안료이다.
② 광택을 좋게 하기 위하여 바니시를 가하기도 한다.
③ 수성페인트에 비해 건조시간이 오래 걸린다.
④ 콘크리트면에 가장 적합한 도료이다.

59 집성목재의 장점에 속하지 않는 것은?

① 목재의 강도를 인공적으로 조절할 수 있다.
② 응력에 따라 필요한 단면을 만들 수 있다.
③ 길고 단면이 큰 부재를 간단히 만들 수 있다.
④ 톱밥, 대패밥, 나무 부스러기를 이용하므로 경제적이다.

60 일반적으로 창유리의 강도가 의미하는 것은?

① 휨강도
② 압축강도
③ 인장강도
④ 전단강도

01 시각적 중량감에 관한 설명으로 옳지 않은 것은?

① 어두운색이 밝은색보다 시각적 중량감이 크다.
② 차가운 색이 따뜻한 색보다 시각적 중량감이 크다.
③ 기하학적 형태가 불규칙적인 형태보다 시각적 중량감이 크다.
④ 복잡하고 거친 질감이 단순하고 부드러운 것보다 시각적 중량감이 크다.

02 동선계획에서 고려되는 동선의 3요소에 속하지 않는 것은?

① 길이   ② 빈도
③ 하중   ④ 공간

03 건축법령상 공동주택에 속하지 않는 것은?

① 기숙사   ② 연립주택
③ 다가구주택   ④ 다세대주택

04 다음의 아파트 평면형식 중 일조와 환기조건이 가장 불리한 것은?

① 홀형   ② 집중형
③ 편복도형   ④ 중복도형

05 아파트의 단면형식 중 하나의 단위주거가 2개 층에 걸쳐 있는 것은?

① 플랫형
② 집중형
③ 듀플렉스형
④ 트리플렉스형

06 다음 중 건축설계의 전개과정으로 가장 알맞은 것은?

① 조건파악 – 기본계획 – 기본설계 – 실시설계
② 기본계획 – 조건파악 – 기본설계 – 실시설계
③ 기본설계 – 기본계획 – 조건파악 – 실시설계
④ 조건파악 – 기본설계 – 기본계획 – 실시설계

07 다음 설명에 알맞은 형태의 지각심리는?

- 공동운명의 법칙이라고도 한다.
- 유사한 배열로 구성된 형들이 방향성을 지니고 연속되어 보이는 하나의 그룹으로 지각되는 법칙을 말한다.

① 근접성   ② 유사성
③ 연속성   ④ 폐쇄성

08 다음 중 주택공간의 배치계획에서 다른 공간에 비하여 프라이버시 유지가 가장 요구되는 곳은?

① 현관   ② 거실
③ 식당   ④ 침실

09 다음의 결로현상에 관한 설명 중 (   ) 안에 알맞은 것은?

습도가 높은 공기를 냉각하면 공기 중의 수분이 그 이상은 수증기로 존재할 수 없는 한계를 (   )라 하며, 이 공기가 (   ) 이하의 차가운 벽면 등에 닿으면 그 벽면에 물방울이 생긴다. 이를 결로현상이라 한다.

① 절대습도   ② 상대습도
③ 습구온도   ④ 노점온도

10 건축물의 층의 구분이 명확하지 아니한 건축물의 경우 건축물의 높이 얼마마다 하나의 층으로 산정하는가?

① 3m   ② 3.5m
③ 4m   ④ 4.5m

11 온수난방과 비교한 증기난방의 특징으로 옳지 않은 것은?

① 예열시간이 짧다.
② 열의 운반능력이 크다.
③ 난방의 쾌감도가 높다.
④ 방열면적을 작게 할 수 있다.

12 드렌처설비에 관한 설명으로 옳은 것은?

① 화재의 발생을 신속하게 알리기 위한 설비이다.
② 소화전에 호스와 노즐을 접속하여 건물 각 층 내부의 소정 위치에 설치한다.
③ 인접건물에 화재가 발생하였을 때 수막을 형성함으로써 화재의 연소를 방지하는 설비이다.
④ 소방대 전용 소화전인 송수구를 통하여 실내로 물을 공급하여 소화활동을 하는 설비이다.

13 전동기 직결의 소형송풍기, 냉온수 코일 및 필터 등을 갖춘 실내형 소형 공조기를 각 실에 설치하여 중앙 기계실로부터 냉수 또는 온수를 공급받아 공기조화를 하는 방식은?

① 2중 덕트방식   ② 단일 덕트방식
③ 멀티존 유닛방식   ④ 팬코일 유닛방식

14 액화석유가스(LPG)에 관한 설명으로 옳지 않은 것은?

① 공기보다 가볍다.
② 용기(Bomb)에 넣을 수 있다.
③ 가스 절단 등 공업용으로도 사용된다.
④ 프로판가스(Propane Gas)라고도 한다.

15 압력탱크식 급수방법에 관한 설명으로 옳은 것은?

① 급수공급 압력이 일정하다.
② 단수 시에 일정량의 급수가 가능하다.
③ 전력공급 차단 시에는 급수가 가능하다.
④ 위생적 측면에서 가장 바람직한 방법이다.

16 다음의 단면용 재료 표시기호가 의미하는 것은?

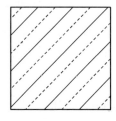

① 석재   ② 인조석
③ 벽돌   ④ 목재 치장재

17 건축도면의 크기 및 방향에 관한 설명으로 옳지 않은 것은?

① A3 제도용지의 크기는 A4 제도용지의 2배이다.
② 접은 도면의 크기는 A4의 크기를 원칙으로 한다.
③ 평면도는 남쪽을 위로 하여 작도함을 원칙으로 한다.
④ A3 크기의 도면은 그 길이방향을 좌우방향으로 놓은 위치를 정위치로 한다.

18 실제길이가 16m인 직선을 축척이 1/200인 도면에 표현할 경우, 직선의 도면길이는?

① 0.8mm
② 8mm
③ 80mm
④ 800mm

19 건물 내부의 입면을 정면에서 바라보고 그리는 내부 입면도는?

① 배근도　　　　② 전개도
③ 설비도　　　　④ 구조도

20 도면작도 시 유의사항으로 옳지 않은 것은?

① 숫자는 아라비아숫자를 원칙으로 한다.
② 용도에 따라서 선의 굵기를 구분하여 사용한다.
③ 글자체는 수직 또는 15° 경사의 고딕체로 쓰는 것을 원칙으로 한다.
④ 축척과 도면의 크기에 관계없이 모든 도면에서 글자의 크기는 같아야 한다.

21 투상도의 종류 중 X, Y, Z의 기본 축이 120°씩 화면으로 나뉘어 표시되는 것은?

① 등각투상도　　　② 유각투시도
③ 이등각투상도　　④ 부등각투상도

22 건축도면에서 중심선, 절단선의 표시에 사용되는 선의 종류는?

① 실선　　　　② 파선
③ 1점쇄선　　④ 2점쇄선

23 일반 평면도의 표현내용에 속하지 않는 것은?

① 실의 크기
② 보의 높이 및 크기
③ 창문과 출입구의 구별
④ 개구부의 위치 및 크기

24 직경 13mm의 이형철근을 100mm 간격으로 배치할 때 도면표시 방법으로 옳은 것은?

① D13#100　　　② D13@100
③ ϕ13#100　　　④ ϕ13@100

25 블록의 중공부에 철근과 콘크리트를 부어넣어 보강한 것으로서 수평하중 및 수직하중을 견딜 수 있는 구조는?

① 보강 블록조
② 조적식 블록조
③ 장막벽 블록조
④ 차폐용 블록조

26 철골구조의 보에 사용되는 스티프너(Stiffener)에 대한 설명으로 옳지 않은 것은?

① 하중점 스티프너는 집중하중에 대한 보강용으로 쓰인다.
② 중간 스티프너는 웨브의 좌굴을 막기 위하여 쓰인다.
③ 재축에 나란하게 설치한 것을 수평 스티프너라고 한다.
④ 커버 플레이트와 동일한 용어로 사용된다.

27 건축구조의 구성방식에 의한 분류 중 구조체인 기둥과 보를 부재의 접합에 의해서 축조하는 방법으로, 뼈대를 삼각형으로 짜 맞추면 안정한 구조체를 만들 수 있는 구조는?

① 가구식 구조　　② 캔틸레버 구조
③ 조적식 구조　　④ 습식 구조

28 하중의 작용방향에 따른 하중분류에서 수평하중에 포함되지 않는 것은?

① 활하중　　　② 풍하중
③ 수압　　　　④ 토압

29 기본형 벽돌(190×90×57)을 사용한 벽돌벽 1.5B의 두께는?(단 공간쌓기 아님)

① 23cm　　　② 28cm
③ 29cm　　　④ 34cm

30 돌쌓기의 1켜의 높이는 모두 동일한 것을 쓰고 수평줄눈이 일직선으로 통하게 쌓는 돌쌓기 방식은?

① 바른층쌓기   ② 허튼층쌓기
③ 층지어쌓기   ④ 허튼쌓기

31 건물의 부동침하의 원인과 가장 거리가 먼 것은?

① 지반이 동결작용을 받을 때
② 지하수위가 변경될 때
③ 이웃건물에서 깊은 굴착을 할 때
④ 기초를 크게 할 때

32 철골공사 시 바닥슬래브를 타설하기 전에, 철골보 위에 설치하여 바닥판 등으로 사용하는 절곡된 얇은 판의 부재는?

① 윙 플레이트   ② 데크 플레이트
③ 베이스 플레이트   ④ 메탈 라스

33 조적조 벽체 내쌓기의 내미는 최대한도는?

① 1.0B   ② 1.5B
③ 2.0B   ④ 2.5B

34 다음 그림은 일반 반자의 뼈대를 나타낸 것이다. 각 기호의 명칭이 옳지 않은 것은?

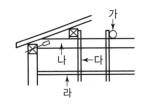

① 가 – 달대받이   ② 나 – 지붕보
③ 다 – 달대   ④ 라 – 처마도리

35 벽돌조의 기초에서 ⓐ의 길이는 얼마 정도가 가장 적당한가?(단, t는 벽두께)

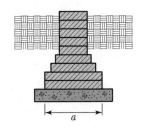

① $1t$ ② $2t$
③ $3t$ ④ $4t$

36 철근콘크리트 내진벽의 배치에 관한 설명으로 옳지 않은 것은?

① 위·아래층에서 동일한 위치에 배치한다.
② 균형을 고려하여 평면상으로 둘 이상의 교점을 가지도록 배치한다.
③ 상부층에 많은 양의 벽체를 설치한다.
④ 하중을 고르게 부담하도록 배치한다.

37 2방향 슬래브가 되기 위한 조건으로 옳은 것은?

① (장변/단변) ≤ 2   ② (장변/단변) ≤ 3
③ (장변/단변) > 2   ④ (장변/단변) > 3

38 벽돌조에서 내력벽의 두께는 당해 벽높이의 최소 얼마 이상으로 해야 하는가?

① 1/8   ② 1/12
③ 1/16   ④ 1/20

39 철근콘크리트 구조형식으로 가장 부적합한 것은?

① 트러스구조
② 라멘구조
③ 플랫슬래브구조
④ 벽식 구조

40 목조 왕대공 지붕틀에서 압축력과 휨모멘트를 동시에 받는 부재는?

① 빗대공   ② 왕대공
③ ㅅ자보   ④ 평보

41 절충식 구조에서 지붕보와 처마도리의 연결을 위한 보강철물로 사용되는 것은?

① 주걱볼트   ② 띠쇠
③ 감잡이쇠   ④ 갈고리 볼트

42 목재의 마구리를 감추면서 창문 등의 미무리에 이용되는 맞춤은?

① 연귀맞춤   ② 장부맞춤
③ 통맞춤   ④ 주먹장맞춤

43 대린벽으로 구획된 벽돌조 내력벽의 벽길이가 7m일 때 개구부 폭의 합계는 최대 얼마 이하로 하는가?

① 3m   ② 3.5m
③ 4m   ④ 4.5m

44 건축재료 중 벽, 천장재료에 요구되는 성질이 아닌 것은?

① 외관이 좋은 것이어야 한다.
② 시공이 용이한 것이어야 한다.
③ 열전도율이 큰 것이어야 한다.
④ 차음이 잘되고 내화, 내구성이 큰 것이어야 한다.

45 구조재료에 요구되는 성질과 가장 관계가 먼 것은?

① 재질이 균일하여야 한다.
② 강도가 큰 것이어야 한다.
③ 탄력성이 있고 자중이 커야 한다.
④ 가공이 용이한 것이어야 한다.

46 앞으로 요구되는 건축재료의 발전방향이 아닌 것은?

① 고품질   ② 합리화
③ 프리패브화   ④ 현장시공화

47 재료의 분류 중 천연재료에 속하지 않는 것은?

① 목재   ② 대나무
③ 플라스틱재   ④ 아스팔트

48 반원 아치의 중앙에 들어가는 돌의 이름은?

① 쌤돌   ② 고막이돌
③ 두겁돌   ④ 이맛돌

49 경질 섬유판에 대한 설명으로 옳지 않은 것은?

① 식물 섬유를 주원료로 하여 성형한 판이다.
② 신축의 방향성이 크며 소프트 텍스라고도 불린다.
③ 비중이 0.8 이상으로 수장판으로 사용된다.
④ 연질, 반경질 섬유판에 비하여 강도가 우수하다.

50 점토벽돌의 품질 결정에 가장 중요한 요소는?

① 압축강도와 흡수율
② 제품치수와 함수율
③ 인장강도와 비중
④ 제품모양과 색깔

51 생석회와 규사를 혼합하여 고온, 고압하에 양생하면 수열반응을 일으키는데, 여기에 기포제를 넣어 경량화한 기포콘크리트는?

① ALC 제품   ② 흄관
③ 드리졸   ④ 플렉시블보드

52 석재의 종류 중 변성암에 속하는 것은?

① 섬록암 ② 화강암
③ 사문암 ④ 안산암

53 시멘트 혼화제인 AE제를 사용하는 가장 중요한 목적은?

① 동결융해작용에 대하여 내구성을 가지기 위해
② 압축강도를 증가시키기 위해
③ 모르타르나 콘크리트에 색깔을 내기 위해
④ 모르타르나 콘크리트의 방수성능을 위해

54 겨울철의 콘크리트공사, 해수공사, 긴급콘크리트공사에 적당한 시멘트는?

① 보통 포틀랜드 시멘트
② 알루미나 시멘트
③ 팽창 시멘트
④ 고로 시멘트

55 시멘트가 공기 중의 습기를 받아 천천히 수화반응을 일으켜 작은 알갱이모양으로 굳어졌다가, 이것이 계속 진행되면 주변의 시멘트와 달라붙어 결국에는 큰 덩어리로 굳어지는 현상은?

① 응결 ② 소성
③ 경화 ④ 풍화

56 목면, 마사, 양모, 폐지 등을 혼합하여 만든 원지에 스트레이트 아스팔트를 침투시킨 두루마리 제품 이름은?

① 아스팔트 루핑
② 아스팔트 싱글
③ 아스팔트 펠트
④ 아스팔트 프라이머

57 목재제품 중 파티클보드(Particle Board)에 관한 설명으로 옳지 않은 것은?

① 합판에 비해 휨강도는 떨어지나 면내 강성은 우수하다.
② 강도에 방향성이 거의 없다.
③ 두께는 비교적 자유롭게 선택할 수 있다.
④ 음 및 열의 차단성이 나쁘다.

58 열린 여닫이문을 저절로 닫히게 하는 장치는?

① 문버팀쇠 ② 도어스톱
③ 도어체크 ④ 크레센트

59 석고보드에 대한 설명으로 옳지 않은 것은?

① 부식이 진행되지 않고 충해를 받지 않는다.
② 팽창 및 수축의 변형이 크다.
③ 흡수로 인해 강도가 현저하게 저하된다.
④ 단열성이 높다.

60 콘크리트용 골재에 대한 설명으로 옳지 않은 것은?

① 골재의 강도는 경화된 시멘트 페이스트의 최대 강도 이하이어야 한다.
② 골재의 표면은 거칠고 모양은 구형에 가까운 것이 가장 좋다.
③ 골재는 잔 것과 굵은 것이 골고루 혼합된 것이 좋다.
④ 골재는 유해량 이상의 염분을 포함하지 않아야 한다.

01 LP가스에 관한 설명으로 옳지 않은 것은?

① 비중이 공기보다 크다.
② 발열량이 크며 연소 시에 필요한 공기량이 많다.
③ 누설이 된다 해도 공기 중에 흡수되기 때문에 안전성이 높다.
④ 석유정제과정에서 채취된 가스를 압축냉각해서 액화시킨 것이다.

02 동선의 3요소에 속하지 않는 것은?

① 길이 　　　　② 빈도
③ 방향 　　　　④ 하중

03 투시도법에 사용되는 용어의 표시가 옳지 않은 것은?

① 시점 : E.P
② 소점 : S.P
③ 화면 : P.P
④ 수평면 : H.P

04 주택의 부엌에서 작업 삼각형(Work Triangle)의 구성에 속하지 않는 것은?

① 냉장고 　　　　② 배선대
③ 개수대 　　　　④ 가열대

05 길이 5m인 생나무가 전건상태에서 길이가 4.5m로 되었다면 수축률은?

① 6% 　　　　② 10%
③ 12% 　　　　④ 14%

06 넓은 기계대패로 나이테를 따라 두루마리를 펴듯이 연속적으로 벗기는 방법으로, 얼마든지 넓은 베니어를 얻을 수 있으며 원목의 낭비도 적어 합판 제조의 80~90%에 해당하는 것은?

① 소드 베니어
② 로터리 베니어
③ 반 로터리 베니어
④ 슬라이드 베니어

07 구조형식이 셸구조인 건축물은?

① 잠실 종합운동장
② 파리 에펠탑
③ 서울 월드컵 경기장
④ 시드니 오페라 하우스

08 대지에 이상전류를 방류 또는 계통구성을 위해 의도적이거나 우연하게 전기회로를 대지 또는 대지를 대신하는 전도체에 연결하는 전기적인 접속은?

① 접지 　　　　② 분기
③ 절연 　　　　④ 배전

09 단위질량의 물질을 온도 1℃ 올리는 데 필요한 열량을 무엇이라 하는가?

① 열용량
② 비열
③ 열전도율
④ 연화점

10 지붕재료에 요구되는 성질과 가장 관계가 먼 것은?

① 외관이 좋은 것이어야 한다.
② 부드러워 가공이 용이한 것이어야 한다.
③ 열전도율이 작은 것이어야 한다.
④ 재료가 가볍고, 방수·방습·내화·내수성이 큰 것이어야 한다.

11 홀형 아파트에 관한 설명으로 옳지 않은 것은?

① 거주의 프라이버시가 높다.
② 통행부 면적이 작아서 건물의 이용도가 높다.
③ 계단실 또는 엘리베이터 홀로부터 직접 주거단위로 들어가는 형식이다.
④ 1대의 엘리베이터에 대한 이용 가능한 세대수가 가장 많은 형식이다.

12 줄눈을 10mm로 하고 기본벽돌(점토벽돌)로 1.5B 쌓기하였을 경우 벽두께로 옳은 것은?

① 200mm
② 290mm
③ 400mm
④ 490mm

13 철근콘크리트 보에 늑근을 사용하는 주된 이유는?

① 보의 전단저항력을 증가시키기 위하여
② 철근과 콘크리트의 부착력을 증가시키기 위하여
③ 보의 강성을 증가시키기 위하여
④ 보의 휨저항을 증가시키기 위하여

14 다음 중 소규모주택에서 다이닝 키친(Dining Kitchen)을 채택하는 이유와 가장 거리가 먼 것은?

① 공사비의 절약
② 실면적의 절약
③ 조리시간의 단축
④ 주부노동력의 절감

15 증기난방에 관한 설명으로 옳지 않은 것은?

① 예열시간이 짧다.
② 한랭지에서는 동결의 우려가 적다.
③ 증기의 현열을 이용하는 난방이다.
④ 부하변동에 따른 실내 방열량의 제어가 곤란하다.

16 한식주택에 관한 설명으로 옳지 않은 것은?

① 공간의 융통성이 낮다.
② 가구는 부수적인 내용물이다.
③ 평면은 실의 위치별 분화이다.
④ 각 실이 마루로 연결된 조합평면이다.

17 건축제도에서 반지름을 표시하는 기호는?

① D
② ϕ
③ R
④ W

18 철골구조에서 사용되는 접합방법에 속하지 않는 것은?

① 용접접합
② 듀벨접합
③ 고력볼트접합
④ 핀접합

19 건축물의 에너지 절약을 위한 단열계획으로 옳지 않은 것은?

① 외벽부위는 내단열시공을 한다.
② 건물의 창호는 가능한 한 작게 설계한다.
③ 태양열 유입에 의한 냉방부하의 저감을 위하여 태양열 차폐장치를 설치한다.
④ 외피의 모서리부분은 열교가 발생하지 않도록 단열재를 연속적으로 설치하고 충분히 단열되도록 한다.

20 건축도면에서 보이지 않는 부분을 표시하는 데 사용되는 선은?

① 파선
② 굵은 실선
③ 가는 실선
④ 일점쇄선

21 건물 부동침하의 원인과 가장 거리가 먼 것은?

① 지반이 동결작용을 받을 때
② 지하수위가 변경될 때
③ 이웃건물에서 깊은 굴착을 할 때
④ 기초를 크게 할 때

22 목재의 강도에 관한 설명으로 틀린 것은?

① 섬유포화점 이하의 상태에서는 건조하면 함수율이 낮아지고 강도가 커진다.
② 옹이는 강도를 감소시킨다.
③ 일반적으로 비중이 클수록 강도가 크다.
④ 섬유포화점 이상의 상태에서는 함수율이 높을수록 강도가 작아진다.

23 지반이 연약하거나 기둥에 작용하는 하중이 커서 기초판이 넓어야 할 때 사용하는 기초로, 건물의 하부 전체 또는 지하실 전체를 하나의 기초판으로 구성한 것은?

① 잠함기초　　　　② 온통기초
③ 독립기초　　　　④ 복합기초

24 아치벽돌을 특별히 주문 제작하여 만든 아치는?

① 민무늬아치　　　② 본아치
③ 막만든아치　　　④ 거친아치

25 건축물의 계획과 설계과정 중 계획단계에 해당하지 않는 것은?

① 구조계획
② 형태 및 규모의 구상
③ 대지조건 파악
④ 요구조건 분석

26 강재의 표시방법 2L－125×125×6에서 "6"이 나타내는 것은?

① 수량　　　　　　② 길이
③ 높이　　　　　　④ 두께

27 건축재료의 사용목적에 의한 분류에 속하지 않는 것은?

① 구조재료　　　　② 인공재료
③ 마감재료　　　　④ 차단재료

28 벽돌쌓기에서 길이쌓기켜와 마구리쌓기켜를 번갈아 쌓고 벽의 모서리나 끝에 반절이나 이오토막을 사용하는 것은?

① 영식 쌓기　　　　② 영롱쌓기
③ 미식 쌓기　　　　④ 화란식 쌓기

29 1방향 슬래브에 대하여 배근방법을 옳게 설명한 것은?

① 단변방향으로만 배근한다.
② 장변방향으로만 배근한다.
③ 단변방향은 온도철근을 배근하고 장변방향은 주근을 배근한다.
④ 단변방향은 주근을 배근하고 장변방향은 온도철근을 배근한다.

30 다음 중 소성온도가 1,250~1,430℃이며 흡수성이 가장 낮아 내장벽 타일 등에 적합한 것은?

① 자기질
② 석기질
③ 도기질
④ 클링커

31 아스팔트의 품질을 판별하는 항목과 거리가 먼 것은?

① 신도
② 침입도
③ 감온비
④ 압축강도

32 나무구조의 홑마루틀에 대한 설명으로 옳은 것은?

① 1층 마루의 일종으로 마루 밑에는 동바리돌을 놓고 그 위에 동바리를 세운다.
② 큰보 위에 작은보를 걸고 그 위에 장선을 대고 마루널을 깐 것이다.
③ 보를 걸어 장선을 받게 하고 그 위에 마루널을 깐 것이다.
④ 보를 쓰지 않고 층도리와 칸막이도리에 직접 장선을 걸쳐 대고 그 위에 마루널을 깐 것이다.

33 막상재료로 공간을 덮어 건물 내외의 기압 차를 이용한 풍선모양의 지붕구조를 무엇이라 하는가?

① 공기막구조
② 현수구조
③ 곡면판구조
④ 입체트러스구조

34 재료에 외력을 가했을 때 작은 변형만 나타나도 곧 파괴되는 성질을 의미하는 것은?

① 전성
② 취성
③ 탄성
④ 연성

35 바닥재료의 분류 중 유기질재료에 속하지 않는 것은?

① 고무계
② 유지계
③ 금속계
④ 섬유계

36 막구조 중 막의 무게를 케이블로 지지하는 구조는?

① 골조막구조
② 현수막구조
③ 공기막구조
④ 하이브리드막구조

37 기초평면도의 표현내용에 해당하지 않는 것은?

① 반자높이
② 바닥재료
③ 동바리 마루구조
④ 각 실의 바닥구조

38 집성목재의 장점에 속하지 않는 것은?

① 목재의 강도를 인공적으로 조절할 수 있다.
② 응력에 따라 필요한 단면을 만들 수 있다.
③ 길고 단면이 큰 부재를 간단히 만들 수 있다.
④ 톱밥, 대패밥, 나무 부스러기를 이용하므로 경제적이다.

39 콘크리트 슬래브와 철골보를 전단 연결재(Shear Connector)로 연결하여 외력에 대한 구조체의 거동을 일체화시킨 구조의 명칭은?

① 허니컴보
② 래티스보
③ 플레이트거더
④ 합성보

40 다음 중 막구조로 이루어진 구조물이 아닌 것은?

① 서귀포 월드컵 경기장
② 상암동 월드컵 경기장
③ 인천 월드컵 경기장
④ 수원 월드컵 경기장

41 건축제도의 치수기입에 관한 설명으로 옳지 않은 것은?

① 치수는 특별히 명시하지 않는 한 마무리치수로 표시한다.
② 치수기입은 치수선 중앙 윗부분에 기입하는 것이 원칙이다.
③ 협소한 간격이 연속될 때에는 인출선을 사용하여 치수를 쓴다.
④ 치수의 단위는 cm를 원칙으로 하고, 이때 단위기호는 쓰지 않는다.

42 건물 구내(옥내)전용의 동화연락을 위한 설비를 무엇이라 하는가?

① 무선설비
② 통신설비
③ 구내교환설비
④ 인터폰설비

43 주택 욕실에 배치하는 세면기의 높이로 가장 적당한 것은?

① 600mm
② 750mm
③ 850mm
④ 900mm

44 목조 벽체에서 기둥 맨 위 처마부분에 수평으로 거는 가로재로서 기둥머리를 고정하는 것은?

① 처마도리
② 샛기둥
③ 깔도리
④ 꿸대

45 2방향 슬래브는 슬래브의 장변이 단변에 대해 길이의 비가 얼마 이하일 때부터 적용할 수 있는가?

① 1/2
② 1
③ 2
④ 3

46 물을 가한 후 24시간 내에 보통 포틀랜드 시멘트의 4주 강도가 발현되는 시멘트는?

① 고로 시멘트
② 알루미나 시멘트
③ 팽창 시멘트
④ 플라이애시 시멘트

47 다음 중 점토의 물리적 성질에 대한 설명으로 옳은 것은?

① 점토의 비중은 일반적으로 3.5~3.6 정도이다.
② 양질의 점토일수록 가소성은 나빠진다.
③ 미립점토의 인장강도는 3~10MPa 정도이다.
④ 점토의 압축강도는 인장강도의 약 5배이다.

48 미장재에서 결합재에 대한 설명 중 옳지 않은 것은?

① 풀은 접착성이 작은 소석회에 필요하다.
② 돌로마이트 석회는 점성이 작아 풀이 필요하다.
③ 수축균열이 큰 고결재에는 여물이 필요하다.
④ 결합재는 고결재의 성질에 적합한 것을 선택하여 사용해야 한다.

49 화산암에 대한 설명 중 옳지 않은 것은?

① 다공질로 부석이라고도 한다.
② 비중이 0.7~0.8로 석재 중 가벼운 편이다.
③ 화강암에 비하여 압축강도가 크다.
④ 내화도가 높아 내화재로 사용된다.

50 목구조에서 가새에 대한 설명으로 옳은 것은?

① 목조 벽체를 수평력에 견디게 하고 안정한 구조로 하기 위한 것이다.
② 가새의 경사는 30°에 가까울수록 유리하다.
③ 기초와 토대를 고정하는 데 설치한다.
④ 가새에는 인장응력만 발생한다.

51 통기관의 설치목적과 가장 관계가 먼 것은?

① 트랩의 봉수를 보호한다.
② 배수관 내의 흐름을 원활하게 한다.
③ 배수 중에 발생되는 유해물질을 배수관으로부터 분리한다.
④ 신선한 공기를 유통시켜 배수관 계통의 환기를 도모한다.

52 현장에서 가공절단이 불가능하므로 사전에 소요치수대로 절단가공하고 열처리를 하여 생산되는 유리이며 강도가 보통유리의 3~5배에 해당되는 유리는?

① 유리블록
② 복층유리
③ 강화유리
④ 자외선차단유리

53 점토에 대한 다음 설명 중 옳지 않은 것은?

① 제품의 색깔과 관계있는 것은 규산성분이다.
② 점토의 주성분은 실리카, 알루미나이다.
③ 각종 암석이 풍화 · 분해되어 만들어진 가는 입자로 이루어져 있다.
④ 점토를 구성하고 있는 점토광물은 잔류점토와 침적점토로 구분된다.

54 동에 대한 설명으로 옳은 것은?

① 전성, 연성이 크다.
② 열전도율이 작다.
③ 건조한 공기 중에서도 산화된다.
④ 산, 알칼리에 강하다.

55 목조계단의 폭이 1.2cm 이상일 때 디딤판의 처짐, 보행진동 등을 막기 위하여 계단 뒷면에 보강하는 부재는?

① 계단멍에
② 엄지기둥
③ 난간두겁
④ 계단참

56 보를 없애고 바닥판을 두껍게 해서 보의 역할을 겸하도록 한 구조로서, 하중을 직접 기둥에 전달하는 슬래브는?

① 장방향슬래브
② 장선슬래브
③ 플랫슬래브
④ 워플슬래브

57 콘크리트면, 모르타르면의 바름에 가장 적합한 도료는?

① 옻칠
② 래커
③ 유성페인트
④ 수성페인트

58 반자구조의 구성부재로 잘못된 것은?

① 달대
② 반자돌림
③ 멍에
④ 달대받이

59 다음 시멘트, 콘크리트제품 가운데 벽체를 구성하는 구조재로 사용할 수 있는 것은?

① 석면시멘트판
② 목모시멘트판
③ 펄라이트시멘트판
④ 속 빈 시멘트블록

60 흙막이공사를 하다가 굴착면 저면이 부풀어 오르는 현상은?

① 보일링
② 파이핑
③ 히빙
④ 블리딩

01 건축화 조명에 속하지 않는 것은?

① 코브 조명
② 루버 조명
③ 코니스 조명
④ 펜던트 조명

02 건축법령상 건축에 속하지 않는 것은?

① 증축
② 이전
③ 개축
④ 대수선

03 다음 중 아파트의 평면형식에 따른 분류에 속하지 않는 것은?

① 홀형
② 복도형
③ 탑상형
④ 집중형

04 프랑스의 사회학자 숑바르 드 로브(Chombard de Lawve)가 설정한 주거면적기준 중 거주자의 신체적 및 정신적인 건강에 나쁜 영향을 끼칠 수 있는 병리기준은?

① 8m²/인 이하
② 14m²/인 이하
③ 16m²/인 이하
④ 18m²/인 이하

05 다음의 주택단지의 단위 중 규모가 가장 작은 것은?

① 인보구
② 근린분구
③ 근린주구
④ 근린지구

06 심리적으로 상승감, 존엄성, 엄숙함 등의 조형 효과를 주는 선의 종류는?

① 사선
② 곡선
③ 수평선
④ 수직선

07 다음 설명에 알맞은 주택 부엌가구의 배치유형은?

- 양쪽 벽면에 작업대가 마주보도록 배치한 것이다.
- 부엌의 폭이 길이에 비해 넓은 부엌의 형태에 적당한 형식이다.

① L 자형
② 일자형
③ 병렬형
④ 아일랜드형

08 벽체의 단열에 관한 설명으로 옳지 않은 것은?

① 벽체의 열관류율이 클수록 단열성이 낮다.
② 단열은 벽체를 통한 열손실 방지와 보온역할을 한다.
③ 벽체의 열관류 저항값이 작을수록 단열효과는 크다.
④ 조적벽과 같은 중공구조의 내부에 위치한 단열재는 난방 시 실내 표면온도를 신속히 올릴 수 있다.

09 계단실형 아파트에 관한 설명으로 옳지 않은 것은?

① 거주의 프라이버시가 높다.
② 채광, 통풍 등의 거주조건이 양호하다.
③ 통행부 면적을 크게 차지하는 단점이 있다.
④ 계단실에서 직접 각 세대로 접근할 수 있는 유형이다.

10 공간을 폐쇄적으로 완전 차단하지 않고 공간의 영역을 분할하는 상징적 분할에 이용되는 것은?

① 커튼
② 고정벽
③ 블라인드
④ 바닥의 높이차

11 과전류가 통과하면 가열되어 끊어지는 용융 회로개방형의 가용성 부분이 있는 과전류보호장치는?

① 퓨즈
② 차단기
③ 배전반
④ 단로스위치

12 트랩(Trap)의 봉수파괴 원인과 가장 관계가 먼 것은?

① 증발현상
② 수격작용
③ 모세관현상
④ 자기사이펀 작용

13 다음과 같은 특징을 갖는 급수방식은?

- 급수압력이 일정하다.
- 단수 시에도 일정량의 급수를 계속할 수 있다.
- 대규모의 급수 수요에 쉽게 대응할 수 있다.

① 수도직렬방식
② 압력수조방식
③ 펌프직송방식
④ 고가수조방식

14 개별식 급탕방식에 속하지 않는 것은?

① 순간식
② 저탕식
③ 직접 가열식
④ 기수혼합식

15 다음과 같이 정의되는 엘리베이터 관련 용어는?

엘리베이터가 출발 기준층에서 승객을 싣고 출발하여 각 층에 서비스한 후 출발 기준층으로 되돌아와 다음 서비스를 위해 대기하는 데까지 총시간

① 승차시간
② 일주시간
③ 주행시간
④ 서비스시간

16 한국산업표준(K.S)에서 토목, 건축부문의 분류기호는?

① F
② B
③ K
④ M

17 다음 중 단면도를 그려야 할 부분과 가장 거리가 먼 것은?

① 설계자의 강조부분
② 평면도만으로 이해하기 어려운 부분
③ 전체 구조의 이해를 필요로 하는 부분
④ 시공자의 기술을 보여주고 싶은 부분

18 다음 중 계획설계도에 속하지 않는 것은?

① 구상도
② 조직도
③ 배치도
④ 동선도

19 건축제도의 치수 및 치수선에 관한 설명으로 옳지 않은 것은?

① 치수는 특별히 명시하지 않는 한 마무리 치수로 표시한다.
② 협소한 간격이 연속될 때에는 인출선을 사용하여 치수를 쓴다.
③ 치수선의 양 끝 표시는 화살 또는 점으로 표시할 수 있으며 같은 도면에서 2종을 혼용할 수도 있다.
④ 치수기입은 치수선에 평행하게 도면의 왼쪽에서 오른쪽으로, 아래로부터 위로 읽을 수 있도록 기입한다.

20 건축도면에서 보이지 않는 부분을 표시하는 데 사용되는 선은?

① 파선
② 굵은 실선
③ 가는 실선
④ 일점쇄선

21 다음 중 주택의 입면도 그리기 순서에서 가장 먼저 이루어져야 할 사항은?

① 처마선을 그린다.
② 지반선을 그린다.
③ 개구부 높이를 그린다.
④ 재료의 마감 표시를 한다.

22 건축허가 신청에 필요한 설계도서에 속하지 않는 것은?

① 배치도
② 평면도
③ 투시도
④ 건축계획서

23 다음과 같은 창호의 평면 표시기호의 명칭으로 옳은 것은?

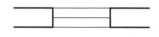

① 회전창
② 붙박이창
③ 미서기창
④ 미닫이창

24 투시도에 사용되는 용어의 기호 표시가 옳지 않은 것은?

① 화면 – P.P
② 기선 – G.L
③ 시점 – V.P
④ 수평면 – H.P

25 벽돌 벽체에서 벽돌을 1켜씩 내쌓기 할 때 얼마 정도 내쌓는 것이 적정한가?

① 1/2B
② 1/4B
③ 1/5B
④ 1/8B

26 신축 건물의 기초파기 중 토질에 생기는 현상과 가장 관계가 먼 것은?

① 보일링
② 파이핑
③ 언더피닝
④ 융기현상

27 바닥면적이 40m²일 때 보강콘크리트블록조의 내력벽 길이의 총합계는 최소 얼마 이상이어야 하는가?

① 4m
② 6m
③ 8m
④ 10m

28 철근콘크리트 기둥의 배근에 관한 설명 중 옳지 않은 것은?

① 기둥을 보강하는 세로철근, 즉 축방향철근이 주근이 된다.
② 나선철근은 주근의 좌굴과 콘크리트가 수평으로 터져나가는 것을 구속한다.
③ 주근의 최소개수는 사각형이나 원형 띠철근으로 둘러싸인 경우 6개, 나선철근으로 둘러싸인 철근의 경우 4개로 하여야 한다.
④ 비합성 압축부재의 축방향 주철근 단면적은 전체 단면적의 0.01배 이상, 0.08배 이상으로 하여야 한다.

29 강구조의 기둥 종류 중 앵글, 채널 등으로 대판을 플랜지에 직각으로 접합한 것은?

① H형강 기둥
② 래티스기둥
③ 격자기둥
④ 강관기둥

30 건축물의 큰보의 간사이에 작은보(Beam)를 짝수로 배치할 때의 주된 장점은?

① 미관이 뛰어나다.
② 큰보의 중앙부에 작용하는 하중이 작아진다.
③ 층고를 낮출 수 있다.
④ 공사하기가 편리하다.

31 다음 그림에서 철근의 피복두께는?

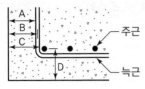

① A
② B
③ C
④ D

32 철골보에 관한 설명 중 틀린 것은?

① 형강보는 주로 I형강 또는 H형강이 많이 쓰인다.
② 판보는 웨브에 철판을 쓰고 상하부에 플랜지철판을 용접하거나 ㄱ형강을 접합한 것이다.
③ 허니컴보는 I형강을 절단하여 구멍이 나게 맞추어 용접한 보이다.
④ 래티스보에 접합판(Gusset Plate)을 대서 접합한 보를 격자보라 한다.

33 기둥 1개의 하중을 1개의 기초판으로 부담시킨 기초형식은?

① 독립푸팅기초
② 복합푸팅기초
③ 연속기초
④ 온통기초

34 지반 부동침하의 원인이 아닌 것은?

① 이질지층
② 이질지정
③ 연약층
④ 연속기초

35 철근콘크리트구조의 특성으로 옳지 않은?

① 부재의 크기와 형상을 자유자재로 제작할 수 있다.
② 내화성이 우수하다.
③ 작업방법, 기후 등에 영향을 받지 않으므로 균질한 시공이 가능하다.
④ 철골조에 비해 내식성이 뛰어나다.

36 보와 기둥 대신 슬래브와 벽이 일체가 되도록 구성한 구조는?

① 라멘구조
② 플랫슬래브구조
③ 벽식구조
④ 셀구조

37 석구조에서 창문 등의 개구부 위에 걸쳐 대어 상부에서 오는 하중을 받는 수평부재는?

① 창대돌
② 문지방돌
③ 쌤돌
④ 인방돌

38 목조벽체에 사용되는 가새에 대한 설명 중 옳지 않은 것은?

① 목조벽체를 수평력에 견디게 하고 안정한 구조로 하기 위한 것이다.
② 가새는 45°에 가까울수록 유리하다.
③ 가새의 단면은 크면 클수록 좌굴할 우려가 없다.
④ 뼈대가 수평방향으로 교체되는 하중을 받으면 가새에는 압축응력과 인장응력이 번갈아 일어난다.

39 목재 왕대공 지붕틀에 사용되는 부재와 연결 철물의 연결이 옳지 않은 것은?

① ㅅ자보와 평보 – 안장쇠
② 달대공과 평보 – 볼트
③ 빗대공과 왕대공 – 꺾쇠
④ 대공 밑잡이와 왕대공 – 볼트

40 강구조의 주각부분에 사용되지 않는 것은?

① 윙 플레이트
② 데크 플레이트
③ 베이스 플레이트
④ 클립 앵글

41 건물의 하부 전체 또는 지하실 전체를 하나의 기초판으로 구성한 기초는?

① 독립기초
② 줄기초
③ 복합기초
④ 온통기초

42 목구조의 토대에 대한 설명으로 틀린 것은?

① 기둥에서 내려오는 상부의 하중을 기초에 전달하는 역할을 한다.
② 토대에는 바깥토대, 칸막이토대, 귀잡이토대가 있다.
③ 연속기초 위에 수평으로 놓고 앵커 볼트로 고정시킨다.
④ 이음으로 사개연귀이음과 주먹장이음이 주로 사용된다.

43 장방형 슬래브에서 단변방향으로 배치하는 인장철근의 명칭은?

① 늑근   ② 온도철근
③ 주근   ④ 배력근

44 한국산업표준(KS)의 부문별 분류 중 옳은 것은?

① A : 토건부문   ② B : 기계부문
③ D : 섬유부문   ④ F : 기본부문

45 건축재료의 각 성능과 연관된 항목들이 올바르게 짝지어진 것은?

① 역학적 성능 – 연소성, 인화성, 용융성, 발연성
② 화학적 성능 – 강도, 변형, 탄성계수, 크리프, 인성
③ 내구성능 – 산화, 변질, 풍화, 충해, 부패
④ 방화, 내화성능 – 비중, 경도, 수축, 수분의 투과와 반사

46 아치벽돌을 사다리꼴 모양으로 특별히 주문 제작하여 쓴 것을 무엇이라 하는가?

① 본아치
② 막만든아치
③ 거친아치
④ 층두리아치

47 목재에 관한 설명 중 옳지 않은 것은?

① 섬유포화점 이하에서는 함수율이 감소할수록 목재강도가 증가한다.
② 섬유포화점 이상에서는 함수율이 증가해도 목재강도는 변화가 없다.
③ 가력방향이 섬유에 평행할 경우 압축강도가 인장강도보다 크다.
④ 심재는 일반적으로 변재보다 강도가 크다.

48 블리딩(Bleeding)과 크리프(Creep)에 대한 설명으로 옳은 것은?

① 블리딩이란 굳지 않은 모르타르나 콘크리트에 있어서 윗면에 물이 스며 나오는 현상을 말한다.
② 블리딩이란 콘크리트의 수화작용에 의하여 경화하는 현상을 말한다.
③ 크리프란 하중이 일시적으로 작용하면 콘크리트의 변형이 증가하는 현상을 말한다.
④ 크리프란 블리딩에 의하여 콘크리트 표면에 떠올라 침전된 물질을 말한다.

49 금속의 부식방지법으로 틀린 것은?

① 상이한 금속은 접속시켜 사용하지 말 것
② 균질의 재료를 사용할 것
③ 부분적인 녹은 나중에 처리할 것
④ 청결하고 건조상태를 유지할 것

50 미장재료에 대한 설명 중 옳은 것은?

① 회반죽에 석고를 약간 혼합하면 경화속도, 강도가 감소하며 수축균열이 증대된다.
② 미장재료는 단일재료로서 사용되는 경우보다 주로 복합재료로서 사용된다.
③ 결합재에는 여물, 풀 등이 있으며 이것은 직접 고체화에 관계한다.
④ 시멘트 모르타르는 기경성 미장재료로서 내구성 및 강도가 크다.

51 목재의 기건비중은 보통 함수율이 몇 %일 때를 기준으로 하는가?

① 0%   ② 15%

③ 30%   ④ 함수율과 관계없다.

52 다음 합금의 구성요소로 틀린 것은?

① 황동＝구리＋아연

② 청동＝구리＋납

③ 포금＝구리＋주석＋아연＋납

④ 두랄루민＝알루미늄＋구리＋마그네슘＋망간

53 파티글보드의 특성에 관한 설명으로 틀린 것은?

① 칸막이 가구 등에 이용된다.

② 열의 차단성이 우수하다.

③ 가공성이 비교적 양호하다.

④ 강도에 방향성이 있어 뒤틀림이 거의 일어나지 않는다.

54 재료명과 주 용도의 연결이 옳지 않은 것은?

① 테라코타 : 구조재, 흡음재

② 테라초 : 바닥면의 수장재

③ 시멘트모르타르 : 외벽용 마감재

④ 타일 : 내·외벽, 바닥면의 수장재

55 열경화성 수지 중 건축용으로는 글라스섬유로 강화된 평판 또는 판상제품으로 주로 사용되는 것은?

① 아크릴수지

② 폴리에스테르수지

③ 염화비닐수지

④ 폴리에틸렌수지

56 목재의 착색에 사용하는 도료 중 가장 적당한 것은?

① 오일스테인   ② 연단도료

③ 클리어 래커   ④ 크레오소트유

57 알루미늄의 성질에 관한 설명 중 옳지 않은 것은?

① 전기나 열의 전도율이 크다.

② 전성, 연성이 풍부하며 가공이 용이하다.

③ 산, 알칼리에 강하다.

④ 대기 중에서의 내식성은 순도에 따라 다르다.

58 AE제를 사용한 콘크리트에 관한 설명 중 옳지 않은 것은?

① 물－시멘트비가 일정한 경우 공기량을 증가시키면 압축강도가 증가한다.

② 시공연도가 좋아지므로 재료분리가 적어진다.

③ 동결융해작용에 의한 마모에 대하여 저항성을 증대시킨다.

④ 철근에 대한 부착강도가 감소한다.

59 목재의 심재에 대한 설명으로 옳지 않은 것은?

① 목질부 중 수심 부근에 있는 부분을 말한다.

② 변형이 적고 내구성이 있어 이용가치가 크다.

③ 오래된 나무일수록 폭이 넓다.

④ 색깔이 엷고 비중이 작다.

60 한중(寒中) 콘크리트의 시공에 가장 적합한 시멘트는?

① 조강 포틀랜드 시멘트

② 고로 시멘트

③ 백색 포틀랜드 시멘트

④ 플라이애시 시멘트

01 다음 중 석재의 사용 시 유의사항으로 옳은 것은?

① 석재를 구조재로 사용 시 인장재만 사용해야 한다.
② 가공 시 되도록 예각으로 한다.
③ 외벽 특히 콘크리트 표면 첨부용 석재는 연석을 피해야 한다.
④ 중량이 큰 것은 높은 곳에 사용하도록 한다.

02 단열재의 조건으로 옳지 않은 것은?

① 열전도율이 높아야 한다.
② 흡수율이 낮고 비중이 작아야 한다.
③ 내화성, 재부식성이 좋아야 한다.
④ 가공, 접착 등의 시공성이 좋아야 한다.

03 최대강도를 안전율로 나눈 값을 무엇이라고 하는가?

① 허용강도   ② 파괴강도
③ 전단강도   ④ 휨강도

04 다음 중 콘크리트의 크리프에 영향을 미치는 요인으로 가장 거리가 먼 것은?

① 작용하중의 크기   ② 물시멘트비
③ 부재 단면치수   ④ 인장강도

05 건축법령상 아파트의 정의로 옳은 것은?

① 주택으로 쓰는 층수가 3개 층 이상인 주택
② 주택으로 쓰는 층수가 4개 층 이상인 주택
③ 주택으로 쓰는 층수가 5개 층 이상인 주택
④ 주택으로 쓰는 층수가 6개 층 이상인 주택

06 조적조 벽체에서 2.0B 쌓기의 두께로 옳은 것은?(단, 표준형 벽돌 사용)

① 190mm   ② 280mm
③ 290mm   ④ 390mm

07 콘크리트, 모르타르 바탕에 아스팔트 방수층 또는 아스팔트 타일 붙이기 시공을 할 때의 초벌용 재료를 무엇이라 하는가?

① 아스팔트 프라이머
② 아스팔트 콤파운드
③ 블론 아스팔트
④ 아스팔트 루핑

08 다음의 공기조화방식 중 전공기방식에 해당되지 않는 것은?

① 단일 덕트방식
② 각층 유닛방식
③ 팬코일 유닛방식
④ 멀티존 유닛방식

09 주택의 동선계획에 관한 설명으로 옳지 않은 것은?

① 동선에는 개인의 동선과 가족의 동선 등이 있다.
② 상호 간에 상이한 유형의 동선은 명확히 분리하는 것이 좋다.
③ 가사노동의 동선은 되도록 북쪽에 오도록 하고 길게 처리하는 것이 좋다.
④ 수평동선과 수직동선으로 나누어 생각할 때 수평동선은 복도 등이 부담한다고 볼 수 있다.

10 다음은 어떤 묘사방법에 대한 설명인가?

묘사하고자 하는 내용 위에 사각형의 격자를 그리고 한 번에 하나의 사각형을 그릴 수 있도록 다른 종이에 같은 형태로 옮기며, 사각형이 원본보다 크거나 작다면 완성된 그림은 사각형의 크기에 따라 규격이 정해진다.

① 모눈종이 묘사
② 투명용지 묘사
③ 복사용지 묘사
④ 보고 그리기 묘사

11 수 · 변전실의 위치 선정 시 고려사항으로 옳지 않은 것은?

① 외부로부터의 수전이 편리한 위치로 한다.
② 용량의 증설에 대비한 면적을 확보할 수 있는 장소로 한다.
③ 사용부하의 중심에서 멀고, 수전 및 배전거리가 긴 곳으로 한다.
④ 화재, 폭발의 우려가 있는 위험물제조소나 저장소 부근은 피한다.

12 먼셀의 표색계에서 5R 4/14로 표시되었다면 이 색의 명도는?

① 1   ② 4
③ 5   ④ 14

13 철근 주근의 간격은 얼마 이상인가?

① 25mm   ② 10mm
③ 15mm   ④ 20mm

14 건축재료 중 구조재로 사용할 수 없는 것끼리 짝지어진 것은?

① H형강, 벽돌   ② 목재, 벽돌
③ 유리, 모르타르   ④ 목재, 콘크리트

15 다음의 결로현상에 관한 설명 중 ( ) 안에 알맞은 것은?

습도가 높은 공기를 냉각하면 공기 중의 수분이 그 이상은 수증기로 존재할 수 없는 한계를 ( )라 하며, 이 공기가 ( ) 이하의 차가운 벽면 등에 닿으면 그 벽면에 물방울이 생긴다. 이를 결로현상이라 한다.

① 절대습도   ② 상대습도
③ 습구온도   ④ 노점온도

16 한식주택의 특징으로 옳지 않은 것은?

① 좌식생활 중심이다.
② 공간의 융통성이 낮다.
③ 가구는 부수적인 내용물이다.
④ 평면은 실의 위치별 분화이다.

17 절충식 지붕틀의 특징으로 틀린 것은?

① 지붕보에 휨이 발생하므로 구조적으로는 불리하다.
② 지붕의 하중은 수직부재를 통하여 지붕보에 전달된다.
③ 한식 구조와 절충식 구조는 구조상으로 비슷하다.
④ 작업이 복잡하며 대규모건물에 적당하다.

18 지붕의 물매를 결정하는 데 가장 영향이 적은 사항은?

① 지붕의 종류
② 지붕의 크기와 형상
③ 지붕재료의 성질
④ 강수량

19 투시도법에 사용되는 용어의 표시가 옳지 않은 것은?

① 시점 : E.P   ② 소점 : S.P
③ 화면 : P.P   ④ 수평면 : H.P

20 지반 부동침하의 원인이 아닌 것은?

① 이질지층 ② 이질지정
③ 연약층 ④ 연속기초

21 건축제도에서 사용하는 선에 관한 설명 중 틀린 것은?

① 이점쇄선은 물체의 절단할 위치를 표시하거나 경계선으로 사용한다.
② 가는 실선은 치수선, 치수보조선, 격자선 등을 표시할 때 사용한다.
③ 일점쇄선은 중심선, 참고선 등을 표시할 때 사용한다.
④ 굵은 실선은 단면의 윤곽 표시에 사용한다.

22 다음 중 점토제품의 소성온도 측정에 쓰이는 것은?

① 샤모트(Chamotte) 추
② 머플(Muffle) 추
③ 호프만(Hoffman) 추
④ 제게르(Seger) 추

23 A3 도면에 테두리를 만들 경우, 도면의 여백은 최소 얼마 이상으로 하여야 하는가?(단, 묶지 않을 경우)

① 5mm ② 10mm
③ 15mm ④ 20mm

24 주거공간을 주 행동에 따라 개인공간, 사회공간, 노동공간 등으로 구분할 때, 다음 중 사회공간에 해당되지 않는 것은?

① 거실 ② 식당
③ 서재 ④ 응접실

25 겨울철의 콘크리트공사, 해수공사, 긴급콘크리트공사에 적당한 시멘트는?

① 보통 포틀랜드 시멘트
② 알루미나 시멘트
③ 팽창 시멘트
④ 고로 시멘트

26 다음 점토제품 중 흡수성이 가장 큰 것은?

① 토기 ② 도기
③ 석기 ④ 자기

27 건축재료의 생산방법에 따른 분류 중 1차적인 천연재료가 아닌 것은?

① 흙 ② 모래
③ 석재 ④ 콘크리트

28 시멘트 분말도에 대한 설명으로 옳지 않은 것은?

① 분말도가 클수록 수화작용이 빠르다.
② 분말도가 클수록 초기강도 발생이 빠르다.
③ 분말도가 클수록 강도증진율이 높다.
④ 분말도가 클수록 초기균열이 적다.

29 반원 아치의 중앙에 들어가는 돌의 이름은?

① 쌤돌 ② 고막이돌
③ 두겁돌 ④ 이맛돌

30 큰보 위에 작은보를 걸고 그 위에 장선을 대고 마루널을 깐 2층 마루는?

① 홑마루
② 보마루
③ 짠마루
④ 동바리마루

31 강구조의 기둥 종류 중 앵글, 채널 등으로 대판을 플랜지에 직각으로 접합한 것은?

① H형강기둥　　　② 래티스기둥
③ 격자기둥　　　　④ 강관기둥

32 트러스를 종횡으로 배치하여 입체적으로 구성한 구조로서, 형상이나 강관을 사용하여 넓은 공간을 구성하는 데 이용되는 것은?

① 셸구조　　　　　② 돔구조
③ 현수구조　　　　④ 스페이스 프레임

33 다음 중 셸구조에 대한 설명으로 틀린 것은?

① 얇은 곡면형태의 판을 사용한 구조이다.
② 가볍고 강성이 우수한 구조시스템이다.
③ 넓은 공간을 필요로 할 때 이용된다.
④ 재료는 주로 텐트나 천막과 같은 특수천을 사용한다.

34 아치쌓기법에서 아치너비가 클 때 아치를 여러 겹으로 둘러 쌓아 만든 것은?

① 층두리아치　　　② 거친아치
③ 본아치　　　　　④ 막만든아치

35 단순하며 깔끔한 느낌을 주며 창 이외에 칸막이 스크린으로도 효과적으로 사용할 수 있는 것으로 셰이드(Shade)라고도 불리는 것은?

① 롤 블라인드(Roll Blind)
② 로만 블라인드(Roman Blind)
③ 버티컬 블라인드(Vertical Blind)
④ 베네시안 블라인드(Venetian Blind)

36 다음의 점토제품 중 흡수율 기준이 가장 낮은 것은?

① 자기질 타일　　　② 석기질 타일
③ 도기질 타일　　　④ 클링커 타일

37 건축법상 층수산정의 원칙으로 옳지 않은 것은?

① 지하층은 건축물의 층수에 산입하지 않는다.
② 건축물이 부분에 따라 그 층수가 다른 경우에는 그 중 가장 많은 층수를 그 건축물의 층수로 본다.
③ 층의 구분이 명확하지 아니한 건축물은 그 건축물의 높이 4m마다 하나의 층으로 보고 그 층수를 산정한다.
④ 옥탑은 그 수평투영면적의 합계가 해당 건축물 건축면적의 3분의 1 이하인 경우 건축물의 층수에 산입하지 않는다.

38 벽돌벽 줄눈에서 상부의 하중을 전 벽면에 균등하게 분포시키도록 하는 줄눈은?

① 빗줄눈　　　　　② 막힌줄눈
③ 통줄눈　　　　　④ 오목줄눈

39 벽돌벽체의 내쌓기에서 내미는 정도의 한도는?

① 1.0B　　　　　　② 1.5B
③ 2.0B　　　　　　④ 3.0B

40 다음 중 용접결함에 속하지 않는 것은?

① 언더컷(Under Cut)
② 엔드탭(End Tab)
③ 오버랩(Overlap)
④ 블로홀(Blowhole)

41 액화석유가스(LPG)에 관한 설명으로 옳지 않은 것은?

① 공기보다 가볍다.
② 용기(Bomb)에 넣을 수 있다.
③ 가스절단 등 공업용으로도 사용된다.
④ 프로판가스(Propane Gas)라고도 한다.

42 절판구조의 장점으로 가장 거리가 먼 것은?

① 강성을 얻기 쉽다.
② 슬래브의 두께를 얇게 할 수 있다.
③ 음향성능이 우수하다.
④ 철근 배근이 용이하다.

43 다음 중 개별식 급탕방식에 속하지 않는 것은?

① 순간식
② 저탕식
③ 직접 가열식
④ 기수혼합식

44 어느 목재의 중량을 달았더니 50g이었다. 이것을 건조로에서 완전히 건조시킨 후 달았더니 중량이 35g이었을 때 이 목재의 함수율은?

① 약 25%
② 약 33%
③ 약 43%
④ 약 50%

45 목재의 강도에 관한 설명으로 틀린 것은?

① 섬유포화점 이하의 상태에서는 건조하면 함수율이 낮아지고 강도가 커진다.
② 옹이는 강도를 감소시킨다.
③ 일반적으로 비중이 클수록 강도가 크다.
④ 섬유포화점 이상의 상태에서는 함수율이 높을수록 강도가 작아진다.

46 다음 중 평균적으로 압축강도가 가장 큰 석재는?

① 화강암
② 사문암
③ 사암
④ 대리석

47 벽 및 천장재로 사용되는 것으로 강당, 집회장 등의 음향조절용으로 쓰이거나 일반건물의 벽 수장재로 사용하여 음향효과를 거둘 수 있는 목재가공품은?

① 파키트리 패널
② 플로어링 합판
③ 코펜하겐 리브
④ 파키트리 블록

48 돌로마이트 플라스터에 관한 설명으로 옳지 않은 것은?

① 가소성이 커서 풀이 필요 없다.
② 경화 시 수축률이 매우 크다.
③ 수경성이므로 외벽바름에 적당하다.
④ 강알칼리성이므로 건조 후 바로 유성페인트를 칠할 수 없다.

49 다음 중 플레이트보와 직접 관계가 없는 것은?

① 커버 플레이트
② 웨브 플레이트
③ 스티프너
④ 거싯 플레이트

50 조적식 구조에서 내력벽으로 둘러싸인 부분의 최대 바닥면적은 얼마를 넘을 수 없는가?

① $40m^2$
② $60m^2$
③ $80m^2$
④ $100m^2$

51 다음 설명에 알맞은 형태의 종류는?

• 구체적 형태를 생략 또는 과장의 과정을 거쳐 재구성한 형태이다.
• 대부분의 경우 재구성된 원래의 형태를 알아보기 어렵다.

① 자연적 형태
② 현실적 형태
③ 추상적 형태
④ 이념적 형태

52 현대 건축재료에 대한 설명으로 틀린 것은?

① 고성능화, 공업화가 요구된다.
② 건설작업의 기계화에 맞도록 재료를 개선한다.
③ 수작업과 현장시공의 재료로 개발한다.
④ 생산성을 높이고 에너지를 절약한다.

53 굳지 않은 콘크리트의 컨시스턴시를 측정하는 방법이 아닌 것은?

① 플로시험
② 리몰딩시험
③ 슬럼프시험
④ 재하시험

54 도면의 표시기호로 옳지 않은 것은?

① L : 길이
② H : 높이
③ W : 나비
④ A : 용적

55 주택에서 독립성이 가장 확보되어야 할 공간은?

① 거실
② 부엌
③ 침실
④ 다용도실

56 목재의 부패와 관련된 직접적인 조건과 가장 거리가 먼 것은?

① 적당한 온도
② 수분
③ 목재의 밀도
④ 공기

57 집성목재의 장점에 속하지 않는 것은?

① 목재의 강도를 인공적으로 조절할 수 있다.
② 응력에 따라 필요한 단면을 만들 수 있다.
③ 길고 단면이 큰 부재를 간단히 만들 수 있다.
④ 톱밥, 대패밥, 나무 부스러기를 이용하므로 경제적이다.

58 다음 중 목조벽체를 수평력에 견디게 하고 안정한 구조로 하는 데 필요한 부재는?

① 멍에
② 가새
③ 장선
④ 동바리

59 파티클보드에 대한 설명으로 틀린 것은?

① 변형이 적고, 음 및 열의 차단성이 우수하다.
② 상판, 칸막이벽, 가구 등에 이용된다.
③ 수분이나 고습도에 대해 강하기 때문에 별도의 방습 및 방수처리가 필요 없다.
④ 합판에 비해 휨강도는 떨어지나 면내 강성은 우수하다.

60 목구조에서 본기둥 사이에 벽체를 이루는 것으로서, 가새의 옆 휨을 막는 데 유효한 것은?

① 장선
② 멍에
③ 토대
④ 샛기둥

CBT 모의고사 10회

01 최대강도를 안전율로 나눈 값을 무엇이라고 하는가?

① 허용강도
② 파괴강도
③ 전단강도
④ 휨강도

02 벽돌구조에서 개구부 위와 그 바로 위의 개구부와의 최소 수직거리는?

① 10cm
② 20cm
③ 40cm
④ 60cm

03 평면형상으로 시공이 쉽고 구조적 강성이 우수하여 대공간 지붕구조로 적합한 것은?

① 돔구조
② 셸구조
③ 절판구조
④ PC 구조

04 재질이 가볍고 투명성이 좋아 채광을 필요로 하는 대공간 지붕구조로 가장 적합한 것은?

① 막구조
② 셸구조
③ 절판구조
④ 케이블구조

05 잡석지정을 할 필요가 없는 비교적 양호한 지반에서 사용되는 지정방식은?

① 자갈지정
② 제자리 콘크리트 말뚝지정
③ 나무말뚝지정
④ 기성제 철근콘크리트 말뚝지정

06 건설공사표준품셈에 따른 기본벽돌의 크기로 옳은 것은?

① 210×100×60mm
② 210×100×57mm
③ 190×90×57mm
④ 190×90×60mm

07 벽돌조에서 대린벽으로 구획된 벽의 길이가 7m일 때 개구부의 폭의 합계는 총 얼마까지 가능한가?

① 1.75m
② 2.3m
③ 3.5m
④ 4.7m

08 온도조절철근(배력근)의 역할과 가장 거리가 먼 것은?

① 균열 방지
② 응력의 분산
③ 주철근 간격유지
④ 주근의 좌굴 방지

09 철근콘크리트보의 형태에 따른 철근배근으로 옳지 않은 것은?

① 단순보의 하부에는 인장력이 작용하므로 하부에 주근을 배치한다.
② 연속보에서는 지지점 부분의 하부에서 인장력을 받기 때문에, 이곳에 주근을 배치하여야 한다.
③ 내민보는 상부에 인장력이 작용하므로 상부에 주근을 배치한다.
④ 단순보에서 부재의 축에 직각인 스터럽의 간격은 단부로 갈수록 촘촘하게 한다.

10 아치의 추력에 적절히 저항하기 위한 방법이 아닌 것은?

① 아치를 서로 연결하여 교점에서 추력을 상쇄
② 버트레스(Buttress) 설치
③ 타이바(Tie Bar) 설치
④ 직접 저항할 수 있는 상부구조 설치

11 계단의 종류 중 재료에 의한 분류에 해당되지 않는 것은?

① 석조계단
② 철근콘크리트계단
③ 목조계단
④ 돌음계단

12 다음 점토제품 중 흡수율이 가장 낮은 것은?

① 토기
② 석기
③ 도기
④ 자기

13 에스컬레이터에 관한 설명으로 옳지 않은 것은?

① 수송능력이 엘리베이터에 비해 작다.
② 대기시간이 없고 연속적인 수송설비이다.
③ 연속 운전되므로 전원설비에 부담이 적다.
④ 건축적으로 점유면적이 작고, 건물에 걸리는 하중이 분산된다.

14 한국산업표준(KS)의 부문별 분류 중 옳은 것은?

① A : 토건부문
② B : 기계부문
③ D : 섬유부문
④ F : 기본부문

15 콘크리트의 강도 중에서 가장 큰 것은?

① 인장강도
② 전단강도
③ 휨강도
④ 압축강도

16 다음 설명에 알맞은 공간의 구조적 형식은?

동일한 형이나 공간의 연속으로 이루어진 구조적 형식으로서 격자형이라고도 불리며 형과 공간뿐만 아니라 경우에 따라서는 크기, 위치, 방위도 동일하다.

① 직선식
② 방사식
③ 그물망식
④ 중앙집중식

17 다음 중 계단의 모양에 따른 분류에 속하지 않는 것은?

① 곧은 계단
② 돌음계단
③ 꺾인 계단
④ 옆판계단

18 앞으로 요구되는 건축재료의 발전방향이 아닌 것은?

① 고품질
② 합리화
③ 프리패브화
④ 현장시공화

19 주택의 침실계획에 대한 설명으로 옳지 않은 것은?

① 방위는 일조와 통풍이 좋은 남쪽이나 동남쪽이 이상적이다.
② 침실의 크기는 사용 인원수, 침구의 종류, 가구의 종류, 통로 등의 사항에 따라 결정된다.
③ 노인침실의 경우, 바닥이 고저차가 없어야 하며 위치는 가급적 2층 이상이 좋다.
④ 침실 환기 시 통풍의 흐름이 직접 침대 위를 통과하지 않도록 한다.

20 점토제품 중 소성온도가 가장 높은 것은?

① 토기
② 석기
③ 자기
④ 도기

21 다음의 증기난방에 대한 설명 중 옳지 않은 것은?

① 한랭지에 있어서 난방운전을 멈추었을 때의 동결에 의한 파손의 위험이 적다.
② 증기의 유량 제어가 어려우므로 실온 조절이 곤란하다.
③ 스팀 해머가 발생할 수 있다.
④ 예열시간이 길어 간헐운전에 부적합하다.

22 계단실형 아파트에 관한 설명으로 옳지 않은 것은?

① 거주의 프라이버시가 높다.
② 채광, 통풍 등의 거주 조건이 양호하다.
③ 통행부 면적을 크게 차지하는 단점이 있다.
④ 계단실에서 직접 각 세대로 접근할 수 있는 유형이다.

23 투시도법에 사용되는 용어의 표시가 옳지 않은 것은?

① 시점 : E.P   ② 소점 : S.P
③ 화면 : P.P   ④ 수평면 : H.P

24 다음 중 수화열 발생이 적은 시멘트로서 원자로의 차폐용 콘크리트 제조에 가장 적합한 시멘트는?

① 중용열 포틀랜드 시멘트
② 조강 포틀랜드 시멘트
③ 보통 포틀랜드 시멘트
④ 알루미나 시멘트

25 다음 중 주택 현관의 위치를 결정하는 데 가장 큰 영향을 끼치는 것은?

① 현관의 크기   ② 대지의 방위
③ 대지의 크기   ④ 도로와의 관계

26 반자구조의 구성부재가 아닌 것은?

① 반자돌림대   ② 달대
③ 변재   ④ 달대받이

27 먼셀의 표색계에서 5R 4/14로 표시되었다면 이 색의 명도는?

① 1   ② 4
③ 5   ④ 14

28 단지계획에서 근린분구에 해당되는 주택 호수 규모는?

① 100~200호
② 400~500호
③ 1,000~1,500호
④ 1,600~2,000호

29 아스팔트의 물리적 성질 중 온도에 따른 견고성 변화의 정도를 나타내는 것은?

① 침입도   ② 감온성
③ 신도   ④ 비중

30 지하실이나 옥상의 채광용으로 입사광선의 방향을 바꾸거나 확산 또는 집중시킬 목적으로 사용되는 유리제품은?

① 폼글라스   ② 프리즘 타일
③ 안전유리   ④ 강화유리

31 벽의 종류와 역할에 대하여 가장 바르게 연결된 것은?

① 지하 외벽 – 결로 방지
② 실내의 칸막이벽 – 슬래브 지지
③ 옹벽의 부축벽 – 벽의 횡력 보강
④ 코어의 전단벽 – 기둥 수량 감소

32 목구조의 토대에 대한 설명으로 틀린 것은?

① 기둥에서 내려오는 상부의 하중을 기초에 전달하는 역할을 한다.
② 토대에는 바깥토대, 칸막이토대, 귀잡이토대가 있다.
③ 연속기초 위에 수평으로 놓고 앵커 볼트로 고정시킨다.
④ 이음으로 사개연귀이음과 주먹장이음이 주로 사용된다.

33 목조 벽체에서 기둥 맨 위 처마부분에 수평으로 거는 가로재로서 기둥머리를 고정하는 것은?

① 처마도리　　　　② 샛기둥
③ 깔도리　　　　　④ 꿸대

34 AE제를 콘크리트에 사용하는 가장 중요한 목적은?

① 콘크리트의 강도를 증진하기 위해서
② 동결융해작용에 대하여 내구성을 가지기 위해서
③ 블리딩을 증가시키기 위해서
④ 염류에 대한 화학적 저항성을 크게 하기 위해서

35 건축물의 외벽, 창, 지붕 등에 설치하여 인접 건물에 화재가 발생하였을 때 수막을 형성함으로써 화재의 연소를 방재하는 설비는?

① 드렌처설비　　　② 옥내소화전설비
③ 옥외소화전설비　④ 스프링클러설비

36 거푸집에 자갈을 넣은 다음, 골재 사이에 모르타르를 압입하여 콘크리트를 형성한 것은?

① 경량 콘크리트
② 중량 콘크리트
③ 프리팩트 콘크리트
④ 폴리머 콘크리트

37 철골구조의 판보(Plate Girder)에서 웨브의 좌굴을 방지하기 위하여 사용되는 것은?

① 거싯 플레이트
② 플랜지
③ 스티프너
④ 래티스

38 목재의 건조방법 중 인공건조법에 해당하는 것은?

① 증기건조법
② 침수건조법
③ 공기건조법
④ 옥외대기건조법

39 건축물의 층수 산정 시, 층의 구분이 명확하지 아니한 건축물의 경우, 그 건축물의 높이 얼마마다 하나의 층으로 보는가?

① 2m　　　　　　② 3m
③ 4m　　　　　　④ 5m

40 건축제도에 사용되는 글자에 관한 설명으로 옳지 않은 것은?

① 숫자는 아라비아숫자를 원칙으로 한다.
② 문장은 왼쪽에서부터 가로쓰기를 원칙으로 한다.
③ 글자체는 수직 또는 15° 경사의 명조체로 쓰는 것을 원칙으로 한다.
④ 4자리 이상의 수는 3자리마다 휴지부를 찍거나 간격을 둠을 원칙으로 한다.

41 실제길이가 16m인 직선을 축척이 1/200인 도면에 표현할 경우, 직선의 도면길이는?

① 0.8mm　　　　② 8mm
③ 80mm　　　　④ 800mm

42 창호의 재질별 기호가 옳지 않은 것은?

① W : 목재　　　　② SS : 강철
③ P : 합성수지　　　④ A : 알루미늄합금

43 다음 자동화재탐지설비의 감지기 중 연기 감지기에 해당하는 것은?

① 광전식　　　　② 차동식
③ 정온식　　　　④ 보상식

44 조적조 벽체에서 표준형 벽돌 1.5B 쌓기의 두께로 옳은 것은?(단, 공간쌓기가 아닌 경우)

① 190mm　　　　② 220mm
③ 280mm　　　　④ 290mm

45 토대·보·도리 등의 가로재가 서로 수평으로 맞추어지는 곳을 안정한 세모구조로 하기 위하여 설치하는 것은?

① 귀잡이보　　　　② 펠대
③ 가새　　　　④ 버팀대

46 블록구조의 기초 및 테두리보에 대한 설명으로 옳지 않은 것은?

① 기초보는 벽체 하부를 연결하고 집중 또는 국부적 하중을 균등히 지반에 분포시킨다.
② 테두리보의 나비를 크게 할 필요가 있을 때에는 경제적으로 ㄱ자형, T자형으로 한다.
③ 테두리보는 분산된 벽체를 일체로 연결하여 하중을 균등히 분포시키는 역할을 한다.
④ 기초보의 춤은 처마높이의 1/12 이하가 적절하다.

47 길이가 폭의 3배 이상으로 가늘고 길게 된 타일로서 징두리벽 등의 장식용에 사용되는 것은?

① 스크래치 타일　　② 보더 타일
③ 모자이크 타일　　④ 논슬립 타일

48 건축도면에서 대지를 표시하는 선의 종류는?

① 파선　　　　② 가는 실선
③ 일점쇄선　　　④ 이점쇄선

49 주택의 주거공간을 공동공간과 개인공간으로 구분할 경우, 다음 중 개인공간에 해당하지 않는 것은?

① 서재　　　　② 침실
③ 작업실　　　④ 응접실

50 어느 목재의 중량을 달았더니 50g이었다. 이것을 건조로에서 완전히 건조시킨 후 달았더니 중량이 35g이었을 때 이 목재의 함수율은?

① 약 25%　　　　② 약 33%
③ 약 43%　　　　④ 약 50%

51 다음 중 점토제품이 아닌 것은?

① 테라초　　　　② 자기질 타일
③ 테라코타　　　④ 위생도기

52 다음과 같은 특징을 갖는 아파트 주동의 외관 형식은?

> 대지의 조망을 해치지 않고 건물의 그림자도 적어서 변화를 줄 수 있는 형태이지만, 단위주거의 실내 환경조건이 불균등하게 된다.

① 테라스형　　　　② 탑상형
③ 중복도형　　　④ 복층형

53 개별식 급탕방식에 속하지 않는 것은?

① 순간식
② 저탕식
③ 직접 가열식
④ 기수혼합식

54 보강블록조의 내력벽 구조에 관한 설명 중 옳지 않은 것은?

① 벽두께는 층수가 많을수록 두껍게 하며 최소 두께는 150mm 이상으로 한다.
② 수평력에 강하게 하려면 벽량을 증가시킨다.
③ 위층에 내력벽과 아래층의 내력벽은 바로 위·아래에 일치하게 한다.
④ 벽길이의 합계가 같을 때 벽길이를 크게 분할하는 것보다 짧은 벽이 많이 있는 것이 좋다.

55 목구조에서 가새에 대한 설명으로 옳지 않은 것은?

① 벽체를 안정형 구조로 만들어 준다.
② 구조물에 가해지는 수평력보다는 수직력에 대한 보강을 위한 것이다.
③ 힘의 흐름상 인장력과 압축력에 번갈아 저항할 수 있다.
④ 가새를 결손시켜 내력상 지장을 주어서는 안 된다.

56 철근콘크리트 슬래브에 대한 설명 중 옳은 것은?

① 1방향 슬래브는 2방향으로 주근을 배근하는 것이 원칙이다.
② 나선철근은 콘크리트 수축이나 온도 변화에 따른 균열을 방지하기 위해서 사용된다.
③ 플랫 슬래브는 기둥 주위의 전단력과 모멘트를 감소시키기 위해 드롭패널과 주두를 둔다.
④ 1방향 슬래브는 슬래브에 작용하는 모든 하중이 장변방향으로만 전달되는 것으로 본다.

57 다음 중 철근콘크리트 구조의 특성으로 옳지 못한 것은?

① 부재의 크기와 형상을 자유자재로 제작할 수 있다.
② 내화성이 우수하다.
③ 작업방법, 기후 등에 영향을 받지 않으므로 균질한 시공이 가능하다.
④ 철골조에 비해 철거작업이 곤란하다.

58 미장재료에 여물을 첨가하는 이유로 가장 적절한 것은?

① 방수효과를 높이기 위해
② 균열을 방지하기 위해
③ 착색을 위해
④ 수화반응을 촉진하기 위해

59 건축 도면에서 각종 배경과 세부 표현에 대한 설명 중 옳지 않은 것은?

① 건축 도면 자체의 내용을 해치지 않아야 한다.
② 건물의 배경이나 스케일 그리고 용도를 나타내는 데 꼭 필요할 때에만 적당히 표현한다.
③ 공간과 구조 그리고 그들의 관계를 표현하는 요소들에게 지장을 주어서는 안 된다.
④ 가능한 한 현실과 동일하게 보일 정도로 디테일하게 표현한다.

60 다음 중 목조벽체를 수평력에 견디게 하고 안정한 구조로 하는 데 필요한 부재는?

① 멍에   ② 가새
③ 장선   ④ 동바리

01 철근콘크리트 압축부재 중 띠철근 기둥의 축방향 주철근의 최소 개수는?

① 3개　　　　　　② 4개
③ 6개　　　　　　④ 8개

02 어느 목재의 중량을 달았더니 50g이었다. 이것을 건조로에서 완전히 건조한 후 달았더니 중량이 35g이었을 때 이 목재의 함수율은?

① 약 25%　　　　② 약 33%
③ 약 43%　　　　④ 약 50%

03 기본형 벽돌(190×90×57)을 사용한 벽돌벽 1.5B의 두께는?(단, 공간쌓기 아님)

① 23cm　　　　　② 28cm
③ 29cm　　　　　④ 34cm

04 최대 강도를 안전율로 나눈 값을 무엇이라고 하는가?

① 허용강도　　　　② 파괴강도
③ 전단강도　　　　④ 휨강도

05 점토에 톱밥이나 분탄 등을 혼합하여 소성시킨 것으로 절단, 못치기 등의 가공성이 우수하며 방음성·흡음성이 좋은 경량벽돌은?

① 이형벽돌
② 포도벽돌
③ 다공벽돌
④ 내화벽돌

06 다음 중 수화열 발생이 적은 시멘트로서 원자로의 차폐용 콘크리트 제조에 가장 적합한 시멘트는?

① 중용열 포틀랜드 시멘트
② 조강 포틀랜드 시멘트
③ 보통 포틀랜드 시멘트
④ 알루미나 시멘트

07 트러스 구조에 해당하지 않는 것은?

① 와렌 트러스　　　② 하우 트러스
③ 케이블구조　　　④ 프랫 트러스

08 혼화제의 기능에 해당하지 않는 것은?

① 경화 촉진
② 응결 초기경화 지연
③ 시멘트 기능 향상
④ 시공연도 향상

09 다음 중 열가소성 수지가 아닌 것은?

① 염화비닐수지　　② 아크릴수지
③ 초산비닐수지　　④ 요소수지

10 다음 그림에서 철근의 피복두께는?

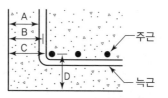

① A　　　　　　② B
③ C　　　　　　④ D

11 건축물 구성 부분 중 구조재에 속하지 않는 것은?

① 기둥   ② 기초
③ 슬래브   ④ 천장

12 다음 그림에서 세면기의 높이를 나타내는 A의 치수로 가장 알맞은 것은?

① 600mm   ② 750mm
③ 900mm   ④ 1,000mm

13 주택의 부엌에서 작업삼각형(Work Triangle)의 구성에 속하지 않는 것은?

① 냉장고   ② 배선대
③ 개수대   ④ 가열대

14 홀형 아파트에 관한 설명으로 옳지 않은 것은?

① 거주의 프라이버시가 높다.
② 통행부 면적이 작아서 건물의 이용도가 높다.
③ 계단실 또는 엘리베이터 홀로부터 직접 주거단위로 들어가는 형식이다.
④ 1대의 엘리베이터에 대한 이용 가능한 세대수가 가장 많은 형식이다.

15 한식주택의 특징으로 옳지 않은 것은?

① 좌식 생활 중심이다.
② 공간의 융통성이 낮다.
③ 가구는 부수적인 내용물이다.
④ 평면은 실의 위치별 분화이다.

16 다음과 같이 정의되는 전기설비 관련 용어는?

> 대지에 이상전류를 방류 또는 계통 구성을 위해 의도적이거나 우연하게 전기회로를 대지 또는 대지를 대신하는 전도체에 연결하는 전기적인 접속

① 접지   ② 절연
③ 피복   ④ 분기

17 증기난방방식에 관한 설명으로 옳지 않은 것은?

① 예열시간이 온수난방에 비해 짧다.
② 온수난방에 비해 한랭지에서 동결의 우려가 적다.
③ 증발잠열을 이용하기 때문에 열의 운반능력이 크다.
④ 온수난방에 비해 부하변동에 따른 방열량 조절이 용이하다.

18 통기관의 설치목적과 가장 관계가 먼 것은?

① 트랩의 봉수를 보호한다.
② 배수관 내의 흐름을 원활하게 한다.
③ 배수 중에 발생되는 유해물질을 배수관으로부터 분리한다.
④ 신선한 공기를 유통시켜 배수관 계통의 환기를 도모한다.

19 다음 중 내민보(Cantilever Beam)에 대한 설명으로 옳은 것은?

① 연속보의 한 끝이나 지점에 고정된 보의 한 끝이 지지점에서 내민 형태로 달려 있는 보를 말한다.
② 보의 양단이 벽돌, 블록, 석조벽 등에 단순히 얹혀 있는 상태로 된 보를 말한다.
③ 단순보와 동일하게 보의 하부에 인장주근을 배치하고 상부에는 압축철근을 배치한다.
④ 전단력에 대한 보강의 역할을 하는 늑근은 사용하지 않는다.

20 입체구조 시스템의 하나로서, 축방향만으로 힘을 받는 직선재를 핀으로 결합하여 효율적으로 힘을 전달하는 구조 시스템을 무엇이라 하는가?

① 막구조
② 셸구조
③ 현수구조
④ 입체트러스구조

21 다음 엘리베이터에 대한 설명 중 틀린 것은?

① 운송 대상은 주로 사람과 물품이다.
② 운행, 정지의 반복 빈도가 낮은 변동부하를 가지고 있다.
③ 승객 자신이 직접 조작하는 경우가 많다.
④ 구조적인 강도와 제어의 안정성을 충분히 고려하여야 한다.

22 블록의 중공부에 철근과 콘크리트를 부어넣어 보강한 것으로서 수평하중 및 수직하중을 견딜 수 있는 구조는?

① 보강 블록조
② 조적식 블록조
③ 장막벽 블록조
④ 차폐용 블록조

23 다음 중 콘크리트의 설계기준 강도를 의미하는 것은?

① 콘크리트 타설 후 28일 인장강도
② 콘크리트 타설 후 28일 압축강도
③ 콘크리트 타설 후 7일 인장강도
④ 콘크리트 타설 후 7일 압축강도

24 다음 중 목재의 허용인장강도가 가장 큰 것은?

① 참나무
② 낙엽송
③ 전나무
④ 소나무

25 목재의 건조방법에는 자연건조법과 인공건조법이 있는데 다음 중 자연건조법에 해당하는 것은?

① 증기건조법
② 침수건조법
③ 진공건조법
④ 고주파건조법

26 지하실이나 옥상의 채광용으로 입사광선의 방향을 바꾸거나 확산 또는 집중시킬 목적으로 사용되는 유리제품은?

① 폼글라스
② 프리즘 타일
③ 안전유리
④ 강화유리

27 철골구조의 보에 사용되는 스티프너(Stiffener)에 대한 설명으로 옳지 않은 것은?

① 하중점 스티프너는 집중하중에 대한 보강용으로 쓰인다.
② 중간 스티프너는 웨브의 좌굴을 막기 위하여 쓰인다.
③ 재축에 나란하게 설치한 것을 수평 스티프너라고 한다.
④ 커버 플레이트와 동일한 용어로 사용된다.

28 다음 중 계단의 모양에 따른 분류에 속하지 않는 것은?

① 곧은 계단
② 돌음계단
③ 꺾인 계단
④ 옆판계단

29 목재의 장점에 해당하는 것은?

① 내화성이 좋다.
② 재질과 강도가 일정하다.
③ 외관이 아름답고 감촉이 좋다.
④ 함수율에 따라 팽창과 수축이 작다.

30 다음 중 점토의 물리적 성질에 대한 설명으로 옳은 것은?

① 점토의 비중은 일반적으로 3.5~3.6 정도이다.
② 양질의 점토일수록 가소성은 나빠진다.
③ 미립점토의 인장강도는 3~10MPa 정도이다.
④ 점토의 압축강도는 인장강도의 약 5배이다.

31 온장벽돌의 3/4 크기를 의미하는 벽돌의 명칭은?

① 반절　　　　　② 이오토막
③ 반반절　　　　④ 칠오토막

32 LP가스에 관한 설명으로 옳지 않은 것은?

① 비중이 공기보다 크다.
② 발열량이 크며 연소 시에 필요한 공기량이 많다.
③ 누설이 된다 해도 공기 중에 흡수되기 때문에 안전성이 높다.
④ 석유정제과정에서 채취된 가스를 압축냉각해서 액화시킨 것이다.

33 목구조에서 통재기둥에 한편맞춤이 될 때 통재기둥과 층도리의 맞춤방법으로서 가장 적합한 것은?

① 쌍장부를 넣고 띠쇠를 보강한다.
② 빗턱통을 넣고 내다지 장부맞춤, 벌림쐐기치기로 한다.
③ 걸침턱맞춤으로 하고 감잡이쇠로 보강한다.
④ 통재넣기로 하고 주걱볼트로 보강한다.

34 건물의 하부 전체 또는 지하실 전체를 하나의 기초판으로 구성한 기초는?

① 독립기초　　　② 줄기초
③ 복합기초　　　④ 온통기초

35 건축물의 계획과 설계과정 중 계획 단계에 해당하지 않는 것은?

① 세부 결정 도면 작성
② 형태 및 규모의 구상
③ 대지 조건 파악
④ 요구 조건 분석

36 동선의 3요소에 속하지 않는 것은?

① 속도　　　　　② 빈도
③ 하중　　　　　④ 방향

37 주택계획에서 다이닝 키친(Dining Kitchen)에 관한 설명으로 옳지 않은 것은?

① 공간 활용도가 높다.
② 주부의 동선이 단축된다.
③ 소규모 주택에 적합하다.
④ 요리시간이 줄어든다.

38 다음 중 인장링이 필요한 구조는?

① 트러스　　　　② 막구조
③ 절판구조　　　④ 돔구조

39 아스팔트의 품질을 판별하는 항목과 거리가 먼 것은?

① 신도　　　　　② 침입도
③ 감온비　　　　④ 압축강도

40 건설공사표준품셈에 따른 기본벽돌의 크기로 옳은 것은?

① 210×100×60mm
② 210×100×57mm
③ 190×90×57mm
④ 190×90×60mm

41 건축도면에서 보이지 않는 부분의 표시에 사용되는 선의 종류는?

① 파선
② 가는 실선
③ 일점쇄선
④ 이점쇄선

42 투시도법에 사용되는 용어의 표시가 옳지 않은 것은?

① 시점 : E.P
② 소점 : S.P
③ 화면 : P.P
④ 수평면 : H.P

43 고력볼트접합에 대한 설명으로 틀린 것은?

① 고력볼트접합의 종류는 마찰접합이 유일하다.
② 접합부의 강성이 높다.
③ 피로강도가 높다.
④ 정확한 계기공구로 죄어 일정하고 정확한 강도를 얻을 수 있다.

44 건축제도의 치수 기입에 관한 설명으로 옳지 않은 것은?

① 치수는 특별히 명시하지 않는 한 마무리치수로 표시한다.
② 치수 기입은 치수선 중앙 윗부분에 기입하는 것이 원칙이다.
③ 협소한 간격이 연속될 때에는 인출선을 사용하여 치수를 쓴다.
④ 치수의 단위는 cm를 원칙으로 하고, 이때 단위기호는 쓰지 않는다.

45 건축제도에서 반지름을 표시하는 기호는?

① D
② ϕ
③ R
④ W

46 한국산업표준(KS)의 부문별 분류 중 옳은 것은?

① A : 토건부문
② B : 기계부문
③ D : 섬유부문
④ F : 기본부문

47 콘크리트의 배합에서 물시멘트비와 가장 관계 깊은 것은?

① 강도
② 내동해성
③ 내화성
④ 내수성

48 건축물의 내외벽, 바닥, 천장 등의 구조체 부위를 대상으로 미화, 보호(내구성 향상), 보온, 방습, 방음, 내화를 위해 적절한 두께로 발라 마감하는 재료는?

① 도장재료
② 미장재료
③ 역청재료
④ 합성수지 재료

49 건축물의 에너지절약을 위한 단열계획으로 옳지 않은 것은?

① 외벽 부위는 내단열 시공한다.
② 건물의 창호는 가능한 한 작게 설계한다.
③ 태양열 유입에 의한 냉방부하 저감을 위하여 태양열 차폐장치를 설치한다.
④ 외피의 모서리 부분은 열교가 발생하지 않도록 단열재를 연속적으로 설치하고 충분히 단열되도록 한다.

50 길이가 폭의 3배 이상으로 가늘고 길게 된 타일로서 징두리벽 등의 장식용에 사용되는 것은?

① 스크래치 타일
② 보더 타일
③ 모자이크 타일
④ 논슬립 타일

51 점토제품 중 소성온도가 가장 높은 것은?

① 토기
② 석기
③ 자기
④ 도기

52 철골구조에서 축방향력, 전단력 및 모멘트에 대해 모두 저항할 수 있는 접합은?

① 전단접합   ② 모멘트접합
③ 핀접합   ④ 롤러접합

53 조립식 구조의 특성 중 옳지 않은 것은?

① 공장생산이 가능하다.
② 대량생산이 가능하다.
③ 기계화시공으로 단기완성이 가능하다.
④ 각 부품과의 접합부를 일체화하기 쉽다.

54 앞으로 요구되는 건축재료의 발전빙향이 아닌 것은?

① 고품질   ② 합리화
③ 프리패브화   ④ 현장시공화

55 목조 왕대공 지붕틀에서 압축력과 휨모멘트를 동시에 받는 부재는?

① 빗대공   ② 왕대공
③ ㅅ자보   ④ 평보

56 거푸집에 자갈을 넣은 다음, 골재 사이에 모르타르를 압입하여 콘크리트를 형성한 것은?

① 경량 콘크리트
② 중량 콘크리트
③ 프리팩트 콘크리트
④ 폴리머 콘크리트

57 강재 표시방법 2L − 125 × 125 × 6에서 "6"이 나타내는 것은?

① 수량   ② 길이
③ 높이   ④ 두께

58 심리적으로 존엄성, 엄숙함, 위엄, 절대 등의 느낌을 주는 선의 종류는?

① 수평선   ② 수직선
③ 사선   ④ 곡선

59 벽과 같은 고체를 통하여 고체 양쪽의 유체에서 유체로 열이 전해지는 현상은?

① 열복사   ② 열대류
③ 열관류   ④ 열전도

60 다음 중 철골부재접합에 대한 설명으로 옳지 않은 것은?

① 고장력볼트는 상호부재의 마찰력으로 저항한다.
② 용접은 품질관리가 볼트보다 어렵다.
③ 메탈터치(Metal Touch)는 기둥에서 각 부재면을 맞대는 접합방식이다.
④ 초음파 탐상법은 사용방법과 판독이 어려워 거의 사용되지 않고 있다.

01 다음 중 거푸집 상호 간의 간격을 유지하는 데 쓰이는 긴결재는?

① 꺾쇠   ② 컬럼밴드
③ 세퍼레이터 ④ 듀벨

02 건축공간에 관한 설명으로 옳지 않은 것은?

① 인산은 건축공간을 조형적으로 인식한다.
② 내부공간은 일반적으로 벽과 지붕으로 둘러싸인 건물 안쪽의 공간을 말한다.
③ 외부공간은 자연 발생적인 것으로 인간에 의해 의도적으로 만들어지지 않는다.
④ 공간을 편리하게 이용하기 위해서는 실의 크기와 모양 높이 등이 적당해야 한다.

03 건축물의 층수 산정 시 층의 구분이 명확하지 아니한 건축물의 경우, 그 건축물의 높이 얼마마다 하나의 층으로 보는가?

① 2m   ② 3m
③ 4m   ④ 5m

04 다음 설명이 나타내는 표색계는?

> 이 표색계의 원리는 물체 표면의 색지각을 색상, 명도, 채도와 같은 색의 3속성에 따라 3차원 공간의 한 점에 대응시켜 세 방향으로 배열하되, 배열하는 방법은 지각적으로 고른 감도가 되도록 측도를 정한 것이다.

① 먼셀 표색계
② 오스트발트 표색계
③ 2차원 표색계
④ 3차원 표색계

05 건축도면에서 다음과 같은 단면용 재료 표시 기호가 나타내는 것은?

① 목재 구조재 ② 목재 치장재
③ 벽돌   ④ 석재

06 조립식 구조의 특성 중 옳지 않은 것은?

① 공장생산이 가능하다.
② 대량생산이 가능하다.
③ 기계화시공으로 단기완성이 가능하다.
④ 각 부품과의 접합부를 일체화하기 쉽다.

07 건축물의 에너지 절약을 위한 계획 내용으로 옳지 않은 것은?

① 실의 용도 및 기능에 따라 수평, 수직으로 조닝계획을 한다.
② 공동주택은 인동간격을 좁게 하여 저층부의 일사수열량을 감소시킨다.
③ 거실의 층고 및 반자 높이는 실의 용도와 기능에 영향을 주지 않는 범위 내에서 가능한 낮게 한다.
④ 건축물의 체적에 대한 외피면적의 비 또는 연면적에 대한 외피면적의 비는 가능한 작게 한다.

08 벽돌벽 등에 장식적으로 사각형, 십자형 구멍을 내어 쌓는 것으로 담장에 많이 사용되는 쌓기법은?

① 엇모 쌓기 ② 무늬 쌓기
③ 공간벽 쌓기 ④ 영롱 쌓기

09 한국산업표준(KS)의 건축제도통칙에 규정된 척도가 아닌 것은?

① 5/1
② 1/1
③ 1/400
④ 1/600

10 다음 중 물체의 절단한 위치를 표시하거나, 경계선으로 사용되는 선은?

① 굵은 실선
② 가는 실선
③ 일점 쇄선
④ 파선

11 소방시설은 소화설비, 경보설비, 피난설비, 소화활동설비 등으로 구분할 수 있다. 다음 중 소화활동설비에 속하지 않는 것은?

① 제연설비
② 옥내소화전설비
③ 연결송수관설비
④ 비상콘센트설비

12 철골공사 시 바닥슬래브를 타설하기 전에, 철골보 위에 설치하여 바닥판 등으로 사용하는 절곡된 얇은 판의 부재는?

① 윙플레이트
② 데크플레이트
③ 베이스플레이트
④ 메탈라스

13 지붕 물매에 해당하는 물매는?

① 10/3
② 1/250
③ 4/10
④ 1/4

14 주택의 침실에 관한 설명으로 옳지 않은 것은?

① 부부침실은 주택 내의 공동 공간으로서 가족생활의 중심이 되도록 한다.
② 침실은 정적이며 프라이버시 확보가 잘 이루어져야 한다.
③ 침대는 외부에서 출입문을 통해 직접 보이지 않도록 배치하는 것이 좋다.

④ 침실의 위치는 소음원이 있는 쪽은 피하고, 정원 등의 공지에 면하도록 하는 것이 좋다.

15 주택에서 옥내배선도에 가입하여야 할 사항과 가장 관계가 먼 것은?

① 전등의 위치
② 가구의 배치표시
③ 콘센트의 위치 및 종류
④ 배선방향, 하향 표시

16 아파트의 평면 형식 중 집중형에 관한 설명으로 옳지 않은 것은?

① 대지 이용률이 높다.
② 채광 및 통풍이 불리하다.
③ 독립성 측면에서 가장 우수하다.
④ 중앙에 엘리베이터나 계단실을 두고 많은 주호를 집중 배치하는 형식이다.

17 어떤 하나의 색상에서 무채색의 포함량이 가장 적은 색은?

① 명색
② 순색
③ 탁색
④ 암색

18 건축법령상 공동주택에 속하지 않는 것은?

① 기숙사
② 연립주택
③ 다가구주택
④ 다세대주택

19 목조 벽체의 토대에 대한 설명으로 옳은 것은?

① 기초 위에 가로로 놓아 상부로부터 오는 하중을 기초에 전달하고 기둥 밑을 고정한다.
② 지붕, 마루 등의 하중을 전달하는 수직 구조재이다.

③ 본기둥 사이의 벽체를 이루는 것으로 가새의 옆휨을 막는 데 유효하다.
④ 모서리나 칸막이벽과의 교차부 또는 집중하중을 받는 위치에 설치한다.

20 목조 벽체에 관한 설명으로 옳지 않은 것은?

① 평벽은 양식구조에 많이 쓰인다.
② 심벽은 한식구조에 많이 쓰인다.
③ 심벽에서는 기둥이 노출된다.
④ 뀀대는 평벽에 주로 사용된다.

21 다음 중 동바리마루 바닥그리기와 관련이 없는 부재는?

① 장선   ② 멍에
③ 달대   ④ 동바리

22 다음 중 목조에서 본기둥 간격이 2m일 때 샛기둥의 간격으로 가장 적당한 것은?

① 30cm   ② 50cm
③ 80cm   ④ 100cm

23 다음 중 열려진 여닫이문을 저절로 닫히게 하는 장치는?

① 문버팀쇠   ② 도어스톱
③ 도어체크   ④ 크레센트

24 모르타르 또는 콘크리트가 유동적인 상태에서 겨우 형체를 유지할 수 있을 정도로 엉키는 초기작용을 의미하는 것은?

① 풍화   ② 응결
③ 블리딩   ④ 중성화

25 다음 합금의 구성요소로 옳지 않은 것은?

① 황동＝구리＋아연
② 청동＝구리＋납
③ 포금＝구리＋주석＋아연＋납
④ 듀랄루민＝알루미늄＋구리＋마그네슘＋망간

26 지하실이나 옥상의 채광용으로 입사광선의 방향을 바꾸거나 확산 또는 집중시킬 목적으로 사용되는 유리제품은?

① 폼글라스   ② 프리즘 타일
③ 안전유리   ④ 강화유리

27 회반죽이 공기 중에서 굳기 위해 필요한 물질은?

① 산소   ② 수증기
③ 탄산가스   ④ 질소

28 다음 중 석고보드에 대한 설명으로 옳지 않은 것은?

① 부식이 진행되지 않고 충해를 받지 않는다.
② 팽창 및 수축의 변형이 크다.
③ 흡수로 인해 강도가 현저하게 저하된다.
④ 단열성이 높다.

29 조적조에서 외벽 1.5B 공간쌓기 벽체의 두께는 얼마인가?(단, 표준형 벽돌이고 공간은 80mm이다.)

① 190mm   ② 290mm
③ 330mm   ④ 360mm

30 20kg의 골재가 있다. 5mm 표준망 체에 중량비로 몇 kg 이상 통과하여야 모래라고 할 수 있는가?

① 10kg   ② 12kg
③ 15kg   ④ 17kg

31 다음 중 점토제품의 제법순서를 옳게 나열한 것은?

[보기]
ㄱ 반죽   ㄴ 성형
ㄷ 건조   ㄹ 원토처리
ㅁ 원료배합   ㅂ 소성

① ㄹ－ㅁ－ㄱ－ㄴ－ㄷ－ㅂ
② ㄱ－ㄴ－ㄷ－ㄹ－ㅁ－ㅂ
③ ㄴ－ㄷ－ㅂ－ㄹ－ㅁ－ㄱ
④ ㄷ－ㅂ－ㅁ－ㄴ－ㄹ－ㄱ

32 다음 건축재료 중 천연재료에 속하는 것은?

① 목재   ② 철근
③ 유리   ④ 고분자재료

33 대리석에 대한 설명 중 옳지 않은 것은?

① 외부 장식재로 적당하다.
② 내화성이 낮고 풍화되기 쉽다.
③ 석회석이 변질되어 결정화한 것이다.
④ 물갈기 하면 고운 무늬가 생긴다.

34 열경화성 수지 중 건축용으로는 글라스섬유로 강화된 평판 또는 판상제품으로 주로 사용되는 것은?

① 아크릴 수지
② 폴리에스테르수지
③ 염화비닐수지
④ 폴리에틸렌수지

35 점토제품 중 타일에 대한 설명으로 옳지 않은 것은?

① 자기질 타일의 흡수율은 3% 이하이다.
② 일반적으로 모자이크타일은 건식법에 의해 제조된다.

③ 클링커 타일은 석기질 타일이다.
④ 도기질 타일은 외장용으로만 사용된다.

36 돔의 하부에서 밖으로 퍼져 나가는 힘에 저항하기 위해 설치하는 것은?

① 압축링   ② 인장링
③ 래티스   ④ 스페이스 트러스

37 다음 중 셸구조의 대표적인 구조물은?

① 장충체육관
② 시드니 오페라 하우스
③ 금문교
④ 상암동 월드컵 경기장

38 입체 구조 시스템의 하나로서, 축방향만으로 힘을 받는 직선재를 핀으로 결합하여 효율적으로 힘을 전달하는 구조 시스템을 무엇이라 하는가?

① 막구조   ② 셸구조
③ 현수구조   ④ 입체트러스구조

39 철골구조에 대한 설명 중 옳지 않은 것은?

① 내구, 내화, 내진적이다.
② 장 스팬(Span)이 가능하다.
③ 해체 수리가 가능하다.
④ 철근콘크리트구조물에 비하여 중량이 가볍다.

40 다음 중 철근콘크리트 줄기초 그리기에서 가장 마지막 순서는?

① 기초 크기에 알맞게 축척을 정한다.
② 치수와 재료명을 기입한다.
③ 재료의 단면 표시를 한다.
④ 지반선과 기초벽의 중심선을 일점쇄선으로 그린다.

41 수송설비인 컨베이어 벨트 중 수평용으로 사용되며 기물을 굴려 운반하는 것은?

① 버킷 컨베이어
② 체인 컨베이어
③ 롤러 컨베이어
④ 에이프런 컨베이어

42 온수난방과 비교한 증기난방의 특징에 속하지 않는 것은?

① 설비비와 유지비가 싸다.
② 열의 운반능력이 크다.
③ 예열시간이 짧다.
④ 난방의 쾌감도가 높다.

43 건물의 외벽에서 지붕 머리를 연결하고 지붕보를 받아 지붕의 하중을 기둥에 전달하는 가로재는?

① 토대
② 처마도리
③ 서까래
④ 층도리

44 다음 중 기둥과 보가 없이 평면적인 구조체만으로 구성된 구조시스템은?

① 막구조
② 셸구조
③ 벽식구조
④ 현수구조

45 알루미늄의 성질에 관한 설명 중 옳지 않은 것은?

① 전기나 열의 전도율이 크다.
② 전성, 연성이 풍부하며 가공이 용이하다.
③ 산, 알칼리에 강하다.
④ 대기중에서의 내식성은 순도에 따라 다르다.

46 한국산업표준(KS)에 규정되어 있지 않은 것은?

① 제품의 품질
② 제품의 모양
③ 제품의 시험법
④ 제품의 생산지

47 공동주택의 단위주거의 단면형식에 의한 분류에서 1개의 단위주거가 복층형식을 취하는 것은?

① 플랫형
② 메조넷형
③ 계단실형
④ 탑상형

48 배수관 속의 악취, 유독 가스 및 해충 등이 실내로 침투하는 것을 방지하기 위하여 배수 계통의 일부에 봉수가 고이게 하는 기구는?

① 트랩
② 슬리브
③ 플러쉬 밸브
④ 팽창관

49 다음 중 상부에서 오는 하중을 받지 않는 비내력벽은?

① 조적식블록조
② 보강블록조
③ 거푸집블록조
④ 장막벽블록조

50 다음 중 지붕재료에 요구되는 성질과 가장 관계가 먼 것은?

① 외관이 좋은 것이어야 한다.
② 부드러워 가공이 용이한 것이어야 한다.
③ 열전도율이 작은 것이어야 한다.
④ 재료가 가볍고, 방수, 방습, 내화, 내수성이 큰 것이어야 한다.

51 미서기창호에 사용되는 철물과 관계가 없는 것은?

① 레일
② 경첩
③ 오목 손잡이
④ 꽂이쇠

52 철근콘크리트 구조의 특성 중 옳지 않은 것은?

① 콘크리트는 철근이 녹스는 것을 방지한다.
② 콘크리트와 철근이 강력히 부착되면 압축력에도 유효하게 된다.
③ 인장응력은 콘크리트가 부담하고, 압축응력은 철근이 부담한다.
④ 철근과 콘크리트는 선팽창 계수가 거의 같다.

53 한중(寒中) 콘크리트의 시공에 가장 적합한 시멘트는?

① 조강 포틀랜드 시멘트
② 고로 시멘트
③ 백색 포틀랜드 시멘트
④ 플라이 애쉬 시멘트

54 유성페인트에 관한 다음 설명 중 옳지 않은 것은?

① 내후성이 우수하다.
② 붓바름 작업성이 뛰어나다.
③ 모르타르, 콘크리트,석회벽 등에 정렬바름하면 피막이 부서져 떨어진다.
④ 유성 에나멜 페인트와 비교하여 건조시간, 광택, 경도 등이 뛰어나다.

55 포졸란(Pozzolan)을 사용한 콘크리트의 특징 중 옳지 않은 것은?

① 수밀성이 높아진다.
② 수화 발열량이 적어진다.
③ 경화작용이 늦어지므로 조기 강도가 낮아진다.
④ 블리딩이 증가된다.

56 거푸집에 자갈을 넣은 다음, 골재 사이에 모르타르를 압입하여 콘크리트를 형성한 것은?

① 경량 콘크리트
② 중량 콘크리트
③ 프리팩트 콘크리트
④ 폴리머 콘크리트

57 다음 석재 중 화성암계에 속하는 것은?

① 응회암
② 안산암
③ 대리석
④ 점판암

58 건축제도에서 보이지 않는 부분의 표시에 사용되는 선의 종류는?

① 파선
② 1점 쇄선
③ 가는 실선
④ 굵은 실선

59 유리와 같이 어떤 힘에 대한 작은 변형으로도 파괴되는 재료의 성질을 나타내는 용어는?

① 연성
② 전성
③ 취성
④ 탄성

60 철골구조의 접합에서 접합면에 생기는 마찰력으로 힘이 전달되는 것으로 마찰접합이라고도 불리는 것은?

① 리벳접합
② 핀접합
③ 고력볼트접합
④ 용접접합

▶▶ 정답

01	④	02	④	03	②	04	③	05	③
06	③	07	④	08	④	09	③	10	③
11	④	12	④	13	④	14	①	15	②
16	②	17	③	18	④	19	④	20	③
21	④	22	④	23	③	24	①	25	③
26	③	27	④	28	②	29	④	30	②
31	②	32	①	33	①	34	④	35	③
36	③	37	①	38	④	39	④	40	②
41	①	42	④	43	④	44	④	45	①
46	①	47	②	48	④	49	③	50	③
51	④	52	②	53	①	54	②	55	④
56	④	57	③	58	④	59	①	60	②

01 마루의 종류 [21·15·14·13·11년 출제]
① 동바리마루 : 1층 마루의 일종으로 마루 밑에는 동바리돌을 놓고 그 위에 동바리를 세운다.
② 보마루 : 보 위에 장선을 대고 마루널을 깐다.
③ 짠마루 : 큰보와 작은보 위에 장선을 대고 마루널을 깐다. 간사이가 6m 이상일 때 사용한다.
④ 홑마루 : 보를 쓰지 않고 층도리와 칸막이도리에 직접 장선을 걸쳐 대고 그 위에 마루널을 깐 것이다. 간사이가 2.4m 미만인 좁은 복도에 사용한다.

02 철골구조 [21·15·14·12·10년 출제]
① 커버 플레이트 : 플랜지를 보강하기 위해 플랜지 상부에 사용하는 보강재로, 휨내력의 부족을 보충한다.
② 웨브 플레이트 : 전단력에 저항하며 6mm 이상으로 한다.
③ 스티프너 : 웨브의 좌굴을 방지하기 위한 보강재이다.
※ 주각의 구성재 : 베이스 플레이트, 리브 플레이트, 윙 플레이트, 클립 앵글, 사이드 앵글, 앵커 볼트 등이 있다.

03 블록구조 [20·16·14·11·10년 출제]
① 조적식 블록조 : 막힌줄눈을 사용하여 쌓는 내력벽으로 소규모건물에 적합하다.
② 보강 블록조 : 블록을 통줄눈으로 쌓고 블록의 구멍에 철근과 콘크리트로 채워 보강한 구조이다.

③ 장막벽 블록조 : 힘을 받지 않는 곳에 설치하는 비내력벽, 칸막이 벽으로 사용한다.
④ 거푸집 블록조 : 속이 빈 형태의 블록을 거푸집으로 사용하는 구조이다.

04 부축벽(버트레스) [15·11년 출제]
외벽면에서 바깥쪽으로 튀어나와 벽체가 쓰러지지 않도록 지탱하는 벽으로 횡력을 보강한다.

05 특수구조 [15·12·11·10년 출제]
① 돔구조 : 반구형의 형태를 갖는 구조물로 판테온 신전이나 장충체육관이 있다.
② 셸구조 : 곡면의 휘어진 얇은 판으로 공간을 덮는 구조이다. 가볍고 큰 힘을 받을 수 있어 넓은 공간을 필요로 할 때 사용한다.
③ 절판구조 : 판을 주름지게 하여 하중에 대한 저항을 증가시킨 구조이다.
④ PC 구조 : 공장에서 제작한 벽, 바닥 콘크리트를 현장에서 조립하는 구조이다.

06 2방향 슬래브 [14·13·12·11년 출제]
$l_y/l_x \le 2 (l_x$: 단변길이, l_y : 장변길이)

07 창호의 종류 [14·12·07년 출제]
① 회전문 : +자로 회전하는 형태로 출입인원 조절이 가능하며 많은 사람이 출입하는 곳에는 부적당하다.
② 미서기문 : 한쪽에 다른쪽 창을 밀어 포개는 방식으로 50% 개폐가 된다.
③ 여닫이문 : 한쪽에 경첩 또는 피벗힌지로 여닫는 형태로 유효면적을 차지하여 집기류를 놓을 수 없다.
④ 미닫이문 : 옆벽 속에 끼워 넣는 형태로 100% 개폐가 된다.

08 정착길이 [15·12·10년 출제]
① 철근의 종류, 콘크리트의 강도가 클수록 짧아진다.
② 철근의 지름이나 항복강도가 클수록 길어진다.
③ 갈고리의 유무에 따라 달라진다.

09 영국식 쌓기 [15·14·07년 출제]
① 마구리 켜의 모서리에 반절 또는 이오토막을 사용해서 통줄눈이 생기는 것을 막는다.
② 가장 튼튼한 쌓기공법으로 내력벽에 사용된다.

10 목재 접합의 종류

①, ②, ④항이 해당되며, 촉은 보강 철물이다.

11 방화벽

건물의 어떤 부분에서 불이 나더라도 그 인접부분으로 확대되는 것을 방지하는 것이 목적이다.

12 반자구조 [20·16·15·12·07년 출제]

반자돌림 → 반자틀 → 반자틀받이 → 달대 → 달대받이 순서로 지붕쪽으로 올라간다.

13 휨모멘트

외부의 하중을 받아 오목한 쪽에는 압축력, 볼록한 쪽에는 인장력을 발생시키면서 휘게 하려는 힘을 말한다.

14 목구조의 부재 [21·15년 출제]

① 토대 : 기둥에서 내려오는 상부의 하중을 기초에 전달한다.
② 가새 : 횡력(수평력)이 작용해도 그 형태가 변형되지 않도록 대각선방향으로 빗대는 재를 의미한다.
③ 귀잡이보 : 건물의 꺾인 귀 부분에 고정하여 건물의 변형을 방지하는 수평가새 역할을 하는 가로재이다.
④ 버팀대 : 가새를 댈 수 없을 때 절점부분인 기둥과 깔도리, 기둥과 층도리, 보 등의 수평력의 변형을 막기 위해 모서리에 짧게 수직으로 비스듬히 댄 부재이다.

15 플랫슬래브 [12·11·06년 출제]

바닥에 보를 없애고 슬래브만으로 구성하며 하중을 직접 기둥에 전달하는 구조이다.

16 지붕형태 [14·13·12·10년 출제]

① 외쪽지붕 : 한쪽으로 경사를 만든 지붕
② 합각지붕 : 위 절반은 박공지붕, 아래 절반은 네모꼴로 된 모임지붕을 한 지붕
③ 솟을지붕 : 지붕 일부가 솟아 있는 지붕
④ 꺾인지붕 : 지붕을 꺾어 물매를 여러 개 만든 지붕

17 네덜란드식 쌓기 [16·13·10·07년 출제]

시공하기 편리하여 가장 많이 사용되며 모서리가 튼튼하다.

18 아치의 추력

아치에 발생한 추력은 아치의 높이에 반비례하고, 저항하기 위해 버트레스, 타이바를 설치하며, 아치를 서로 연결하여 교점에서 추력을 상쇄시킨다.

19 돌마감의 종류 [14·13·12·10·09년 출제]

① 창대돌 : 창 밑에 대어 빗물을 처리하고 장식하는 돌
② 문지방돌 : 출입문 밑에 문지방으로 댄 돌
③ 쌤돌 : 개구부의 벽 두께면에 대는 돌
④ 인방돌 : 개구부(창, 문) 위에 걸쳐 상부에 오는 하중을 받는 수평부재

20 연약지반 부동침하 대책 [14·11·10년 출제]

건물의 무게를 가볍게, 길이를 짧게, 거리를 멀게, 강성은 높게 한다.

21 경석고 플라스터

킨즈 시멘트라고도 하며, 수경성이고, 미장재료 중 수축 균열이 적다.

22 콘크리트의 강도 [07년 출제]

① 콘크리트의 강도라 하면 압축강도를 말한다.
② 인장강도는 압축강도의 약 $1/10 \sim 1/13$ 정도이다.
③ 휨강도는 압축강도의 $1/5 \sim 1/8$ 정도이다.
④ 전단강도는 압축강도의 $1/4 \sim 1/6$ 정도이다.
⑤ 일반구조물에서 콘크리트의 강도는 표준양생을 한 재령 28일의 압축강도를 기준으로 한다.

23 아스팔트 제품 [15·11·10년 출제]

① 아스팔트 펠트 : 양털, 무명, 삼 등을 혼합하여 만든 원지에 스트레이트 아스팔트를 침투시켜 만든 두루마리 제품이다.
② 아스팔트 블록 : 아스팔트와 모래, 자갈 등의 광재를 열압성형하여 벽돌모양으로 만든 제품이다.
③ 아스팔트 싱글 : 돌입자로 코팅한 루핑을 각종 형태로 절단하여 경사진 지붕에 사용한다.
④ 아스팔트 타일 : 아스팔트에 합성수지, 석면, 광물분말, 안료를 배합하고 가열·압연하여 판모양으로 만든 제품이다.

24 점토 벽돌 [10·08년 출제]

철산화물은 적색, 석회물은 황색을 띠게 한다.

25 탄소 함유량

① 탄소가 적을수록 강도가 작고 연질이며 신장률이 좋다.
② 철광석 → 선철(4%) → 주철(2.06%) → 강철(0.15%) → 순철(0.02%)

26 레버터리 힌지
15cm 정도 열리도록 닫히며 표시가 없어도 비어 있는 것을 알 수 있고 안에서 잠그도록 되어 있다.

27 유성바니시
건조성 유지를 사용한 무색 또는 담갈색 투명 도료로서, 목재부의 도장에 사용된다.

28 나뭇결
① 곧은결 : 건조수축, 뒤틀림, 갈림, 수축과 변형이 적어 구조재로 사용한다.
② 무늬결 : 무늬가 아름다워 장식재로 사용한다.

29 심재와 변재 [12·11년 출제]
① 심재 : 나무 중심부 쪽의 암갈색으로 강도가 크고 수분 함량이 적어 내구성이 크다.
② 변재 : 나무 표피 쪽의 연한색으로 강도가 약하고 수분이 많아 부패되기 쉽다.

30 석리 [16·12·11년 출제]
석재표면을 구성하고 있는 조직으로 외관 및 성질을 나타낸다.

31 골재의 품질 [06년 출제]
① 표면은 거칠고 둥근 골재를 선택해야 한다.
② 견고한 것(시멘트의 강도 이상일 것)을 선택한다.
③ 내마모성이 있는 것을 선택한다.
④ 석회석, 운모 등의 함유량이 적은 것을 선택하고 함유량이 많으면 풍화와 강도를 떨어뜨린다.
⑤ 입도가 좋은 것을 선택한다. 잔 것과 굵은 것이 적당히 혼합된 것이 좋다.
⑥ 청정한 것을 사용하며 진흙 등의 유기 불순물이 없어야 한다.

32 경도 [11·10년 출제]
재료의 기계적 성질, 즉 단단한 정도를 의미한다.
① 브리넬 경도 : 재료의 표면에 생긴 원형 흔적의 표면적을 구하여 압력을 표면적으로 나눈 값을 말하며 금속, 목재에 사용한다.
② 모스 경도 : 표준광물로 시편을 긁어서 스크래치의 여부로 경도를 측정한다.

33 광명단 [14·12·11년 출제]
투수성이 적어 수분침투를 막아 산화되어 녹이 나는 것을 방지해 주는 기능을 한다.

34 복층유리 [13·12·11·10·09년 출제]
① 접합유리 : 특수한 접합필름을 삽입하여 도난 방지, 소음차단을 위한 유리이다.
② 강화유리 : 보통유리 강도의 3~4배, 충격강도 7~8배 손으로 절단 불가능하고 파괴 시 모래처럼 부서진다.
③ 무늬유리 : 모양을 만들어 장식효과와 시선차단 등을 준 유리이다.
④ 복층유리 : 2장 또는 3장을 접해서 건조공기를 봉입한 유리로 단열성, 차음성이 좋고 결로현상을 방지할 수 있다.

35 테라코타 [16·15·14·13·12년 출제]
석재 조각물 대신 사용되는 장식용 점토소성제품이다.

36 리그닌(Lignin)
목질소라고도 하며, 셀룰로오스, 헤미셀룰로오스와 더불어 식물골격 구성성분의 하나로 목재의 20~30%에 달한다.

37 목재의 특징
열전도율이 작으므로 보온, 방한, 방서성이 뛰어나다.

38 대리석
석회석이 오랜 세월 동안 땅속에서 지열과 지압으로 인하여 변질되어 결정화된 것으로 열과 산에 약하다.

39 조강 포틀랜드 시멘트 [15·13·08년 출제]
재령 28일 강도를 재령 7일 정도에 나타내 긴급공사, 한중공사에 유리하다. 초기 수화열이 크므로 큰 구조물(매스콘크리트)에는 부적당하다.

40 폴리에스테르수지 [15·12년 출제]
기계적 강도와 내구성이 좋아 항공기, 선박, 차량재 등 구조재로 쓰인다.

41 각개 통기방식 [15·14·10년 출제]
각 기구의 트랩마다 통기관을 설치하기 때문에 가장 안정도가 높다.

42 개인(정적)공간
각 개인의 사생활을 위한 사적인 공간을 말하며 침실, 서재 등이 있다.

43 다이닝 키친 [20·16·15·14·13년 출제]
부엌의 일부분에 식사실을 두는 형태로 동선이 짧아 노동력이 절감된다.

44 주택단지계획 [20·15·14·13·12·11·10년 출제]
1단지 주택계획은 인보구(어린이 놀이터) → 근린분구(유치원, 보육시설) → 근린주구(초등학교)의 순으로 구성된다.

45 명시도 [16·12·11년 출제]
색의 3속성의 차이에 따라 다르게 나타나지만 배경과의 명도차이에 가장 민감하게 나타난다.

46 평면도 [16·13·12년 출제]
실의 배치와 면적, 창문과 출입구의 위치 및 구분 등이 표현된다.

47 건축설계의 진행법 [15·12·08년 출제]
조건파악 → 기본계획 → 기본설계 → 실시설계

48 공동생활공간(사회공간) [21·20·15·14·13·12년 출제]
가족 중심의 공간으로 모두 같이 사용하는 공간을 말한다.(거실, 응접실, 식당, 현관 등)

49 투상도 [15·14·12·10년 출제]
직각방향으로 바라본 물체를 나타낼 때 제3각법을 쓰도록 한 국산업규격에 규정되어 있으며 정면도, 배면도, 우측면도, 좌측면도가 있다.

50 층수 산정 [21·20·15·12년 출제]
층수가 명확하지 않을 때는 4m마다 하나의 층수로 산정한다.
① 고층건축물은 '층수 30층에 ×4m' 하면 높이 120m 이상인 건축물이다.
② 초고층건축물은 '층수 50층에 ×4m' 하면 높이 200m 이상인 건축물이다.

51 유성마커펜
트레이싱지에 다양한 색상을 표현하기에 가장 적합하다.

52 건축모형
계획된 도면의 완성상태를 미리 판단하는 도구가 된다.

53 도면 표시기호 [21·20·16·15·14·13·12·09·08년 출제]
① L : 길이   ② A : 면적
③ D : 지름   ④ W : 너비
⑤ H : 높이

54 선의 종류와 표현 [15·14·13·11년 출제]
① 수평선 : 고요, 안정, 평화
② 수직선 : 고결, 희망, 상승, 존엄, 긴장감
③ 사선 : 운동성, 약동감
④ 곡선 : 여성적 느낌

55 유효온도 [16·13·12·11·08년 출제]
감각온도 또는 실감온도라고도 하며 온도, 습도, 기류의 3요소가 포함된다.

56 복사난방 [13·10·09년 출제]
외기 개방공간이나, 천장높이가 높은 장소에도 난방효과가 있다.

57 공동주택의 종류 [21·11·09년 출제]
① 아파트 : 주택으로 사용하는 층수가 5개 층 이상인 것
② 연립주택 : 주택으로 사용하는 1개 동의 연면적이 660m²를 초과하고 4개 층 이하인 것
③ 다세대주택 : 주택으로 사용하는 1개 동의 연면적이 660m² 이하이고 4개 층 이하인 것
④ 기숙사 : 독립된 주거형태가 아닌 학교나 공장의 학생, 종업원을 위해 사용하는 것
※ 다가구주택은 단독주택에 속한다.

58 건축화 조명 [16·15·11·09년 출제]
조명기구에 의한 방식이 아닌 건축물 내부에 조명기구를 삽입하여 일체로 하는 조명방식이다.
※ 펜던트 조명은 실내공간에 매다는 전등형태이다.

59 동선도 [16·11년 출제]
사람, 차량, 화물 등의 움직이는 흐름을 도식화한 도면이다.

60 선의 용도 [20·15·13·11년 출제]
① 파선 : 대상물의 보이지 않는 부분을 표시한다.
② 가는 실선 : 치수선, 치수보조선, 지시선 등을 표시한다.

▶ 정답

01 ②	02 ④	03 ①	04 ①	05 ②
06 ④	07 ③	08 ①	09 ②	10 ③
11 ③	12 ①	13 ①	14 ④	15 ③
16 ①	17 ④	18 ②	19 ④	20 ④
21 ③	22 ④	23 ①	24 ④	25 ①
26 ②	27 ①	28 ②	29 ①	30 ④
31 ④	32 ③	33 ④	34 ②	35 ①
36 ③	37 ④	38 ②	39 ④	40 ③
41 ②	42 ④	43 ④	44 ①	45 ②
46 ②	47 ③	48 ②	49 ③	50 ②
51 ③	52 ②	53 ①	54 ③	55 ①
56 ④	57 ③	58 ①	59 ④	60 ②

01 돌마감 종류 [14·13·12·10·09년 출제]
① 문지방돌 : 출입문 밑에 문지방으로 댄 돌
② 인방돌 : 개구부(창, 문) 위에 걸쳐 상부에 오는 하중을 받는 수평부재
③ 창대돌 : 창 밑에 대어 빗물을 처리하고 장식하는 돌
④ 창쌤돌 : 개구부의 벽 두께면에 대는 돌

02 영롱쌓기 [12년 출제]
장식쌓기라고도 하며 장식벽 또는 담장에 이용된다.

03 인장응력을 받는 부재
왕대공, 평보, 달대공 등의 직재로 구성되어 있다.

04 주걱볼트 [16·15·14·13·12·11년 출제]
주걱볼트로 깔도리 – 지붕보 – 처마도리 순서로 고정한다.

05 보강블록조의 벽량 [16·13·10년 출제]
벽량(cm/m²) = 내력벽 길이(cm)/바닥면적(m²)
최소 벽량은 15cm/m²이다.

06 막구조(Membrane) [10·09·07년 출제]
강한 얇은 막을 잡아당겨 공간을 덮는 구조방식이다.
예 상암 월드컵 경기장, 서귀포 월드컵 경기장, 인천 월드컵 경기장 등

07 토대 [12·10·07년 출제]
토대는 기둥에서 내려오는 상부의 하중을 기초에 전달하는 역할을 하며 연속기초 위에 수평으로 놓고 앵커볼트로 고정한다. 단면크기는 기둥과 같거나 좀 더 크게 한다.

08 수장공사 [06년 출제]
① 문선 : 문틀 주위로 보기 좋게 하기 위한 테두리몰딩이다. 문선을 끼워서 맞춤과 숨은 못치기를 한다.
② 풍소란 : 미서기문에 턱솔 또는 딴혀를 대어 방풍목적으로 물리게 하는 것이다.
③ 가새 : 횡력(수평력)이 작용해도 그 형태가 변형되지 않도록 대각선방향으로 빗대는 재를 의미한다.
④ 인방 : 개구부(창, 문) 위에 걸쳐 상부에 오는 하중을 받는 수평부재이다.

09 철근콘크리트 배근 [12·11·07년 출제]
① 띠철근 : 기둥에 좌굴을 방지하기 위해 배근
② 스터럽 : 보에 전단을 보강하기 위해 배근
③ 벤트근 : 바닥 슬래브에 인장력을 보강하기 위해 배근
④ 배력근 : 2방향 슬래브에서 하중을 분산하거나 균열을 방지하기 위해 주근과 직교되게 한 뒤 장방향으로 배근

10 아치쌓기 종류 [16·15·13·12·09년 출제]
① 본아치 : 사다리꼴 모양으로 특별 제작하여 사용
② 막만든아치 : 벽돌을 쐐기모양으로 다듬어 사용
③ 거친아치 : 줄눈을 쐐기모양으로 채워 만듦
④ 층두리아치 : 벽돌을 여러 겹으로 둘러쌓아 만듦

11 안장쇠 [13·12·08년 출제]
안장모양으로 구부려 만든 띠쇠로 큰보와 작은보 맞춤 시 사용된다.
※ ㅅ자보와 평보 – 주걱볼트

12 TMCP강
① 열처리과정에서 강도가 더 높아진 내진성 후판재이다.
② 조선 · 해양 구조물용으로서 고품질의 고장력강인 두꺼운 판으로 생산되고 있으나 최근에는 대형건축물과 강교량 등에 적용되고 있다.

13 드라이 에어리어(Dry Area)
건물의 주위에 판 도랑으로, 폭 1~2m, 지표면에서 깊이 2~3m, 외측에 옹벽을 설치한 것이다. 지하실의 방습 · 통풍 · 채광 등을 한다.

14 합성보구조
철골보와 콘크리트보의 특징을 다 가진 보로, 외피는 철판으로 외관을 잡고 내부에 콘크리트를 타설하는 보이다.

15 도어체크(도어클로저) [16·12·11년 출제]
여닫이문을 자동적으로 닫히게 하는 장치이다.

16 장식통
우수의 넘침 방지, 우수의 방향전환, 장식역할, 깔때기홈통과 선홈통의 연결역할을 한다.
※ 처마홈통 → 깔때기홈통 → 장식통 → 선홈통 → 보호관
　　→ 낙수받이 순서로 빗물이 흐른다.

17 헌치 [13·12·06년 출제]
양쪽 끝부분은 중앙부보다 휨모멘트나 전단력이 많이 작용하여 춤과 너비를 10~20cm 정도 크게 하는 헌치를 사용한다.

18 창호철물
① 미서기창호 : 목재창호는 레일, 호차, 꽂이쇠가 사용되며, 철재창호는 호차, 크리센트가 사용된다.
② 여닫이창호 : 한쪽 문틀에 다른 쪽 문짝을 고정할 때 경첩이 사용된다.

19 조립식 구조 [15·14·12·10년 출제]
대량 공장생산 하여 현장에서 조립식으로 맞추기 때문에 접합부를 일체화하기 어렵다.

20 철골보 [21·16·15·14·12·11년 출제]
① 판보 : 웨브에 철판을 쓰고 상하부에 플랜지를 용접하거나 ㄱ형강을 접합한 것이다. 스티프너는 웨브의 좌굴을 방지하기 위해 보강재로 사용한다.
② 래티스보 : 형강인 플랜지와 웨브재인 평강을 경사지게 45°, 60°로 조립하여 만든다.

21 블론 아스팔트
중질원유를 가열하면서 공기를 넣어 연화점을 높여 연도를 조절한 것으로 온도변화와 열, 동결에 대한 안정성이 크며 점성 및 침투성이 작다.

22 도기질 타일
흡수성이 약간 크고 타일, 위생 도기, 테라코타 타일로 사용된다.

23 냉간압연
금속의 재결정온도 이하(상온)에서 다시 한 번 압연한 것으로 두께 정도가 우수하고 표면이 깨끗한 압연제품을 만드는 공정이다. 냉연강판은 열연강판과 비교할 때 두께가 얇고 두께 정도가 우수하며 표면이 미려한 것은 물론, 가공성이 뛰어나 자동차, 가전, 가구, 사무용품, 도금용 소재 등으로 널리 사용되고 있다.

24 건축재료의 화학적 조성에 의한 분류 [13·12년 출제]
① 무기재료 : 금속, 석재, 콘크리트, 도자기류
② 유기재료 : 목재, 아스팔트, 합성수지, 고무

25 이형철근의 부착강도 [13·10·08년 출제]
원형철근보다 이형철근의 리브가 마찰력에 더 좋고 가는 철근을 여러 개 사용하여 주장을 늘리는 것이 좋다.

26 석리 [16·12·11년 출제]
암석을 육안으로 볼 수 있는 외관을 말한다.

27 인서트 [13·12년 출제]
콘크리트슬래브에 묻어 천장 달대를 고정시키는 철물이다.

28 석재의 가공순서 [12·11년 출제]
혹두기(쇠메) → 정다듬(정) → 도드락다듬(도드락망치) → 잔다듬(날망치) → 물갈기(숫돌)

29 천연 아스팔트 [12·09년 출제]
레이크 아스팔트, 로크 아스팔트, 아스팔타이트 등이 있다.

30 유성페인트
유성 에나멜페인트보다 건조가 늦지만 내구력과 광택이 좋다. 알칼리에 약하므로 콘크리트에 바로 칠하면 안 된다.

31 시멘트의 저장 [16·14·12·11·10년 출제]
저장 시 공기 중 수분이나 이산화탄소와 접하여 반응을 일으키기 때문에 통풍이 되지 않도록 환기를 위한 창문은 절대 설치 하지 않는다.

32 파티클보드의 특성 [21·16·15·12년 출제]
목재의 작은 부스러기를 합성수지 접착제와 같은 유기질의 접착제를 사용하여 가열·압축해 만든 판재이다. 그러므로 방충, 방부성이 뛰어나다.

33 골재의 요구성능(품질) [12·07·06년 출제]
견고한 것(시멘트의 강도 이상일 것)을 선택하며, 치밀하고 흡수량이 적으며, 내구성이 큰 것이 좋다.

34 목재의 건조방법 [20·08년 출제]
① 인공건조법 : 증기건조법, 열기건조법, 진공건조법, 훈연건조법, 고주파건조법 등
② 자연건조법 : 침수건조법, 공기건조법, 옥외 대기건조법

35 복층유리 [13·12·11·10·09년 출제]
2장 또는 3장의 판유리를 일정한 간격으로 기밀하게 하여 단열성, 차음성, 결로 방지에 좋다.

36 슬럼프시험 [21·15·13·12년 출제]
슬럼프값은 콘크리트가 가라앉은 값으로 묽은 콘크리트일수록 슬럼프값이 크다.

37 다공질 벽돌 [16·14·12년 출제]
점토에 탄가루와 톱밥을 넣어 성형한 것으로 톱질과 못 박기가 가능하다.

38 스테인드글라스 [13·12·08년 출제]
각종 색유리의 작은 조각을 도안에 맞추어 절단해서 조합하여 모양을 낸 것으로 성당의 창, 상업건축의 장식용으로 사용되는 것을 말한다.

39 제재목
나뭇결을 고려하여 효과적인 목재면을 얻을 수 있도록 계획선을 그어 자른 것이다.

40 콘크리트의 특징 [13·12·10년 출제]
내화적이며 압축강도는 크고 인장강도는 작다.

41 편복도형 [12년 출제]
엘리베이터 1대당 이용 단위주거 수가 많아서 고층화에 유리하다.

42 건축계획과정
대지조건 파악 → 형태 및 규모 구상 → 평면계획 → 도면작성

43 일반적인 선 표시 [14·12·11년 출제]
① 단면선 : 굵은 실선
② 중심선 : 일점쇄선
③ 상상선 : 이점쇄선
④ 치수선 : 가는 실선

44 단일 덕트방식 [15·12년 출제]
공조기에서 조화한 공기를 하나의 주 덕트로부터 분기하여 각 방(존)에 보내고 환기하는 방식으로, 공기조화의 기본방식이다. 개별제어는 불가능하며, 중간 규모 이하의 건물에 적당하고 보수관리도 용이하다.

45 건축면적 [12년 출제]
건축물의 외벽(외벽이 없는 경우에는 외곽 부분의 기둥으로 한다.)의 중심선으로 둘러싸인 부분의 수평투영면적으로 한다. 건축물이 대지에 점유하는 지표이다.

46 색의 명시도 [16·12·11년 출제]
색의 3속성의 차이에 따라 다르게 나타나지만 배경과의 명도 차이에 가장 민감하게 나타난다.

47 층수 산정 [21·20·15·12년 출제]
층수가 명확하지 않을 때는 4m마다 하나의 층수로 산정한다.
① 고층건축물은 '층수 30층에 ×4m' 하면 높이 120m 이상인 건축물이다.
② 초고층건축물은 '층수 50층에 ×4m' 하면 높이 200m 이상인 건축물이다.

48 동선의 3요소 [16·14·13·12·10년 출제]
속도(길이), 빈도, 하중이며, 빈도가 높은 동선을 짧게 하고, 교차는 피한다.

49 건축제도의 글자 [15·12·10·08년 출제]
한글은 고딕체로 쓰고, 아라비아숫자, 로마자는 수직 또는 15° 경사지게 쓴다.

50 유효온도 [16·13·12·11·08년 출제]
감각온도 또는 실감온도라 하며 온도, 습도, 기류의 3요소가 포함된다.

51 축척 계산 [21·15·12·08년 출제]
① 단위를 맞춘다. 1m＝1,000mm
② 축척을 넣어 계산한다. 16,000mm×1/200＝80mm

52 여러 선에 의한 묘사방법 [14·13·12년 출제]
건축물을 묘사할 때 선의 간격에 변화를 주어 면과 입체를 표현하는 묘사방법이다.

53 정투상도 [15·14·12·10년 출제]
각면을 투상면에 나란히 놓고 투상하는 것으로 정면도, 배면도, 우측면도, 좌측면도가 있다.

54 한식주택 [15·14·10·08년 출제]
각 실이 다기능으로 사용되어 융통성이 높다.

55 기초 평면도 [21·12년 출제]
기초의 위치, 모양, 크기, 재료 표현 등을 작도한다.

56 현관의 위치 [16·14·12·11년 출제]
방위와 무관하고 도로의 위치와 관계있으며 주택면적의 7% 정도가 적당하다.

57 그리스 포집기(트랩)
호텔의 주방, 음식점 주방 등의 요리 싱크에서 배수할 때 그 안에 함유되어 있는 지방분을 트랩 내에 응결시켜 제거하고, 지방분이 배수관 속에 유입되는 것을 막기 위한 기기이다.

58 중앙식 급탕법
① 직접 가열식 급탕법 : 고압보일러에서 온수를 직접 생산여 공급하는 방법으로 열효율이 높으나 소규모 건물에 사용한다.
② 간접 가열식 급탕법 : 탱크 내의 온수를 간접적으로 가열하는 방식으로 고압보일러는 필요 없고 열효율은 직접 가열식보다 낮다.

59 직접 조명방식 [15·14·12·08년 출제]
조도가 불균형하고 강한 대비로 인해 그림자가 생긴다.

60 연필 [13·10·09·08·07년 출제]
① 9H부터 6B까지 17단계로 구분되며 명암 표현이 자유롭고 H의 수가 많을수록 단단하다.
② 지울 수 있으나 번질 우려가 있다.

CBT 모의고사 3회

정답 및 해설

▶ 정답

01 ④	02 ④	03 ②	04 ②	05 ④
06 ④	07 ②	08 ③	09 ①	10 ②
11 ③	12 ①	13 ③	14 ①	15 ④
16 ③	17 ③	18 ③	19 ①	20 ④
21 ④	22 ①	23 ②	24 ①	25 ①
26 ①	27 ④	28 ②	29 ③	30 ④
31 ③	32 ①	33 ③	34 ①	35 ①
36 ②	37 ①	38 ②	39 ④	40 ②
41 ④	42 ①	43 ②	44 ②	45 ③
46 ④	47 ③	48 ③	49 ③	50 ①
51 ②	52 ②	53 ②	54 ④	55 ①
56 ①	57 ③	58 ③	59 ②	60 ②

01 부동침하의 원인 [21·20·15·14·09년 출제]

연약층, 경사지반, 이질지층, 낭떠러지, 이질지정, 부분증축, 지하수위변경, 지하구멍, 메운땅 흙막이, 일부지정등이 원인이 된다.

※ 연속기초는 조적식이나 콘크리트로 된 내력벽 또는 일렬로 된 기둥을 연속으로 따라서 기초벽을 설치하는 구조이다.

02 목구조 [15·10·09·08년 출제]

자연재라서 재질이 불균등하고 큰 단면이나 긴 부재를 얻기 힘들다.

03 수장 부분

건축물의 주요구조부가 아닌 건축물의 내외부를 꾸미는 작업을 말한다.

04 막힌줄눈 [21·15·12년 출제]

상부에서 오는 하중을 하부에 골고루 분산시켜 벽체가 집중하중을 받는 것을 막아준다.

05 절충식 지붕틀의 특징 [21·15·10년 출제]

구조가 간단하고 작은 건물에 쓰이며 큰 건축물에는 역학적으로 좋지 않다.

06 셸구조 [21·20·16·15·10년 출제]

곡면의 휘어진 얇은 판으로 공간을 덮은 구조로 가볍고 넓은 공간을 필요로 할 때 사용한다. 시드니의 오페라 하우스가 대표건물이다.

07 듀벨접합 [20·15·13·08년 출제]

목재와 목재 사이에 끼워서 전단력을 보강하는 철물이다.

08 보강블록조의 내력벽 [15·14·10년 출제]

150mm 이상, 벽높이의 1/16 이상, 벽길이 1/50 이상 중 큰 값으로 한다.

09 벽돌조의 벽체의 형식

① 대린벽 : 내력벽에 직각으로 교차하는 벽
② 중공벽 : 벽체의 공간을 두어 이중으로 쌓는 벽
③ 장막벽 : 자체하중만 지지하는 비내력벽
④ 칸막이벽 : 칸막이 역할을 하는 비내력벽

10 기둥의 종류 [15·10년 출제]

① 샛기둥 : 기둥과 기둥 사이의 작은 기둥
② 통재기둥 : 1층과 2층을 한 개의 부재로 연결하는 기둥
③ 평기둥 : 층별로 구성된 본기둥으로 2m 간격으로 배치
④ 동바리 : 지면에 가까이 있는 마루 밑의 멍에, 장선을 받치는 짧은 기둥

11 마루의 종류 [21·15·14·13·11년 출제]

① 홑마루 : 보를 쓰지 않고 층도리와 칸막이도리에 직접 장선을 걸쳐 대고 그 위에 마루널을 깐 것이다. 간사이가 2.4m 미만인 좁은 복도에 사용한다.
② 보마루 : 보 위에 장선을 대고 마루널을 깐다.
③ 짠마루 : 큰보와 작은보 위에 장선을 대고 마루널을 깐다. 간사이가 6m 이상일 때 사용한다.
④ 동바리마루 : 1층 마루의 일종으로 마루 밑에는 동바리돌을 놓고 그 위에 동바리를 세운다.

12 기초의 종류 [21·15·14·13·12·11년 출제]

① 독립푸팅기초 : 한 개의 기둥에 하나의 기초판을 설치한 기초이다.
② 복합푸팅기초 : 한 개의 기초판이 두 개 이상의 기둥을 지지한다.
③ 연속기초 : 내력벽 또는 일렬로 된 기둥을 연속으로 따라서 기초벽을 설치하는 구조이다.
④ 온통기초 : 건물하부 전체를 기초판으로 만든다.

13 내력벽길이와 바닥면적 [14·12·10·09·08년 출제]
길이는 10m 이하, 면적은 80㎡ 이하, 높이는 4m 이하로 한다.

14 입체트러스 [14·12년 출제]
트러스를 입체적으로 조립한 구조로 삼각형 또는 사각형의
배열로 구조적 안정성을 가진다.

15 절판구조 [21·15·14·10년 출제]
판을 주름지게 하여 하중에 대한 저항을 증가시킨 구조로, 주
름으로 인해 철근 배근이 어렵다.

16 조적조 내쌓기 [14·13·12·11년 출제]
내쌓기의 한도는 2.0B 이하로, 한 켜는 1/8, 두 켜는 1/4씩
쌓는다.

17 좌굴 [16·15·14·10년 출제]
기둥이 휘는 현상으로 세장하고 길수록 좌굴이 심하다.

18 지붕형태 [14·13·12·10년 출제]
① 외쪽지붕 : 한쪽으로 경사를 만든 지붕
② 솟을지붕 : 지붕 일부가 솟아 있는 지붕
③ 합각지붕 : 위 절반은 박공지붕, 아래 절반은 네모꼴로 된
　　모임지붕을 한 지붕
④ 방형지붕 : 네 귀의 추녀마루가 한데 모이게 된 지붕

19 아치쌓기의 종류 [16·15·13·12·09년 출제]
① 층두리아치 : 벽돌을 여러 겹으로 둘러쌓아 만듦
② 거친아치 : 줄눈을 쐐기모양으로 채워 만듦
③ 본아치 : 사다리꼴 모양으로 특별 제작하여 사용
④ 막만든아치 : 벽돌을 쐐기모양으로 다듬어 사용

20 철골구조 [21·15·14·12·10년 출제]
① 커버 플레이트 : 플랜지를 보강하기 위해 플랜지 상부에
　　사용하는 보강재로, 휨내력의 부족을 보충한다.
② 웨브 플레이트 : 전단력에 저항하며 6mm 이상으로 한다.
③ 스티프너 : 웨브의 좌굴을 방지하기 위한 보강재이다.
※ 주각의 구성재 : 베이스 플레이트, 리브 플레이트, 윙 플
　　레이트, 클립 앵글, 사이드 앵글, 앵커 볼트 등이 있다.

21 벌목 [15·12·10년 출제]
겨울에 수액이 가장 적고, 목질이 견고하다.

22 플로어 힌지
상점의 유리문처럼 무거운 여닫이문에 사용된다.

23 황동 [15·12·09년 출제]
구리(Cu)와 아연(Zn)의 합금으로 주조가 잘되며, 가공하기
쉽다.

24 공극률 [13·10·07년 출제]
$v = (1-\gamma/1.54) \times 100$ 공식에 대입
$(1-0.54/1.54) \times 100 = 64.93\%$ 약 65%이다.
※ 진비중은 수종에 관계없이 1.54이고, 절대건조비중은 0.5
　　4이다.

25 역학적 성질 [20·15·13·12·09년 출제]
① 탄성 : 외력을 제거하면 순간적으로 원형으로 회복하는
　　성질
② 소성 : 외력을 제거해도 원형으로 회복되지 않는 성질
③ 점성 : 유체를 구성하는 분자 간에 서로 당기려는 끈끈한
　　성질
④ 연성 : 가늘고 길게 늘어나는 성질

26 테라코타 [16·15·14·13·12년 출제]
석재 조각물 대신 사용되는 장식용 점토소성제품이다.

27 코르크판
가벼우며, 탄성, 단열성, 흡음성 등이 있다. 목재가공품으로
화기에 약하다.

28 코너비드 [15·14·12·07년 출제]
벽, 기둥 등의 모서리를 보호하기 위해 미장공사 전 사용하는
철물이다.

29 시멘트의 풍화 [15·13년 출제]
공기 중의 수분이나 이산화탄소와 접하여 반응을 일으키며
비중이 떨어지고 경화 후 강도가 저하된다.

30 저항하는 강도의 분류 [09년 출제]
① 정적강도 : 하중이 일정속도로 가해질 때의 강도로, 인장
　　강도, 압축강도, 전단강도, 휨강도가 있다.
② 충격강도 : 충격을 받을 때 저항하는 강도

③ 크리프강도 : 일정한 하중이 가해진 상태에서 시간의 경과에 따라 저항하는 강도
④ 피로강도 : 피로파괴에 저항하는 강도로, 정적강도 이하의 응력에서 파괴된다.

31 석재 표면 마감 [14·13·12·11·10년 출제]
① 정다듬 : 뾰족한 정으로 표면을 평탄하게 만드는 방식이다.
② 혹두기 : 쇠메로 울퉁불퉁한 혹모양으로 거칠게 마감한 방식이다.
③ 버너마감 : 불을 이용해 겉표면을 벗겨낸 상태로 표면이 거칠어지는 방식이다.
④ 도드락다듬 : 도드락망치로 정다듬한 면을 더 곱고 평탄하게 마감한 방식이다.

32 목재의 강도 [21·20·15·14·09·07·06년 출제]
섬유포화점 이상에서는 강도가 일정하지만 섬유포화점 이하에서는 수분 감소에 따라 강도가 증대된다.

33 소성온도 [20·15·13·09년 출제]
① 토기 : 790~1,000℃
② 석기 : 1,160~1,350℃
③ 자기 : 1,230~1,460℃
⑤ 도기 : 1,100~1,230℃

34 벽 및 천장재료의 특징 [14·13·11·09년 출제]
열전도율이 작은 재료를 사용하면 여름에는 시원하고 겨울에는 따뜻하다.(벽, 천장 단열재의 사용 목적이다.)

35 컨시스턴시 측정시험 [13·12·09·06년 출제]
플로 시험, 리몰딩 시험, 슬럼프 시험, 구관입 시험이 있다.
※ 르샤틀리에 비중병 시험은 시멘트의 비중 측정방법이다.

36 합판의 특성 [15·07년 출제]
얇은 판을 섬유방향과 직교되게 홀수 겹으로 붙인 구조로 방향에 따른 강도차가 없다.

37 건축재료의 발달 [21·15·13·11·09·08년 출제]
공장제작에 따른 표준화, 생산성 향상, 고품질, 고성능화 방향으로 현장시공이 많이 줄어들고 있다.

38 석재의 내화도
석재는 내수성·내구성, 내화학성이 크지만 화강암의 경우 500℃ 이하에서 강도가 저하되며 700℃에서 파괴된다.

39 목재의 방부제 [15·14·13·12년 출제]
① 크레오소트 오일 : 자극적인 냄새가 나 실내에 사용할 수 없고 토대, 기중, 도리 등에 사용된다.
② 콜타르 : 흑색이어서 사용장소가 제한된다. 도포용, 가설대 등에 사용된다.
③ 페인트 : 유성피막을 형성하며, 방부, 방습효과가 있다.
④ 테레빈유 : 도로의 원료, 용제 등으로 사용된다.

40 조강 포틀랜드 시멘트 [15·13·08년 출제]
재령 28일 강도를 재령 7일 정도에 나타내 긴급공사, 한중공사에 유리하다. 초기 수화열이 크므로 큰 구조물(매스콘크리트)에는 부적당하다.

41 문자와 숫자 쓰기 [20·14·13·11년 출제]
① 문자크기는 문자높이로 나타내며 11종류가 있다.
② 축척과 도면의 크기에 맞추어 알아보기 쉽게 같은 문자와 일정한 크기로 한다.

42 동선의 3요소 [16·14·13·12·10년 출제]
속도(길이), 빈도, 하중이며, 빈도가 높은 동선을 짧게 하고, 교차는 피한다.

43 층수 산정 [21·20·15·12년 출제]
층수가 명확하지 않을 때는 4m마다 하나의 층수로 산정한다.
① 고층건축물은 '층수 30층에 ×4m' 하면 높이 120m 이상인 건축물이다.
② 초고층건축물은 '층수 50층에 ×4m' 하면 높이 200m 이상인 건축물이다.

44 한식주택 [14·10·08년 출제]
각 실이 다기능으로 사용되어 융통성이 높다.

45 사회공간 [21·20·15·14·13·12년 출제]
가족 중심의 공간으로 모두 같이 사용하는 공간이다.
※ 서재는 개인공간이다.

46 승용 승강기의 설치 대상 건축물
건축주는 6층 이상으로서 연면적이 2,000m² 이상인 건축물을 건축하려면 승강기를 설치하여야 한다.

47 단열 [15·12년 출제]
열관류율의 역수를 열관류 저항이라 하며 열관류 저항이 클수록 단열효과가 좋다.

48 메조넷형(복층형) [15·13·11·07년 출제]
단위주거의 평면이 2개 층이면 듀플렉스형, 3개 층이면 트리플렉스형이라 한다.

49 연속성 [15·13년 출제]
유사한 배열이 하나의 묶음으로 보이는 현상이다.

50 정투상도 [15·14·12·10년 출제]
각 면을 투상면에 나란히 놓고 투상하는 것으로 정면도(A), 평면도(B), 좌측면도(C), 우측면도(D), 배면도(E)가 있다.

51 작도순서 [14·11·09년 출제]
축척과 구도 → 지반선과 벽체선 → 개구부 높이 → 처마선 → 재료마감

52 직접 조명방식 [15·14·12·08년 출제]
하향 광속이 90~100%인 조명으로 광원이 노출되어 있어 눈부심이 심하다. 설비비가 싸고 조명률이 높으며 집중조명이 사용된다.

53 급탕설비 [09·08년 출제]
열원으로 물을 가열하여 온수를 만들어 공급하는 설비로 개별식과 중앙식으로 나눈다.

54 3소점 투시도 [15·07년 출제]
소점이 3개로 아주 높은 위치나 낮은 위치에서 물체의 모양을 표현할 때 사용된다.

55 자동화재탐지설비 [15·10·08년 출제]
① 열감지기 : 일정한 온도변화에 작동(차동식, 정온식, 보상식)
② 연기감지기 : 일정농도 이상의 연기에 작동(광전식, 이온화식)

56 단일 덕트방식 [15·12년 출제]
① 단일 덕트로 공급되며 혼합상자가 없어 소음과 진동이 적다.
② 각 실의 부하에 즉시 대응할 수 없다.

57 집중형 아파트 [16·15·12·11년 출제]
중앙에 엘리베이터와 계단 홀을 배치하고 주위에 많은 단위주거를 집중 배치하는 형식으로 독립성 측면에서 매우 불리하다.

58 이형철근 배근법 [15·12·09년 출제]
이형철근은 D, 직경은 13, 간격은 @150 순서로 표시한다.

59 색상 [12년 출제]
① 명색 : 명도만 있는 색으로 밝은 부분
② 순색 : 아무것도 섞이지 않은 색
③ 탁색 : 순색과 회색이 섞인 색
④ 암색 : 명도만 있는 색으로 어두운 부분

60 배치도 [13·12·11·10년 출제]
도로 및 인접대지경계와 건축물 외곽의 관계를 표현한다.
※ 방화구획 및 방화문은 소방평면도에 표현한다.

CBT
모의고사 4회
정답 및 해설

▶▶ 정답

01	③	02	④	03	①	04	①	05	③
06	①	07	④	08	②	09	③	10	③
11	①	12	③	13	④	14	②	15	②
16	②	17	②	18	④	19	①	20	②
21	③	22	④	23	②	24	④	25	④
26	①	27	③	28	②	29	③	30	②
31	①	32	④	33	①	34	③	35	③
36	②	37	④	38	①	39	③	40	②
41	①	42	①	43	③	44	④	45	②
46	③	47	①	48	④	49	④	50	②
51	④	52	②	53	②	54	③	55	③
56	①	57	①	58	②	59	③	60	④

01 구조형식 [15·14·13·10년 출제]
① 라멘구조 : 기둥과 보로 구조체의 뼈대를 강절점하여 하중에 대해 일체로 저항하도록 하는 구조이다.
② 플랫슬래브구조 : 바닥에 보를 없애고 슬래브만으로 구성하며 하중을 직접 기둥에 전달하는 구조이다.
③ 벽식 구조 : 보와 기둥 대신 슬래브와 벽이 일체가 되는 구조이다.
④ 아치구조 : 상부하중이 아치의 축선을 따라 압축력만 전달하고 인장력은 생기지 않게 한 구조이다.

02 기초의 종류 [21·15·14·13·12·11년 출제]
① 독립기초 : 한 개의 기둥에 하나의 기초판을 설치한 기초이다.
② 줄기초 : 내력벽 또는 일렬로 된 기둥을 연속으로 기초벽을 설치하는 구조이다.
③ 복합기초 : 한 개의 기초판이 두 개 이상의 기둥을 지지한다.
④ 온통기초 : 건물하부 전체를 기초판으로 만든다.

03 강구조의 특징 [14·12·10·09년 출제]
① 철골구조로 고온에 취약하므로 내화피복이 필요하다.
② 처짐이나 진동에 민감하므로 주의를 요한다.

04 거푸집재료
① 드롭헤드 : 철제지주 상부의 보조받침판을 말하는데, 지주를 제거하지 않고 거푸집을 제거하는 장치이다.
② 컬럼밴드 : 기둥 바깥쪽을 감싸서 측압에 의해 거푸집이 벌어지는 것을 방지한다.
③ 캠버 : 처짐을 고려하여 거푸집 지주 아래에 끼워 높이를 조절하는 것이다.
④ 와이어클리퍼 : 거푸집 긴장 철선을 절단하는 절단기이다.

05 ㅅ자보 [13·12·08·06년 출제]
중도리를 직접 받쳐주는 부재로 하부는 평보 위에 안장맞춤으로 하고 압축력과 휨모멘트를 동시에 받는다.

06 짧은 장부맞춤 [13·11·09·08년 출제]
부재춤의 1/2~1/3 정도 되는 방장부로 맞춤, 토대와 기둥, 왕대공과 평보의 맞춤에 사용된다.

07 단순보 [14·10·07년 출제]
늑근은 전단 보강을 위해 중앙부보다 단부에 촘촘하게 배치한다.

08 돌마감의 종류 [14·13·12·10·09년 출제]
① 돌림띠 : 벽에 재료가 분리될 경우 가로방향으로 길게 내민 장식재이다.
② 두겁돌 : 담, 박공벽, 난간 등의 꼭대기에 덮어 씌우는 돌
③ 창대돌 : 창 밑에 대어 빗물을 처리하고 장식하는 돌
④ 문지방돌 : 출입문 밑에 문지방으로 댄 돌

09 내쌓기 [13·12·11·06년 출제]
1/8B는 한 켜, 1/4B는 두 켜를 내쌓고, 한도는 2.0B 이하로 한다.

10 가새 [14·12·11·09년 출제]
횡력(수평력)이 작용해도 그 형태가 변형되지 않도록 대각선 방향으로 빗대는 재를 의미한다.

11 주걱볼트 [16·15·14·13·12·11년 출제]
주걱볼트로 깔도리 – 지붕보 – 처마도리 순서로 고정한다.

12 트러스구조 [14·12·09년 출제]
강재를 핀으로 연결하고, 삼각형의 뼈대로 조립해서 응력에 저항하도록 한 구조이다.

13 꺾인지붕

지붕을 꺾어 물매를 여러 개 만든 지붕이다.

① 박공지붕 평면모양
② 모임지붕 평면모양
③ 솟을지붕 평면모양
④ 꺾인지붕 평면모양

14 우미량

모임지붕 등에서 지붕틀의 대공을 세우기 위하여 처마도리와 지붕보의 사이에 건너 지르는 수평부재이다. 도리와 보에 걸쳐 동자기둥을 받치는 보 또는 처마도리와 동자기둥에 걸쳐 그 일단이 중도리로 쓰이는 보로서 소꼬리모양으로 휘어져 있으며, 안 부분은 중도리를 겸하게 될 때가 있다.

15 특수구조 [15·12·11·10년 출제]

① 절판구조 : 판을 주름지게 하여 하중에 대한 저항을 증가시킨 구조이다.
② 공기막구조 : 내외부의 기압 차를 이용하여 공간을 확보한다.
③ 셸구조 : 곡면의 휘어진 얇은 판으로 공간을 덮은 구조이다.
④ 현수구조 : 기둥과 기둥 사이를 강제케이블로 연결한다.

16 건축구조의 분류 [16·14·12·06년 출제]

① 조적식 구조의 설명
② 가구식 구조의 설명
③ 일체식 구조의 설명
④ 습식 구조의 설명

17 테두리보 [14·13·10·09년 출제]

① 너비는 그 밑의 내력벽 두께보다 크거나 같게 한다.
② 춤은 벽 두께의 1.5배 이상 철근콘크리트 또는 철골구조로 한다.

18 붙박이창 [14·13·11년 출제]

열지 못하게 고정하고 채광용으로만 사용한다.

19 구조형식 [14·13·09·08년 출제]

① 케이블구조 : 모든 부재가 인장력만 받고 압축력은 발생하지 않는 구조이다.
② 트러스구조 : 강재를 핀으로 연결하고, 삼각형의 뼈대로 조립해서 응력에 저항하도록 한 구조이다.
③ 절판구조 : 아코디언 같이 주름지게 하여 하중에 대한 저항을 증진시킨 구조로 철근 배근이 어렵다.

④ 철골구조 : 무게가 가벼워 고층이 가능하나 좌굴하기 쉽고 공사비가 고가이다.

20 철골구조 [21·15·06년 출제]

① 웨브 : 전단력에 저항하며 6mm 이상으로 한다.
② 플랜지 : 인장 및 휨 응력에 저항하며 보 단면의 상하에 날개처럼 내민 부분이다.
③ 스티프너 : 웨브의 좌굴을 방지하기 위한 보강재이다.
④ 거싯 플레이트 : 트러스보에 웨브재의 수직재와 경사재를 접합판(거싯 플레이트)으로 댈 때 사용한다.

21 기건상태 [15·14·07년 출제]

목재를 건조하여 대기 중에 습도와 균형상태가 된 것이며 함수율은 약 15% 정도가 된다.

22 아스팔트 제품 [15·12·11·08·07년 출제]

① 아스팔트 코팅 : 블론 아스팔트를 휘발성 용제로 녹여 석면, 광물질분말, 안정대를 혼합한 것이다.
② 아스팔트 펠트 : 양털, 무명, 삼 등을 혼합하여 만든 원지에 스트레이트 아스팔트를 침투시켜 만든 두루마리 제품이다.
③ 아스팔트 루핑 : 아스팔트 펠트의 양면에 아스팔트 콤파운드를 피복한 위에 활석분말 등을 부착시켜 롤러로 제품을 만든다.
④ 아스팔트 프라이머 : 블론 아스팔트를 휘발성 용제에 희석한 흑갈색의 액체로 방수시공의 첫 번째 바탕처리제이다.

23 물리적 성질 [21·13·07년 출제]

① 열용량 : 물체에 열을 저장할 수 있는 용량을 말한다.
② 비열 : 질량 1g의 물체의 온도를 1℃ 올리는 데 필요한 열량을 말한다.
③ 열전도율 : 열이 재료의 앞쪽 표면에서 뒤쪽 표면으로 전달되는 차이를 말한다.
④ 연화점 : 유리, 아스팔트 같은 금속이 아닌 물질이 열에 의해 액체로 변화하는 상태의 온도를 말한다.

24 합성수지 [14·09·08년 출제]

석유와 석탄, 석유화학제품 등이 있다.

25 바니시 [12·10·07년 출제]

목재 및 기타 소재의 표면처리에 사용되는 투명한 도료로, 니스라고도 한다.

26 탄소 함유량 [14·09년 출제]

탄소 함유량이 증가되면 철이 더욱 단단해져 연신율(늘어나는 비율)이 감소한다.

27 방식방법 [13·09·07·06년 출제]

표면을 깨끗이 하고 물기나 습기가 없도록 한다.

28 실리카 시멘트(포졸란 시멘트) [16·13·10년 출제]

초기강도는 작으나 장기강도는 크기 때문에 긴급공사용으로는 부적합하다. 해수와 화학저항성이 좋다.

29 금속제품 [12·07년 출제]

① 줄눈대 : 바닥마감의 신축 균열 방지 및 의장효과를 위해 구획하는 철물이다.
② 논슬립 : 계단의 디딤판 끝에 대어 오르내릴 때 미끄럼을 방지한다.
③ 코너비드 : 모서리를 보호하기 위하여 미장공사 전 사용하는 철물이다.
④ 듀벨 : 목재와 목재 사이에 끼워서 전단력을 보강하는 철물이다.

30 시멘트의 저장방법 [16·14·12·11·10년 출제]

저장 시 공기 중의 수분 및 이산화탄소와 접하여 시멘트가 풍화되므로 저장소에 통풍이 되지 않게 개구부를 최대한 적게 설치한다.

31 콘크리트의 강도 [14·13·11·10년 출제]

콘크리트 강도는 압축강도이며, 인장강도는 압축강도의 1/10 정도, 전단강도는 압축강도의 1/5 정도이다. 물 – 시멘트비가 클수록 강도는 작아진다.

32 침엽수 [14·12년 출제]

바늘같이 뾰족한 잎을 가지고 있는 수종으로 구조용으로 사용한다.(소나무, 삼송나무, 잣나무)
※ 단풍나무는 내부 치장용으로 사용하는 활엽수이다.

33 점토제품 제조법 [14·12년 출제]

원토처리 → 원료배합 → 반죽 → 성형 → 건조 → (소성 → 이유 → 소성) → 냉각 → 검사, 선별 순이다.

34 테라코타 [16·15·14·13·12년 출제]

석재 조각물 대신 사용되는 장식용 점토소성제품이다.

35 구조재료 [15·14·11·10년 출제]

주체가 되는 기둥, 보, 내력벽을 구성하는 재료로 가볍고 큰 재료를 쉽게 구할 수 있어야 한다.

36 수용성 방부제 [14·12·06년 출제]

물에 용해해서 사용하는 방부제이다.(황산동 1%용액, 염화아연 4%용액, 염화제2수은 1%용액, 불화소다 2%용액)

37 목재의 강도 [14·09·07년 출제]

인장강도 > 휨강도 > 압축강도 > 전단강도 순으로 작아진다.

38 경량기포콘크리트 [14·11년 출제]

콘크리트 속에 무수한 기포를 발생시켜 기건비중 2.0 이하로 ALC 블록과 패널이 있다.

39 목재의 장단점 [14·13·12년 출제]

장점	• 가벼워 취급과 가공이 쉽고 외관이 아름답다. • 비중에 비하여 강도가 크다.(인장, 압축강도) • 열전도율이 적어 보온, 방한, 방서성이 뛰어나다. • 음의 흡수와 차단이 좋다. • 내산, 내약품성이 있고, 염분에 강하다. • 재료를 구하기가 쉽고 비교적 싸다.
단점	• 낮은 온도에서 타기 쉬워 화재 우려가 있다. • 수분에 의한 변형과 팽창, 수축이 크다. • 충해 및 풍화로 인해 부패하므로 비내구적이다. • 생물이라 큰 재료를 얻기 힘들다. • 재질, 섬유방향에 따라 강도가 다르다.

40 미장재료 [13·11·10년 출제]

① 미장재료의 구성으로 고결재와 결합재가 있다.
② 회반죽에 석고를 넣으면 강도 증대, 수축 균열이 감소한다.
③ 여물, 풀은 보강 및 균열 방지의 목적이 있다.
④ 시멘트 모르타르는 수경성 재료이다.

41 배수트랩 [13·12·11·08·07년 출제]

배수관 속의 악취나 벌레 등이 실내로 유입되는 것을 방지하기 위해 봉수가 고이게 하는 기구이다. S트랩, P트랩, 벨트랩, 드럼트랩, 그리스트랩 등이 있다.

42 지시선

지시, 기호 등을 나타내기 위하여 가는 실선을 사용한다.

43 증기난방의 단점 [10·09·08년 출제]
소음이 많이 나며, 보일러 취급이 어렵다. 화상이 우려되며 먼지 등이 상승하여 불쾌감을 준다.

44 층수 산정 [21·20·15·12년 출제]
층수가 명확하지 않을 때는 4m마다 하나의 층수로 산정한다.
① 고층건축물은 '층수 30층에 ×4m' 하면 높이 120m 이상인 건축물이다.
② 초고층건축물은 '층수 50층에 ×4m' 하면 높이 200m 이상인 건축물이다.

45 할로겐 램프
백열등의 단점을 개량한 것으로 연색성이 좋아 태양광과 흡사하다.

46 소방시설의 종류 [14·12·08년 출제]
① 경보설비 : 비상경보, 단독경보, 비상방송, 누전경보, 자동화재탐지 및 시각경보, 자동화재속보, 가스누설경보, 통합감시
② 소화활동설비 : 연결살수설비, 제연설비, 연결송수관설비, 비상콘센트설비, 무선통신보조설비, 연소방지설비
③ 소화설비 : 옥내소화전, 소화기구, 스프링클러

47 스킵플로어형 [13·06년 출제]
주거단위의 단면을 동일한 층으로 하지 않고 반 층씩 어긋난 형식으로 채광, 통풍이 좋고 복도면적은 줄어든다. 단, 구조 및 설비계획이 어렵다.

48 연필 [14·13·10·09·08·07년 출제]
9H부터 6B까지 17단계로 구분되며 명암 표현이 자유롭고 H의 수가 많을수록 단단하다. 다양한 질감 표현도 가능하다.

49 단선과 명암에 의한 묘사방법 [13·12년 출제]
건축물의 묘사방법으로 선으로 공간을 한정시키고 명암으로 음영 및 농도 변화를 주어 표현한다.

50 건축도면의 치수 [20·12·11·09·07년 출제]
치수의 단위는 mm로 하고, 기호는 붙이지 않는다.

51 단면도 [14·10·09·08년 출제]
건축물을 수직으로 절단하여 수평방향으로 본 도면이다. 평면상 이해가 어렵거나 전체 구조의 이해를 돕기 위해 작도한다.

52 DK(Dining Kitchen) [20·14·13·12·10년 출제]
식사실(Dining) + 부엌(Kitchen)의 뜻이다.

53 선의 종류 [13·11·09년 출제]
① 사선 : 운동성, 약동감 등 동적인 느낌의 선으로 사용
② 곡선 : 부드럽고 율동적이며 여성적 느낌의 선으로 사용
③ 수직선 : 고결, 희망, 상승, 존엄, 엄숙 등 긴장된 느낌의 선으로 사용
④ 수평선 : 고요, 안정, 평화, 진정된 느낌의 선으로 사용

54 벽체 제도순서 [16·15·14·11·09년 출제]
축척 → 지반과 중심선 → 벽체선 → 재료표시 → 치수선 → 치수와 명칭

55 축척 계산 [21·15·12·08년 출제]
① 단위를 맞춘다. 1m = 1,000mm
② 축척을 넣어 계산한다. 16,000mm × 1/200 = 80mm

56 동선계획 [14·12·10·07년 출제]
개인권, 사회권, 가사노동권은 서로 독립성을 유지한다.

57 외단열
건물의 외곽을 감싸기 때문에 단열성능이 좋다.

58 사회공간 [21·20·15·14·13·12년 출제]
가족 중심의 공간으로 모두 같이 사용하는 공간이며, 거실, 식당, 응접실 등이 있다.

59 척도의 종류 [06년 출제]
척도의 종류는 총 24종이며 1/80, 1/400 축척은 없다.

60 주택단지계획 [20·15·14·13·12·11·10년 출제]
1단지 주택계획은 인보구(어린이 놀이터) → 근린분구(유치원, 보육시설) → 근린주구(초등학교)의 순으로 구성된다.

CBT 모의고사 5회
정답 및 해설

▶▶ 정답

01	①	02	③	03	②	04	②	05	④
06	①	07	②	08	①	09	④	10	②
11	③	12	①	13	①	14	①	15	②
16	①	17	①	18	③	19	④	20	②
21	④	22	④	23	②	24	②	25	③
26	④	27	④	28	①	29	①	30	②
31	③	32	①	33	③	34	④	35	④
36	④	37	①	38	①	39	①	40	②
41	④	42	④	43	①	44	①	45	②
46	①	47	④	48	①	49	②	50	②
51	①	52	①	53	④	54	①	55	①
56	③	57	①	58	④	59	④	60	①

01 일사 [16·15년 출제]
지표면에 도달하는 태양 복사에너지를 말한다.

02 외부공간 [16·13·11·10·06년 출제]
배치계획에 의하여 건축물의 주위에 만들어지는 외부환경 또는 건축군의 배치문제를 포함한 광의적 의미를 말한다.

03 작업삼각형 [16·13·11·10·06년 출제]
준비대(냉장고) – 개수대 – 가열대를 연결하는 작업대의 길이는 3.6~6.6m로 하고 작업순서는 오른쪽 방향으로 하는 것이 편리하다.

04 메조넷형(복층형) [16·15·13·11년 출제]
하나의 주거단위가 복층 형식을 갖고 있어 상하층 공간의 변화가 있다.

05 동선계획 [16·14·13·11·10·07년 출제]
동선의 3요소는 속도(길이), 빈도, 하중이며, 빈도가 높은 동선을 짧게 하고, 교차는 피한다.

06 색의 3요소 [15·13·10년 출제]
표색계는 색상, 명도, 채도의 세 가지 속성으로 한다.

07 층수 산정 [21·20·15·12년 출제]
층수가 명확하지 않을 때는 4m마다 하나의 층수로 산정한다.
① 고층건축물은 '층수 30층에 ×4m' 하면 높이 120m 이상인 건축물이다.
② 초고층건축물은 '층수 50층에 ×4m' 하면 높이 200m 이상인 건축물이다.

08 한식주택 [15·14·10·08년 출제]
각 실이 다기능으로 사용되어 융통성이 높다.

09 주택단지계획 [20·15·14·13·12·11·10년 출제]
1단지 주택계획은 인보구(어린이 놀이터) → 근린분구(유치원, 보육시설) → 근린주구(초등학교)의 순으로 구성된다.

10 현관 [16·14·11·10년 출제]
바닥 차는 10~20cm가 적당하다.

11 각개 통기방식 [15·14·10년 출제]
각 기구의 트랩마다 통기관을 설치하기 때문에 가장 안정도가 높다.

12 소화활동설비의 종류 [15·14·10년 출제]
제연설비, 연결송수관설비, 연결살수설비, 비상콘센트설비, 무선통신보조설비, 연소방지설비

13 단일 덕트방식 [15·12년 출제]
공조기에서 조화한 공기를 하나의 주 덕트로부터 분기하여 각 방(존)에 보내고 환기하는 방식이다. 개별제어는 불가능하며, 중간 규모 이하의 건물에 적당하고 보수관리도 용이하다.

14 접지설비 [16·15년 출제]
① 전기회로구성용, 인체보호용, 피뢰설비용, 약전설비용, 구내통신설비용 등의 목적으로 설치하는 설비이다.
② 대지에 이상전류를 방류 또는 계통구성을 위해 의도적이거나 우연하게 전기회로를 대지 또는 대지를 대신하는 전도체에 연결하는 전기적인 접속이다.

15 에스컬레이터 [20·16·15·08·06년 출제]

경사는 30° 이하, 속도는 30m/min 이하로 하고 수송인원은 4,000~8,000인/h이므로 수송능력이 엘리베이터보다 많다.

16 일반적인 선 표시 [14·12·11년 출제]

① 가는 실선 : 배근에서 스터럽 또는 치수선, 치수보조선, 지시선을 표시한다.
② 파선 : 대상이 보이지 않는 부분을 표시한다.
③ 굵은 실선 : 외형선, 단면선을 표시한다.
④ 이점쇄선 : 가상선, 상상선을 표시한다.

17 연필 [14·13·10·09·08·07년 출제]

9H부터 6B까지 17단계로 구분되며 명암 표현이 자유롭고 H의 수가 많을수록 단단하다. 지울 수 있는 장점이있다.

18 벽체 제도순서 [16·15·14·11·09년 출제]

축척 → 지반과 중심선 → 벽체선 → 재료표시 → 치수선 → 치수와 명칭

19 명암 처리만으로 표현방법 [16·14·11·10년 출제]

명암의 농도 변화만으로 면과 입체를 결정하며, 같은 크기라도 명암이 진한 것이 돋보인다.

20 도면 표시기호 [21·20·16·15·14·13·12·09·08년 출제]

① W – 너비
② H – 높이
③ L – 길이
④ THK – 두께

21 제도용지 [15·14·13·11·10년 출제]

큰 도면을 접을 때에는 A4의 크기로 접는 것을 원칙으로 한다.

22 3소점 투시도 [15·07년 출제]

3개의 소점으로 모이는 투시도로, 건물 위에서 내려다보는 조감도를 표현할 때 사용한다.

23 치수기입 [15·14·12·11년 출제]

① 아래로부터 위로, 왼쪽에서 오른쪽으로 읽을 수 있도록 치수선 위의 가운데에 기입하며 중단하지 않는다.
② 단위 기호는 붙이지 않는다.

24 창호의 재질기호 [16·15·14·11·10년 출제]

SS : 스테인리스 스틸

25 시공과정의 분류 [16·15·14·13·12·11·10년 출제]

건식 구조, 습식 구조, 조립식 구조로 되어 있다.

26 제혀이음 [14·11년 출제]

한쪽 맞댄 면에 홈을 파고 다른 쪽의 제혀 부분을 끼운 것이다.

27 테두리보 [16·14·09년 출제]

횡력에 의해 발생하는 수직균열의 발생을 막는 역할을 한다.

28 공간쌓기 [16·10년 출제]

공간의 간격을 5~10cm 정도 띄우고 연결철물은 수직거리 45cm, 수평거리 90cm 이내, 벽면적 0.4m² 이내마다 1개씩 사용한다.

29 특수구조 [16·15·14·12년 출제]

① 현수구조 : 양쪽 주탑(기둥과 기둥)으로 케이블을 내려 바닥판을 잡아주고 지지한다.
② 사장구조 : 주탑(기둥)에서 늘어뜨린 케이블에 지지해 연결한다.

30 개구부와의 수직거리 [20·16·14·10년 출제]

개구부와 바로 위 개구부의 수직거리는 600mm 이상으로 한다.

31 반자구조 [20·16·15·12·07년 출제]

반자돌림 → 반자틀 → 반자틀받이 → 달대 → 달대받이 순서로 지붕 쪽으로 올라간다.

32 콘크리트 [13·11년 출제]

콘크리트는 압축력, 철근은 인장력을 부담한다.

33 견치석 [15년 출제]

모양이 송곳니를 닮아 이름이 붙었으며 앞면은 300mm 정도의 네모이며, 뒤가 뾰쪽한 각뿔형이다.

34 특수구조 [15·12·11·10년 출제]

① 막구조 : 인장력이 강한 얇은 막을 잡아당겨 공간을 덮는 구조로 채광과 넓은 대공간 지붕구조로 좋다.
② 셸구조 : 곡면의 휘어진 얇은 판으로 공간을 덮은 구조이다.

③ 현수구조 : 기둥과 기둥 사이를 강제케이블로 연결한다.
④ 입체트러스구조 : 트러스구조를 입체적으로 조립한 것으로 초대형 공간을 만들 수 있다.

35 철골구조 [21·15·14·12·10년 출제]
① 커버 플레이트 : 플랜지를 보강하기 위해 플랜지 상부에 사용하는 보강재로, 휨내력 부족을 보충한다.
② 웨브 플레이트 : 전단력에 저항하며 6mm 이상으로 한다.
③ 스티프너 : 웨브의 좌굴을 방지하기 위한 보강재이다.
※ 주각의 구성재 : 베이스 플레이트, 리브 플레이트, 윙 플레이트, 클립 앵글, 사이드 앵글, 앵커 볼트 등이 있다.

36 최소 피복두께를 두는 이유 [15·12년 출제]
① 콘크리트 철근의 부식 방지(콘크리트의 알칼리 성질이 철근의 부식을 방지한다.)
② 내구, 내화성 확보
③ 철근과 콘크리트의 부착력 확보

37 목구조의 부재 [21·15년 출제]
① 버팀대 : 가새를 댈 수 없을 때 절점부분인 기둥과 깔도리, 기둥과 층도리, 보 등의 수평력의 변형을 막기 위해 모서리에 짧게 수직으로 비스듬히 댄 부재이다.
② 가새 : 횡력(수평력)이 작용해도 그 형태가 변형되지 않도록 대각선방향으로 빗대는 재를 의미한다.

38 벽체의 형식 [16·15·14·13·12·11·10년 출제]
① 내진벽 : 기둥과 보로 둘러싸인 벽으로 지진, 풍향 등의 수평하중을 받는다.
② 장막벽 : 자체 하중만 지지하는 비내력벽
③ 칸막이벽 : 칸막이 역할을 하는 비내력벽
④ 대린벽 : 내력벽에 직각으로 교차하는 벽

39 벽돌 쌓기 [15·14·11년 출제]
① 영식 쌓기 : 처음 한 켜는 마구리쌓기, 다음 한 켜는 길이쌓기를 교대로 쌓는 방법이다.
② 영롱쌓기 : 모양구멍을 내어 쌓으며 장식벽으로 사용한다.
③ 미식 쌓기 : 5~6켜는 길이쌓기로 하고, 다음 켜는 마구리쌓기를 하는 방식이다.
④ 화란식 쌓기 : 모서리 또는 끝부분에 칠오토막을 사용하여 쌓는 방법이다.

40 2방향 슬래브 [16·14·13·12·11·10년 출제]
$l_y/l_x \leq 2(l_x$: 단변길이, l_y : 장변길이)

41 늑근 [14·10·07년 출제]
전단력이 단부로 갈수록 커지기 때문에 중앙부보다 양단부에 간격을 좁게 한다.

42 강구조 [14·08년 출제]
철골구조를 용접할 경우 일체식 구조로 하지만 재료가 철재라 내화성이 높지 않아 피복이 필요하고 건물 무게가 가벼워 고층구조에 적합하다.

43 철골철근콘크리트 [14·07년 출제]
철골구조의 취약한 부분인 내구성과 내화성을 보강한 구조로 철골을 철근콘크리트로 피복한 상태이며 내화성에 유리하여 고층건물에 많이 적용된다.

44 특수구조 [15·12·11·10년 출제]
① 막구조 : 인장력이 강한 얇은 막을 잡아당겨 공간을 덮는 구조로 채광과 넓은 대공간 지붕구조로 좋다.
② 셸구조 : 곡면의 휘어진 얇은 판으로 공간을 덮은 구조로 가볍고 넓은 공간을 필요로 할 때 사용한다.
③ 절판구조 : 판을 주름지게 하여 하중에 대한 저항을 증가시킨 구조이다. 주름으로 인해 철근 배근이 어렵다.
④ 케이블구조 : 모든 부재가 인장력만 받고 압축력은 발생하지 않는 구조이다.

45 탄성과 소성 [16·15·14·13·12·11·10년 출제]
① 탄성 : 외력을 제거하면 순간적으로 원형으로 회복하는 성질을 말한다.
② 소성 : 외력을 제거해도 원형으로 회복되지 않는 성질이다.

46 모니에 [16·08년 출제]
19세기 중엽 철근과 콘크리트의 특성을 고려하여 일체화 한 철근콘크리트 사용법을 개발하였다.

47 차음률 [16·13년 출제]
음을 차단하는 정도를 말하며 재료의 비중이 클수록 크다.

48 콘크리트의 강도 [14·13·11·07년 출제]
콘크리트 강도는 압축강도이며, 인장강도는 압축강도의 1/10 정도, 전단강도는 압축강도의 1/5 정도이다.

49 트래버틴 [14·13·07년 출제]
대리석의 한 종류로 다공질이며 석질이 균일하지 못하며 암갈색 무늬가 있다. 특수한 실내장식재로 이용된다.

50 실리카 시멘트(포졸란 시멘트) [16·14·13·10년 출제]
초기강도는 작으나 장기강도가 커서 긴급공사에는 적합하지
못하다. 수밀성과 내구성이 좋으며 화학적 저항성이 크다.

51 목재의 강도 [21·20·15·14·09·07·06년 출제]
섬유포화점(30%) 이상에서는 강도가 일정하지만 섬유포화점
(30%) 이하에서는 함수율의 감소에 따라 강도가 증대된다.

52 강화 판유리 [15·11·10·08년 출제]
보통유리 강도의 3~4배, 충격강도는 7~8배이며 손으로 절
단 불가능하고 파괴 시 모래처럼 부서진다.

53 컨시스턴시 측정시험 [15·13·12·09·06년 출제]
플로 시험, 리몰딩 시험, 슬럼프 시험, 구관입 시험이 있다.
※ 르샤틀리에 비중병 시험 : 시멘트의 비중 측정 방법이다.

54 단열재 [16·15년 출제]
열전도율과 흡수율이 낮아야 한다.

55 시멘트의 저장 [16·14·12·11·10년 출제]
시멘트는 입하순서로 사용한다.

56 다공벽돌 [16·12·09·08·06년 출제]
톱밥 등이 사용되어 절단, 못치기가 가능한 것이 특징이다.

57 여물의 사용목적 [16·15·11·10·07·06년 출제]
바름벽의 보강 및 균열을 방지하는 데 있다.

58 페인트의 특징 [12년 출제]
① 유성페인트 : 휘발성으로 냄새가 나고, 건조가 느리며, 철
   재나 목재에 사용되는 페인트이다.
② 수성페인트 : 냄새가 적고, 건조가 빠르며, 시멘트나 벽지
   등에 사용되는 페인트이다.

59 집성목재 [21·16년 출제]
두께가 있는 단판을 겹쳐서 목재의 강도를 응력에 따라 만들
어 사용하는 목재이다.

60 창유리의 강도 [16·12·10·08년 출제]
유리의 강도는 휨강도를 말하며 500~750kg/cm²이다.

CBT 모의고사 6회

정답 및 해설

▶ 정답

01 ③	02 ④	03 ③	04 ②	05 ③
06 ①	07 ③	08 ④	09 ④	10 ③
11 ③	12 ③	13 ④	14 ①	15 ②
16 ①	17 ③	18 ④	19 ②	20 ④
21 ①	22 ③	23 ②	24 ②	25 ①
26 ④	27 ①	28 ③	29 ③	30 ①
31 ④	32 ③	33 ③	34 ④	35 ②
36 ③	37 ①	38 ③	39 ①	40 ③
41 ①	42 ①	43 ②	44 ③	45 ③
46 ④	47 ③	48 ④	49 ②	50 ①
51 ①	52 ③	53 ①	54 ②	55 ④
56 ③	57 ④	58 ③	59 ②	60 ①

01 시각적 중량감 [16·15·11·10·07년 출제]

시각적 무게의 평형을 뜻하며 크기가 큰 것, 불규칙적인 것, 색상이 어두운 것, 거친 질감, 차가운 색이 시각적 중량감이 크다.

02 동선의 3요소 [16·14·13·12·10년 출제]

속도(길이), 빈도, 하중이며, 빈도가 높은 동선을 짧게 하고, 교차는 피한다.

03 공동주택의 종류 [21·16·13·11·09년 출제]

① 아파트 : 주택으로 사용하는 층수가 5개 층 이상인 것
② 연립주택 : 주택으로 사용하는 1개 동의 연면적이 660m²를 초과하고 4개 층 이하인 것
③ 다세대주택 : 주택으로 사용하는 1개 동의 연면적이 660m² 이하고 4개 층 이하인 것
④ 기숙사 : 독립된 주거형태가 아닌 학교나 공장의 학생, 종업원을 위해 사용하는 것
※ 다가구주택은 단독주택에 포함된다.

04 집중형 아파트 [16·15·12·11년 출제]

중앙에 엘리베이터와 계단 홀을 배치하고 주위에 많은 단위주거를 집중 배치하는 형식으로 독립성 측면에 매우 불리하다. 또한 일조와 환기조건이 균등하지 못하며 가장 불리하다.

05 메조넷형(복층형) [15·13·11·07년 출제]

단위주거의 평면이 2개 층이면 듀플렉스형, 3개 층이면 트리플렉스형이라 한다.

06 건축설계과정 [12·11·08년 출제]

조건파악 → 기본계획 → 기본설계 → 실시설계

07 연속의 원리 [15·13년 출제]

유사한 배열이 하나의 묶음으로 보이는 현상을 말한다.

08 개인공간 [16·15·12·11·10년 출제]

침실, 서재 등 개인의 사생활을 위한 사적인 공간을 말한다.

09 결로현상 [21·14·09·07년 출제]

실내 습한 공기가 표면에 접촉했을 때 공기의 노점온도보다 낮으면 표면에 이슬이 맺히는 현상이다.

10 층수 산정 [21·20·15·12년 출제]

층수가 명확하지 않을 때는 4m마다 하나의 층수로 산정한다.
① 고층건축물은 '층수 30층에 ×4m' 하면 높이 120m 이상인 건축물이다.
② 초고층건축물은 '층수 50층에 ×4m' 하면 높이 200m 이상인 건축물이다.

11 증기난방의 단점 [15·14·13·11·10·09·08년 출제]

소음이 많이 나며, 보일러 취급이 어렵다. 화상의 우려가 있고 먼지 등이 상승하여 불쾌감을 준다.

12 드렌처설비 [20·15·11·10년 출제]

건축물의 외벽, 창, 지붕 등에 설치하여 인접건물에 화재가 발생했을 때 수막을 형성함으로써 화재의 연소를 방지하는 방화설비이다.

13 팬코일 유닛 방식 [14·12·10년 출제]

소형 유닛을 실내의 여러 장소에 설치하여 냉온수 배관을 접속시켜 실내 공기를 대류시켜 냉·난방하는 방식이다.

14 액화석유가스 [21·20·16·14·13·11년 출제]

공기보다 무거워 누설 시 인화폭발의 위험성이 크다.

15 압력탱크식 급수방법 [16·10년 출제]

고가수조를 설치하지 못하는 곳에 사용하며 압력차가 생기면 수압이 일정치 않고 정전이나 펌프 고장 시 급수가 불가능하나 단수 시 저수조탱크에 남아 있는 물을 사용할 수 있다. 탱크의 물이 오염될 수 있다.

※ 오염이 가장 적은 것은 수도 직결방식이다.

16 재료구조 표시기호 [14·13·10년 출제]

② 인조석(석재)

③ 벽돌

④ 목재 치장재

17 도면의 배치 [14년 출제]

배치도, 평면도 등의 도면은 북쪽을 위로 하여 작도한다.

18 축척 [16·14·11·10년 출제]

$16,000mm \times 1/200 = 80mm$

19 전개도 [15·12·10년 출제]

각 실의 내부 의장을 나타내기 위한 도면이다.

20 문자와 숫자 쓰기 [20·14·13·11년 출제]

① 문자크기는 문자높이로 나타내며 11종류가 있다.
② 축척과 도면의 크기에 맞추어 알아보기 쉽게 같은 문자와 일정한 크기로 한다.

21 등각투상도 [15·10·08년 출제]

모서리가 수평선과 30°가 되도록 회전시켜서, 세 각이 서로 120°가 되도록 작도하는 방법이다.

22 선의 종류 [16·15·14·09·07년 출제]

① 가는 실선 : 배근에서 스터럽 또는 치수선, 치수보조선, 지시선 표시
② 굵은 실선 : 외형선, 단면선 표시
③ 파선 : 대상이 보이지 않는 부분 표시
④ 1점쇄선 : 중심선, 기준선, 절단선, 경계선, 참고선 표시

⑤ 2점쇄선 : 가상선, 상상선 표시

23 평면도 [16·13·12년 출제]

바닥면에서 1.2~1.5m 높이에서 수평 절단하여 아래로 내려다본 도면으로 실의 배치와 면적, 창문과 출입구의 위치와 구분 등을 표현한다.

24 일반 표시기호 [16·15·14·11·10년 출제]

이형철근의 직경 13mm는 D13, 간격 100mm는 @100으로 표시한다.

25 보강 블록조 [16·13·11·10·09년 출제]

블록의 구멍에 철근과 콘크리트로 채워 보강한 구조이다.

26 스티프너 [20·16·13·12·09년 출제]

웨브의 좌굴을 방지하기 위한 보강재이다.

※ 커버 플레이트 : 플랜지를 보강하기 위해 플랜지 상부에 사용하는 보강재이다.

27 가구식 구조 [16·15·14·12년 출제]

비교적 가늘고 긴 재료를 이용하여 구조부인 뼈대를 만드는 구조형식으로 목구조와 철골구조가 있다.

28 활하중 [16·09년 출제]

구조물에 작용하는 힘이 영구적이지 않은 하중을 말한다. 즉, 교량 위를 지나는 차량, 사람, 열차 등에 의한 하중을 말한다.

29 벽돌의 1.5B 두께 [16·15·14·13·12·10년 출제]

$190(1.0B) + 10(줄눈) + 90(0.5B) = 290mm = 29cm$

30 돌쌓기 [15·14·12·10·09·08년 출제]

① 바른층쌓기 : 수평줄눈이 일직선으로 통하게 쌓는 방식
② 허튼층쌓기 : 줄눈을 맞추지 않고 쌓는 방식
③ 층지어쌓기 : 2~3켜 간격으로 줄눈이 일직선이 되도록 쌓고 그 사이는 허튼층쌓기로 한다.
④ 허튼쌓기(막쌓기) : 돌 생김새에 따라 쌓는 방식

31 연약지반 부동침하의 대책 [14·11·10년 출제]

건물의 무게를 가볍게, 길이를 짧게, 거리를 멀게, 강성을 높게, 기초를 크게 한다.

32 데크 플레이트 [15·12·08년 출제]
강판을 구부려 만든 철판으로 거푸집 대신 깔고 거기에 철근으로 보강하여 바닥판으로 사용한다.

33 내쌓기 [16·15·14·13·12·11·06년 출제]
1/8B는 한 켜, 1/4B는 두 켜를 내쌓고, 한도는 2.0B 이하로 한다.

34 반자구조 [20·16·15·12·07년 출제]
반자돌림 → 반자틀 → 반자틀받이 → 달대 → 달대받이 순서로 지붕 쪽으로 올라간다.
※ 라 – 반자틀

35 벽돌조의 기초 [15·08년 출제]
맨 밑의 너비는 벽체 두께의 2배 정도로 한다.

36 내진벽 [14년 출제]
기둥과 보로 둘러싸인 벽으로 지진, 풍향 등의 수평하중을 받는다. 상부층보다는 하부층의 벽량을 늘린다.

37 2방향 슬래브 [14·13·12·11년 출제]
$l_y/l_x \leq 2 (l_x$: 단변길이, l_y : 장변길이)

38 내력벽 두께 [12·11·09·08년 출제]
벽돌조는 당해 벽높이의 1/20, 블록구조는 당해 벽높이의 1/16, 보강블록조는 15cm 이상으로 한다.

39 트러스구조 [14·11년 출제]
강재를 핀으로 연결하고, 삼각형의 뼈대로 조립해서 응력에 저항하도록 한 구조이다.

40 ㅅ자보 [14·13·12·07년 출제]
중도리를 직접 받쳐주는 부재로 하부는 평보 위에 안장맞춤으로 하고 압축력과 휨모멘트를 동시에 받는다.

41 주걱볼트 [16·15·14·13·12년 출제]
① 주걱볼트 : 깔도리 – 지붕보 – 처마도리를 접합
② 띠쇠 : 토대 – 기둥, 왕대공 – ㅅ자보 , 평기둥 – 층도리를 접합
③ 감잡이쇠 : 토대 – 기둥, 평보 – 왕대공, 평보 – ㅅ자보의 밑 접합

④ 갈고리 볼트 : 기초 – 토대, 처마도리 – 평보 – 깔도리를 접합

42 연귀맞춤 [14년 출제]
접합재의 마구리를 감추기 위해 45°로 잘라 맞추고 창문 등의 마무리에 이용된다.

43 개구부 폭의 합계 [20·16·14·11년 출제]
대린벽으로 구획된 벽에서 개구부 폭의 합계는 그 벽길이의 1/2 이하로 한다.
∴ 7m×1/2 = 3.5m

44 벽 및 천장재료의 특징 [14·13·12·11·09년 출제]
열전도율이 작은 재료를 사용하면 여름에는 시원하고 겨울에는 따뜻하다.(벽, 천장 단열재의 사용 목적이다.)

45 구조재료 [15·14·09·07년 출제]
가볍고 큰 재료를 쉽게 구할 수 있어야 한다.
※ 자중이 무거우면 고층건축물을 세울 수 없다.

46 건축재료의 발달 [21·15·13·11·09·08년 출제]
공장제작으로 표준화, 생산성 향상, 고품질, 고성능화 방향으로 현장시공이 많이 줄어 들고 있다.

47 천연재료(자연재료) [16·15·14·13·12년 출제]
석재, 목재, 토벽 등이 있다.

48 돌의 종류 [10·07년 출제]
① 쌤돌 : 개구부의 벽 두께면에 대는 돌
② 고막이돌 : 중방 밑이나 마루 밑의 터진 곳을 막는 돌
③ 두겁돌 : 담, 박공벽, 난간 등의 꼭대기에 덮어 씌우는 돌
④ 이맛돌 : 반원 아치의 중앙에 장식적으로 들어가는 돌

49 경질 섬유판 [14년 출제]
① 폐재, 그 밖에 다른 목재의 폐재를 원료로 이를 섬유화하여 성형한 것으로 비중이 0.8 이상의 판이다.
② 강도와 경도가 비교적 크며, 내마멸성이 크다.
③ 가로, 세로의 신축이 거의 같으므로 비틀림이 적다.
④ 건축용 외에도 가구, 전기 기구용, 자동차, 철도 차량 등에 사용한다.
※ 연질 섬유판
소프트 텍스라고도 불리고 신축성과 방향성이 크며, 단열, 방음을 목적으로 벽, 천장, 바닥 등에 사용한다.

50 벽돌의 품질 [14·13·12·11·10년 출제]
시료 종류를 1종, 2종으로 결정하는 요소가 압축강도와 흡수율이다.

51 경량기포콘크리트 [14·11년 출제]
① 콘크리트 속에 무수한 기포를 발생시켜 비중 2.0 이하로 경량화한 제품으로 ALC 블록과 패널이 있다.
② 단열, 흡음성이 뛰어나다.

52 변성암 [14·13년 출제]
화성암 또는 수성암이 지각작용에 의해 변질되어 성분이 변화를 일으킨 것으로 대리석, 사문암, 석면, 편암이 있다.

53 AE제 [15·14·13·10년 출제]
미세한 기포를 생성, 골고루 분포시켜 블리딩을 감소하며 내구성을 가지게 한다.

54 알루미나 시멘트 [11·09·07년 출제]
① 조기강도가 커서 재령 1일 만에 일반강도를 얻을 수 있다.
② 긴급공사, 동기공사, 해수공사에 사용된다.

55 풍화 [15년 출제]
오래된 시멘트는 공기 중에 습기를 받아 천천히 수화반응을 일으키는데 조기강도 및 장기강도가 떨어지며 응결시간이 지연된다.

56 아스팔트 제품 [16·15·14·11·10년 출제]
① 아스팔트 루핑 : 아스팔트 펠트의 양면에 아스팔트 콤파운드를 피복한 위에 활석분말 등을 부착시켜 롤러로 제품을 만든다.
② 아스팔트 싱글 : 돌입자로 코팅한 루핑을 각종 형태로 절단하여 경사진 지붕에 사용한다.
③ 아스팔트 펠트 : 양털, 무명, 삼 등을 혼합하여 만든 원지에 스트레이트 아스팔트를 침투시켜 만든 두루마리 제품이다.
④ 아스팔트 프라이머 : 블론 아스팔트를 휘발성 용제에 희석한 흑갈색의 액체로 방수시공의 첫 번째 바탕처리제이다.

57 파티클보드 [21·16·15년 출제]
① 칩보드라고도 하며 목재들을 잘게 분쇄해 접착제와 혼합시켜서 압축한 합판이다.
② 주방가구, 싱크대 제작에 많이 사용된다.

③ 수분이나 고습도에 약하기 때문에 별도의 방습 및 방수처리가 필요하다.
④ 합판에 비해 휨강도는 떨어지나 면내 강성은 우수하다.
⑤ 변형이 적고, 음 및 열의 차단성이 우수하다.

58 창호철물 [16·12·11년 출제]
① 문버팀쇠 : 열린 여닫이문을 적당한 위치에 버티게 고정하는 철물이다.
② 도어스톱 : 열린 문짝이 벽 등에 손상되는 것을 막기 위해 바닥 또는 옆벽에 대는 철물이다.
③ 도어체크 : 여닫이문을 자동적으로 닫히게 하는 장치로서 스프링 경첩의 일종이다.
④ 크레센트 : 오르내르기 창에 사용되는 걸쇠이다.

59 석고보드 [16·08년 출제]
석고에 톱밥 등의 혼화재를 섞어 만든 판으로서 방화건축재료이며 팽창 및 수축의 변형이 없다.

60 콘크리트용 골재 [16·15·14·13·12·11·10년 출제]
견고한 것을 사용하는데 시멘트 강도 이상인 것을 선택한다.

CBT
모의고사 7회
정답 및 해설

▶▶ 정답

01 ③	02 ③	03 ②	04 ②	05 ②
06 ②	07 ④	08 ①	09 ②	10 ②
11 ④	12 ②	13 ①	14 ③	15 ③
16 ①	17 ③	18 ②	19 ①	20 ①
21 ④	22 ④	23 ②	24 ②	25 ①
26 ②	27 ②	28 ①	29 ④	30 ①
31 ④	32 ④	33 ①	34 ②	35 ③
36 ②	37 ①	38 ②	39 ④	40 ④
41 ④	42 ③	43 ②	44 ③	45 ③
46 ②	47 ④	48 ②	49 ③	50 ①
51 ③	52 ③	53 ①	54 ①	55 ①
56 ③	57 ④	58 ③	59 ④	60 ③

01 액화석유가스 [21·20·16·11·09년 출제]
공기보다 무거워 누설 시 인화폭발의 위험성이 크다.

02 동선의 3요소 [16·14·13·12·10년 출제]
속도(길이), 빈도, 하중이며, 빈도가 높은 동선을 짧게 하고, 교차는 피한다.

03 투시도의 용어 [16·15·14·13년 출제]
① 시점(E.P) : 물체를 보는 사람 눈의 위치이다.
② 소점(V.P) : 원근법의 각 점이 모이는 초점이다.
③ 정점(S.P) : 사람이 서 있는 곳이다.
④ 화면(P.P) : 물체와 시점 사이에 기면과 수직한 평면이다.
⑤ 수평면(H.P) : 눈높이에 수평한 면이다.

04 작업대 [21·15·14·13·12·10년 출제]
냉장고(준비대) → 개수대 → 가열대 순으로 연결한다.

05 전건재 [16·13·11년 출제]
전건상태는 완전히 건조되어 함수율이 0%가 된 상태이다.
$$\frac{5-4.5}{5} \times 100 = 10\%$$

06 단판 제판 [20·13년 출제]
① 소드 베니어 : 톱을 이용하여 얇게 절단하여 아름다운 결을 얻을 수 있으나 톱밥에 의한 원목손실이 크다.
② 로터리 베니어 : 원목을 회전시켜 두루마리를 펴듯 벗기는 방법으로 원목 낭비가 적다.
③ 슬라이드 베니어 : 대팻날로 얇게 절단한 것으로 곧은결과 널결을 자유롭게 얻을 수 있다.

07 셸구조 [21·20·16·15·10년 출제]
곡면의 휘어진 얇은 판으로 공간을 덮은 구조이다. 가볍고 큰 힘을 받을 수 있어 넓은 공간을 필요로 할 때 사용하며 시드니 오페라 하우스가 대표적이다.

08 접지설비 [20·16·15년 출제]
전로의 이상전압을 억제하고 지락 시 고장전류를 안전하게 대지로 흘려 인체, 화재, 기기의 손상 등 재해를 방지하고 안정하게 동작시키는 설비이다.

09 물리적 성질 [21·13·07년 출제]
① 열용량 : 물체에 열을 저장할 수 있는 용량을 말한다.
② 비열 : 질량 1g의 물체의 온도를 1℃ 올리는 데 필요한 열량을 말한다.
③ 열전도율 : 열이 재료의 앞쪽 표면에서 뒤쪽 표면으로 전달되는 차이를 말한다.
④ 연화점 : 유리, 아스팔트같이 금속이 아닌 물질이 열에 의해 액체로 변화하는 상태에 달하는 온도를 말한다.

10 지붕재료 [20·16·13·08년 출제]
① 재료가 가볍고 방수, 방습, 내화, 내수성이 큰 것을 사용한다.
② 외부 수장재로서 견고함을 가지고 있어야 한다.

11 계단실형(홀형) 아파트 [15·12·11·10·09년 출제]
계단실 또는 엘리베이터 홀에서 직접 주거단위로 들어가는 형식으로 통행부 면적이 작고 엘리베이터 이용률이 낮다.

12 벽돌의 1.5B 두께 [16·15·14·13·12·10년 출제]
190(1.0B) + 10(줄눈) + 90(0.5B) = 290mm

13 늑근(스터럽) [12·11·07년 출제]
① 보가 전단력에 저항할 수 있게 보강하는 역할로 주근의 직각방향에 배치한다.
② 간격은 45cm 이하 또는 보 춤의 3/4 이하로 한다.
③ 늑근의 끝은 135° 이상 굽힌 갈고리로 만든다.

14　다이닝 키친 [20·14·13·12·10년 출제]

부엌 일부분에 식사실을 두는 형태로 주부의 동선이 짧아 노동력이 절감된다.

15　증기난방 [15·14·11·10·09·08년 출제]

① 증기의 잠열을 이용하는 난방이다.

② 소음이 많이 나며, 보일러 취급이 어렵다. 화상이 우려되며 먼지 등이 상승하여 불쾌감을 준다.

16　한식주택 [15·14·10·08년 출제]

각 실을 다기능으로 사용하여 융통성이 높다.

17　도면 표시기호 [21·20·16·15·14·13·12·09년 출제]

① D – 지름

② φ – 지름

③ R – 반지름

④ W – 너비

18　접합방법 [21·11·07년 출제]

① 용접접합 : 결손 없이 금속을 녹여 일체화하는 방법이다.

② 듀벨접합 : 목재와 목재 사이에 끼워서 전단력을 보강하는 철물이다.

③ 고력볼트접합 : 토크렌치나 임팩트렌치 등 마찰력을 이용하여 접합하는 방법이다.

④ 핀접합 : 철골에 구멍을 뚫어 핀으로 접합하는 방법이다.

19　단열계획 [21·14·13년 출제]

외벽부위는 외단열시공이 유리하다.

20　선의 종류 [16·15·14·09·07년 출제]

① 파선 : 대상이 보이지 않는 부분 표시

② 굵은 실선 : 외형선, 단면선 표시

③ 가는 실선 : 배근에서 스터럽 또는 치수선, 치수보조선, 지시선 표시

④ 1점쇄선 : 중심선, 기준선, 절단선, 경계선, 참고선 표시

21　부동침하의 원인 [21·20·15·14·09년 출제]

연약층, 경사지반, 이질지층, 낭떠러지, 이질지정, 부분증축, 지하수위 변경, 지하구멍, 메운땅 흙막이, 일부지정 등이 원인이 된다.

※ 기초를 크게 하면 부동침하를 방지할 수 있다.

22　목재의 강도 [21·20·15·14·09·07·06년 출제]

섬유포화점(30%) 이상에서는 강도가 일정하지만 섬유포화점(30%) 이하에서는 함수율의 감소에 따라 강도가 증대된다.

23　기초의 종류 [21·15·14·13·12·11·09년 출제]

① 잠함기초 : 미리 기초가 될 케이슨을 만들고 그 속에 토사를 굴착하여 케이슨을 가라앉혀 기초를 만든다.

② 온통기초 : 건물 하부 전체를 기초판으로 한다.

③ 독립기초 : 한 개의 기둥에 하나의 기초판을 설치한 기초이다.

④ 복합기초 : 한 개의 기초판이 두 개 이상의 기둥을 지지한다.

24　아치쌓기의 종류 [16·15·13·12·09년 출제]

① 본아치 : 사다리꼴 모양으로 특별 제작하여 사용

② 막만든아치 : 벽돌을 쐐기모양으로 다듬어 사용

③ 거친아치 : 줄눈을 쐐기모양으로 채워 만듦

④ 층두리아치 : 벽돌을 여러 겹으로 둘러쌓아 만듦

25　계획단계 [16·15·13·12·09년 출제]

자료수집, 요구조건 분석, 형태 및 규모, 대지조건 파악 등이 있다.

※ 구조계획은 기본설계단계에 해당한다.

26　강재의 표시 [20년 출제]

수량 형강모양 – 장축길이×단축길이×두께

27　건축재료 [14·09년 출제]

인공재료는 제조분야별 분류에 속한다.

28　벽돌쌓기 [15·14·11년 출제]

① 영식 쌓기 : 처음 한 켜는 마구리쌓기, 다음 한 켜는 길이쌓기를 교대로 쌓는 방법이다.

② 영롱쌓기 : 모양구멍을 내어 쌓으며 장식벽으로 사용한다.

③ 미식 쌓기 : 5~6켜는 길이쌓기로 하고, 다음 켜는 마구리쌓기를 하는 방식이다.

④ 화란식 쌓기 : 모서리 또는 끝부분에 칠오토막을 사용하여 쌓는 방법이다.

29　1방향 슬래브의 두께 [16·13·07년 출제]

$\lambda = l_y/l_x > 2$ (l_x : 단변길이, l_y : 장변길이)

단면방향에만 주근을 배치하고 장변방향에는 균열 방지를 위해 온도철근을 배근한다.

30 소성온도 [20·15·13·09년 출제]
① 도기는 1,100~1,230℃, 자기는 1,230~1,460℃이다.
② 토기>도기>석기>자기 순서로 흡수성이 작아진다.

31 아스팔트의 품질기준 [20·13·09년 출제]
아스팔트는 방수시료이므로 연화점, 침입도, 침입도 지수, 증발량, 인화점, 사염화탄소 가용분, 취하점, 흘러내린 길이, 비교적 작은 감온성 등의 시험을 한다.

32 마루의 종류 [21·15·14·13·11년 출제]
① 홑마루 : 보를 쓰지 않고 층도리와 칸막이도리에 직접 장선을 걸쳐 대고 그 위에 마루널을 깐 것이다. 간사이가 2.4m 미만인 좁은 복도에 사용한다.
② 보마루 : 보 위에 장선을 대고 마루널을 깐다.
③ 짠마루 : 큰보와 작은보 위에 장선을 대고 마루널을 깐다. 간사이가 6m 이상일 때 사용한다.
④ 동바리마루 : 1층 마루의 일종으로 마루 밑에는 동바리돌을 놓고 그 위에 동바리를 세운다.

33 공기막구조 [21·14·13·10·08년 출제]
내외부의 기압 차를 이용하여 공간을 확보한다.

34 역학적 성질 [15·13·12·09년 출제]
① 전성 : 외력에 의해 얇게 펴지는 성질
② 취성 : 작은 변형만으로도 파괴되는 성질
③ 탄성 : 외력을 제거하면 순간적으로 원형으로 회복하는 성질
④ 연성 : 가늘고 길게 늘어나는 성질

35 건축재료의 화학적 조성에 의한 분류 [13·12년 출제]
① 무기재료 : 금속, 석재, 콘크리트, 도자기류
② 유기재료 : 목재, 아스팔트, 합성수지, 고무

36 현수막구조
막구조와 현수구조를 결합한 구조로 현수구조는 케이블로 지지하는 구조이다.

37 기초 평면도 [21·12년 출제]
기초의 위치, 모양, 크기, 재료 표현 등을 작도한다.

38 집성목재 [21·16년 출제]
1.5~5cm의 두께를 가진 단판을 겹쳐서 접착하여 인공강도를 만들 수 있다.

39 합성보 [21·12년 출제]
철골보와 콘크리트보의 특징을 가진 보로, 외피는 철골로 외관을 잡고 내부는 콘크리트를 타설하는 보이다.

40 막구조(Membrane) [21·15·13·10·09·07년 출제]
강한 얇은 막을 잡아당겨 공간을 덮는 구조방식이다.
예 상암 월드컵 경기장, 서귀포 월드컵 경기장, 인천 월드컵 경기장 등

41 치수기입 [15·14·12·11년 출제]
치수의 단위는 mm로 하고, 기호는 붙이지 않는다.

42 구내교환설비 [15·14·12·11년 출제]
건물 내부의 상호 간 연락은 물론 내부와 외부를 연결하는 설비이다.

43 욕실 [20년 출제]
세면기 높이는 750mm가 적당하고 100lx 조도가 필요하다.

44 목구조의 부재 [13·12·09·06년 출제]
① 처마도리 : 지붕보(평보) 위에 깔도리와 같은 방향으로 덧댄 것으로 서까래를 받는 가로재이다.
② 샛기둥 : 기둥과 기둥 사이의 작은 기둥을 의미한다.
③ 깔도리 : 기둥 또는 벽 위에 놓아 기둥을 고정하고 지붕보(평보)를 받는 도리로 연직하중 또는 수평하중을 받는 가로재이다.
④ 꿸대 : 벽의 보강을 위해 기둥을 꿰어 상호 연결하는 가로재이다.

45 2방향 슬래브 [14·13·12·11년 출제]
$l_y/l_x \leq 2(l_x$: 단변길이, l_y : 장변길이)

46 알루미나 시멘트 [15·11·09·07년 출제]
① 조기강도가 커서 재령 1일 만에 일반강도를 얻을 수 있다.
② 긴급공사, 동기공사, 해수공사에 사용된다.

47 점토의 물리적 성질 [11·10·09년 출제]
① 일반적인 점토의 비중은 2.5~2.6 정도이다.
② 양질의 점토일수록 가소성이 좋다.
③ 인장강도는 0.3~1MPa 정도이다.

48 돌로마이트 석회 [21·11년 출제]

점성이 커서 해초풀은 불필요하며, 수축 균열이 커서 여물은 필요하다.

49 화강암과 화산암 [21·11년 출제]

① 화강암 : 석질이 견고하고, 풍화작용이나 마멸에 강하여 콘크리트용 골재로 사용된다.

② 화산암 : 부석은 석재 중 가장 가벼워 경량콘크리트용 골재로 쓰인다.

50 가새 [14·12·10·09년 출제]

① 횡력(수평력)이 작용해도 그 형태가 변형되지 않도록 대각선방향으로 빗대는 재를 의미한다.

② 45°에 가까울수록 유리하다.

51 통기관 설치목적 [16·14·12·10년 출제]

① 배수관 내의 악취를 실외로 배출하여 청결을 유지한다.

② 트랩의 봉수를 보호하고 배수 흐름을 원활하게 한다.

52 강화유리(열처리유리) [11·10·08·07년 출제]

① 판유리를 600℃쯤 가열했다가 급랭하여 기계적 성질을 증가시킨 유리이다.

② 보통유리 강도의 3~4배 정도 크며, 충격강도는 7~8배 정도이다.

③ 파괴 시 모래처럼 잘게 부서지므로 파편에 의한 부상을 줄일 수 있다.

④ 현장에서 손으로는 절단이 불가능하다.

53 점토벽돌 [10·08년 출제]

철산화물은 적색, 석회물은 황색을 띠게 한다.

54 구리(동) [20·15·14·10년 출제]

건조 공기에는 부식이 안 되며, 열전도율이 크고, 산성용액에는 잘 용해된다.

55 계단멍에 [08년 출제]

디딤판이 길 때, 그 중간 밑을 받쳐 괴는 보강부재이다.

56 플랫슬래브 [12·11·06년 출제]

바닥에 보를 없애고 슬래브만으로 구성하며 하중을 직접 기둥에 전달한다.

57 페인트의 특징 [12년 출제]

① 유성페인트 : 휘발성으로 냄새가 나고, 건조가 느리며, 철재나 목재에 사용되는 페인트이다.

② 수성페인트 : 냄새가 적고, 건조가 빠르며, 시멘트나 벽지 등에 사용되는 페인트이다.

58 반자구조 [20·16·15·12·07년 출제]

반자돌림 → 반자틀 → 반자틀받이 → 달대 → 달대받이 순서로 지붕 쪽으로 올라간다.

59 거푸집 블록조 [09년 출제]

속이 빈 형태의 블록을 거푸집으로 구성하는 구조로 2층 정도가 적당하다.

60 흙막이공사 [21년 출제]

① 보일링 : 지하수위가 굴착면 위에 있을 경우 굴착면으로 흙과 물이 끓어오르는 것처럼 분출되는 현상

② 파이핑 : 흙막이 부실로 그 틈으로 물이 터져 나오는 현상

③ 히빙 : 흙막이벽 사이로 토압차로서 굴착면 저면이 부풀어 오르는 현상이다.

④ 블리딩 : 굳지 않은 모르타르나 콘크리트에 있어서 윗면에 물이 스며 나오는 현상을 말한다.

CBT
모의고사 8회
정답 및 해설

▶▶ 정답

01	④	02	④	03	③	04	①	05	①
06	④	07	③	08	③	09	③	10	④
11	①	12	②	13	④	14	③	15	②
16	①	17	④	18	③	19	③	20	①
21	②	22	③	23	②	24	③	25	④
26	③	27	②	28	③	29	③	30	②
31	①	32	④	33	①	34	④	35	③
36	③	37	④	38	③	39	①	40	④
41	④	42	④	43	③	44	②	45	③
46	①	47	③	48	①	49	③	50	②
51	②	52	③	53	④	54	①	55	②
56	①	57	③	58	①	59	④	60	①

01 건축화 조명 [16·15·09년 출제]
조명기구에 의한 조명방식이 아닌, 천장, 벽, 기둥 등 건축물의 내부에 조명기구를 붙여서 건물의 내부와 일체로 조명하는 방식이다.
예 코브 조명, 루버 조명, 코니스 조명 등
※ 펜던트 조명 : 천장이나 보 등에 줄로 매다는 조명이다.

02 건축의 행위 [16·14·12·11년 출제]
① 증축 : 기존 건축물에 늘려 축조할 경우
② 이전 : 동일한 대지 내에서 위치를 변경하는 경우
③ 개축 : 일부러 철거하고 종전과 같은 규모로 할 경우
④ 대수선 : 건축물의 기둥, 보, 내력벽, 주계단 등의 구조나 외부 형태를 수선, 변경하거나 증설하는 경우

03 아파트형식 [16·12·11·07년 출제]
① 평면형식 : 홀형, 복도형, 집중형
② 외관형식 : 판상형, 탑상형, 복합형

04 주거면적 [16·15년 출제]
① 병리기준 : 8m²/인
② 한계기준 : 14m²/인
③ 표준기준 : 16m²/인

05 인보구 [20·15·14·13·12·11·10년 출제]
20~40호, 100~200명 정도로, 아파트의 경우 3~4층 건물로서 1~2동이 여기에 해당한다.
※ 1단지 주택계획은 인보구(어린이 놀이터) → 근린분구(유치원,보육시설) → 근린주구(초등학교)의 크기 순으로 구성된다.

06 수직선 [15·14·13·11년 출제]
고결, 희망, 상승, 존엄, 긴장감을 표현한다.

07 병렬형 [15·14·12년 출제]
양쪽 작업대의 통로 폭은 700~1,000mm 사이로 한다.

08 열관류율 [15·12년 출제]
열관류율의 역수를 열관류 저항이라 하며 열관류 저항이 클수록 단열효과가 좋다.

09 계단실형(홀형) 아파트 [15·12·11·10·09년 출제]
계단실 또는 엘리베이터 홀에서 직접 주거단위로 들어가는 형식으로 통행부 면적이 작고 엘리베이터 이용률이 낮다.

10 바닥의 높이차 [14년 출제]
칸막이 없이 공간을 분할하는 효과가 있고, 심리적인 구분감과 변화감을 준다.

11 퓨즈의 특징 [15·14·12년 출제]
① 소형으로 큰 차단용량을 가지고 있다.
② 가격이 싸고 릴레이나 변성기가 필요 없다.
③ 과전류에 용단되어 재사용이 불가능하다.

12 봉수파괴 방지책 [16·14·12·09·08년 출제]
통기관을 설치하여 자기사이펀 작용, 유인사이펀 작용, 분출작용을 방지한다.

13 고가수조방식 [15·10·08년 출제]
① 옥상의 수조에 양수하여 낙차에 의한 수압으로 각 층에 급수하는 방식으로 저수조가 오염될 가능성이 높다.
② 급수압력이 일정하고, 단수 시에도 급수 가능하며, 대규모 건물에 사용한다.

14 급탕방식 [21·16·13년 출제]
① 개별식 급탕방식 : 필요한 곳에 탕비기를 설치하여 온수를 공급하는 방법으로 소규모 건물에 적당하다.(순간식, 저탕식, 기수혼합식)
② 중앙식 급탕방식 : 가열장치, 저탕조 등을 기계실 등에 설치하여 온수를 필요한 곳에 공급하는 방법으로 대규모 건물에 적당하다.(직접 가열식, 간접 가열식)

15 일주시간 [16·15년 출제]
일주시간에 대한 정의이다.

16 분류기호 [16·15·14·13·07년 출제]
건축, 토목의 분류기호는 KS F이다.

17 단면도 작도법 [15·14·10·09년 출제]
건축물을 수직으로 절단하여 수평방향으로 본 도면이다.

18 계획설계도면 [14년 출제]
구상도, 동선도, 조직도, 면적도표이다.
※ 배치도는 실시설계도이다.

19 치수 [16·15·14·13·12·11·10년 출제]
치수선은 같은 도면에서 2종을 혼용하지 않는다.

20 선의 종류 [16·15·14·09·07년 출제]
① 파선 : 대상의 보이지 않는 부분 표시
② 굵은 실선 : 외형선, 단면선 표시
③ 가는 실선 : 배근에서 스터럽 또는 치수선, 치수보조선, 지시선 표시
④ 1점쇄선 : 중심선, 기준선, 절단선, 경계선, 참고선 표시

21 입면도의 작도순서 [16·15·14·13·12·10년 출제]
축척과 구도 → 지반선 → 각 층 높이 → 개구부 높이 → 개구부 형태 → 외벽 형태 → 재료마감 → 명칭, 치수 기입

22 건축허가 시 필요도서 [15년 출제]
건축계획서, 배치도, 평면도, 입면도, 단면도, 구조도, 구조계산서, 실내마감도, 소방설비도 등이 있다.

23 창호 표시기호 [13·12·11·09년 출제]
① 회전창   ③ 미서기창

24 투시도의 용어 [16·15·14·13년 출제]
① 화면(P.P) : 물체와 시점 사이에 기면과 수직한 평면
② 기선(G.L) : 기면과 화면의 교차선
③ 시점(E.P) : 물체를 보는 사람 눈의 위치
④ 수평면(H.P) : 눈높이에 수평한 면
⑤ 소점(V.P) : 원근법의 각 점이 모이는 초점

25 내쌓기 [16·14·13년 출제]
내쌓기 한도는 2.0B 이하로 하고 1/8B는 한 켜, 1/4B는 두 켜를 내 쌓는다.

26 토질에 생기는 현상 [09·07년 출제]
① 보일링 : 지하수위가 굴착면 위에 있을 경우 굴착면으로 흙과 물이 끓어오르는 것처럼 분출되는 현상
② 파이핑 : 흙막이 부실로 그 틈으로 물이 터져 나오는 현상
③ 언더피닝 : 기성 구조물의 기초를 새로 만든 견고한 기초로 대치하거나 보강하는 것
④ 융기현상 : 주변보다 높아지는 현상

27 벽량 계산 [16·13·10년 출제]
벽량(cm/m^2) = 내력벽 길이(cm)/ 바닥면적(m^2)
최소 벽량은 $15cm/m^2$이다.
15 = 내력벽 길이/40
∴ 내력벽 길이 = $40m^2 \times 15cm/m^2 = 600cm = 6m$

28 기둥의 배근 [16·15·14·13·12·11·10년 출제]
기둥 주근의 최소개수는 사각형이나 원형 띠철근으로 둘러싸인 경우 4개, 나선철근으로 둘러싸인 철근의 경우 6개로 하여야 한다.

29 철골기둥 [16·13·08년 출제]
① H형강기둥 : 단일 형강을 사용하여 소규모 건물에 적용한다.
② 래티스기둥 : 형강이나 평강을 사용하여 30° 또는 45°로 구조물을 만든다.
③ 격자기둥 : 웨브를 플랜지에 90°로 조립하여 만든다.
④ 강관기둥 : 강관에 콘크리트를 충전하여 사용할 수 있다.

30 보의 배치 [15년 출제]
큰보는 기둥과 기둥을 연결하여 하중을 분산하고 작은보는 큰보와 큰보를 연결하여 중앙에 작용하는 하중을 작게 한다.

31 철근의 피복두께 [15·12년 출제]
① 콘크리트 표면부터 가장 바깥쪽의 철근(늑근) 표면까지의 최단거리이다.
② 철근의 부식방식, 철근의 내화성 강화, 철근의 부착력 증가의 목적이 있다.

32 래티스보 [09년 출제]
상하 플랜지 사이에 웨브재 평강을 45°, 60° 등 일정한 각도로 접합한 조립보로 규모가 작거나 철골철근콘크리트로 피복할 때 사용한다.
※ 트러스보 : 간사이가 큰 구조물에 사용되며 거싯 플레이트를 대서 조립한 보이다.

33 기초의 종류 [21·15·14·13·12·11년 출제]
① 독립푸팅기초 : 한 개의 기둥에 하나의 기초판을 설치한 기초이다.
② 복합푸팅기초 : 한 개의 기초판이 두 개 이상의 기둥을 지지한다.
③ 연속기초 : 내력벽 또는 일렬로 된 기둥을 연속으로 따라서 기초벽을 설치하는 구조이다.
④ 온통기초 : 건물하부 전체를 기초판으로 만든다.

34 부동침하의 원인 [21·20·15·14·09년 출제]
연약층, 경사지반, 이질지층, 낭떠러지, 이질지정, 부분증축, 지하수위 변경, 지하구멍, 메운땅 흙막이, 일부지정 등이 원인이 된다.

35 철근콘크리트구조 [16·15·14·13·12·11·10년 출제]
1개 층씩 콘크리트의 양생기간이 필요하기 때문에 균질한 시공이 힘들다.

36 구조형식 [15·14·13·12·11·10년 출제]
① 라멘구조 : 기둥과 보로 구조체의 뼈대를 강절점하여 하중에 대해 일체로 저항하도록 하는 구조
② 플랫슬래브구조 : 바닥에 보를 없애고 슬래브만으로 구성하며 하중을 직접 기둥에 전달하는 구조
③ 벽식구조 : 보와 기둥 대신 슬래브와 벽이 일체가 되는 구조
④ 셸구조 : 곡면의 휘어진 얇은 판으로 공간을 덮는 구조이다. 가볍고 큰 힘을 받을 수 있어 넓은 공간을 필요로 할 때 사용한다. 시드니의 오페라 하우스가 대표건물이다.

37 석돌마감의 종류 [14·13·12·11·10년 출제]
① 창대돌 : 창 밑에 대어 빗물을 처리하고 장식적인 돌
② 문지방돌 : 출입문 밑에 문지방으로 댄 돌
③ 쌤돌 : 개구부의 벽 두께면에 대는 돌

④ 인방돌 : 창문 등의 문꼴 위에 걸쳐 대어 상부의 하중을 받는 수평재

38 가새 [15·14·13·12·11·10년 출제]
① 압축력에 저항하는 압축가새는 기둥과 같은 치수 또는 1/2, 1/3쪽 정도의 목재를 사용한다.
② 인장력에 저항하는 인장가새는 단면의 1/5 정도 얇은 목재나 9mm 이상의 철근을 사용한다.

39 연결철물 [16·15·14·13·12·11·10년 출제]
ㅅ자보와 평보 – 감잡이쇠

40 철골조 주각의 구성재 [16·15·14·13·12·11·10년 출제]
베이스 플레이트, 리브 플레이트, 윙 플레이트, 클립 앵글, 사이드 앵글, 앵커 볼트 등이 있다.
※ 데크 플레이트는 바닥구조에 사용되는 요철형태의 가공 강판이다.

41 기초의 종류 [21·15·14·13·12·11년 출제]
① 독립기초 : 한 개의 기둥에 하나의 기초판을 설치한 기초이다.
② 줄기초 : 내력벽 또는 일렬로 된 기둥을 연속으로 기초벽을 설치하는 구조이다.
③ 복합기초 : 한 개의 기초판이 두 개 이상의 기둥을 지지한다.
④ 온통기초 : 건물하부 전체를 기초판으로 만든다.

42 토대 [20·14·13·12·11년 출제]
토대와 토대의 이음은 턱걸이 주먹장이음 또는 엇걸이 산지이음으로 한다.

43 장방형 슬래브 [15·14·13·12·11·10년 출제]
① 1방향 슬래브 : 단변방향에는 주근을 배치하고, 장변방향에는 온도철근을 배근한다.
② 2방향 슬래브 : 단변방향에는 주근을 배치하고, 장변방향에는 배력근을 배근한다.

44 한국산업규격의 부문별 분류 [14·06년 출제]
① A : 기본부문
③ D : 금속부문
④ F : 건축, 토목부문

45 건축재료의 요구성능
① 역학적 성능 : 강도, 변형, 탄성계수, 크리프, 인성, 피로강도
② 화학적 성능 : 산, 알칼리, 약품에 대한 변질, 부식, 용해성
④ 방화, 내화성능 : 연소성, 인화성, 용융성, 발연성

46 아치쌓기의 종류 [16·15·13·12·09년 출제]
① 본아치 : 사다리꼴 모양으로 특별 제작하여 사용
② 막만든아치 : 벽돌을 쐐기모양으로 다듬어 사용
③ 거친아치 : 줄눈을 쐐기모양으로 채워 만듦
④ 층두리아치 : 벽돌을 여러 겹으로 둘러쌓아 만듦

47 목재의 강도 [15·14·13·10년 출제]
가력방향이 섬유에 평행할 경우, 인장강도가 압축강도보다 크다.

48 재료의 분리 [15·14·09년 출제]
① 블리딩 : 굳지 않은 모르타르나 콘크리트에서 윗면에 물이 스며 나오는 현상을 말한다.
② 크리프 : 하중의 증가가 없어도 콘크리트 변형이 증가하는 현상을 말한다.(콘크리트가 굳고 사용 중의 변형)

49 방식방법 [15·14·13·09년 출제]
표면을 오물 없이 깨끗이 하고 물기나 습기가 없도록 한다.

50 미장재료 [16·15·14·13·12·11·10년 출제]
① 회반죽에 석고를 약간 혼합하면 수축 균열을 방지할 수 있다.
② 여물은 보강 및 균열 방지의 목적으로 사용하며, 풀은 점성 및 보수성을 보완한다.
③ 수경성 재료인 시멘트계나 석고계는 내구성과 강도가 크다.

51 목재의 함수율 [15·14·13·07년 출제]
① 섬유포화점 : 30%
② 기건상태 : 15%
③ 전건상태 : 0%

52 합금 [16·15·14·13·12·11·10년 출제]
청동 = 구리 + 주석의 합금이다.

53 파티클보드 [21·16·15년 출제]
① 칩보드라고도 하며 목재들을 잘게 분쇄해 접착제와 혼합시켜서 압축한 합판이다.
② 주방가구, 싱크대 제작에 많이 사용된다.

③ 수분이나 고습도에 약하기 때문에 별도의 방습 및 방수처리가 필요하다.
④ 합판에 비해 휨강도는 떨어지나 면내 강성은 우수하다.
⑤ 변형이 적고, 음 및 열의 차단성이 우수하다.

54 테라코타 [16·15·14·13·12·11년 출제]
장식재로 점토소성제품이다.

55 합성수지 [16·15·12년 출제]
① 열경화성 수지 : 가열하면 경화되고 다시 열을 가해도 형태가 변하지 않는 수지이다. 내열, 내약품성, 기계적 성질, 전기절연성이 있고, 재활용이 불가능하다.
  • 폴리에스테르수지 : 유리섬유로 보강한 섬유강화 플라스틱(FRP) 등이 있다.
② 열가소성 수지 : 열을 가하여 성형한 뒤에도 다시 열을 가하면 형태를 변형시킬 수 있는 수지로 압출성형, 사출성형 등 가공을 할 수 있어 재활용이 가능하다.

56 오일스테인 [15년 출제]
목재의 섬유질 사이로 오일을 침투시켜 착색과 오일성분의 마감역할을 하면서 나무의 재질감을 살려준다.

57 알루미늄 [16·15·13·12·11·09년 출제]
산, 알칼리에 침식된다.

58 AE제 [20·16·15·10·08년 출제]
미세기포를 연행하여 콘크리트의 워커빌리티(작업성) 및 내구성을 향상시킨다. 다만, 공기량 1% 증가에 따라 압축강도가 4~6% 감소한다.

59 심재 [16·12·11년 출제]
① 수심부 쪽에 위치하며 진한 암갈색이다.
② 단단하여 변형, 부패가 되지 않고 강도가 강하다.

60 조강 포틀랜드 시멘트 [15·13·08년 출제]
재령 28일 강도를 재령 7일 정도에 나타내 긴급공사, 한중공사에 유리하다. 초기 수화열이 크므로 큰 구조물(매스콘크리트)에는 부적당하다.

CBT
모의고사 9회
정답 및 해설

▶▶ 정답

01 ③	02 ①	03 ①	04 ④	05 ③
06 ④	07 ①	08 ③	09 ③	10 ①
11 ③	12 ②	13 ①	14 ③	15 ④
16 ②	17 ④	18 ①	19 ②	20 ④
21 ①	22 ④	23 ①	24 ④	25 ②
26 ①	27 ④	28 ④	29 ④	30 ③
31 ①	32 ④	33 ④	34 ①	35 ①
36 ①	37 ④	38 ②	39 ④	40 ②
41 ①	42 ④	43 ④	44 ③	45 ④
46 ①	47 ④	48 ①	49 ④	50 ③
51 ③	52 ③	53 ①	54 ④	55 ③
56 ③	57 ④	58 ②	59 ③	60 ④

01 석재 [09·07년 출제]
석재는 압축강도가 크고 가공 시 예각은 피하고 중량이 큰 것은 낮은 곳에 사용한다. 연석은 무른 돌이므로 외벽에는 피한다.

02 단열재의 구비조건 [21·11년 출제]
열전도율과 흡수율이 낮아야 한다.

03 안전율 [20·10·06년 출제]
건물에 작용한 하중에 대한 건물의 저항능력의 비율을 나타내며 건물이 파괴될 확률이다. 즉, 안전율이 1이면 설계조건과 같은 조건에서 파괴될 확률이 100%이고, 안전율이 2이면 설계조건보다 2배 나쁜 조건일 때 파괴된다는 뜻이다. '안전율＝최대강도/허용강도'로 안전율이 높을수록 좋다.

04 재료의 분리 중 크리프 [20·15·14·08년 출제]
① 정의 : 하중의 증가 없이 콘크리트 변형이 증가하는 현상을 말한다.(콘크리트가 굳고 사용 중의 변형)
② 원인 : 재령이 모자랄 경우, 부재치수가 작을 경우, 물시멘트비가 클 경우, 단위시멘트량이 많을 경우, 온도가 높을수록 작용하중이 클수록 발생한다.

05 아파트 [21·15년 출제]
주택으로 쓰는 층수가 5개 층 이상인 공동주택을 말한다.

06 벽돌의 2.0B 두께 [16·15·14·13·12·10년 출제]
190mm(1.0B) + 10mm(줄눈) + 190mm(1.0B) = 390mm

07 아스팔트 제품 [16·15·14·11·10년 출제]
① 아스팔트 프라이머 : 블론 아스팔트를 휘발성 용제에 희석한 흑갈색의 액체로 방수시공의 첫 번째 바탕처리재이다.
② 아스팔트 콤파운드 : 블론 아스팔트에 식물성 유지나 광물질 등을 혼합한 것이다.
③ 블론 아스팔트 : 경유 등을 뽑아내어 연화점이 높고 침입도, 신율을 조절한 것이다.
④ 아스팔트 루핑 : 아스팔트 펠트의 양면에 아스팔트 콤파운드를 피복한 위에 활석분말 등을 부착시켜 롤러로 제품을 만든다.

08 공조장치 [21·16·15·14년 출제]
팬코일 유닛방식은 공기수 방식으로 전공기식에 비해 덕트 면적이 작다.

09 동선의 3요소 [16·14·13·12·10년 출제]
속도(길이), 빈도, 하중이며, 빈도가 높은 동선을 짧게 하고, 교차는 피한다. 가사노동의 동선은 되도록 짧게 처리하는 것이 좋다.

10 모눈종이 묘사 [12·08년 출제]
모눈종이 묘사에 대한 정의이다.

11 변전실 위치 [21·13년 출제]
부하의 중심에 가깝고, 배전이 편리한 장소로 한다.

12 표색계 [20·16년 출제]
표색계는 색상, 명도, 채도의 세 가지 속성으로 H(색상) V(명도)/C(채도)로 표시한다.

13 철근 주근의 순간격 [21·10·09년 출제]
철근 공칭지름 이상, 굵은 골재 최대치수 4/3배 이상(1.33배), 25mm 이상 중 최댓값으로 한다.

14 구조재료 [21 · 14년 출제]
건축물의 골조인 기둥, 보, 벽체로 내력부를 구성하는 재료로
목재, 석재, 콘크리트, 철강 등이 있다.

15 노점온도 [21 · 14년 출제]
수증기를 포함하는 공기를 냉각했을 때 응결이 시작되는 온
도이다. 이것이 찬 표면에 접촉되면 결로가 생긴다.

16 한식주택 [15 · 14 · 10 · 08년 출제]
각 실이 다기능으로 사용되어 융통성이 높다.
예 안방에서 식사와 취침을 같이 함

17 절충식 지붕틀 [15 · 10년 출제]
구조가 간단하고 작은 건물에 쓰이며 역학적으로 좋지 않다.

18 지붕의 물매 [21 · 13 · 11년 출제]
지붕의 경사를 물매라고 하며, 지붕의 크기와 형상, 간사이의
크기, 건물의 종류, 지붕의 재료, 강수량, 강설량에 따라 정해
진다.

19 투시도의 용어 [16 · 15 · 14 · 13년 출제]
① 시점(E.P) : 물체를 보는 사람 눈의 위치이다.
② 소점(V.P) : 원근법의 각 점이 모이는 초점이다.
③ 화면(P.P) : 물체와 시점 사이에 기면과 수직한 평면이다.
④ 수평면(H.P) : 눈높이에 수평한 면이다.
⑤ 정점(S.P) : 사람이 서 있는 곳이다.

20 부동침하의 원인 [21 · 20 · 15 · 14 · 09년 출제]
연약층, 경사지반, 이질지층, 낭떠러지, 이질지정, 부분증축,
지하수위 변경, 지하구멍, 메운땅 흙막이, 일부지정 등이 원인
이 된다.

21 선의 종류 [16 · 15 · 14 · 09 · 07년 출제]
① 이점쇄선 : 가상선, 상상선 표시
② 가는 실선 : 배근에서 스터럽 또는 치수선, 치수보조선,
지시선 표시
③ 일점쇄선 : 중심선, 기준선, 절단선, 경계선, 참고선 표시
④ 굵은 실선 : 외형선, 단면선 표시

22 소성온도 [21 · 13 · 09년 출제]
SK는 소성온도를 나타내며 제게르 추를 이용하여 측정한다.
※ 제게르 추 : 소성로 속에 있는 소성벽돌의 경화 정도를 측
정하는 삼각뿔(Cone)형의 추이다.

23 제도용지 크기 [21 · 15 · 11 · 10년 출제]
A3, A4를 철하지 않을 때 여백은 5mm이고 나머지 제도용지
는 10mm이다.

24 사회공간 [21 · 20 · 15 · 14 · 13 · 12년 출제]
거실, 식당, 응접실 등 가족 중심의 공간으로 모두 같이 사용
하는 공간이다.
※ 서재는 개인적 공간이다.

25 알루미나 시멘트 [21 · 11 · 09 · 07년 출제]
① 조기강도가 커서 재령 1일 만에 일반강도를 얻을 수 있다.
② 긴급공사, 동기공사, 해수공사에 사용된다.

26 점토제품의 흡수성 크기 [20 · 15 · 13 · 12년 출제]
토기＞도기＞석기＞자기

27 천연재료(자연재료) [16 · 15 · 14 · 13 · 12년 출제]
석재, 목재, 토벽 등이 있다.
※ 콘크리트는 무기재료 중 비금속재료에 속한다.

28 분말도가 큰 시멘트 [21 · 13 · 10 · 06년 출제]
① 물과 혼합 시 접촉하는 표면적이 크므로 수화작용이 빠르
고 초기강도가 크며, 강도증진율이 높다.
② 풍화되기 쉽고 건조수축이 커져서 균열이 발생하기 쉽다.

29 돌의 종류 [16 · 10 · 07년 출제]
① 쌤돌 : 개구부의 벽 두께면에 대는 돌
② 고막이돌 : 중방 밑이나 마루 밑의 터진 곳을 막는 돌
③ 두겁돌 : 담, 박공벽, 난간 등의 꼭대기에 덮어 씌우는 돌
④ 이맛돌 : 반원 아치의 중앙에 장식적으로 들어가는 돌

30 마루의 종류 [21 · 15 · 14 · 13 · 11년 출제]
① 홑마루 : 보를 쓰지 않고 층도리와 칸막이도리에 직접 장선
을 걸쳐 대고 그 위에 마루널을 깐 것이다. 간사이가 2.4m
미만인 좁은 복도에 사용한다.
② 보마루 : 보 위에 장선을 대고 마루널을 깐다.
③ 짠마루 : 큰보와 작은보 위에 장선을 대고 마루널을 깐다.
간사이가 6m 이상일 때 사용한다.
④ 동바리마루 : 1층 마루의 일종으로 마루 밑에는 동바리돌
을 놓고 그 위에 동바리를 세운다.

31 철골기둥 [16·13·08년 출제]
① H형강기둥 : 단일 형강을 사용하여 소규모 건물에 적용한다.
② 래티스기둥 : 형강이나 평강을 사용하여 30° 또는 45°로 구조물을 만든다.
③ 격자기둥 : 웨브를 플랜지에 90°로 조립하여 만든다.
④ 강관기둥 : 강관에 콘크리트를 충전하여 사용할 수 있다.

32 특수구조 [15·12·11·10년 출제]
① 셸구조 : 곡면으로 휘어진 얇은 판으로 공간을 덮는 것이다.
② 돔구조 : 반구형의 형태를 갖는 구조물로 판테온 신전이나 장충체육관이 있다.
③ 현수구조 : 기둥과 기둥 사이를 강제케이블로 연결한다.
④ 스페이스 프레임(입체트러스구조) : 트러스구조를 입체적으로 조립한 것으로 초대형 공간을 만들 수 있다.

33 특수구조 [15·12·11·10년 출제]
① 막구조 : 인장력이 강한 얇은 막을 잡아당겨 공간을 덮는 구조로 채광과 넓은 대공간 지붕구조로 좋다.
② 셸구조 : 곡면으로 휘어진 얇은 판으로 공간을 덮는 것이다.

34 아치쌓기의 종류 [16·15·13·12·09년 출제]
① 층두리아치 : 벽돌을 여러 겹으로 둘러쌓아 만듦
② 거친아치 : 줄눈을 쐐기모양으로 채워 만듦
③ 본아치 : 사다리꼴 모양으로 특별 제작하여 사용
④ 막만든아치 : 벽돌을 쐐기모양으로 다듬어 사용

35 롤 블라인드
롤 블라인드에 대한 정의이며 실내건축기능사 시험에서 출제되었다.

36 점토제품의 흡수성 크기 [20·15·13·12년 출제]
토기＞도기＞석기＞자기

37 층수 산정 [21·20·15·12년 출제]
옥탑은 그 수평투영면적의 합계가 해당 건축물 건축면적의 8분의 1 이하인 경우 건축물의 층수에 산입하지 않는다.

38 막힌줄눈 [21·20·15·12년 출제]
상부에서 오는 하중을 하부에 골고루 분산시켜 벽면에 집중 하중을 받는 것을 막아준다.

39 내쌓기 [21·13·12·11·06년 출제]
1/8B는 한 켜, 1/4B는 두 켜를 내쌓고, 한도는 2.0B 이하로 한다.

40 엔드탭 [21·14·09·07년 출제]
용접결함의 발생을 방지하기 위해 용접의 시발부와 종단부에 임시로 붙이는 보조판이다.

41 액화석유가스 [21·20·16·11·09년 출제]
공기보다 무거워 누설 시 인화성 폭발의 위험성이 있다.

42 절판구조 [21·15년 출제]
판을 주름지게 하여 하중에 대한 저항을 증가시킨 구조로, 주름으로 인해 철근 배근이 어렵다.

43 급탕방식 [21·16·13년 출제]
① 개별식 급탕방식 : 필요한 곳에 탕비기를 설치하여 온수를 공급하는 방법으로 소규모 건물에 적당하다.(순간식, 저탕식, 기수혼합식)
② 중앙식 급탕방식 : 가열장치, 저탕조 등을 기계실 등에 설치하여 온수를 필요한 곳에 공급하는 방법으로 대규모 건물에 적당하다.(직접 가열식, 간접 가열식)

44 목재의 함수율 계산 [21·20·09년 출제]

$$함수율 = \frac{(목재의\ 중량 - 전건\ 시의\ 목재\ 중량)}{전건\ 시의\ 목재의\ 무게} \times 100$$

$$= \frac{50g - 35g}{35g} \times 100 ≒ 43\%$$

45 목재의 강도 [21·20·15·14·09년 출제]
섬유포화점 이상에서는 강도가 일정하지만 섬유포화점 이하에서는 함수율의 감소에 따라 강도가 증가한다.

46 석재의 압축강도 크기 [16년 출제]
화강암 ＞ 대리석 ＞ 안산암 ＞ 사문암 ＞ 전판암 ＞ 사암 ＞ 응회암

47 목재가공품 [21·15·13·12·10년 출제]
코펜하겐 리브는 벽 및 천장재료로, 음향조절용으로 사용한다.
※ 바닥 마루판의 종류로 파키트리 패널, 플로어링 합판, 파키트리 블록이 있다.

48 미장재료의 응결방식 [12·11·07년 출제]
① 기경성 : 석회계 플라스터, 흙, 섬유벽 등이 있다.
② 수경성 : 시멘트계와 석고계가 있다.

49 철골구조 [21·15·14·12·10년 출제]
① 커버 플레이트 : 플랜지를 보강하기 위해 플랜지 상부에 사용하는 보강재로, 휨내력의 부족을 보충한다.
② 웨브 플레이트 : 전단력에 저항하며 6mm 이상으로 한다.
③ 스티프너 : 웨브의 좌굴을 방지하기 위한 보강재이다.
④ 거싯 플레이트 : 트러스보에 사용된다.

50 조적조의 내력벽길이와 바닥면적 [14·12·10·09·08년 출제]
길이는 10m 이하, 면적은 80㎡ 이하, 높이는 4m 이하로 한다.

51 추상적 형태 [21·15년 출제]
구체적 형태를 생략 또는 과장의 과정을 거쳐 재구성한 형태로, 알아보기 어렵다.

52 현대건축 [09·08년 출제]
① 고성능화, 공업화, 프리패브화의 경향에 맞춰 재료의 개선, 에너지 절약화, 능률화 등이 있다.
② 인건비가 비싸서 수작업과 현장시공은 되도록 하지 않는다.

53 컨시스턴시 측정시험 [15·13·12·09·06년 출제]
플로 시험, 리몰딩 시험, 슬럼프 시험, 구관입 시험이 있다.
※ 재하시험 : 하중강도와 침하량을 측정하여 기초 지반의 지내력을 추정하는 시험이다.

54 도면 표시기호 [21·20·16·15·14·13·12·09·08년 출제]
• V : 용적
• A : 면적
• L : 길이
• D : 지름
• W : 너비
• H : 높이
• THK : 두께
• R : 반지름

55 침실의 기능과 위치 [11·10년 출제]
도로 쪽은 피하고 동남쪽에 위치하며 정적이고 독립성이 있어야 한다.

56 목재의 성질 [16년 출제]
온도, 수분, 양분, 공기는 부패의 필수조건이다. 이 중 하나만 결여되어도 번식할 수 없다.

57 집성목재 [21·16년 출제]
1.5~5cm의 두께를 가진 단판을 겹쳐서 접착하여 인공강도를 만들 수 있다.

58 목구조의 부재 [21·15년 출제]
① 멍에 : 총하중을 견디는 큰보의 역할이다.
② 가새 : 횡력(수평력)이 작용해도 그 형태가 변형되지 않도록 대각선방향으로 빗대는 재를 의미한다.
③ 장선 : 멍에 위쪽에 걸치고 상판목을 잡아주는 작은보 역할을 한다.
④ 동바리 : 지면에 가까이 있는 마루 밑의 멍에, 장선을 받치는 짧은 기둥이다.

59 파티클보드 [21·16·15년 출제]
① 칩보드라고도 하며 목재들을 잘게 분쇄해 접착제와 혼합시켜서 압축한 합판이다. 주방가구, 싱크대 제작에 많이 사용된다.
② 수분이나 고습도에 약하기 때문에 별도의 방습 및 방수처리가 필요하다.

60 목구조의 부재 [21·07·06년 출제]
① 토대 : 기둥에서 내려오는 상부의 하중을 기초에 전달한다.
② 샛기둥 : 기둥과 기둥 사이의 작은 기둥으로 가새의 옆 휨을 막는다.

▶▶ 정답

01 ①	02 ④	03 ③	04 ①	05 ①
06 ③	07 ④	08 ④	09 ②	10 ④
11 ④	12 ④	13 ①	14 ②	15 ④
16 ③	17 ④	18 ④	19 ③	20 ③
21 ④	22 ③	23 ②	24 ①	25 ④
26 ③	27 ②	28 ③	29 ②	30 ④
31 ④	32 ④	33 ③	34 ②	35 ①
36 ③	37 ③	38 ①	39 ④	40 ③
41 ④	42 ②	43 ①	44 ④	45 ①
46 ④	47 ②	48 ④	49 ④	50 ③
51 ①	52 ②	53 ②	54 ④	55 ②
56 ③	57 ③	58 ②	59 ④	60 ②

01 안전율 [20·10·06년 출제]

건물에 작용한 하중에 대한 건물의 저항능력의 비율을 나타내며 건물이 파괴될 확률이다. 즉, 안전율이 1이면 설계조건과 같은 조건에서 파괴될 확률이 100%이고, 안전율이 2이면 설계조건보다 2배 나쁜 조건일 때 파괴된다는 뜻이다. '안전율＝최대강도/허용강도'로 안전율이 높을수록 좋다.

02 벽돌구조의 개구부 [20·20·16·14·10년 출제]

개구부와 바로 위 개구부의 수직거리는 60cm 이상, 개구부의 상호거리는 그 벽 두께의 2배 이상이다.

03 특수구조 [21·15·12·11·10년 출제]

① 돔구조 : 반구형의 형태를 갖는 구조물로 판테온 신전이나 장충체육관이 있다.

② 셸구조 : 곡면으로 휘어진 얇은 판으로 공간을 덮은 것으로 가볍고 큰 힘을 받을 수 있고 넓은 공간이 필요할 때 사용한다.

③ 절판구조 : 판을 주름지게 하여 하중에 대한 저항을 증가시킨 구조로 대공간 지붕구조에 사용한다.

④ PC 구조 : 공장에서 제작한 벽, 바닥 콘크리트를 현장에서 조립하는 조립식 구조이다.

04 특수구조 [21·15·12·10년 출제]

① 막구조 : 인장력이 강한 얇은 막을 잡아당겨 공간을 덮는 구조로 채광과 넓은 대공간 지붕구조로 좋다.

② 케이블구조 : 모든 부재가 인장력만 받고 압축력은 발생하지 않는 구조이다.

05 지정방식 [21·15년 출제]

① 자갈지정 : 잡석지정을 할 필요가 없는 양호한 지반에 사용한다.

② 제자리 콘크리트 말뚝지정 : 기성 콘크리트보다 더 큰 말뚝이 필요할 때 현장에서 지반을 기둥모양으로 파서 직접 제작하는 지정이다.

③ 나무말뚝지정 : 소나무, 낙엽송, 미송 등 생통나무를 사용한다.

④ 기성제 철근콘크리트 말뚝지정 : 공장에서 제작된 콘크리트 말뚝으로 상수면에 상관없이 공사가 가능하다.

06 벽돌의 표준형 [21·14년 출제]

$190 \times 90 \times 57$mm

07 개구부의 폭 [21·14년 출제]

벽돌구조에서 대린벽으로 구획된 벽에서 개구부의 폭 합계는 그 벽길이의 1/2 이하로 한다.

∴ $7m \times 1/2 = 3.5m$

08 온도조절철근 [21·14·12년 출제]

배력근(부근)은 주근 안쪽에 배치하며, 균열을 방지하기 위해 주근에 직각방향으로 배치하여 주근의 위치를 확보하고 응력을 분산한다.

09 철근배근 [21·14·10년 출제]

연속보에서는 지지점 부분의 상부에서 인장력을 받기 때문에 이곳에 주근을 배치한다.

10 아치구조 [20·16·15·14년 출제]

상부하중이 아치의 축선을 따라 압축력만 전달하고 인장력은 생기지 않게 한 구조이다.

11 계단의 재료에 따른 분류 [20·14·13년 출제]
석조계단, 철근콘크리트계단, 목조계단. 철골계단

12 점토의 흡수성 크기 [20·15·13·12년 출제]
토기 > 도기 > 석기 > 자기

13 에스컬레이터 [20·16·15·08·06년 출제]
경사는 30° 이하, 속도는 30m/min 이하로 하고 수송인원은
4,000~8,000인/h 정도로 수송능력이 엘리베이터보다 많다.

14 한국산업규격의 부문별 분류 [14·06년 출제]
① A : 기본부문
③ D : 금속부문
④ F : 건축, 토목부문

15 콘크리트의 강도 [20·15·14·13년 출제]
① 콘크리트의 강도는 압축강도이다.
② 인장강도는 압축강도의 1/10~1/13, 전단강도는 압축강
  도의1/4~1/6, 휨강도는 압축강도의 1/5~1/80이다.

16 그물망식 [20년 출제]
그물망식 공간의 구조적 형식이다.

17 계단의 모양에 따른 분류 [20·14·13년 출제]
돌음계단, 곧은 계단, 꺾인 계단, 나선계단

18 현대건축 [21·15·13·11·09·08년 출제]
① 고성능화, 공업화, 프리패브화의 경향에 맞춰 재료 개선,
  에너지 절약화, 능률화 등이 있다.
② 인건비가 비싸서 수작업과 현장시공은 되도록 하지 않는다.

19 침실 [21·16·15·12·11·10년 출제]
① 사적인 공간으로 정적이며 독립성이 있어야 한다.
② 노인침실은 안전을 위해 1층에 위치시킨다.

20 소성온도 [21·20·14년 출제]
자기의 소성온도는 1,230~1,460℃로 점토제품 중 가장 높다.

21 증기난방의 특징 [15·14·11·10·09·08년 출제]
① 소음이 많이 나며, 보일러 취급이 어렵다. 화상의 우려가
  있고 먼지 등이 상승하여 불쾌감을 준다.
② 예열시간이 짧고 열운반능력이 크며 설치비 및 유지비가
  싸다.

22 계단실(홀)형 아파트 [15·12·11·10·09년 출제]
통행부 면적이 작아 독립성이 좋은 반면 엘리베이터 이용률
이 낮다.

23 투시도의 용어 [16·15·14·13년 출제]
① 시점(E.P) : 물체를 보는 사람 눈의 위치
② 소점(V.P) : 원근법의 각 점이 모이는 초점
③ 정점(S.P) : 사람이 서 있는 곳
④ 화면(P.P) : 물체와 시점 사이에 기면과 수직한 평면
⑤ 수평면(H.P) : 눈높이에 수평한 면

24 중용열 포틀랜드 시멘트 [20·16·13·11·10년 출제]
조기강도는 낮아 균열발생이 적고 장기강도는 커서 댐, 방사
선 차폐용, 매스 콘크리트 등으로 사용된다.

25 현관 [20·16·12년 출제]
대지의 형태 및 도로와의 관계 등에 의하여 결정된다.

26 반자구조 [20·16·15·12·07년 출제]
반자돌림 → 반자틀 → 반자틀받이 → 달대 → 달대받이 순
서로 지붕 쪽으로 올라간다.

27 먼셀 표색계 [21·20·15년 출제]
표색계는 색상, 명도, 채도의 세 가지 속성으로 H(색상) V(명
도)/C(채도)로 표시한다.

28 주택단지계획 [20·15·14·13·12·11·10년 출제]
① 인보구 : 20~40호,100~200명
② 근린분구 : 400~500호, 2,000~2,500호
③ 근린주구 : 1,600~2,000호, 8,000~10,000명

29 아스팔트의 감온성 [20년 출제]
아스팔트 재료의 굳기(딱딱함이나 연한 성질)가 온도에 변화
하는 정도를 나타낸다.

30 유리제품 [20·13·12·08년 출제]

① 폼글라스 : 흑갈색, 불투명 다포질판으로 단열재, 보온재, 방음재로 사용된다.

② 프리즘 타일 : 입사광선의 방향을 바꾸거나 확산 또는 집중시킬 목적으로 사용한다.

③ 안전유리 : 내부에 금속망을 삽입하고 도난, 화재 방지용으로 사용한다. 망입유리라고도 한다.

④ 강화유리 : 보통유리 강도의 3~4배, 충격강도의 7~8배이며 손으로 절단 불가능하고 파괴 시 모래처럼 부서진다.

31 부축벽 [21·11년 출제]

벽의 횡력 보강으로 내력벽에 사용된다. 칸막이벽은 비내력벽으로 횡력에 저항하지 못한다.

32 토대의 이음 [20·14년 출제]

턱걸이 주먹장이음 또는 엇걸이 산지이음으로 한다.

33 목구조의 부재 [21·15년 출제]

① 처마도리 : 지붕보(평보) 위에 깔도리와 같은 방향으로 덧댄 것으로 서까래를 받는 가로재이다.

② 샛기둥 : 기둥과 기둥 사이의 작은 기둥을 의미한다.

③ 깔도리 : 기둥 또는 벽 위에 놓아 기둥을 고정하고 지붕보(평보)를 받는 도리로 연직하중 또는 수평하중을 받는 가로재이다.

④ 꿸대 : 벽의 보강을 위해 기둥을 꿰어 상호 연결하는 가로재이다.

34 AE제의 사용효과 [20·16·15·10·08년 출제]

미세기포를 연행하여 콘크리트의 워커빌리티(작업성) 및 내구성을 향상시킨다. 다만, 공기량 1% 증가에 따라 압축강도가 4~6% 감소한다.

35 드렌처설비 [20·15·11·10·09년 출제]

화재의 연소를 방지하는 방화설비이다.

36 콘크리트의 종류 [10·08·07년 출제]

① 경량 콘크리트 : 경량골재를 사용하고 중량이 $2.0t/m^3$이며 경량화, 단열, 내화성이 좋다.

② 중량 콘크리트 : 중량이 $2.5t/m^3$이며 원자로, 의료용 조사실에서 방사선 차폐용으로 사용된다.

③ 프리팩트 콘크리트 : 지수벽, 보수공사, 기초파일, 수중콘크리트에 사용된다.

④ 폴리머 콘크리트 : 결합재로 시멘트와 혼화용 폴리머를 사용한 것으로 고강도, 경량성, 수밀성, 내마모성, 전기전열성이 좋으나 내화성이 좋지 않고 단가가 비싸다.

37 철골구조 [20·16·13·12년 출제]

① 거싯 플레이트 : 트러스보에 웨브재의 수직재와 경사재를 접합판(거싯 플레이트)으로 댈 때 사용한다.

② 플랜지 : 인장 및 휨 응력에 저항하며 보 단면의 상하에 날개처럼 내민 부분이다.

③ 스티프너 : 웨브의 좌굴을 방지하기 위한 보강재이다.

④ 래티스 : 웨브를 플랜지에 45°, 60°로 조립하여 만든다.

38 목재의 건조방법 [20·08년 출제]

① 인공건조법 : 증기건조법, 열기건조법, 진공건조법, 훈연건조법

② 자연건조법 : 침수건조법, 공기건조법, 옥외대기건조법

39 층수 산정 [21·20·14·12·10년 출제]

지하층은 층수에 삽입하지 않고 층의 구분이 명확하지 않을 때는 4m마다 하나의 층으로 산정한다.

40 건축제도의 글자 [20·15·12·10·08년 출제]

한글은 고딕체로 쓰고 아라비아숫자, 로마자는 수직 또는 15° 경사지게 쓴다.

41 축척 계산 [20·15·12·08년 출제]

실제길이를 mm로 바꾸고 축척을 곱하면 된다.

$$16,000mm \times \frac{1}{200} = 80mm$$

42 창호기호 [11·10·08년 출제]

SS : 스테인리스강

43 자동화재탐지설비 [15·10·08년 출제]

① 열감지기 : 일정한 온도변화에 작동(차동식, 정온식, 보상식)

② 연기감지기 : 일정농도 이상의 연기에 작동(광전식, 이온화식)

44 벽돌의 1.5B 두께 [16·15·14·13·12·10년 출제]

190(1.0B) + 10(줄눈) + 90(0.5B) = 290mm

45 목구조의 부재 [21·13년 출제]
① 귀잡이보 : 건물의 꺾인 귀 부분에 고정하여 건물의 변형을 방지하는 수평가새 역할을 하는 가로재이다.
② 꿸대 : 벽의 보강을 위해 기둥을 꿰어 상호 연결하는 가로재이다.
③ 가새 : 횡력(수평력)이 작용해도 그 형태가 변형되지 않도록 대각선방향으로 빗대는 재를 의미한다.
④ 버팀대 : 절점부분인 기둥과 깔도리, 기둥과 층도리, 보 등의 수평력의 변형을 막기 위해 모서리에 짧게 수직으로 비스듬히 댄 부재이다.

46 블록구조 [21·20·13년 출제]
기초보의 춤은 처마높이의 1/12 이상 또는 60cm 이상으로 하고 단층은 45cm 이상으로 한다.

47 보더 타일 [20·13년 출제]
징두리벽 등의 선 두르기 등 기타 장식에 사용된다.

48 선의 종류 [16·15·14·09·07년 출제]
① 파선 : 대상이 보이지 않는 부분 표시
② 가는 실선 : 배근에서 스터럽 또는 치수선, 치수보조선, 지시선 표시
③ 1점쇄선 : 중심선, 기준선, 절단선, 경계선, 참고선 표시
④ 2점쇄선 : 가상선, 상상선 표시

49 개인공간 [21·15·13·07년 출제]
침실, 서재, 작업실 등 개인의 사생활을 위한 사적인 공간을 말한다.

50 목재의 함수율 계산 [21·20·09년 출제]

$$함수율 = \frac{(목재의\ 중량 - 전건\ 시의\ 목재\ 중량)}{전건\ 시의\ 목재의\ 무게} \times 100$$

$$= \frac{50g - 35g}{35g} \times 100 ≒ 43\%$$

51 인조석 [21·15년 출제]
테라초는 쇄석을 대리석을 사용해 대리석 계통의 색조가 나오도록 표면을 물갈기하여 사용한 것이다.

52 외관형식 [21·16년 출제]
탑상형은 외관형식에 해당하며 위로 올라갈수록 탑을 쌓듯이 타워형태로 짓는다.

※ 평면형식의 복도와 계단실로 구분하는 홀형, 편복도형, 중앙 복도형, 집중형, 테라스형 등이 있다.

53 개별식 급탕방식 [21·16·13년 출제]
필요한 곳에 탕비기를 설치하여 온수를 공급하는 방법으로 소규모 건물에 적당하다.(순간식, 저탕식, 기수혼합식)

54 블록조의 내력벽구조 [20·15·14년 출제]
부분적 벽길이의 합계는 전체 벽길이의 1/2 이상 되게 하고 좁은 벽이 많은 것보다 긴 벽이 연속된 것이 좋다.

55 가새 [21·15·14·12년 출제]
수평력이 작용해도 그 형태가 변형되지 않도록 대각선방향으로 빗대는 재를 말한다.

56 1방향 슬래브 [16·13·07년 출제]
$\lambda = l_y/l_x > 2$(l_x : 단변길이, l_y : 장변길이)
① 단면방향에만 주근을 배치하고 장변방향에는 균열 방지를 위해 온도철근을 배근한다.
② 슬래브두께는 최소 100mm 이상으로 한다.

57 철근콘크리트구조 [15년 출제]
습식이라 공사기간이 길고 균질한 시공이 어렵다.

58 여물의 사용목적 [16·15·11·10·07·06년 출제]
바름벽의 보강 및 균열을 방지하는 데 있다.

59 배경의 표현 [20·15·13년 출제]
건물보다 앞의 배경은 사실적으로, 뒤쪽의 배경은 단순하게 표현한다. 다만, 건축보다 사실적으로 표현하면 안 된다.

60 목구조의 부재 [21·07·06년 출제]
① 멍에 : 충하중을 견디는 큰보의 역할이다.
② 가새 : 횡력(수평력)이 작용해도 그 형태가 변형되지 않도록 대각선방향으로 빗대는 재를 의미한다.
③ 장선 : 멍에 위쪽에 걸치고 상판목을 잡아주는 작은보 역할을 한다.
④ 동바리 : 지면에 가까이 있는 마루 밑의 멍에, 장선을 받치는 짧은 기둥이다.

CBT
모의고사 11회
정답 및 해설

▶ 정답

01	②	02	③	03	③	04	①	05	③
06	①	07	③	08	③	09	④	10	①
11	④	12	②	13	②	14	④	15	②
16	①	17	④	18	③	19	④	20	④
21	②	22	①	23	②	24	①	25	②
26	②	27	④	28	②	29	③	30	④
31	④	32	③	33	②	34	④	35	①
36	④	37	④	38	②	39	④	40	③
41	①	42	②	43	①	44	④	45	③
46	②	47	①	48	②	49	①	50	②
51	③	52	②	53	④	54	④	55	②
56	③	57	④	58	②	59	③	60	④

01 기둥의 배근 [16 · 15 · 14 · 13 · 12 · 11 · 10년 출제]
기둥 주근의 최소 개수는 사각형이나 원형 띠철근으로 둘러싸인 철근은 4개, 나선 철근으로 둘러싸인 철근은 6개로 하여야 한다.

02 목재의 함수율 계산 [21 · 20 · 09년 출제]

$$함수율 = \frac{(목재의\ 중량 - 전건\ 시의\ 목재\ 중량)}{전건\ 시의\ 목재의\ 무게} \times 100$$

$$\frac{50g - 35g}{35g} \times 100 = 42.857\%$$

03 표준형 벽돌의 1.5B 두께 [15 · 13 · 12 · 10 · 09 · 08년 출제]
190(1.0B) + 10(줄눈) + 90(0.5B) = 290mm

04 안전율 [20 · 10 · 06년 출제]
건물에 작용하는 하중에 대한 건물의 저항능력의 비율을 나타내며 건물이 파괴될 확률을 말한다. 즉, 안전율이 1이란 설계조건과 같은 조건에서 파괴될 확률이 100%이고, 안전율이 2란 설계조건보다 2배 나쁜 조건일 때 파괴된다는 뜻이다.
[안전율 = 최대강도/허용강도]로 안전율이 높을수록 좋다.

05 다공벽돌 [16 · 12 · 09 · 08 · 06년 출제]
톱밥 등이 사용되어 절단, 못치기가 가능한 것이 특징이다.

06 중용열 포틀랜드 시멘트 [20 · 16 · 13 · 11 · 10년 출제]
조기강도는 낮아 균열발생이 적고 장기강도는 커서 댐, 방사선 차폐용, 매스 콘크리트 등으로 사용된다.

07 케이블구조 [14 · 13 · 09 · 08년 출제]
케이블구조는 특수구조며 모든 부재가 인장력만 받고 압축력은 발생하지 않는 구조로, 현수구조와 사장구조가 있다.

08 혼화제 [16 · 12 · 09 · 08 · 06년 출제]
콘크리트 속의 시멘트 중량에 대해 5% 이하, 보통 1% 이하의 극히 적은 양을 사용하며, 주로 화학제품이 많다. 기능을 향상시키기 위해 많이 사용하면 콘크리트 강도가 떨어진다.

09 열가소성 수지 [15 · 14 · 13년 출제]
열가소성 수지는 열을 가하여 성형한 뒤에도 다시 열을 가하면 형태를 변형시킬 수 있는 수지로 압출성형, 사출성형 등 가공을 할 수 있어 재활용이 가능하다. 염화비닐수지, 아크릴수지, 초산비닐수지가 여기에 해당한다.

10 철근의 피복두께 [15 · 12년 출제]
① 콘크리트 표면부터 가장 바깥쪽의 철근(늑근) 표면까지의 최단거리이다.
② 철근의 부식방지, 철근의 내구성 · 내화성 확보, 철근의 부착력 증가의 목적이 있다.

11 구조재 [21 · 14년 출제]
건축물의 골조인 힘을 받아내는 구성 부분으로, 기둥, 보, 벽체, 기초, 슬래브가 있다.

12 욕실 [20 · 10년 출제]
욕실 세면대 높이는 750mm가 적당하고 조도는 100lx가 필요하다.

13 작업삼각형 [16 · 13 · 11 · 10 · 06년 출제]
준비대(냉장고) – 개수대 – 가열대를 연결하는 작업대의 길이는 3.6~6.6m로 하고 작업순서는 오른쪽 방향으로 하는 것이 편리하다.

14 계단실형(홀형) 아파트 [15 · 12 · 11 · 10 · 09년 출제]
계단실 또는 엘리베이터 홀에서 직접 주거단위로 들어가는
형식으로 통행부 면적이 작고 엘리베이터 이용률이 낮다.

15 한식주택 [14 · 10 · 08년 출제]
각 실은 다기능으로 융통성이 높다.

16 접지설비 [20 · 16 · 15년 출제]
전로의 이상전압을 억제하고 지락 시 고장전류를 안전하게
대지로 흘려 인체, 화재, 기기의 손상 등 재해를 방지하고 안
정하게 동작시키는 설비이다.

17 증기난방의 특징 [15 · 14 · 11 · 10 · 09 · 08년 출제]
① 소음이 많이 나며, 보일러 취급이 어렵다.
② 화상의 우려가 있고 먼지 등이 상승하여 불쾌감을 준다.
③ 증기의 유량 제어가 어려우므로 실온 조절이 곤란하다.

18 통기관의 설치목적 [16 · 14 · 12 · 10년 출제]
① 배수관 내의 악취를 실외로 배출하여 청결을 유지한다.
② 트랩의 봉수를 보호하고 배수흐름을 원활하게 한다.

19 내민보 [20 · 14 · 12 · 07년 출제]
내민보는 끝부분에 내민 형태로 상부에 주근을 배치한다.

20 특수구조 [15 · 12 · 11 · 10년]
① 막구조 : 인장력이 강한 얇은 막을 잡아당겨 공간을 덮는
구조로 채광을 필요로 하는 대공간 지붕구조로 가장 적합
하다.
② 셸구조 : 곡면의 휘어진 얇은 판으로 공간을 덮는 구조이다.
③ 현수구조 : 기둥과 기둥 사이에 강제케이블로 연결한다.
④ 입체트러스구조 : 트러스구조를 입체적으로 조립한 것으
로 초대형 공간을 만들 수 있다.

21 엘리베이터 [07년 출제]
운행, 정지의 반복이 빈번하며 대부분 탑승자가 직접 조절하
여 이동한다.

22 보강 블록조 [20 · 16 · 14 · 11 · 10년 출제]
블록을 통줄눈으로 쌓고, 블록의 구멍에 철근과 콘크리트로
채워 보강한 구조이다.

23 콘크리트의 강도 [20 · 15 · 14 · 13 · 12년 출제]
콘크리트의 강도 중 가장 큰 압축강도로 콘크리트 타설 후 28
일이 경과해야 완전 경화되어 강도를 얻을 수 있다.

24 참나무 [13년 출제]
참나무는 압축강도가 90, 인장강도가 125kg/cm²로 나무 중
에서 가장 크다.

25 목재의 건조방법 [20 · 08년 출제]
① 인공건조법 : 증기건조법, 열기건조법, 진공건조법, 훈연
건조법, 고주파건조법
② 자연건조법 : 침수건조법, 공기건조법, 옥외 대기 건조법

26 유리제품 [20 · 13 · 12 · 08년 출제]
① 폼글라스 : 흑갈색 불투명 다포질판으로 단열재, 보온재,
방음재로 사용한다.
② 프리즘 타일 : 입사광선의 방향을 바꾸거나 확산 또는 집
중시킬 목적으로 사용한다.
③ 안전유리 : 내부에 금속망을 삽입하고 도난, 화재 방지용
으로 사용한다. 망입유리라고도 한다.
④ 강화유리 : 보통 유리 강도의 3~5배 정도 크며, 충격강도
는 5~10배 정도이다. 손으로 절단이 불가능하고 파괴 시 모
래처럼 부서진다.

27 스티프너 [20 · 16 · 13 · 11 · 09년 출제]
웨브의 좌굴을 방지하기 위한 보강재이다.

28 계단의 분류 [20 · 14 · 13년 출제]
① 계단 재료에 따른 분류: 석조계단, 철근콘크리트계단, 목
조계단, 철골계단
② 계단 모양에 따른 분류: 돌음계단, 곧은 계단, 꺾인 계단,
나선계단

29 목재의 단점 [14 · 13 · 12년 출제]
① 화재 우려가 있고, 변형과 팽창, 수축이 크다.
② 생물이라 재질과 강도가 일정하지 않다.
③ 충해로 부패하기 쉽다.

30 점토의 물리적 성질 [11 · 10 · 09년 출제]
① 일반적인 점토의 비중은 2.5~2.6 정도이다.
② 양질의 점토일수록 가소성이 좋다.
③ 인장강도는 0.3~1MPa 정도이다.

31 벽돌 치수
칠오토막의 크기는 온장의 75% 길이로, 3/4 크기를 의미한다.

32 액화석유가스 [21 · 20 · 16 · 11 · 09년 출제]
공기보다 무거워 누설 시 인화폭발의 위험성이 크다.

33 맞춤 [13 · 10년 출제]
통재기둥과 층도리의 맞춤은 빗턱통을 넣고 내다지 장부맞
춤, 벌림쐐기치기로 한다.

34 기초의 종류 [21 · 15 · 14 · 13 · 12 · 11년 출제]
① 독립기초 : 한 개의 기둥에 하나의 기초판으로 설치한 기
초이다.
② 줄기초 : 내력벽 또는 일렬로 된 기둥을 연속으로 기초벽
을 설치하는 구조이다.
③ 복합기초 : 한 개의 기초판이 두 개 이상의 기둥을 지지
한다.
④ 온통기초 : 건물하부 전체를 기초판으로 만든다.

35 건축설계과정 [12 · 11 · 08년 출제]
조건파악 → 기본계획 → 기본설계 → 실시설계 단계로 진행
되며 세부 결정 도면 작성은 기본설계 및 실시설계과정에서
이루어진다.

36 동선의 3요소 [16 · 14 · 13 · 12 · 10년 출제]
속도(길이), 빈도, 하중이며, 빈도가 높은 동선을 짧게 하고,
교차는 피한다.

37 다이닝 키친 [20 · 14 · 13 · 12 · 10년 출제]
부엌 일부분에 식사실을 두는 형태로 주부의 동선이 짧아 노
동력이 절감된다. 요리시간 단축과는 거리가 멀다.

38 돔구조 [15 · 13년 출제]
돔의 하부에서 밖으로 퍼져나가는 힘에 저항하기 위해 인장
링을 설치한다.

39 아스팔트의 품질기준 [20 · 13 · 09년 출제]
아스팔트는 방수시료이므로 연화점, 침입도, 침입도 지수, 증
발량, 인화점, 사염화탄소 가용분, 취하점, 흘러내린 길이, 비
교적 적은 감온성 등의 시험을 한다.

40 벽돌의 표준형 [21 · 14년 출제]
190×90×57mm

41 선의 종류 [20 · 16 · 15 · 14 · 13 · 12년 출제]
① 파선 : 대상이 보이지 않는 부분 표시
② 가는 실선 : 배근에서 스터럽 또는 치수선, 치수보조선,
지시선 표시
③ 일점쇄선 : 중심선, 기준선, 절단선, 경계선, 참고선 표시
④ 이점쇄선 : 가상선, 상상선 표시

42 투시도의 용어 [16 · 15 · 14 · 13년 출제]
① 시점(E.P) : 물체를 보는 사람 눈의 위치이다.
② 소점(V.P) : 원근법의 각 점이 모이는 초점이다.
③ 정점(S.P) : 사람이 서 있는 곳이다.
④ 화면(P.P) : 물체와 시점 사이에 기면과 수직한 평면이다.
⑤ 수평면(H.P) : 눈높이에 수평한 면이다.

43 고력볼트접합 [10 · 07 · 06년 출제]
접합면에 생기는 마찰력으로 힘이 전달되는 것으로 마찰접
합, 지압접합이 있다.

44 치수 기입 [15 · 14 · 12 · 11년 출제]
치수의 단위는 mm로 하고, 기호는 붙이지 않는다.

45 도면 표시기호 [21 · 20 · 16 · 15 · 14 · 13 · 12 · 09년 출제]
D−지름, ϕ−지름, R−반지름, W−너비

46 한국산업규격의 부문별 분류 [14 · 06년 출제]
A : 기본부문, D : 금속부문, F : 건축, 토목부문

47 물시멘트비와 강도 [14 · 13 · 09년 출제]
물시멘트비가 작으면 강도는 커진다.

48 미장재료의 정의 [09년 출제]
내외벽, 바닥, 천장 등에 흙손이나 스프레이건 등을 이용하여
일정한 두께로 발라 마무리하는 데 사용되는 재료이다.

49 외단열 [20 · 14년 출제]
건물의 외곽을 감싸기 때문에 단열성능이 좋다.

50 보더 타일 [20 · 13년 출제]
징두리벽 등의 선 두르기 등 기타 장식에 사용된다.

51 소성온도 [20 · 15 · 13 · 09년 출제]
① 토기 : 790~1,000℃ ② 석기 : 1,160~1,350℃

③ 자기 : 1,230~1,460℃ ④ 도기 : 1,100~1,230℃

52 강접합(모멘트접합) [11·07년 출제]
① 철골구조의 접합방식으로 사용하며 리벳, (고력)볼트접합, 용접접합이 여기에 해당한다.
② 수직, 수평방향이 힘을 지지함과 동시에 하중에 저항하는 접합으로 기둥과 보의 접합에 많이 이용된다.

53 조립식 구조 [15·14·12·10년 출제]
대량 공장 생산하여 현장에서 조립식으로 맞추기 때문에 접합부를 일체화하기 어렵다.

54 건축재료의 발달 [21·15·13·11·09·08년 출제]
공장제작으로 표준화, 생산성 향상, 고품질, 고성능화 되고 있으며 현장시공이 많이 줄어들고 있다.

55 ㅅ자보 [13·12·08·06년 출제]
중도리를 직접 받쳐주는 부재로 하부는 평보 위에 안장맞춤으로 하고 압축력과 휨모멘트를 동시에 받는다.

56 콘크리트의 종류 [10·08·07년 출제]
① 경량 콘크리트 : 경량골재를 사용하고 중량이 2.0t/m³며 경량화, 단열, 내화성이 좋다.
② 중량 콘크리트 : 중량이 2.5t/m³며 원자로, 의료용, 방사선 차폐용으로 사용한다.
③ 프리팩트 콘크리트 : 지수벽, 보수공사, 기초파일, 수중 콘크리트에 사용한다.
④ 폴리머 콘크리트 : 결합재로 시멘트와 혼화용 폴리머를 사용한 것으로 고강도, 경량성, 수밀성, 내마모성, 전기전열성이 좋으나 내화성이 좋지 않고 단가가 비싸다.

57 강재의 표시 [20·14년 출제]
수량(2) 형강모양(L) - 장축길이(125)×단축길이(125)×두께(6)

58 선의 종류 [15·14·13·11년 출제]
① 수평선 : 고요, 안정, 평화
② 수직선 : 고결, 희망, 상승, 존엄, 긴장감
③ 사선 : 운동성, 약동감
④ 곡선 : 여성적 느낌

59 열관류
열관류의 이동과정은 고온 측 고체 표면으로부터의 열전달, 고체 내 열전도, 저온 측 고체 표면으로부터의 열전달의 순으로 일어난다.

60 초음파 탐상법 [12년 출제]
주조재의 내부결함이나 용접 부분, 관재 등의 내부결함을 비파괴적으로 측정하는 방법을 말한다.

CBT
모의고사 **12**회
정답 및 해설

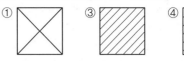

▶▶ 정답

01 ③	02 ③	03 ③	04 ①	05 ②
06 ④	07 ②	08 ④	09 ③	10 ③
11 ②	12 ②	13 ③	14 ①	15 ②
16 ③	17 ②	18 ③	19 ①	20 ④
21 ③	22 ②	23 ③	24 ①	25 ②
26 ②	27 ③	28 ②	29 ④	30 ④
31 ①	32 ①	33 ①	34 ②	35 ④
36 ②	37 ③	38 ④	39 ①	40 ②
41 ③	42 ④	43 ②	44 ①	45 ③
46 ④	47 ②	48 ①	49 ④	50 ②
51 ②	52 ③	53 ①	54 ④	55 ④
56 ③	57 ②	58 ①	59 ③	60 ③

01 가설공사에 사용되는 도구
① 꺾쇠 : 빗대공과 왕대공의 연결철물이다.
② 컬럼밴드 : 기둥 바깥쪽을 감싸서 측압에 의해 거푸집이 벌어지는 것을 방지한다.
③ 세퍼레이터 : 거푸집 간격을 유지하는 데 쓰이는 긴결재 이다.
④ 듀벨 : 목재와 목재 사이에 끼워서 전단력을 보강하는 철물이다.

02 외부공간 [16 · 13 · 11 · 10 · 06년 출제]
배치계획에 의하여 건축물의 주위에 만들어지는 외부환경 또는 건축군의 배치문제를 포함한 광의적 의미를 말한다.

03 층수 [21 · 20 · 14 · 12 · 10년 출제]
지하층은 층수에 삽입하지 않고 층의 구분이 명확하지 않을 때는 4m마다 하나의 층수로 산정한다.

04 먼셀 표색계 [20 · 16년 출제]
표색계는 색상, 명도, 채도의 세 가지 속성으로 H(색상)/V(명도)/C(채도)로 표시한다.

05 재료 표시기호 [14 · 13 · 10년 출제]
① (빈칸) ③ (빈칸) ④ (빈칸)

06 조립식 구조 [15 · 14 · 12 · 10년 출제]
대량 공장 생산하여 현장에서 조립식으로 맞추기 때문에 접합부를 일체화하기 어렵다.

07 에너지 절약 계획 [23 · 20 · 14년 출제]
공동주택의 인동간격은 모든 세대가 2시간 이상의 일조권 확보를 위해서 법적으로 규제가 되어 있다. 에너지 절약 계획은 관계가 없다.

08 벽돌 쌓기 [15 · 14 · 12 · 11년 출제]
① 엇모쌓기 : 벽돌을 45도 각도로 모서리가 면에 나오도록 쌓는 방법으로 음영효과가 더욱 두드러진다.
② 무늬 쌓기 : 벽면으로부터 벽돌길이의 1/4 또는 1/8을 내밀거나 들어가게 하여 음영효과를 주는 방식이다.
③ 공간벽 쌓기 : 벽의 중간에 공간을 두고 쌓는 방법으로 방습, 방한, 방음을 목적으로 한다.
④ 영롱쌓기 : 모양구멍을 내어 쌓으며 장식 벽으로 사용한다.

09 축척의 종류 [14 · 06년 출제]
• 배척 : 2/1, 5/1
• 실척 : 1/1
• 축척 : 1/2~1/5, 1/10, 1/20, 1/25, 1/30, 1/40, 1/50, 1/100, 1/200, 1/250, 1/300, 1/500, 1/600, 1/1,000, 1/1,200, 1/2,000, 1/2,500, 1/3,000, 1/5,000, 1/6,000 이 있으며, 1/400 축척은 없다.

10 선의 종류선 [20 · 16 · 15 · 14 · 13 · 12년 출제]
① 굵은 실선 : 단면선, 외형선으로 표시
② 가는 실선 : 배근에서 스터럽 또는 치수선, 치수보조선, 지시선의 표시
③ 일점 쇄선 : 중심선, 기준선, 절단선, 경계선, 참고선 표시
④ 파선 : 대상이 보이지 않는 부분을 표시

11 소화활동설비 [16 · 14 · 12 · 08년 출제]
화재를 진압하거나 인명구조 활동을 위해 사용하는 설비로 제연설비, 연결송수관설비, 연결살수설비, 비상콘센트설비, 무선통신보조설비, 연소방지설비 등이 있다.

12 데크플레이트 [20 · 10년 출제]

강판을 구부려 만들어 거푸집 대신 깔고 거기에 철근으로 보강하여 바닥판으로 사용한다.

13 지붕물매 [13 · 11 · 10 · 07년 출제]

지붕경사의 표시로 물매는 수평거리 10cm에 대한 직각 삼각형의 수직높이로 표시한다. 평물매(4/10), 되물매(10/10), 된물매(12/10) 등이 있다.

14 침실의 기능과 위치 [21 · 16 · 15 · 12 · 11 · 10년 출제]

도로 쪽은 피하고 동남쪽에 위치하며 정적이고 독립성이 있어야 한다.

15 옥내배선도 [14 · 10 · 08년 출제]

건물 안에 설치한 전선과 배전 기구의 설계도면이다. 가구의 배치표시는 건축평면도에 표현한다.

16 집중형 아파트 [16 · 15 · 12 · 11년]

중앙에 엘리베이터와 계단 홀을 배치하고 주위에 많은 단위주거를 집중 배치하기는 형식으로 독립성 측면에 있어서 매우 불리하다.

17 색상 [15 · 12 · 09년 출제]

① 명색 : 명도만 있는 색으로 밝은 부분
② 순색 : 아무것도 섞이지 않은 색
③ 탁색 : 순색과 회색이 섞인 색
④ 암색 : 명도만 있는 색으로 어두운 부분

18 공동주택의 종류 [21 · 16 · 13 · 11 · 09년 출제]

① 아파트 : 주택으로 사용하는 층수가 5개층 이상인 것
② 연립주택 : 주택으로 사용하는 1개동의 연면적이 660m² 초과하고 4개층 이하인 것
③ 다세대주택 : 주택으로 사용하는 1개동의 연면적이 660m² 이하이고 4개층 이하인 것
④ 기숙사 : 독립된 주거형태가 아닌 학교의 학생이나 공장의 직원을 위해 사용하는 것
※ 다가구주택은 단독주택에 포함된다.

19 토대 [20 · 14 · 13 · 12 · 10년 출제]

연속기초 위에 수평으로 놓고 앵커볼트로 고정시킨다. 토대와 토대의 이음은 턱걸이 주먹장이음 또는 엇걸이 산지이음으로 한다.

20 꿸대와 심벽

꿸대는 기둥과 기둥 사이를 가로질러 벽을 치는 뼈대 역할이며, 기둥이 보이도록 하는 심벽에 사용된다.

21 반자구조 [20 · 16 · 15 · 12 · 07년 출제]

반자돌림 → 반자틀 → 반자틀받이 → 달대 → 달대받이 순서로 지붕 쪽으로 올라간다.

22 샛기둥 [20 · 16 · 14 · 11 · 10년 출제]

기둥과 기둥 사이에 40~60cm 간격으로 배치하는 작은 기둥으로 벽면에서 걸리는 힘을 주구조체에 전달하는 역할이다.

23 창호 철물 [16 · 12 · 11년 출제]

① 문버팀쇠 : 열린 여닫이문을 적당한 위치에 버티게 고정하는 철물이다.
② 도어스톱 : 열림 문짝이 벽 등이 손상되는 것을 막기 위해 바닥 또는 옆벽에 대는 철물이다.
③ 도어체크 : 여닫이 문을 자동적으로 닫게 하는 장치로서 스프링 경첩의 일종이다.
④ 크레센트 : 오르내리창에 사용되는 걸쇠이다.

24 응결 [15 · 13년 출제]

• 모르타르 또는 콘크리트가 유동적인 상태에서 겨우 형체를 유지할 수 있을 정도로 엉키는 초기작용을 말한다.
• 응결시간 단축조건 : 시멘트 분말도가 클 때, 용수가 적을 때, 온도가 높을 때, 알루민산3석회가 많을 때

25 합금 [16 · 15 · 14 · 13 · 12 · 11 · 10년 출제]

청동 = 구리 + 주석의 합금이다.

26 유리제품 [20 · 13 · 12 · 08년 출제]

① 폼글라스 : 흑갈색 불투명 다포질판으로 단열재, 보온재, 방음재로 사용된다.
② 프리즘 타일 : 입사광선의 방향을 바꾸거나 확산 또는 집중시킬 목적으로 사용한다.
③ 안전유리 : 내부에 금속망을 삽입하고 도난 화재 방지용으로 사용한다. 망입유리라고도 한다.
④ 강화유리 : 보통유리 강도의 3~4배, 충격강도 7~8배이며, 손으로 절단하는 것이 불가능하고 파괴 시 모래처럼 부서진다.

27 회반죽 [16 · 14 · 13 · 11 · 10 출제]

공기 중의 탄산가스(이산화탄소)와 화학작용을 통해 굳는다.

28 석고보드 [09 · 08년 출제]
소석고를 주원료로 경량 탄성률을 위해 톱밥, 펄라이트, 섬유 등을 섞어 물로 반죽 양면에 종이를 붙인 판재이며, 습기에 취약하다.

29 표준형 벽돌의 1.5B 두께 [15 · 13 · 12 · 10 · 09 · 08년 출제]
190(1.0B) + 80(공간) + 90(0.5B) = 360mm

30 잔골재 (모래) [21 · 09년 출제]
5mm 체에서 중량비로 85% 이상 통과하는 골재를 의미한다.
20kg × 0.85 = 17kg

31 제조법 [22 · 21 · 14 · 13년 출제]
원토처리 – 원료배합 – 반죽 – 성형 – 건조 – (소성 – 시유 – 소성) – 냉각 – 검사, 선별 순서이다.

32 천연재료(자연재료) [16 · 15 · 14 · 13 · 12년 출제]
석재, 목재, 토벽 등이 있다.

33 대리석 [13 · 12 · 10 · 08년 출제]
석회석이 오랜 세월 동안 땅속에서 지열과 지압으로 인하여 변질되어 결정화된 것으로 열과 산에 약하다. 그러므로 외부 장식재로 사용하지 않고 실내장식재 또는 조각재로 사용한다.

34 폴리에스테르수지 [16 · 15 · 12년 출제]
유리섬유로 보강한 섬유보강(글라스섬유) 플라스틱으로서 일명 FRP라 하며 건축용으로 강화된 평판, 판상제품으로 사용된다.

35 점토 제품 [20 · 15 · 13 · 12년 출제]
토기 > 도기 > 석기 > 자기 순서로 흡수성이 작아진다. 도기 질 타일은 흡수성이 약간 크므로 타일, 위생 도기, 테라코타 타일은 내장용으로 사용된다.

36 돔이나 회전체 모양의 셸 구조
① 압축링(Compression Ring) : 상부에 부재들이 모이는 부분에 부재가 안으로 몰리는 것을 방지하기 위해 설치하는 링
② 인장링(Tension Ring) : 하부에 부재들이 바깥 방향으로 벌어지려는 추력을 막기 위해서 안으로 모아주는 역할을 하는 링

37 셸구조 [10 · 07년 출제]
곡면의 휘어진 얇은 판으로 공간을 덮은 구조이다. 가볍고 큰 힘을 받을 수 있어 넓은 공간을 필요로 할 때 사용한다. 대표적인 구조물로 시드니 오페라 하우스가 있다.

38 돔구조 스페이스프레임(입체트러스구조) [15 · 13년 출제]
트러스구조를 입체적으로 조립한 것으로 초대형 공간을 만들 수 있다.

39 철골구조의 단점
재료가 철이라 화재에 취약하며 녹슬기가 쉽다.

40 줄기초 그리기 순서 [13 · 09 · 07년 출제]
① – ④ – ③ – ② 순으로 진행한다.

41 롤로 컨베이어
택배 물건 등을 연속적으로 운반하며 구분할 수 있다.

42 증기난방의 단점 [15 · 14 · 13 · 11 · 10 · 09 · 08년 출제]
소음이 많이 나며, 보일러 취급이 어렵다. 화상이 우려되며 먼지 등이 상승하여 불쾌감을 준다.

43 목구조의 부재 [20 · 09 · 07년 출제]
① 토대 : 기둥에서 내려오는 상부의 하중을 기초에 전달하는 역할을 한다.
② 처마도리 : 지붕보(평보) 위에 깔도리와 같은 방향으로 덧댄 것으로 서까래를 받는 가로재이다.
③ 서까래 : 목조 건축물에서 지붕의 비탈진 면을 받쳐주는 갈비뼈 모양의 구조물로서 마룻대를 기준으로 해서 지붕을 이루는 가로대이다.
④ 층도리 : 위층과 아래층 사이에서 연결하여 바닥 하중을 기둥에 골고루 전달하는 가로재이다.

44 구조형식 [15 · 14 · 13 · 12 · 11 · 10년 출제]
① 막구조 : 인장력에 강한 얇은 막을 잡아 당겨 공간을 덮는 구조방식이다.
② 셸구조 : 곡면의 휘어진 얇은 판으로 공간을 덮은 구조이다. 가볍고 큰 힘을 받을 수 있어 넓은 공간을 필요로 할 때 사용한다.
③ 벽식구조 : 보와 기둥 대신 슬래브와 벽이 일체가 되는 구조이다.
④ 현수구조 : 기둥과 기둥 사이에 강제케이블로 연결한다.

45 알루미늄 [16·15·13·12·11·09년 출제]
산, 알칼리에 침식된다.

46 한국산업표준 규정 [24년 출제]
제품의 형상(모양), 치수, 품질과 시험 및 분석, 검사, 측정방법
등으로 규정한다.

47 메조넷형(복층형) [16·15·13·11년 출제]
하나의 주거단위가 복층형식을 갖고 있어 상하층 공간의 변화
가 있다.

48 배수트랩 [13·12·11·08·07년 출제]
배수관 속의 악취나 벌레 등이 실내로 유입되는 것을 방지하
기 위해 봉수가 고이게 하는 기구이다. S트랩, P트랩, 벨트랩,
드럼트랩, 그리스트랩 등이 있다.

49 블록구조 [20·16·14·11·10년 출제]
① 조적식블록조 : 막힌 줄눈을 사용하여 쌓는 내력벽으로
　소규모건물에 적합하다.
② 보강블록조 : 블록의 구멍에 철근과 콘크리트로 채워 보
　강한 구조이다.
③ 거푸집블록조 : 속이 빈 형태의 블록을 거푸집으로 사용
　하는 구조이다.
④ 장막벽블록조 : 힘을 받지 않는 곳에 설치하는 비내력벽,
　칸막이 벽으로 사용한다.

50 지붕재료 [20·16·13·08년 출제]
재료가 가볍고 방수, 방습, 내화, 내수성이 큰 것을 사용한다.
외부 수장재로서 견고함을 가지고 있어야 한다.

51 미서기창호 [20·15·13·09년 출제]
한쪽에 다른쪽 창을 밀어 포개는 방식으로 50% 개폐가 된다.
목재창호는 레일, 호차, 꽃이쇠, 오목 손잡이가 사용되며, 철
재창호는 호차, 크리센트가 사용된다.

52 철근콘크리트 구조 [15년 출제]
인장응력은 철근이 부담하고 압축응력은 콘크리트가 부담
한다.

53 조강 포틀랜드 시멘트 [15·13·08년 출제]
재령 28일 강도를 재령 7일 정도에 나타내 긴급공사, 한중공
사에 유리하다. 초기 수화열이 크므로 큰 구조물(매스콘크리
트)에는 부적절하다.

54 유성페인트
유성 에나멜 페인트보다 건조가 늦지만 내구력과 광택이 좋
다. 알칼리에 약하므로 콘크리트에 바로 칠하면 안된다.

55 실리카시멘트(포졸란시멘트) [16·13·10년 출제]
초기 강도는 작으나 장기 강도는 크기 때문에 긴급공사용으
로는 부적합하다. 해수와 화학저항성이 좋다.

56 콘크리트의 종류 [10·08·07년 출제]
① 경량 콘크리트 : 경량골재 사용하여 중량이 2.0t/㎥로 경
　량화, 단열, 내화성이 좋다.
② 중량 콘크리트 : 방사선 차폐용으로 중량이 2.5t/㎥로 원
　자로, 의료용으로 사용된다.
③ 프리팩트 콘크리트 : 지수벽, 보수공사, 기초파일, 수중
　콘크리트에 사용된다.
④ 폴리머 콘크리트 : 결합재로 시멘트와 혼화용 폴리머를
　사용한 것으로 고강도, 경량성, 수밀성, 내마모성, 전기전
　열성이 좋으나 내화성이 좋지 않고 단가가 비싸다.

57 화성암계
① 마그마나 용암이 냉각되어 굳어진 암석이다.
② 화강암, 현무암, 안산암이 있다.

58 선의 종류선 [20·16·15·14·13·12년 출제]
① 파선 : 대상이 보이지 않는 부분을 표시
② 일점 쇄선 : 중심선, 기준선, 절단선, 경계선, 참고선 표시
③ 가는 실선 : 배근에서 스터럽 또는 치수선, 치수보조선, 지
　시선의 표시
④ 굵은 실선 : 단면선, 외곽선의 표시

59 역학적 성질 [15·13·12·09년 출제]
① 연성 : 가늘고 길게 늘어나는 성질
② 전성 : 외력에 의해 얇게 펴지는 성질
③ 취성 : 작은 변형만으로도 파괴되는 성질
④ 탄성 : 외력을 제거하면 순간적으로 원형으로 회복하는
　성질

60 접합방법 [21·11·07년 출제]
① 리벳접합 : 2장 이상의 강재에 구멍을 뚫어 약 800~1,000
　도 정도 가열한 리벳을 압축공기로 타격하여 박는 방법이다.
② 핀접합 : 철골의 구멍을 뚫어 핀에 의한 접합방법이다.
③ 고력볼트접합 : 토크렌치나 임팩트렌치 등 마철력을 이
　용하여 접합하는 방법이다.
④ 용접접합 : 결손 없이 금속을 녹여 일체화시키는 방법
　이다.

콕집
200제

001 건축물의 계획과 설계과정 중 계획단계에 해당하지 않는 것은? [20·14·10·09·06년 출제]

① 구조계획
② 형태 및 규모의 구상
③ 대지조건 파악
④ 요구조건 분석

해설

계획단계
자료수집, 요구조건 분석, 형태 및 규모, 대지조건 파악 등
※ 구조계획은 기본설계에서 필요하다.

002 건축공간에 대한 설명으로 옳지 않은 것은?
[16·15·13·11·10·06년]

① 인간은 건축공간을 조형적으로 인식한다.
② 외부공간은 자연발생된 건축고유의 공간이며 기능과 구조, 그리고 아름다움의 측면에서 무엇보다도 중요하다.
③ 공간의 가장 기본적인 치수는 실내에 필요한 가구를 배치하고 기능을 수행하는 데 있어 사람의 움직임을 적절하게 수용할 수 있는 크기이다.
④ 건축물을 만들기 위해서는 여러 가지 재료와 방법을 이용하여 바닥, 벽, 지붕과 같은 구조체를 구성하는데, 이 뼈대에 의하여 이루어지는 공간을 건축공간이라 한다.

해설

외부공간
자연발생적인 것이 아니라 인간에 의해 의도적·인공적으로 만들어진 외부의 환경을 말한다.

003 다음은 건축법령상 지하층의 정의이다. ( ) 안에 알맞은 것은? [14·11·10·09·07년 출제]

> "지하층"이란 건축물의 바닥이 지표면 아래에 있는 층으로서 바닥에서 지표면까지 평균높이가 해당 층높이의 ( ) 이상인 것을 말한다.

① 2분의 1
② 3분의 1

③ 3분의 2
④ 4분의 3

해설

지하층의 정의
건축물의 바닥이 지표면 아래에 있는 층으로서 그 해당 층의 바닥에서 지표면까지의 평균높이가 해당 층높이의 1/2 이상인 것을 말한다.

004 건축법령상 건축에 속하지 않는 것은?
[16·14·12·11년 출제]

① 증축
② 이전
③ 개축
④ 내수선

해설

건축의 행위
건축은 건축물을 신축, 증축, 개축, 재축, 이전하는 것이다.
※ 대수선은 건축물의 기둥, 보, 내력벽, 주계단 등의 구조나 외부 형태를 수선, 변경하거나 증설하는 것이다.

005 건축물의 층수 산정 시, 층의 구분이 명확하지 아니한 건축물의 경우, 그 건축물의 높이 얼마마다 하나의 층으로 보는가? [21·20·14·12·10년 출제]

① 2m
② 3m
③ 4m
④ 5m

해설

층수
지하층은 층수에 삽입하지 않고 층의 구분이 명확하지 않을 때는 4m마다 하나의 층수로 산정한다.

006 심리적으로 상승감, 존엄성, 엄숙함 등의 조형 효과를 주는 선의 종류는? [15·14·13·11년 출제]

① 사선
② 곡선
③ 수평선
④ 수직선

해설

수직선
고결, 희망, 상승, 존엄, 긴장감을 표현한다.

정답 001 ① 002 ② 003 ① 004 ④ 005 ③ 006 ④

007 다음 설명에 알맞은 형태의 지각심리는?

[22·15·13년 출제]

- 공동운명의 법칙이라고도 한다.
- 유사한 배열로 구성된 형들이 방향성을 지니고 연속되어 보이는 하나의 그룹으로 지각되는 법칙을 말한다.

① 근접성
② 유사성
③ 연속성
④ 폐쇄성

해설

연속의 원리
유사한 배열이 하나의 묶음으로 보이는 현상을 말한다.

008 건축 형태의 구성 원리 중 일반적으로 규칙적인 요소들의 반복으로 디자인에 시각적인 질서를 부여하는 통제된 운동감각을 의미하는 것은?

[11·08년 출제]

① 리듬
② 균형
③ 강조
④ 조화

해설

리듬
통제된 운동감으로 공간이나 형태의 구성을 조직하고 반영하여 시각적 질서를 부여한다.

009 형태의 조화로서 황금비례의 비율은?

[15·13·09·06년 출제]

① 1 : 1
② 1 : 1.414
③ 1 : 1.618
④ 1 : 3.141

해설

황금비율
황금비는 1 : 1.618의 비율이고, 루트비의 대표인 종이의 크기는 1 : $\sqrt{2}$ 이다.

010 기온 · 습도 · 기류의 3요소의 조합에 의한 실내 온열감각을 기온의 척도로 나타낸 것은?

[16·13·12·11·08년 출제]

① 유효온도
② 작용온도
③ 등가온도
④ 불쾌지수

해설

유효온도
감각온도 또는 실감온도라고도 하며 온도, 습도, 기류의 3요소가 포함된다.

011 표면결로의 방지방법에 관한 설명으로 옳지 않은 것은?

[14·07·06년 출제]

① 실내에서 발생하는 수증기를 억제한다.
② 환기에 의해 실내 절대습도를 저하한다.
③ 직접가열이나 기류촉진에 의해 표면온도를 상승시킨다.
④ 낮은 온도로 난방시간을 길게 하는 것보다 높은 온도로 난방시간을 짧게 하는 것이 결로방지에 효과적이다.

해설

결로 방지법
낮은 온도로 난방시간을 길게 하여 저온부분을 만들지 않는다.

012 실내공기오염의 종합적 지표가 되는 오염물질은?

[15·13·10·11·07년 출제]

① 먼지
② 산소
③ 이산화탄소
④ 일산화탄소

해설

실내환기의 척도
공기 중의 이산화탄소 농도로 확인한다.

013 건축법령상 공동주택에 속하지 않는 것은?

[21·16·15·13·12·11·09년 출제]

① 기숙사
② 연립주택
③ 다가구주택
④ 다세대주택

해설

공동주택의 종류
- 아파트 : 주택으로 사용하는 층수가 5개 층 이상인 것
- 연립주택 : 주택으로 사용하는 1개 동의 연면적이 660m²를 초과하고 4개 층 이하인 것

- 다세대주택 : 주택으로 사용하는 1개 동의 연면적이 660㎡ 이하이고 4개 층 이하인 것
- 기숙사 : 독립된 주거형태가 아닌 학교나 공장의 학생, 종업원을 위해 사용하는 것

※ 다가구주택은 단독주택에 속한다.

014 주택의 주거공간을 공동공간과 개인공간으로 구분할 경우, 다음 중 개인공간에 해당하지 않는 것은?
[21·15·13·07년 출제]

① 서재　　　　　② 침실
③ 작업실　　　　④ 응접실

┌해설┐
개인공간
개인의 사생활을 위한 사적인 공간으로, 침실, 서재, 작업실 등이 포함된다.

015 주거공간을 주행동에 따라 개인공간, 사회공간, 노동공간 등으로 구분할 때, 다음 중 사회공간에 해당되지 않는 것은?
[21·20·15·14·13·12년 출제]

① 거실　　　　　② 식당
③ 서재　　　　　④ 응접실

┌해설┐
사회공간
가족 중심으로 모두 같이 사용하는 공간이며 거실, 식당, 응접실이 있다.
※ 서재는 개인공간이다.

016 한식주택의 특징으로 옳지 않은 것은?
[21·20·15·14·12·11·10·08·06년 출제]

① 좌식 생활 중심이다.
② 공간의 융통성이 낮다.
③ 가구는 부수적인 내용물이다.
④ 평면은 실의 위치별 분화이다.

┌해설┐
한식주택
각 실은 다기능으로 융통성이 높다. 예로 안방에서 식사와 취침을 같이 한다.

017 주택의 동선계획에 관한 설명으로 옳지 않은 것은?
[21·15·14·12·10·09·07·06년 출제]

① 동선에는 개인의 동선과 가족의 동선 등이 있다.
② 상호 간에 상이한 유형의 동선은 명확히 분리하는 것이 좋다.
③ 가사노동의 동선은 되도록 북쪽에 오도록 하고 길게 처리하는 것이 좋다.
④ 수평동선과 수직동선으로 나누어 생각할 때 수평동선은 복도 등이 부담한다고 볼 수 있다.

┌해설┐
동선계획
가사노동의 동선은 가능한 한 남측에 위치시키고 짧게 처리한다.

018 동선의 3요소에 속하지 않는 것은?
[20·16·14·12·11·10·09년 출제]

① 길이　　　　　② 빈도
③ 방향　　　　　④ 하중

┌해설┐
동선의 3요소
속도(길이), 빈도, 하중이며, 빈도가 높은 동선을 짧게 하고 교차는 피한다.

019 주택의 거실에 관한 설명으로 옳지 않은 것은?
[13·11·09·07·06년 출제]

① 가급적 현관에서 가까운 곳에 위치시키는 것이 좋다.
② 거실의 크기는 주택 전체의 규모나 가족 수, 가족 구성 등에 의해 결정된다.
③ 전체 평면의 중앙에 배치하여 각 실로 통하는 통로로서의 역할을 하도록 한다.
④ 거실의 형태는 일반적으로 직사각형이 정사각형보다 가구의 배치나 실의 활용 측면에서 유리하다.

┌해설┐
거실
주택의 중심에 위치하고 현관, 복도, 계단 등과 근접하되 통로역할은 피한다.

020 주택의 침실에 관한 설명으로 옳지 않은 것은? [16 · 15 · 12 · 11 · 10년 출제]

① 어린이침실은 주간에는 공부를 할 수 있고, 유희실을 겸하는 것이 좋다.

② 부부침실은 주택 내의 공동공간으로서 가족생활의 중심이 되도록 한다.

③ 침실의 크기는 사용 인원수, 침구의 종류, 가구의 종류, 통로 등의 사항에 따라 결정된다.

④ 침실의 위치는 소음의 원인이 되는 도로 쪽은 피하고, 정원 등의 공지에 면하도록 하는 것이 좋다.

> **해설**
> **침실**
> 사적인 공간으로 정적이며 독립성이 있어야 한다.

021 다음과 같은 특징을 갖는 주택 부엌 가구의 배치 유형은? [15 · 14 · 10년 출제]

> • 작업 동선은 줄일 수 있지만 몸을 앞뒤로 바꾸는 데 불편하다.
> • 양쪽 벽면에 작업대가 마주 보도록 배치한 것으로 부엌의 폭이 길이에 비해 넓은 부엌의 형태에 적당한 형식이다.

① L자형
② U자형
③ 병렬형
④ 아일랜드형

> **해설**
> **병렬형**
> 양쪽 작업대의 통로 폭은 700~1,000mm 사이로 한다.

022 주택계획에서 다이닝 키친(Dining Kitchen)에 관한 설명으로 옳지 않은 것은? [20 · 14 · 13 · 12 · 10년 출제]

① 공간 활용도가 높다.

② 주부의 동선이 단축된다.

③ 소규모 주택에 적합하다.

④ 거실의 일단에 식탁을 꾸며 놓은 것이다.

> **해설**
> **다이닝 키친**
> 부엌 일부분에 식사실을 두는 형태로 주부의 동선이 짧아 노동력이 절감된다.

023 다음 설명에 알맞은 주택의 실 구성형식은? [16 · 12 · 10 · 09년 출제]

> • 소규모 주택에서 많이 사용된다.
> • 거실 내에 부엌과 식사실을 설치한 것이다.
> • 실을 효율적으로 이용할 수 있다.

① K형
② DK형
③ LD형
④ LDK형

> **해설**
> **LDK형**
> 거실(Living) + 식사실(Dining) + 부엌(Kitchen)의 뜻이다.

024 주택의 식당 및 부엌에 관한 설명으로 옳지 않은 것은?

① 식당의 색채는 채도가 높은 한색 계통이 바람직하다.

② 식당은 부엌과 거실의 중간 위치에 배치하는 것이 좋다.

③ 부엌의 작업대는 준비대 → 개수대 → 조리대 → 가열대 → 배선대의 순서로 배치한다.

④ 키친네트는 작업대 길이가 2m 정도인 소형 주방가구가 배치된 간이 부엌의 형태이다.

> **해설**
> **주택 색채계획**
> 주방, 식당은 난색 계통으로 한다.

025 다음 중 주택 현관의 위치를 결정하는 데 가장 큰 영향을 끼치는 것은? [20 · 16 · 12년 출제]

① 현관의 크기
② 대지의 방위
③ 대지의 크기
④ 도로와의 관계

현관의 위치
방위와 무관하고 도로의 위치와 관계있으며 주택면적의 7% 정도가 적당하다.

026 홀형 아파트에 관한 설명으로 옳지 않은 것은?

[20·16·15·14·13·12·10·09·07·06년 출제]

① 거주의 프라이버시가 높다.
② 통행부 면적이 작아서 건물의 이용도가 높다.
③ 계단실 또는 엘리베이터 홀로부터 직접 주거단위로 들어가는 형식이다.
④ 1대의 엘리베이터에 대한 이용 가능한 세대수가 가장 많은 형식이다.

계단실(홀) 아파트
계단실 또는 엘리베이터 홀에서 직접 주거단위로 들어가는 형식으로 통행부 면적이 작고 엘리베이터 이용률이 낮다.

027 다음 중 아파트의 평면형식에 의한 분류에 속하지 않는 것은?

[16·13·11·07·06년 출제]

① 홀형
② 탑상형
③ 집중형
④ 편복도형

평면형식
복도와 계단실로 구분을 하며 홀형, 편복도형, 중앙복도형, 집중형이 있다.
※ 탑상형은 외관형태로 구분하는 분류이다.

028 주택지의 단위 분류에 속하지 않는 것은?

[20·15·14·13·12·11·10년 출제]

① 인보구
② 근린분구
③ 근린주구
④ 근린지구

주택단지계획
1단지 주택계획은 인보구(어린이놀이터) → 근린분구(유치원, 보육시설) → 근린주구(초등학교)의 순으로 구성된다.

029 주거단지의 단위 중 초등학교를 중심으로 한 단위는?

[20·15·14·13·12·11·10년 출제]

① 근린지구
② 인보구
③ 근린분구
④ 근린주구

주택단지계획
1단지 주택계획은 인보구(어린이놀이터) → 근린분구(유치원, 보육시설) → 근린주구(초등학교)의 순으로 구성된다.

030 증기, 가스, 전기, 석탄 등을 열원으로 하는 물의 가열장치를 설치하여 온수를 만들어 공급하는 설비는?

[09·08년 출제]

① 급수설비
② 급탕설비
③ 배수설비
④ 오수정화설비

급탕설비
열원으로 물을 가열하여 온수를 만들어 공급하는 설비로 개별식과 중앙식으로 나뉜다.

031 다음 중 개별식 급탕방식에 속하지 않는 것은?

[21·16·13년 출제]

① 순간식
② 저탕식
③ 직접 가열식
④ 기수혼합식

개별 급탕방식
• 국소식 급탕방식으로 필요한 곳에 탕비기를 설치하여 배관이 짧고 열손실이 적으며 시설비가 싸고 증설이 비교적 쉽다.
• 순간식, 저탕식, 기수혼합식, 개별식 등이 있으며 소규모 건물에 적당하다.

032 배수관 속의 악취, 유독가스 및 벌레 등이 실내로 침투하는 것을 방지하기 위하여 설치하는 것은?

[22·14·11·10·06년 출제]

① 트랩
② 플랜지
③ 부스터
④ 스위블 이음쇠

해설

배수트랩

배수관 속의 악취나 벌레 등이 실내로 유입되는 것을 방지하기 위해 봉수가 고이게 하는 기구이다. S트랩, P트랩, 벨트랩, 드럼트랩, 그리스트랩 등이 있다.

033 배수트랩의 봉수 파괴원인에 속하지 않는 것은?

[16·14·12·09·08·07·06년 출제]

① 증발
② 간접배수
③ 모세관현상
④ 유도사이펀 작용

해설

봉수 파괴 방지책

통기관을 설치하여 증발, 모세관현상, 자기사이펀 작용, 유인사이펀 작용, 분출작용을 방지한다.

034 다음 설명에 알맞은 통기방식은?

[16·14·11·10년 출제]

- 각 기구의 트랩마다 통기관을 설치한다.
- 트랩마다 통기되기 때문에 가장 안정도가 높은 방식이다.

① 각개 통기방식
② 루프 통기방식
③ 회로 통기방식
④ 신정 통기방식

해설

각개 통기방식

각 기구의 트랩마다 통기관을 설치하기 때문에 안정도가 가장 높다.

035 세정밸브식 대변기에 관한 설명으로 옳지 않은 것은?

[13·12·06년 출제]

① 대변기의 연속사용이 가능하다.
② 일반 가정용으로는 거의 사용되지 않는다.
③ 세정음은 유수음도 포함되기 때문에 소음이 크다.
④ 레버의 조작에 의해 낙차에 의한 수압으로 대변기를 세척하는 방식이다.

해설

낙차에 의한 세정방식은 하이탱크식이다.

036 증기난방에 관한 설명으로 옳지 않은 것은?

[20·20·15·13·10·09년 출제]

① 예열시간이 짧다.
② 한랭지에서는 동결의 우려가 적다.
③ 증기의 현열을 이용하는 난방이다.
④ 부하변동에 따른 실내 방열량의 제어가 곤란하다.

해설

증기난방

증발 잠열을 이용하기 때문에 열의 운반능력이 크다.

037 복사난방에 대한 설명 중 옳지 않은 것은?

[13·11·10·09년 출제]

① 실내의 온도 분포가 균등하고 쾌감도가 높다.
② 대류가 적으므로 바닥면의 먼지가 상승하지 않는다.
③ 방열기가 필요하며, 바닥면의 이용도가 낮다.
④ 방을 개방 상태로 하여도 난방효과가 있다.

해설

복사난방

방열기가 필요하지 않으며, 바닥면의 이용도가 높다.

038 다음 설명에 알맞은 환기방식은?

[15·14·12·11·08년 출제]

급기와 배기 측에 송풍기를 설치하여 정확한 환기량과 급기량 변화에 의해 실내압을 정압 또는 부압으로 유지할 수 있다.

① 제1종
② 제2종
③ 제3종
④ 제4종

해설

제1종 환기

기계 송풍＋기계 배기를 사용하는 곳으로, 수술실이 있다.

039 다음의 공기조화방식 중 전 공기방식에 해당되지 않는 것은?

[21·13·12년 출제]

① 단일 덕트방식
② 각층 유닛방식
③ 팬코일 유닛방식
④ 멀티존 유닛방식

해설

팬코일 유닛방식
• 소형 유닛을 실내의 여러 장소에 설치하여 냉, 온수 배관을 접
속시켜 실내공기를 대류시켜 냉 · 난방하는 방식이다.
• 냉 · 온수를 쓰기 때문에 전 수방식에 해당한다.

040 직접 조명방식에 관한 설명으로 옳지 않은 것은?

[15 · 14 · 12 · 08년 출제]

① 조명률이 좋다.
② 직사 눈부심이 없다.
③ 공장조명에 적합하다.
④ 실내면 반사율의 영향이 적다.

해설

직접 조명방식
조도가 불균형하고 강한 대비로 인한 그림자가 생긴다.

041 건축화 조명에 속하지 않는 것은?

[16 · 15 · 11 · 09년 출제]

① 코브 조명
② 루버 조명
③ 코니스 조명
④ 펜던트 조명

해설

건축화 조명
조명기구에 의한 방식이 아닌 건축물 내부에 조명기구를 삽입
하여 일체로 하는 조명방식이다.
※ 펜던트 조명은 실내공간에 매달려 설치하는 전등 형태이다.

042 다음과 같이 정의되는 전기 관련 용어는?

[20 · 16 · 15년 출제]

대지에 이상전류를 방류 또는 계통구성을 위해 의도적
이거나 우연하게 전기회로를 대지 또는 대지를 대신하
는 전도체에 연결하는 전기적인 접속

① 절연
② 접지
③ 피뢰
④ 피복

해설

접지설비
전로의 이상전압을 억제하고 지락 시 고장전류를 안전하게 대
지로 흘려 인체, 화재, 기기의 손상 등 재해를 방지하고 안정하
게 동작시키는 설비이다.

043 전력 퓨즈에 관한 설명으로 옳지 않은 것은?

[15 · 14 · 12년 출제]

① 재투입이 불가능하다.
② 과전류에서 용단될 수도 있다.
③ 소형으로 큰 차단용량을 가졌다.
④ 릴레이는 필요하나 변성기는 필요하지 않다.

해설

퓨즈의 특징
• 소형으로 큰 차단용량을 가지고 있다.
• 가격이 싸고 릴레이나 변성기가 필요 없다.
• 과전류에 용단되어 재사용이 불가능하다.

044 액화석유가스(LPG)에 관한 설명으로 옳지 않은 것은?

[21 · 20 · 16 · 14 · 13 · 11 · 09년 출제]

① 공기보다 가볍다.
② 용기(Bomb)에 넣을 수 있다.
③ 가스 절단 등 공업용으로도 사용된다.
④ 프로판 가스(Propane Gas)라고도 한다.

해설

액화석유가스는 공기보다 무거워 누설 시 인화폭발의 위험성이
크다.

045 건축물의 외벽, 창, 지붕 등에 설치하여 인접 건물에 화재가 발생하였을 때 수막을 형성함으로써 화재의 연소를 방재하는 설비는?

[20 · 15 · 11 · 10 · 09년 출제]

① 드렌처설비
② 옥내소화전설비
③ 옥외소화전설비
④ 스프링클러설비

해설

드렌처설비의 설치 목적
방화지구 내 건축물의 인접 대지경계선에 접하는 외벽에 설치
하여 연소를 방재한다.

046 에스컬레이터에 관한 설명으로 옳지 않은 것은? [20·16·15·14·10년 출제]

① 수송능력이 엘리베이터에 비해 작다.
② 대기시간이 없고 연속적인 수송설비이다.
③ 연속 운전되므로 전원설비에 부담이 적다.
④ 건축적으로 점유면적이 작고, 건물에 걸리는 하중이 분산된다.

[해설]
에스컬레이터
경사는 30° 이하, 속도는 30m/min 이하로 수송인원은 4,000~8,000인/h이므로 수송능력이 엘리베이터보다 많다.

047 한국산업표준의 분류에서 토목건축부문의 분류기호는? [16·15·14·13·07·06년 출제]

① B   ② D
③ F   ④ H

[해설]
한국산업표준 분류기호
B : 기계부문, D : 금속부문, F : 토목건축부문

048 제도용지의 규격에 있어서 가로와 세로의 비로써 옳은 것은? [15·14·13·11·10년 출제]

① $\sqrt{2}$: 1   ② 2 : 1
③ $\sqrt{3}$: 1   ④ 3 : 1

[해설]
제도용지
큰 도면을 접을 때에는 A4의 크기로 접는 것이 원칙이고, 가로와 세로의 길이비는 $\sqrt{2}$: 1이다.

049 건축도면의 크기 및 방향에 관한 설명으로 옳지 않은 것은?

① A3 제도용지의 크기는 A4 제도용지의 2배이다.
② 접은 도면의 크기는 A4의 크기를 원칙으로 한다.
③ 평면도는 남쪽을 위로 하여 작도함을 원칙으로 한다.

④ A3 크기의 도면은 그 길이방향을 좌우방향으로 놓은 위치를 정위치로 한다.

[해설]
도면의 방향
평면도는 북쪽이 위로 가도록 작도한다.

050 건축도면에서 보이지 않는 부분을 표시하는 데 사용되는 선은? [20·15·14·13·12·11·10년 출제]

① 파선   ② 굵은 실선
③ 가는 실선   ④ 일점 쇄선

[해설]
선의 종류
① 파선 : 대상이 보이지 않는 부분을 표시
② 굵은 실선 : 벽의 절단한 선(단면선)과 건물의 외각 모양선을 표시
③ 가는 실선 : 배근에서 스터럽 또는 치수선, 치수보조선, 지시선의 표시
④ 일점 쇄선 : 중심선, 기준선, 절단선, 경계선, 참고선 표시

051 건축도면에서 중심선, 절단선의 표시에 사용되는 선의 종류는? [21·16·15·14·09·07·06년 출제]

① 실선   ② 파선
③ 1점 쇄선   ④ 2점 쇄선

[해설]
선의 종류
① 실선 : 대상이 보이지 않는 부분을 표시
② 파선 : 대상이 보이지 않는 부분을 표시
③ 일점 쇄선 : 중심선, 기준선, 절단선, 경계선, 참고선 표시
④ 이점 쇄선 : 가상선, 상상선을 표시

052 실제길이가 16m인 직선을 축척이 1/200인 도면에 표현할 경우, 직선의 도면길이는?
[21·15·22·08년 출제]

① 0.8mm   ② 8mm
③ 80mm   ④ 800mm

[해설]
축척 계산
• 단위를 맞춘다. 1m=1,000mm
• 축척을 넣어 계산한다. 16,000mm×1/200=80mm

053 건축제도의 치수기입에 관한 설명으로 옳은 것은? [16·15·13·12·10·09·06년 출제]

① 치수는 특별한 명시하지 않는 한, 마무리 치수로 표시한다.
② 치수기입은 치수선을 중단하고 선의 중앙에 기입하는 것이 원칙이다.
③ 치수의 단위는 밀리미터(mm)를 원칙으로 하며, 반드시 단위 기호를 명시하여야 한다.
④ 치수기입은 치수선에 평행하게 도면의 오른쪽에서 왼쪽으로 읽을 수 있도록 기입한다.

해설
치수기입
아래로부터 위로, 왼쪽에서 오른쪽으로 읽을 수 있도록, 치수선 위의 가운데에 중단하지 않고 기입한다. 이때 단위기호는 쓰지 않는다.

054 건축제도에 사용되는 글자에 관한 설명으로 옳지 않은 것은? [20·16·15·12·10·07년 출제]

① 숫자는 아라비아숫자를 원칙으로 한다.
② 문장은 왼쪽에서부터 가로쓰기를 원칙으로 한다.
③ 글자체는 수직 또는 15° 경사의 명조체로 쓰는 것을 원칙으로 한다.
④ 4자리 이상의 수는 3자리마다 휴지부를 찍거나 간격을 둠을 원칙으로 한다.

해설
건축제도의 글자
한글은 고딕체로 쓰고 아라비아숫자, 로마자는 수직 또는 15° 경사지게 쓴다.

055 도면의 표시기호로 옳지 않은 것은? [21·16·15·14·13·12·11·09·06년 출제]

① L : 길이 　② H : 높이
③ W : 너비 　④ A : 용적

해설
도면 표시기호
V : 용적, A : 면적, L : 길이, A : 면적, D : 지름, W : 너비, H : 높이, THK : 두께, R : 반지름

056 창호의 재질별 기호가 옳지 않은 것은? [20·16·13·12·11·10년 출제]

① W : 목재 　② SS : 강철
③ P : 합성수지 　④ A : 알루미늄합금

해설
창호의 재질 기호
SS : 스테인리스 스틸

057 건축제도에서 석재의 재료 표시기호(단면용)로 옳은 것은? [14·13·10년 출제]

① ②

③ ④

058 다음과 같은 특징을 갖는 투시도 묘사용구는? [14·13·12·11·10·09·08·07년 출제]

- 밝은 상태에서 어두운 상태까지 폭넓게 명암을 나타낼 수 있다
- 다양한 질감 표현이 가능하다.
- 지울 수 있는 장점이 있는 반면에 번지거나 더러워지는 단점이 있다.

① 잉크 　② 연필
③ 볼펜 　④ 포스터 컬러

해설
연필
9H부터 6B까지 17단계로 구분되며 명암 표현이 자유롭고 H의 수가 많을수록 단단하다.

059 투시도에 관한 설명으로 옳지 않은 것은?

[21 · 20 · 16 · 15 · 06년 출제]

① 투시도에 있어서 투시선은 관측자의 시선으로서, 화면을 통과하여 시점에 모이게 된다.
② 투사선이 1점으로 모이기 때문에 물체의 크기는 화면 가까이에 있는 것보다 먼 곳에 있는 것이 커보인다.
③ 투시도에서 수평면은 시점높이와 같은 평면 위에 있다.
④ 화면에 평행하지 않은 평행선들은 소점으로 모인다.

해설

투시도
투사선이 1점으로 모이기 때문에 물체의 크기는 화면 가까이 있는 것은 커보이고 먼 곳에 있는 것은 작아 보인다.

060 투시도법에 사용되는 용어의 표시가 옳지 않은 것은?

[21 · 20 · 16 · 15 · 06년 출제]

① 시점 : E.P
② 소점 : S.P
③ 화면 : P.P
④ 수평면 : H.P

해설

투시도의 용어
• 소점(V.P) : 원근법의 각 점이 모이는 초점
• 정점(S.P) : 사람이 서 있는 곳

061 건축제도에서 투상법의 작도 원칙은?

[15 · 14 · 12 · 10년 출제]

① 제1각법
② 제2각법
③ 제3각법
④ 제4각법

해설

투상도
직각방향으로 바라본 물체를 나타낼 때 제3각법을 쓰도록 한국산업규격에 정하여 놓고 있으며 정면도, 배면도, 우측면도, 좌측면도가 있다.

062 건축물의 묘사와 표현방법에 관한 설명으로 옳지 않은 것은?

[13 · 10 · 09 · 06년 출제]

① 일반적으로 건물의 그림자는 건물 표면의 그늘보다 밝게 표현한다.
② 윤곽선을 강하게 묘사하면 공간상의 입체를 돋보이게 하는 효과가 있다.
③ 각종 배경 표현은 건물의 배경이나 스케일, 그리고 용도를 나타내는데 꼭 필요할 때만 적당히 표현한다.
④ 그늘과 그림자는 물체의 위치, 보는 사람의 위치, 빛의 방향, 그림자가 비칠 바닥의 형태에 의하여 표현을 달리한다.

해설

건물 표면의 그늘은 반사광 때문에 건물의 그림자보다 밝게 표현한다.

063 건축도면에서 각종 배경과 세부 표현에 대한 설명 중 옳지 않은 것은?

[20 · 15 · 12 · 11 · 09 · 08년 출제]

① 건축도면 자체의 내용을 해치지 않아야 한다.
② 건물의 배경이나 스케일, 그리고 용도를 나타내는데 꼭 필요할 때에만 적당히 표현한다.
③ 공간과 구조, 그리고 그들의 관계를 표현하는 요소들에게 지장을 주어서는 안 된다.
④ 가능한 한 현실과 동일하게 보일 정도로 디테일하게 표현한다.

해설

배경의 표현
건물보다 앞의 배경은 사실적으로, 뒤쪽의 배경은 단순하게 표현한다. 다만, 건축보다 사실적으로 표현하면 안 된다.

064 일반 평면도의 표현 내용에 속하지 않는 것은?

[16 · 13 · 12 · 11 · 07년 출제]

① 실의 크기
② 보의 높이 및 크기
③ 창문과 출입구의 구별
④ 개구부의 위치 및 크기

평면도
바닥면에서 1.2~1.5m 높이에서 수평절단하여 아래로 내려다본 도면으로, 실의 배치와 면적, 창문과 출입구의 위치와 구분 등을 표현한다.

065 단면도에 표기하는 사항과 가장 거리가 먼 것은?

[16 · 15 · 10 · 06년 출제]

① 층높이
② 창대높이
③ 부지경계선
④ 지반에서 1층 바닥까지의 높이

단면도 표기사항
건물높이, 층높이, 처마높이, 창대 및 창높이, 지반에서 1층 바닥까지의 높이, 반자높이, 난간높이

066 건물벽 직각방향에서 건물의 겉모습을 그린 도면은?

[13 · 12 · 10 · 09 · 07년 출제]

① 입면도
② 단면도
③ 평면도
④ 배치도

입면도
건축물의 외관을 그린 것으로 외벽의 마감재료, 처마높이, 창문의 형태 및 높이를 나타낸다.

067 조적조 벽체 그리기를 할 때 순서로 옳은 것은?

[16 · 15 · 14 · 11 · 09년 출제]

> ㉠ 제도용지에 테두리선을 긋고, 축척에 알맞게 구도를 잡는다.
> ㉡ 단면선과 입면선을 구분하여 그리고, 각 부분에 재료 표시를 한다.
> ㉢ 지반선과 벽체의 중심선을 긋고, 기초와 깊이와 벽체의 너비를 정한다.
> ㉣ 치수선과 인출선을 긋고, 치수와 명칭을 기입한다.

① ㉠－㉡－㉢－㉣
② ㉢－㉠－㉡－㉣
③ ㉠－㉢－㉡－㉣
④ ㉡－㉠－㉢－㉣

벽체 제도 순서
축척과 구도 → 지반과 벽체 중심선 → 벽체선 → 재료표시 → 치수선 → 치수와 명칭

068 구조의 구성방식에 의한 분류 중 구조체인 기둥과 보를 부재의 접합에 의해서 축조하는 방법으로 목구조, 철골구조 등을 의미하는 것은?

[16 · 14 · 12 · 06년 출제]

① 조적식 구조
② 가구식 구조
③ 습식 구조
④ 건식 구조

가구식 구조
비교적 가늘고 긴 재료를 이용하여 구조부인 뼈대를 만드는 구조 형식으로 목구조와 철골구조가 있다.

069 조립식 구조의 특성으로 틀린 것은?

[14 · 12 · 10 · 08년 출제]

① 각 부품과의 접합부가 일체화되기가 어렵다.
② 정밀도가 낮은 단점이 있다.
③ 공장생산이 가능하다.
④ 기계화시공으로 단기완성이 가능하다.

조립식 구조
대량 공장 생산하여 현장에서 조립식으로 맞추기 때문에 접합부를 일체화하기 어렵다.

070 건물의 하부 전체 또는 지하실 전체를 하나의 기초판으로 구성한 기초는?

[14 · 13 · 10 · 09 · 08 · 07 · 06년 출제]

① 독립기초
② 줄기초
③ 복합기초
④ 온통기초

정답 065 ③ 066 ① 067 ③ 068 ② 069 ② 070 ④

기초의 종류

① 독립기초 : 한 개의 기둥에 하나의 기초판을 설치한 기초
② 줄기초 : 내력벽 또는 일렬로 된 기둥을 연속으로 기초벽을 설치하는 구조
③ 복합기초 : 한 개의 기초판이 두 개 이상의 기둥을 지지
④ 온통기초 : 건물하부 전체를 기초판으로 만듦

071 흙막이공사 중 토질에 생기는 현상과 가장 관계가 먼 것은? [22·09·07년 출제]

① 보일링   ② 파이핑
③ 언더피닝   ④ 융기현상

토질에 생기는 현상

① 보일링 : 지하수위가 굴착면 위에 있을 경우 굴착면으로 흙과 물이 끓어오르는 것처럼 분출되는 현상
② 파이핑 : 흙막이 부실로 그 틈으로 물이 터져 나오는 현상
③ 언더피닝 : 기성 구조물의 기초를 새로 만든 견고한 기초로 대치하거나 보강하는 것
④ 융기현상 : 주변보다 높아지는 현상

072 건물의 부동침하의 원인과 가장 거리가 먼 것은? [20·15·10년 출제]

① 지반이 동결작용을 받을 때
② 지하수위가 변경될 때
③ 이웃건물에서 깊은 굴착을 할 때
④ 기초를 크게 할 때

부동침하의 대책

건물의 무게를 가볍게, 길이를 짧게, 기초를 크게 할 때이다.

073 조적조 벽체에서 표준형 벽돌 1.5B 쌓기의 두께로 옳은 것은?(단, 공간쌓기가 아닌 경우)

[20·16·15·13·11·10·09·07·06년 출제]

① 190mm   ② 220mm
③ 280mm   ④ 290mm

벽돌의 1.5B 두께

190(1.0B)＋10(줄눈)＋90(0.5B)＝290mm

074 벽돌쌓기에서 처음 한 켜는 마구리쌓기, 다음한 켜는 길이쌓기를 교대로 쌓는 것으로 통줄눈이 생기지 않으며, 가장 튼튼한 쌓기법으로 내력벽을 만들 때 많이 사용하는 것은? [16·15·11·07·06년 출제]

① 영국식 쌓기
② 네덜란드식 쌓기
③ 프랑스식 쌓기
④ 미국식 쌓기

영국식 쌓기

• 마구리 켜의 모서리에 반절 또는 이오토막을 사용해서 통줄눈이 생기는 것을 막는다.
• 가장 튼튼한 쌓기공법으로 내력벽에 사용된다.

075 벽돌쌓기법 중 모서리 또는 끝부분에 칠오토막을 사용하는 것은? [16·13·11·10·09·07년 출제]

① 영국식 쌓기
② 프랑스식 쌓기
③ 네덜란드식 쌓기
④ 미국식 쌓기

네덜란드식 쌓기

시공하기 편리하여 가장 많이 사용되며 모서리가 튼튼하다.

076 벽돌벽체의 내쌓기에서 내미는 정도의 한도는? [21·15·14·13·11·06년 출제]

① 1.0B   ② 1.5B
③ 2.0B   ④ 3.0B

조적조(벽돌) 내쌓기

내쌓기의 한도는 2.0B 이하로 하고 한 켜는 1/8, 두 켜는 1/4씩 쌓는다.

077 벽돌조 내력벽의 두께는 해당 벽높이의 최소 얼마 이상으로 하여야 하는가? [14·12·11·09년 출제]

① 1/12
② 1/15
③ 1/18
④ 1/20

해설
내력벽 두께
벽돌조는 해당 벽높이의 1/20, 블록구조는 해당 벽높이의 1/16, 보강 블록조는 15cm 이상으로 한다.

078 벽돌구조에서 개구부 위와 그 바로 위의 개구부와의 최소 수직거리는? [20·16·14·10·07년 출제]

① 10cm
② 20cm
③ 40cm
④ 60cm

해설
개구부와의 수직거리
개구부와 바로 위 개구부의 수직거리는 600mm 이상으로 한다.

079 블록의 중공부에 철근과 콘크리트를 부어넣어 보강한 것으로서 수평하중 및 수직하중을 견딜 수 있는 구조는? [16·11·10·09·08년 출제]

① 보강 블록조
② 조적식 블록조
③ 장막벽 블록조
④ 차폐용 블록조

해설
보강 블록조
블록의 구멍에 철근과 콘크리트로 채워 보강한 구조이다.

080 보강 콘크리트 블록조 단층에서 내력벽의 벽량은 최소 얼마 이상으로 하는가?

[16·14·12·11·08·07년 출제]

① 10cm/m²
② 15cm/m²
③ 20cm/m²
④ 25cm/m²

해설
보강 블록조의 벽량
벽량(cm/m²) = 내력벽 길이(cm)/ 바닥면적(m²)
최소 벽량은 15cm/m²이다.

081 마름돌 거친 면의 돌출부를 쇠메 등으로 쳐서 면을 보기 좋게 다듬는 것을 무엇이라 하는가?

[13·12·09년 출제]

① 도드락다듬
② 정다듬
③ 혹두기
④ 잔다듬

해설
석재의 가공순서
혹두기(쇠메) → 정다듬(정) → 도드락다듬(도드락망치) → 잔다듬(날망치) → 물갈기(숫돌)

082 돌쌓기의 1켜의 높이는 모두 동일한 것을 쓰고 수평줄눈이 일직선으로 통하게 쌓는 돌쌓기방식은?

[15·10·09·08년 출제]

① 바른층쌓기
② 허튼층쌓기
③ 층지어쌓기
④ 허튼쌓기

해설
돌쌓기
① 바른층쌓기 : 수평줄눈이 일직선으로 통하게 쌓는 방식
② 허튼층쌓기 : 줄눈을 맞추지 않고 쌓는 방식
③ 층지어쌓기 : 2~3켜 간격으로 줄눈이 일직선이 되도록 쌓고 그 사이는 허튼층쌓기로 함
④ 막쌓기(허튼쌓기) : 돌 생김새에 따라 쌓는 방식

083 창문 등의 개구부 위에 걸쳐 대어 상부에서 오는 하중을 받는 수평부재는? [16·13·12·11·08·07년 출제]

① 인방돌
② 창대돌
③ 문지방돌
④ 쌤돌

해설
석돌마감 종류
① 인방돌 : 창문 등의 문꼴 위에 걸쳐 대어 상부의 하중을 받는 수평재
② 창대돌 : 창 밑에 대어 빗물을 처리하고 장식적인 돌
③ 문지방돌 : 출입문 밑에 문지방으로 댄 돌
④ 쌤돌 : 개구부의 벽 두께면에 대는 돌

084 철근콘크리트구조에 관한 설명으로 옳지 않은 것은?　[16·13·10·07년 출제]

① 역학적으로 인장력에 주로 저항하는 부분은 콘크리트이다.
② 콘크리트가 철근을 피복하므로 철골구조에 비해 내화성이 우수하다.
③ 콘크리트와 철근의 선팽창계수가 거의 같아 일체화에 유리하다.
④ 콘크리트는 알칼리성이므로 철근의 부식을 막는 기능을 한다.

┌ 해설
철근콘크리트구조
콘크리트는 압축력에 강하므로 부재의 압축력을 부담하고 철근은 인장력을 부담한다.

085 단면이 0.3m×0.6m이고 길이가 10m인 철근콘크리트보의 중량은?(단, 철근콘크리트보의 단위중량 : 2,400kg/m³)　[22·15·10·08·07년 출제]

① 1.8t　　　　② 3.6t
③ 4.14t　　　　④ 4.32t

┌ 해설
철근콘크리트보의 중량
$0.3 \times 0.6 \times 10 \times 2.4 t/m^3 = 4.32 t$

086 다음 중 철근 정착길이의 결정요인과 가장 관계가 먼 것은?　[12·11·09·06년 출제]

① 철근의 종류
② 콘크리트의 강도
③ 갈고리의 유무
④ 물－시멘트비

┌ 해설
정착길이
• 철근의 종류, 콘크리트의 강도가 클수록 짧아진다.
• 철근의 지름이나 항복강도가 클수록 길어진다.
• 갈고리의 유무에 따라 달라진다.

087 철근과 콘크리트와 부착력에 대한 설명으로 옳지 않은 것은?　[13·10·08·06년 출제]

① 철근의 정착 길이를 크게 증가함에 따라 부착력은 비례 증가되지는 않는다.
② 압축강도가 큰 콘크리트일수록 부착력은 커진다.
③ 콘크리트와의 부착력은 철근의 주장(周長)에 반비례한다.
④ 철근의 표면상태와 단면모양에 따라 부착력이 좌우된다.

┌ 해설
철근의 부착력
• 콘크리트 압축강도가 클수록 부착강도가 크다.
• 이형 철근은 표면의 마디와 리브로 원형 철근보다 부착강도가 크며, 약간 녹슨 철근도 크다.
• 철근의 지름이 큰 것보다는 가는 직경의 철근을 여러 개 사용하는 것이 좋다.(철근의 주장과 비례)
• 피복두께가 클수록 부착강도가 좋다.

088 현장치기 콘크리트 중 수중에서 타설하는 콘크리트의 최소 피복두께는?　[09·08·06년 출제]

① 60mm　　　　② 80mm
③ 100mm　　　　④ 120mm

┌ 해설
최소 피복두께
• 수중에 타설되는 콘크리트 : 100mm
• 흙속에 묻히는 기초 : 80mm

089 목재거푸집과 비교한 강재거푸집의 특성 중 옳지 않은 것은?　[11·10·06년 출제]

① 변형이 적다.
② 정밀하다.
③ 콘크리트 표면이 매끄럽다.
④ 콘크리트 오염도가 적다.

┌ 해설
강재거푸집의 특징
• 콘크리트 오염도가 크다.
• 변형이 적고 정밀하며 표면이 매끄럽다.

090 라멘구조에 대한 설명으로 옳지 않은 것은?

[13·11·09·08·07년 출제]

① 예로는 철근콘크리트구조가 있다.
② 기둥과 보의 절점이 강접합되어 있다.
③ 기둥과 보에 휨응력이 발생하지 않는다.
④ 내부 벽의 설치가 자유롭다.

해설

라멘구조
기둥과 보로 구조체의 뼈대를 강절점하여 하중에 일체로 저항하도록 하는 구조이며, 기둥과 보에 휨응력이 발생한다.

091 보를 없애고 바닥판을 두껍게 해서 보의 역할을 겸하도록 한 구조로서, 하중을 직접 기둥에 전달하는 슬래브는?

[20·14·12·11·06년 출제]

① 장방향슬래브　　　② 장선슬래브
③ 플랫슬래브　　　④ 워플슬래브

해설

플랫슬래브
바닥에 보를 없애고 슬래브만으로 구성하며 하중을 직접 기둥에 전달한다.

092 보와 기둥 대신 슬래브와 벽이 일체가 되도록 구성한 구조는?

[15·14·10·07년 출제]

① 라멘구조
② 플랫슬래브구조
③ 벽식 구조
④ 셸구조

해설

구조형식
① 라멘구조 : 기둥과 보로 구조체의 뼈대를 강절점하여 하중에 일체로 저항하도록 하는 구조
② 플랫슬래브구조 : 바닥에 보를 없애고 슬래브만으로 구성하며 하중을 직접 기둥에 전달하는 구조
③ 벽식 구조 : 보와 기둥 대신 슬래브와 벽이 일체가 되는 구조
④ 셸구조 : 곡면의 휘어진 얇은 판으로 공간을 덮은 구조로, 가볍고 큰 힘을 받을 수 있어 넓은 공간을 필요로 할 때 사용하며 시드니 오페라 하우스가 대표적

093 철근콘크리트 기능에 관한 설명으로 옳지 않은 것은?

[21·09·6년 출제]

① 축방향의 수직철근을 주근이라 한다.
② 띠철근은 기둥의 좌굴을 방지한다.
③ 사각기둥과 원기둥에서는 주근을 최소 3개 이상 배근한다.
④ 띠철근 기둥 단면의 최소 치수는 200mm이다.

해설

기둥의 주근
주근은 D13 이상, 사각 및 원형 띠철근 기둥에는 4개, 나선철근 기둥에는 6개 이상을 사용한다.

094 철근콘크리트보의 형태에 따른 철근 배근으로 옳지 않은 것은?

[21·14·12·07년 출제]

① 단순보의 하부에는 인장력이 작용하므로 하부에 주근을 배치한다.
② 연속보에서는 지지점 부분의 하부에서 인장력을 받기 때문에, 이곳에 주근을 배치하여야 한다.
③ 내민보는 상부에 인장력이 작용하므로 상부에 주근을 배치한다.
④ 단순보에서 부재의 축에 직각인 스터럽의 간격은 단부로 갈수록 촘촘하게 한다.

해설

철근 배근
연속보에서는 지지점 부분의 상부에서 인장력을 받기 때문에 이곳에 주근을 배치한다.

095 철근콘크리트구조에서 휨모멘트가 커서 보의 단부 아래쪽으로 단면을 크게 한 것은?

[13·12·09·06년 출제]

① T형보　　　② 지중보
③ 플랫슬래브　　　④ 헌치

해설

헌치
양쪽 끝부분은 중앙부보다 휨모멘트나 전단력을 많이 받으므로 춤과 너비를 10~20cm 정도 크게 하는 헌치를 사용한다.

096 철근콘크리트보의 늑근에 대한 설명 중 옳지 않은 것은? [20·16·13·07년 출제]

① 전단력에 저항하는 철근이다.
② 중앙부로 갈수록 조밀하게 배치한다.
③ 굽힘철근의 유무에 관계없이 전단력의 분포에 따라 배치한다.
④ 계산상 필요 없을 때라도 사용한다.

📁해설

늑근

전단력이 단부로 갈수록 커지기 때문에 중앙부보다 양단부의 간격을 좁게 한다.

097 2방향 슬래브는 슬래브의 단변에 대한 장변의 길이의 비(장변/단변)가 얼마 이하일 때부터 적용할 수 있는가? [16·14·12·11·08·06년 출제]

① 1/2   ② 1
③ 2   ④ 3

📁해설

2방향 슬래브

$l_x/l_y \leq 2(l_x$: 단변길이, l_y : 장변길이)

098 철근콘크리트 내진벽의 배치에 관한 설명으로 옳지 않은 것은? [14·12·08·07년 출제]

① 위·아래층에서 동일한 위치에 배치한다.
② 균형을 고려하여 평면상으로 둘 이상의 교점을 가지도록 배치한다.
③ 상부층에 많은 양의 벽체를 설치한다.
④ 하중을 고르게 부담하도록 배치한다.

📁해설

내진벽

기둥과 보로 둘러싸인 벽으로 지진, 풍향 등의 수평하중을 받으며 상부층보다 하부층에 많은 양의 벽체를 설치한다.

099 철골구조에 대한 설명으로 옳지 않은 것은? [14·13·10·08·07년 출제]

① 구조체의 자중이 내력에 비해 작다.
② 강재는 인성이 커서 상당한 변위에도 견뎌 낼 수 있다.
③ 열에 강하고 고온에서 강도가 증가한다.
④ 단면에 비해 부재가 세장하므로 좌굴하기 쉽다.

📁해설

철골구조

무게가 가벼워 고층이 가능하나 좌굴하기 쉽고 공사비가 고가이다. 고온에 취약하여 내화피복이 필요하다.

100 구조형식 중 삼각형 뼈대를 하나의 기본형으로 조립하여 각 부재에는 축방향력만 생기도록 한 구조는? [16·12·11·09·06년 출제]

① 트러스구조   ② PC 구조
③ 플랫슬래브구조   ④ 조적구조

📁해설

트러스구조

강재를 핀으로 연결하고, 삼각형의 뼈대로 조립해서 응력에 저항하도록 한 구조이다.

101 철골구조에서 사용되는 접합방법에 속하지 않는 것은? [20·15·12·09·08년 출제]

① 용접접합   ② 듀벨접합
③ 고력볼트접합   ④ 핀접합

📁해설

듀벨

목재와 목재 사이에 끼워서 전단력을 보강하는 철물이다.

102 고력볼트접합에 대한 설명으로 틀린 것은? [15·13·12·10·07·06년 출제]

① 고력볼트접합의 종류는 마찰접합이 유일하다.
② 접합부의 강성이 높다.
③ 피로강도가 높다.
④ 정확한 계기공구로 죄어 일정하고 정확한 강도를 얻을 수 있다.

해설

고장력볼트
접합면에 생기는 마찰력으로 힘이 전달되는 것으로 마찰접합, 지압접합 등이 있다.

103 다음 중 용접 결함에 속하지 않는 것은?

[21·14·09·07년 출제]

① 언더컷(Under Cut)　② 엔드탭(End Tab)
③ 오버랩(Overlap)　④ 블로홀(Blowhole)

해설

엔드탭
용접결함의 발생을 방지하기 위해 용접의 시발부와 종단부에 임시로 붙이는 보조판이다.

104 강구조의 주각부분에 사용되지 않는 것은?

[14·13·12·10·09·08·07·06년 출제]

① 윙 플레이트　　② 데크 플레이트
③ 베이스 플레이트　④ 클립 앵글

해설

데크 플레이트
강판을 구부려 만든 철판으로 거푸집 대신 깔고 거기에 철근으로 보강하여 바닥판으로 사용한다.

105 강구조의 기둥 종류 중 앵글, 채널 등으로 대판을 플랜지에 직각으로 접합한 것은?

[16·13·08년 출제]

① H형강 기둥　　② 래티스 기둥
③ 격자 기둥　　　④ 강관 기둥

해설

철골 기둥
① H형강 기둥 : 단일 형강을 사용한 소규모 건물에 사용한다.
② 래티스 기둥 : 형강이나 평강을 사용하여 30° 또는 45°로 구조물을 만든다.
③ 격자 기둥 : 웨브를 플랜지에 90°로 조립하여 만든다.
④ 강관 기둥 : 강관에 콘크리트를 충전하여 사용할 수 있다.

106 다음 중 플레이트보와 직접 관계가 없는 것은?

[21·15·12·11·10·09·07년 출제]

① 커버 플레이트　② 웨브 플레이트
③ 스티프너　　　④ 거싯 플레이트

해설

철골구조
① 커버 플레이트 : 플랜지를 보강하기 위해 플랜지 상부에 사용하는 보강재로, 휨내력의 부족을 보충한다.
② 웨브 플레이트 : 전단력에 저항하며 6mm 이상으로 한다.
③ 스티프너 : 웨브의 좌굴을 방지하기 위한 보강재이다.
④ 거싯 플레이트 : 트러스보에 사용하는 부재이다.

107 철골구조의 판보(Plate Girder)에서 웨브의 좌굴을 방지하기 위하여 사용되는 것은?

[20·16·13·09·08년 출제]

① 거싯 플레이트　② 플랜지
③ 스티프너　　　④ 래티스

해설

철골구조
① 거싯 플레이트 : 트러스보에 웨브재의 수직재와 경사재를 접합판으로 댈 때 사용한다.
② 플랜지 : 인장 및 휨응력에 저항하며 보 단면의 상하에 날개처럼 내민 부분이다.
③ 스티프너 : 웨브의 좌굴을 방지하기 위한 보강재이다.
④ 래티스 : 웨브를 플랜지에 45°, 60°로 조립하여 만든다.

108 철골공사 시 바닥슬래브를 타설하기 전에, 철골보 위에 설치하여 바닥판 등으로 사용하는 절곡된 얇은 판의 부재는?

[15·12·08년 출제]

① 윙 플레이트
② 데크 플레이트
③ 베이스 플레이트
④ 메탈라스

해설

데크 플레이트
강판을 구부려 만든 철판으로 거푸집 대신 깔고 거기에 철근으로 보강하여 바닥판으로 사용한다.

109 목구조에 대한 설명으로 틀린 것은?

[15·09·08·06년 출제]

① 전각·사원 등의 동양고전식 구조법이다.
② 가구식 구조에 속한다.
③ 친화감이 있고, 미려하나 부패에 약하다.
④ 재료수급상 큰 단면이나 긴 부재를 얻기 쉽다.

[해설]
목구조
자연재여서 재질이 불균등하고 큰 단면이나 긴 부재를 얻기 힘들다.

110 목구조에서 토대와 기둥의 맞춤으로 가장 알맞은 것은?

[14·11·09·08년 출제]

① 짧은 장부맞춤
② 빗턱맞춤
③ 턱솔맞춤
④ 걸침턱맞춤

[해설]
짧은 장부맞춤
부재 춤의 1/2~1/3 정도 구멍을 파서 끼우는 맞춤으로, 토대와 기둥, 왕대공과 평보의 맞춤에 사용된다.

111 목구조의 토대에 대한 설명으로 틀린 것은?

[20·14·12·10년 출제]

① 기둥에서 내려오는 상부의 하중을 기초에 전달하는 역할을 한다.
② 토대에는 바깥토대, 칸막이토대, 귀잡이토대가 있다.
③ 연속기초 위에 수평으로 놓고 앵커 볼트로 고정시킨다.
④ 이음으로 사개연귀이음과 주먹장이음이 주로 사용된다.

[해설]
토대
토대와 토대의 이음은 턱걸이 주먹장이음 또는 엇걸이 산지이음으로 한다.

112 목구조에서 기둥에 대한 설명으로 틀린 것은?

[15·06년 출제]

① 마루, 지붕 등의 하중을 토대에 전달하는 수직 구조재이다.
② 통재기둥은 2층 이상의 기둥 전체를 하나의 단일재로 사용하는 기둥이다.
③ 평기둥은 각 층별로 각 층의 높이에 맞게 배치되는 기둥이다.
④ 샛기둥은 본기둥 사이에 세워 벽체를 이루는 기둥으로, 상부의 하중을 대부분 받는다.

[해설]
샛기둥
기둥과 기둥 사이의 작은 기둥을 의미하며 가새의 옆 휨을 막는 역할을 한다.

113 다음 중 목조벽체를 수평력에 견디게 하고 안정한 구조로 하는 데 필요한 부재는?

[21·20·16·15·14·12·11·09·06년 출제]

① 멍에
② 가새
③ 장선
④ 동바리

[해설]
가새
직사각형의 구조에 대각선 방향으로 빗대는 재를 의미한다. 가새를 댈 때는 45°에 가깝게 좌우 대칭으로 배치하며 압축력과 인장력에 저항하는 가새를 사용할 수 있다.

114 목조 벽체에서 기둥 맨 위 처마부분에 수평으로 거는 가로재로서 기둥머리를 고정하는 것은?

[20·12·06년 출제]

① 처마도리
② 샛기둥
③ 깔도리
④ 꿸대

[해설]
목구조의 부재
① 처마도리 : 지붕보(평보) 위에 깔도리와 같은 방향으로 덧댄 것으로 서까래를 받는 가로재이다.
② 샛기둥 : 기둥과 기둥 사이의 작은 기둥을 의미한다.
③ 깔도리 : 기둥 또는 벽 위에 놓아 기둥을 고정하고 지붕보(평보)를 받는 가로재이다.

④ 꿸대 : 벽의 보강을 위해 기둥을 꿰어 상호 연결하는 가로재이다.

115 복도 또는 간사이가 적을 때에 보를 쓰지 않고 층도리와 칸막이도리에 직접 장선을 걸쳐 대고 그 위에 마루널을 깐 마루는?
[21·20·15·14·13·11년 출제]

① 동바리마루   ② 홑마루
③ 짠마루   ④ 납작마루

해설

마루의 종류
① 동바리마루 : 1층 마루의 일종으로 마루 밑에는 동바리돌을 놓고 그 위에 동바리를 세운다.
② 홑마루 : 보를 쓰지 않고 층도리와 칸막이도리에 직접 장선을 걸쳐 대고 그 위에 마루널을 깐 것이다. 간사이가 2.4m 미만인 좁은 복도에 사용한다.
③ 짠마루 : 큰보와 작은보를 걸고 그 위에 장선을 대고 마루널을 깐다. 간사이가 6m 이상일 때 사용한다.
④ 납작마루 : 동바리를 세우지 않고 땅바닥에 직접 멍에와 장선을 깔아 1층 마루에 사용한다.

116 지붕의 물매를 결정하는 데 가장 영향이 적은 사항은?
[21·13·11·06년]

① 지붕의 종류   ② 지붕의 크기와 형상
③ 지붕재료의 성질   ④ 강수량

해설

지붕의 물매
지붕의 경사를 물매라고 하며, 지붕의 크기와 형상, 간사이의 크기, 건물의 종류, 지붕의 재료, 강수량, 강설량에 따라 정해진다. 지붕의 종류와는 상관없다.

117 지붕물매 중 되물매에 해당하는 것은?
[16·15·13·12·11·10·07년 출제]

① 4cm   ② 5cm
③ 10cm   ④ 12cm

해설

물매의 종류
① 평물매 : 경사가 45° 미만인 물매(4/10)
② 되물매 : 경사가 45°인 물매(10/10)
③ 된물매 : 경사가 45° 이상인 물매(12/10)

118 목재 왕대공 지붕틀에서 압축력과 휨모멘트를 동시에 받는 부재는?
[14·13·08·06년 출제]

① 빗대공   ② 왕대공
③ ㅅ자보   ④ 평보

해설

ㅅ자보
중도리를 직접 받쳐주는 부재로 하부는 평보 위에 안장맞춤으로 하고 압축력과 휨모멘트를 동시에 받는다.

119 반자구조의 구성부재가 아닌 것은?
[20·16·15·12·11·07·06년 출제]

① 반자돌림대   ② 달대
③ 변재   ④ 달대받이

해설

반자구조
반자돌림 → 반자틀 → 반자틀받이 → 달대 → 달대받이 순서로 지붕 쪽으로 올라간다.

120 목재 플러시문(Flush Door)에 대한 설명으로 옳지 않은 것은?
[14·12·09년 출제]

① 울거미를 짜고 중간살을 25cm 이내의 간격으로 배치한 것이다.
② 뒤틀림 변형이 심한 것이 단점이다.
③ 양면에 합판을 교착한 것이다.
④ 위에는 조그마한 유리창경을 댈 때도 있다.

해설

플러시문
울거미를 짜고 중간살을 25cm 이내 간격으로 배치하고 양면에 합판을 붙이기 때문에 뒤틀림 변형이 적다.

121 다음 중 계단의 모양에 따른 분류에 속하지 않는 것은?
[20·14·13·06년 출제]

① 곧은 계단   ② 돌음계단
③ 꺾인 계단   ④ 옆판계단

정답   115 ②   116 ①   117 ③   118 ③   119 ③   120 ②   121 ④

해설

계단의 분류
① 계단 재료에 따른 분류 : 석조계단. 철근콘크리트계단, 목조계단. 철골계단
② 계단 모양에 따른 분류 : 돌음계단, 곧은 계단, 꺾인 계단, 나선계단

122 다음 ( )에 알맞은 용어는?

[15·11·08·06년 출제]

> 아치구조는 상부에서 오는 수직하중이 아치의 축선에 따라 좌우로 나뉘어 밑으로 ( )만을 전달하게 한 것이다.

① 인장력   ② 압축력
③ 휨모멘트   ④ 전단력

해설

아치구조
상부하중이 아치의 축선을 따라 압축력만 전달하고 인장력은 생기지 않게 한 구조이다.

123 아치벽돌을 특별히 주문 제작하여 만든 아치는?

[20·15·13·09년 출제]

① 민무늬아치   ② 본아치
③ 막만든아치   ④ 거친아치

해설

아치의 종류
① 본아치 : 사다리꼴 모양으로 특별 제작
② 막만든아치 : 벽돌을 쐐기모양으로 다듬어 사용
③ 거친아치 : 줄눈을 쐐기모양으로 채워 아치를 만듦
④ 층두리아치 : 벽돌을 여러 겹으로 둘러쌓아 만듦

124 반원아치의 중앙에 들어가는 돌의 이름은?

[21·16·10·07년 출제]

① 쌤돌   ② 고막이돌
③ 두겁돌   ④ 이맛돌

해설

돌의 종류
① 쌤돌 : 개구부의 벽 두께면에 대는 돌

② 고막이돌 : 중방 밑이나 마루 밑의 터진 곳을 막는 돌
③ 두겁돌 : 담, 박공벽, 난간 등의 꼭대기에 덮어씌우는 돌
④ 이맛돌 : 반원아치의 중앙에 장식적으로 들어가는 돌

125 절판구조의 장점으로 가장 거리가 먼 것은?

[21·15·09년 출제]

① 강성을 얻기 쉽다.
② 슬래브의 두께를 얇게 할 수 있다.
③ 음향 성능이 우수하다.
④ 철근 배근이 용이하다.

해설

절판구조
판을 주름지게 하여 하중에 대한 저항을 증가시킨 구조로, 주름으로 인해 철근 배근이 어렵다.

126 구조형식이 셸구조인 건축물은?

[20·16·13·11·10·07·06년 출제]

① 잠실 종합운동장   ② 파리 에펠탑
③ 서울 월드컵 경기장   ④ 시드니 오페라 하우스

해설

셸구조
곡면의 휘어진 얇은 판으로 공간을 덮은 구조로 가볍고 넓은 공간을 필요로 할 때 사용한다. 시드니 오페라 하우스가 대표건물이다.

127 다음 중 셸구조에 대한 설명으로 틀린 것은?

[21·15·13·07년 출제]

① 얇은 곡면형태의 판을 사용한 구조이다.
② 가볍고 강성이 우수한 구조 시스템이다.
③ 넓은 공간을 필요로 할 때 이용된다.
④ 재료는 주로 텐트나 천막과 같은 특수천을 사용한다.

해설

셸구조
곡면의 휘어진 얇은 판으로 공간을 덮은 구조로 가볍고 넓은 공간을 필요로 할 때 사용한다. 시드니 오페라 하우스가 대표건물이다.

정답 122 ② 123 ② 124 ④ 125 ④ 126 ④ 127 ④

128 트러스구조에 대한 설명으로 옳지 않은 것은?

[14 · 12 · 09년 출제]

① 지점의 중심선과 트러스절점의 중심선은 가능한 한 일치시킨다.
② 항상 인장력을 받는 경사재의 단면이 가장 크다.
③ 트러스의 부재 중에는 응력을 거의 받지 않는 경우도 생긴다.
④ 트러스 부재의 절점은 핀접합으로 본다.

해설

트러스구조
강재를 핀으로 연결하고, 삼각형의 뼈대로 조립해서 응력에 저항하도록 한 구조이다. 단면의 크기는 압축재가 인장재보다 크다.

129 케이블을 이용한 구조로만 연결된 것은?

[16 · 14 · 13 · 11 · 07년 출제]

① 현수구조 – 사장구조
② 현수구조 – 셸구조
③ 절판구조 – 사장구조
④ 막구조 – 돔구조

해설

특수구조
• 현수구조 : 양쪽 주탑(기둥과 기둥)으로 케이블을 내려 바닥판을 잡아주고 지지한다.
• 사장구조 : 주탑(기둥)에서 늘어뜨린 케이블에 지지해 연결한다.

130 다음 중 막구조로 이루어진 구조물이 아닌 것은?

[20 · 12 · 11 · 10 · 09 · 08 · 06년 출제]

① 서귀포 월드컵 경기장
② 상암동 월드컵 경기장
③ 인천 월드컵 경기장
④ 수원 월드컵 경기장

해설

막구조(Membrane)
• 강한 얇은 막을 잡아당겨 공간을 덮는 구조방식이다.
• 상암동 월드컵 경기장, 서귀포 월드컵 경기장 등이 있다.

131 재질이 가볍고 투명성이 좋아 채광을 필요로 하는 대공간 지붕구조로 가장 적합한 것은?

[20 · 14 · 11 · 09년 출제]

① 막구조   ② 셸구조
③ 절판구조   ④ 케이블구조

해설

막구조
인장력에 강한 얇은 막을 잡아당겨 공간을 덮는 구조방식이다.

132 막상재료로 공간을 덮어 건물 내외의 기압 차를 이용한 풍선 모양의 지붕구조를 무엇이라 하는가?

[21 · 14 · 13 · 11년 출제]

① 공기막구조   ② 현수구조
③ 곡면판구조   ④ 입체 트러스구조

해설

공기막구조
막상 재료로 공간을 덮어 건물 내외의 기압 차를 이용한 풍선모양의 지붕구조를 말한다.

133 앞으로 요구되는 건축재료의 발전방향이 아닌 것은?

[21 · 16 · 13 · 12 · 07 · 06출제]

① 고품질   ② 합리화
③ 프리패브화   ④ 현장시공화

해설

현대 건축의 발전방향
• 고성능화, 공업화, 프리패브화의 경향에 맞는 재료 개선, 에너지 절약화, 능률화 등이 있다.
• 수작업과 현장시공은 인건비가 비싸서 되도록 하지 않는다.

134 건축재료의 생산방법에 따른 분류 중 1차적인 천연재료가 아닌 것은?

[21 · 16 · 13 · 12 · 07 · 06년 출제]

① 흙   ② 모래
③ 석재   ④ 콘크리트

해설

천연재료(자연재료)
석재, 목재, 토벽 등이 있다.

정답   128 ②   129 ①   130 ④   131 ①   132 ①   133 ④   134 ④

135 건축재료의 사용목적에 의한 분류에 속하지 않는 것은? [20·14·09·07년 출제]

① 구조재료
② 인공재료
③ 마감재료
④ 차단재료

┌해설┐
건축재료
인공재료는 제조 분야별 분류이다.

136 다음 중 구조재료에 요구되는 성질과 가장 관계가 먼 것은? [14·10·08·07년 출제]

① 재질이 균일하여야 한다.
② 강도가 큰 것이어야 한다.
③ 탄력성이 있고 자중이 커야 한다.
④ 가공이 용이한 것이어야 한다.

┌해설┐
구조재료
주체가 되는 기둥, 보, 내력벽을 구성하는 재료로 가볍고 큰 재료를 쉽게 구할 수 있어야 한다.

137 벽 및 천장재료에 요구되는 성질로 옳지 않은 것은? [15·14·13·11·09·06년 출제]

① 열전도율이 큰 것이어야 한다.
② 차음이 잘되어야 한다.
③ 내화·내구성이 큰 것이어야 한다.
④ 시공이 용이한 것이어야 한다.

┌해설┐
벽 및 천장재료의 특징
열전도율이 작은 재료를 사용하면 여름에는 시원하고 겨울에는 따듯하다.(벽, 천장 단열재의 사용)

138 물체에 외력이 작용되면 순간적으로 변형이 생기지만 외력을 제거하면 원래의 상태로 되돌아가는 성질은? [15·12·10년 출제]

① 소성
② 점성
③ 탄성
④ 연성

┌해설┐
역학적 성질
① 소성 : 외력을 제거해도 원형으로 회복되지 않는 성질(점토)
② 점성 : 유체가 유동하고 있을 때 유체 내부의 흐름을 저지하려고 하는 내부 마찰저항이 발생하는 성질
③ 탄성 : 외력을 제거하면 순간적으로 원형으로 회복하는 성질
④ 연성 : 가늘고 길게 늘어나는 성질

139 재료에 외력을 가했을 때 작은 변형만 나타나도 곧 파괴되는 성질을 의미하는 것은? [20·15·13·12·09·07·06년 출제]

① 전성
② 취성
③ 탄성
④ 연성

┌해설┐
역학적 성질
① 전성 : 외력에 의해 얇게 펴지는 성질
② 취성 : 주철, 유리와 같은 재료가 작은 변형만으로도 파괴되는 성질
③ 탄성 : 외력을 제거하면 순간적으로 원형으로 회복하는 성질
④ 연성 : 가늘고 길게 늘어나는 성질

140 보통 재료에서는 축방향에 하중을 가할 경우 그 방향과 수직인 횡방향에도 변형이 생기는데, 횡방향 변형도와 축방향 변형도의 비를 무엇이라 하는가? [15·11·10·09년 출제]

① 탄성계수비
② 경도비
③ 푸아송비
④ 강성비

┌해설┐
푸아송비
부재가 축방향력을 받아 생긴 길이와 폭의 변형에 대한 비율을 말한다.

141 최대강도를 안전율로 나눈 값을 무엇이라고 하는가? [21·20·10·06년 출제]

① 허용강도
② 파괴강도
③ 전단강도
④ 휨강도

┌정답┐ 135 ② 136 ③ 137 ① 138 ③ 139 ② 140 ③ 141 ①

허용강도
최대강도를 안전율로 나눈 값을 말한다.

142 수직재가 수직하중을 받는 과정의 임계상태에서 기하학적으로 갑자기 변화하는 현상을 의미하는 것은?
[15·14·11·10년 출제]

① 전단파단 ② 응력
③ 좌굴 ④ 인장항복

버클링(좌굴)
좌굴은 길쭉한 기둥에 세로방향으로 압력을 가했을 때 가로방향으로 휘는 현상으로, 부재가 길고 얇을수록 쉽게 생긴다.

143 재료 관련 용어에 대한 설명 중 옳지 않은 것은?
[16·13·07년 출제]

① 열팽창계수란 온도의 변화에 따라 물체가 팽창, 수축하는 비율을 말한다.
② 비열이란 단위 질량의 물질을 온도 1℃ 올리는 데 필요한 열량을 말한다.
③ 열용량은 물체에 열을 저장할 수 있는 용량을 말한다.
④ 차음률은 음을 얼마나 흡수하느냐 하는 성질을 말하며, 재료의 비중이 클수록 작다.

차음률
음을 차단하는 정도를 말하며 재료의 비중이 클수록 크다.

144 목재의 심재에 대한 설명으로 옳지 않은 것은?
[16·12·11년 출제]

① 목질부 중 수심 부근에 있는 부분을 말한다.
② 변형이 적고 내구성이 있어 이용가치가 크다.
③ 오래된 나무일수록 폭이 넓다.
④ 색깔이 엷고 비중이 작다.

심재
나무 중심에 있는 부분으로 진한 암갈색이며, 강도가 크고, 수분 함량이 적어 내구성이 높고 부패하지 않는다.

145 목재가 기건상태일 때 함수율은 대략 얼마 정도인가?
[15·14·07·06년 출제]

① 7% ② 15%
③ 21% ④ 25%

목재의 함수율
- 섬유포화점 : 30%
- 기건상태 : 15%
- 전건상태 : 0%

146 목재의 강도에 관한 설명으로 틀린 것은?
[21·20·15·14·09·07·06년 출제]

① 섬유포화점 이하의 상태에서는 건조하면 함수율이 낮아지고 강도가 커진다.
② 옹이는 강도를 감소시킨다.
③ 일반적으로 비중이 클수록 강도가 크다.
④ 섬유포화점 이상의 상태에서는 함수율이 높을수록 강도가 작아진다.

목재의 강도
섬유포화점 이상에서는 강도가 일정하지만 섬유포화점 이하에서는 함수율의 감소에 따라 강도가 증가한다.

147 목재의 방부제 중 수용성 방부제에 속하는 것은?
[14·12·06년 출제]

① 크레오소트 오일 ② 불화소다 2% 용액
③ 콜타르 ④ PCP

수용성 방부제
물에 용해해서 사용하는 방부제로, 황산동 1% 용액, 염화아연 4% 용액, 염화제2수은 1% 용액, 불화소다 2% 용액 등이 있다.

148 목재제품 중 파티클 보드(Particle Board)에 관한 설명으로 옳지 않은 것은?

[16 · 10 · 09 · 07 · 06년 출제]

① 합판에 비해 휨강도는 떨어지나 면내 강성은 우수하다.
② 강도에 방향성이 거의 없다.
③ 두께는 비교적 자유롭게 선택할 수 있다.
④ 음 및 열의 차단성이 나쁘다.

해설

파티클 보드
• 칩보드라고도 하며 목재들을 잘게 분쇄해 접착제와 혼합시켜서 압축한 합판이다.
• 합판에 비해 휨강도는 떨어지나 면내 강성은 우수하다.
• 변형이 적고, 음 및 열의 차단성이 우수하다.

149 벽 및 천장재로 사용되는 것으로 강당, 집회장 등의 음향조절용으로 쓰이거나 일반건물의 벽 수장재로 사용하여 음향효과를 거둘 수 있는 목재가공품은?

[21 · 15 · 13 · 12 · 10 · 09 · 08 · 07 · 06년 출제]

① 파키트리 패널   ② 플로어링 합판
③ 코펜하겐 리브   ④ 파키트리 블록

해설

목재가공품
• 바닥 마루판의 종류로 파키트리 패널, 플로어링 합판, 파키트리 블록이 있다.
• 벽 및 천장재료로 사용되며 음향조절용으로 코펜하겐 리브를 사용한다.

150 코르크판(Cork Board)의 사용 용도로 옳지 않은 것은?

[15 · 10 · 08 · 07 · 06년 출제]

① 방송실의 흡음재   ② 제방공장의 단열재
③ 전산실의 바닥재   ④ 내화건물의 불연재

해설

코르크판
가벼우며, 탄성, 단열성, 흡음성 등이 있으나 목재가공품으로 화기에 약하다.

151 석재의 조직 중 석재의 외관 및 성질과 가장 관계가 깊은 것은?

[16 · 12 · 11년 출제]

① 조암광물   ② 석리
③ 절리   ④ 석목

해설

석리
석재표면을 구성하고 있는 조직으로 외관 및 성질을 나타낸다.

152 화강암에 대한 설명 중 옳지 않은 것은?

[15 · 12 · 11 · 09년 출제]

① 심성암에 속하고 주성분은 석영, 장석, 운모, 각섬석등으로 형성되어 있다.
② 질이 단단하고 내구성 및 강도가 크다.
③ 고열을 받는 곳에 적당하며 석영이 많은 것은 가공이 쉽다.
④ 용도로는 외장, 내장, 구조재, 도로포장재, 콘크리트 골재 등에 사용된다.

해설

화강암의 내화도
석재는 내수성, 내구성, 내화학성이 크지만 화강암은 500℃ 이하에서 강도가 저하되며 700℃에서 파괴된다.

153 석회석이 변화되어 결정화한 것으로 실내장식재 또는 조각재로 사용되는 것은?

[13 · 12 · 10 · 08 · 07년 출제]

① 대리석   ② 응회암
③ 사문암   ④ 안산암

해설

대리석
• 색채, 무늬 등이 아름답고 갈면 광택이 난다.
• 열, 산에 약하므로 실내장식재 또는 조각재로 사용된다.

154 인조석에 사용되는 각종 안료로서 옳지 않은 것은?

[21 · 15년 출제]

① 트래버틴   ② 황토
③ 주토   ④ 산화철

인조석

• 테라초 : 쇄석을 대리석을 사용해 대리석 계통의 색조가 나오도록 표면을 물갈기하여 사용한 것이다.
• 트래버틴 : 대리석의 한 종류로 다공질에 석질이 균일하지 못하며 암갈색 무늬가 있다. 특수한 실내장식재로 이용된다.

155 다음 중 시멘트를 구성하는 3대 주성분이 아닌 것은?

[12·09·08·06년 출제]

① 산화칼슘　　　　② 실리카
③ 염화칼슘　　　　③ 산화알루미늄

염화칼슘

초기강도를 촉진시켜 콘크리트 구조물을 빨리 사용할 때 이용되며 너무 많이 사용할 경우 콘크리트 압축강도가 감소한다.

156 시멘트 분말도에 대한 설명으로 옳지 않은 것은?

[21·16·10·13·11년]

① 분말도가 클수록 수화작용이 빠르다.
② 분말도가 클수록 초기강도의 발생이 빠르다.
③ 분말도가 클수록 강도증진율이 높다.
④ 분말도가 클수록 초기균열이 적다.

분말도가 큰 시멘트

• 물과 혼합 시 접촉하는 표면적이 크므로 수화작용이 빠르고 초기강도가 크며, 강도증진율이 높다.
• 대신 풍화되기 쉽고 건조수축이 커져서 균열이 발생하기 쉽다.

157 다음 중 시멘트 응결시간이 단축되는 경우는?

[14·10·년]

① 풍화된 시멘트를 사용할 때
② 수량이 많을 때
③ 온도가 낮을 때
④ 시멘트 분말도가 클 때

시멘트의 응결시간

가수량(물)이 많을수록 길어지고, 온도가 높을수록 짧아지고, 분말도가 미세할수록 짧아진다.

158 시멘트의 저장방법 중 틀린 것은?

[14·12·11·10·08년 출제]

① 주위에 배수 도랑을 두고 누수를 방지한다.
② 채광과 공기 순환이 잘 되도록 개구부를 최대한 많이 설치한다.
③ 3개월 이상 경과한 시멘트는 재시험을 거친 후 사용한다.
④ 쌓기높이는 13포 이하로 하며, 장기간 저장 시는 7포 이하로 한다.

시멘트의 저장

반출입 출입구 이외의 시멘트의 환기를 위한 창문은 설치하지 않으며 시멘트는 입하 순서로 사용한다.

159 초기강도가 높고 양생기간 및 공기를 단축할 수 있어, 긴급공사에 사용되는 것은?

[16·15·13·09년 출제]

① 중용열 시멘트
② 조강 포틀랜드 시멘트
③ 백색 시멘트
④ 고로 시멘트

조강 포틀랜드 시멘트

재령 28일 강도를 재령 7일 정도에 나타내 긴급공사, 한중공사에 유리하다. 초기 수화열이 크므로 큰 구조물(매스콘크리트)에는 부적당하다.

160 다음 중 수화열 발생이 적은 시멘트로 원자로의 차폐용 콘크리트 제조에 가장 적합한 시멘트는?

[20·16·13·11·10년 출제]

① 중용열 포틀랜드 시멘트
② 조강 포틀랜드 시멘트
③ 보통 포틀랜드 시멘트
④ 알루미나 시멘트

중용열 포틀랜드 시멘트

조기강도가 낮아 균열발생이 적고 장기강도는 커서 댐, 방사선 차폐용, 매스콘크리트 등으로 사용된다.

정답　155 ③　156 ④　157 ④　158 ②　159 ②　160 ①

161 겨울철의 콘크리트공사, 해수공사, 긴급콘크리트공사에 적당한 시멘트는? [21·15·10·09·07년 출제]

① 보통포틀랜드 시멘트 ② 알루미나 시멘트
③ 팽창 시멘트 ④ 고로 시멘트

해설

알루미나 시멘트
조기 강도가 커서 재령 1일 만에 일반강도를 얻을 수 있고 긴급공사, 동기공사, 해수공사에 사용된다.

162 AE제를 콘크리트에 사용하는 가장 중요한 목적은? [20·16·15·14·12·10·09·08·07년 출제]

① 콘크리트의 강도를 증진하기 위해서
② 동결융해작용에 대하여 내구성을 가지기 위해서
③ 블리딩을 증가시키기 위해서
④ 염류에 대한 화학적 저항성을 크게 하기 위해서

해설

AE제
미세기포를 연행하여 콘크리트의 워커빌리티(작업성) 및 내구성을 향상시킨다. 다만, 공기량 1% 증가에 따라 압축강도가 4~6% 감소한다.

163 크고 작은 모래, 자갈 등이 혼합되어 있는 정도를 나타내는 골재의 성질은? [11·08·07·06년 출제]

① 입도 ② 실적률
③ 공극률 ④ 단위용적중량

해설

골재의 입도
골재의 작고 큰 입자의 혼합된 정도를 말한다.

164 콘크리트용 골재에 대한 설명으로 옳지 않은 것은? [16·12·11·06년 출제]

① 골재의 강도는 경화된 시멘트 페이스트의 최대 강도 이하이어야 한다.
② 골재의 표면은 거칠고 모양은 구형에 가까운 것이 가장 좋다.
③ 골재는 잔 것과 굵은 것이 골고루 혼합된 것이 좋다.

④ 골재는 유해량 이상의 염분을 포함하지 않아야 한다.

해설

골재의 품질
• 표면은 거칠고 둥근 골재를 선택해야 한다.
• 견고한 것(시멘트의 강도 이상일 것)을 선택한다.
• 내마모성이 있는 것을 선택한다.
• 함유량이 많으면 풍화와 강도를 떨어뜨리므로 석회석, 운모 등의 함유량이 적은 것을 선택한다.
• 입도가 좋은 것을 선택한다. 잔 것과 굵은 것이 적당히 혼합된 것이 좋다.
• 진흙 등의 유기 불순물이 없는 청정한 것을 사용한다.

165 다음 중 콘크리트 배합설계 시 가장 먼저 정하여야 하는 것은? [08·07년 출제]

① 요구성능의 설정
② 배합조건의 설정
③ 재료의 선정
④ 현장배합의 결정

해설

콘크리트 배합설계 순서
요구성능의 설정 → 계획배합의 설정 → 시험배합의 실시 → 현장배합의 결정

166 굳지 않은 콘크리트의 컨시스턴시를 측정하는 방법이 아닌 것은? [21·15년 출제]

① 플로 시험 ② 리몰딩 시험
③ 슬럼프 시험 ④ 재하 시험

해설

컨시스턴시 측정방법
플로 시험, 리몰딩 시험, 슬럼프 시험, 구관입 시험이 있다.
※ 재하 시험 : 지반에 정적인 하중을 가하여 지반의 지지력과 안정성을 측정하는 시험이다.

167 콘크리트의 강도 중에서 가장 큰 것은?
[20·14·11·07년 출제]

① 인장강도 ② 전단강도
③ 휨강도 ④ 압축강도

콘크리트의 강도

콘크리트 강도는 압축강도이며, 인장강도는 압축강도의 1/10 정도, 전단강도는 압축강도의 1/5 정도이다. 물−시멘트비가 클수록 강도는 작아진다.

168 거푸집에 자갈을 넣은 다음, 골재 사이에 모르타르를 압입하여 콘크리트를 형성한 것은?

[20·10·07년 출제]

① 경량 콘크리트 ② 중량 콘크리트
③ 프리팩트 콘크리트 ④ 폴리머 콘크리트

콘크리트의 종류

① 경량 콘크리트 : 경량골재를 사용하여 중량이 2.0t/m³ 이하로 경량이며 경량화, 단열, 내화성이 좋다.
② 중량 콘크리트 : 방사선 차폐용으로 중량이 2.5t/m³이며 원자로, 의료용으로 사용된다.
③ 프리팩트 콘크리트 : 지수벽, 보수공사, 기초파일, 수중 콘크리트에 사용된다.
④ 폴리머 콘크리트 : 결합재로 시멘트와 혼화용 폴리머를 사용한 것으로 고강도, 경량성, 수밀성, 내마모성, 전기전열성이 좋으나 내화성이 좋지 않고 단가가 비싸다.

169 공사현장 등의 사용장소에서 필요에 따라 만드는 콘크리트가 아니고, 주문에 의해 공장생산 또는 믹싱카로 제조하여 사용현장에 공급하는 콘크리트는?

[14·11·10년 출제]

① 레디믹스트 콘크리트
② 프리스트레스트 콘크리트
③ 한중 콘크리트
④ AE 콘크리트

레디믹스트 콘크리트

• 대량의 콘크리트가 가능하며 품질이 균질하고 우수하다.
• 운반 중 재료 분리가 우려되며 운반로 확보와 시간 지연 시 대책을 강구해야 한다.

170 다음 중 점토의 물리적 성질에 대한 설명으로 옳은 것은?

[20·11·10·09·07년 출제]

① 점토의 비중은 일반적으로 3.5~3.6 정도이다.
② 양질의 점토일수록 가소성은 나빠진다.
③ 미립점토의 인장강도는 3~10MPa 정도이다.
④ 점토의 압축강도는 인장강도의 약 5배이다.

점토의 물리적 성질

• 일반적인 점토의 비중은 2.5~2.6 정도이다.
• 양질의 점토일수록 가소성이 좋다.
• 인장강도는 0.3~1MPa 정도이다.

171 다음 중 점토제품의 소성온도 측정에 쓰이는 것은?

[21·13·09년 출제]

① 샤모트(Chamotte) 추
② 머플(Muffle) 추
③ 호프만(Hoffman) 추
④ 제게르(Seger) 추

소성온도

SK는 소성온도를 나타내며 제게르 추를 이용하여 측정한다. 제게르 추는 소성로 속에 있는 소성벽돌의 경화 정도를 측정하는 삼각뿔(Cone)형의 추이다.

172 다음의 점토제품 중 흡수율 기준이 가장 낮은 것은?

[20·15·13·12년 출제]

① 자기질 타일 ② 석기질 타일
③ 도기질 타일 ④ 클링커 타일

점토제품의 흡수율

토기>도기>석기>자기 순서로 흡수성이 작아진다.

173 점토제품 중 소성온도가 가장 높은 것은?

[21·20·15·13·11·10년 출제]

① 토기 ② 석기
③ 자기 ④ 도기

소성온도

① 토기 : 790~1,000℃　② 석기 : 1,160~1,350℃

③ 자기 : 1,230~1,460℃　④ 도기 : 1,100~1,230℃

174 1종 점토벽돌의 압축강도 기준으로 옳은 것은?

[14·11·06년 출제]

① 10.78N/mm² 이상

② 20.59N/mm² 이상

③ 24.50N/mm² 이상

④ 26.58N/mm² 이상

점토벽돌의 압축강도

품질기준	시료종류	압축강도(N/mm²)	흡수율(%)
KS L 4201	1종	24.50 이상	10 이하
	2종	14.70 이상	13 이하

175 점토에 톱밥이나 분탄 등의 가루를 혼합하여 소성한 것으로 절단, 못치기 등의 가공성이 우수한 것은?

[16·14·09·08·06년 출제]

① 이형벽돌　② 다공질벽돌

③ 내화벽돌　④ 포도벽돌

다공질벽돌

점토에 목탄가루와 톱밥을 넣어 성형한 것으로 톱질과 못박기가 가능하다.

176 점토제품 중 타일에 대한 설명으로 옳지 않은 것은?

[15·12·08년 출제]

① 자기질 타일의 흡수율은 3% 이하이다.

② 일반적으로 모자이크 타일은 건식법에 의해 제조된다.

③ 클링커 타일은 석기질 타일이다.

④ 도기질 타일은 외장용으로만 사용된다.

도기질 타일

흡수성이 약간 크고 타일, 위생기기, 테라코타 타일로 사용된다.

177 공동(空胴)의 대형 점토제품으로서 주로 장식용으로 난간벽, 돌림대, 창대 등에 사용되는 것은?

[14·12·11·07·06년 출제]

① 이형벽돌　② 포도벽돌

③ 테라코타　④ 테라초

테라코타

석재 조각물 대신 사용되는 장식용 점토소성제품이다.

178 다음 각 재료의 주 용도로 옳지 않은 것은?

[16·15·13·11·09·07년 출제]

① 테라초 – 바닥마감재

② 트래버틴 – 특수실내장식재

③ 타일 – 내외벽, 바닥의 수장재

④ 테라코타 – 흡음재

테라코타

석재 조각물 대신 사용되는 장식용 점토소성제품이다.

179 비철금속 중 구리에 대한 설명으로 틀린 것은?

[14·08·06년 출제]

① 알칼리성에 대해 강하므로 콘크리트 등에 접하는 곳에 사용이 용이하다.

② 건조한 공기 중에서는 산화하지 않으나, 습기가 있거나 탄산가스가 있으면 녹이 발생한다.

③ 연성이 뛰어나고 가공성이 풍부하다.

④ 건축용으로는 박판으로 제작하여 지붕재료로 이용된다.

구리(동)

건조 공기에는 부식이 안 되며, 열전도율이 크고, 알칼리성 용액에 침식이 잘되며 산성용액에는 잘 용해된다.

180 알루미늄의 성질에 관한 설명 중 옳지 않은 것은? [22·16·15·13·11·07년 출제]

① 전기나 열의 전도율이 크다.
② 전성, 연성이 풍부하며 가공이 용이하다.
③ 산, 알칼리에 강하다.
④ 대기 중에서의 내식성은 순도에 따라 다르다.

해설

알루미늄
알루미늄은 산, 알칼리에 침식되므로 콘크리트 표면에 바로 대면 부식이 일어난다.

181 금속의 부식작용에 대한 설명으로 옳지 않은 것은? [15·13·09·07·06년 출제]

① 동판과 철판을 같이 사용하면 부식 방지에 효과적이다.
② 산성인 흙속에서는 대부분의 금속재가 부식된다.
③ 습기 및 수중에 탄산가스가 존재하면 부식작용은 한층 촉진된다.
④ 철판의 자른 부분 및 구멍을 뚫은 주위는 다른 부분보다 빨리 부식된다.

해설

부식 방지
다른 종류의 금속을 서로 잇대어 사용하지 않는다.

182 미장공사에서 기둥이나 벽의 모서리 부분을 보호하기 위하여 쓰는 철물은? [15·14·12·07·06년 출제]

① 메탈 라스(Metal Lath)
② 인서트(Insert)
③ 코너 비드(Corner Bead)
④ 조이너(Joiner)

해설

코너 비드
벽, 기둥 등의 모서리를 보호하기 위해 미장공사 전에 사용하는 철물이다.

183 열린 여닫이문을 저절로 닫히게 하는 장치는? [16·12·11·07·06년 출제]

① 문버팀쇠
② 도어 스톱
③ 도어 체크
④ 크레센트

해설

창호 철물
① 문버팀쇠 : 열린 여닫이문을 적당한 위치에 버티게 고정하는 철물이다.
② 도어 스톱 : 열린 문짝이 벽 등을 손상하는 것을 막기 위해 바닥 또는 옆벽에 대는 철물이다.
③ 도어 체크 : 여닫이문을 자동적으로 닫히게 하는 장치로서 스프링 경첩의 일종이다.
④ 크레센트 : 오르내리창에 사용되는 걸쇠이다.

184 다음 중 결로(結露)현상 방지에 가장 적합한 유리는? [15·14·13·12·10·09·07년 출제]

① 무늬유리
② 강화판유리
③ 복층유리
④ 망입유리

해설

복층유리
2장 또는 3장의 판유리를 일정한 간격으로 기밀하게 하여 단열성, 차음성, 결로방지에 좋다.

185 현장에서 가공절단이 불가능하므로 사전에 소요치수대로 절단 가공하고 열처리를 하여 생산되는 유리이며 강도가 보통유리의 3~5배에 해당되는 유리는? [20·15·13·11·10·08·07년 출제]

① 유리블록
② 복층유리
③ 강화유리
④ 자외선 차단유리

해설

강화유리(열처리유리)
• 판유리를 600℃쯤 가열했다가 급랭하여 기계적 성질을 증가시킨 유리이다.
• 보통 유리 강도의 3~5배 정도 크며, 충격강도는 5~10배 정도이다.
• 파괴 시 모래처럼 잘게 부서지므로 파편에 의한 부상이 적다.
• 현장에서 가공절단이 불가능하다.

186 지하실이나 옥상의 채광용으로 입사광선의 방향을 바꾸거나 확산 또는 집중시킬 목적으로 사용되는 유리제품은? [20·13·12·09년 출제]

① 폼글라스　　　② 프리즘 타일
③ 안전유리　　　④ 강화유리

해설
유리제품
① 폼글라스 : 흑갈색 불투명 다포질판으로 단열재, 보온재, 방음재로 사용된다.
② 프리즘 타일 : 입사광선의 방향을 바꾸거나 확산 또는 집중시킬 목적으로 사용한다.
③ 안전유리 : 망입유리라고도 하며 내부에 금속망을 삽입하고 도난, 화재 방지용으로 사용한다.
④ 강화유리 : 보통유리 강도의 3~5배, 충격강도는 5~10배 정도이며 손으로 절단이 불가능하고 파괴 시 모래처럼 부서진다.

187 다음 중 물과 화학반응을 일으켜 경화하는 수경성 재료는? [12·11·07년 출제]

① 시멘트 모르타르　　② 돌로마이트 플라스터
③ 회반죽　　　　　　④ 회사벽

해설
미장재료의 응결방식
① 기경성 : 석회계 플라스터, 흙, 섬유벽 등
② 수경성 : 시멘트계와 석고계

188 미장재료 중 돌로마이트 플라스터에 대한 설명으로 틀린 것은? [20·15·11·10·09·08·06년 출제]

① 수축균열이 발생하기 쉽다.
② 소석회에 비해 작업성이 좋다.
③ 점도가 없어 해초풀로 반죽한다.
④ 공기 중의 탄산가스와 반응하여 경화한다.

해설
돌로마이트 석회
점성이 커서 해초풀은 불필요하며, 수축 균열이 커서 여물이 필요하다.

189 회반죽 바름은 공기 중의 어느 성분과 작용하여 강화하게 되는가? [14·13·11·10·09·08·07년 출제]

① 산소
② 탄산가스
③ 질소
④ 수소

해설
회반죽
• 소석회+모래+해초풀+여물 등을 바르는 미장재료로서 목조바탕, 콘크리트 블록 및 벽돌 바탕 등에 사용된다.
• 건조, 경화 시 수축률이 크기 때문에 여물을 사용한다.
• 공기 중의 탄산가스(이산화탄소)와의 화학작용을 통해 굳어진다.

190 회반죽 바름에서 여물을 넣는 주된 이유는? [16·11·07년 출제]

① 균열을 방지하기 위해
② 점성을 높이기 위해
③ 경화속도를 높이기 위해
④ 경도를 높이기 위해

해설
회반죽에 여물 사용목적
바름벽의 보강 및 균열 방지

191 아스팔트의 품질을 판별하는 항목과 거리가 먼 것은? [20·13·09년 출제]

① 신도　　　　　② 침입도
③ 감온비　　　　④ 압축강도

해설
아스팔트의 품질기준
아스팔트는 방수시료이므로 연화점, 침입도, 침입도 지수, 증발량, 인화점, 사염화탄소 가용분, 취하점, 흘러내린 길이, 비교적 적은 감온성 등의 시험을 한다.

192 콘크리트, 모르타르 바탕에 아스팔트 방수층 또는 아스팔트 타일 붙이기 시공을 할 때의 초벌용 재료를 무엇이라 하는가?

[21·16·14·12·11·10·08·07년 출제]

① 아스팔트 프라이머　② 아스팔트 콤파운드
③ 블론 아스팔트　　　④ 아스팔트 루핑

해설

아스팔트 제품
① 아스팔트 프라이머 : 블론 아스팔트를 휘발성 용제에 희석한 흑갈색의 액체로 방수시공의 첫 번째 바탕처리재이다.
② 아스팔트 콤파운드 : 블론 아스팔트에 식물성 유지나 광물질 등을 혼합한 것이다.
③ 블론 아스팔트 : 경유 등을 뽑아내어 연화점이 높고 침입도, 신율을 조절한 것이다.
④ 아스팔트 루핑 : 아스팔트 펠트의 양면에 아스팔트 곰파운드를 피복한 위에 활석분말 등을 부착시켜 롤러로 제품을 만든다.

193 다음 중 열가소성 수지가 아닌 것은?

[14·13년 출제]

① 염화비닐수지　　② 아크릴수지
③ 초산비닐수지　　④ 요소수지

해설

열가소성 수지
• 열을 가하여 성형한 뒤에도 다시 열을 가하면 형태를 변형시킬 수 있는 수지로 압출성형, 사출성형 등 가공을 할 수 있어 재활용이 가능하다.
• 염화비닐, 아크릴수지, 초산비닐수지, 폴리에틸렌수지, 폴리스티렌수지가 있다.

194 요소수지에 대한 설명으로 틀린 것은?

[15·09·07년 출제]

① 착색이 용이하지 못하다.
② 마감재, 가구재 등에 사용된다.
③ 내수성이 약하다.
④ 열경화성 수지이다.

해설

요소수지
열경화성 수지로 무색이며 착색이 자유로워 일용품, 마감재, 가구재 등에 사용된다.

195 열경화성 수지 중 건축용으로는 글라스섬유로 강화된 평판 또는 판상제품으로 주로 사용되는 것은?

[15·10·06년 출제]

① 아크릴수지
② 폴리에스테르수지
③ 염화비닐수지
④ 폴리에틸렌수지

해설

열경화성 수지
• 가열하면 경화되고 다시 열을 가해도 형태가 변하지 않는 수지로 내열, 내약품성, 기계적 성질, 전기절연성이 있다.
• 재활용이 불가능하다.
• 폴리에스테르수지는 유리섬유로 보강한 섬유 강화 플라스틱(FRP)이다.

196 유성 페인트에 관한 설명 중 옳지 않은 것은?

[12·06년 출제]

① 내후성이 우수하다.
② 붓바름 작업성이 뛰어나다.
③ 모르타르, 콘크리트, 석회벽 등에 정벌바름 하면 피막이 부서져 떨어진다.
④ 유성 에나멜 페인트와 비교하여 건조시간, 광택, 경도 등이 뛰어나다.

해설

유성 페인트
• 유성 에나멜 페인트보다 건조가 늦지만 내구력과 광택이 좋다.
• 알칼리에 약하므로 콘크리트에 바로 칠하면 안 된다.

197 목재바탕의 무늬를 살리기 위한 도장재료는?

[10·07년 출제]

① 유성 페인트　　② 수성 페인트
③ 에나멜 페인트　④ 클리어 래커

해설

클리어 래커
건조가 빠르므로 스프레이 시공이 가능하고 목재면의 투명도장에 사용된다.

198 단열재의 조건으로 옳지 않은 것은?

[21·15·11·07년 출제]

① 열전도율이 높아야 한다.
② 흡수율이 낮고 비중이 작아야 한다.
③ 내화성, 내부식성이 좋아야 한다.
④ 가공, 접착 등의 시공성이 좋아야 한다.

해설

단열재의 구비조건
열전도율과 흡수율이 낮아야 한다.

199 실을 뽑아 직기에 제직을 거친 벽지는?

[14·12·10·08년 출제]

① 직물벽지   ② 비닐벽지
③ 종이벽지   ④ 발포벽지

해설

직물벽지(섬유)
실을 뽑아 직기에 제직을 거친 벽지이다.

200 석고보드에 대한 설명으로 옳지 않은 것은?

[16·12·08·06년 출제]

① 부식이 진행되지 않고 충해를 받지 않는다.
② 팽창 및 수축의 변형이 크다.
③ 흡수로 인해 강도가 현저하게 저하된다.
④ 단열성이 높다.

해설

석고보드
• 소석고를 주원료로 하여 경량 탄성률을 위해 톱밥, 펄라이트, 섬유 등을 섞어 물로 반죽 양면에 종이를 붙인 판재이다.
• 초벌 바름용 재료이며 방수성, 차음성, 단열성, 무수축성으로 건조 바탕벽에 사용한다.

독학

전산응용건축제도기능사 필기
무료 동영상

발행일 | 2010. 1. 5 초판 발행
2016. 4. 30 개정 18판 1쇄
2016. 8. 30 개정 19판 1쇄
2017. 1. 30 개정 19판 2쇄
2017. 4. 20 개정 20판 1쇄
2017. 7. 10 개정 20판 2쇄
2018. 1. 15 개정 20판 3쇄
2018. 2. 20 개정 20판 4쇄
2018. 3. 5 개정 20판 5쇄
2019. 2. 10 개정 21판 1쇄
2020. 4. 10 개정 22판 1쇄
2020. 6. 30 개정 23판 1쇄
2022. 1. 10 개정 24판 1쇄
2023. 1. 10 개정 25판 1쇄
2023. 7. 10 개정 26판 1쇄
2025. 1. 10 개정 27판 1쇄
2025. 2. 10 개정 27판 2쇄

저 자 | 김희정
발행인 | 정용수
발행처 | 예문사

주 소 | 경기도 파주시 직지길 460(출판도시) 도서출판 예문사
T E L | 031) 955-0550
F A X | 031) 955-0660
등록번호 | 11-76호

정가 : 26,000원

ISBN 978-89-274-5493-9 13540